高等学校应用型特色规划教材

Protel DXP 电路设计实例教程

(第 2 版)

杨建辉　王莹莹　史国媛　编　著

清华大学出版社
北　京

内 容 简 介

本书在前一版的基础上进行升级优化改版，此次基于 Protel DXP 2004 编写而成，全书共分为 16 章，分别介绍了 Protel DXP 2004 基础、设计原理图、绘制原理图、制作元件库、设计层次原理图、生成原理图报表、印制电路板设计基础、绘制印制电路板、制作元件封装、生成 PCB 报表、电路仿真、PCB 信号、IC 卡考勤机设计、U 盘电路的设计、Z80 微处理器电路设计、无线遥感电路设计、理疗仪电路设计。本书内容讲解细致详实，由浅入深、层次清楚、图文并茂，使读者能快速掌握软件的基本应用，具备 PCB 的设计能力。

本书适合 Protel DXP 高等院校电子类、电气类、通信类、机电类等专业的教材，也可作为职业技术教育、技术培训及从事电子产品设计与开发的工程技术人员学习 PCB 设计的参考用书。

图书在版编目(CIP)数据

Protel DXP 电路设计实例教程/杨建辉，王莹莹，史国媛编著. --2 版. --北京：清华大学出版社，2016（2025.1重印）
(高等学校应用型特色规划教材)
ISBN 978-7-302-43590-7

Ⅰ. ①P… Ⅱ. ①杨… ②王… ③史… Ⅲ. ①印刷电路—计算机辅助设计—应用软件—高等学校—教材 Ⅳ. ①TN410.2

中国版本图书馆 CIP 数据核字(2016)第 082087 号

责任编辑： 汤涌涛
封面设计： 杨玉兰
责任校对： 周剑云
责任印制： 从怀宇
出版发行： 清华大学出版社
　　网　　址： https://www.tup.com.cn, https://www.wqxuetang.com
　　地　　址： 北京清华大学学研大厦 A 座　　**邮　　编：** 100084
　　社 总 机： 010-83470000　　**邮　　购：** 010-62786544
　　投稿与读者服务： 010-62776969, c-service@tup.tsinghua.edu.cn
　　质量反馈： 010-62772015, zhiliang@tup.tsinghua.edu.cn
　　课件下载： https://www.tup.com.cn, 010-62791865
印 装 者： 三河市人民印务有限公司
经　　销： 全国新华书店
开　　本： 185mm×260mm　　**印　张：** 26.75　　**字　数：** 643 千字
版　　次： 2008 年 7 月第 1 版　2016 年 8 月第 2 版　　**印　次：** 2025 年 1 月第 8 次印刷
定　　价： 59.00 元

产品编号：066825-02

前　　言

随着电子科学技术的飞速发展，越来越复杂的电子电路对电子设计自动化(EDA)技术提出了越来越高的要求，Protel 便在这样的背景下应运而生，目前，最新版本为 Protel DXP 2004。

Protel DXP 2004 是第一个将所有设计工具集于一身的板级设计系统，电子设计者从最初的项目模块规划到最终形成生产数据都可以按照自己的设计方式实现。Protel DXP 2004 运行在优化的设计浏览器平台上，并且具备当今所有先进的设计特点，能够处理各种复杂的 PCB 设计过程。通过设计输入仿真、PCB 绘制编辑、拓扑自动布线、信号完整性分析和设计输出等技术融合，Protel DXP 2004 提供了全面的设计解决方案。

作为一本综合性自学书籍，本书从基础到具体应用全面解析 Protel DXP 电路设计。全书配图丰富，内容详实，案例难度由浅入深，实践环节与项目案例环环相扣，便于读者操作练习，进而逐步领会各项知识和设计步骤。

全书分为基础知识和应用两大部分：第一部分(第 1 至 11 章)先讲解了使用 Protel DXP 电路板设计软件所需要的基础知识，使读者掌握必要的理论基础知识；第二部分(第 12 章至 16 章)通过五个完整的应用实例的设计开发，使读者能熟悉 Protel DXP 开发的步骤、方法和技术，以此达到知其所以然的目的，此部分为读者提供的应用实例有针对性，各案例都独立章。全书具体内容介绍如下。

第 1 章：介绍 Protel DXP 基础知识，如系统硬件配置、软件安装过程、软件操作界面等。

第 2 章至第 5 章：细致地介绍 Protel DXP 的原理图设计方法。

第 6 章至第 9 章：具体介绍 Protel DXP 设计 PCB 板的方法。

第 10 章和第 11 章：介绍 Protel DXP 在电路仿真和信号完整性分析方面的应用。

第 12 章：介绍 IC 卡考勤机的电路原理图设计。

第 13 章：介绍 U 盘的电路原理图以及 PCB 板的设计。

第 14 章：介绍 Z80 微处理器的原理图和 PCB 板的详细设计过程。

第 15 章：通过无线遥感设备的收发电路，详细地说明了 Protel 在电路设计中的应用。

第 16 章：介绍了理疗仪的 PCB 开发全过程。

本书作为《Protel DXP 电路设计实例教程》的升级版本，讲解语言更通俗易懂，内容丰富详实，突出了案例的实用性、综合性和先进性，使读者能快速掌握软件的基本应用，具备 PCB 的设计能力。此外，本书每章后均配备了丰富实用的练习，能帮助学习者巩固加强各章节知识点。

本书由华北理工大学的杨建辉、王莹莹、史国媛老师编著，其中第 2、4、5、7、8、9、10、11 章由杨建辉老师编著，第 1、3、6、12、13 章由王莹莹老师编著，第 14、15、16 章由史国媛老师编著。参与本书编写工作的还有张冠英、袁伟、刘宝成、任文营、张勇毅、郑尹、王卫军，在此一并表示感谢。

由于编者水平有限，书中不足之处在所难免，敬请广大读者批评指正。

编　者

目　录

第 1 章　Protel DXP 概述

本章内容提示

本章主要介绍 Protel DXP 的组成和特点、硬件配置要求、主界面以及基本的操作方法和 Protel DXP 资源用户化、系统参数设置。

学习要点

- Protel DXP 的组成
- 软件安装的硬件配置要求
- Protel DXP 的基本操作方法
- 资源用户化、系统参数设置

1.1　Protel DXP 的基础知识

电路设计自动化(Electronic Design Automation，EDA)，是指将电路设计中的各种工作交由计算机来协助完成，如电路图(Schematic)的绘制，印制电路板(PCB)文件的制作、电路仿真(Simulation)等设计工作。随着电子工业的发展，大规模、超大规模集成电路的使用使得电路板的走线愈加精密和复杂，从而促使电子线路软件的产生。Protel 则是众多软件中突出的代表，它操作简单、易学易用，而且功能强大。Protel 自 1985 年由 Altium 公司开发至今，已经有了多个版本。

Protel DXP 2004 是 Altium 公司于 2004 年推出的一套完整的板卡级设计系统，主要运行在 Windows XP/7/8/10 环境下。

1.1.1　Protel DXP 的组成和特点

Protel DXP 从功能上可以分为电子电路原理图(SCH)、印制电路板(PCB)、电子电路实现前后的信号完整性和可编程逻辑器(FPGA)等。本书作为 SCH 与 PCB 的使用教程，将重点讲解这两个系统的使用。

Protel DXP 的特点：

- 通过设计档包的方式，将原理图编辑、电路仿真、PCB 设计及打印这些功能有机地结合在一起，提供了一个集成的开发环境。
- 提供了混合电路仿真功能，可以方便设计实验原理图电路中的某些功能模块。
- 提供了丰富的原理图组件库和 PCB 封装库，并且为设计新的器件提供了封装向导程序，简化了封装设计过程。
- 提供了层次原理图设计方法，支持“自上向下”的设计思想，使大型电路设计的工作组开发方式成为可能。
- 提供了强大的查错功能。原理图中的 ERC(电气法则检查)工具和 PCB 的 DRC(设计规则检查)工具能帮助设计者更快地查出和改正错误。

- 全面兼容Protel系列以前版本的设计文件，并提供了OrCAD格式文件的转换功能。
- 提供了全新的FPGA设计的功能，这是以前的版本所没有提供的功能。

1.1.2 计算机配置要求

1. 推荐配置

操作系统：	Windows 7/8/10
CPU主频：	Intel(R) Core(TM) i3 CPU 2.40GHz 以上
内存：	1GB RAM
硬盘空间：	大于100GB
显示器：	最低分辨率为1360×768像素，32位真彩色
显卡：	512MB显存

2. 最低配置

操作系统：	Windows XP
CPU主频：	Pentium 1.2GHz 以上
内存：	512MB RAM
硬盘空间：	大于620MB
显示器：	最低分辨率为1280×1024像素，32位真彩色
显卡：	32MB显存

1.1.3 Protel DXP的安装过程

本小节介绍Protel DXP的安装过程，具体步骤如下。

1. 解压文件

下载Protel DXP安装包，解压之后得到“Protel DXP 2004原程序”、“元件库”和“注册机”等文件夹，如图1-1所示。

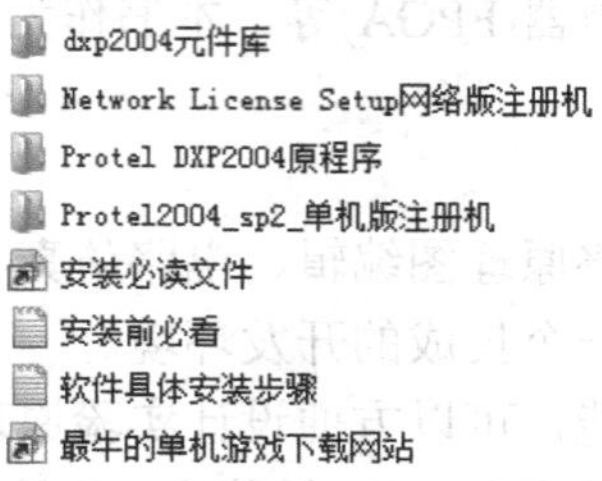

图1-1 Protel DXP 2004安装文件

2. 安装原程序

(1) 进入原程序文件夹，双击Setup.exe安装文件，如图1-2所示。

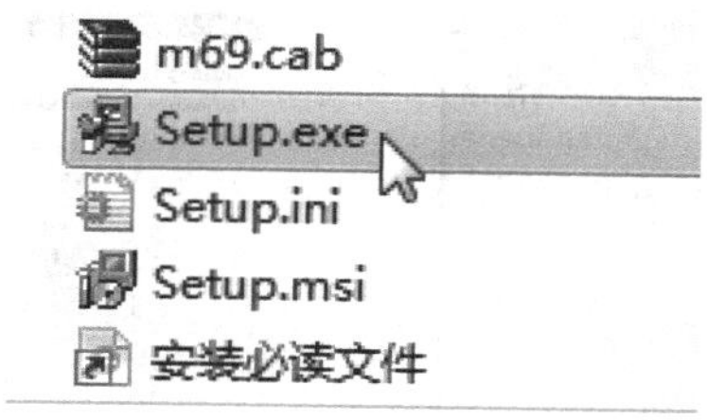

图 1-2 双击 Setup.exe 文件

(2) 进入安装向导对话框，单击 Next 按钮，如图 1-3 所示。

(3) 选中 I accept the license agreement 单选按钮，单击 Next 按钮，如图 1-4 所示。

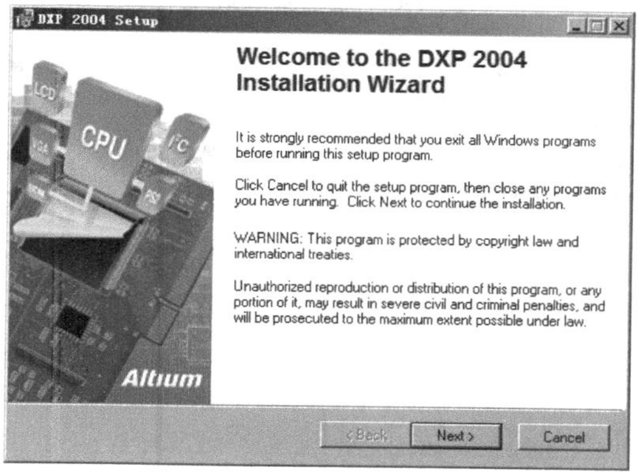

图 1-3 进入安装向导对话框

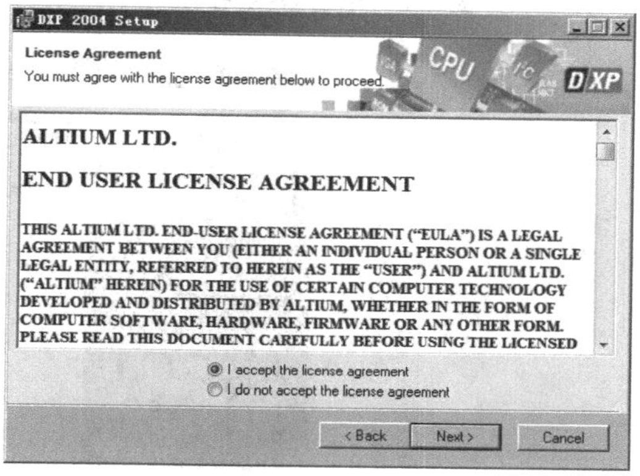

图 1-4 接受许可协议

(4) 输入公司名称，单击 Next 按钮，如图 1-5 所示。

(5) 设置安装路径，单击 Next 按钮，如图 1-6 所示。

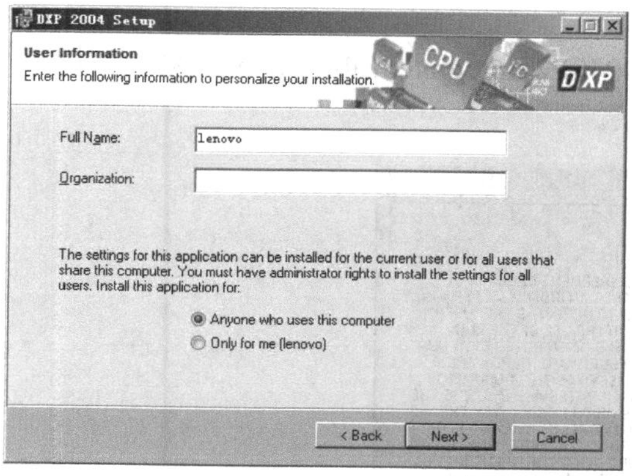

图 1-5 输入公司名称

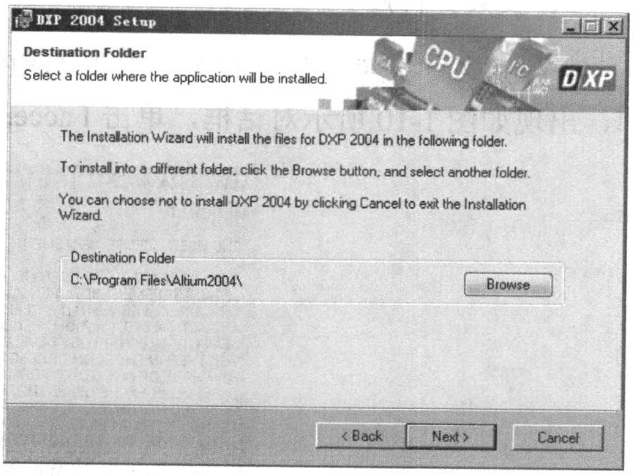

图 1-6 设置安装路径

(6) 单击 Next 按钮，如图 1-7 所示。

(7) 显示安装进度，如图 1-8 所示。

(8) 安装完成，单击 Finish 按钮，如图 1-9 所示。

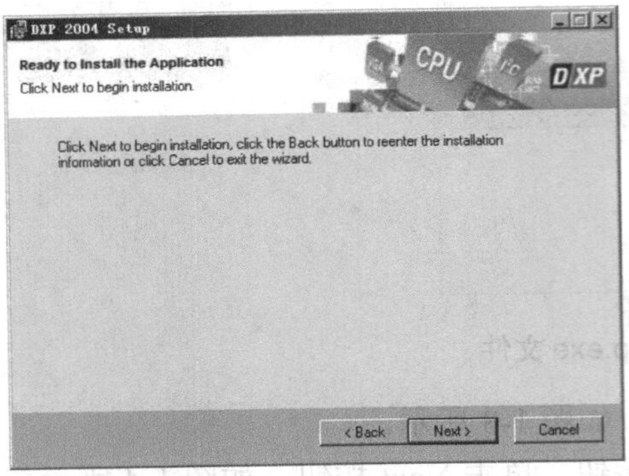

图 1-7　单击 Next 按钮

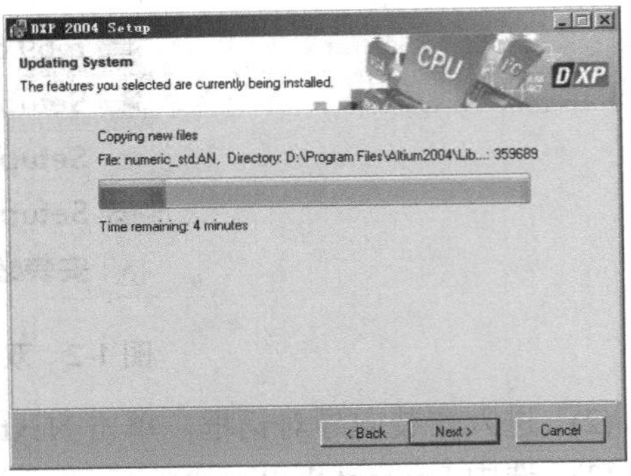

图 1-8　显示安装进度

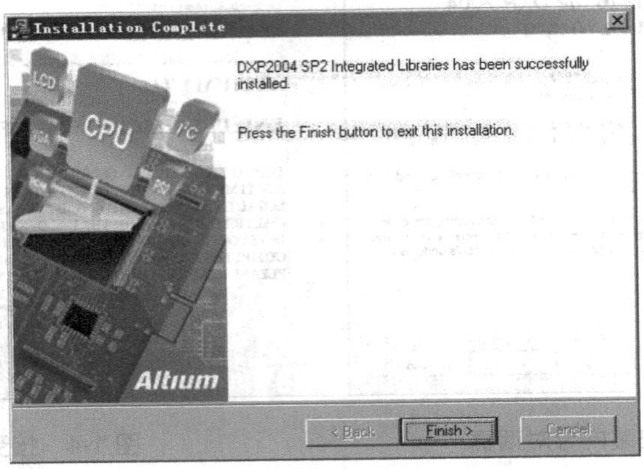

图 1-9　安装完成

3. 安装元件库

(1) 进入“元件库”文件夹，双击 DXP2004SP2_IntegratedLibraries.exe 文件安装元件库，出现如图 1-10 所示对话框，单击 I accept…。

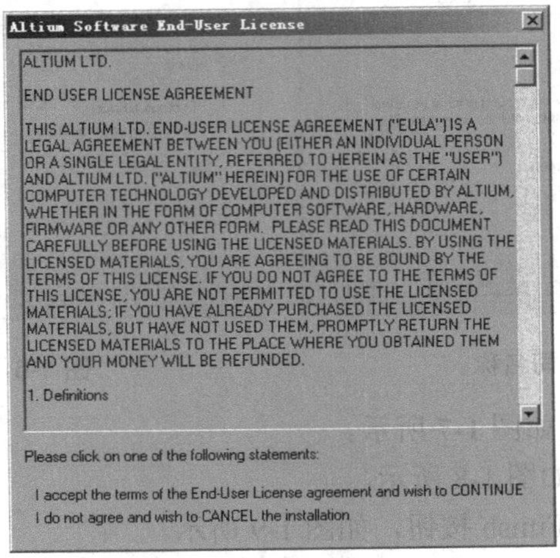

图 1-10　接受元件库条件

(2) 选择安装路径，与主程序的安装路径保持一致，单击 Next 按钮，如图 1-11 所示。

(3) 单击 Next 按钮，如图 1-12 所示。

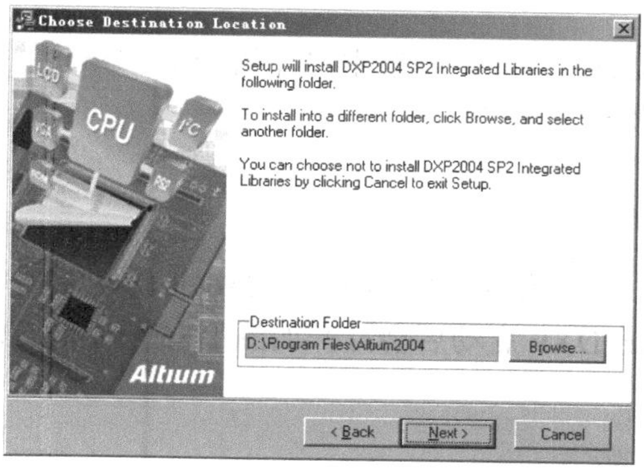

图 1-11 设置元件库安装路径

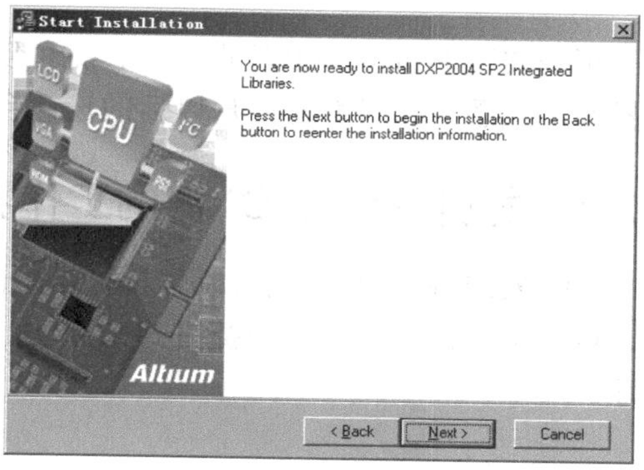

图 1-12 单击 Next 按钮

(4) 显示元件库安装进度，如图 1-13 所示。

(5) 安装完元件库，单击 Finish 按钮，如图 1-14 所示。

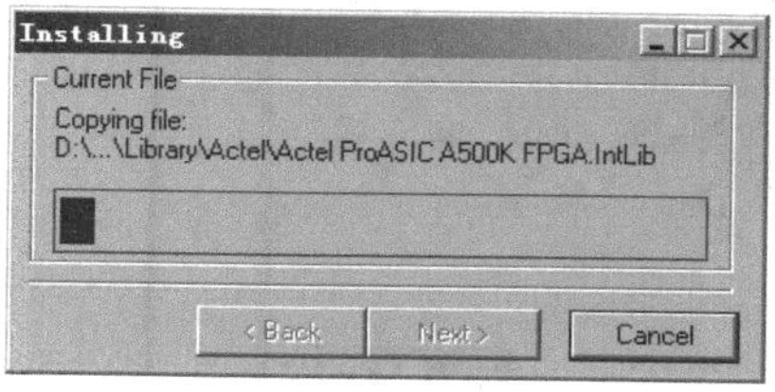

图 1-13 显示元件库安装进度

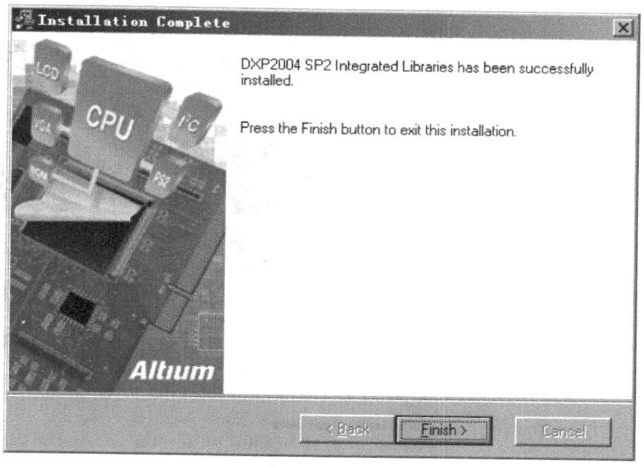

图 1-14 安装完元件库

4. 注册激活

最后，进入“Protel 2004_sp2_单机版注册机”将“Protel 2004_sp2_Genkey.exe”文件复制到软件安装目录下，双击 Protel 2004_sp2_Genkey.exe 文件，弹出如图 1-15 所示对话框，单击“注册生成”按钮，进行注册激活。完成 Protel DXP 的整个安装过程。

图 1-15 注册激活

1.2 Protel DXP 的工作环境

正确安装 Protel DXP 软件之后，就可以启动该软件了，本节主要介绍 Protel DXP 的工作界面，熟悉工作界面对用户以后的设计会带来很大的方便。

1.2.1 打开 Protel DXP 的工作界面

(1) 安装好 Protel 以后，可以通过“开始”|“所有程序”| Altium | Protel DXP 命令启动，也可以双击桌面上的快捷方式来启动，Protel DXP 启动后会打开如图 1-16 所示的启动界面。

图 1-16 Protel DXP 启动界面

(2) 启动后进入如图 1-17 所示的 Protel DXP 设计管理器窗口。Protel DXP 的所有电路设计工作都必须在 Design Explorer(设计管理器)中进行，同时设计管理器也是 Protel DXP 启动后的主工作接口。设计管理器具有友好的人机接口，而且设计功能强大。Protel DXP 的设计管理器窗口类似于 Windows 的资源管理器窗口，设有主菜单、主工具栏，左边为 Files (文件工作面板)，右边对应的是主工作面板，最下面是状态条。

提示： 由于程序启动时需要加载很多组件，因此需要一段时间，尤其是启动程序并打开上次操作的文件时花费时间会更长，请耐心等待。

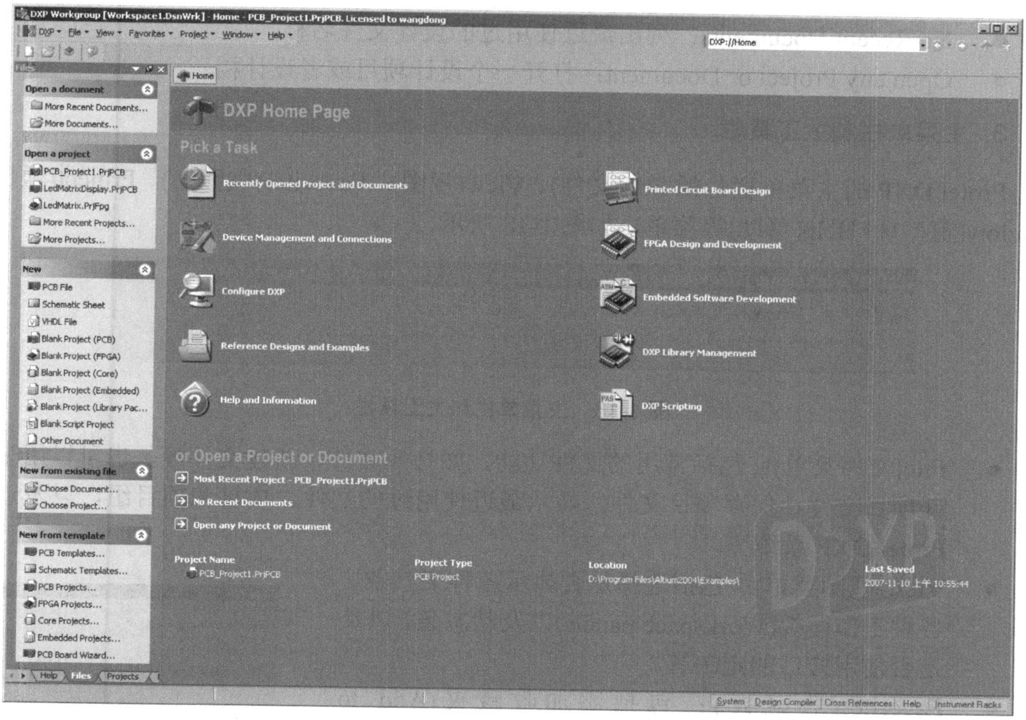

图 1-17 Protel DXP 设计管理器

1.2.2 介绍 Protel DXP 工作界面

设计管理器中具有如下几个部分。

1. Pick a Task 选项组

Pick a Task(新建任务)选项组中各选项的功能如下。

- Recently Opened Project and Documents：打开最近的项目或文档。
- Device Management and Connections：固件管理与连接。
- Configure DXP：配置 DXP。
- Reference Designs and Examples：设计实例。
- Printed Circult Board Design：PCB(印制电路板)。
- FPGA Design and Development：FPGA 开发设计。
- Embedded Software Development：嵌入式软件开发。
- DXP Library Management：DXP 元件库管理器。
- DXP Scripting：DXP 脚本。

2. or Open a Project or Document 选项组

or Open a Project or Document(打开项目或文档)选项组中各选项的设置及功能如下。

- Most Recent Project-PCB Project1.PriPCB：列出最近使用过的项目名称。单击该选项，可以直接调出该项目进行编辑。

- No Recent Documents：列出最近使用过的设计文件名称。
- Open any Project or Document：打开一个设计项目或者设计档。

3. 主菜单栏和主工具栏

Protel DXP 的主菜单栏包括 File(文件)、View(视图)、Favorites(收藏夹)、Project(项目)、Window(窗口)和 Help(帮助)等菜单，如图 1-18 所示。

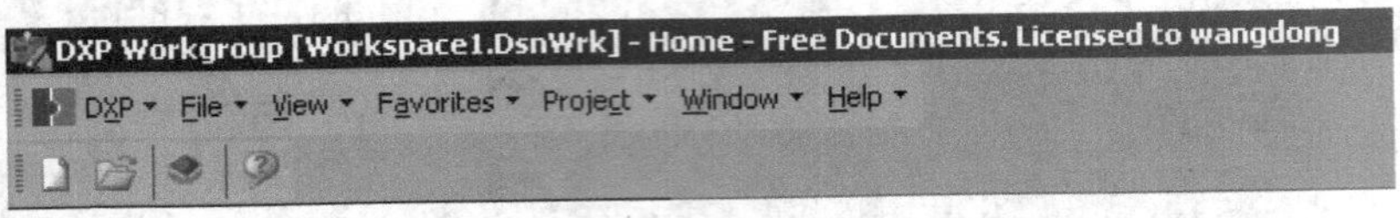

图 1-18　主菜单栏和主工具栏

- File(文件菜单)：包括常用的文件功能，如打开文件、新建文件等，也可以用来打开项目文件、保存项目文件，显示最近使用过的文件、项目和项目组，以及退出 Protel DXP 系统等。
- View(视图菜单)：包括选择是否显示各种工具条、各种工作面板(Workspace panels)以及状态条，以及是否使用接口的定制等。
- Favorites(收藏夹)：包括添加收藏夹(Add to Favorites)、收藏夹结构(Organize Favorites)两个子菜单命令。Favorites 菜单命令的功能类似于 IE 浏览器收藏夹的作用。
- Project(项目菜单)：包括项目的编译(Compile)、项目的建立(Build)，将文件加入项目和将文件从项目中删除等。
- Window(窗口菜单)：可以水平或者垂直显示当前打开的多个文件窗口。
- Help(帮助菜单)：列出版本信息和 Protel DXP 的教程学习内容。

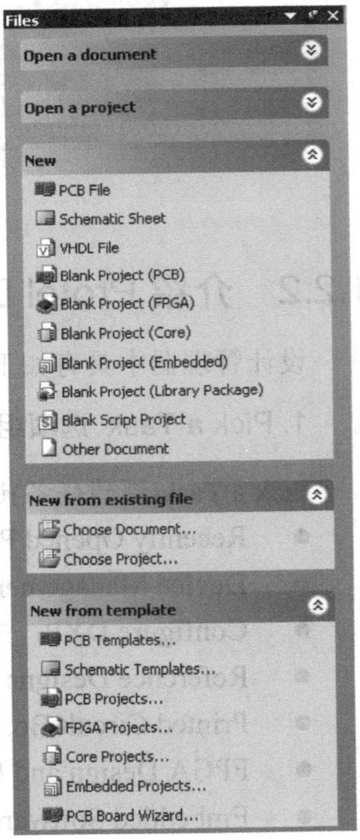

图 1-19　Files 工作面板

如图 1-19 所示，Files 工作面板分为如下部分：Open a document(打开一个文档)、Open a project(打开一个项目)、New(新建文件)、New from existing file(根据已存在的文件新建一个文件)、New from template(根据模板新建一个文件)。现在重点介绍 New(新建文件)部分。

New(新建文件)卷展栏中的选项：

- PCB File：新建一个 PCB 文件。
- Schematic Sheet：新建一个原理图。
- VHDL File：新建一个 VHDL 文件。
- Blank Project(PCB)：新建一个 PCB 空白项目。
- Blank Project(FPGA)：新建一个 FPGA 空白项目。

- Blank Project(Core)：新建一个 Core 空白项目。
- Blank Project(Embedded)：新建一个 Embedded 空白项目。
- Blank Project(Library Package)：新建一个 Library Package 空白项目。
- Blank Script Project：新建一个空白脚本文件。
- Other Document：新建一个其他类型的文档。

1.3 原理图编辑系统

原理图设计编辑模块是 Protel 的主要功能模块之一，原理图是电路设计的开始，是设计者设计思想的体现，原理图主要由元件和线路组成。原理图文件以“.SchDoc”为扩展名。原理图模块具有如下特点。

1. 支持多通道设计

随着电路的日益复杂，电路设计的方法也日趋层次化，完全相同的子模块可以多次重复输入，不必一一布局布线。设计者可以先在一个项目中单独绘制并处理好每个子电路，然后再将它们连接起来，Protel 的原理图编辑环境提供了多通道设计所需要的全部功能。

2. 丰富灵活的编辑功能

自动布线功能。在进行原理图设计时，有一些专门的自动化特性可用来加速电气件的连接，如电气栅格特性提供了所有电气件的自动连接功能，一旦光标进入电气栅格的范围内，它会自动连接到最近的电气“热点”上，这种功能，使得连接线路的工作变得非常容易。

便捷的选择功能。设计者可以选择全体，也可以选择某个单项或是某一个区域，可以对选中的对象执行移动、旋转，也可以执行复制、粘贴等功能。

3. 强大的自动化设计功能

在 Protel 的原理图编辑环境中，不但可以设计原理图，还包含了原理图的连接信息。可以用连接检查器来检查设计的原理图，其强大的错误提示功能，可以提示原理图中的错误信息。

可以使用自动标号功能，以保证设计过程中，元件不会有重复的标号或是跳过的标号。

4. 强大的库管理功能

用户可以打开任意数目的库文件，而且不用离开原来的编辑环境就能直接访问需要的库文件。通过网络，还能访问多用户库。

5. 电路信号仿真模块

传统的 PCB 板的设计依次经过电路设计、版图设计、PCB 制作等工序，而 PCB 的性能需要通过一系列仪器测试电路板原型来评定。如果不能满足性能的要求，上述的过程就需要经过多次的重复，尤其是有些问题往往很难将其量化，反复多次就不可避免。在当前激烈的市场竞争面前，传统的 PCB 板设计无论在设计时间、设计成本还是设计复杂程度上都无法满足要求，因此在PCB板级设计中采用电路板级仿真已经成为必然。基于信号完整性的PCB仿真设计，就是根据完整的仿真模型通过对信号完整性的计算分析得出设计的空间，然后在此基础上完成PCB板设计，最后对设计进行验证是否满足预计的信号完整性要求。如果不能满足要求就需要修改版图设计。基于信号完整性的PCB仿真设计与传统的PCB板设计相比既缩短了设计周期，又降低了设计成本。

6. 信号完整性分析

Protel中包含了一套完整高效的仿真器，能分析PCB的设计参数，如果PCB中任何一个设计要求有问题，都可以进行信号的完整性分析，以查找出问题的位置。

1.4 PCB编辑系统

PCB(印制电路板)文件是从原理图到厂家生产电路板的桥梁，是厂家生产电路板的主要依据。在设计了原理图之后，需要根据原理图来生成PCB文件。PCB编辑系统具有以下特点。

1. 32位的EDA系统

- PCB可以支持32层的电路板设计，板层最大可以达到2540mm×2540mm。
- 可以任意角度旋转。
- 同时支持水滴焊盘和异型焊盘。

2. 方便的编辑环境

- 交互式全局编辑，方便的快捷键设计，多次撤销和重做功能。
- 支持本地编辑和网络编辑。
- 手工布线时可以去除回路。
- 能同时显示引脚和连接在引脚上的网络号。

3. 强大的自动化功能

- 基于人工智能的自动化布线功能，可以实现PCB板面的优化设计。
- 高级自动化布线器采用了拆线重试的迷宫式算法，可以同时处理所有层的布线工作。能做到过孔数目最少，网络按指定的优先顺序布线。
- 支持基于形状的算法，可以完成高难度、高精确度的PCB板的自动布线工作。
- 在线式设计规则检查。在编辑的时候，系统能自动地提示设计中不合理的地方，方便用户及时更正。

4. 方便的库管理功能

用户可以打开任意数目的库文件，而且不用离开原来的编辑环境就能直接访问需要的库文件，通过网络，还能访问多用户库。

5. 完备的输出系统

支持Windows平台上所有的外部设备。

能生成 NC Drill(NC 钻孔)和 Pick & Place(拾取或放置)文件。

1.5　Protel DXP 项目管理

Protel DXP 中以设计项目为中心，一个设计项目中可以包含各种设计文件，如原理图 SCH 文件，电路图 PCB 文件及各种报表，多个设计项目可以构成一个 Project Group(设计项目组)。因此，项目是 Protel DXP 工作的核心，所有设计工作均是以项目来展开的。下面介绍关于项目的基本操作。

1. 新建一个项目

下面以建立 PCB 项目为例进行介绍，首先要创建一个项目文件，然后创建一个空白的原理图图纸添加到新的项目中。

(1) 在 Protel DXP 设计管理器的 Files 工作面板中的 New 卷展栏中选择 Blank Project(PCB)选项(如果该面板未显示，可以从菜单栏中选择 File | New 命令，或单击设计管理面板底部的 Files 标签)，弹出如图 1-20 所示的 Projects(项目)面板。

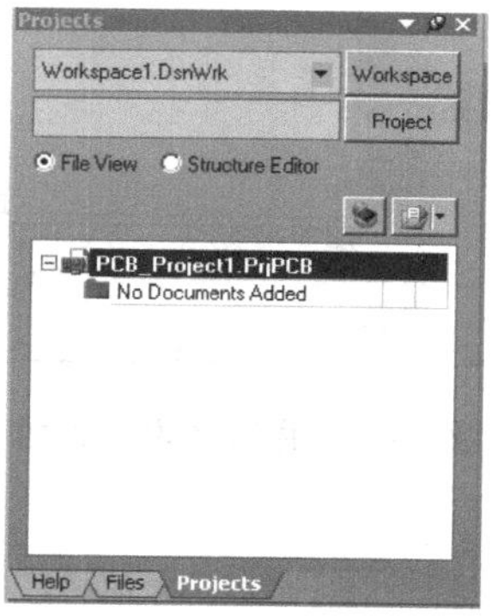

图 1-20　项目面板

提示： 设计项目默认处于 ProjectGroup1.PrjGrp 工作组下，默认的项目文件名为 PCB-Project1.PrjPCB。

(2) 选择 File | Save Project As 命令，弹出保存对话框，为项目重命名，并指定项目保存的路径，如图 1-21 所示。

(3) 单击“保存”按钮，一个新的空项目就创建完成了。

2. 在项目中添加原理图图纸

在 Files 工作面板中的 New 卷展栏中选择 Schematic Sheet 选项，一个名为 Sheet1.SchDoc 的原理图图纸就出现在设计窗口中，如图 1-22 所示，或者通过选择 File | New 子菜单命令，也可以向项目文件夹中添加所需类型的文件。

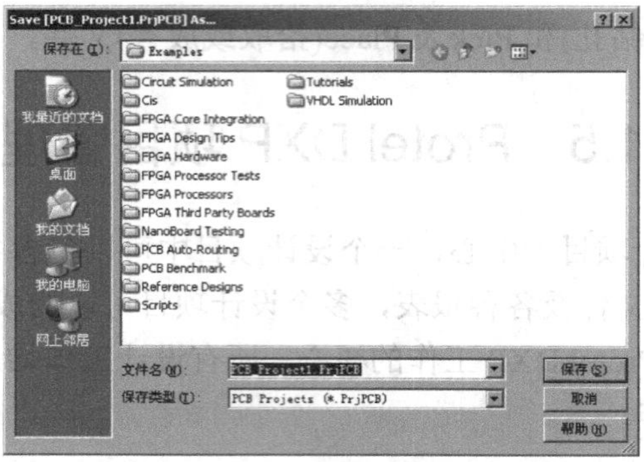

图 1-21　保存项目对话框

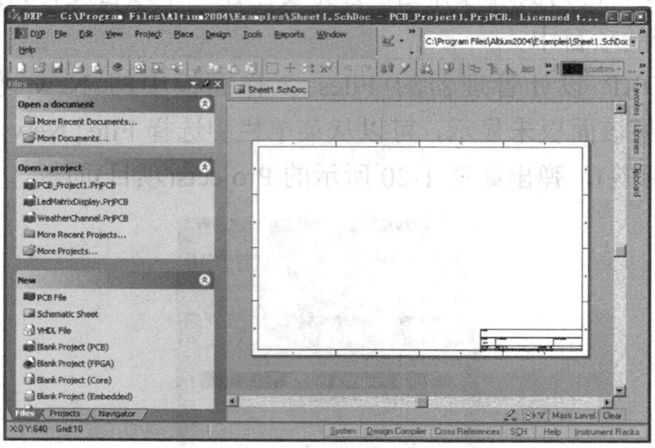

图 1-22　原理图设计界面

3. 打开一个已存在的项目

通过选择 File | Open Project 命令，可以打开一个已存在的项目文件夹。

4. 关闭一个项目文件及编辑窗口

Protel DXP 集成设计环境对于各种设计文件都有类似的操作，前面所讲的有关打开一个项目文件或新建一个项目文件的操作，同样适用于其他类型的文件，打开或新建不同的文件都会自动启动与该类型文件相对应的编辑器。同样，当某个编辑器所支持的文件全部关闭时，该编辑器会自动关闭。

(1) 关闭项目文件夹。右击 Projects 面板中的项目工程，将弹出如图 1-23 所示的快捷菜单，选择 Close Project 命令，可以关闭一个已经打开的项目，此项目中所有的文件也都将关闭，并且会提示用户保存对当前文件所做的修改。

(2) 关闭单个文件。要关闭某个已经打开的文件有三种方法，操作步骤如下。

方法一：在工作区中用鼠标右击要关闭文件的标签，在弹出的快捷菜单中选择 Close 命令。

方法二：在项目管理面板上，用鼠标右击要关闭文件的标签，在弹出的快捷菜单中选择 Close 命令。

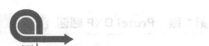

方法三：单击要关闭的文件的标签，使该文件出现在工作区，然后执行 File | Close 菜单命令，即可关闭单个文件。

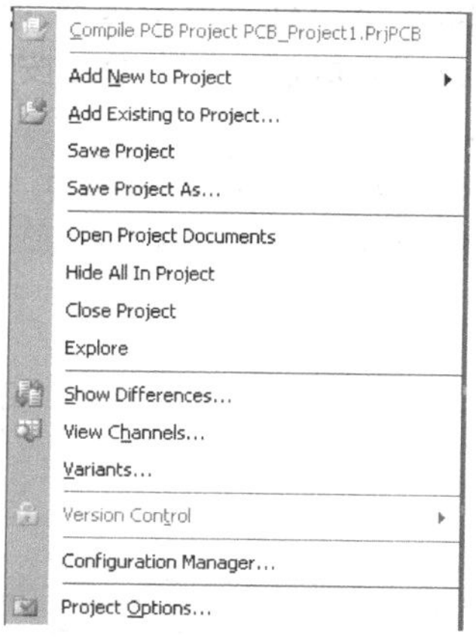

图 1-23　项目右键快捷菜单

1.6　系统设置与编译项目

当一个项目建立之后，应该对其选项进行设置，这些设置包括：比较器设置、ECO(工程变化顺序)生成、输出路径设置、多通道设置、打印输出设置等。当项目完成编译时，将要用到这些设置。

在 Protel DXP 中，一切与项目设置有关的操作都在 Options for PCB Project 对话框中完成，如图 1-24 所示，从主菜单栏中选择 Project | Project Options 命令可以打开该对话框。

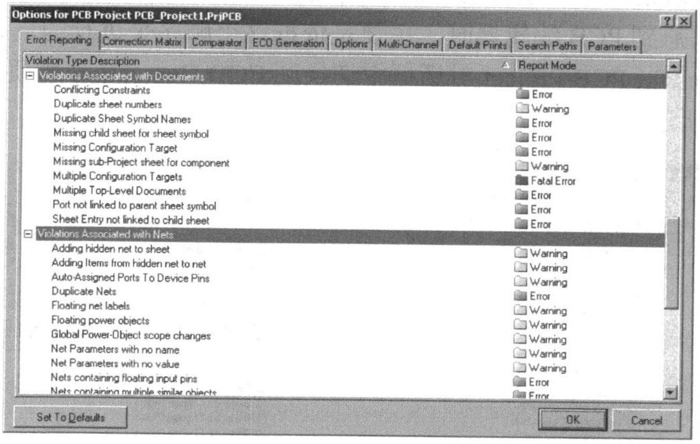

图 1-24　项目设置对话框

1.6.1　比较器设置

Options for PCB Project 对话框中的 Comparator(比较器)选项卡用于设置当一个项目修改时是否给出文件之间的不同，如图 1-25 所示。设置比较器的方法如下。

(1) 切换到Comparator选项卡并在Differences Associated with Components或是其他单元中找到需要设置的选项。

(2) 在选中的选项右边的Mode下拉列表框中选择Find Differences(找到不同点)或是Ignore Differences(忽略不同点)。设置完成后，单击OK按钮，关闭对话框，设置即可生效。

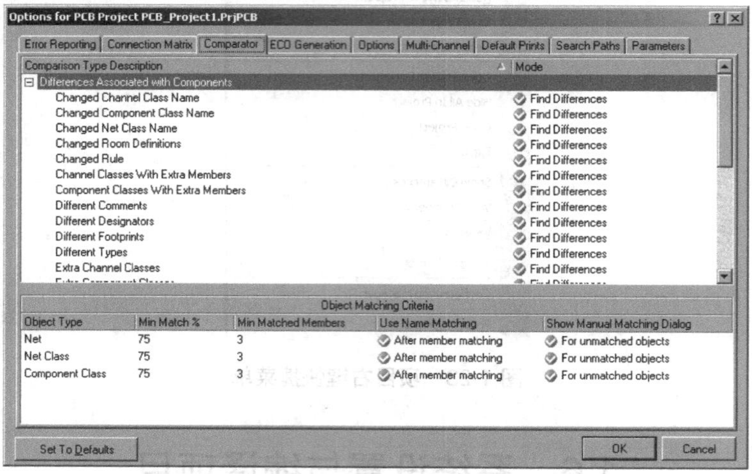

图 1-25 设置比较器

1.6.2 ECO 设置

在如图1-24所示的对话框中切换到ECO Generation选项卡，即可打开ECO(工程变化订单)的设置界面。ECO设置主要用来在生成一个工程变化订单时的修改类型，这个生成过程是基于比较器发现的差别而进行的。ECO的设置对一个项目来说很重要，因为由原理图装载元件和电气信息到PCB编辑器时，主要是依据这个顺序来进行的。该设置方法如下。

(1) 在Options for PCB Project对话框中切换到ECO Generation选项卡，找到要设置的选项。如图1-26所示。

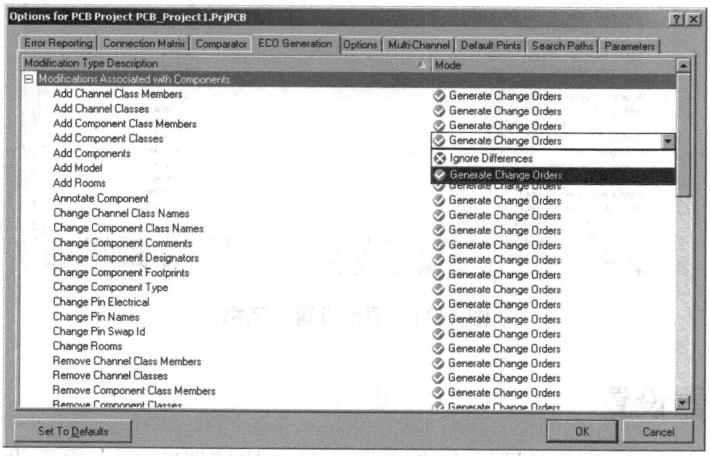

图 1-26 ECO Generation 选项卡

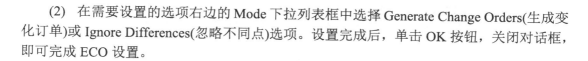

(2) 在需要设置的选项右边的 Mode 下拉列表框中选择 Generate Change Orders(生成变化订单)或 Ignore Differences(忽略不同点)选项。设置完成后，单击 OK 按钮，关闭对话框，即可完成 ECO 设置。

1.6.3 输出路径与网络表设置

输出路径和网络表的设置在 Options for PCB Project 对话框的 Options 选项卡中完成，如图 1-27 所示。其中各项的含义如下。

- Output Path 选项：用来设置输出路径。
- Output Options 选项组：用来设置输出选项。
  - ◆ Open outputs after compile 复选框：编译后打开输出。
  - ◆ Timestamp folder 复选框：输出时间信息文件夹。
  - ◆ Archive project document 复选框：输出项目文件存档。
  - ◆ Use separate folder for each output type 复选框：为每种输出类型使用单独文件夹。
- Netlist Options 选项组：用于设置网络表。
  - ◆ Allow Ports to Name Nets 复选框：允许端口连接到名称网络。
  - ◆ Allow Sheet Entries to Name Nets 复选框：允许原理图输出到名称网络。
  - ◆ Append Sheet Numbers to Local Nets 复选框：添加原理图编号到本地网络。

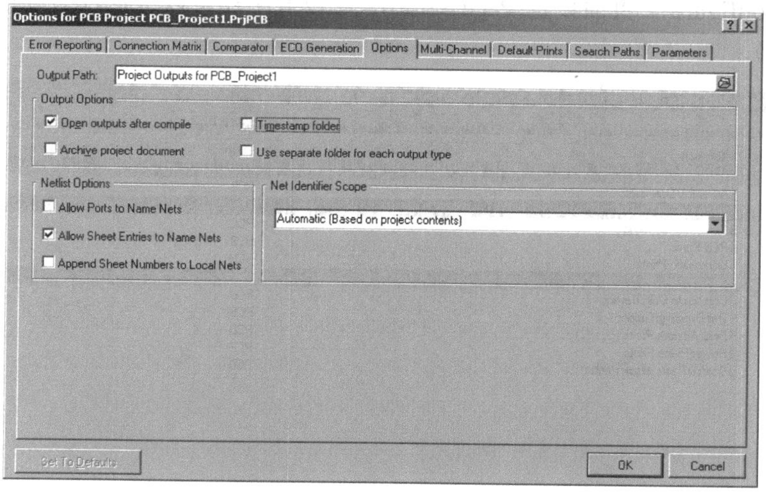

图 1-27 Options 选项卡

1.6.4 多通道设置

Protel DXP 提供了模块化设计的功能，设计人员不但可以实现层次原理图的设计，还可以实现多通道设计。即单个模式多次使用，这可以通过多通道来实现。

在 Options for PCB Project 对话框中切换到 Multi-Channel(多通道设置)选项卡，在该选项卡中，可以设置 Room(方块)的命名格式以及元件的命名格式，如图 1-28 所示。

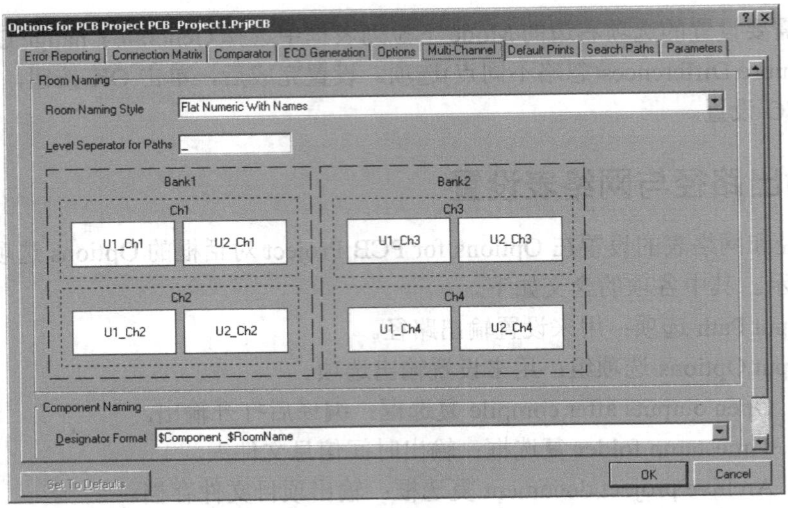

图 1-28　Multi-Channel(多通道设置)选项卡

1.6.5　打印输出设置

打印输出在电路设计中很重要，项目打印输出的设置是在 Options for PCB Project 对话框的 Default Prints(打印设置)选项卡中进行的，如图 1-29 所示。在该选项卡中可以进行输出配置设置(Configure)、页面设置(Page Setup)，在设置中还可以进行打印设置(Print)、打印机设置(Printer)。

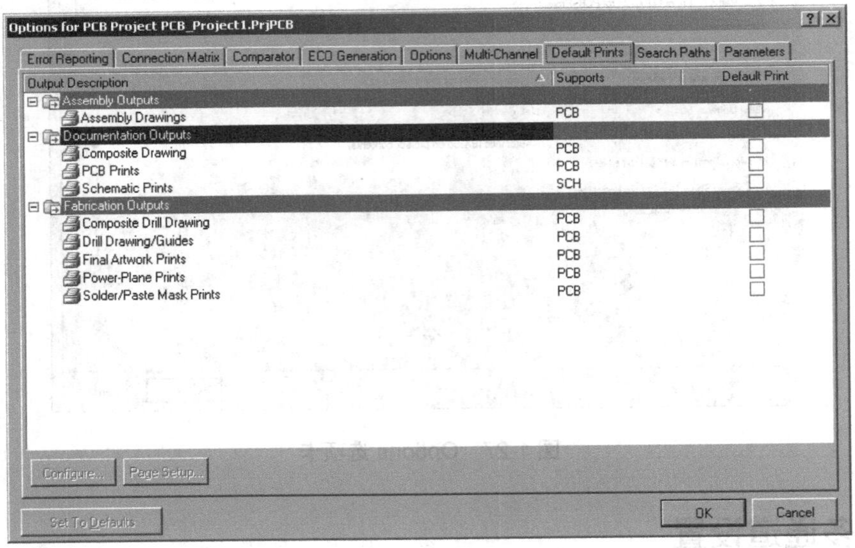

图 1-29　Default Prints(打印设置)选项卡

1.6.6　编译项目

编译一个项目就是在一个调试环境中，检查设计完成的文档草图是否有电气规则错误。

编译项目的步骤如下。

(1) 打开需要编译的项目，选择 Project | Compile PCB Project PCB_Project1.PrjPCB 命令。

(2) 当项目被编译时，检测到的任何错误都将显示在设计窗口下面的 Message 面板中。如果出现错误报告，则需要检查电路图，并确认所有的导线是否连接正确。

1.7　系统参数设置

在 Protel DXP 原理图图纸上右击，在弹出的快捷菜单中选择 Options | Preferences 命令，打开如图 1-30 所示的对话框，可以进行系统参数设置。下面介绍 Preferences 对话框中 Schematic 参数的主要设置。

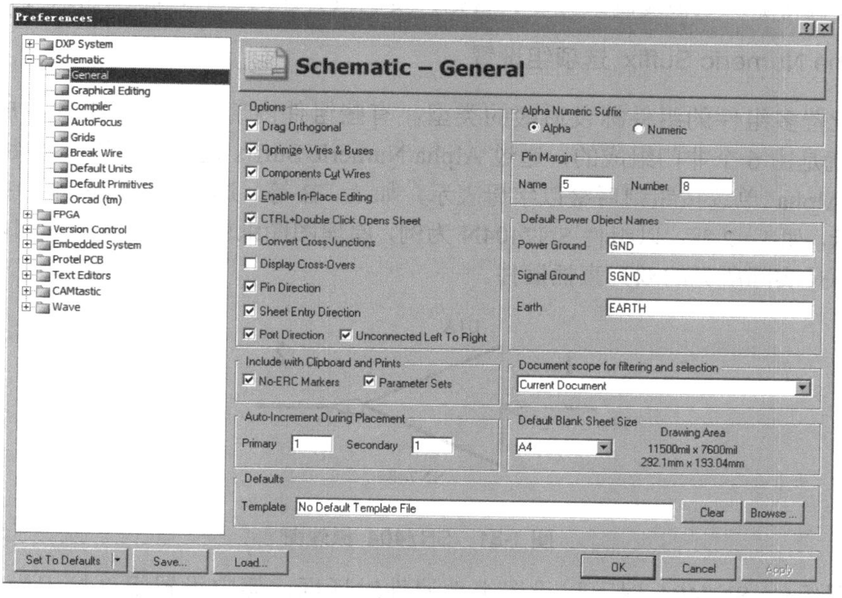

图 1-30　Preferences 对话框

1.7.1　General 选项卡设置

1. Options 选项组设置

Options 选项组主要用来设置连接导线时的一些功能，下面介绍比较常设置的参数含义。

- Drag Orthogonal(直角拖动)复选框：选中该复选框，当拖动组件时，被拖动的导线将与组件保持直角关系。不选中，则被拖动的导线与组件不再保持直角关系。
- Optimize Wires & Buses(导线和总线最优化)复选框：选中该复选框，可以防止不必要的导线、总线覆盖在其他导线或总线上，若有覆盖，系统会自动移除。
- Components Cut Wires(分割导线)：选中该复选框，在将一个组件放置在一条导线上时，如果该组件有两个引脚在导线上，则该导线被组件的两个引脚分成两段，并分别连接在两个引脚上。

- Enable In-Place Editing (编辑使能)复选框：选中该复选框，当鼠标指针指向放置的组件标识、文本、网络名称等文本文件时，单击鼠标可以直接在原理图上修改文本内容。若未选中该选项，则必须在参数设置对话框中修改文本内容。

2. Include with Clipboard and Prints 选项组设置

Include with Clipboard and Prints 选项组主要用来设置使用剪贴板或打印时的参数。

- 选中 No-ERC Markers 复选框，则使用剪贴板进行复制操作或打印时，对象的 No-ERC 标记将随对象被复制或打印。否则，复制或打印对象时，将不包括 No-ERC 标记。
- 选中 Parameter Sets 复选框，则使用剪贴板进行复制操作或打印时，对象的参数设置将随对象被复制或打印。否则，复制或打印对象时，将不包括对象参数。

3. Alpha Numeric Suffix 选项组设置

用于设置多组件的组件标设后缀的类型。有些组件内部是由多组组件组成的，例如 SN7404N 就是由 6 个非门组成的，通过 Alpha Numeric Suffix 选项组可以设置组件的后缀。

选中 Alpha 单选按钮则后缀以字母表示，如 A、B 等。选中 Numeric 单选按钮则后缀以数字表示，如 1、2 等。以组件 SN7404N 为例，原理图图纸就会出现一个非门，如图 1-31 所示，而不是实际所见的双列直插器件。

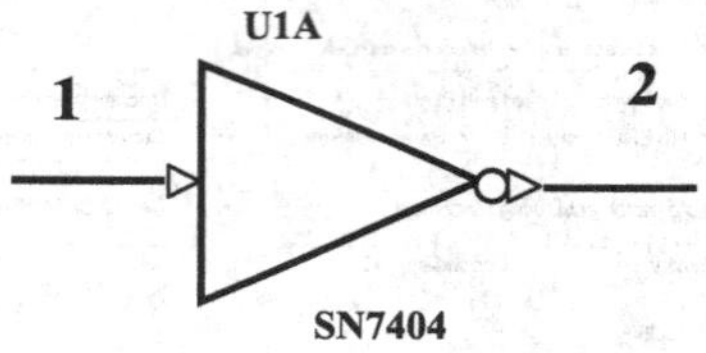

图 1-31 SN7404 原理图

在放置组件 SN7404 时可以设置组件属性对话框，假定设置组件标识为 U1，由于 SN7404 是 6 路非门，在原理图上可以连续放置 6 个非门，如图 1-32 所示。此时可以看到组件的后缀依次为 U1A、U1B 等，按字母顺序递增。

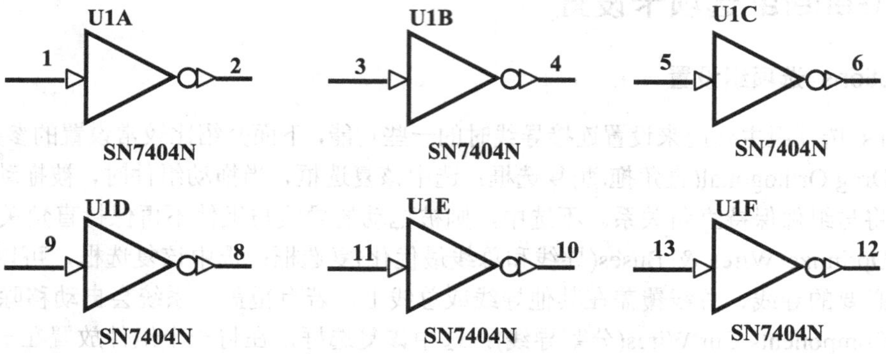

图 1-32 选择 Alpha 后的 SN7404 原理图

在选中 Numeric 单选按钮的情况下，放置 SN7404 的 6 个非门后的原理图如图 1-33 所示，可以看到组件后缀的区别。

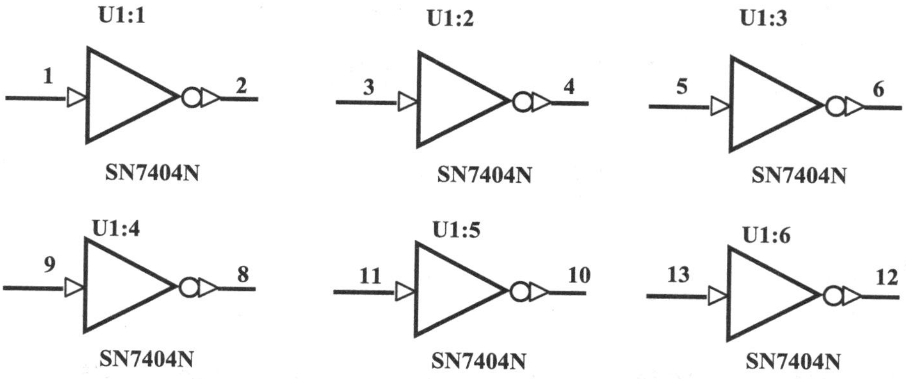

图 1-33 选择 Numeric 后的 SN7404N 原理图

4. Pin Margin 选项组设置

其功能是设置元件上的引脚名称、引脚号码和组件边缘间的间距。其中：Name 文本框设置引脚名称与组件边缘间的间距；Number 用于设置引脚符号与组件边缘间的间距。图 1-34 中给出了引脚符号与组件边缘的间距和引脚名称与组件边缘的间距。

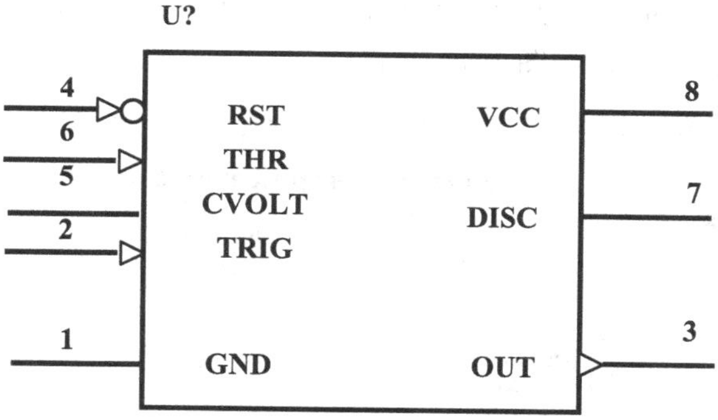

图 1-34 组件引脚符号、名称的位置设置

5. Default Power Object Names 选项组设置

Default Power Object Names 选项组用于设置电源端子的默认网络名称，如果该选项组中的文本框为空，电源端子的网络名称将由设计者在电源属性对话框中设置，具体设置如下。

- Power Ground 文本框：表示电源地。系统默认值为 GND。在原理图上放置电源和接地符号后，打开电源和接地属性对话框，如图 1-35 所示。如果此处设置为空，那么在原理图上放置电源和接地符号后，打开电源和接地属性对话框，如图 1-36 所示。注意 Net 文本框的区别。
- Signal Ground 文本框：表示信号地，系统默认设置为 SGND。

● Earth 文本框：表示接地，系统默认设置为 EARTH。

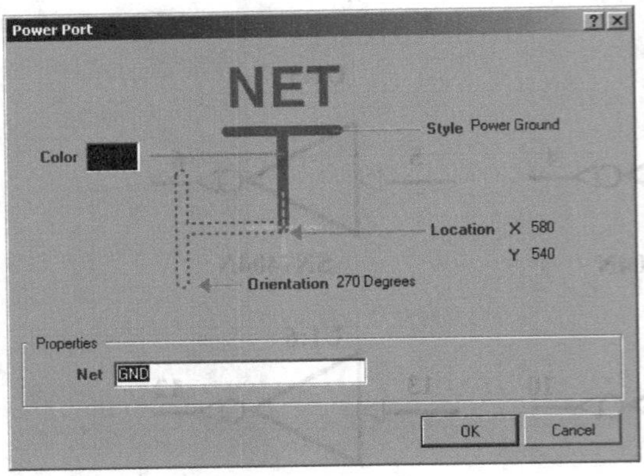

图 1-35　采用系统默认设置的电源属性对话框

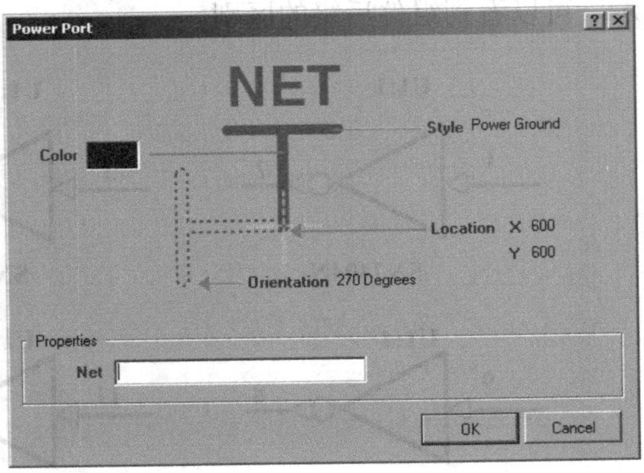

图 1-36　设置 Power Ground 为空时的电源属性对话框

6. Document scope for filtering and selection 选项组设置

Document scope for filtering and selection 选项组用于设定给定选项的适用范围，可以只应用于 Current Document(当前文档)或用于所有 Open Documents(打开的文档)。

1.7.2　Graphical Editing 选项卡的设置

在如图 1-30 所示 Preferences(系统参数设置)对话框中，单击 Graphical Editing 标签，切换到 Graphical Editing 选项卡，如图 1-37 所示。

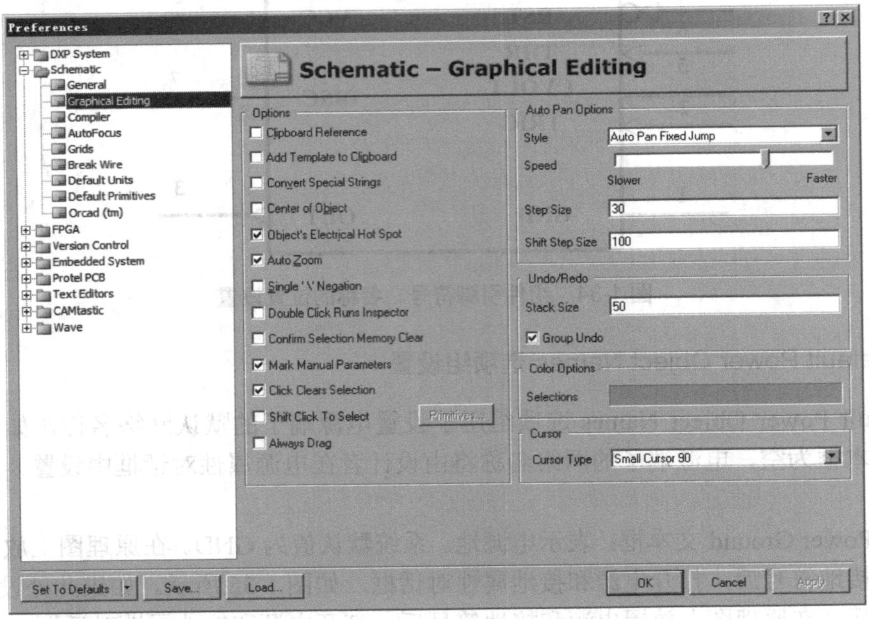

图 1-37　Graphical Editing 选项卡

1. Options 选项组设置

Options 选项组主要包括如下设置。

- Clipboard Reference 复选框：用于设置将选取的组件复制或剪切到剪贴板时，是否要指定参考点。如果选中此复选框，进行复制或剪切操作时，系统会要求指定参考点，这对于复制一个将要粘贴回原来位置的原理图部分非常重要，建议选定此项。
- Add Template to Clipboard 复选框：选中该复选框，当执行复制或剪切操作时，系统会把模板文件添加到剪贴板上。若取消选中该复选框，可以直接将原理图复制到 Word 文档。系统默认为选中状态，建议用户取消选中该复选框。
- Convert Special Strings 复选框：用于设置将特殊字符串转换成相应的内容，选中此复选框时，在电路图中将显示特殊字符串的内容。
- Center of Object 复选框：该复选框的功能是设定移动组件时，游标捕捉的是组件的参考点还是组件的中心。要想实现该选项的功能，必须取消选中 Object's Electrical Hot Spot 复选框。
- Object's Electrical Hot Spot 复选框：选中该复选框后，将可以通过距对象最近的电气点移动或拖动对象。建议用户选中该复选框。
- Auto Zoom 复选框：用于设置插入组件时，原理图是否可以自动调整视图的显示比例，以适合显示该组件。
- Single '\' Negation 复选框：选中该复选框后，可用'\'符号表示对某字符取反。
- Double Click Runs Inspector 复选框：选中该复选框，当在原理图上双击一个对象组件时，弹出的不是 Component Properties(组件属性)对话框，而是 Inspector 对话框。建议不选中该选项。
- Click Clears Selection 复选框：选中该选项，可通过单击原理图编辑窗口内的任意位置来取消对象的选取状态。不选中此项时，取消组件被选中状态需要执行菜单命令 Edit | Deselect 或单击工具栏图标按钮取消组件的选中状态。选定该选项时取消组件的选取状态可以有两种方法：其一，直接在原理图编辑窗口的任意位置单击鼠标左键，就可以取消组件的选取状态。其二，选择 Edit | Deselect 命令或单击工具栏图标按钮来取消组件的选定状态。

2. Auto Pan Options 选项组设置

Auto Pan Options 选项组主要用于设置系统的自动摇景功能。自动摇景是指当鼠标指针处于放置图纸组件的状态时，如果将指针移动到编辑区边界上，则图纸边界自动向窗口中心移动。

- Style 下拉列表框：单击该选项右边的下三角按钮，展开如图 1-38 所示下拉列表，其各项功能如下。
    - ◆ Auto Pan Off：取消自动摇景功能。
    - ◆ Auto Pan Fixed Jump：以 Step Size 和 Shift Step Size 所设置的值进行自动移动。
    - ◆ Auto Pan ReCenter：重新定位编辑区的中心位置，即以游标所指的边为新的编辑区中心。

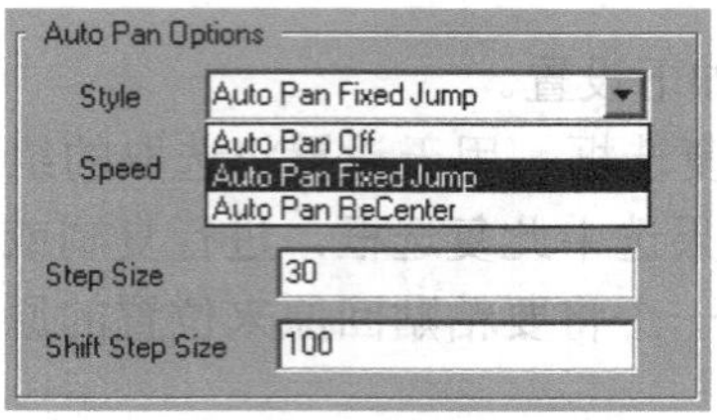

图 1-38　Style 下拉列表

- Speed 选项：通过调节滑块设定自动移动速度。
- Step Size 文本框：用于设置滑块每一步移动的距离值。
- Shift Step Size 文本框：用于设置加速状态下的滑块按步骤移动的距离值。

3. Cursor 选项组设置

Cursor 选项组用于设置游标和格点的类型，主要包括如下设置。

- Cursor Type：用于设置组件和拖动组件时出现的游标类型设置。单击右边的下三角按钮，将弹出如图 1-39 所示下拉列表。其设置如下。
  - ◆ Large Cursor 90：将游标设置为由水平线和垂直线组成的 90° 大游标。
  - ◆ Small Cursor 90：将游标设置为由水平线和垂直线组成的 90° 小游标。
  - ◆ Small Cursor 45：将游标设置为 45° 相交线组成的小游标。

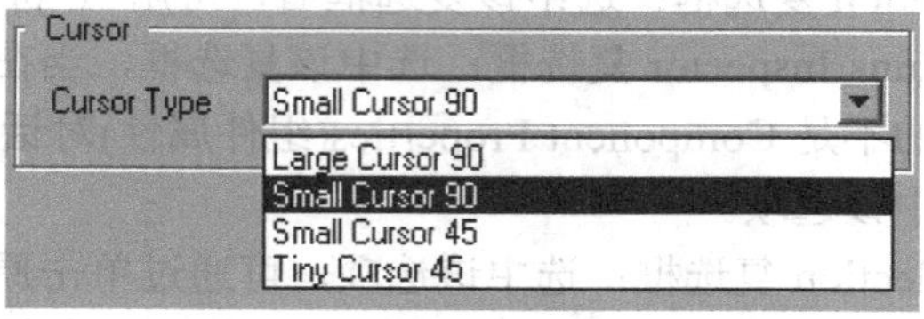

图 1-39　Cursor Type 下拉列表

4. Undo/Redo 选项组设置

Undo/Redo 选项组中的 Stack Size 文本框，用于设置取消和重做的次数。

5. Color Options 选项组设置

Color Options 选项组主要包括如下设置。

Selections 颜色块：用于设置所选中的对象组件的高亮颜色，即在原理图上选取某个对象组件，则该对象组件被高亮显示。单击其右边的颜色属性框可以打开颜色设置对话框，选择高亮显示颜色。

1.7.3　Default Primitives 选项卡的设置

在 Preferences(系统参数设置)对话框中，单击 Default Primitives 标签，切换到 Default Primitives 选项卡，如图 1-40 所示。

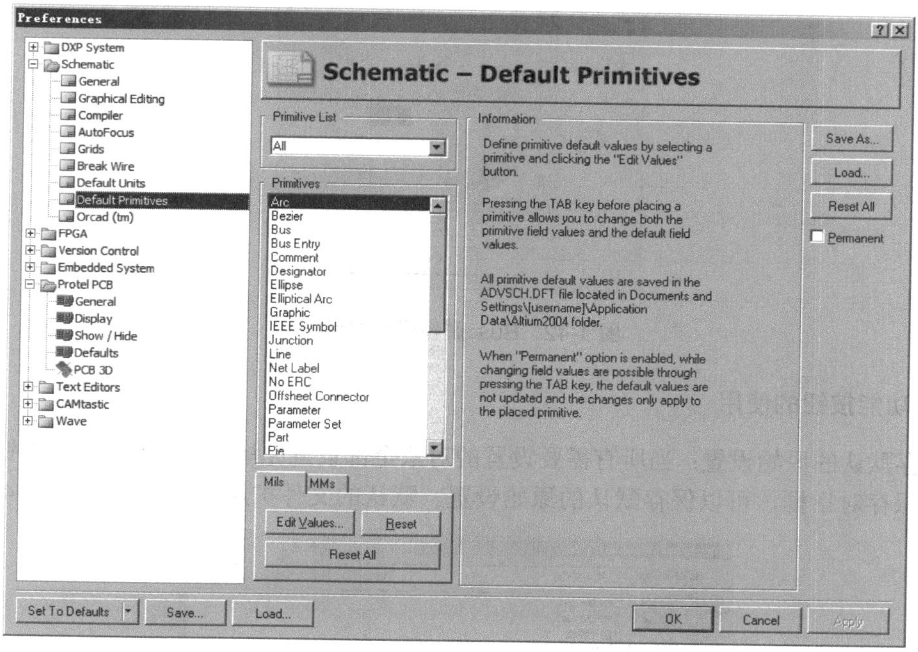

图 1-40　Default Primitives 选项卡

1. Primitive List 选项组设置

在 Primitive List 选项组中，单击其下三角按钮，将弹出如图 1-41 所示下拉列表。选定下拉列表中的某一类别，该类型所包括的对象将在 Primitives 列表框中显示。其中，All 指全部对象；Wiring Objects 指绘制电路原理图工具栏所放置的全部对象；Drawing Objects 指绘制非电气原理图工具栏所放置的全部对象；Sheet Symbol Objects 指绘制层次图时与子图有关的对象；Library Objects 指与组件库有关的对象；Other 指上述类别未包括的对象。

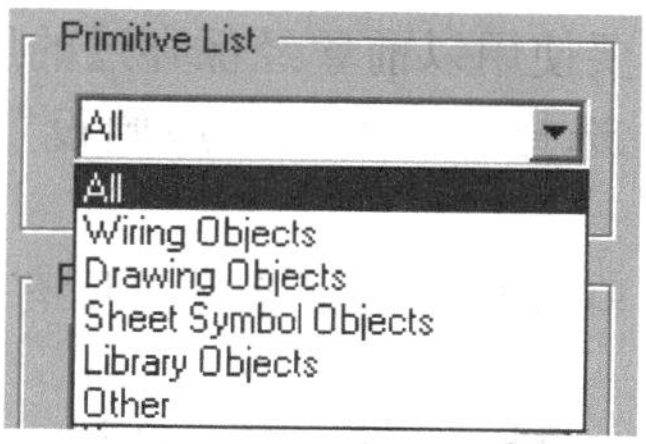

图 1-41　Primitive List 下拉列表

2. Primitives 选项组设置

在 Primitives 列表框中选定某个对象，例如选中 Bus，单击 Edit Values 按钮，将弹出 Bus 属性设置对话框，如图 1-42 所示。修改相应的参数设置，单击 OK 按钮返回。

如果在此处修改相关的参数，那么在原理图上绘制总线时默认的总线属性就是修改过的总线属性设置。

在 Primitives 列表框选中某一对象，单击 Reset 按钮，则该对象的属性将复位到初始状态。

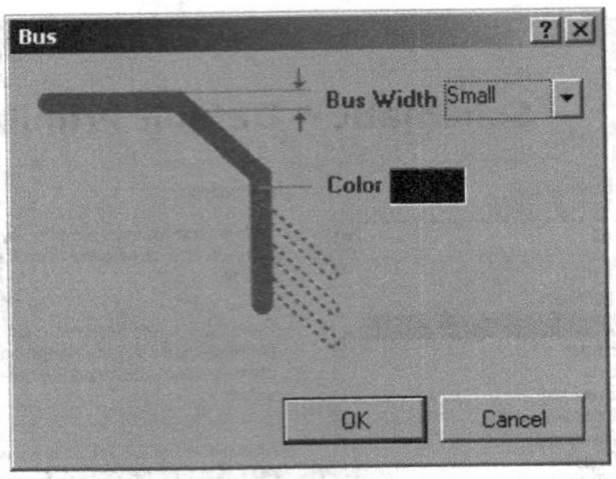

图 1-42　Bus 属性设置对话框

3. 功能按钮的使用

保存默认的原始设置：当所有需要设置的对象全部设置完毕，单击 Save As 按钮，将弹出文件保存对话框，可以保存默认的原始设置。默认的文件扩展名为.dft，如图 1-43 所示。

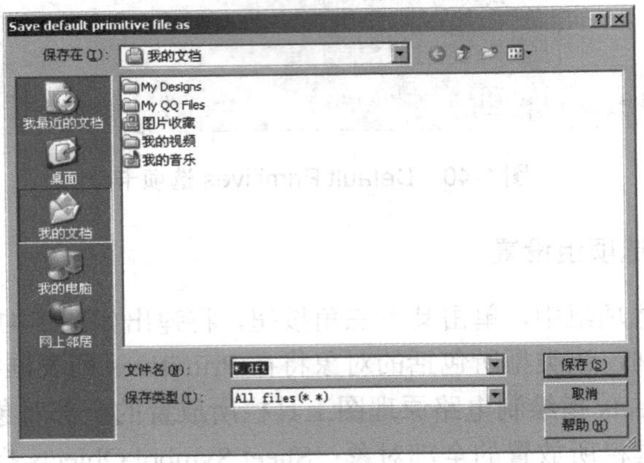

图 1-43　保存配置文件对话框

- 加载默认的原始设置：要使用以前曾经保存过的原始设置，可以单击 Load 按钮，弹出打开文件对话框，选择一个默认的原始设置文件就可以加载默认的原始设置了。
- 恢复默认的原始设置：单击 Reset All 按钮，所有对象的属性都将回到初始状态。

本 章 习 题

一、填空题

1. 电路设计自动化简称______，是指将电路设计中的各种工作交由计算机来协助完成。

2. Protel DXP 从功能上可以分为：____________、____________、____________和____________。

3. 安装好 Protel 以后，可以从____________________菜单启动程序。

4. Protel DXP 中以____________为中心，一个设计项目中可以包含各种设计文件。

5. Protel DXP 提供了模块化设计的功能，设计人员不但可以实现层次原理图的设计，还可以实现____________设计。

二、选择题

1. 在 Options for PCB Project 的 Options 选项卡中，(　　)用来设置输出路径。
   A. Output Path　　B. Output Options
   C. Open outputs after compile　　D. Timestamp folder
2. 在 Options for PCB Project 的 Options 选项卡中，(　　)用来设置输出选项。
   A. Output Path　　B. Output Options
   C. Open outputs after compile　　D. Timestamp folder
3. 在 Options for PCB Project 的 Options 选项卡中，(　　)编译后打开输出。
   A. Output Path　　B. Output Options
   C. Open outputs after compile　　D. Timestamp folder
4. 在 Options for PCB Project 的 Options 选项卡中，(　　)是时间信息文件夹。
   A. Output Path　　B. Output Options
   C. Open outputs after compile　　D. Timestamp folder
5. 在 Option for Project 的 Option 选项卡中，(　　)用于项目文件存档。
   A. Output Path　　B. Output Options
   C. Open outputs after compile　　D. Archive project document

三、问答题

1. 简述原理图编辑系统的功能特点有哪些。
2. 简述 PCB 模块的特点有哪些。
3. 简述如何设置 Protel DXP 系统的参数。

第 2 章　Protel DXP 原理图设计基础

本章内容提示

电路原理图是整个电路设计的核心和灵魂，它除了承载了电子设计师的设计思想外，在印制电路板的设计过程中，还为各个元件的连接提供了依据。从本章开始，将正式进入 Protel DXP 电路设计系统的讲解。本章主要讲解原理图的基本知识，以及在 Protel DXP 中进行原理图设计的基本操作方法。

学习要点

- 电路原理图基础
- 原理图编辑器界面的管理方法
- 工作区参数的设置
- 设置图纸参数的方法
- 一些其他参数的设置

2.1　Protel DXP 原理图的设计步骤

鉴于原理图对于电路设计的重要性，以及原理图设计的好坏直接决定了电路设计的成功与否，因此，我们必须掌握原理图的设计方法。

2.1.1　设计印制电路板的一般步骤

设计印制电路板是从绘制电路原理图开始的，一般来说，设计印制电路板基本上有如下 4 个步骤。

1)　原理图的设计

原理图的设计主要是指用 Protel 的原理图设计环境来绘制一张正确、清晰的电路原理图，这是本章的讲解重点。该图不但可以准确表达电路设计者的设计意图，同时可以为后续工作打下良好的基础。

2)　生成网络表

网络表是原理图与印制电路板之间的桥梁，网络表可以通过原理图生成，也可以从印制电路板中获取。该内容在第 5 章 5.2 节中会详细讲解。

3)　印制电路板的设计

印制电路板主要是依据原理图，来实现电路板板面设计，完成高难度的布线工作。

4)　生成印制电路板并送生成厂家加工

印制电路板设计完成后，还需要生成相关的报表，打印电路板图，最后送厂家生产。

2.1.2　设计 Protel DXP 原理图的一般步骤

电子电路的设计基础是原理图的设计，原理图设计的好坏将直接影响后续工作的开展。一般而言，原理图的设计步骤如图 2-1 所示。

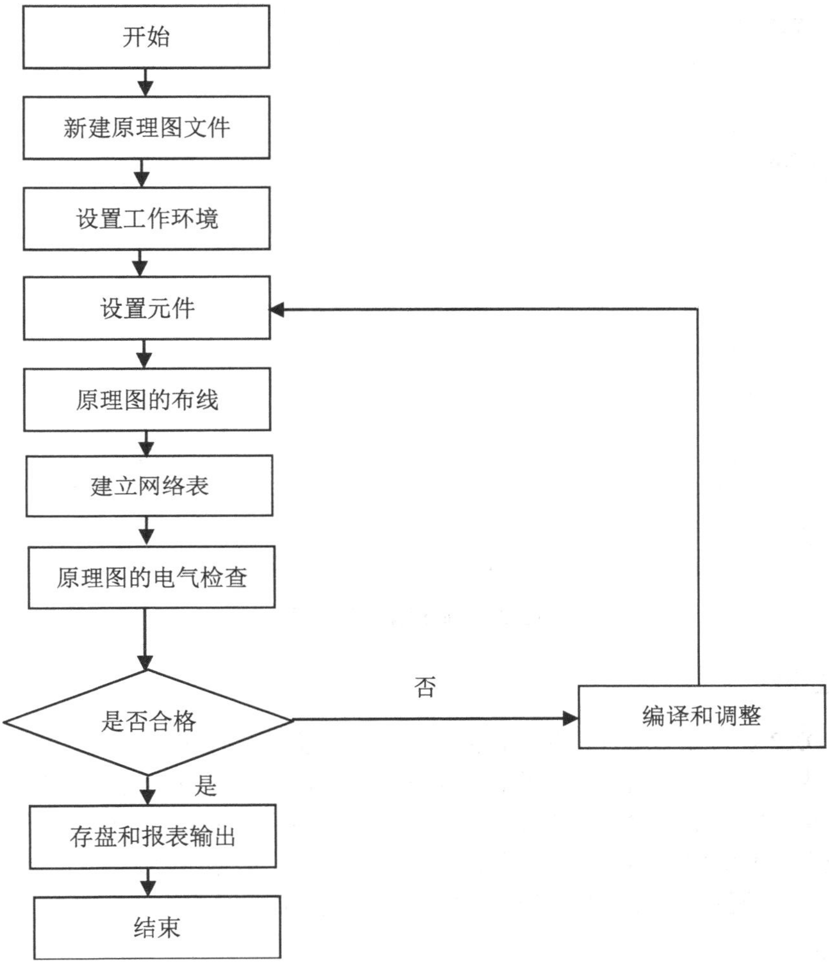

图 2-1　Protel DXP 原理图的设计步骤

1. 启动 Protel DXP 原理图编辑器

在设计原理图之前，首先要进行构思，即必须知道所设计的项目需要使用哪些电路，然后创建一个新的项目，或打开一个项目文件夹，在该项目中添加一个新的原理图设计图纸(具体方法参见第 1 章)，原理图设计界面如图 2-2 所示。

2. 设置原理图图纸信息

根据实际电路的复杂程度来设置图纸的大小。在电路设计的整个过程中，图纸的大小都可以不断地调整，设置合适的图纸大小是完成原理图设计的第一步。在这一步中，可以根据要设计的电路图的实际内容，个人绘图习惯，或是具体的图纸要求，设置图纸的大小、方向，以及图纸的设计信息，如设计者姓名、设计日期、修改日期等。

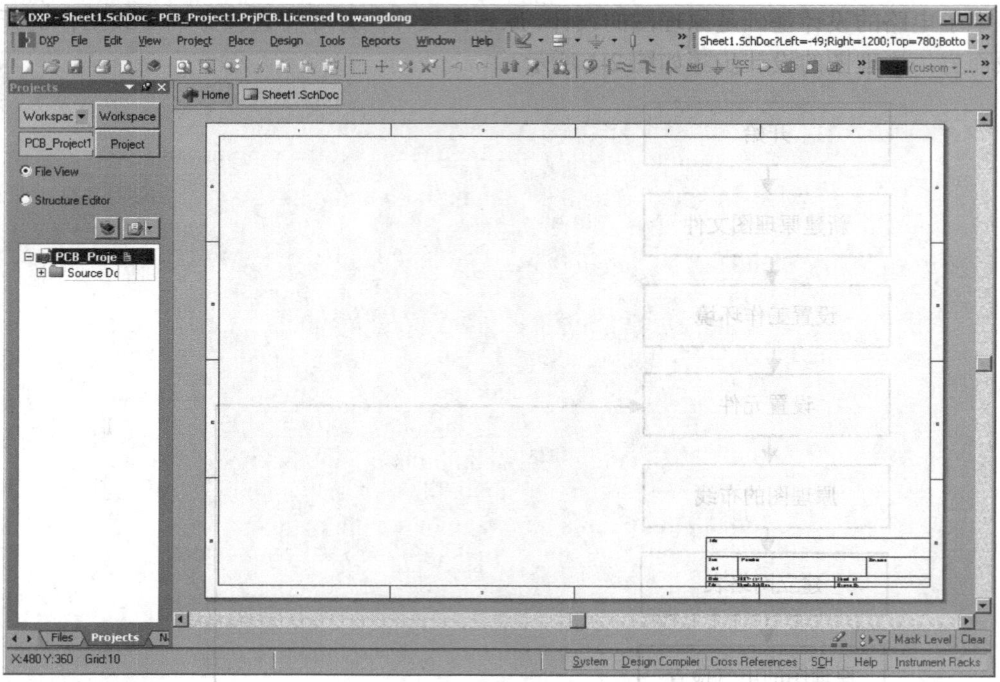

图 2-2　原理图设计界面

3. 放置元件

Protel DXP 拥有众多芯片厂家提供的大量种类齐全的元件库，但不是每个厂家的每个元件在设计中都会用到，因此，设计者在设计时，可以有选择地装载元件库，以便在设计过程中能简单、方便地查找和使用元件，提高设计效率。从组件库中选取组件，布置到图纸的合适位置，并对组件的名称、封装进行定义和设定，根据组件之间的走线等联系对组件在工作平面上的位置进行调整和修改使得原理图美观而且易懂。

4. 布线

根据原理图清晰美观的要求，调整元件在图纸上的位置；然后根据实际电路的需要，利用 SCH 提供的各种工具、指令将调整好位置的元件用具有实际电气意义的导线、网络标号连接起来，使各个元件之间具有用户设计的电气连接。

5. 建立网络表

完成上面的步骤以后，就可以看到一张完整的电路原理图了，但是要完成电路板的设计，就需要生成一个网络表文件。网络表是电路板和电路原理图之间的重要纽带。

6. 原理图的电气检查

当完成原理图布线后，需要设置项目选项来编译当前项目，利用 Protel DXP 提供的各种校验工具，根据设计规则，对所设计的原理图进行检查，并做进一步的调整，以确保原理图准确无误。

7. 编译和调整

如果原理图已通过电气检查，那么原理图的设计就完成了。对于一般的电路设计而言，尤其是较大的项目，通常需要对电路进行多次修改才能够通过电气检查。

8. 存盘和报表输出

在 Protel DXP 中，可以利用各种报表工具生成报表(如网络表、组件清单等)，同时可以对设计好的原理图和各种报表进行存盘和输出打印，为印制电路板的设计做好准备。

2.2 基本操作

Protel DXP 的原理图设计主要是通过菜单命令或工具栏来实现的。为了提供工作效率，用户需要熟悉菜单栏和工具栏的使用。

2.2.1 工具栏或下拉列表的设置

Protel DXP 原理图设计界面一共有多个工具栏与下拉列表，分别是 Drawing(绘图下拉列表)、Formatting(格式工具栏)、Mixed Sim(混合信号模拟工具栏)、Power Objects(电源及接地下拉列表)、Schematic Standard(原理图标准工具栏)、Wiring(布线工具栏)、CUPL PLD(PLD 工具栏)、Digital Object(数字电路元件工具栏)、Project(项目工具栏)、SI(信号完整性分析工具栏)，Utilities(常用元件工具栏)和 Simulation Sources(仿真信号源工具栏)，其中常用工具栏或下拉列表的显示和关闭方法如下。

1. 原理图标准工具栏

通过选择 View | Toolbars | Schematic Standard 命令可以打开原理图标准工具栏，如图 2-3 所示。通过再次选择 View | Toolbars | Schematic Standard 命令，可以关闭原理图标准工具栏。或者是单击工具栏上的按钮，也能关闭原理图标准工具栏。以下各工具栏均可按此方法关闭。

2. 原理图布线工具栏

通过选择 View | Toolbars | Wiring 命令，可以打开和关闭原理图布线工具栏。打开后的工具栏如图 2-4 所示。

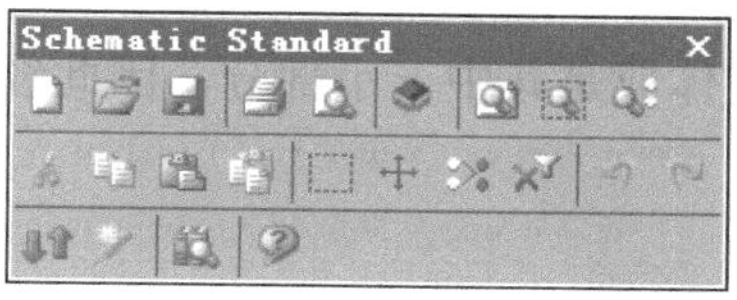

图 2-3 原理图标准工具栏

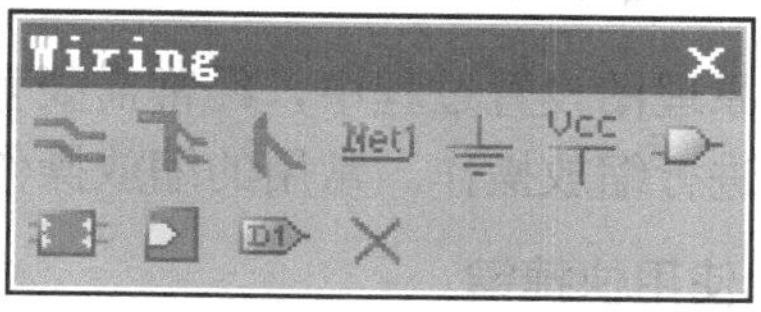

图 2-4 原理图布线工具栏

3. 绘图下拉列表

通过单击 Utility Tools 下三角按钮，弹出下拉列表，可以打开和关闭绘图下拉列表。打开后的下拉列表如图 2-5 所示。

4. 电源及接地下拉列表

通过单击 Power Sources 下三角按钮，弹出下拉列表，可以打开和关闭电源及接地下拉列表，打开后的下拉列表如图 2-6 所示。

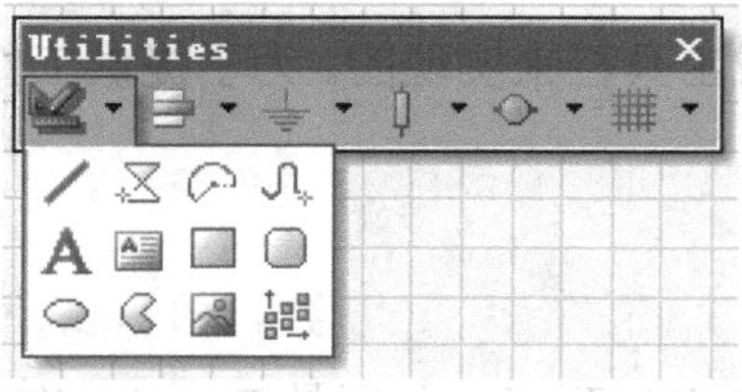

图 2-5　绘图下拉列表

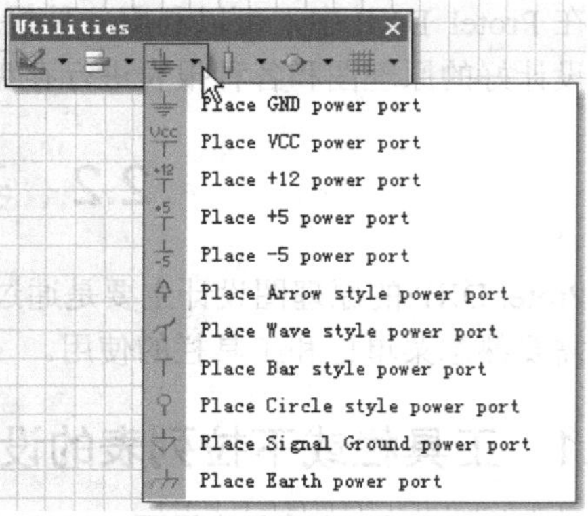

图 2-6　接地符号下拉列表

5. 常用元件下拉列表

通过单击 Digital Devices 下三角按钮，弹出下拉列表，可以打开和关闭常用元件下拉列表，打开后的下拉列表如图 2-7 所示。

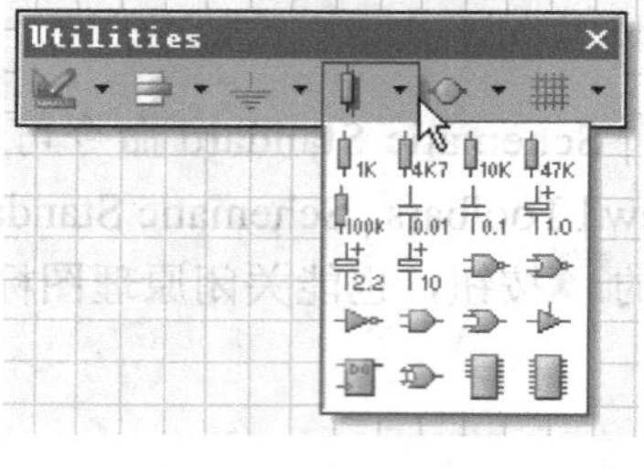

图 2-7　常用元件下拉列表

2.2.2　图纸操作

在原理图设置过程中，经常需要查看原理图的整体或是其中一小部分，因此经常需要对图纸进行缩放操作。常用的缩放操作有三种方式。

1. 使用快捷键

- 区域放大：按 PageUp 键，可使绘图区放大。
- 区域缩小：按 PageDown 键，可使绘图区缩小。

● 移至中心：按 Home 键，可使绘图区以鼠标指针为中心移动。
● 图纸更新：按 Enter 键，可以更新图纸画面。
● 区域移动：按通过方向键：上(↑)键、下(↓)键、左(←)键、右(→)键，可以在四个方向上移动图纸。

提示：按↑键可查看图纸上方的内容，按←键可查看图纸左侧的内容，按↓键可下移查看图纸下方的内容，按→键可查看图纸右侧的内容。

2. 通过原理图标准工具栏

● 区域放大：单击 Zoom Area 按钮，在绘图区域中单击即可进行区域放大。
● 区域缩小：单击 Fit All Objects 按钮，可进行区域缩小。
● 浏览整画：单击 Zoom Selected 按钮，可进行浏览整画。

3. 利用菜单方式

● 区域缩小：选择 View | Zoom Out 命令，可以缩小绘图区。
● 比例显示：选择 View 菜单中的 50%、100%、200%命令，可以按比例显示绘图区域。
● 浏览整图：选择 View | Fit Document 命令，可以显示整个电路图。
● 浏览全部：选择 View | Fit All Objects 命令，可以显示所画的电路图。
● 局部放大：选择 View | Area 命令后，将鼠标指针移动到所要显示区域的左上角并单击鼠标左键，然后将鼠标指针移动到要显示区域的右下角并单击鼠标左键，即可放大所选的区域。
● 中心放大：选择 View | Around Point 命令，然后将鼠标指针放到要放大区域的中心，然后单击，将鼠标移到要显示区域，再次单击，即可放大所选的区域。

在绘制一张图之前，首先应该对图纸进行合理的设置，使其更符合工作的要求，合适的设置有利于原理图的绘制与打印，为绘制工作带来便利。

2.2.3 原理图图纸的设置

原理图环境的设置主要是指图纸和鼠标指针的设置。绘制原理图首先要设置图纸，如设置纸张大小、标题框、设计栏信息等，确定图纸栏的有关参数。图纸上的鼠标指针可以为放置元件、连接线路带来很大便利。

1. 选择图纸

通常选择图纸有两种方式：选择标准图纸和自定义图纸大小。下面就对这两种方法进行具体说明。

1) 选择标准图纸

选择 Design | Document Options 命令，弹出如图 2-8 所示的对话框，切换到 Sheet Options 选项卡，单击 Standard Style 选项组中 Standard styles 下拉列表框的下三角按钮，在弹出的下拉列表中有各种标准的英制和公制图纸可供选择。用户可以根据实际需要选择合适的

图纸。

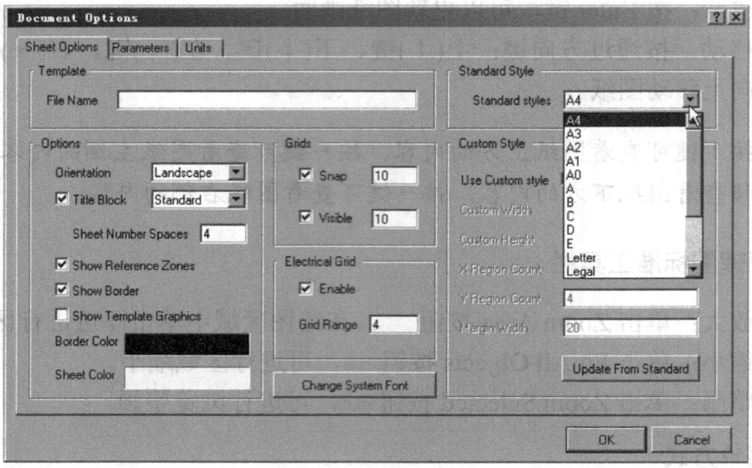

图 2-8　图纸设置

2)　自定义图纸大小

如果系统提供的图纸不能满足用户的实际需要，用户也可以自己设置图纸的大小，在 Custom Style 选项组中选中 User Custom style 复选框，即可激活自定义图纸功能。在此处有五个设置参数，各项的含义如下。

- Custom Width 文本框：设置图纸的宽度。
- Custom Height 文本框：设置图纸的高度。
- X Region Count 文本框：设置 X 轴参考坐标分格数。
- Y Region Count 文本框：设置 Y 轴参考坐标分格数。
- Margin Width 文本框：设置边框的宽度。

完成以上参数的设置后，单击 Update From Standard 按钮，即可自定义一张图纸。

2. 设置图纸的方向

在如图 2-8 所示的选项卡中，Options 选项组中的 Orientation 下拉列表框用来设置图纸的方向，单击 Orientation 下拉列表框的下三角按钮，有两个选项可供选择，即 Landscape 风景画方式(横向放置)和 Portrait 素描方式(纵向方式)，用户可以根据自己的实际需要选择合适的图纸走向。

3. 设置图纸的颜色

图纸的颜色包括图纸的边框颜色(Border Color)和图纸颜色(Sheet Color)。

1)　边框颜色

边框颜色默认为黑色，如果需要改为其他颜色，可以单击图 2-8 中 Border Color 右边的颜色块，弹出一个颜色选择对话框，如图 2-9 所示，在 Basic 选项卡中有系统提供的 239 种颜色可供选择，选中颜色后单击 OK 按钮来确定。如果需要也可以单击 Add to Custom Colors 按钮来自定义颜色，New 显示的是刚选定的颜色，Current 显示的是原来的颜色。同理也可以在 Standard 选项卡或 Custom 选项卡中选择颜色。

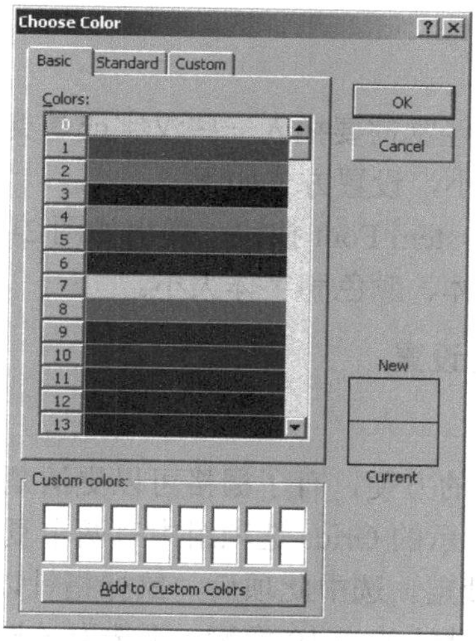

图 2-9　颜色选择对话框

2)　图纸颜色

单击图 2-8 中 Sheet Color 右边的颜色块，在弹出的颜色选择对话框中可以选择图纸的颜色，方法与选择边框颜色相同。

4. 设置图纸的标题栏

在如图 2-8 所示的选项卡中，Options 选项组中的 Title Block 复选框和其下拉列表框用来设置图纸标题栏的内容。该选项有两种选择，分别是 Standard(标准类型)和 ANSI(美国国家标准协会类型)。两种标题栏如图 2-10 所示。

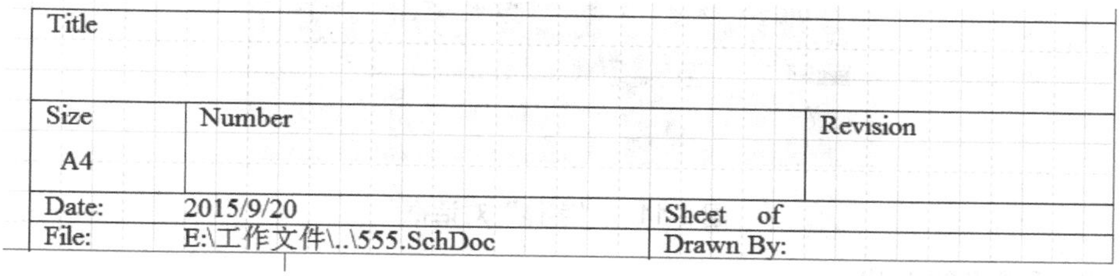

(a) 标准类型

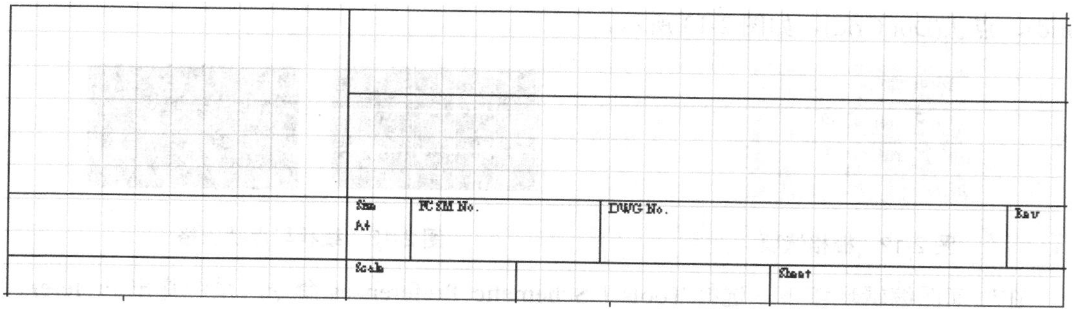

(b) ANSI 类型

图 2-10　图纸标题栏类型

5. 设置系统字体

在 Protel DXP 中，图纸上经常需要插入一些汉字或是英文的说明性文字。系统可以为这些文字设置合适的字体和大小，设置方式如下。

单击图 2-8 中的 Change System Font 按钮，弹出如图 2-11 所示的“字体”对话框，在此对话框中可以选择合适的字体、颜色和字体大小。

6. 图纸的栅格与鼠标指针设置

1) 图纸栅格可视性

图纸上的栅格是为了设计的方便，有了栅格可以更清楚地知道元件放置的位置，也能更好地排列元件。在图 2-12 所示的 Grids 选项组中有两个复选框。

- Snap 复选框：栅格锁定。选中此项后，鼠标指针以 Snap 选项右侧的值为基本单位进行移动，系统的默认值为 10 像素。不选取该选项，则鼠标指针将以 1 个像素为单位移动。
- Visible 复选框：栅格可视。选择后在图纸上显示栅格，系统默认的栅格距离为 10 个像素。

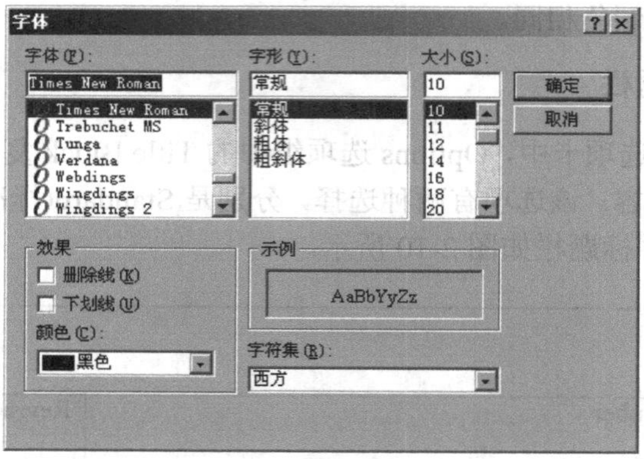

图 2-11 “字体”对话框

2) 图纸栅格的形状

在 Protel DXP 中，不但可以设置栅格的可视性，还可以选择栅格的形状，如线状(Line Grid)、点状(Dot Grid)，如图 2-13 所示。

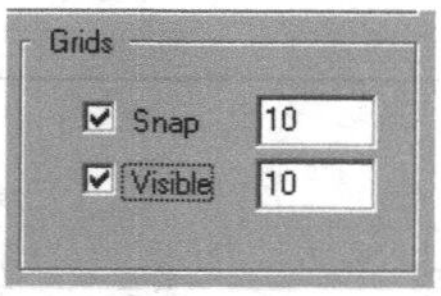

图 2-12 栅格选项

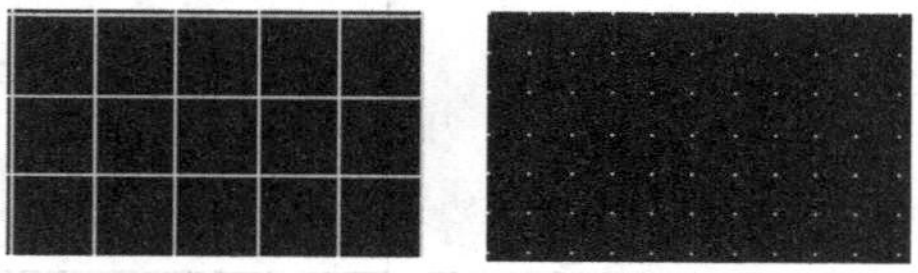

图 2-13 线状与点状栅格

在原理图编辑环境下，选择 Tools | Schematic Preferences 命令，系统弹出 Preferences 对话框，切换到 Graphical Editing 选项卡，如图 2-14 所示，在 Visible Grid 下拉列表框中可以选择栅格的形状。

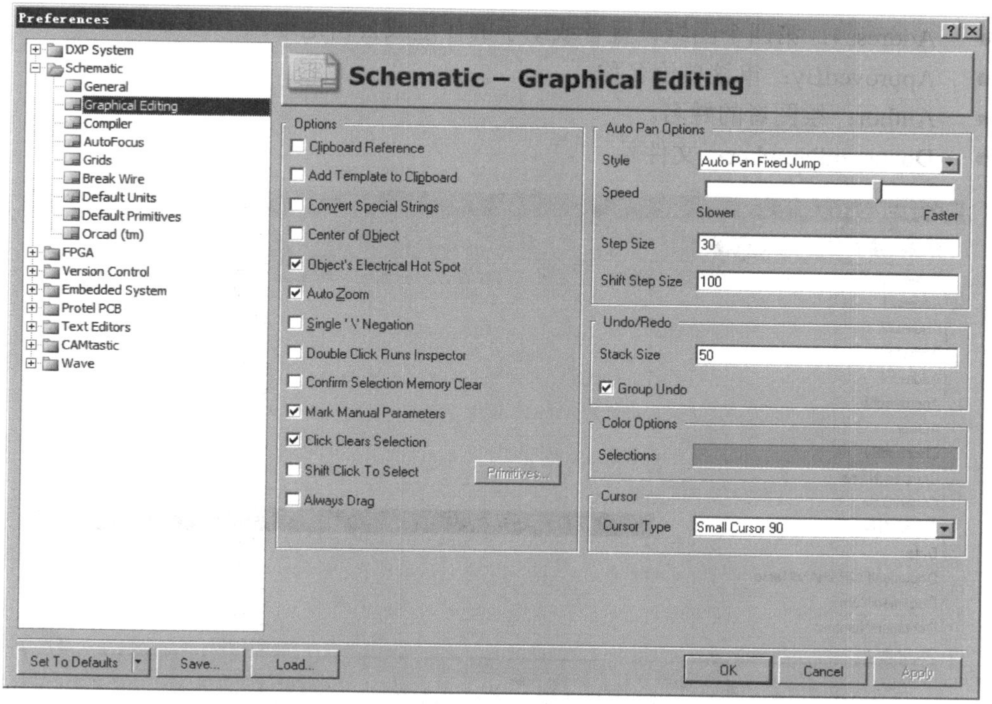

图 2-14　图纸设置

3)　设置鼠标指针

鼠标指针在绘图、放置元件和连接线路时会呈现不同的形状，要设置鼠标指针的形状，可以选择 Tools | Schematic Preferences 命令，切换到 Preferences 对话框的 Graphical Editing 选项卡，在 Cursor Grid Options 选项组里的 Cursor Type 下拉列表框中提供了三种可选的鼠标指针类型：Large Cursor 90(大鼠标指针)，Small Cursor 90(小鼠标指针)，Small Cursor 45(45 度小鼠标指针)，如图 2-15 所示。

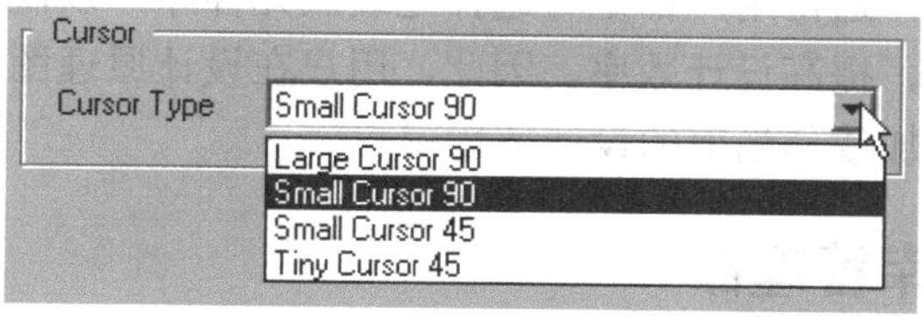

图 2-15　鼠标指针角度选项

7. 图纸设计信息设置

选择 Design | Document Options 命令，在打开的 Document Options 对话框中切换到 Parameters 选项卡，即可进行 Parameters 选项的设置，如图 2-16 所示。

Document Options 对话框中部分选项的含义如下。

- Address1：第一个图纸设置者或助手的住址或公司地址。
- Address2：第二个图纸设置者或助手的住址或公司地址。
- Address3：第三个图纸设置者或助手的住址或公司地址。

- Address4：第四个图纸设置者或助手的住址或公司地址。
- ApprovedBy：审核单位名称。
- Author：绘图者的姓名。
- DocumentNumber：文件号。

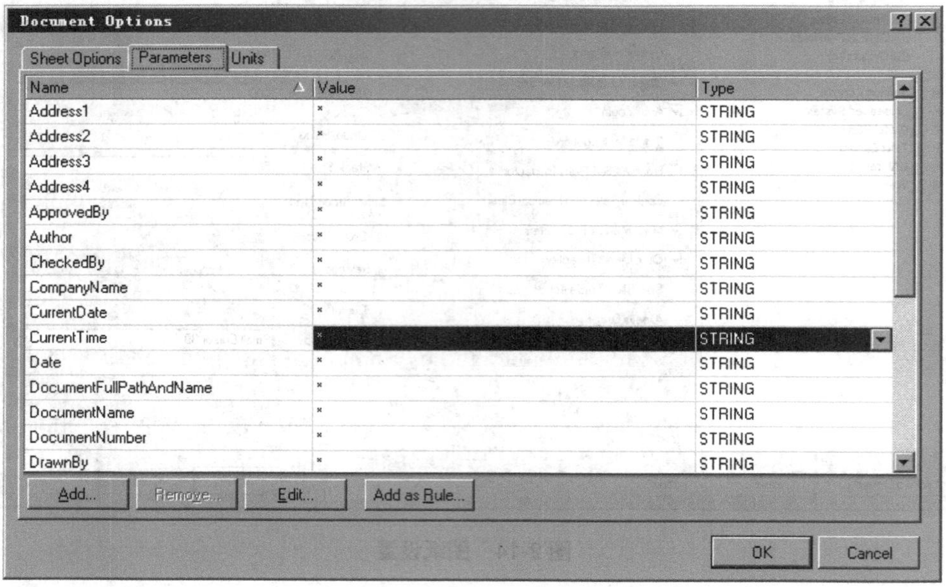

图 2-16　设置文件属性对话框

2.3　元件库的操作

Protel DXP 拥有众多芯片厂家提供的大量种类齐全的元件库，但不是每个厂家的每个元件在设计中都会用到，通常用户都是有选择地装载元件库，以便在设计过程中能简单、方便地查找和使用元件，提高设计效率。因此，用户在设计原理图的时候，必须确保原理图所需要的元件都已经加载到当前的设计环境中。

2.3.1　打开元件库管理器

元件库将原理图元件与 PCB 封装和信号完整性分析联系在一起，关于某个元件的所有信息都集成在一个模块库中，所有的元件信息被保存在一起。Protel 将不同类的元件放置在不同的库中，放置元件的第一步就是找到元件所在的库并将该库添加到当前项目中。

在完成原理图工作环境的设置以后，将出现如图 2-17 所示的空白原理图图纸界面。由于设置工作环境的不同，主菜单栏和主工具栏也会有所不同。

打开 Libraries(元件库管理器)主要有两种方法。

- 单击图 2-17 右侧的 Libraries 按钮，将弹出如图 2-18 所示的元件库管理器面板。
- 选择 Design | Browse Library 命令，也同样可以弹出如图 2-18 所示的元件库管理器面板。

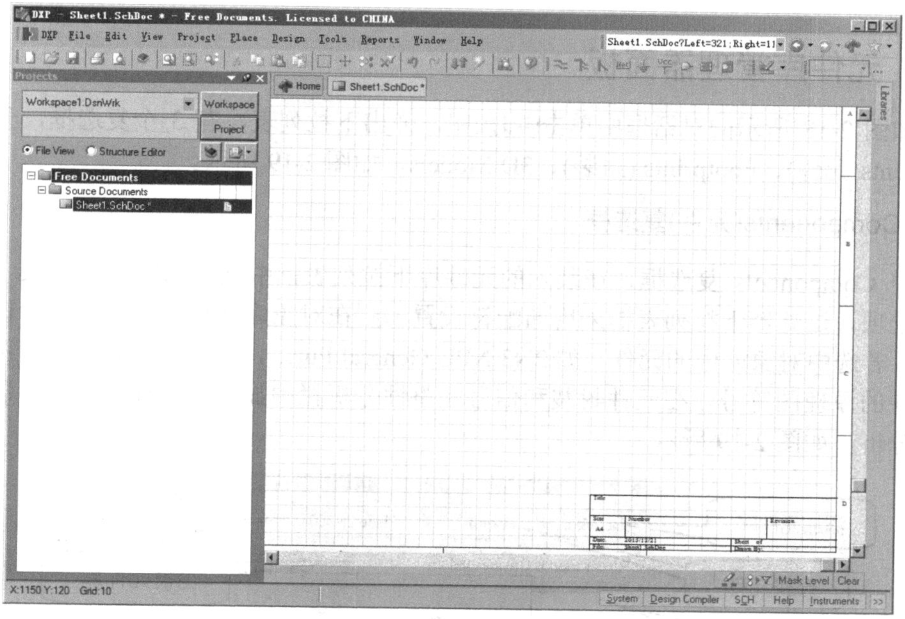

图 2-17　空白原理图图纸界面

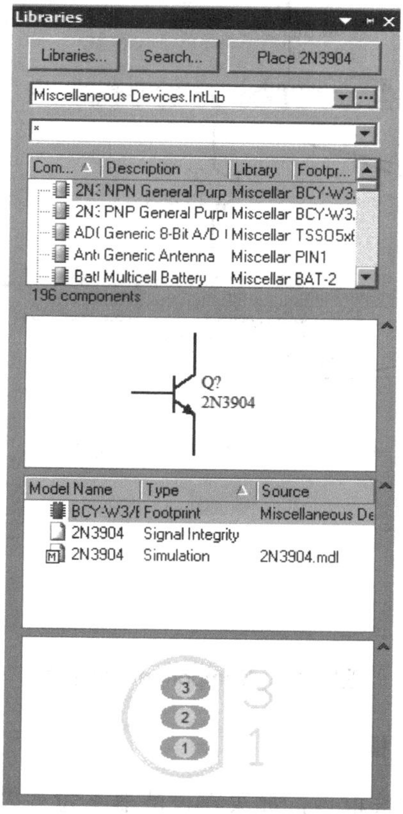

图 2-18　Libraries(元件库管理器)面板

2.3.2 元件库管理器面板

在如图 2-18 所示的对话框中单击 按钮，弹出下拉列表，有 3 个复选框，分别为：Components(元件)、Footprints (封装)、3D Models，如图 2-19 所示。

1. Components(元件)复选框

选中 Components 复选框，在装入的元件库下拉列表框中选择 Miscellaneous Devices. IntLib 选项，过滤器下拉列表框采用通配符设置，则在对象库元件列表框中显示该库所有的元件。若选中对象库中的元件，如 2N3 NPU General Pur…，则在对象元件原理图框中显示该元件的原理图符号。在元件封装和信号完整性分析栏中显示该元件对应的封装和信号完整性分析，如图 2-19 所示。

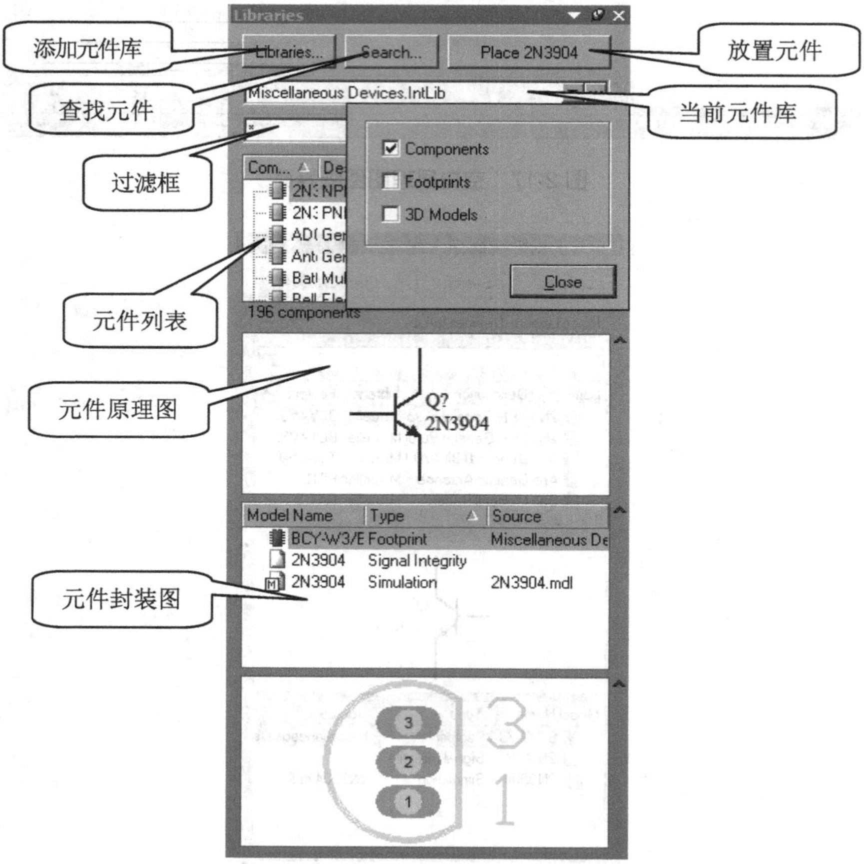

图 2-19　Components 复选框

2. Footprints(封装)复选框

选中 Footprints(封装)复选框后，如果在过滤器下拉列表框中采用通配符设置，则在 Footprint Name 列表框显示对象库中的所有元件封装。在 PCB 图框显示对象库中元件的 PCB 封装图。图 2-20 所示的对象库封装中显示了 Miscellaneous Devices. IntLib 库中的所有封装，在 PCB 图中显示了 ABSM-1574 的 PCB 图。

3. 3D Models(模型)复选框

3D Models 复选框的作用是在库管理器的下面显示元件的封装外形，如果不选中该复选框，则在库管理器下面不显示元件封装外形。

4. 过滤下拉列表框的设置

过滤下拉列表框的功能是筛选元件，一般默认的设置是通配符“*”。如果在过滤下拉列表框中输入相应的元件名如 BU*，则在对象库元件列表框中显示以 BU 字母开头的元件。

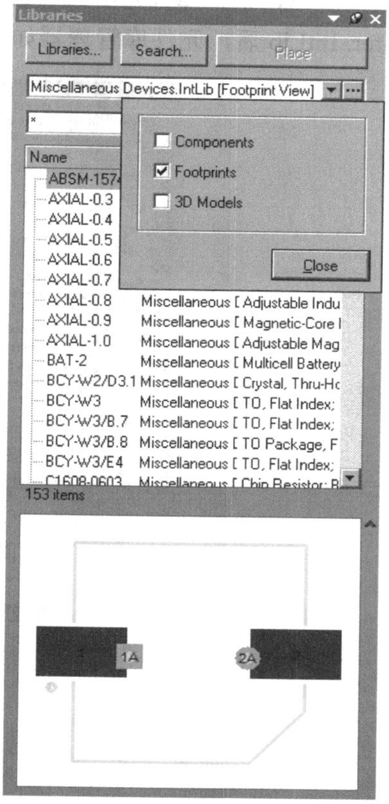

图 2-20 Footprints 复选框

2.3.3 添加元件库

元件库管理器主要用于实现添加或删除元件库、在元件库中查找元件和在原理图上放置元件。单击元件库管理器中的 Libraries 按钮，将弹出如图 2-21 所示的对话框。

单击图 2-21 中的 Add Library 按钮，将弹出“打开”对话框，如图 2-22 所示。在一般情况下，元件库文件在 Altium\Library 目录下，Protel 主要根据厂商来对元件进行分类。选定某个厂商，则该厂商的元件列表会被显示。

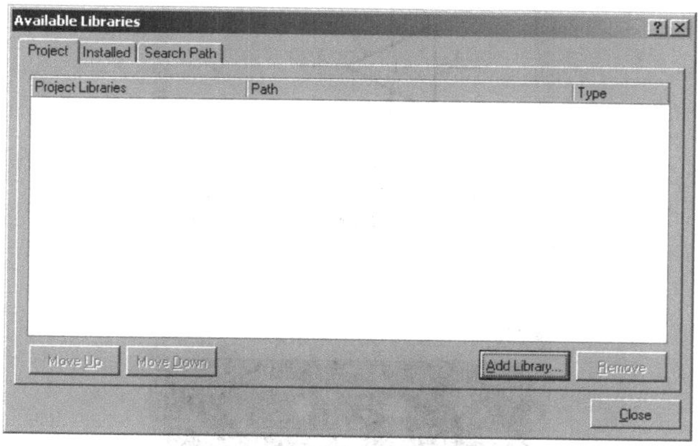

图 2-21 添加元件库对话框

在如图 2-22 所示的元件库文件对话框中，根据原理图的需要选中希望加载的元件库。例如选中 Burr-Brown，双击该文件夹或单击“打开”按钮，可以看到 Burr-Brown 公司的元件分类，选中 BB Amplifier Buffer. IntLib，单击“打开”按钮，即可完成元件库的加载。值得一提的是， Miscellaneous Connectors. IntLib(杂件库)主要包括电阻、电容和接插件，在一般情况下，杂件库都是必须加载的。加载了杂件库和 Burr-Brown 公司的 BB Amplifier Buffer. IntLib 后，元件库管理器如图 2-23 所示。

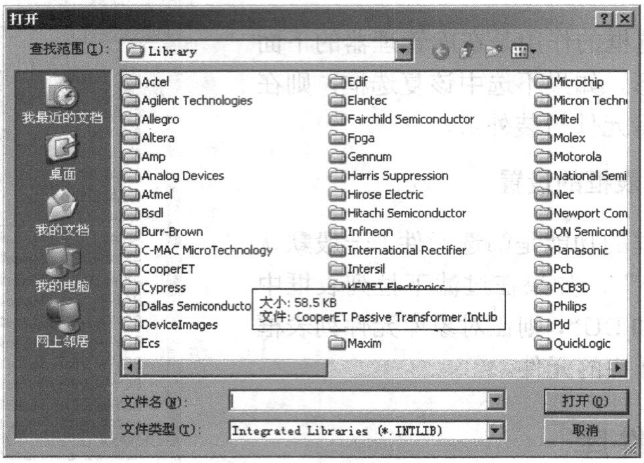

图 2-22　元件库文件对话框

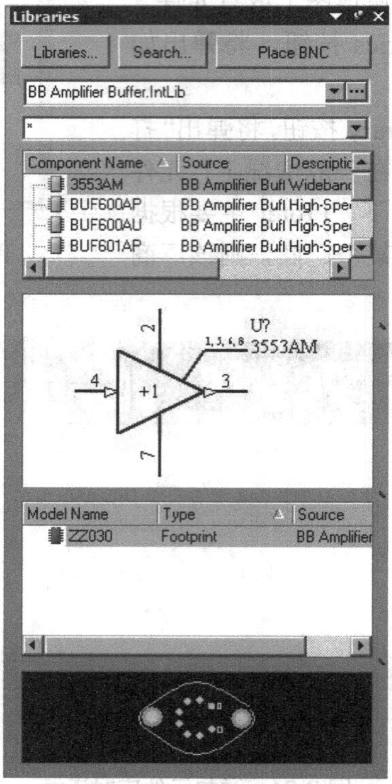

图 2-23　Components 元件库管理器

2.3.4　删除元件库

如果想删除加载的元件库，可以单击元件库管理器的 Libraries 按钮，打开如图 2-24 所示对话框。选择想要删除的元件库，单击 Remove 按钮，即可删除该元件库。

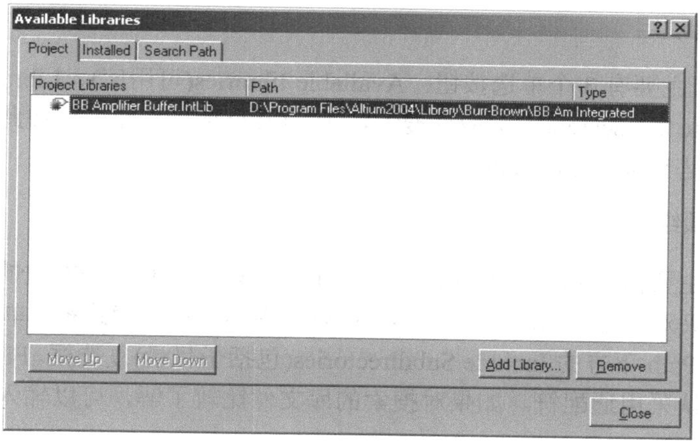

图 2-24 删除元件库对话框

2.3.5 搜索元件

Protel 提供了很强大的元件搜索功能，打开搜索元件对话框主要有两种方法。

- 在元件管理器面板中，单击 Search 按钮，将弹出如图 2-25 所示 Libraries Search(搜索元件)对话框。
- 选择 Tools | Find Component 命令，同样弹出搜索元件对话框。

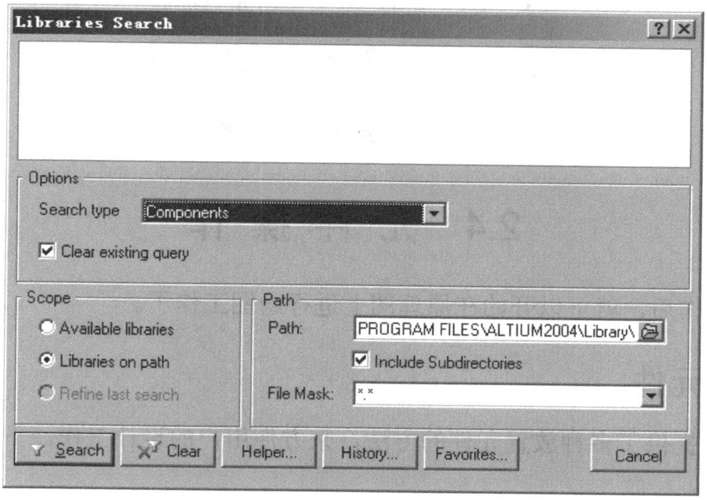

图 2-25 搜索元件对话框

Libraries Search(搜索元件)对话框有 Options(搜索类型)选项组、Scope (搜索范围)选项组、Path(搜索路径)选项组。

1. Options 选项组

Options 选项组主要包括 3 种搜索类型：Components(元件)、Protel Footprints(封装)、

3D Models(3D 模型)。

2. Scope 选项组

Scope 选项组主要有 3 个单选按钮：Available libraries(可用库)、Libraries on path(指定路径的库)、Refine last search(定义最后搜索)。选定某个单选按钮，可按此要求进行搜索。系统默认的选择是 Libraries on path 。

3. Path 选项组

Path 选项组主要由 Path 和 File Mask 选项组成。单击 Path 路径右边的打开文件按钮，将弹出浏览文件夹对话框，如图 2-26 所示，可以选中相应的搜索路径，单击“确定”按钮。一般情况下选中 Path 下方的 Include Subdirectories(包括子目录)复选框。File Mask 是文件过滤器的功能，默认采用通配符。如果对搜索的库文件比较了解，可以输入相应的符号减少搜索范围。

图 2-26 浏览文件夹对话框

2.4 元 件 操 作

完成上述工作后，就可以开始在原理图上进行绘图工作了。

2.4.1 放置元件

Protel DXP 提供了多种放置元件的方法，来方便用户的设计工作。下面具体介绍三种放置元件的方法。

1. 利用元件名称选择元件

在进行原理图的绘制工作中，如果知道元件的编号，那么就可以直接输入元件的编号来进行元件的选取。具体方法如下。

(1) 选择 Place | Part 命令或直接单击原理图工具栏上的按钮，弹出如图 2-27 所示的对话框。

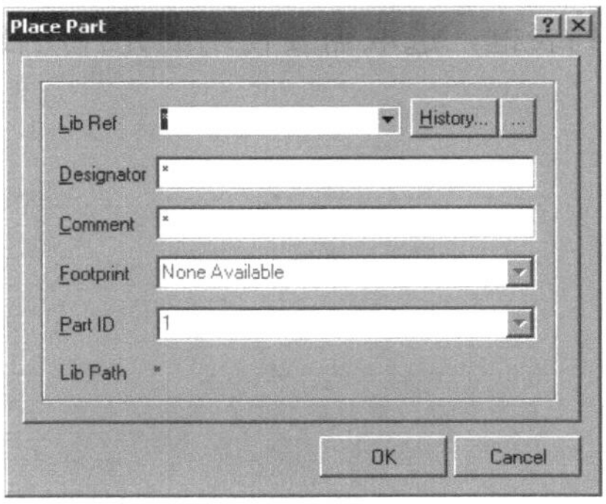

图 2-27　放置元件对话框

(2) 在 Lib Ref 下拉列表框中输入元件的名称，或是单击文本框右侧的按钮，打开 Browse Libraries(浏览元件)对话框，从中选择元件，如图 2-28 所示，单击 OK 按钮。

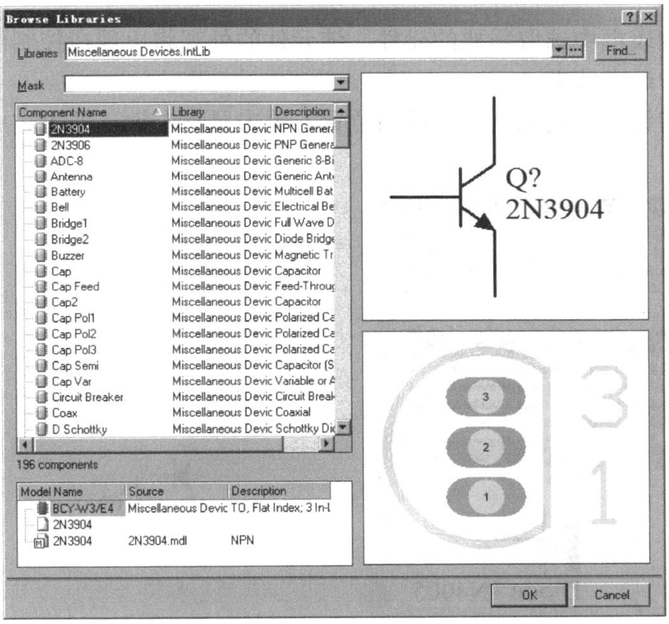

图 2-28　Browse Libraries 对话框

(3) 返回 Place Part(放置元件)对话框，在 Designator 文本框中输入元件流水号，也可以直接采用默认值 U(关于流水号后面章节会有具体讲解)。

(4) 在 Comment 文本框中输入当前放置元件的注释。

(5) 单击 OK 按钮，此时鼠标指针变成十字形状，并且在鼠标指针上有一个元件的图标，表示该元件已经选中了，如图 2-29 所示。

(6) 将鼠标指针移动到图纸上的合适位置单击，即可完成元件的放置，如图 2-30 所示。

2. 利用元件列表选择元件

通过元件列表，可以快速地选取元件，具体方法如下。

(1) 单击 Libraries(元件库)控制面板(若该面板没有显示，可以单击工作区右下角的

Libraries 标签)的第一个下拉列表框，选取需要使用的元件所在的元件库。

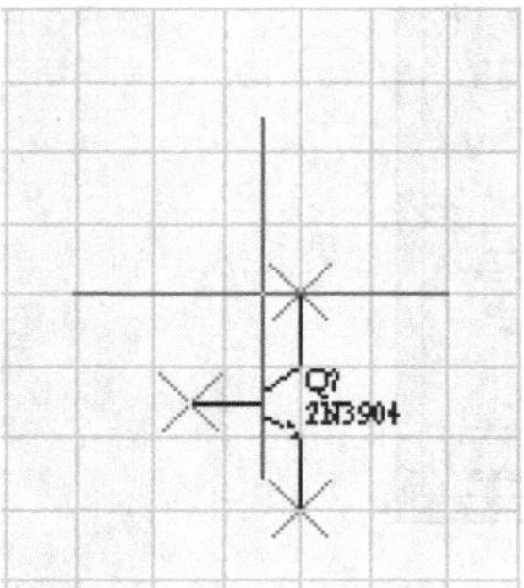

图 2-29　选中元件

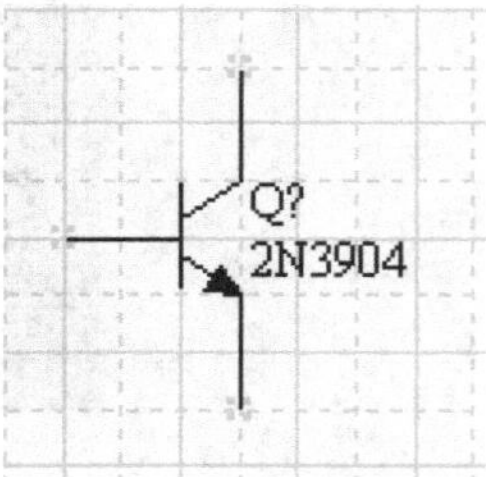

图 2-30　放置好的元件

(2)　使用 Filter(过滤器)快速定位需要的元件，若用默认通配符“*”将列出当前元件库中所有的元件。

(3)　在元件列表框中选取需要的元件，该元件的外观将出现在控制面板中，双击该元件，使该元件处于选中状态。

(4)　将鼠标指针移动到图纸上的适当位置，单击鼠标左键，即可完成元件的放置，如图 2-31 所示。

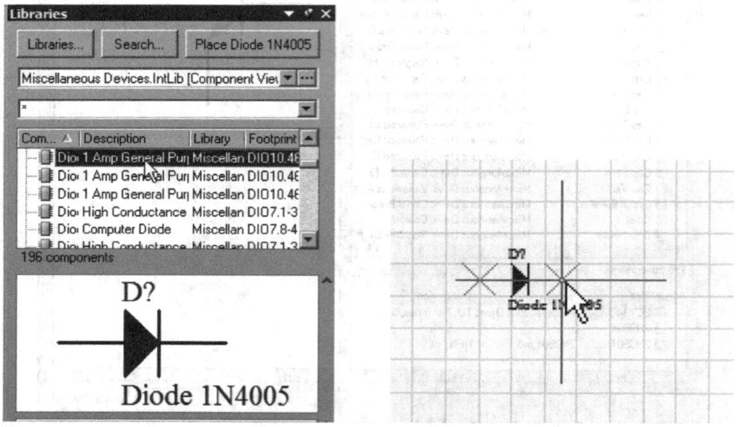

图 2-31　选择取需要元件与放置元件

3. 利用 Digital Objects 工具栏放置元件

对于一些比较常用的元件，比如电阻、电容等，可以使用系统提供的 Digital Objects 工具栏选取放置。单击工具栏上相应的图标，即可放置元件。

2.4.2　编辑元件

1. 元件属性

在 Protel DXP 中，每一个元件都有自己的属性。有些属性能在图纸上设定，有些属性只能在元件库中设定。

在元件已经选中而没有放在图纸上的时候，可以按 Tab 键来打开元件属性对话框；如果元件已经放置在图纸上了，则可以通过双击该元件，或是选择 Edit | Change 命令，此时鼠标指针会变为十字形状，单击图纸上的元件即可弹出元件属性对话框，如图 2-32 所示。用户可以根据需要设置元件属性。

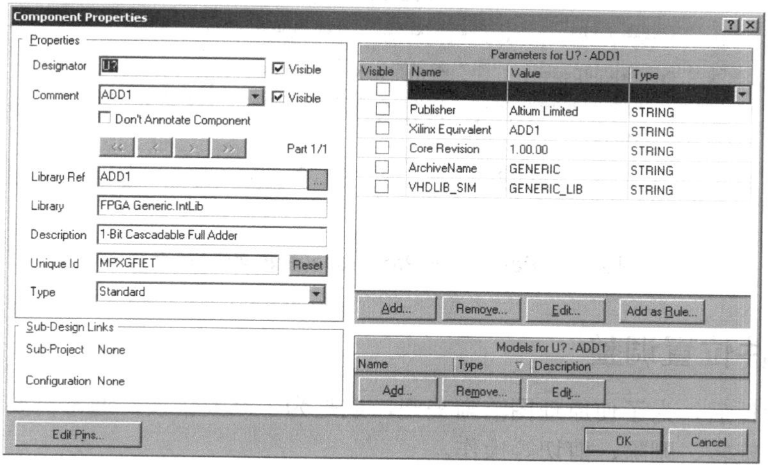

图 2-32　Component Properties(元件属性)对话框

Component Properties 对话框中各项的解释如下。

1)　Properties(属性)选项组

- Designator 文本框：此文本框用于设置电路图中元件的流水号。
- Comment 下拉列表框：此下拉列表框用于设置元件注释。
- Library Ref 文本框：此文本框用于设置在元件库中定义的元件名称，名称在图纸上不会显示。
- Library 文本框：此文本框用于设置元件所属的库。
- Description 文本框：此文本框用于设置元件属性描述。
- Unique Id 文本框：此文本框用于设置元件的唯一标识。
- Type 下拉列表框：此下拉列表框用于设置元件所在的文件类别。

2)　Parameters(元件参数)列表

该列表用来显示一些与元件相关的参数，如果选中某个参数，则该参数就会出现在图纸上，用户也可以自己设置一些参数。

3)　Models(元件模型)列表

该列表包括与元件相关的引脚类型、信号完整性和仿真模型。用户可以在此添加、移除以及编辑元件模型。

2. 元件参数属性

在某一元件上双击，系统会弹出一个参数属性对话框，如图 2-33 所示。可以通过此对话框来设置该元件的类型、X 坐标、Y 坐标、显示字体、旋转角度、显示颜色、是否选取、是否隐藏等相关信息。

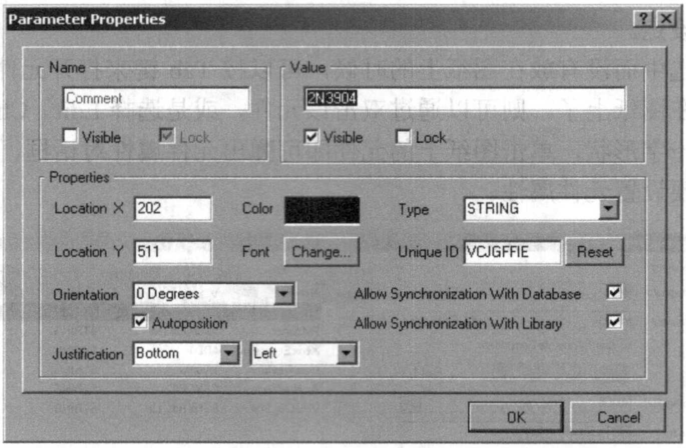

图 2-33　Parameter Properties(参数属性)对话框

2.4.3　元件位置调整

放置好元件后，为了使原理图清晰美观，或是为了修改错误，通常需要对图纸上的元件进行移动、旋转、删除、剪切等操作。

1. 元件的选取

要对元件进行操作，首先必须选取元件，Protel DXP 提供了多种选取元件(组件)的方法，下面具体介绍几种方法。

1) 最简单、最常用的组件选取方法

- 拖动鼠标法：在原理图图纸的合适位置按住鼠标不放，当鼠标指针变成十字形状时，直接在原理图图纸上拖出一个矩形框，框内的组件(包括导线等)就全部被选中，在拖动过程中，千万不可将鼠标松开。在原理图上判断组件是否被选取的标准是，被选取的组件周围有绿色的边框。
- 使用 Shift 键：按住 Shift 键不放，单击想选取的组件，选取完毕，释放 Shift 键。

2) 使用主工具栏中的选取工具

在菜单栏中选择 View | Toolbars | Schematic Standard 命令，在原理图图纸上出现 Schematic Standard 工具栏，如图 2-34 所示，一般 Schematic Standard 工具栏会默认显示在工具栏中。

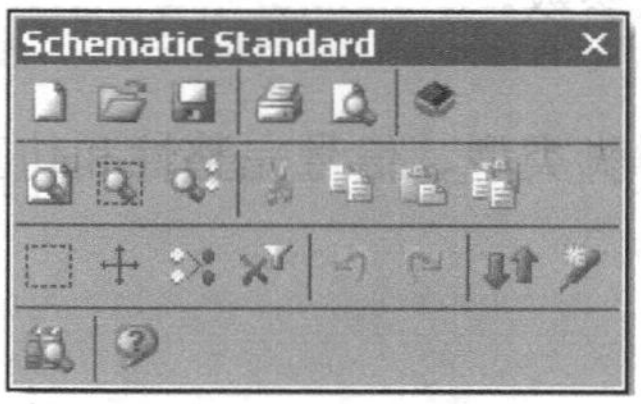

图 2-34　Schematic Standard(主工具栏)

在工具栏中有三个图标涉及组件的选取，分别为区域选取工具、取消选取工具和移动被选取组件工具。

- Select Objects Inside Area(区域选取工具)：区域选取工具的功能是选中区域里的组件。单击区域选取工具图标后，鼠标指针将变成十字形状，在图纸的合适位置单击鼠标左键，确认区域的起点，移动鼠标指针到合适位置单击鼠标形成矩形框。与拖动鼠标法唯一不同的是，不需要一直按住鼠标不放。
- DeSelect All On Current Document(取消选取工具)：取消选取工具的功能是取消图纸上被选取的组件。单击取消选取工具图标，图纸上被选取的组件取消被选取状态，组件周围的绿色边框消失。
- Move Selected Objects(移动被选取组件工具)：移动被选取工具的功能是移动图纸上被选取的组件。单击移动被选取组件工具图标后，鼠标指针将变成十字形状，单击被选中的区域，图纸上被选中的所有组件都将随鼠标指针一起移动。

3) 使用菜单中的选取命令

选择 Edit | Select 命令，如图 2-35 所示，其各项介绍如下。

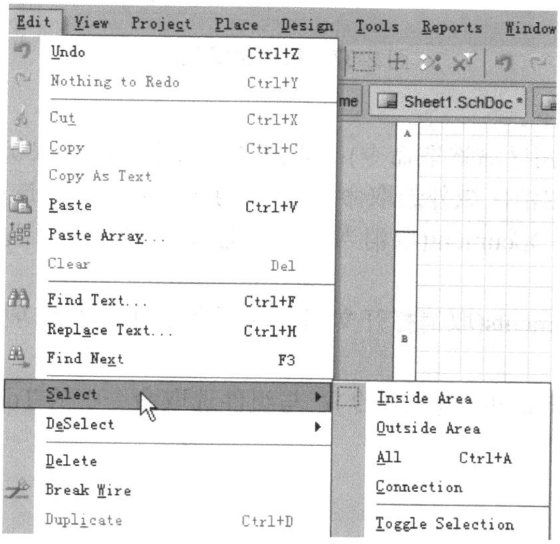

图 2-35 菜单中的组件选取命令

- Inside Area(区域选取命令)：与主工具栏中的区域选取命令的功能相同。
- Outside Area(区域外选取命令)：选取区域外的组件，功能与区域选取命令的功能相反。
- All(选取所有命令)：选取当前打开的原理图中的所有组件。
- Connection(选取联机命令)：选定某个导线，则原理图上所有与该导线相连的导线都被选中，选中的导线周围有绿色的边框。
- Toggle Selection(切换选取命令)：执行 Toggle Selection 命令后，鼠标指针变成十字形状，在某个组件上单击鼠标，如果组件已处于选取状态，则组件的选取状态被取消；如果组件没被选取，则执行该命令后，组件被选取。被选取的元件周围有绿色的方框，如图 2-36 所示。

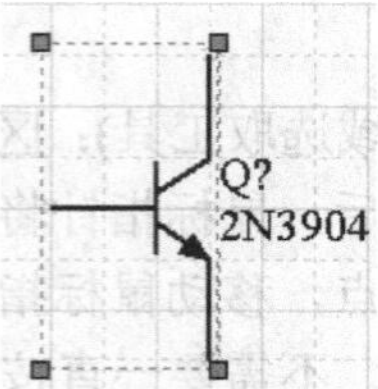

图 2-36　元件的选中状态

4) 菜单中的取消组件命令

选择 Edit | DeSelect 命令，弹出以下五个子菜单命令，如图 2-37 所示。

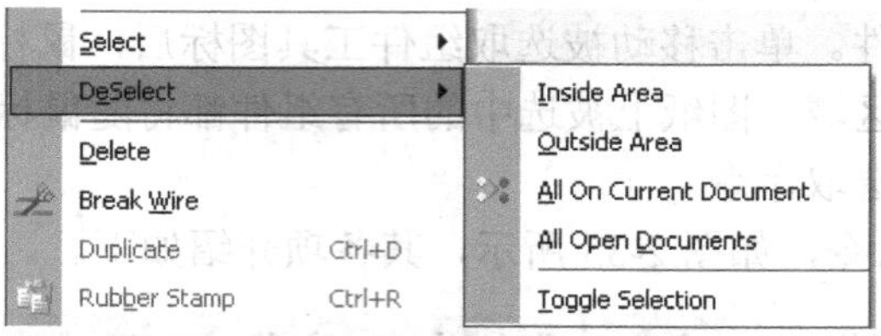

图 2-37　取消选择菜单

各命令分别介绍如下。

- Inside Area(取消区域选取命令)：取消区域内组件的选取状态。
- Outside Area(取消区域外选取命令)：取消区域外组件的选取状态。
- All On Current Document(取消当前文档选取命令)：取消当前文件中所选取的一切组件。
- All Open Documents(取消打开文档选取命令)：取消当前项目打开的文档中所选取的一切组件。
- Toggle Selection(切换选取命令)：与组件选取命令中的 Toggle Selection 命令功能相同。

2. 组件的移动

组件的移动包括将组件移动到合适的位置和将组件旋转成合适的方向。

移动组件的方法主要有两种：鼠标移动法和菜单命令移动法。最简单和常用的方法就是鼠标移动法，其中单个组件的移动和多个组件的移动略有不同。

1)　鼠标移动法

单个组件的移动：单个组件的移动等同于菜单命令中的 Move 命令。单个组件的移动方法非常简单，首先在原理图上选取组件，按住鼠标左键不放，移动鼠标指针到合适位置释放即可。如果需要改变组件的方向，可以在按住鼠标左键不放时，按 Space 键改变组件的方向。

多个组件的移动：若某一组组件的相对位置已经调整好，但是与其他组件的位置需要调整，此时就涉及多个组件的移动。移动多个组件的步骤如下：先按下 Ctrl 键不放，然后单击选取组件，之后拖动鼠标就可以将选取的组件和与选取组件相连的导线(导线没有被选取)移动到合适位置，单击鼠标确认即完成组件的拖动。同样按 Space 键也能实现一组组件的方向改变。

2) 菜单移动法

菜单命令移动法即选择 Edit | Move 命令，如图 2-38 所示。

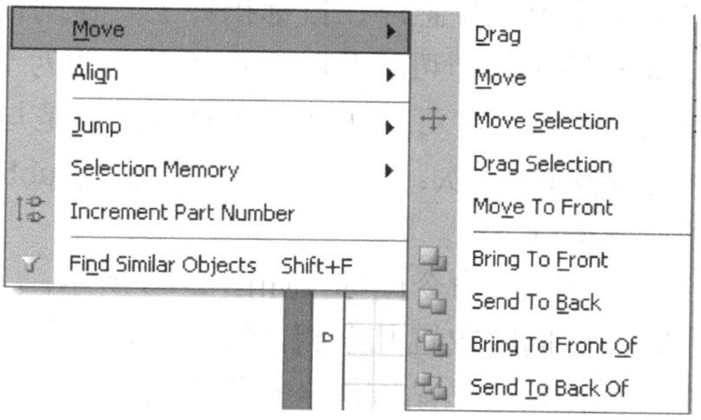

图 2-38 移动组件菜单

该菜单包括 Drag(拖动命令)、Move(移动命令)、Move Selection(选定组件移动)、Drag Selection(选定组件拖动)、Move To Front(移动上层组件)、Bring To Front(移动组件到重叠组件的上层)、Send To Back(移动组件到重叠组件的下层)、Bring To Front Of(移动组件到组件的上层)、Send To Back Of(移动组件到组件的下层)命令。

3. 组件的旋转

由于绘图的需要，常常需要对元件进行旋转操作，以便使图纸更明了、美观。Protel DXP 中提供了一种简单的旋转元件的方法：用鼠标选中元件，然后按住鼠标左键不放的同时按 Space 键。按一次，元件将按逆时针方向旋转 90° 。

4. 组件的剪贴

组件的剪贴包括复制、剪切、粘贴操作，这些操作是指通过操作系统的剪贴板实现资源共享。通常可以使用菜单命令或使用工具栏命令执行剪贴操作。

1) 使用菜单命令实现组件的剪贴

如图 2-39 所示，Edit 菜单中的常用命令如下。

- Cut 命令：将选取的组件移入剪贴板，电路图上被选取的组件被删除。
- Copy 命令：将选取的组件作为副本，放在剪贴板中。
- Paste 命令：将剪贴板的内容作为副本，放入原理图中。
- Duplicate 命令：复制所选取的组件。具体操作步骤为：首先选取需要复制的组件，然后执行 Duplicate 命令，复制的组件显示在被选取的组件的旁边。同时复制的组件处于选取状态而源选取组件则取消选取状态，拖动复制的组件到合适的位置即可。
- Rubber Stamp 命令：用于复制一个或多个被选取

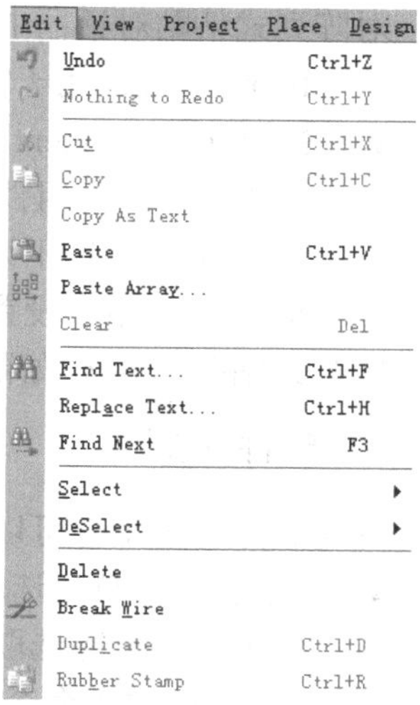

图 2-39 菜单中剪贴命令

的组件，与 Copy 命令不同的是，其可以实现多次粘贴。主要操作步骤为：首先选取要复制的组件，然后执行菜单命令，鼠标指针变成十字形状，单击选取的组件，则选取的单个或多个组件悬浮在鼠标指针上，移动鼠标指针到合适的位置，单击鼠标或按 Enter 键确认即可，此时鼠标指针仍然为十字形状，选取的单个或多个组件仍悬在鼠标指针上，可以实现多次复制，这是与 Copy 命令最大的不同之处，Copy 命令仅能粘贴一次。右击鼠标可以退出 Rubber Stamp 命令状态。

2) 使用工具栏中的命令图标

在主工具栏中有相应的组件剪贴命令图标，如图 2-40 所示。

在绘制原理图时，有时需要同时放置几个相同的组件，且这些组件的排列也是有规律的，那么此时就可以采用一种特别的粘贴方法——阵列式粘贴。阵列式粘贴一次可以按指定间距将同一个组件重复粘贴到图纸上。

启动阵列式粘贴的方法是选择 Edit | Paste Array 命令，打开 Setup Paste Array(阵列式粘贴)对话框进行设置，如图 2-41 所示。

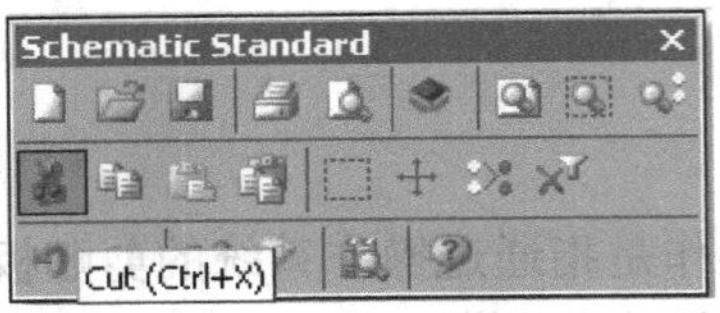

图 2-40　主工具栏中的剪贴按钮

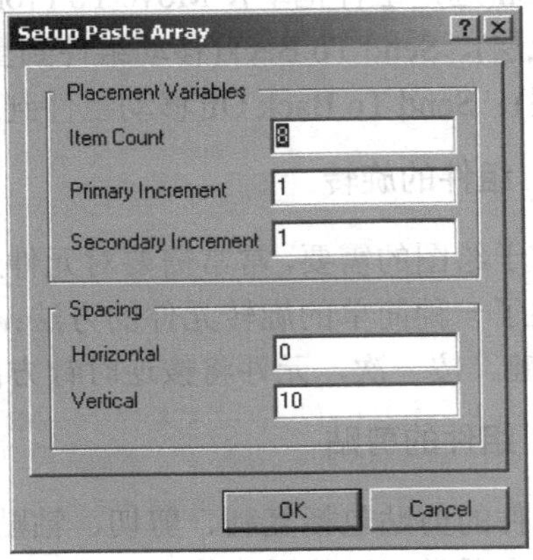

图 2-41　阵列式粘贴对话框

对阵列式粘贴对话框中的各设置项的含义如下。

- Item Count：用于设置所要粘贴的组件个数。
- Primary Increment：用于设置所要粘贴的组件序号的增量值，例如设置增量值为 1，如果剪贴板上组件的序号为 R1，则重复放置的组件序号依次为 R2、R3。
- Horizontal：用于设置所要粘贴的组件间的水平间距。
- Vertical：用于设置所要粘贴的组件间的垂直间距。

阵列式粘贴的具体效果如图 2-42 所示。

5. 组件的删除

通常删除一个组件可以采用如下方法。

- 快捷方式：首先选取要删除的组件，然后按 Delete 键就可以删除选取的组件。
- 在 Edit 菜单命令中还有删除命令，即 Delete 和 Clear 命令。

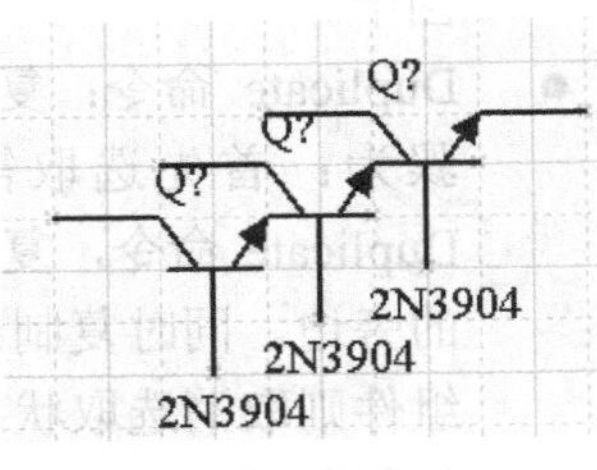

图 2-42　阵列式粘贴效果

◆ Delete 命令：Delete 命令的功能是删除组件。执行 Delete 命令后，鼠标指针变成十字形状，将鼠标指针移动到要删除的组件上，单击鼠标即可删除组件。
◆ Clear 命令：Clear 命令的功能是删除已选取的组件。执行 Clear 命令之前不需要选取要删除的组件。执行 Clear 命令后，选取的组件立即被删除。

6. 排列对齐元件

为了让绘制的原理图更清晰、美观，提高绘图的工作效率，Protel DXP 提供了元件的排列和对齐操作。所有的这些功能均通过选择 Edit | Align 命令完成，如图 2-43 所示。

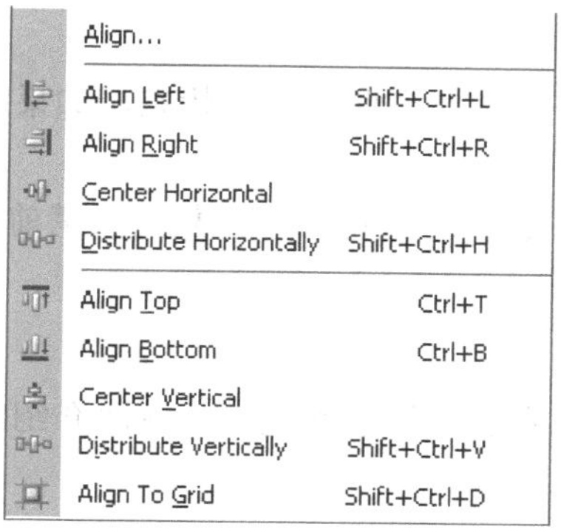

图 2-43 元件的排列与对齐菜单

要对元件执行排列、对齐等操作，必须使元件处于选中状态。Align 中的子菜单项的含义如下。

- Align Left 命令：将选取的元件与左边的元件左对齐，如果选取的元件与对齐的元件处于同一水平线上，则两个元件重叠。
- Align Right 命令：将选取的元件与右边的对齐，如果选取的元件与对齐的元件处于同一水平线上，则两个元件重叠。
- Center Horizontal 命令：选取的元件在最左边的元件和最右边元件中间的位置对齐。
- Distribute Horizontally 命令：选取的元件处于最左边的元件和最右边元件之间等距离处。
- Align Top 命令：选取的元件与最上边的元件顶端对齐。
- Align Bottom 命令：选取的元件与最下边的元件底端对齐。
- Center Vertical 命令：选取的元件与最上边的元件和最下边元件中间的位置对齐。
- Distribute Vertically 命令：选取的元件处于最上边的元件和最下边元件之间等距离处。

7. 撤销和恢复命令

1) 撤销命令

执行撤销命令有如下两种方法。

- 选择 Edit | Undo 命令，撤销最后一步操作，恢复到最后一步操作之前的状态，如果想恢复多步操作，只需多次执行该命令即可。

● 利用主工具栏中的撤销命令按钮，如图 2-44 所示。

图 2-44　主工具栏中的撤销和恢复按钮

2)　恢复命令

执行恢复命令方法如下。

- 选择 Edit | Redo 命令，恢复到撤销前的状态，如果想恢复多步操作，只需多次执行该命令即可。
- 单击主工具栏中的恢复命令按钮，恢复到撤销前的状态。

2.4.4　绘制导线

导线是电气组件图中最基本的电气组件之一。下面介绍绘制导线的具体步骤和导线的属性设置。

1. 启动绘制导线命令

启动绘制导线命令有如下四种方法。

- 在电路图工具栏中单击按钮进入绘制导线状态。
- 选择 Place | Wire 命令，进入绘制导线状态。
- 在图纸上右击，在弹出的快捷菜单中选择 Wire 命令。
- 使用快捷键 P+W。

上述方法中常用的方法是第一和第二种，其中第一种方法更加方便易用。

2. 绘制导线的步骤

进入绘制导线状态后，鼠标指针将变成十字形状，绘制导线的具体步骤如下。

(1)　将鼠标指针移动到导线的起点，如果导线的起点是组件的引脚，当鼠标指针靠近组件引脚时，将自动移动到组件引脚，同时出现一个红色的 X 标记表示电气连接的意义。单击鼠标确定导线起点，然后移动鼠标到导线的折点或终点，在导线的折点处或终点处单击鼠标确定导线的位置，每转折一次都要单击鼠标一次。

(2)　绘制出第一条导线后，可以右击鼠标确认退出绘制第一条导线的状态。此时系统仍处于绘制导线状态，将鼠标移动到新的导线的起点，按照第一步的方法继续绘制其他导线。

(3)　绘制完所有的导线后，右击退出绘制导线状态，鼠标指针由十字形状变成箭头。

3. 导线属性设置

在绘制导线的状态下，按 Tab 键，将弹出 Wire(导线)属性对话框，如图 2-45 所示。或者在导线绘制完成后，双击导线也可以弹出导线属性对话框。

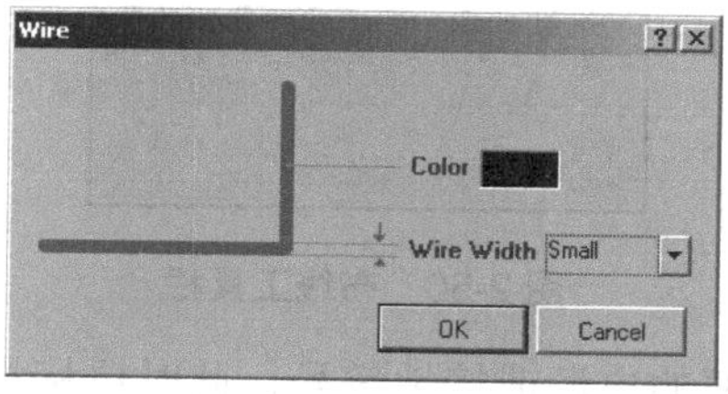

图 2-45　导线属性对话框

在导线属性对话框中，主要可以对导线的颜色和宽度进行设置。单击 Color 右边的颜色框，将弹出颜色属性对话框，选中便于查看的颜色作为导线的颜色即可。导线的宽度可以通过 Wire Width 下拉列表框设置。有 4 种选择：Smallest(最细)、Small(细)、Medium(中等)和 Large(粗)。一般不需要设置导线属性，采用默认设置即可。

4. 绘制导线的实例

绘制导线的操作步骤如下。

(1) 选择 Place | Wire 命令，鼠标指针变成十字形状，将鼠标指针移至要连接的端点单击，如图 2-46 所示。

(2) 移动鼠标指针，随鼠标指针出现的黄色线为连接导线。如果导线需要转折，可在需转折处单击，即可在鼠标指针处产生转折点，如图 2-47 所示。

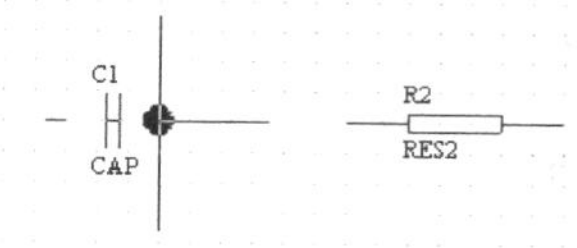

图 2-46　确定导线起始点

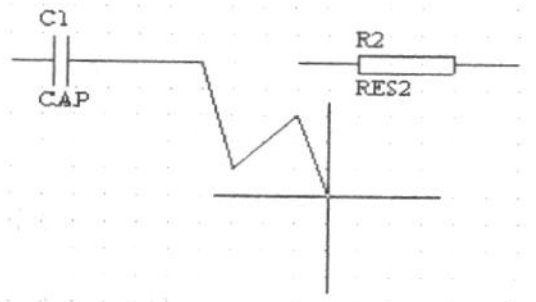

图 2-47　绘制转折导线

(3) 当鼠标指针移动到其他可连接的端点时，十字鼠标指针中心将出现圆形黑点，提示连接，如图 2-48 所示，单击左键，即可完成一根导线的连接。

(4) 该段导线继续延伸可与其他元件端点连接，如果此段导线已结束，可以右击或按 Esc 键退出此段导线的连接状态，如图 2-49 所示。此时，程序仍处于导线绘制命令状态，可继续绘制其他导线。所有导线绘制完成后，右击或按 Esc 键即可退出导线绘制命令状态。

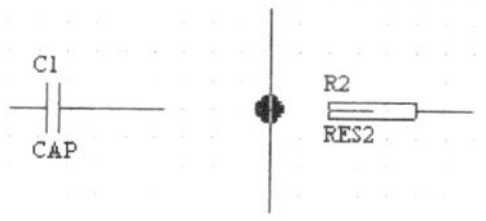

图 2-48　确定导线终点

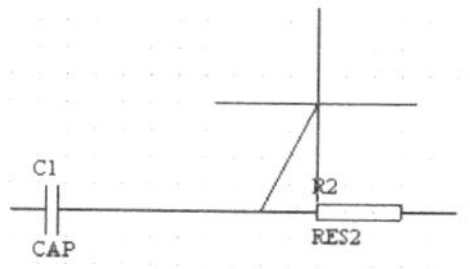

图 2-49　结束该段导线的绘制

2.4.5　放置电源和接地符号

放置好元件之后，接下来放置电源和接地符号。具体步骤如下。

(1) 选择 View | Toolbars | Wiring 命令，打开 Wiring 工具栏，如图 2-50 所示。

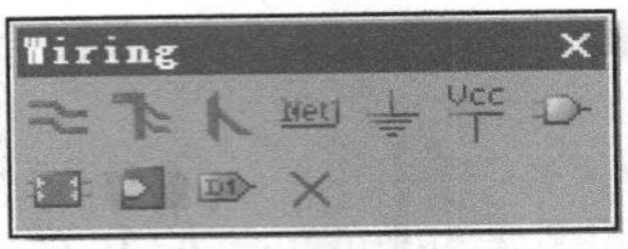

图 2-50　布线工具栏

(2) 单击工具栏上所需要的电源或接地符号，此时鼠标指针变为十字形状，将鼠标指针移动到图纸的适当位置，单击即可。

(3) 设置时可以像设置其他元件一样进行旋转、移动等操作。

(4) 双击符号，弹出属性设置对话框，如图 2-51 所示。

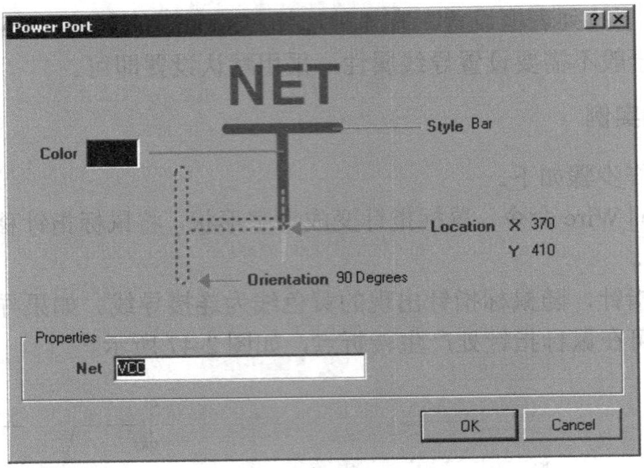

图 2-51　Power Port 设置对话框

(5) 在 Net 文本框中设置符号属性。在 Style 栏中设置类型，Location 栏中设置 X、Y 轴坐标，在 Orientation 栏中设置放置的角度，在 Color 栏设置符号颜色。其中，Style(样式)一共有 7 种，用户可以根据不同的设计需求，选择不同的符号样式，如图 2-52 所示。

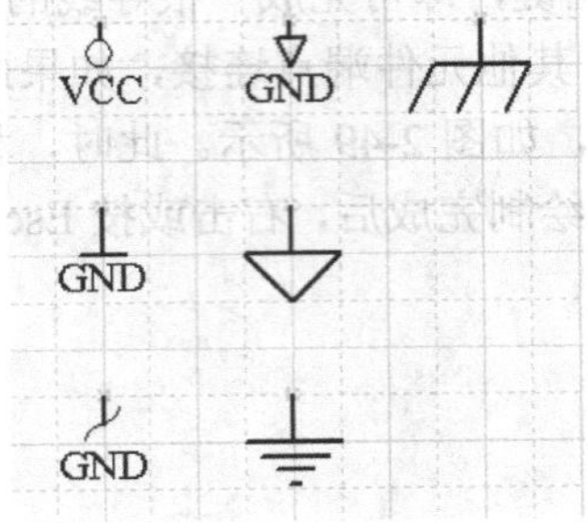

图 2-52　电源和接地符号样式

2.4.6　连接线路和放置节点

在前面的工作都完成之后，就可以开始连接元件以及设置节点了。下面详细介绍连接线路和放置节点的具体方法。

1. 连接线路

连接线路就是通过绘制导线，按设计方案将各个元件的引脚连接起来，绘制导线的过程参见 2.4.4 节。

2. 放置节点

线路节点用来表示两条导线的交叉处是否为连接的状态。如果没有节点，表示两条导线在电气上是不相通的，有节点则认为两条导线在电气意义上是连通的。

在绘制原理图时，如果出现 T 形连线，系统则会在交叉点自动放置一个节点，但如果线路是十字交叉时，系统不会自动放置节点，这时候，就需要手动放置节点了。

1)　启动放置电路节点命令

启动放置电路节点命令有两种方式。

- 选择 Place | Manual Junction 命令。
- 单击画电路图工具栏中的图标。

2)　放置电路节点

启动放置电路节点命令后，鼠标指针变成十字形状，并且鼠标指针上有一个红色的圆点，移动鼠标指针在原理图的合适位置单击即可完成一个节点的放置，右击鼠标可以退出放置节点状态。

3. 节点属性对话框

在放置电路节点状态下，按 Tab 键，将弹出 Junction(节点属性)对话框，如图 2-53 所示，或者在退出放置节点状态后，双击节点也可以打开节点属性对话框。单击 Color 选项可以改变节点的颜色，在 Size 下拉列有框中设置节点的大小，Location 一般采用默认的设置如果需要改变位置，分别修改 X、Y 值即可。

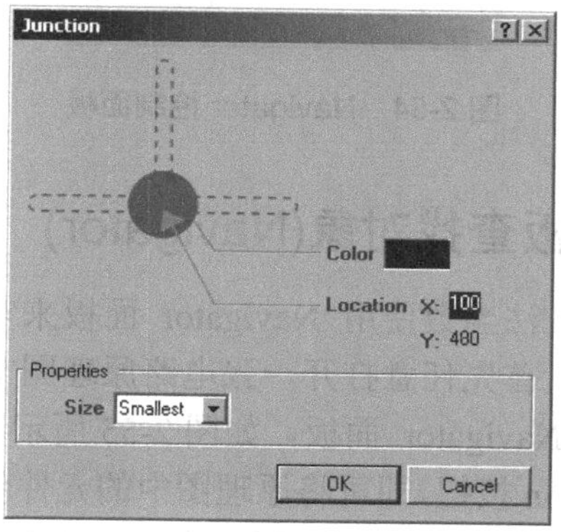

图 2-53　Junction(节点属性)对话框

2.5　管理电路图元件

选择 View | Workspace Panels | Design Compiler | Navigator 命令，系统将弹出如 2-54 图所示的 Navigator 控制面板，通过该面板可以实现对原理图的管理、查找与编辑工作。

在繁杂拥挤的工作区中查找一个对象是一个很重要的操作，DXP 的原理图及 PCB 编辑器中均包含了称为过滤器(filtering)的设计功能，从而可以方便地达到找出对象的目的。在繁杂拥挤的工作区中查找对象有两种方法，即可以从所有的对象开始筛选出所需的对象(用浏览器面板或写查询)，或者根据一个对象来查找与其类似的对象。

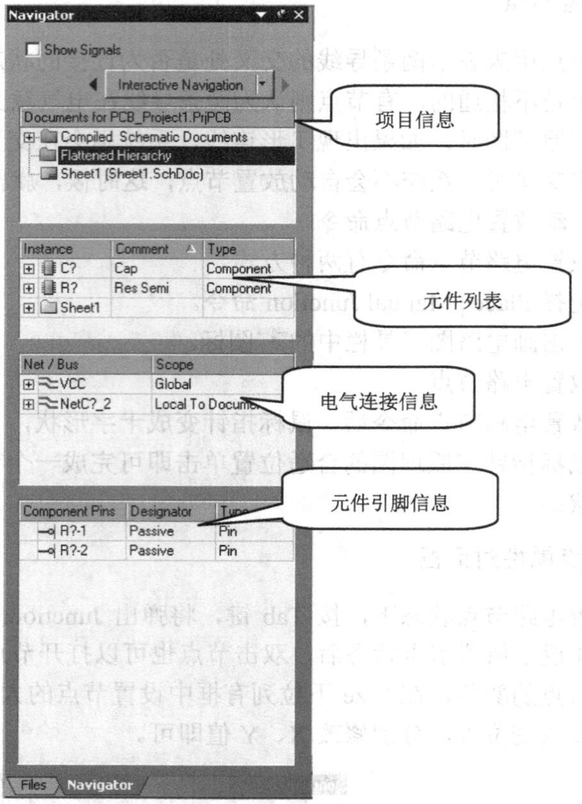

图 2-54　Navigator 控制面板

2.5.1　使用浏览器面板查找对象(Navigator)

编辑多个对象最简便的方法当数使用 Navigator 面板来实现，利用 Navigator 面板可以浏览组件、网络、引脚等。首先任意打开一张电路原理图文件，单击原理图编辑器下方的 Navigator 按钮，将弹出 Navigator 面板，如图 2-55 所示。

单击 Interactive Navigation 按钮，即可将原理图中的元件信息加载到 Navigator 面板中，可以在原理图文件名区域、组件名区域、引脚名区域显示当前打开的原理图上的相应信息。可以在组件名区域选择多个对象，则多个对象会在原理图上高亮显示，实现对多个对象的编辑。

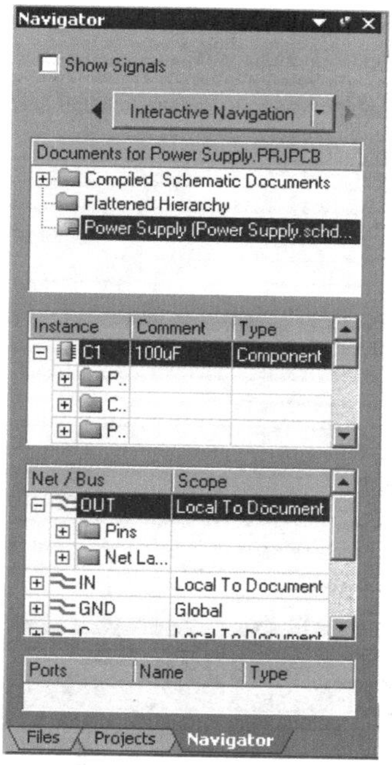

图 2-55 Navigator 面板

2.5.2 使用相似对话框查找对象(Find Similar Objects)

若想修改某个对象，以及与它相同的其他对象，最好的方法是使用查找相似对象命令。

下面以系统自带的 Power Supply.SchDoc 为例进行介绍(该文件在 Altium\Example\Circuit Simulation 文件夹中)，原理图如图 2-56 所示。

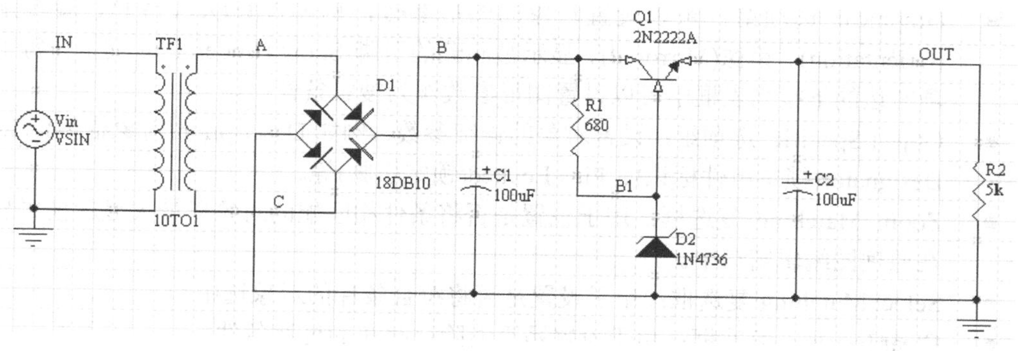

图 2-56 Power Supply 原理图

打开 Find Similar Objects 对话框可以采取以下步骤。

将鼠标指针指向原理图中的一个元件，例如 C1，右击，在弹出的快捷菜单中选择 Find Similar Objects 命令，将弹出 Find Similar Objects 对话框，如图 2-57 所示。

在这个对话框中有三栏：第一栏列出查找路径，第二栏列出选中对象的参数，第三栏需要根据那些参数来找到类似对象。当单击 OK 按钮后，DXP 会找到所有打开的原理图中所有注释为 0.1μF 的原理图部件。

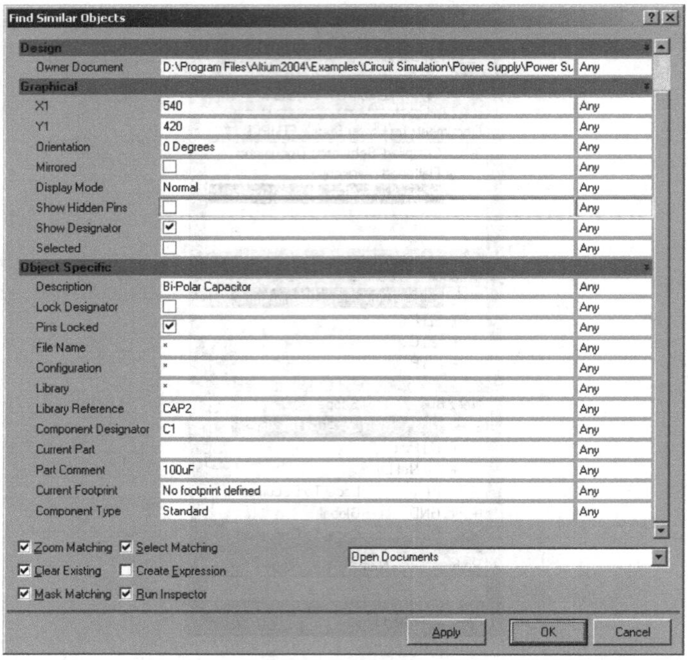

图 2-57　Find Similar Objects 对话框

同浏览器面板一样，Find Similar Objects 对话框也有反白选项，设置这些选项可以控制筛选结果的显示。如果关闭对话框前想测试结果，可以单击 Apply 按钮，否则单击 OK 按钮关闭对话框。

下面对 Find Similar Objects 对话框中各个区域的含义解释如下。

- Design 选项组：显示文件设计信息，例如文件名。
- Graphical 选项组：可以设置对象的图形参数，例如位置(X1、Y1)、旋转角度(Orientation)、镜像(Mirrored)、显示被隐藏的引脚(Show Hidden Pins)等。在每个选项右边的下拉列表框中可以设置图形参数作为搜索条件。
- Object Specific 选项组：设置对象的详细参数，例如 Description(对象描述)、Lock Designator(锁定组件标识)、Pins Locked(锁定引脚)等。
- Zoom Matching 复选框：用于设置是否将条件相匹配的对象以最大显示模式显示在原理图编辑窗口中。
- Select Matching 复选框：用于设置是否将符合条件的对象选中。
- Clear Existing 复选框：用于设置是否清除已存在的过滤条件。
- Create Expression 复选框：用于设置是否自动创建一个表达式。
- Mask Matching 复选框：用于设置是否在显示条件相匹配的对象的同时，屏蔽其他对象。
- Run Inspector 复选框：运行前进行封装检查。

2.5.3　修改被选中对象

一旦过滤出正确的结果，就可以开始准备编辑被选中对象了。最简单的修改被选对象的途径是使用对象检视(Inspector)面板，这个面板可以将被选对象的参数用简单的列表列出。用快捷键 F11 来打开或关闭检视面板，如图 2-58 所示。在 Inspector 面板中修改了某个值后，按 Enter 键可以将改变应用到设计中。

要在 Inspector 面板中修改参数，应先在电子表格中选中想要修改的参数，在相应栏右击，然后在弹出的快捷菜单中选择 Edit Selected 命令。

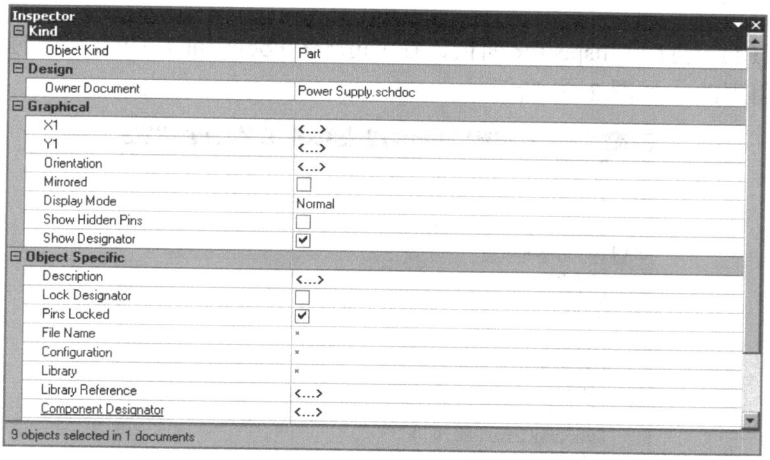

图 2-58　Inspector 面板

2.5.4　将所有电容封装在一起

(1)　右击一个电容的符号，在弹出的快捷菜单中选择 Find Similar Objects 命令，在打开的对话框中，设置注释选项与当前封装选项匹配条件为 Same，如图 2-59 所示。

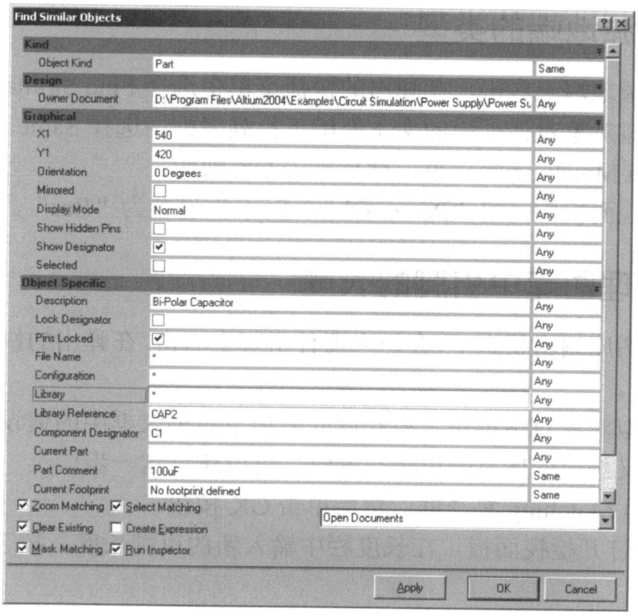

图 2-59　Find Similar Objects 对话框

(2) 选中 Select Matching 复选框，如果要将修改应用到多个图纸，在下拉列表框中选中 Open Documents，然后单击 OK 按钮。

提示： 使用查找相似对象对话框选择要编辑的对象时，不要在原理图图纸上单击，否则所作选择将被撤销。在用户需要的时候可以单击工作区上方的标签转换操作文档。

(3) 按下 F11 键打开 Inspector 面板，在 Current Footprint 栏中输入新的封装名字，按下 Enter 键应用更改，如图 2-60 所示。

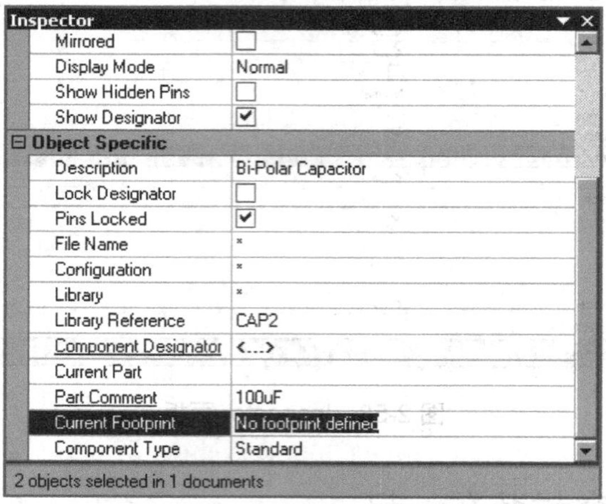

图 2-60　更改元件属性

(4) 按下 Shift+C 组合键清除当前过滤器。

2.5.5　改变电源地端的类型

(1) 在一个电源地端上右击，在弹出的快捷菜单中选择 Find Similar Objects 命令。

(2) 在查找相似对象对话框中的文本匹配下拉列表框中选择 Same。

(3) 选中 Select Matching 复选框，然后单击 OK 按钮。

(4) 在对象检视面板中，将“Power Object Style”设置为“Bar”。

2.5.6　改变原理图库中引脚的长度

(1) 处于原理图库编辑状态下，在一个器件引脚上右击，在弹出的快捷菜单上选择 Find Similar Objects 命令。

(2) 在查找相似对象对话框中，将长度匹配项下拉列表框中的值设为 Same(当所有引脚长度已经相同而又想改变所有的引脚长度时，可以跳过这一步)。

(3) 选中 Select Matching 复选框，然后单击 OK 按钮。

(4) 按 F11 键打开检视面板，在长度栏中输入新的引脚长度，按下 Enter 键应用这项更改。

2.5.7 替换所有原理图中的同一个字符串

相对使用查找相似对象对话框或检视面板来说，改变整个设计中文本串最容易的方法是使用查找替换文本对话框(Find and Replace Text)。本例中将所有 INTERUPT 字符串替换为 INT。

(1) 在菜单栏中选择 Edit | Replace Text 命令，系统弹出 Find and Replace Text 对话框，如图 2-61 所示。

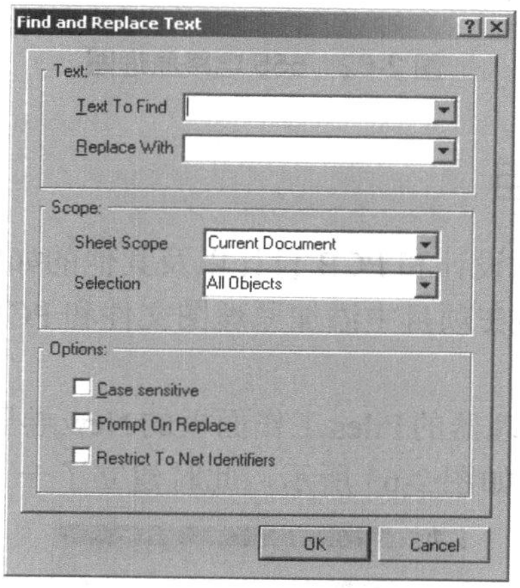

图 2-61 Find and Replace Text(查找替换文本)对话框

(2) 在查找内容(Text to Find)文本框中输入要查找的文本。在本例中，输入“INTERUPT*”。

提示：在这里输入的字符串包含了一个通配符，因此所有以“INTERUPT”开头的字符串都会被找到，如 INTERUPTA、INTERUPTB 等。

(3) 如果想将一个字符完全替换为另一个字符，只需要简单地在“替换为(Replace With)”下拉列表框中输入新的字符串。然而，如果要想部分替换字符串，就要使用下面的语法格式：{INTERUPT=INT}，等号左边的符号是原有字符串中将要被替换的部分，等号右边的符号是替换后的字符串。对于每一个被找到的字符串，被替换部分的前面或者后面的字符都不会被改变。例如 INTERUPTA 会变成 INTA，AD_INTERUPT5 会变成 AD_INT5，等等。

(4) 输入{INTERUPT=INT}后，设置图纸范围为所有打开的文档(Open Documents)，选中使能约束网络标识符(Restrict To Net Identifiers)复选框，单击 OK 按钮。

2.6 制作一个简单的原理图

当对 Protel DXP 的原理图开发有了初步的了解之后，为了更好地掌握电路原理图的设计方法和步骤，下面就以图 2-62 所示的简单 555 定时器电路图为例，介绍电路原理图的设计方法和步骤。

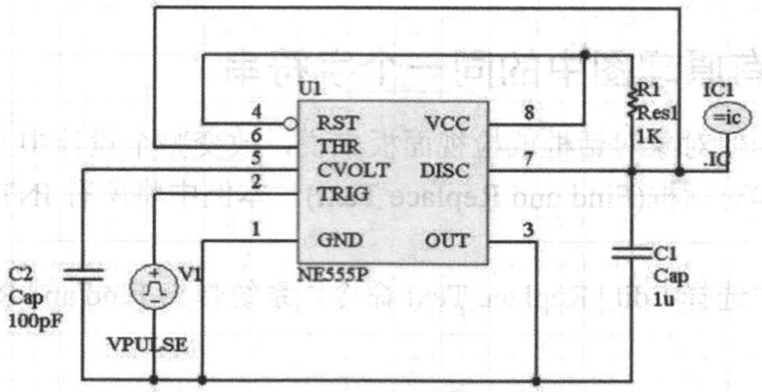

图 2-62　555 电路原理图

2.6.1　创建一个新项目

电路设计主要包括原理图设计和 PCB 设计以及其他的如网络表之类的文件等。因此，首先要创建一个新项目，然后在项目中添加原理图文件和 PCB 文件。创建一个新项目的方法如下。

(1) 在 Protel DXP 设计管理器的 Files 工作面板的 New 卷展栏中单击 Blank Project(PCB) 选项，将弹出 Projects 面板，如图 2-63 所示，此时建立了一个新项目。

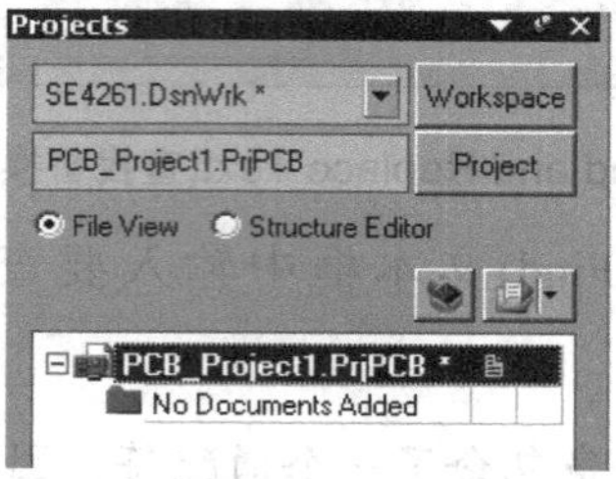

图 2-63　Projects 面板

(2) 选择 File | Save Project As 命令，将新项目重命名为“myPCB.Project1．PriPCB”，将项目保存到合适位置，如图 2-64 所示。

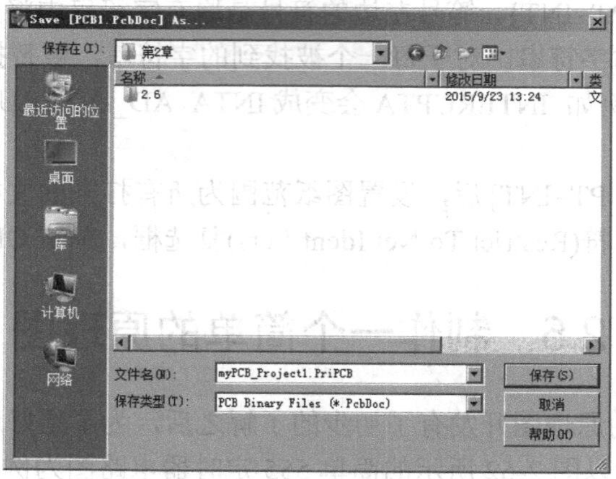

图 2-64　保存项目对话框

2.6.2 建立新的电路原理图

选择 Files | New | Schematic 命令创建一个新的原理图文件，如 Sheet1.SchDoc 原理图文件，同时原理图文件夹自动添加到项目中。

选择 File | Save As 命令，将原理图文件保存在用户指定的位置。同时可以改变原理图文件名为 555.SchDoc，如图 2-65 所示。此时会看到一张空白的电路图纸，如图 2-66 所示。

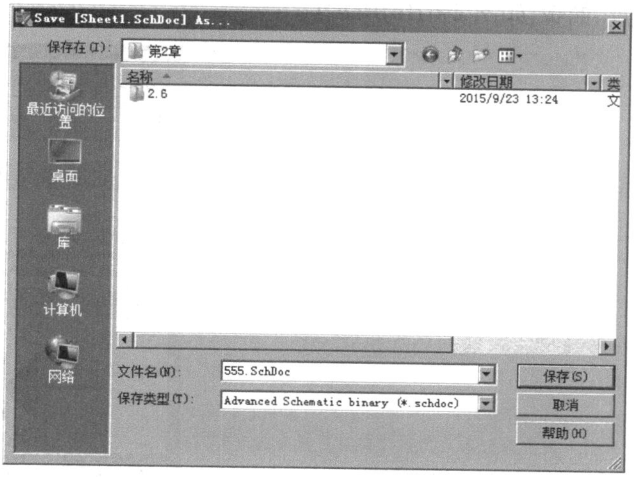

图 2-65 保存原理图文件

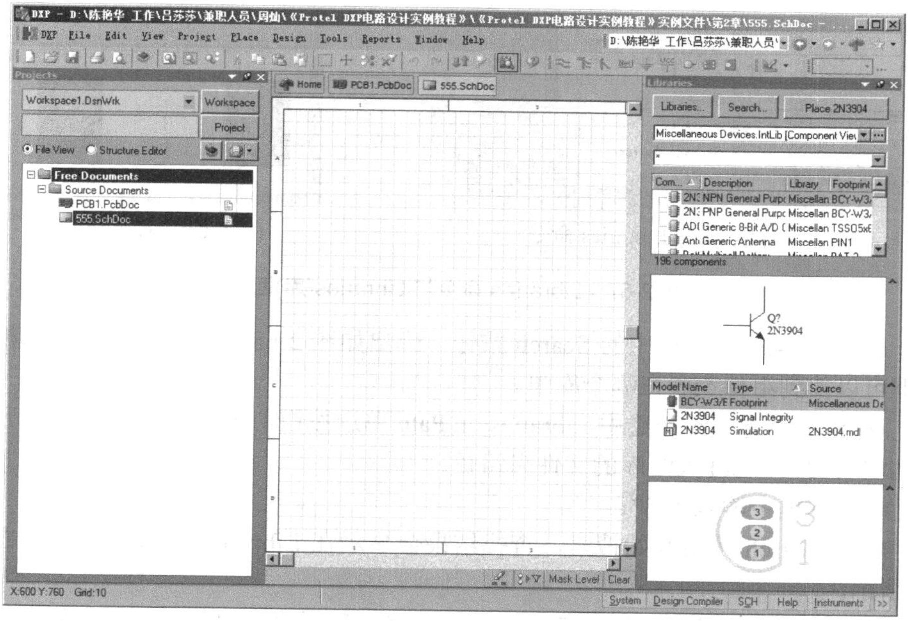

图 2-66 新建空白电路图纸

选择 Design | Document Options 命令，打开原理图图纸设置对话框。对于本例而言，没有特殊要求，只需要设置成 A4 图纸就可以了。原理图的工作环境采用默认设置即可。

2.6.3 查找组件

Protel DXP 库提供了大量的组件原理图符号，在绘制一幅原理图之前，必须知道每个组件对应的库。对于 555 电路原理图用到的每个组件，可以利用 Protel DXP 提供的搜索功能来查找，操作步骤如下。

(1) SCH 设计界面的下方有一排按钮，选择 System | Libraries(库)命令(如图 2-67(a)所示)，弹出 Libraries(库)面板(如图 2-67(b)所示)。

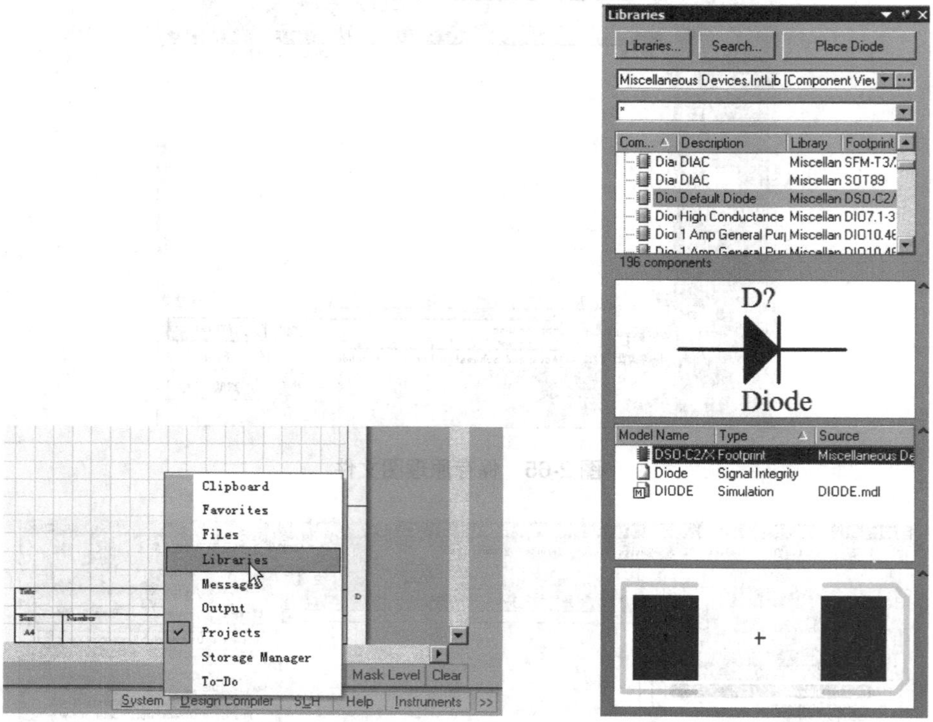

(a) System | Libraries 命令　　(b) Libraries(库)面板

图 2-67　Libraries 命令与 Libraries(库)面板

(2) 单击图 2-67 对话框中的 Search 按钮，弹出如图 2-68 所示的库搜索对话框，利用此对话框可以找到组件 555 在哪个库中。

(3) 在 Scope 选项组中选中 Libraries on Path 单选按钮，单击 Path 右边的打开图标按钮，找到安装的 Protel DXP 库的文件夹路径。

(4) 在文本框中输入 555*。

(5) 单击 Search 按钮开始搜索，查找结果会显示在 Libraries 面板相关列表框中，如图 2-69 所示。

可以看到很多匹配搜索标准的芯片型号，选择一款适合的组件原理图符号和封装。这里选择组件 2N5551，属于 TI Analog Timer Circuit. IntLib 库。能否找到所需要的组件关键在于输入的规则设置是否正确，一般尽量使用通配符以扩大搜索范围。

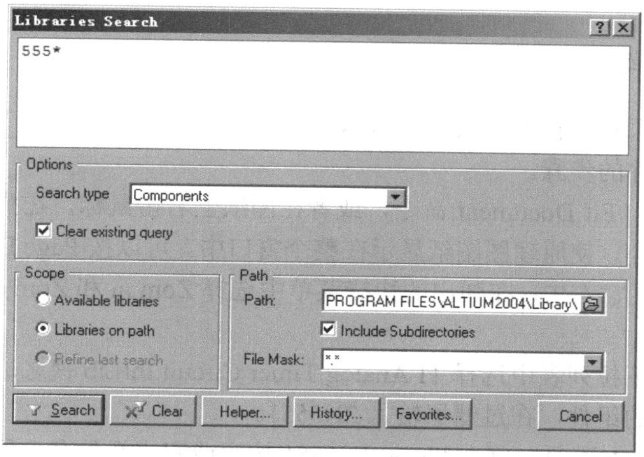

图 2-68　Libraries　Search(库搜索)对话框

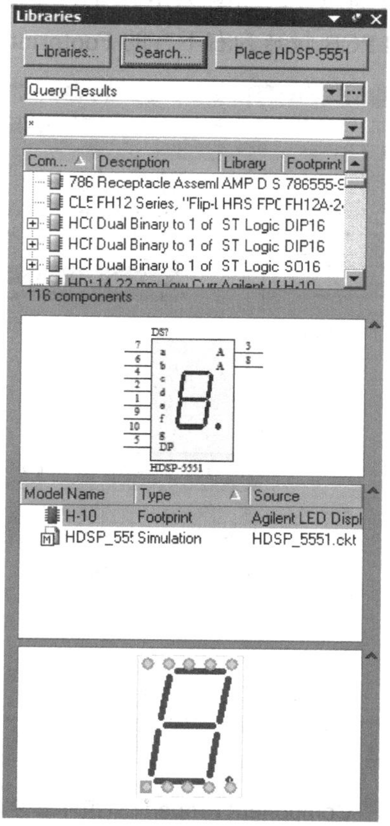

图 2-69　搜索结果对话框

(6) 右击，在弹出的快捷菜单中选择 Ndd Or Remae Libraries 命令，TI Analog Timer Circuit.IntLib 库就添加到当前项目中。在当前项目中就可以取用该库中的所有组件了。

2.6.4 放置组件

在当前项目中添加组件库之后，就可以在原理图中放置组件了，下面以放置 NE555P 为例，说明放置组件的步骤。

(1) 选择 View | Fit Document 命令，或者在图纸上右击鼠标，在弹出的快捷菜单中选择 Fit Document 命令，使原理图图纸显示在整个窗口中。可以按 Page Down 和 Page Up 键缩小和放大图纸视图。右击，在弹出的快捷菜单中选择 Zom in 和 Zom out 命令同样可以缩小和放大图纸视图。

(2) 在组件库下拉列表中选择 TI Analog Timer Circuit.IntLib 使之成为当前库，使用过滤器快速定位需要的组件，在过滤器输入 2N5551。

(3) 选中 2N5551 选项，单击 Place 2N5551 按钮或双击组件名，鼠标指针将变成十字形状，鼠标指针上悬浮着一个 555 芯片的轮廓，按下 Tab 键，将弹出 Component Properties(组件属性)对话框，可以设置组件的属性，如图 2-70 所示。在 Designator 文本框中输入 Q?作为组件符号。可以看到组件的 PCB 封装为右下方的 Footprint 一栏设置 TO.Flat…。

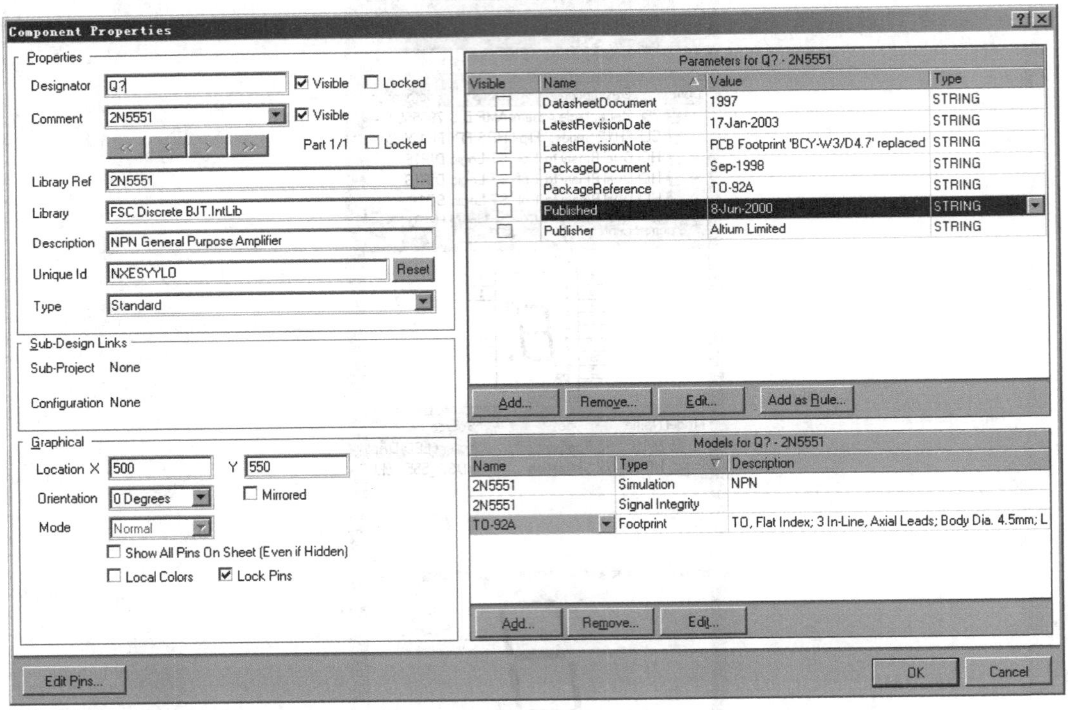

图 2-70 Component Properties(组件属性)对话框

(4) 将鼠标指针移动到原理图中放置组件的合适位置，单击鼠标把 2N5551 放置在原理图上。按 PageDown 和 PageUp 键缩小和放大组件观看组件放置的位置是否合适，按 Space 键使组件旋转，调整组件放置的方向。

(5) 放置完组件如图 2-71 所示，右击鼠标或者按 Esc 键退出组件放置状态。

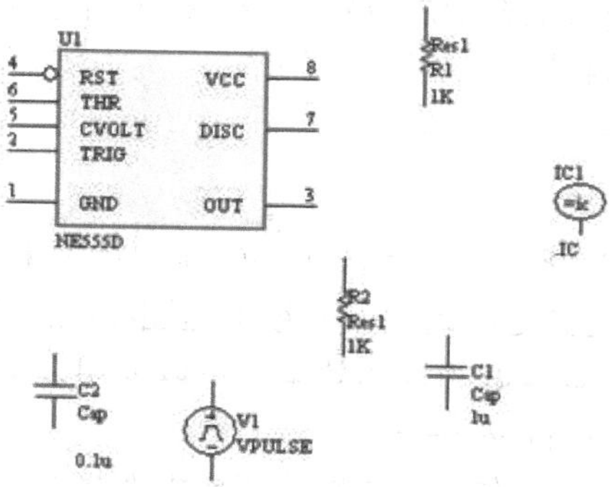

图 2-71　组件放置完成后的图纸

2.6.5　放置电源和接地符号

555 电路图中有一个 12V 的电源和一个接地符号，下面以接地符号为例，说明放置电源和接地符号的基本操作步骤。放置接地符号的基本操作步骤如下。

(1) 选择 Place | Power Port 命令，如图 2-72 所示。

(2) 将鼠标指针移至图纸上绘制接地符号，如图 2-73 所示。

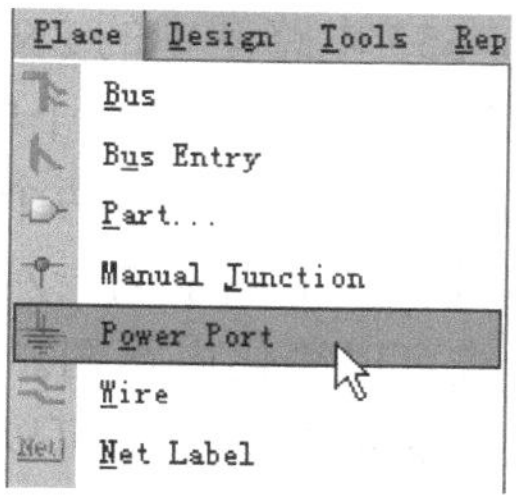

图 2-72　Power Port 命令

图 2-73　接地符号

(3) 选中接地符号，出现十字形鼠标指针，同时鼠标指针上悬浮着接地符号的轮廓，此时按 Tab 键，将出现 Power Port(接地符号属性)对话框，如图 2-74 所示，这里需要注意网络名称是否正确。单击 OK 按钮完成网络名称设置。

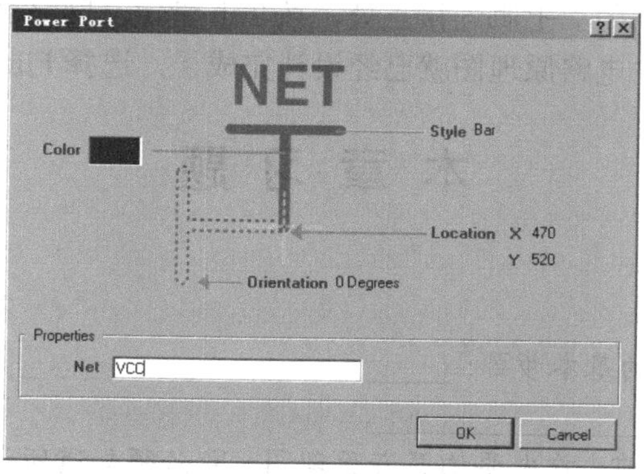

图 2-74　接地符号属性对话框

(4) 移动鼠标指针到图纸上合适的位置单击，接地符号就显示在图纸上。12V 电源的放置与接地符号的放置基本相同。

2.6.6 绘制导线

将组件放置在图纸上并调整好各个组件的位置后，接下来的工作是对原理图进行布线。下面以连接 R1 与 2N5551 的第七脚为例，介绍原理图布线的步骤。

(1) 为了使原理图图纸有很好的视图效果，可以使用以下三种方法布线。

- 选择 View | Fit All Objects 命令。
- 在原理图图纸上右击，在弹出的快捷菜单中选择 Fit All Objects 命令。
- 使用快捷键(Ctrl+PgDn)。

(2) 进入绘制导线状态，把十字形鼠标指针放在 R1 的引脚上，单击鼠标固定第一个导线点，移动鼠标指针会看到一根导线从固定点处沿鼠标的方向移动。如果需要转折，在转折处单击鼠标确定导线的位置，每转折一次都需要单击一次鼠标。

(3) 移动鼠标到 2N5551 的第七脚，单击鼠标即可完成 R1 与 2N5551 第七脚之间的连接。

(4) 此时鼠标指针仍然是十字形状，表明仍处于画线模式，可以继续绘制其他的连接线。

(5) 画完所有的连接线后，右击退出画线模式，鼠标指针恢复为箭头形状。

彼此连接在一起的一组组件引脚称为网络(net)。例如，555 电路图中的 2N5551 的第七脚、第六脚、R1、C1 是连在一起的，称为一个网络。网络名称实际上是一个电气连接点，具有相同网络名称的电气组件表示连接在一起。定义网络名称的用途是将两个和两个以上没有相互连接的网络，命名相同的网络名称，使它们在电气含义上属于同一网络。在连接线路比较远或线路走线复杂时，使用网络名称代替实际走线可以简化电路图。

在 555 电路图中，由于走线比较简单，所以没有必要放置网络名称，可以全部使用导线实现线路的连接。但是可以看到 2N5551 的第六脚和第七脚的连接就比较远，可以使用网络名称代替这段导线，下面以此为例介绍如何放置网络名称。

按照前面介绍的方法放置网络名称并打开 Net Label(网络名称属性)对话框，在 Properties 选项组的 Net 文本框中输入 2N5551_6，其他采用默认设置即可。

移动鼠标指针到 2N5551 的第六脚，单击鼠标设置第一个网络名称；然后移动鼠标指针到 R1 和 C1 与 2N5551 的第七脚连接点处，按 Tab 键定义网络名称为 2N5551_6。

现在一个完整的 555 电路原理图就已经设计完成了，选择 File | Save 命令保存文件。

本 章 习 题

一、填空题

1. 设计印制电路板的基本步骤：______________、______________、______________、______________。

2. 在设计原理图之前，首先要构思好原理图，即必须知道所设计的项目需要用由电路来完成，然后用 Protel DXP 来画出______________。

3. ____________就是将原理图元件与 PCB 封装和信号完整性分析联系在一起，关于某个元件的所有信息都集成在一个模块库中，所有的元件信息被保存在一起。

4. 进入绘制导线状态后，鼠标指针变成____________，系统处于绘制导线状态。

5. 连接线路就是____。

二、选择题

1. Protel DXP 原理图一共有(　　)个工具栏。
   A. 10　　B. 11　　C. 12　　D. 13
2. 在 Protel DXP 原理图窗口界面中，按(　　)键可使绘图区放大。
   A. PageUp　　B. PageDown　　C. Home　　D. Enter
3. 在 Protel DXP 原理图窗口界面中，按(　　)键可使绘图区缩小。
   A. PageUp　　B. PageDown　　C. Home　　D. Enter
4. 在 Protel DXP 原理图窗口界面中，按(　　)键可使绘图区以鼠标指针为中心移动。
   A. PageUp　　B. PageDown　　C. Home　　D. Enter
5. 在 Protel DXP 原理图窗口界面中，按(　　)键可以更新图纸画面。
   A. PageUp　　B. PageDown　　C. Home　　D. Enter

三、问答题

1. 简述印制电路板的步骤有哪些？
2. 简述如何添加、删除元件库？
3. 简述如何进行元件设置？
4. 简述如何绘制导线？

第3章　电路原理图绘制高级操作

本章内容提示

在掌握了原理图的基本操作后，再来学习电路原理图绘制的高级操作。本章主要讲述 Protel DXP 原理图设计的高级布线工具、绘图工具的用法。通过本章的学习，读者应该能够设计出功能强大、复杂且适用的电路原理图。

学习要点

- 使用绘制电路工具布线
- 绘制图形
- 编辑电路元器件和图形
- 完整电路原理图的布线
- 原理图环境参数设置

3.1　使用绘制电路工具

Protel DXP 电路原理图主要通过电路图绘制工具来完成，因此，熟练使用电路图绘制工具是必需的。启动电路图绘制工具的方法主要有两种。

1)　使用电路图工具栏

选择 View | Toolbars | Wiring 命令，打开 Wiring(电路图)工具栏，如图 3-1 所示。

2)　使用菜单命令

选择 Place | Directives 命令下的各个子菜单命令。这些菜单命令与电路图工具栏中的按钮相互对应，功能完全相同。Place 菜单下的绘制电路图菜单命令如图 3-2 所示。

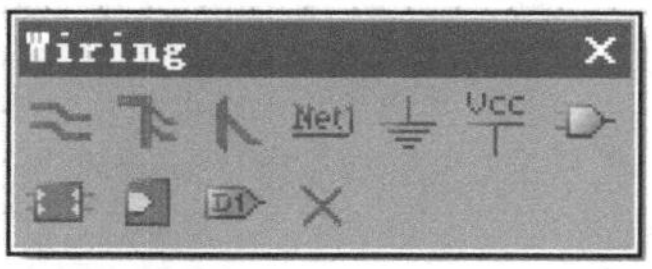

图 3-1　Wiring(电路图)工具栏

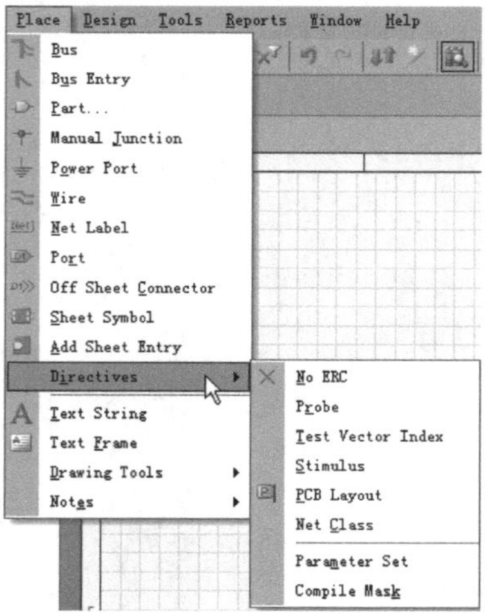

图 3-2　Place 菜单下的绘制电路图命令

3.1.1　绘制总线

总线(Bus)是指用一条线来表达数条并行线的导线。这样做是为了简化原理图，便于读图，如常说的数据总线、地址总线等。总线本身没有实质的电气连接意义，只能根据总线接出的各个单一导线上的网络名称来完成电气意义上的连接。在 Protel DXP 中，总线用较粗的线条来表示。

1. 启动绘制总线的命令

启动绘制总线的命令有如下两种方法。

- 单击绘图工具栏中的总线按钮。
- 选择 Place | Bus 命令。

2. 绘制总线的步骤

启动绘制总线命令后，鼠标指针变成十字形，然后在恰当的位置单击鼠标确定总线的起点，在转折处单击，在总线的末端右击或按 Esc 键结束，绘制总线的方法与绘制导线的方法基本相同。

3. 设置总线的属性

在绘制总线的状态下，按 Tab 键，将弹出 Bus(总线)属性对话框，如图 3-3 所示。总线绘制完成后，如果想修改总线属性，可以双击总线，打开总线属性对话框来修改。

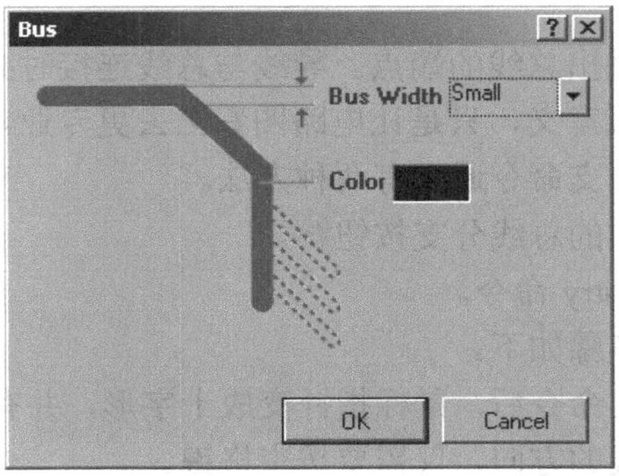

图 3-3　Bus(总线)属性对话框

提示：总线属性对话框的设置与导线设置相同，都是对总线颜色和总线宽度的设置。一般情况下采用默认设置即可。

4. 绘制总线实例

本节主要以常用单片机芯片 AT89S52 最小系统板中 P0 口与排针 JP0 的连接为例介绍总线的绘制。

(1) 单击绘图工具栏中的总线按钮，执行绘制总线的命令(P+U 快捷键)。执行命令后，出现十字鼠标指针，在适当的位置单击确定总线的起点，如图 3-4 所示。

> **提示：** 注意总线将通过分支接口与元件管脚相连。总线分支的长度为一个栅格的对角线长度，因此总线一般离元件管脚为一个栅格的距离。

(2) 移动鼠标指针绘制总线，在每一个转折点单击鼠标左键，完成绘制后右击或按 Esc 键结束，绘制完成的总线如图 3-5 所示。与导线类似，双击总线可以在弹出的 Bus(总线)属性对话框中更改总线的设置。

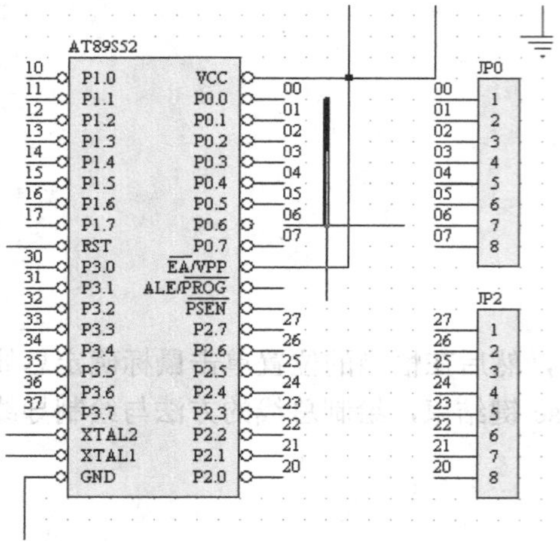

图 3-4　确定总线的起点

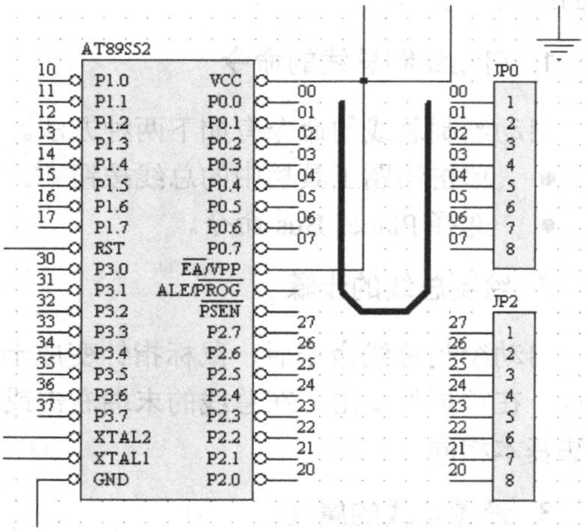

图 3-5　绘制完成的总线

5. 绘制总线分支的步骤

总线分支是单一导线进出总线的端点。导线与总线连接时必须使用总线分支，总线和总线分支没有任何电气连接意义，只是让电路图看上去更专业，因此电气连接功能要由网络标号来标识。启动总线分支命令通常有两种方法。

- 单击绘图工具栏中的总线分支按钮。
- 选择 Place | Bus Entry 命令。

绘制总线分支的一般步骤如下。

(1) 执行绘制总线分支命令后，鼠标指针变成十字形，并有分支线“/”悬浮在鼠标指针上。如果需要改变分支线的方向，仅需要按空格键。

(2) 移动鼠标指针到要放置总线分支的位置，鼠标指针上出现两个红色的十字叉，单击鼠标即可完成第一个总线分支的放置。依次可以放置所有的总线分支。

(3) 绘制完所有的总线分支后，右击或按 Esc 键退出绘制总线分支状态。鼠标指针由十字形变成箭头。

6. 设置总线分支的属性

在绘制总线分支状态下，按 Tab 键，将弹出 Bus Entry(总线分支)属性对话框，或者在退出绘制总线分支状态后，双击总线分支同样弹出总线分支对话框，如图 3-6 所示。在总线分支属性对话框中，可以设置颜色和线宽，Location (位置)一般不需要设置，采用默认设置即可。

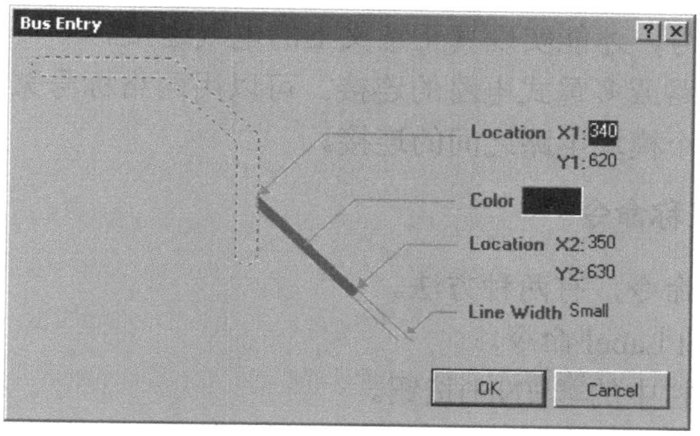

图 3-6　Bus Entry(总线分支)属性对话框

7. 绘制总线分支实例

(1) 选择 Place | Bus Entry 命令。执行绘制总线分支的命令(P+B 快捷键)，十字鼠标指针出现，并带有总线分支标记“\”或“/”。根据需要可以按下空格键改变分支的方向，每按下一次，分支以鼠标指针为中心逆时针旋转 90°，如图 3-7 所示。

(2) 移动鼠标指针，在每个放置点单击，完成一条总线分支的放置。绘制完成后右击或按 Esc 键退出总线分支绘制状态，绘制完成的总线分支如图 3-8 所示。

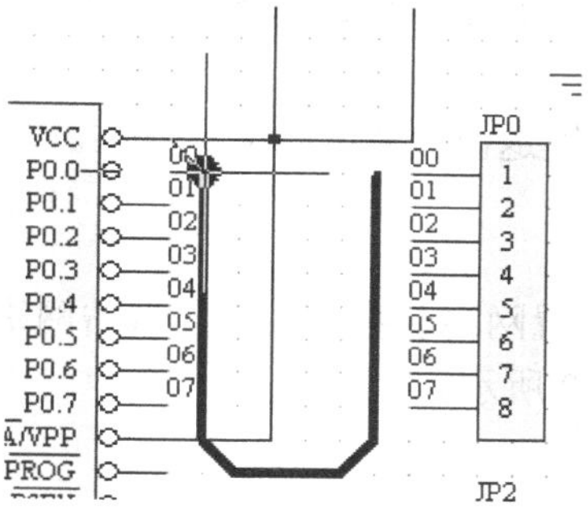

图 3-7　绘制总线分支

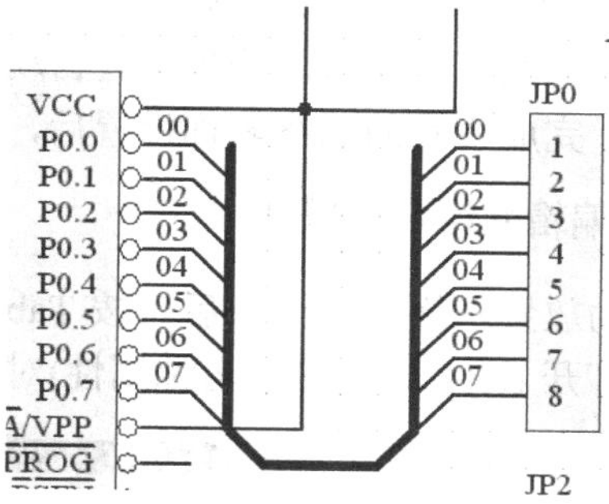

图 3-8　绘制完成的总线分支

提示： 总线分支与总线成 45° 夹角，只有一个栅格对角线的长度，在绘制总线时要保证总线与引脚的距离为一个栅格。

(3) 如果对分支的属性设置不满意，可双击总线分支，弹出总线分支对话框，对其进行设置。

3.1.2　网络与网络标号

网络在 Protel DXP 中具有实际的电气连接意义，具有相同网络标号的导线，不论在图纸上是否连接在一起，都被视为同一条导线。网络标号通常在如下情况下使用。

- 简化电路图。在绘图过程中，在连接线路比较远或者走线比较困难和复杂时，为了简化电路，可以利用网络标号代替实际的连接。
- 在用总线连接时表示各导线之间的连接关系。连接在总线上的各个导线，只有通过放置网络标号，才能实现真正意义上的电气连接。

- 用于层次式电路或多重式电路的连接。可以用网络标号来表示层次电路或多重电路式电路中各个模块电路之间的连接。

1. 启动执行网络名称命令

启动执行网络名称命令，有两种方法。

- 选择 Place | Net Label 命令。
- 单击绘图工具栏中的Net(Net)按钮。

2. 放置网络名称的步骤

放置网络名称的步骤如下。

(1) 启动放置网络名称命令后，鼠标指针将变成十字形，并出现一个虚线方框悬浮在鼠标指针上。此方框的大小、长度和内容是由上一次使用的网络名称决定的。

(2) 将鼠标指针移动到放置网络名称的位置(导线或总线)，鼠标指针上出现红色的 X 形符号，单击鼠标就可以放置一个网络名称了，但是一般情况下，为了避免以后修改网络名称的麻烦，在放置网络名称前，可以按 Tab 键，设置网络名称属性。

(3) 移动鼠标到其他位置继续放置网络名称(放置完第一个网络标号后，不要右击或按 Esc 键，此时鼠标指针继续保持放置网络名称状态)。在放置网络名称的过程中如果网络名称的末尾为数字，那么这些数字会自动增加。

(4) 完成所有的网络名称设置后，右击或按 Esc 键退出放置网络名称状态。

3. 编辑网络名称属性

启动放置网络名称命令后，按 Tab 键；或者在放置网络名称完成后，双击网络名称，都可以打开 Net Label(网络名称属性)对话框，如图 3-9 所示。

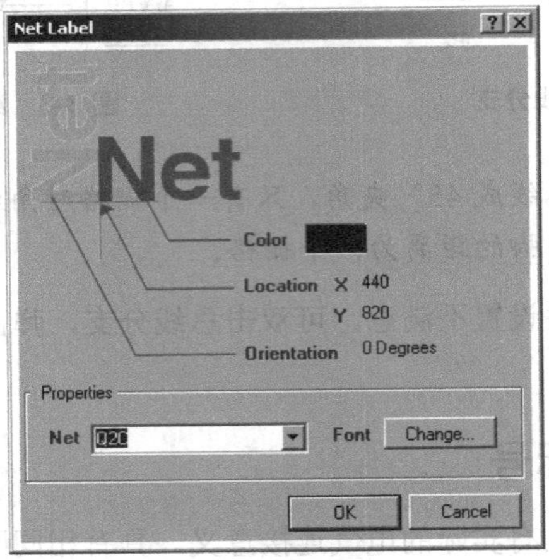

图 3-9 Net Label(网络名称属性)对话框

Net Label(网络名称属性)对话框主要可以设置以下选项。

- Net 下拉列表框：定义网络名称。
- Color 颜色块：单击 Color 颜色块，将弹出 Choose Color(选择颜色)对话框，可以选择用户喜欢的颜色。

- Location 选项：设置 X、Y 表明网络名称的水平和垂直坐标。
- Orientation 选项：单击 Orientation 栏中的 0 Degrees 下拉菜单，可以选择网络名称的方向。也可以用空格键实现方向的调整，每按一次空格键，改变 90°。
- Font 选项：单击 Change 按钮，将弹出字体对话框，可以改变字体设置。

4. 放置网络名称实例

在原理图中，主要放置数据总线(D0～D7)的网络名称。首先进入放置网络名称状态，按 Tab 键将弹出网络名称属性对话框，在网络名称栏中输入 D0，其他采用默认设置即可。移动鼠标到 D0 引脚，鼠标指针出现红色的 X 符号，单击鼠标，网络名称 D0 的设置即可完成。依次移动鼠标到 D1～D7，会发现网络名称的末位数字自动增加。完成放置网络标号后的原理图如图 3-10 所示。

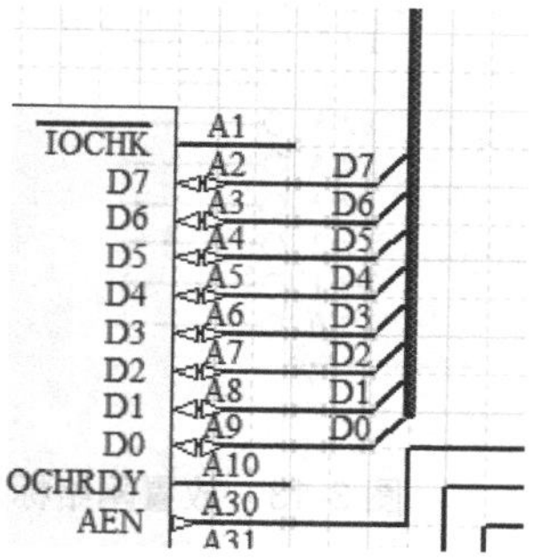

图 3-10 绘制完网络名称

5. 绘制网络标识实例

下面以单片机 AT89S52 的 P2 口与插针 JP2 相连来介绍网络标识的绘制方法，步骤如下。

(1) 单击绘图工具栏中的(Net)按钮，鼠标指针变成十字形，并在鼠标指针处出现网络标识的虚线框，随鼠标指针的移动而移动，如图 3-11 所示。

(2) 设置网络标识可以避免画导线过多占用位置，但往往会产生原理图不直观、不清晰的情况，所以为使已利用网络标识连接的管脚突出显示，可以将管脚的导线延长一段。将需要设置网络标识的管脚延长后的原理图如图 3-12 所示。

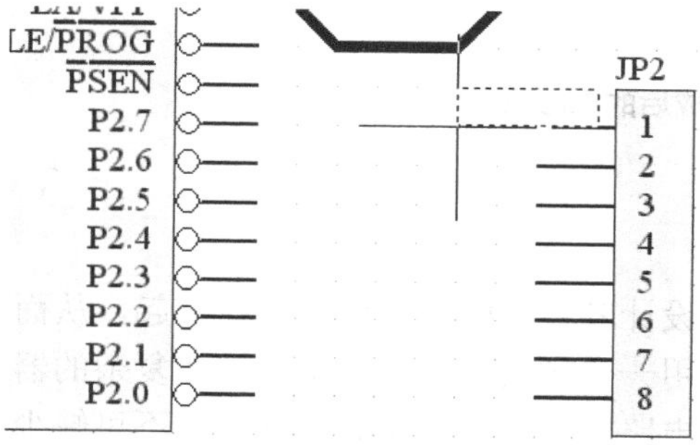

图 3-11 执行绘制网络标识命令

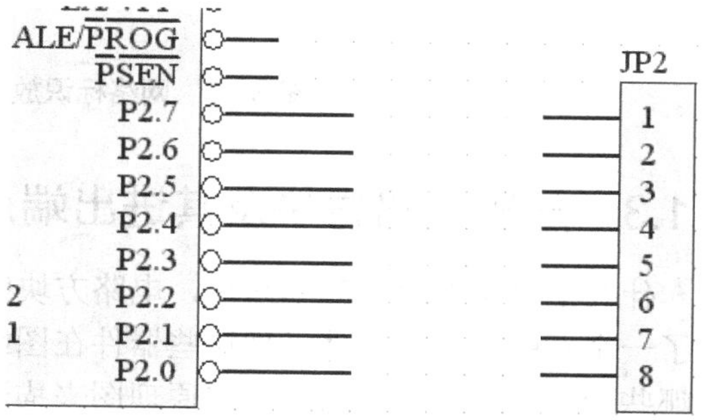

图 3-12 管脚延长

(3) 将虚线框移到 P2.7 管脚的上方，单击确定，即可完成 P2.7 管脚网络标识的设置。放置完成后，右击或按 Esc 键退出网络标识放置状态。放置好的网络标识如图 3-13 所示，此时网络标识的名称为默认名称“NetLabel1”。

(4) 为使网络标识清晰明了，一般将网络标识改为具有一定意义的名称。更改网络标识的属性的方法是用鼠标双击网络标识，或在处于放置的浮动状态时按 Tab 键，弹出的网络标识属性对话框如图 3-14 所示。

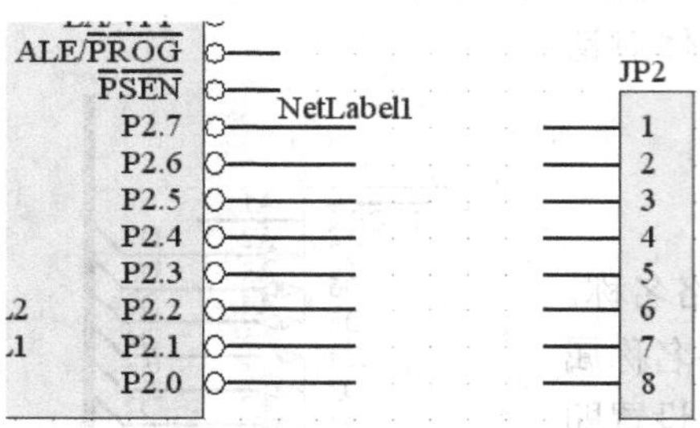

图 3-13 放置网络标识后的原理图

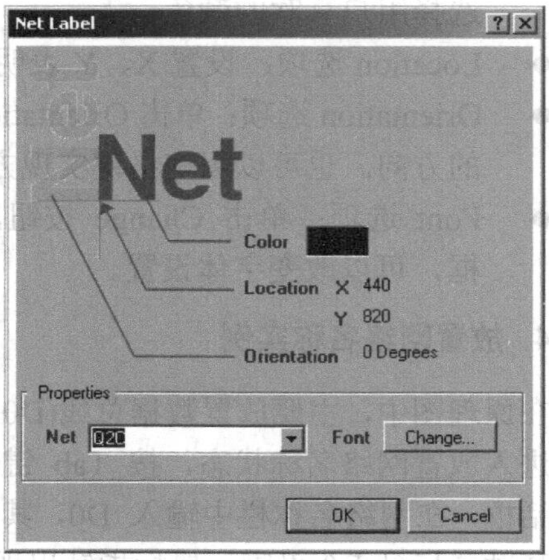

图 3-14 网络标识属性对话框

(5) 使用相同的步骤完成其他网络标识的放置，相连的管脚使用相同的网络标识，将单片机 P2.0～P2.7 分别与 JP2 的 8 个管脚一一对应，放置完成后的电路原理图如图 3-15 所示。

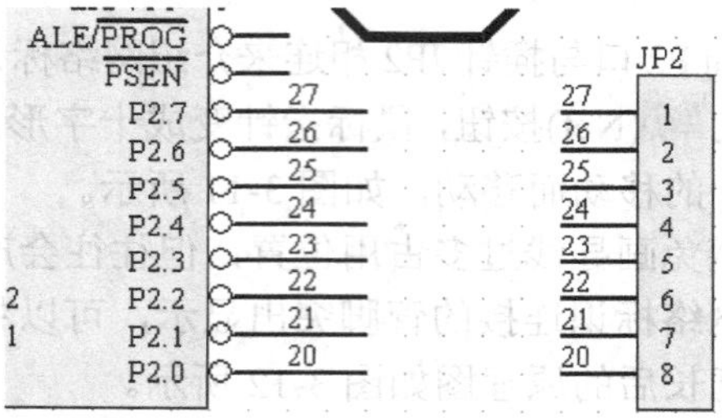

图 3-15 网络标识放置完成后的电路原理图

3.1.3 放置电路方块及其进出端点

什么是电路方块？简单来说，电路方块就是设计者将一些元器件组合在一起，从而构成了一个新的复杂的器件，把这些器件在图纸上用一个方块来表示，至于这些复杂的器件由哪些元器件组成，则用另一张原理图来描述。电路方块图是层次式电路设计不可缺少的组件。

1. 放置电路方块图的步骤

放置电路方块图的步骤如下。

(1) 选择 Place | Sheet Symbol 命令，此时鼠标指针变为十字状，将鼠标指针移动到要放置方块图的一角单击，再把鼠标指针移动到方块图的另一角单击，即可得到如图 3-16 所示的绿色区域。

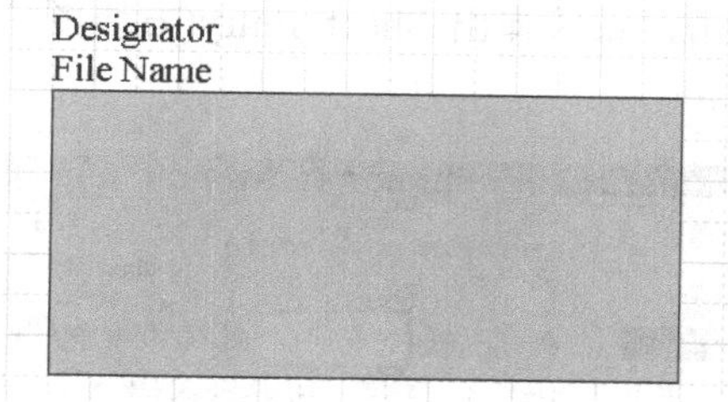

图 3-16 放置电路方块图

(2) 双击电路方块图，系统弹出电路方块图属性对话框，如图 3-17 所示。设置电路方块图的进出端点，设置完毕，单击 OK 按钮。

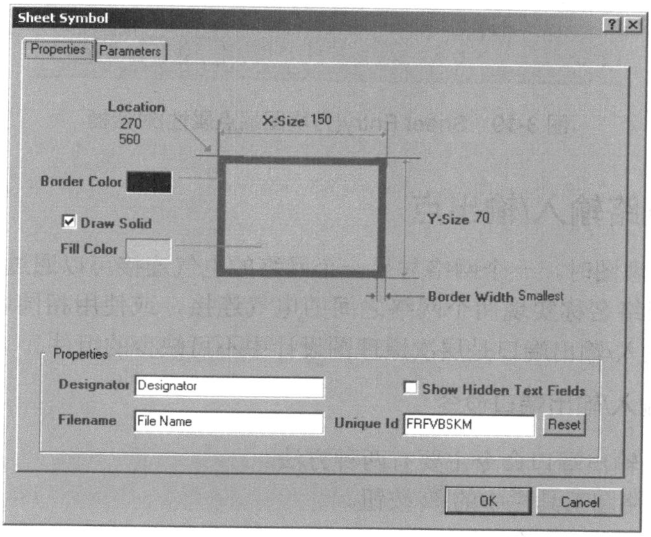

图 3-17 Sheet Symbol(方块图属性)对话框

2. 放置方块图的出入端点

方块图只是定义了一个复杂的元件，还应该加上进出端点，就像元件必须有引脚一样，只有加上端点，方块图才能与别的元件进行电气连接。放置方块图的出入端点的步骤如下。

(1) 选择 Place | Add Sheet Entry 命令，此时鼠标指针变成十字状，将鼠标指针移动到方块图中单击，在鼠标指针附近出现端点图标，将鼠标指针移动到需要放置端点的位置，再次单击，即可放置方块图的出入端点，如图 3-18 所示。

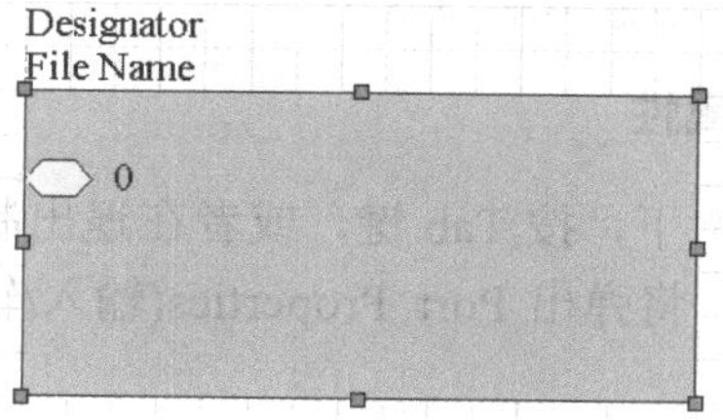

图 3-18 方块图端点

(2) 在方块图端点上双击，系统弹出 Sheet Entry(方块图端点属性)对话框，如图 3-19 所示，可以设置端点的参数。

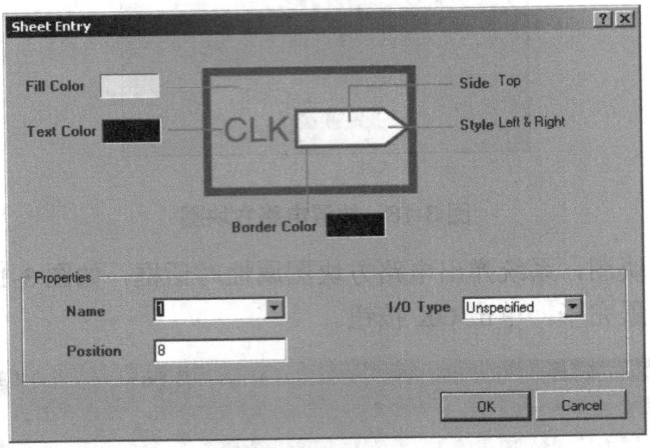

图 3-19　Sheet Entry(方块图端点属性)对话框

3.1.4　放置电路输入/输出点

在设计电路原理图时，一个网络与另一个网络的电气连接可以通过实际导线连接，也可以通过相同的网络名称实现两个网络之间的电气连接，或使用相同名称的输入/输出点(I/O 端口)连接。输入/输出端口是层次原理图设计中不可缺少的组件。

1. 启动制作输入/输出端口命令

启动制作输入/输出端口命令主要有两种方法。

- 单击画电路图工具栏中的按钮。
- 选择 Place | Port 命令。

2. 制作输入/输出端口

制作输入/输出端口的步骤如下。

(1) 启动制作输入/输出端口命令后，鼠标指针变成十字形，同时一个输入/输出端口图示悬浮在鼠标指针上。

(2) 移动鼠标指针到原理图的合适位置，在鼠标指针与导线相交处会出现红色的 X 形符号，表明实现了电气连接。单击鼠标即可定位输入/输出端口的一端，移动鼠标至输入/输出端口大小合适的位置，单击鼠标完成一个输入/输出端口的放置。

(3) 右击鼠标退出制作输入/输出端口状态。

3. 设置输入/输出端口的属性

在制作输入/输出端口状态下，按 Tab 键，或者在退出制作输入/输出端口状态后，双击制作的输入/输出端口符号，将弹出 Port Properties(输入/输出端口属性设置)对话框，如图 3-20 所示。

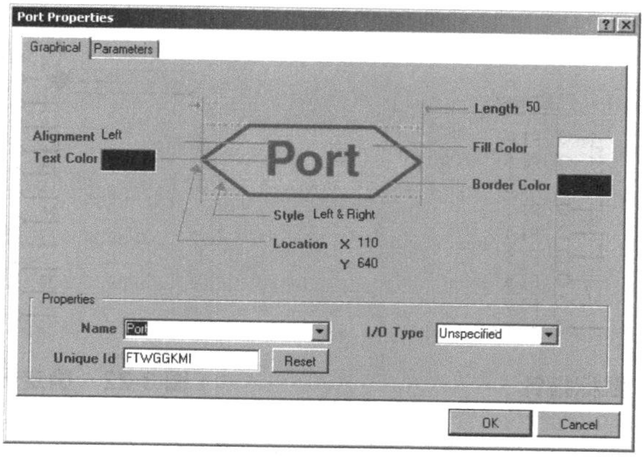

图 3-20　Port Properties(输入/输出端口属性设置)对话框

下面只介绍 Port Properties(输入/输出端口属性设置)对话框中 Graphical 选项卡中的参数，含义如下。

- Alignment：用于设置输入/输出端口名称在端口符号中的位置，有 Left、Right 和 Center 三种。
- Text Color：用于设置端口内文字的颜色。
- Style：用于设置端口的外形，可以依次选择下拉菜单中的各选项，可以改变端口的外形，默认的设置是 Left & Right。
- Location：用于定位端口的水平和垂直坐标。
- Length：用于设置端口的长度。
- Fill Color 颜色块：用于设置端口内的填充色。
- Border Color 颜色块：用于设置端口边框的颜色。
- Name 组合框：用于定义端口的名称，具有相同名称的 I/O 端口在电气意义上是连接在一起的。
- I/O Type 下拉列表框：用于设置端口的电气特性。端口的类型设置有未确定类型(Unspecified)、输出端口类型(Output)、输入端口类型(Input)、双向端口类型(Bidirectional)四种。
- Unique Id：系统自动分配参数。

4. 制作输入/输出端口实例

以单片机 AT89S52 的 P1.0、P1.1 为例制作 I/O 端口，分别为读的输出端口和写的输入端口。

(1) 单击绘制电路图工具栏中的 按钮，鼠标指针变成十字形，并在鼠标指针上出现端口形状，随鼠标指针的移动而移动，如图 3-21 所示。

(2) 执行命令后，单击鼠标左键确定端口左端的位置，再次单击确定端口右端的位置，如图 3-22 所示。此时可继续放置端口，右击或按 Esc 键退出放置电路 I/O 端口状态。

(3) 双击放置的端口，打开 Port Properties(端口属性设置)对话框，如图 3-23 所示。

(4) 设置 Read 端口为 Output 型，Write 端口为 Input 型，完成后的端口如图 3-24 所示。

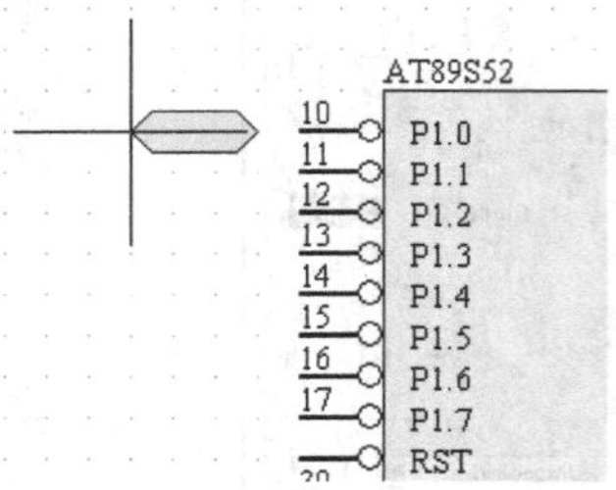

图 3-21　鼠标指针

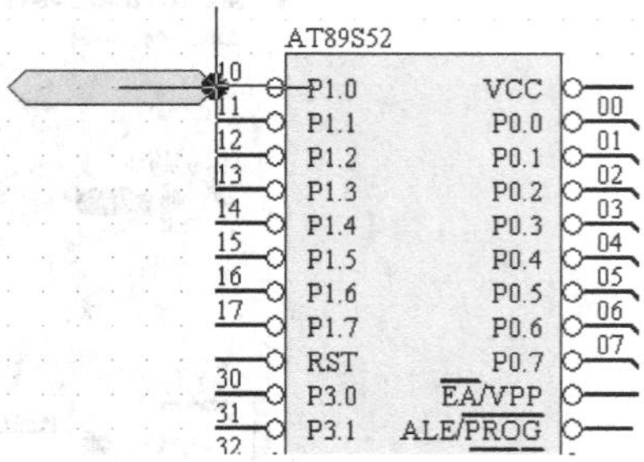

图 3-22　确定端口右端的位置

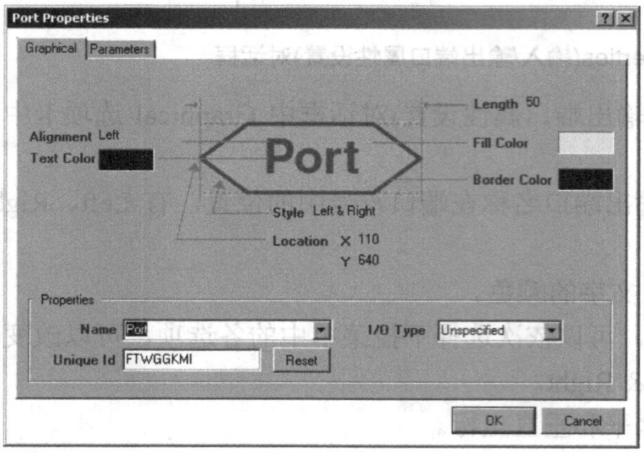

图 3-23　Port Properties(端口属性设置)对话框

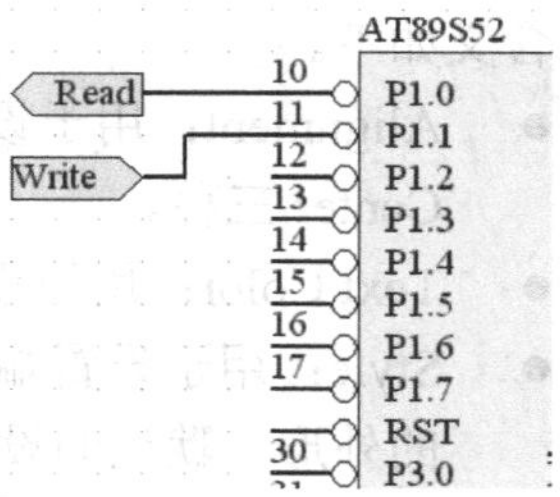

图 3-24　完成后的端口

提示： 文字的位置根据信号的方向和端口的长度进行不同的设置。

3.1.5　放置忽略 ERC 测试点

放置忽略 ERC 测试点的主要目的是让系统在进行电气规则检查(ERC)时，忽略对某些节点的检查。例如系统默认输入型引脚必须连接，但实际上某些输入型引脚不连接也是常事，如果不放置忽略 ERC 测试点，那么系统在编译时就会生成错误信息，并在引脚上放置错误标记。

1. 启动放置忽略 ERC 测试点命令

启动放置忽略 ERC 测试点命令主要有两种方法。

- 单击绘制电路图工具栏中的按钮。
- 选择 Place | Directives | No ERC 命令。

2. 放置忽略 ERC 测试点的步骤

启动放置忽略 ERC 测试点命令后，鼠标指针变成十字形，并且在鼠标指针上悬浮一个红叉符号，将鼠标指针移动到需要放置 No ERC 的节点上，单击鼠标完成一个忽略 ERC 测试点的放置。右击可退出放置忽略 ERC 测试点状态。

3. No ERC 属性设置

在放置 No ERC 状态下按 Tab 键，弹出 No ERC 属性设置对话框，如图 3-25 所示。主要设置 No ERC 的颜色和坐标位置，采用默认设置即可。

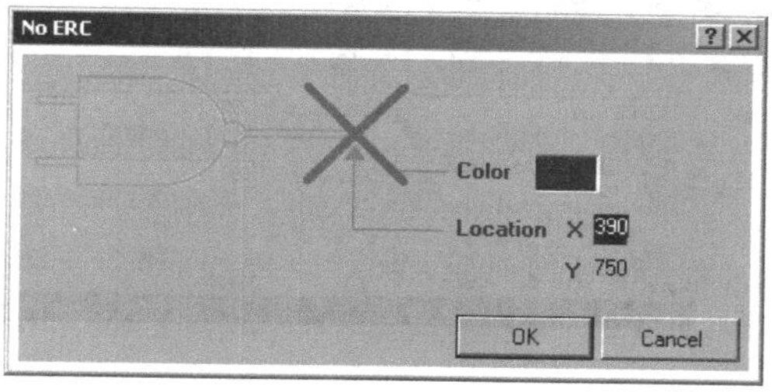

图 3-25　No ERC 属性设置对话框

3.1.6　放置 PCB 布线指示

Protel DXP 允许设计者在原理图设计阶段规划指定网络的铜膜宽度、过孔直径、布线策略、布线优先权和布线板层属性。如果用户在原理图中对某些特殊要求的网络设置了 PCB 布线指示，则在创建 PCB 的过程中就会自动引入这些设计规则。

要使在原理图中标记的网络布线规则信息能够传递到 PCB 文档，在进行 PCB 设计时应使用设计同步器来传递参数。若使用原理图创建的网络表，所有在原理图上的标记信息将丢失。

1. 启动放置 PCB 布线指示命令

启动放置 PCB 布线指示命令主要有两种方法。

- 单击绘制电路图工具栏中的按钮。
- 选择 Place | Directives | PCB Layout 命令。

2. 放置 PCB 布线指示的步骤

启动放置 PCB 布线指示命令后，鼠标指针变成十字形，PCB Rule 图标悬浮在鼠标指针上，将鼠标指针移动到放置 PCB 布线指示的位置单击，即可完成 PCB 布线指示的放置。右击可退出 PCB 布线指示状态。

3. 设置 PCB 布线指示的属性

在放置 PCB 布线指示状态下，按 Tab 键，弹出 Parameters(属性)设置对话框，如图 3-26 所示。现对其选项说明如下。

1)　Properties 选项组

Properties 选项组用于设置 PCB 布线指示的名称、放置位置和角度。其中 Name 文本框用来设置 PCB 布线指示名称；X-Location 和 Y-Location 用来设置 PCB 布线指示的坐标，一般采用移动鼠标实现；Orientation 下拉列表框用来设置 PCB 布线指示的放置角度，可以按空格键实现。

2) 变量列表框

列出选中 PCB 布线指示所定义的变量及其属性。使用 Add、Remove、Edit 和 Add as Rule 按钮可以对当前定义的变量进行编辑。

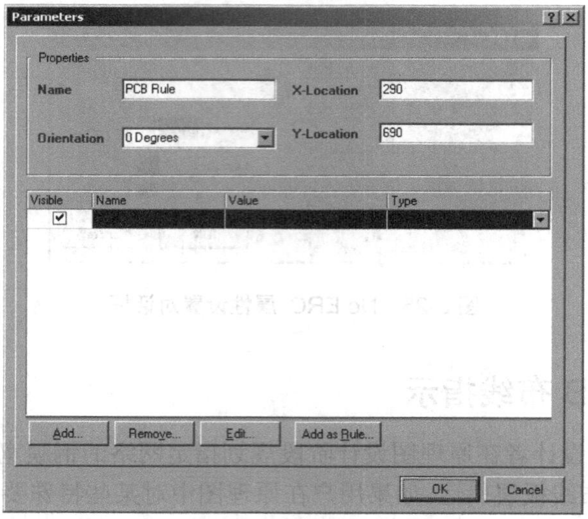

图 3-26 Parameters(属性)设置对话框

3.2 设计层次原理图

比较庞大复杂的项目工程电路图不可能一次完成，也不可能将电路图画在一张图纸上，更不可能由一个人完成，而通常是由大量图纸组成，并且由多名设计人员共同完成。层次化的电路原理图设计方法，就是将一个较大的设计分成若干个功能模块，由多个设计人员共同完成。

3.2.1 层次电路原理图的设计方法

在设计过程中，既可以从系统开始，逐级向下设计，也可以从最基础的模块开始，逐步向上设计。通常分为三种方法。

1. 自上而下的层次原理图设计

顾名思义，自上而下的设计方法就是先绘制最上层的原理图，也就是总的模块连接结构图，然后再分别绘制下一级各个模块的原理图。此方法适用于展开一个全新的设计，从上往下一级一级完成设计，如图 3-27 所示。

2. 自下而上的层次原理图设计

自下而上的设计就是指先绘制各个模块的原理图，或者说全部或部分的模块图已经绘制完成，然后再绘制上层总的模块连接结构图。与自上而下的绘制方法得到的结果相同，只是中间的操作过程有些差异，如图 3-28 所示。

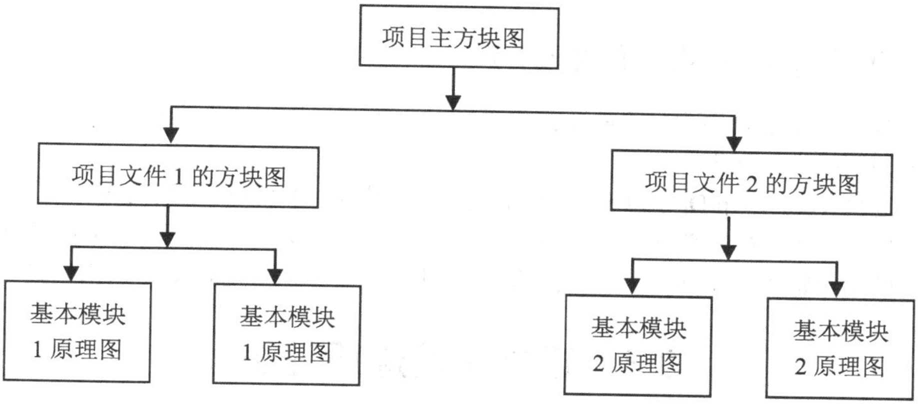

图 3-27　自上而下的层次原理图设计

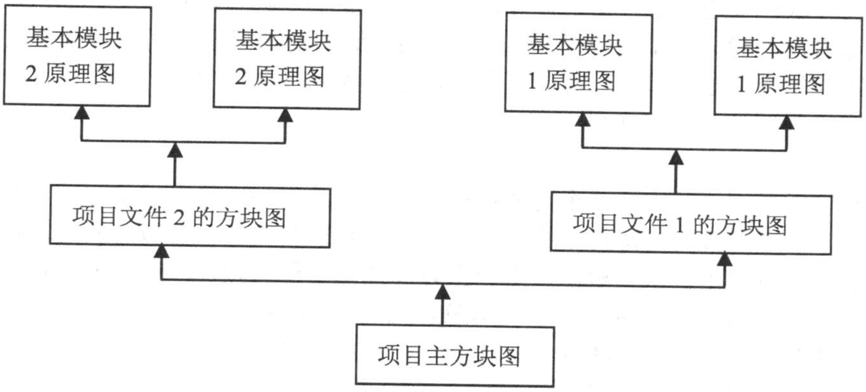

图 3-28　自下而上的层次原理图设计

3. 重复性层次原理图设计

重复性层次原理图设计是指有一个或多个模块图被重复地调用，因此采用该方法时，不必重复绘制相同的模块图，典型的重复性层次原理图设计示意图如图 3-29 所示。

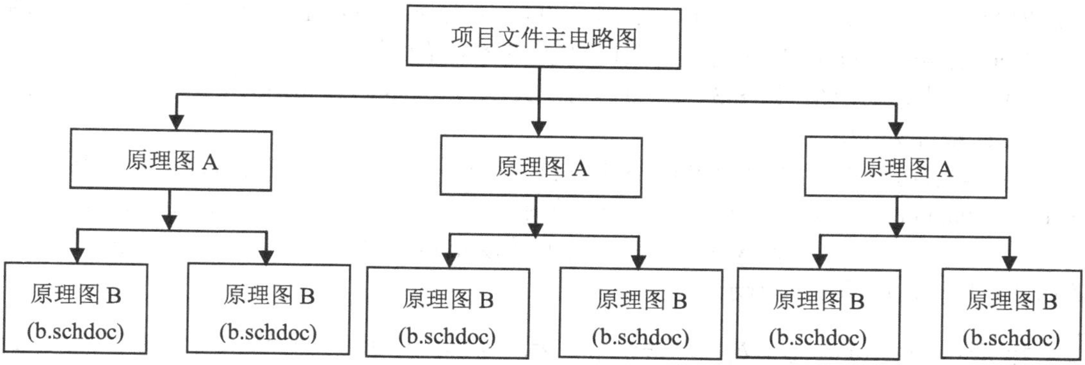

图 3-29　自下而上的层次原理图设计

3.2.2 不同层次电路之间的切换

在同时调入或编辑层次电路的多张原理图时，不同层次电路图之间的切换是必不可少的，通常的切换方法如下。

(1) 选择 Tools | Up/Down Hierarchy 命令，启动层次图之间的切换命令。

(2) 此时鼠标指针变为十字形，如果是上层切换到下层，只需要将鼠标指针移动到方块电路上的某个输入/输出端口上单击，即可立即切换到下层，右击即可退出切换模式。

3.3 建立多通道原理图

Protel 提供了多通道原理图设计的功能，用户只需要绘制一个能被多个原理图公用的原理图子模块，这种多通道原理图设计可以通过放置多个方块图，允许单个子原理图被调用多次，多通道设计对同一个通道(子图)多次引用。这个通道可以作为一个独立的原理图子图只画一次并包含于该项目中。可以很容易地通过放置多个指向同一个子图的原理图符号或者在一个原理图符号的标识符中包含有说明重复该通道的关键字来定义使用该通道(子图)多少次。

标识符管理器创建并维持一个通道连接表，并将其作为项目文件的一部分保存。标识符管理器对多通道项目的支持贯穿整个设计过程，包括将标识符改变反向标注到项目文件。

多通道设计有三个层次：根图、组合图以及通道子图。根图(Peak Detector.SchDoc)有一个包含四个组合图的原理图符号(引用 4 次组合图 Bank.SchDoc)。依照顺序，每一个组合图有一个包含八个通道的原理图符号，这样总共就有 32 个通道。我们将使用“重复”命令和原理图符号来指向一个原理图 Peak Detector-channel.SchDoc，这比为每一个所需要的通道分别建立单独的原理图要简便得多。我们可以通过命名布局空间的名字和元件标识符来反映设计的层次。

3.3.1 创建一个多通道设计

创建多通道设计，首先要创建一个 PCB 项目文件，然后加入能够体现该设计层次的三个原理图，也就是 Peak Detector-channel.SchDoc(顶层或根图)、Bank.SchDoc(组合图层)和 Peak Detector-channel.SchDoc(通道子图)。下面具体介绍操作步骤。

(1) 绘制通道子图，如图 3-30 中的 Peak Detector-channel.SchDoc 所示，然后将其加入一个 PCB 项目文件中。

(2) 创建组合图层原理图(Bank.SchDoc)，在该图上放置一个指向通道原理图(Peak Detector-channel.SchDoc)的方块电路符号，在原理图符号上标明需要引用通道的次数。

(3) 选择 Place | Sheet Symbol 命令，摆放方块电路。双击方块电路后会弹出方块电路的属性对话框，如图 3-31 所示。

提示： 在方块电路的属性对话框中，方块电路的标识符用来唯一确定每个通道中的元件。在我们的例子中，原理图元件的标识符名称是 PD。标识符可以使用任何名字，但推荐使用短名字以使标识符更短一些。因为当项目被编译时，原理图元件的名字和通道号会被加到元件的标识符中，例如，R1 会变成 R1_PD1。

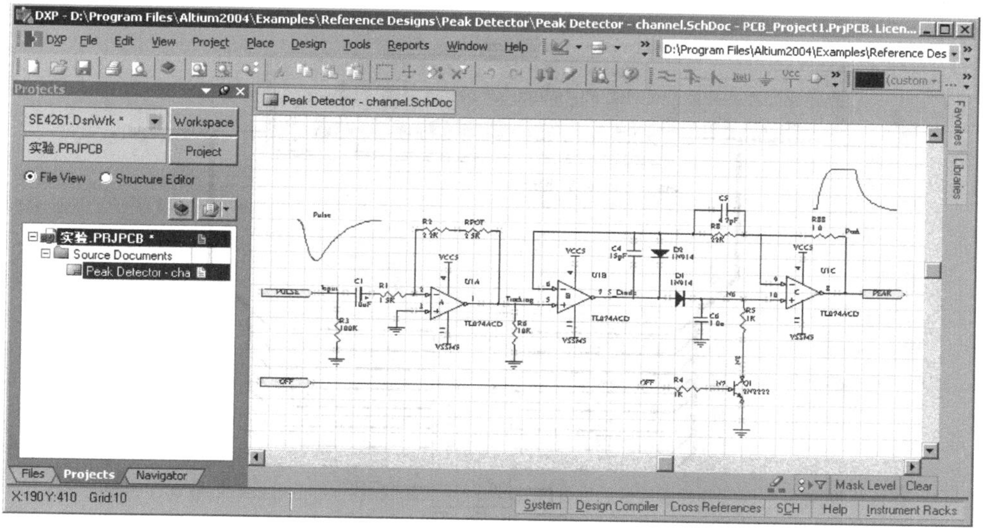

图 3-30 Detector-channel 原理图

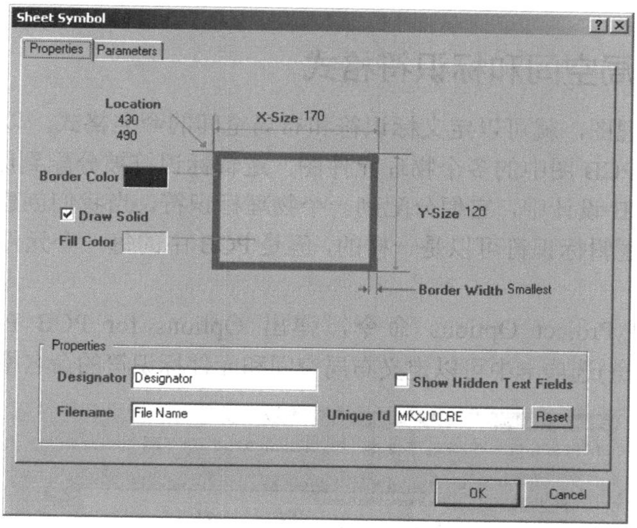

图 3-31 Sheet Symbol 方块电路属性对话框

(4) 在 Filename 文本框中，输入使用的通道的原理图名字，如 Peak Detector-channel.SchDoc。

(5) 通过在命名标识符时输入重复通道命令来定义你希望引用通道原理图的次数。标识符格式是：Repeat(sheet_symbol_name.first_channel,last_channel)。因此，在本例中，标识符中的命令 Repeat(PD,1,8)表示通过名字为 PD 的方块电路，名为 Peak Detector-channel 的原理图被引用 8 次。

(6) 单击 OK 按钮关闭原理图元件(Sheet Symbol)对话框，该方块电路将会发生相应变化以反映出当前的多通道结构情况，如图 3-32 所示。

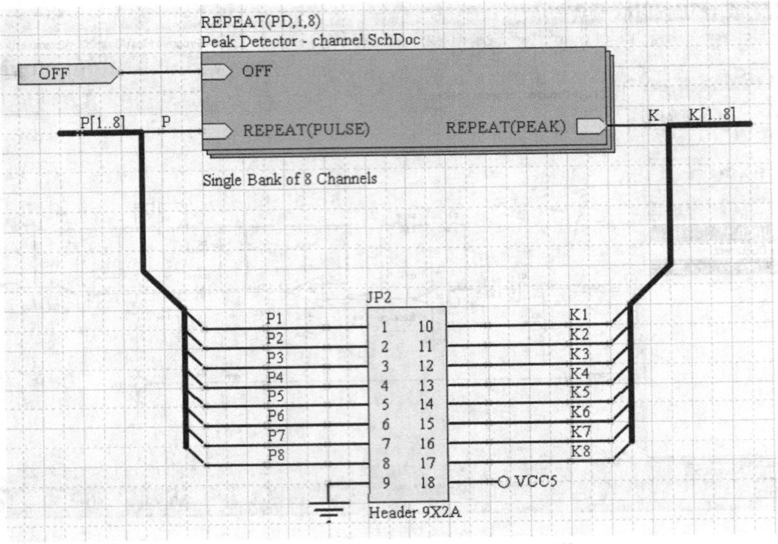

图 3-32　设置好方块属性的效果图

3.3.2　设置布局空间和标识符格式

一旦创建好原理图，就可以定义标识符和布局空间的命名格式，以便从原理图上的单个逻辑元件绘制到 PCB 图中的多个物理元件图。逻辑标识符被分配到原理图的各个器件。一旦元件放置到 PCB 设计中，它便分配到一个物理标识符。当我们创建多通道设计时，重复通道中的元件的逻辑标识符可以是一样的，但是 PCB 中的每一个元件必须有可唯一确定的物理标识符。

选择 Project | Project Options 命令，弹出 Options for PCB Project 对话框，在 Multi-Channel(多通道)选项卡中可以定义布局空间和元件标识符的命名格式，如图 3-33 所示。

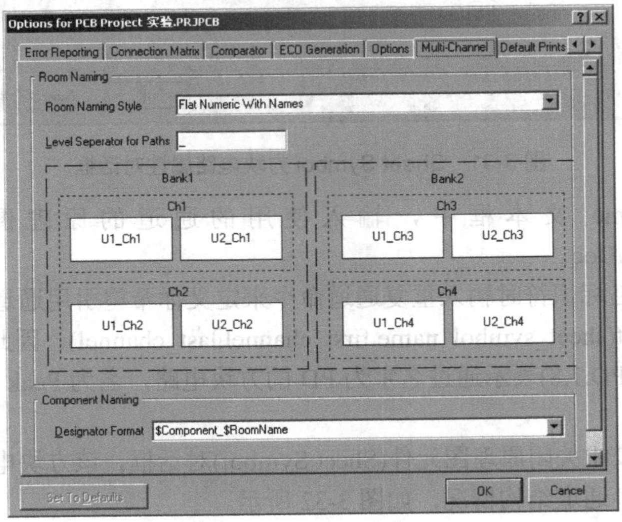

图 3-33　多通道设置

3.3.3　布局空间命名

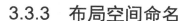

(1) 单击“Room Naming Style(布局空间命名类型)”下拉列表框的下三角按钮，在下拉列表中选择设计中需要用到的布局空间命名格式。当将项目中的原理图更新到 PCB 时，布局空间将以默认的方式被创建。这里提供了五种命名类型：两种平行的命名方式和三种层次化的命名方式。

层次化的布局空间的名字由相应通道路径层次上所有通道的原理图元件标识符连接而成(ChannelPrefix+ChannelIndex)。

(2) 选择一种布局空间命名类型后，多通道选项卡下的内容会被更新以反映出名字的转化，这个转化同时会出现在设计中。Bank 1 表示两个较高层次的通道，Bank 2 表示较低层的通道(每一个通道里有两个示例元件)，如图 3-34 所示。设计编译后，DXP 会为设计中的每一个原理图分别创建一个布局空间，包括组合图和每一个低层次通道。

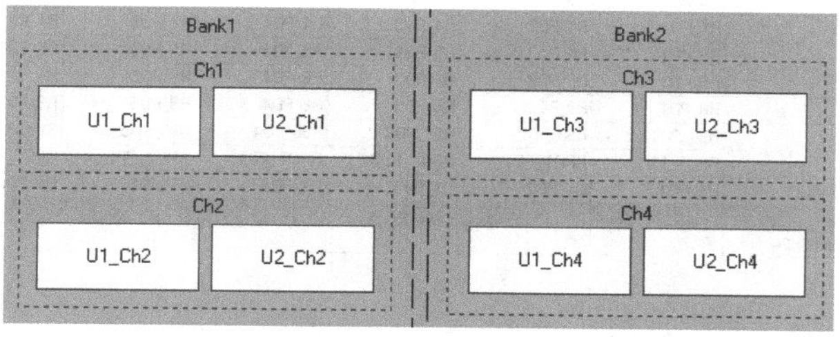

图 3-34　多通道层次结构

提示： 对于图例中的 2×2 通道设计来说，一共将有六个布局空间被创建，两个组合图各对应一个，四个较低层次通道各对应一个。在我们的 Peak Detector 例子中，一共有 33 个布局空间，顶层原理图对应一个，四个组合图各对应一个，每个组合图的八个通道各对应一个。

(3) 当使用层次化命名类型时，通过“层路径提取”对话框来定义路径信息的特征参数/符号，也就是说，这种类型名字包含路径信息。

3.3.4　编译项目

完成了多通道原理图设计之后，必须编译项目以使对布局空间与(或)器件标识符命名格式所做的改变生效。下面具体介绍编译的步骤。

(1) 选择 Project | Compile Document Sheet1.SchDoc 命令编译项目。多通道设计项目被编译后，在原理图编辑器窗口仍然只显示一个图纸，但在设计窗口中图纸的下方出现了几个标签，每一个标签对应一个通道。标签的名字是由原理图符号的名字加上通道号组成的，例如 BANKA。

(2) 设计被编译后，设计信息将传递到 PCB 编辑器中(Design.Update PCB)。传递程序会自动地为设计中的每一张原理图(通道)的器件归类，为每一类元件创建布局空间并将同类的器件放到它们自己的布局空间内，为下一步布局做好准备。

(3) 为一个通道做好布局及布线工作后，在 PCB 编辑器界面下执行 Tools | Copy Room Formats 命令，将这个通道的布局布线结果复制到其他通道中。查看通道标识符的分配为检查多通道标识符，可以依据逻辑和物理标识符来查看项目中所有原理图中用到的所有元件。该操作的具体步骤如下。

① 选择 Project | View Channels 命令，将弹出 Project Components 对话框，在该对话框中会显示项目原理图中每一个元件分配到的逻辑和物理标识符，如图 3-35 所示。

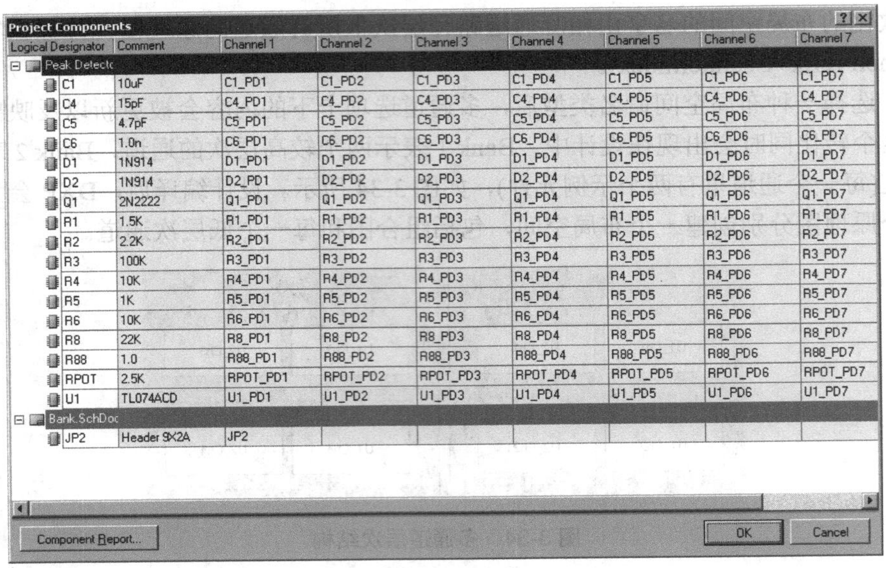
Project Components

Logical Designator	Comment	Channel 1	Channel 2	Channel 3	Channel 4	Channel 5	Channel 6	Channel 7
Peak Detectc								
C1	10uF	C1_PD1	C1_PD2	C1_PD3	C1_PD4	C1_PD5	C1_PD6	C1_PD7
C4	15pF	C4_PD1	C4_PD2	C4_PD3	C4_PD4	C4_PD5	C4_PD6	C4_PD7
C5	4.7pF	C5_PD1	C5_PD2	C5_PD3	C5_PD4	C5_PD5	C5_PD6	C5_PD7
C6	1.0n	C6_PD1	C6_PD2	C6_PD3	C6_PD4	C6_PD5	C6_PD6	C6_PD7
D1	1N914	D1_PD1	D1_PD2	D1_PD3	D1_PD4	D1_PD5	D1_PD6	D1_PD7
D2	1N914	D2_PD1	D2_PD2	D2_PD3	D2_PD4	D2_PD5	D2_PD6	D2_PD7
Q1	2N2222	Q1_PD1	Q1_PD2	Q1_PD3	Q1_PD4	Q1_PD5	Q1_PD6	Q1_PD7
R1	1.5K	R1_PD1	R1_PD2	R1_PD3	R1_PD4	R1_PD5	R1_PD6	R1_PD7
R2	2.2K	R2_PD1	R2_PD2	R2_PD3	R2_PD4	R2_PD5	R2_PD6	R2_PD7
R3	100K	R3_PD1	R3_PD2	R3_PD3	R3_PD4	R3_PD5	R3_PD6	R3_PD7
R4	10K	R4_PD1	R4_PD2	R4_PD3	R4_PD4	R4_PD5	R4_PD6	R4_PD7
R5	1K	R5_PD1	R5_PD2	R5_PD3	R5_PD4	R5_PD5	R5_PD6	R5_PD7
R6	10K	R6_PD1	R6_PD2	R6_PD3	R6_PD4	R6_PD5	R6_PD6	R6_PD7
R8	22K	R8_PD1	R8_PD2	R8_PD3	R8_PD4	R8_PD5	R8_PD6	R8_PD7
R88	1.0	R88_PD1	R88_PD2	R88_PD3	R88_PD4	R88_PD5	R88_PD6	R88_PD7
RPOT	2.5K	RPOT_PD1	RPOT_PD2	RPOT_PD3	RPOT_PD4	RPOT_PD5	RPOT_PD6	RPOT_PD7
U1	TL074ACD	U1_PD1	U1_PD2	U1_PD3	U1_PD4	U1_PD5	U1_PD6	U1_PD7
Bank.SchDoc								
JP2	Header 9X2A	JP2						

Component Report...　OK　Cancel

图 3-35　Project Components 对话框

图 3-35 所示的表中根据项目中原理图的名字显示通道号的分配。项目中的布局空间和器件命名格式是：Mixed Name Path and $Component_$ChannelPrefix$ChannelIndex。通道中的器件都拥有一个含有通道号的扩展名，例如，当设计更新到 PCB 时，Peak Ectector-channel.SchDoc 原理图中的标识符 C1 会改变为从通道 1 中的 C1_PD1 到通道 32 中的 C1_PD32。

② 单击一个器件的逻辑标识符，程序将会自动跳转到它在原理图中对应的器件。选中的器件会被放大居中显示在主设计窗口中。Project Components 对话框保持打开状态以便还能通过这个方法跳转到另外的器件。

③ 单击 Component Report 按钮，报告预览对话框以打印预览的方式显示项目中的器件报告，单击 Print 按钮打印这个报告。弹出打印对话框，单击 OK 按钮将报告传送到打印机。

(4) 在报告预览对话框中选择 Export，可以将项目器件报告另存为文件，格式可以是电子表格或 PDF 格式。文件存储后，还可以用相关的应用程序打开(MS Excel 或 Adobe Reader)。

(5) 单击 Close 按钮退出打印预览模式，然后单击 OK 按钮关闭项目器件对话框。

3.4　层次原理图设计实例

前面介绍了层次原理图的设计方法，本节结合实例，详细讲述绘制层次原理图的一般过程。本例重点讲述如何设计层次原理图模块，该模块的作用是将两个子模块连接起来，以形成一个完整的原理图。操作步骤如下。

(1)　新建一个原理图，进入原理图编辑环境。

(2)　选择 Place | Sheet Symbol 命令，在原理图上绘制一个矩形方块，如图 3-36 所示。

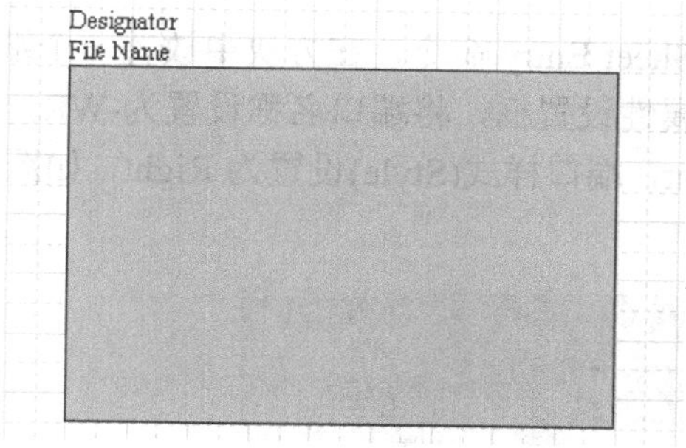

图 3-36　绘制方块电路

(3)　双击矩形方框，或在命令状态下按 Tab 键，系统打开 Sheet Symbol 属性设置对话框，如图 3-37 所示。

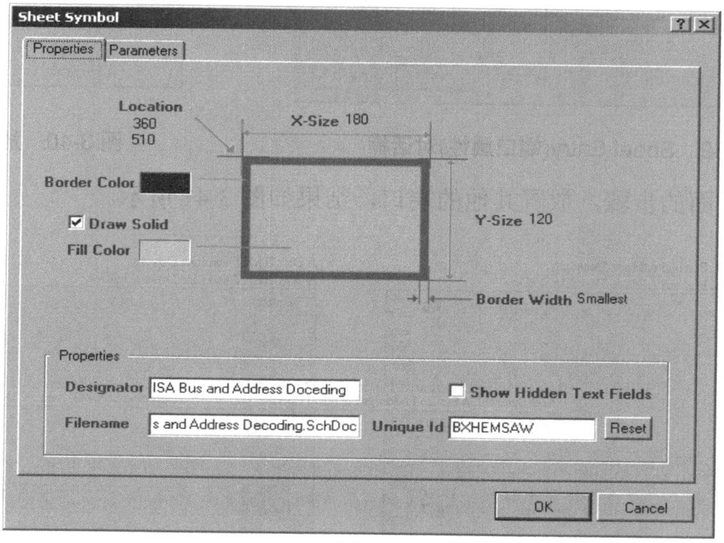

图 3-37　Sheet Symbol(方块电路属性)设置对话框

在图 3-37 所示的对话框中，在 Filename 文本框中设置文件名为 ISA Bus and Address Decoding.SchDoc。在 Designator 文本框中输入方块的文字属性 ISA Bus and Address Decoding。

(4)　按照相同的方法，在绘制一个矩形方块，如图 3-38 所示。

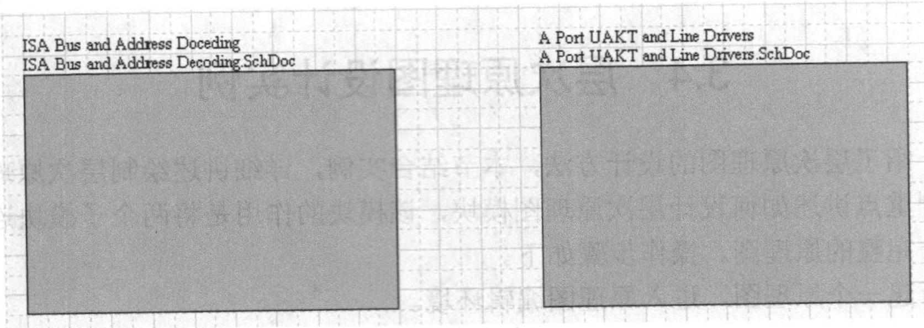

图 3-38　绘制方块电路

(5) 选择 Place | Add Sheet Entry 命令，在方块中放置一个端口符号。在放置端口的状态下按 Tab 键，打开端口属性设置框，将端口名称设置为-WR，I/O Type 设置为 Output，顶端形状(Side)设置为 Right，端口样式(Style)设置为 Right，如图 3-39 所示。放置好了后如图 3-40 所示。

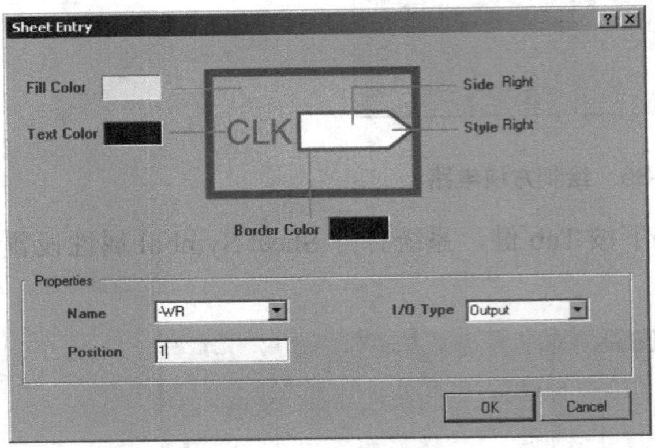

图 3-39　Sheet Entry(端口属性)对话框

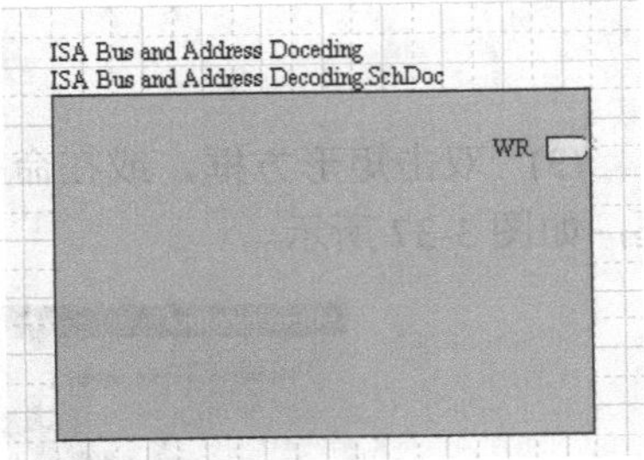

图 3-40　放置端口

(6) 重复前面的步骤，放置其他的端口，结果如图 3-41 所示。

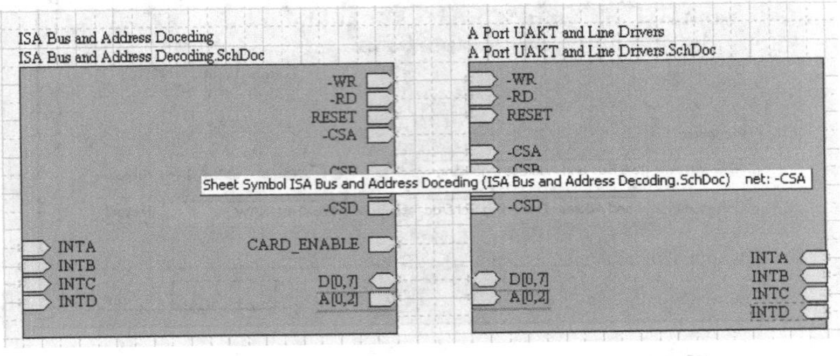

图 3-41　放置端口结果

(7) 在图 3-41 的基础上，将具有电气连接关系的端口用导线连接起来，连接方式如图 3-42 所示。

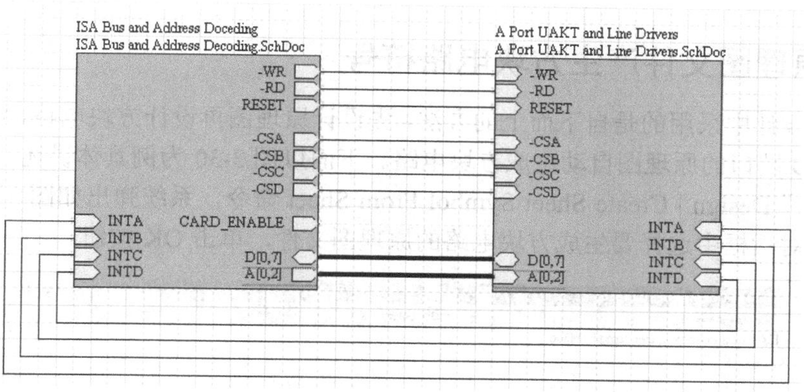

图 3-42　连接导线的方式

3.4.1　由方块电路符号生成新原理图中的 I/O 端口符号

在采用自上而下的设计方式时，是先建立方块电路，再制作与方块电路对应的电路图，而制作原理图时，其 I/O 端口符号必须与方块电路的 I/O 端口符号对应。下面以上例为例，来讲述如何有方块电路符号生成原理图中的 I/O 端口符号，具体步骤如下。

(1)　选择 Design | Create Sheet From Symbol 命令，鼠标指针变成了十字形，将鼠标指针移动到方块电路上单击，弹出一个确定提示框，如图 3-43 所示。

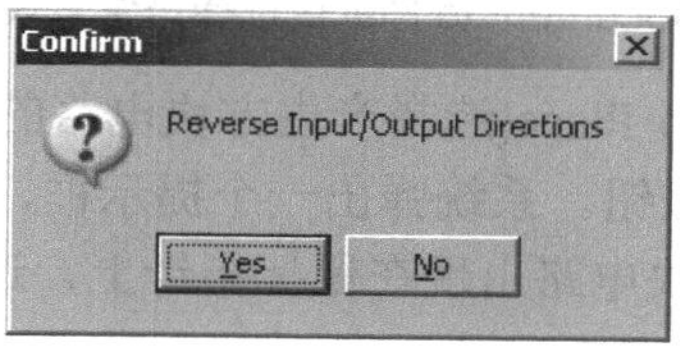

图 3-43　确认端口 I/O 属性

(2)　单击 Yes 按钮，Protel 会自动生成一个新的原理图文件，并已经配置好了 I/O 端口。该文件与方块电路的文件名一致，如图 3-44 所示。

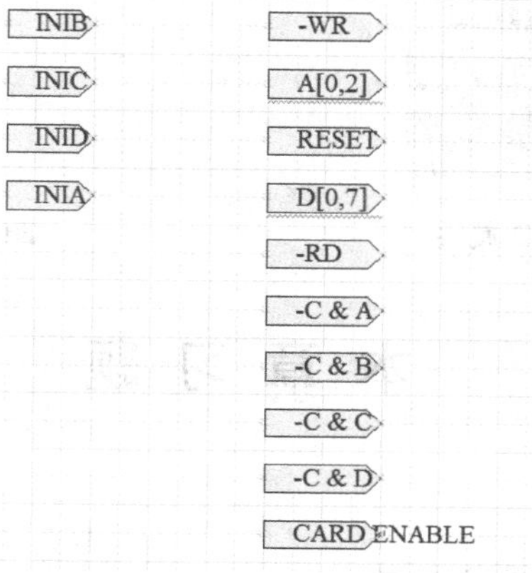

图 3-44　生成新的子原理图

3.4.2 原理图文件产生方块电路符号

如果在设计中采用的是自下而上的方法，先设计原理图再设计方块电路，Protel 会根据设置好的 I/O 端口的原理图自动生成方块电路。下面以图 3-30 为例具体讲述。

(1) 选择 Design | Create Sheet Symbol From Sheet 命令，系统弹出如图 3-45 所示的对话框，在该对话框中选择要生成方块电路的原理图文件，单击 OK 按钮。

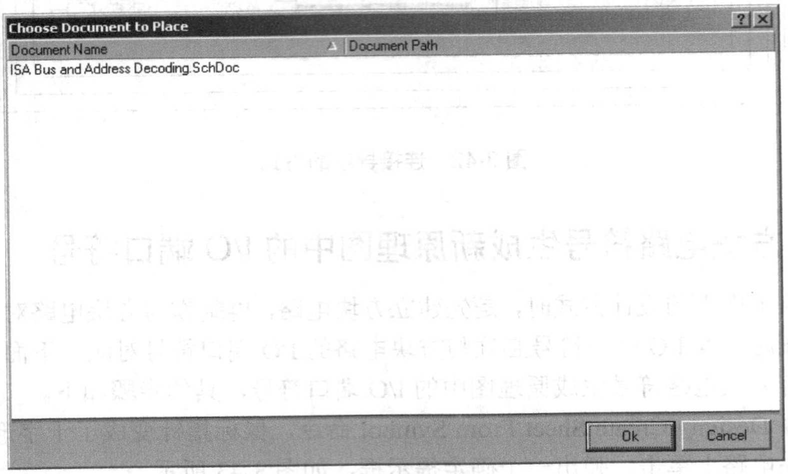

图 3-45 Choose Document to Place(选择产生方块电路的文件)对话框

(2) 在 Choose Document to Place(选择产生方块电路的文件)对话框中选择要生成方块电路的原理图文件，单击 OK 按钮。系统弹出一个提示框，如图 3-46 所示。

(3) 单击 Yes 按钮，则方块电路出现在鼠标指针上，选择合适的位置放置好即可，如图 3-47 所示。

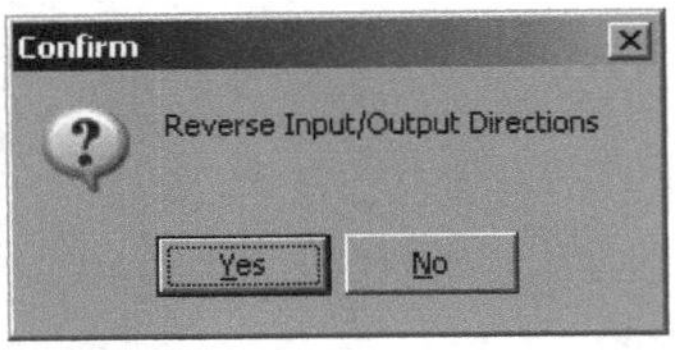

图 3-46 确定端口 I/O 属性

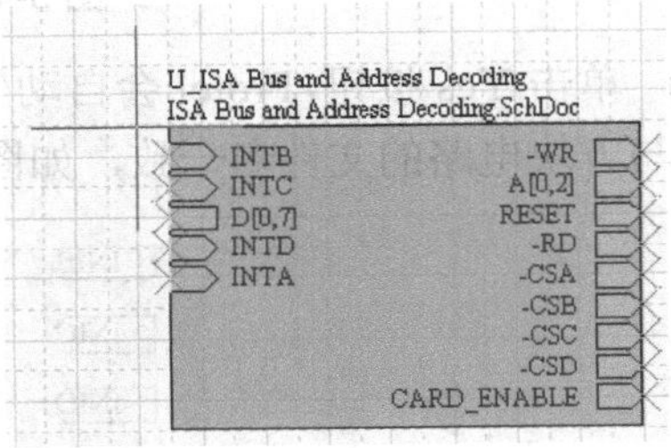

图 3-47 产生方块电路

本 章 习 题

一、填空题

1. 启动电路图绘制工具的方法有：________________、____________________。
2. ________________就是用一条线来表达数条并行的导线。

3. 在绘制总线状态下，按__________键，将弹出Bus(总线)属性对话框。

4. 在设计电路原理图时，一个网络与另一个网络的________可以通过实际导线连接。

5. Protel DXP允许设计者在原理图设计阶段来规划指定________________、________________、________________、________________和________________。

二、选择题

1. 在Protel DXP中，总线用(　　)的线条来表示。

   A. 较粗　　B. 粗　　C. 较细　　D. 细

2. 启动放置网络名称命令后，按(　　)键打开Net Label(网络名称属性)对话框。

   A. Enter　　B. Tab　　C. Shift　　D. Ctrl

3. 在制作输入/输出端口状态下，按(　　)键，或者在退出制作输入/输出端口状态后，双击制作的输入/输出端口符号，将弹出Port Properties(输入/输出端口属性设置)对话框。

   A. Enter　　B. Tab　　C. Shift　　D. Ctrl

4. 在放置PCB布线指示状态下，按(　　)键弹出Parameters属性设置对话框。

   A. Enter　　B. Tab　　C. Shift　　D. Ctrl

5. “网络名称属性”对话框(　　)定义网络名称。

   A. Net　　B. Color　　C. Location　　D. Orientation

三、问答题

1. 简述如何绘制总线。
2. 简述层次电路原理图的设计方法有哪些。

第 4 章　制作元件和建立元件库

本章内容提示

在 Protel DXP 中虽然系统提供了大量的元件库，但由于某些原因，在实际引用中可能找不到我们需要的元件，比如某些有特殊要求的元件，在系统提供的元件库中就找不到，这时用户就要自己制作元件。

学习要点

- 使用元件库编辑器
- 元件库的管理
- 使用元件绘图工具
- 制作新元件

4.1　元件库编辑器与管理元件库

通过前面章节的学习，我们知道，在进行原理图的绘制之前，要载入元件库，这样，在绘图的时候才能找到需要的元件，但是，由于某些原因，在系统提供的元件库中可能找不到我们需要的元件，这时候，就需要用户自己动手制作元件。

Protel DXP 支持多种格式的元件库文件，如*.SchLib(绘制原理图时使用的元件库)，*.Lib(Protel 99 版本以前使用的元件库)，*.IntLib(集成元件库)，*.VhbLib(VHDL 语言宏单元元件库)，*.PcbLib(PCB 封装库)。

Protel DXP 元件和元件库的制作都是在元件编辑库中进行的。下面介绍元件库的使用。

4.1.1　启动元件库编辑器

启动元件库编辑器的具体步骤如下。

在项目工程编辑环境下，选择 File | New | Library | Schematic Library 命令，则系统在当前的项目工程环境下新建了一个元件库文件，默认的文件名为 Schlib1.SchLib，用户可以通过选择 File | Save 命令将其重命名，元件库界面如图 4-1 所示。

4.1.2　元件库管理

元件管理器和设计器是集成在一起的，鼠标单击如图 4-1 所示界面下侧工作面板中的 SCH Library 标签，系统弹出如图 4-2 所示的元件库管理器控制面板。

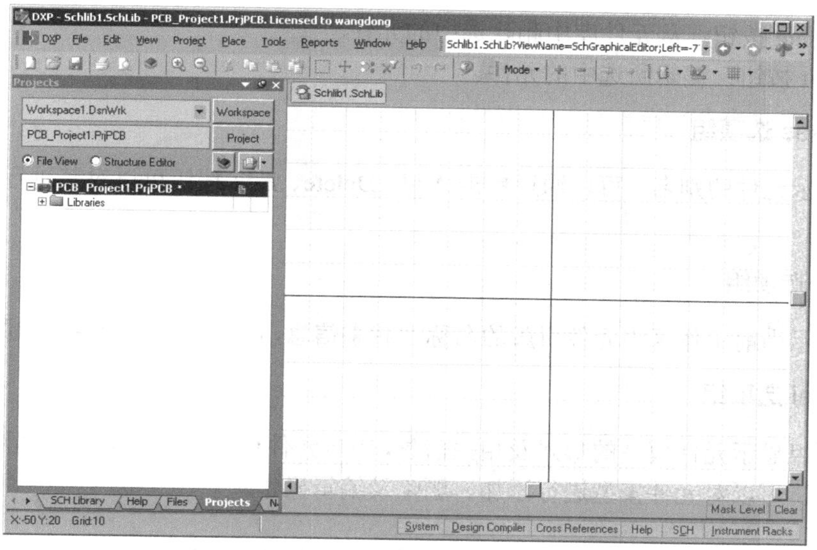

图 4-1 元件库编辑器界面

元件库管理器控制面板由四个选项组组成：Components(元件选项组)，Aliases(别名选项组)，Pins(引脚选项组)，Model(元件模式选项组)。这四个选项组的功能具体说明如下。

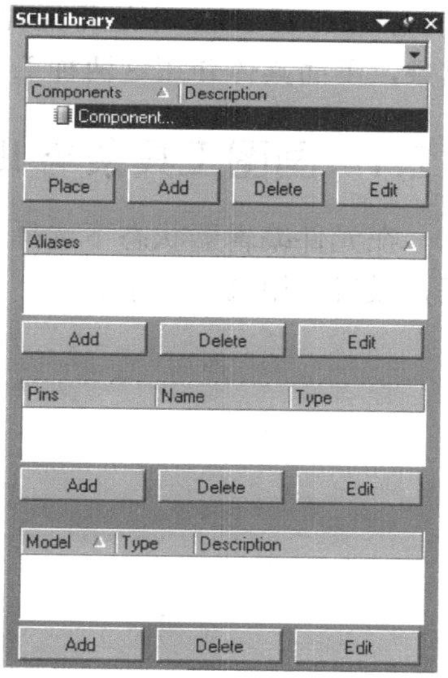

图 4-2 元件库管理器控制面板

1. Components 选项组

该选项组的功能是选择需要编辑的元件，当打开一个元件库时，此选项组会显示所有该元件库的元件及其相关信息，单击选中某一元件，再单击 Place 按钮，或者双击该元件，则可在编辑区显示这个元件。

- Place 按钮：将所选择的元件放入电路图中，单击该按钮后，系统自动切换到原理图编辑界面。而元件库编辑器自动退到后台运行。
- Add 按钮：添加元件，单击该按钮后，会弹出如图 4-3 所示的添加元件对话框。输入元件名称，单击 OK 按钮，即可将元件添加到当前元件库中。

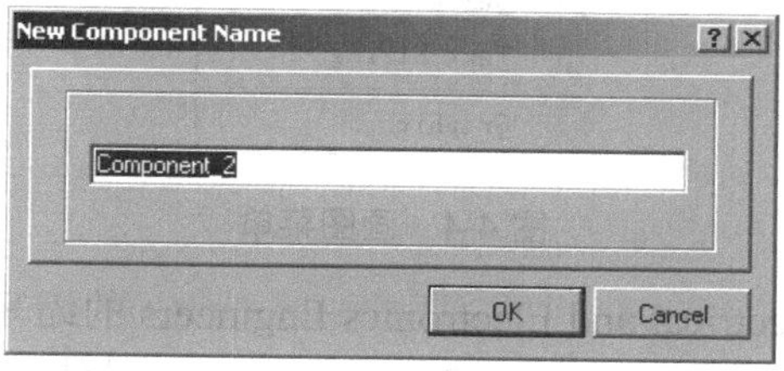

图 4-3 添加元件对话框

- Delete 按钮：从元件库中删除选中的元件。
- Edit 按钮：编辑所选中的元件。

2. Aliases 选项组

用于显示元件的别名，可以通过单击 Add、Delete、Edit 按钮可以对其进行添加、删除和编辑操作。

3. Pins 选项组

用于显示当前工作区中元件引脚的名称及状态信息，同时可以对元件的引脚进行编辑。

4. Model 选项组

该选项组显示元件模型的形式及相关信息，制定元件模型可以映射到原理图的元件上。在此选项组，可以对元件模型进行添加、删除及编辑操作。

4.2 常用画图工具的使用

在 Protel DXP 中进行元件编辑，通常使用的工具包括画图工具条和放置 IEEE 符号工具条，下面具体介绍这两种工具条。

4.2.1 画图工具条与 IEEE 符号的工具条

在元件编辑器状态下选择 View | Toolbars | Sch Lib Drawing 命令。可以打开画图工具条，或者使用画图菜单命令，如图 4-4 所示。表 4-1 所示为画图菜单的功能解释。

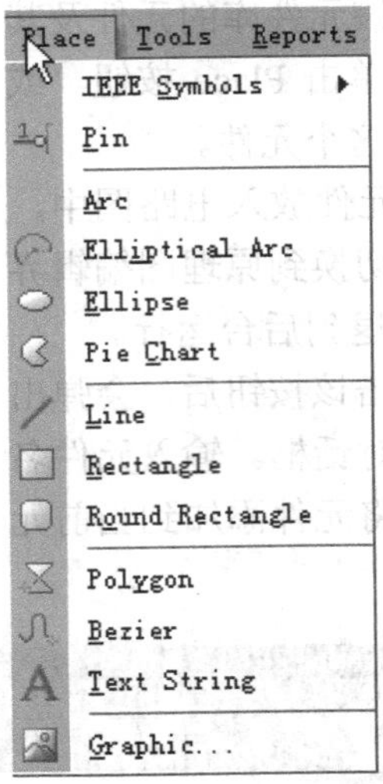

图 4-4 画图菜单

IEEE 是 Institute of Electrical and Electronics Engineers 的缩写，中文名称是电气和电子工程师协会(美国)。通过选择 Place | IEEE Symbols 命令可以使用 IEEE 工具。表 4-2 列出了 IEEE 菜单的具体功能。

表 4-1　画图菜单功能解释

按钮图标	菜单命令	功　能
	Place | Pin	放置元件引脚
	Place | Elliptical Arc	画圆弧线
	Place | Ellipse	画椭圆或圆
	Place | Pie Chart	画扇形图
	Place | Line	画直线
	Place | Rectangle	画实心矩形
	Place | Round Rectangle	画实心圆角矩形
	Place | Polygon	画多边形
	Place | Bezier	画曲线
	Place | Text String	放置文字
	Place | Graphic	插入图片

表 4-2　IEEE 菜单功能

按钮图标	菜单命令	功　能
	Dot	放置低态触发符号
	Right Left Signal Flow	放置方向信号
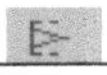	Clock	放置上升沿触发时钟脉冲
	Active Low Input	放置低态触发输入符号
	Analog Signal In	放置模拟信号输入符号
	Not Logic Connection	放置无逻辑连接性符号
	Postponed Output	放置具有延时输出的符号
	Open Collector	放置具有开集极输出的符号
	HiZ	放置高阻抗符号
	High Current	放置高输出电流符号
	Pulse	放置脉冲符号
	Delay	放置延时符号
	Group Line	放置多条 I/O 线组合符号
	Group Binary	放置二进制组合符号
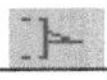	Active Low Output	放置低态触发输出符号
	Pi Symbol	放置π符号
	Greater Equal	放置大于等于符号
	Open Collector PullUp	放置具有提高阻抗的开集极输出符号
	Open Emitter	放置开集极输出符号
	Open Emitter PullUp	放置具有电阻接地的开射极输出符号
	Digital Signal In	放置信号输入信号

续表

按钮图标	菜单命令	功　能
	Inverter	放置反相器符号
	Input Output	放置双向符号
	Shift Left	放置数据左移符号
	Less Equal	放置小于等于符号
	Sigma	放置∑符号
	Schmitt	放置施密特触发器输入特性的符号
	Shift Right	放置数据右移符号

4.2.2　项目工程元件库的生成

项目工程元件库就是将同一个项目中所使用的所有的元件封装在一个元件库中，因此，项目工程元件库是专门为一个项目服务的。用户在进行项目设计时只要导入该项目元件库即可，不用再导入其他的元件库，这样既方便了项目的设计，同时也便于设计文件的保存与交换。

用户在完成了原理图设计之后，有必要将该原理图中的元件封装在一个项目元件库中，这样做的好处在于既丰富了自己的元件库，同时也加强了元件库的管理工作。便于同一个项目之间的资源共享，从而提高工作效率。

建立项目工程元件库的具体方法如下。

(1)　打开已经设计完成的原理图项目文件，如图 4-5 所示。

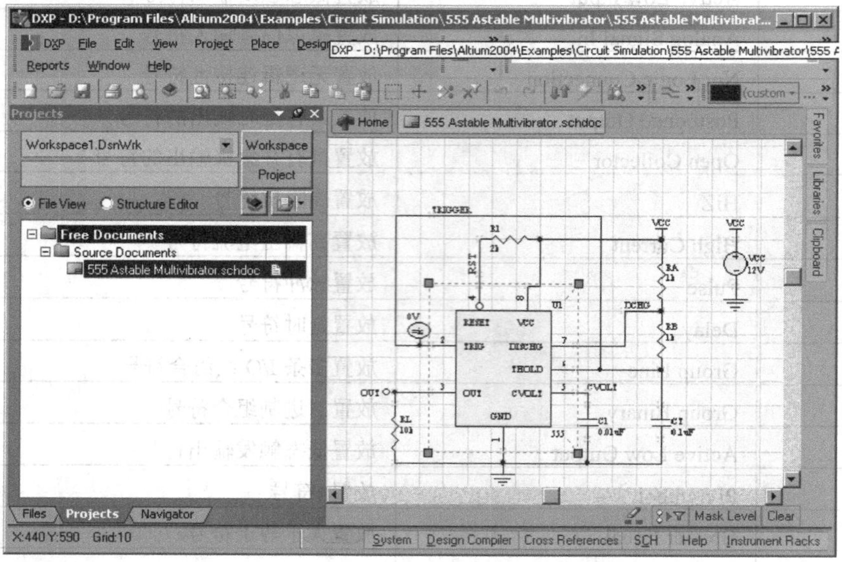

图 4-5　打开原理图文件

(2)　选择 Design | Make Project Library 命令，系统新生成的项目工程元件库中添加元件的信息提示。如图 4-6 所示。

图 4-6　DXP Information(添加元件信息)对话框

(3)　单击 OK 按钮，系统自动切换到原理图元件编辑工作窗口，如图 4-5 所示。在 Projects 控制面板中，用户可以看到新建成的项目工程元件库与该项目工程文件同名。其扩展名为.SCHLIB。

4.2.3　生成元件报表

原理图元件库编辑环境的工作窗口中的 Reports 命令用来生成元件报表，该菜单命令的功能可以生成三种报表：Component(元件)报表，Component Rule Check(元件规则检查)报表，Library(元件库)报表。下面分别对这三种报表解释。

1. Component(元件)报表

选择 Reports | Component 命令，即可对当前的元件库编辑窗口中的元件产生报表，系统自动打开文本编辑窗口，显示元件报表信息，如元件名称、子元件个数等，该报表以.cmp 为文件扩展名，如图 4-7 所示。

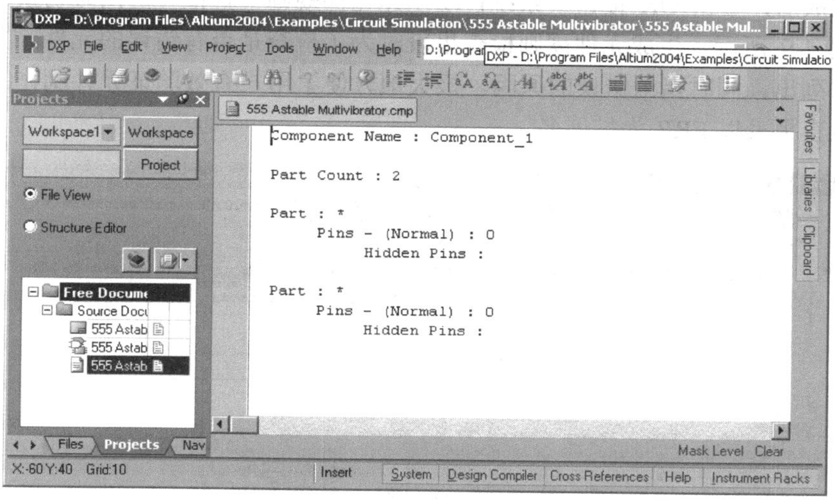

图 4-7　元件报表窗口

2. Component Rule Check(元件规则检查)报表

选择 Reports | Component Rule Check 命令，系统弹出如图 4-8 所示的 Library Component Rule Check 对话框，该对话框用来设置规则检查属性。

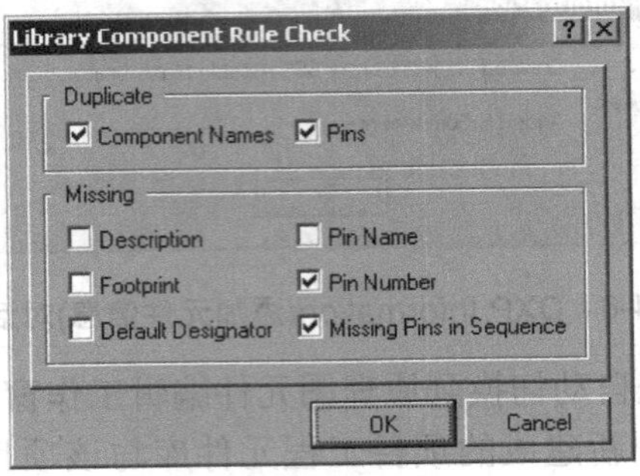

图 4-8　Library Component Rule Check(元件规则检查)对话框

Library Component Rule Check(元件规则检查)对话框各项解释如下。

- Component Names 复选框：检查是否有重名。
- Pins 复选框：检查引脚是否有重名。
- Description 复选框：检查元件描述是否有空缺。
- Footprint 复选框：检查元件封装是否有空缺。
- Default Designator 复选框：检查元件流水号是否有空缺。
- Pin Name 复选框：检查元件引脚是否有空缺。
- Pin Number 复选框：检查元件引脚号是否有空缺。
- Missing Pins in Sequence 复选框：检查元件引脚顺序是否有空缺。

设置完成后，单击 OK 按钮，系统自动创建元件规则检查报表，同时切换到文本编辑窗口，如图 4-9 所示。生成元件规则检查报表时为了检查是否有错误的元件，并将错误的元件在窗口列出，同时指出错误的原因。极大地方便了用户有效验证元件制作的正确性。元件规则检查报表以.ERR 为扩展名。

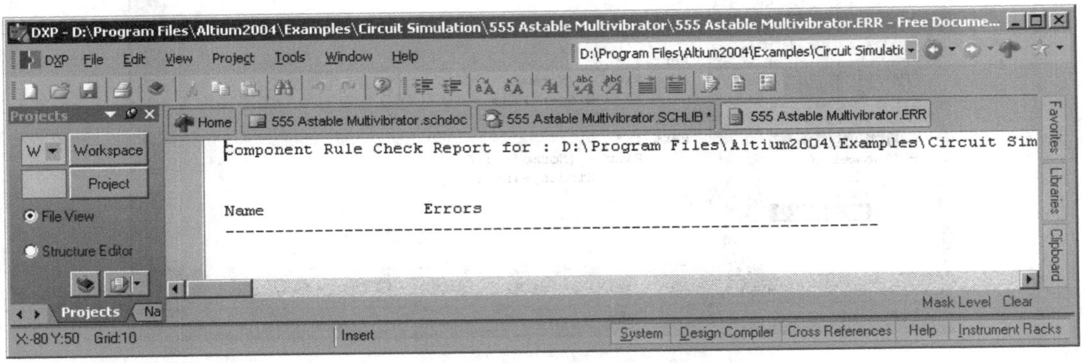

图 4-9　元件规则检查报表

3. Library(元件库)报表

选择 Reports | Library 命令，即可生成元件库报表，同时系统自动切换到文本编辑窗口，如图 4-10 所示。Library 报表的主要作用是列出了元件库中所有的元件及其相关信息。

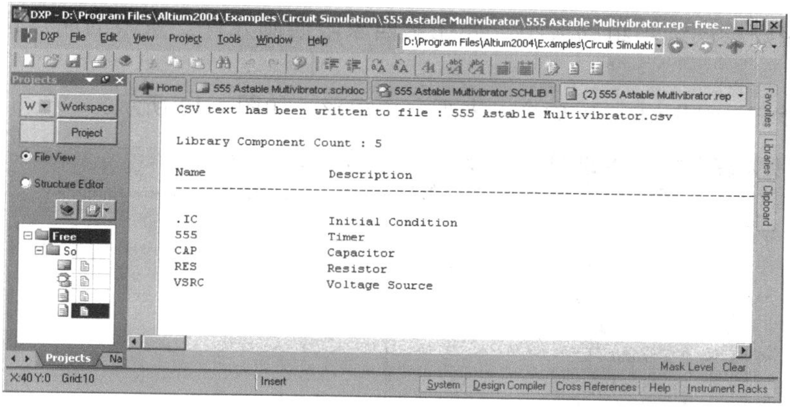

图 4-10　元件库报表

4.3　制作新元件

通过 4.2 节的学习，在了解了元件编辑器的工具条之后，就可以进行元件的制作了，本节讲解的元件制作就是制作原理图符号，它表示二维空间内元件引脚之间的电气分布关系，除此以外没有任何实际意义，同一个元件的原理图符号可以设计成多种样式。但是它们引脚的电气信息是一样的，为了设计的方便，应该尽量设计标准外形的原理图符号。

下面将通过一个具体元件实例，来说明制作元件的步骤。

1. 绘制元件

(1) 选择 File | New | Library | Schematic Library 命令，进入元件编辑环境窗口，并自动生成一个元件库文件，默认的文件名称为 Schlib1.Schlib，如图 4-11 所示。

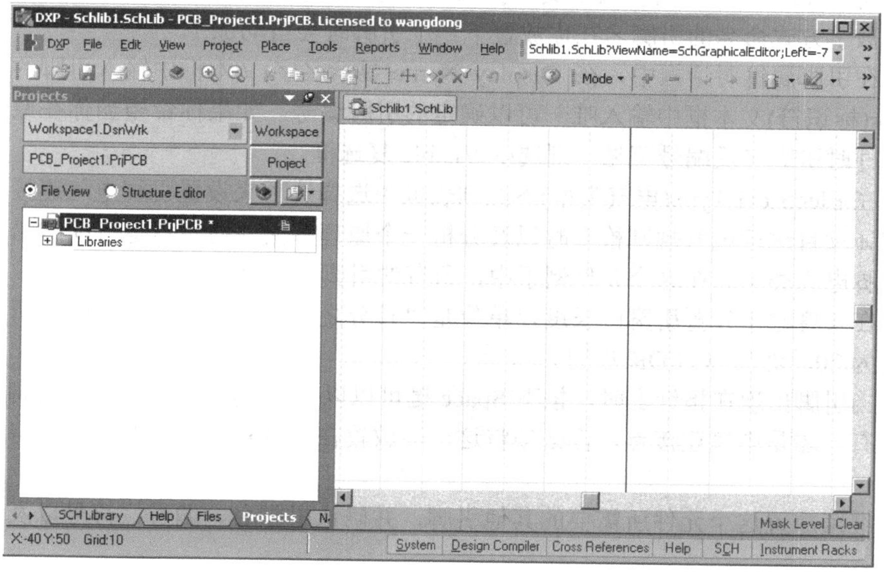

图 4-11　元件编辑器

(2) 调整好绘图选项组的大小，并在第四象限绘制元件。象限的原点也是元件的基准点。

(3) 选择 Place | Rectangle 命令，来画一个矩形，如图 4-12 所示。

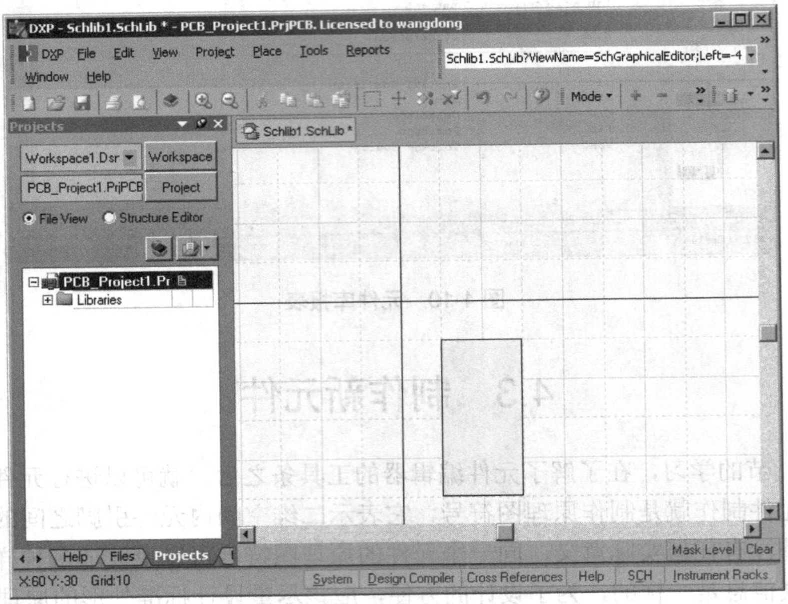

图 4-12　绘制元件

(4) 选择 Place | Pin 命令(快捷键 P、P)或者单击工具栏中的 Pins 按钮 。引脚出现在指针上且随指针移动，与指针相连一端是与元件实体相接的非电气结束端。

(5) 摆放过程中，放置引脚前，按下 Tab 键编辑引脚属性。引脚属性对话框弹出。如图 4-13 所示。如果在放置引脚前定义引脚属性，定义的设置将会成为默认值，引脚编号以及那些以数字方式命名的引脚名在你放置下一个引脚时会自动加 1。

(6) 在引脚属性对话框中，在 Display Name(显示名字)文本框中输入引脚的名字，在 Designator(标识符)文本框中输入唯一可以确定的引脚编号。如果你希望当你在原理图图纸上放置元件时引脚名及编号可见，则选中 Visible 复选框。

(7) 在 Electrical Type(电气类型)下拉列表框中选择选项来设置引脚电气连接的电气类型。当编译项目进行电气规则检查时以及分析一个原理图文件检查器电气配线错误时会用到这个引脚电气类型。在这个元件例子中，所有的引脚都是 Passive 电气类型。

(8) 在长度栏中设置引脚的长度，单位是“百分之几英寸”。这个元件中所有的引脚长度均设为 20，然后单击 OK 按钮。

(9) 当引脚出现在指针上时，按下 Space 键可以以 90°为增量旋转调整引脚。记住，引脚上只有一端是电气连接点，你必须将这一端放置在元件实体外。非电气端旁标一个引脚名字。

(10) 继续放置这个元件所需要的其他引脚，并确认引脚名、编号、符号以及电气类型正确。

(11) 现在已经完成了元件的绘制，然后选择 File | Save 命令存储(快捷键 Ctrl+S)。

下面对如图 4-13 所示的对话框中的 Logical 选项卡各项属性解释如下。

- Display Name 文本框：设置引脚的名称。
- Designator 文本框：设置元件引脚序号。
- Electrical Type 下拉列表框：选择引脚电气类型。
- Description 文本框：设置引脚描述。
- Part Number 微调框：选择元件包含的部件数。
- Symbols 选项组：设置引脚电器特性。
- Location X/Y 文本框：设置引脚放置的坐标值。
- Length 文本框：设置引脚的长度。
- Orientation 下拉列表框：设置引脚放置方向。
- Color 颜色块：设置引脚的颜色。
- Swapping Options 选项组：通过设定 Part(部件)和 Pin(引脚)值，来实现多部件、引脚之间的相互交换。

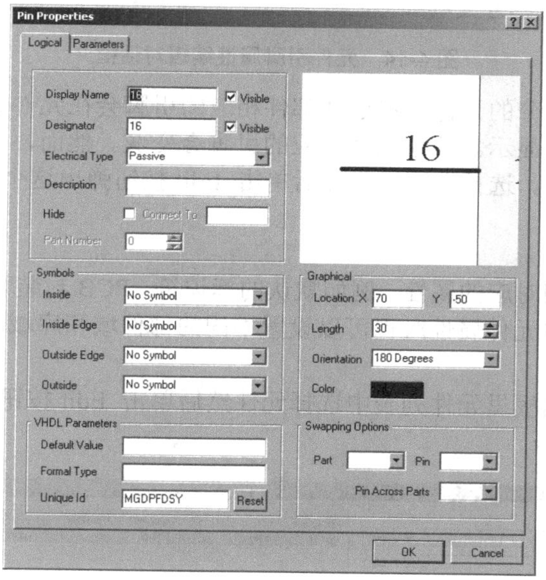

图 4-13　元件引脚属性

添加引脚的过程中应该注意的事项如下。

- 要在放置引脚后设置引脚属性，只需双击这个引脚或者在原理图库面板里的引脚列表中双击引脚。
- 在字母后加反斜杠(\)可以定义让引脚中名字的字母上面加线，例如：M\C\L\R\/VPP。
- 如果你希望隐藏器件中的电源和地引脚，选中 Hide 复选框。当这些引脚被隐藏时，这些引脚会被自动地连接到图中被定义的电源和地。例如：当元件摆放到图中时，VCC 脚会被连接到 VCC 网络。
- 要查看隐藏的引脚，选择 View | Show Hidden Pins 命令(快捷键 V、H)。所有被隐藏的引脚会在设计窗口中显示。引脚的显示名字和默认标识符也会显示。

- 可以在元件引脚编辑对话框中编辑引脚属性，而不用通过每一个引脚相应的引脚属性对话框。单击元件属性对话框左下角的 Edit Pins 按钮弹出元件引脚编辑对话框。如图 4-14 所示。

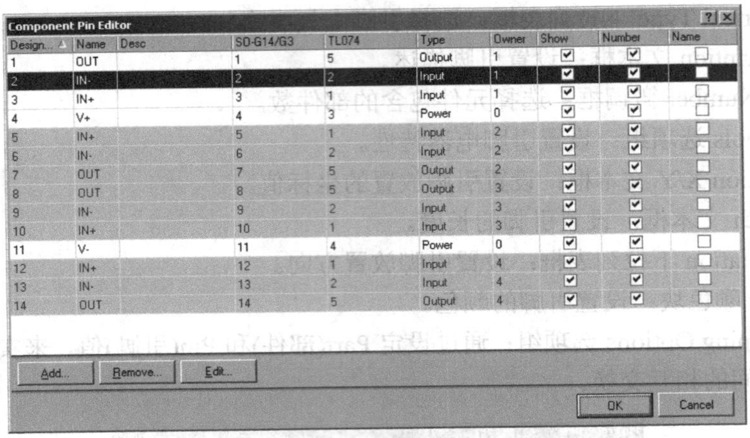

图 4-14　元件引脚属性编辑对话框

- 对于一个多部分的元件，被选择部件相应的引脚会在元件引脚编辑对话框中以白色为背景反白显示。其他部件相应的引脚会变灰。然而，你仍然可以编辑这些没有选中的引脚。选择一个引脚然后单击 Edit 按钮弹出这个引脚的属性对话框。

2. 设置元件属性

每一个元件都有相对应的属性，例如默认的标识符，PCB 封装和/或其他的模型以及参数。当从原理图中编辑元件属性时也可以设置不同的部件域和库域。设置元件属性具体步骤如下。

(1) 从原理图库面板里元件列表中选择元件然后单击 Edit 按钮。库元件属性对话框就会弹出，如图 4-15 所示。

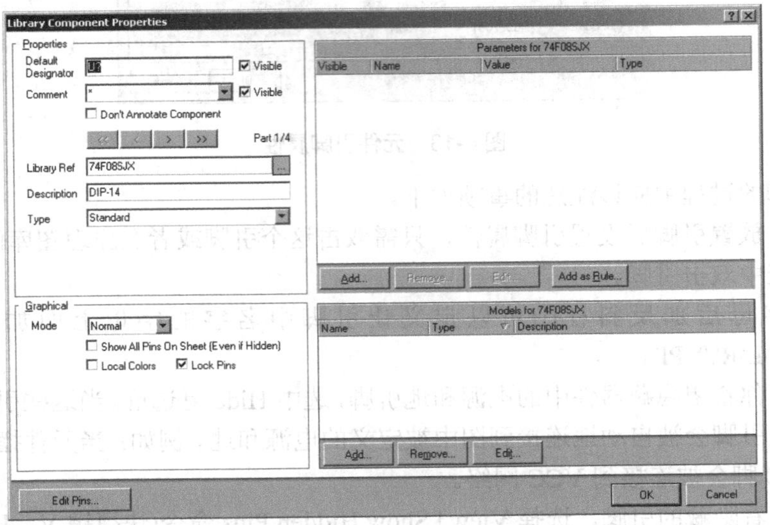

图 4-15　元件属性对话框

(2) 输入默认的标识符，例如“U？”以及当元件放置到原理图时显示的注释，例如：NPN。问号使得元件放置时标识符数字以自动增量改变，例如 U1、U2。确定可视选项被选中。

(3) 在我们添加模型或其他参数时，让其他选项栏保持默认值。

3. 向原理图添加模型

在该属性设置对话框中还可以向原理图元件添加任意数量的 PCB(印制电路板)封装，同样也可以添加用于仿真及型号完整性分析的模型。这样当你在原理图中摆放元件时可以从元件属性对话框中选择合适的模型。

有几种不同的向元件添加模型的方式。你也许会从网上下载一个厂家的模型文件或者从已经存在的 Altium 库中添加模型。PCB 封装模型存放在 Altium\Library\Pcb 路径里的 PCB 库文件(.pcblib 文件)中。电路仿真用的 SPICE 模型文件(.ckt 和.mdl)存放在 Altium\Library 路径里的集成库文件中。

1) 查找定位模型文件

当需要在原理图库编辑器中添加模型时，模型与元件的连接信息通过下面的方法搜索定位：

(1) 首先搜索当前集成库项目中的库。

(2) 接下来会搜索当前已加载的库列表中可视的 PCB 库(而不是集成库)。注意库列表可以定制排列顺序。

(3) 最后，任何存在于项目搜索路径下的模型库都会被搜索。这个路径可以在项目选项对话框中定义(选择 Project | Project Options 命令)。注意这个路径下的库不会被检索以定位模型，然而，当用户搜索模型时编译器会包含这些库。

2) 向原理图元件添加 PCB 封装模型

首先，需要添加一个当原理图同步到 PCB 文档时用到的封装。前面设计的元件用到的封装被命名为 BCY-W3。

提示： 在原理图库编辑器中，当用户将一个PCB封装模型关联到一个原理图元件时，这个模型必须存在于一个 PCB 库中，而不是一个集成库中。

(1) 在元件属性对话框中，单击模型列表项的 Add 按钮，弹出 Add New Model 对话框，如图 4-16 所示。

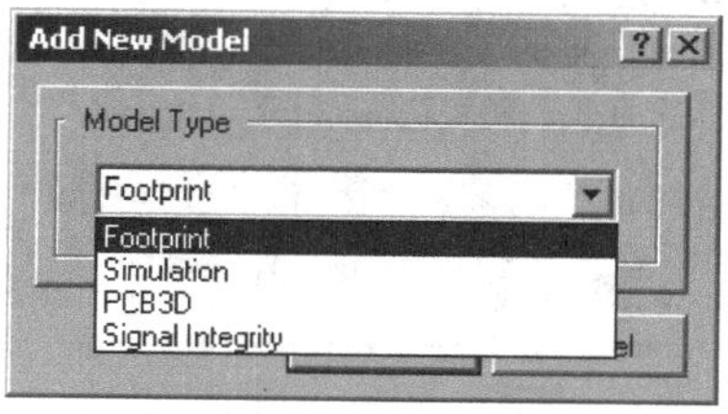

图 4-16 Add New Model 对话框

(2) 在模型类型下拉列表中选择 Footprint 选项，单击 OK 按钮，弹出 PCB 模型对话框。

(3) 在弹出的对话框中单击检索浏览按钮以找到已经存在的模型。

(4) 在查阅库对话框中，单击 Find 按钮，弹出搜索库对话框，如图 4-17 所示。

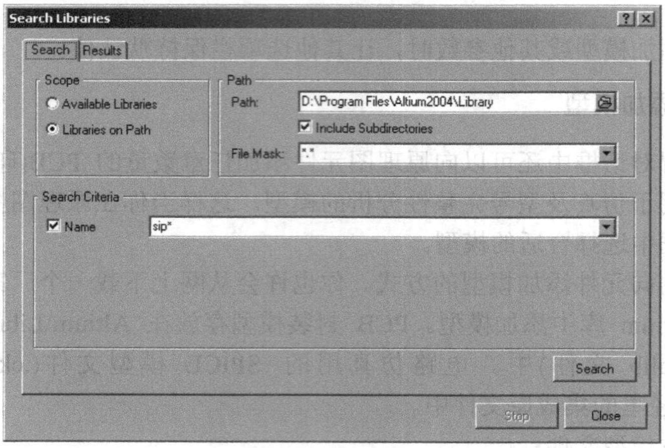

图 4-17 Search Libraries 对话框

(5) 选中 Libraries on Path 复选框，单击路径栏旁的 Browse Folder 按钮定位到\Altium\Library 路径下，然后单击 OK 按钮。

(6) 确定搜索库对话框中的 Include Subdirectories 复选框被选中。在 Name 文本框中输入 BCY-W3，然后单击 Search 按钮。

(7) 可以找到这个封装所做的库文件 Cylinder with Flat Index.PcbLib。单击 Select 按钮关闭搜索库对话框，加载这个库在检索库对话框中选择 BCY-W3。单击 OK 按钮回到 PCB 模型对话框。 如图 4-18 所示。

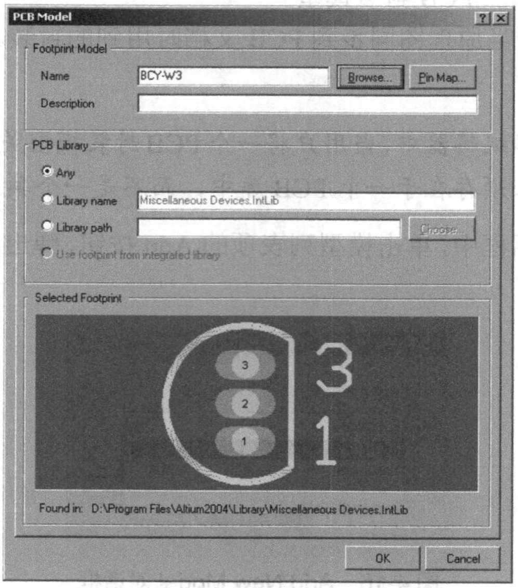

图 4-18 模型对话框

(8) 单击 OK 按钮向元件加入这个模型。模型的名字列在元件属性对话框的模型列表中，如图 4-19 所示。

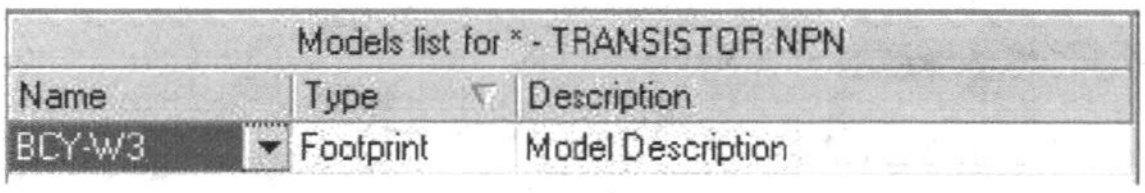

图 4-19　元件模型列表

3)　添加电路仿真模型

电路仿真用的 SPICE 模型文件(.ckt 和.mdl)存放在 Altium\Library 路径里的集成库文件中。如果你希望在你的设计上进行电路仿真分析，就需要加入这些模型。如果你要将这些仿真模型用到你的库元件中，建议你打开包含了这些模型的集成库文件(选择 File | Open 命令，然后确认你希望提取出这个源库)。将所需的文件从输出文件夹(output folder 在你打开集成库时生成)复制到包含你源库的文件夹。

(1)　在元件属性对话框中，单击模型列表项的 Add 按钮，弹出 Add New Model 对话框。在 Model Kind(模型类型)下拉列表框中选择 Simulation 项，单击 OK 按钮，弹出仿真模型—通常编辑对话框(Sim Model-General/Generic Editor)，如图 4-20 所示。

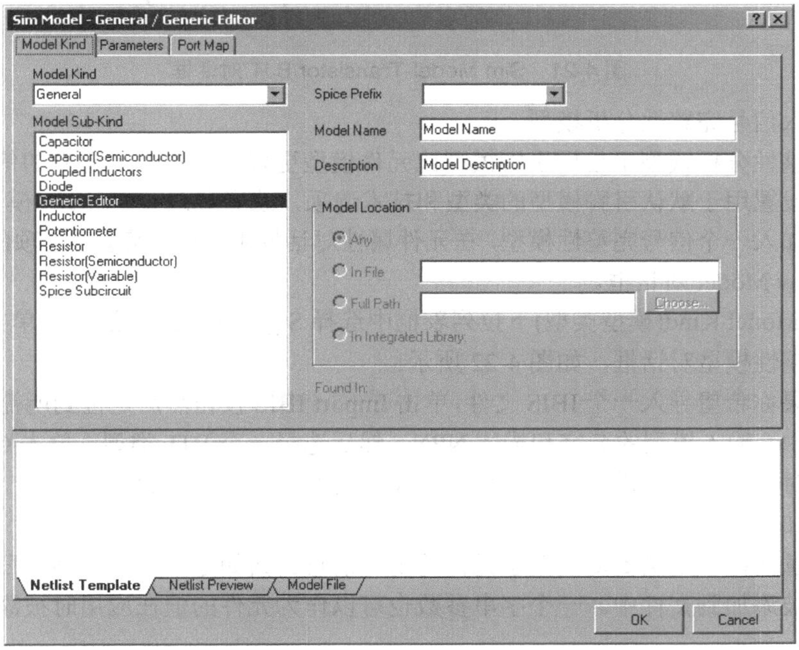

图 4-20　仿真模型—通常编辑对话框

(2)　就我们这个例子来说，选择 Model Kind(模型类型)下拉列表框中的 Transistor 选项，Sim Model-Transistor/BJT 对话框弹出。如图 4-21 所示。

(3)　确定 BJT 被选中作为模型的子类型。输入一个合法的模型名字，例如 NPN，然后一个描述，例如 NPN BJT。单击 OK 按钮回到元件属性对话框，可以看到 NPN 模型已经被添加到模型列表中。

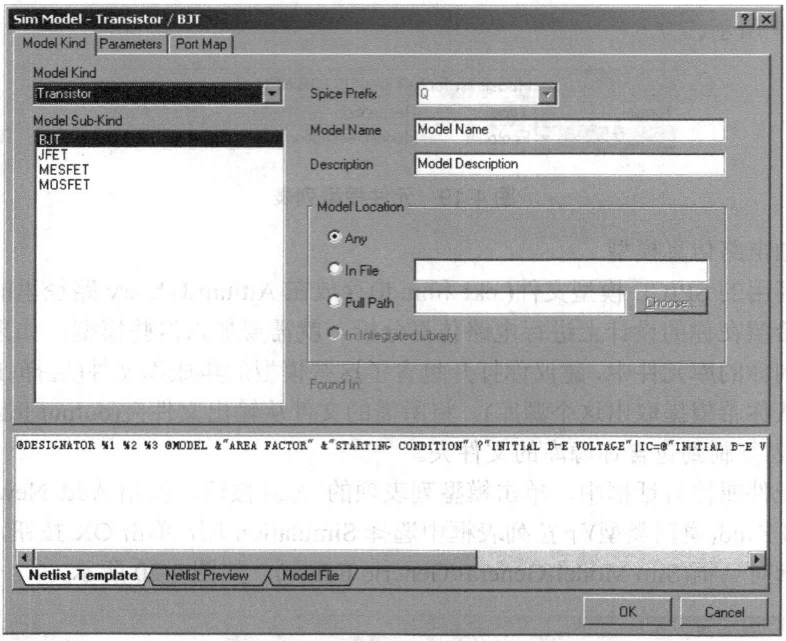

图 4-21　Sim Model-Transistor/BJT 对话框

4)　加入信号完整性分析模型

信号完整性分析模型中使用引脚模型比元件模型更好。配置一个元件的信号完整性分析，你可以设置用于默认引脚模型的类型和技术选项，或者导入一个 IBIS 模型。

(1)　要加入一个信号完整性模型，在元件属性对话框中，单击模型列表项的 Add 按钮，弹出 Add New Model 对话框。

(2)　在 Model Kind(模型类型)下拉列表框中选择 Signal Integrity 选项，单击 OK 按钮，弹出信号完整性模型对话框，如图 4-22 所示。

(3)　如果你希望导入一个 IBIS 文件，单击 Import IBIS 按钮然后定位到所需的.ibs 文件。然而在本例中，输入模型的名字和描述 NPN，然后选择一个 BJT 类型。单击 OK 按钮返回到元件属性对话框，看到模型已经被添加到模型列表中，如图 4-23 所示。

5)　添加元件参数

参数的意义在于定义更多的关于元件的附加信息。诸如定义元件厂商或日期的数据字符串都可以被添加到文件中。一个字串参数也可以作为元件的值在应用时被添加，例如：100K 的电阻。

参数被设置为当在原理图上摆放一个器件时作为特殊字串显示。可以设置其他参数作为仿真需要的值或在原理图编辑器中建立 PCB 规则。添加一个原理图元件参数的具体步骤如下。

(1)　在原理图属性对话框的参数列表栏中单击 Add 按钮弹出参数属性对话框。如图 4-24 所示。

(2)　输入参数名及参数值。如果你要用到文本串以及参数的值，确信参数类型被选择为 String，如果你希望在原理图中放置元件时显示参数的值，确认 Visible 复选框被选中。单击 OK 按钮。参数已经被添加到元件属性对话框的参数列表中。

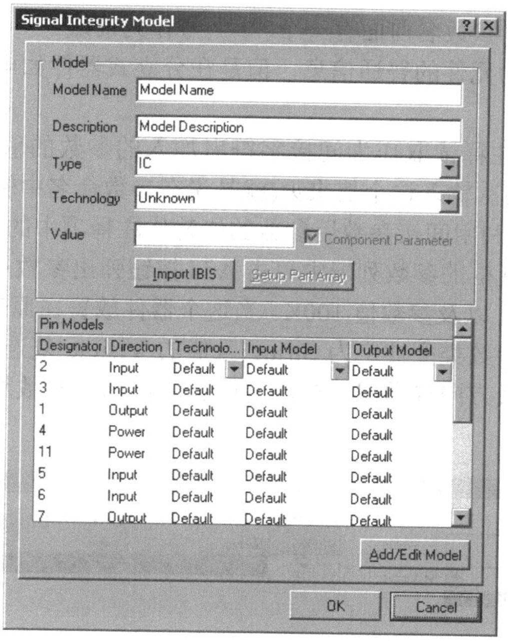

图 4-22　信号完整性模型对话框

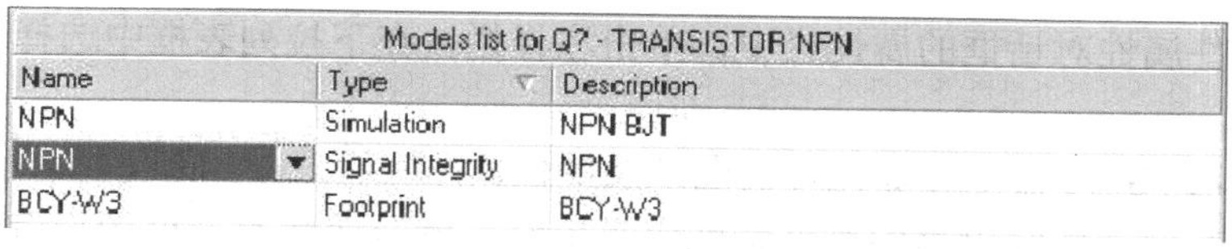

图 4-23　元件模型列表

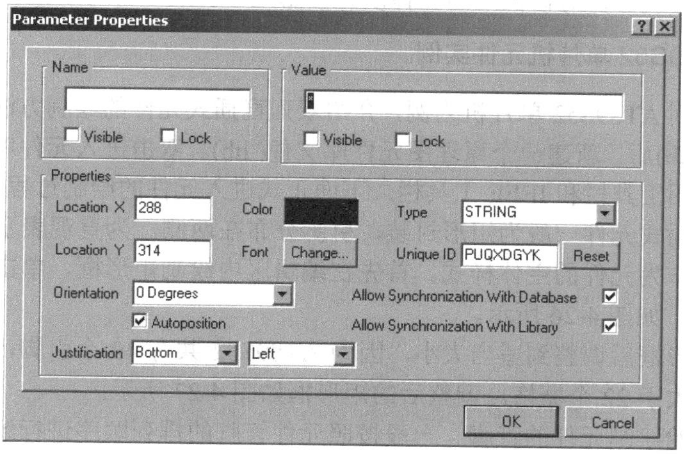

图 4-24　参数属性对话框

6)　间接字符串

间接字符串，可以为元件设置一个参数项，当摆放元件时 这个参数可以显示在原理图上，也可以在 DXP 进行电路仿真时使用。所有添加的元件参数都可以作为间接字符串。当参数作为间接字符串时，参数名前面有一个“=”号作为前缀。

一个值参数可以作为元件的普通信息，但是在分立式器件如电阻和电容中，将值参数用于仿真。

我们可以设置元件注释读取作为间接字符串加入的参数的值，注释信息会被绘制到PCB编辑器中。相对于两次输入这个值来说(就是说在参数命名中输入一次然后在注释项中再输入一次)，DXP支持利用间接参数用参数的值替代注释项中的内容。

(1) 在元件属性对话框的参数列表中单击Add按钮弹出参数属性对话框。

(2) 输入名字 Value以及参数值100K。当这个器件放置在原理图中，运行原理图仿真时会用到这个值。确定参数类型被定为String且值的Visible复选框被选中。如图4-25所示。设置字体、颜色以及方向选项然后单击OK按钮将新的参数加入到元件属性对话框的元件列表中。

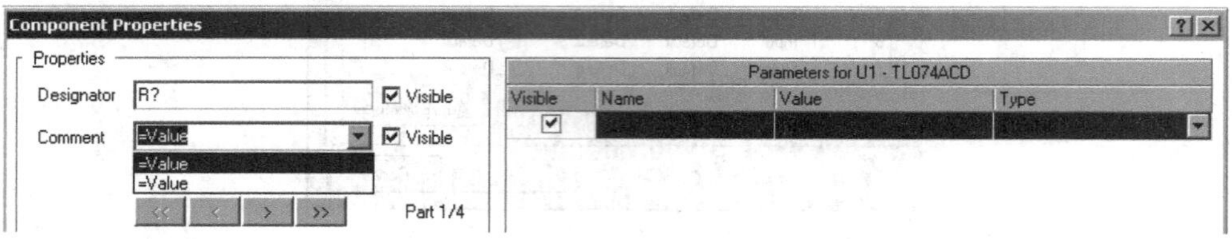

图4-25 元件参数

(3) 在元件属性对话框的属性栏中，单击注释栏，在下拉列表框中选择=Value选项，关掉可视属性。

(4) 用 File | Save命令存储元件的图纸及属性。

(5) 当你在原理图编辑器中查看特殊字符串时，确定属性对话框图形编辑标签下的转换特殊字符选项(Convert Special Strings)被使用。如果当从原理图转换到PCB文档时注释不显示，确认是否封装器件对话框中的注释没有被隐藏。

4. 绘制AT89S52单片机元件实例

本节将以绘制AT89S52单片机为例，介绍双列直插式元件的绘制方法和步骤。打开设计数据库文档(.ddb)后，新建一个原理图元件库文件(.lib)。双击进入元件库编辑器，打开元件库编辑器的绘图工具栏和IEEE工具栏，下面正式进入元件的绘制过程。

(1) 双列直插式元件一般为矩形封装，引脚分布在两侧。为直观表示元件，在原理图中通常使用矩形作为元件的主体样式。首先在编辑区内绘制矩形框，单击绘图工具栏中绘制矩形框图标□，如图4-26所示。

(2) 画好矩形框后调整到适当大小，因为AT89S52共有40个引脚，双侧排列，所以矩形框的长度要大于22个栅格。调整后的矩形框如图4-27所示。

(3) 下面开始绘制元件的管脚。一般按照元件管脚的排列顺序进行绘制。单击绘图工具栏中的绘制管脚图标，在管脚未放置前按下Tab键，弹出管脚属性对话框，对Display Name和Part Number项进行相应的设置，Orientation下拉列表框设为0 Degrees，如图4-28所示。

(4) 左边的管脚绘制完成后绘制右边的管脚，这时要改变引脚的放置方向，可按下

Space 键旋转引脚，也可在属性对话框中将 Orientation 下拉列表框设为 180 Degrees，如图 4-29 所示。

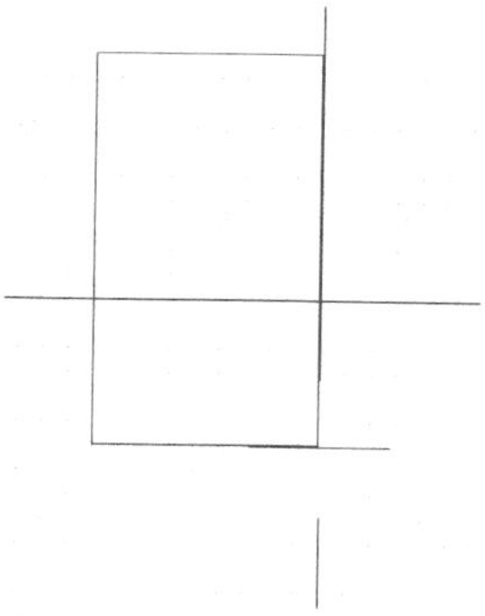

图 4-26　绘制矩形

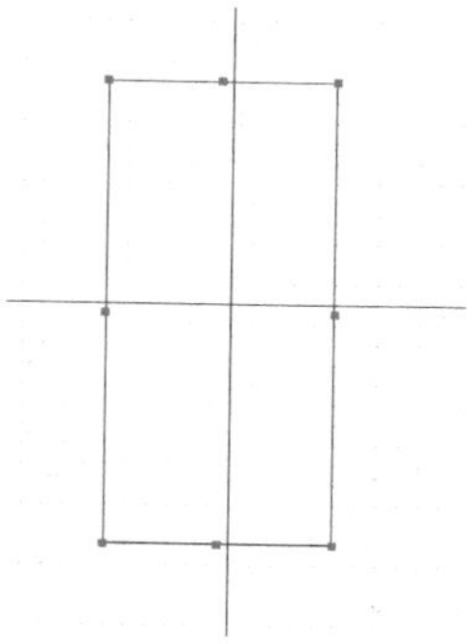

图 4-27　调整后的矩形框

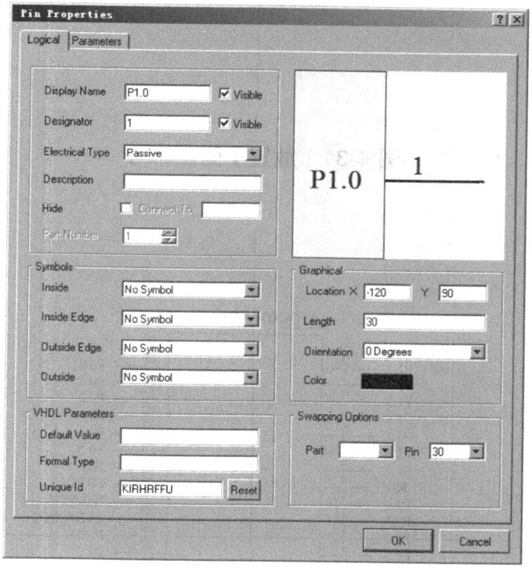

图 4-28　左边管脚属性对话框

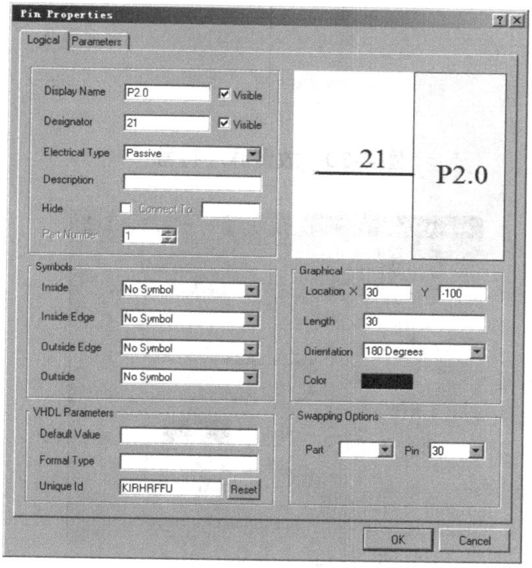

图 4-29　右边管脚属性对话框

(5)　在时钟信号的输入端 XTAL1 和 XTAL2 引脚处加入脉冲符号，单击 IEEE 工具栏中的绘制脉冲符号的图标，放置在元件的第 18 脚和第 19 脚。放置后的原理图，如图 4-30 所示。

(6)　在 EA 使能端引脚处加放置小圆点符号，表示 EA 低电平有效。单击 IEEE 工具栏中的绘制小圆点符号的图标，放置在元件的第 131 脚。放置后的原理图，如图 4-31 所示。

(7)　引脚添加后，在元件上方添加元件名称。单击绘图工具栏中的添加文字注释图标 A，按下 Tab 键，编辑文字注释，如图 4-32 所示。

(8)　添加完文字后的原理图如图 4-33 所示。

(9)　元件内部一般设为实心，双击矩形框，弹出矩形框属性对话框，选中 Draw Solid 复选框，如图 4-34 所示。

(10) 设置完成后，单击 OK 按钮，绘制完成的元件，如图 4-35 所示。

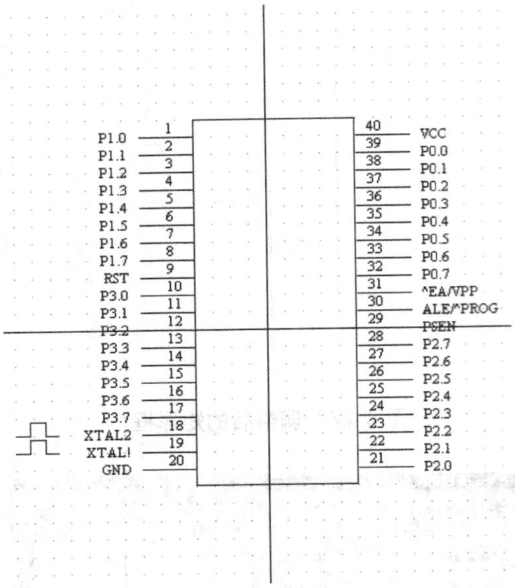

图 4-30　放置脉冲符号

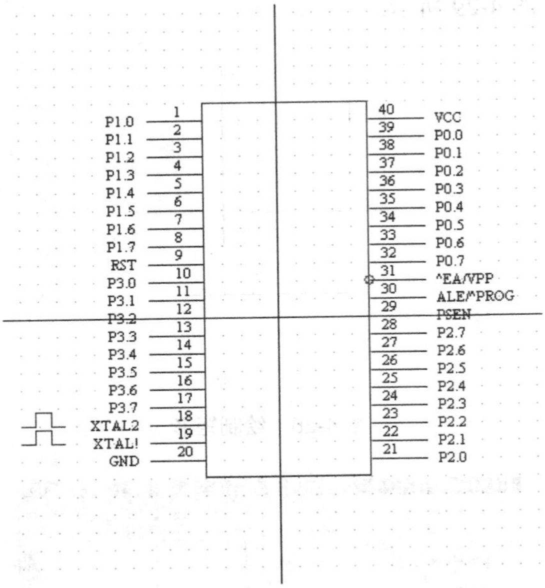

图 4-31　放置小圆点符号

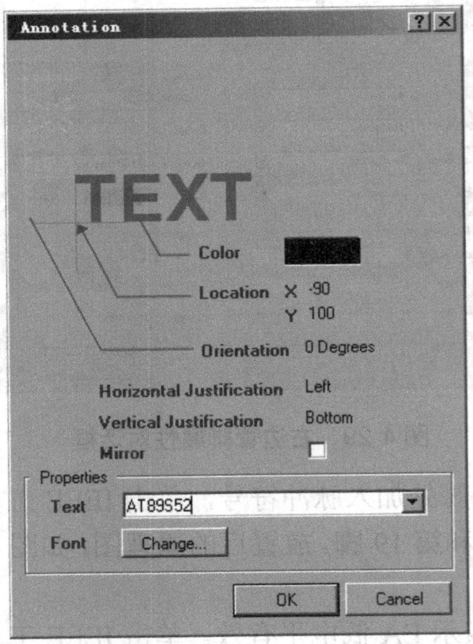

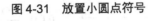

图 4-32　添加文字属性对话框

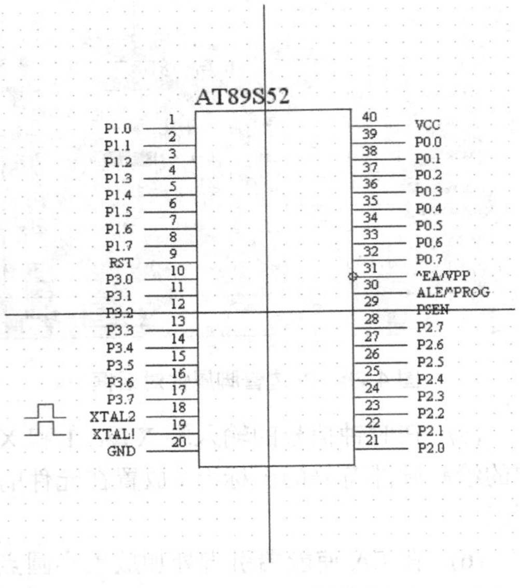

图 4-33　添加完文字后的原理图

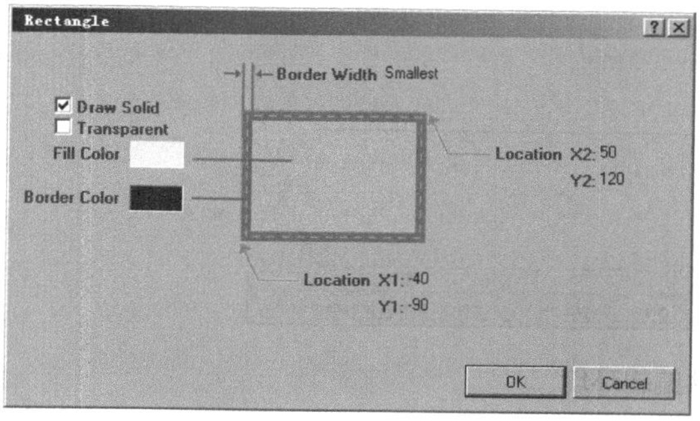

图 4-34 调整后的矩形框

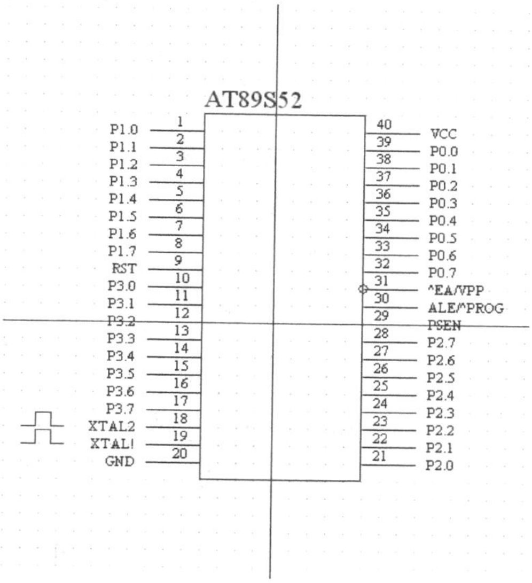

图 4-35 绘制完成的元件

4.4 制作含有多个部件的元件

在下面的章节中，我们要创建一个新的包含四个部件的元件，输入与门，命名为74F08SJX。也要利用一个 IEEE 标准符号为例子创建一个可替换的外观模式。下面介绍具体创建步骤。

(1) 在原理图库编辑器中选中 Tools | New Component 命令。建立一个新的元件。在 PCB Library 中双击该元件，弹出命名对话框， 如图 4-36 所示。

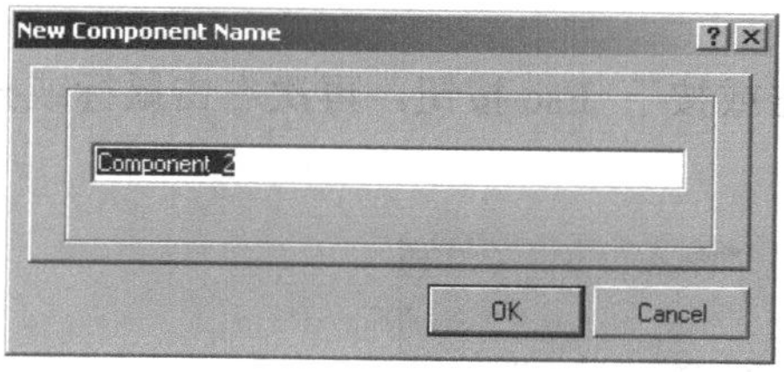

图 4-36 命名对话框

(2) 输入新元件的名字，例如 74F08SJX，单击 OK 按钮。新的元件名字出现在原理图库面板的元件列表中，同时打开一个新的元件图纸，一条十字线穿过图纸原点，如图 4-37 所示。

现在创建元件的第一个部件，包括它自己的引脚，在后面会逐条详细叙述。在本例中第一个部件将会作为其他部件的基础(除了引脚编号会有所变化)。

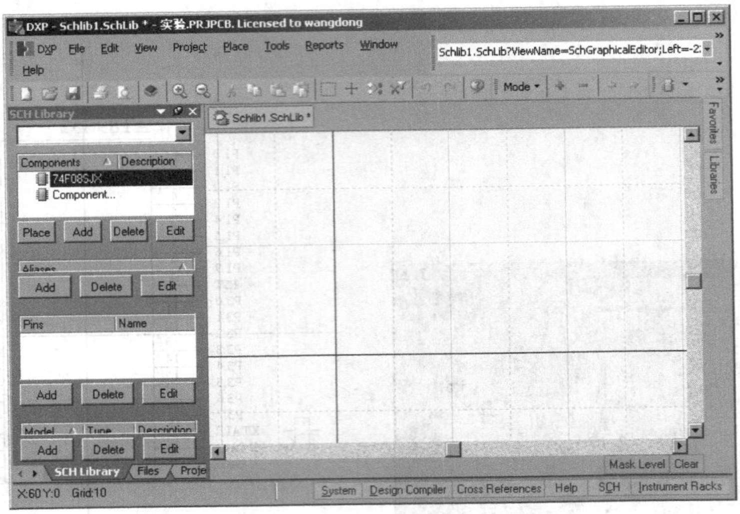

图 4-37　元件编辑环境

1. 创建元件外形

这个元件的外形由多条线段和一个圆弧构成。确定元件图纸的原点在工作区的中心。同时也确定栅格可视。

(1) 选择 Place | Line 命令或者单击 Place Line 按钮。鼠标指针变为十字形状，进入布线模式。

(2) 按下 Tab 键设置线属性。在打开的线属性对话框中设置线宽为 Small，如图 4-38 所示。

(3) 在起点坐标(25,−5)处鼠标左击或按下 Enter 键。检查设计浏览器左下角的 X、Y 轴联合坐标状态条。移动鼠标单击鼠标左键定义线段顶点(0,−5;0,−35;25,−35)，如图 4-39 所示。

(4) 完成画线后，右击或按下 Esc 按钮。再次右击鼠标或按下 Esc 键退出走线模式，存储元件。

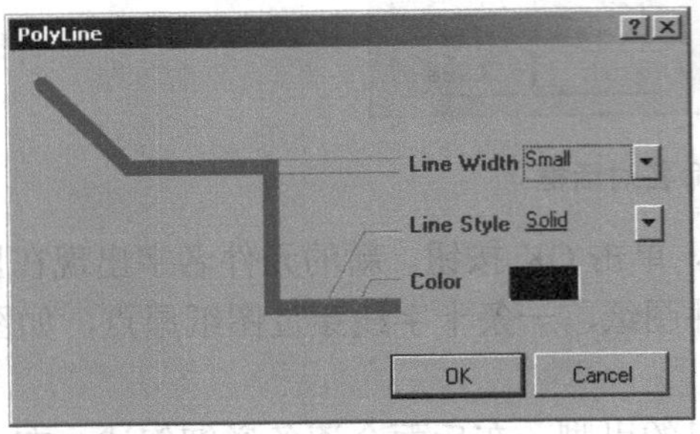

图 4-38　线属性对话框

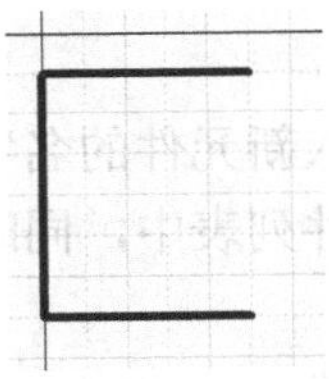

图 4-39　绘制线段

下面画一个弧线，画一个圆弧有四个步骤，设置圆弧的中心、半径、起点和终点。可以用按下 Enter 键来代替鼠标左击完成圆弧。

(1) 选择 Place | Arc 命令。之前最后一次画的圆弧出现在指针上，现在处于圆弧摆放

模式。

(2) 按下 Tab 键设置圆弧属性。弹出圆弧对话框。设置半径为 15miles，线宽为 Small，如图 4-40 所示。

(3) 移动鼠标定位到圆弧的圆心(25,−20)，单击。指针跳转到我们先前已经在圆弧对话框中设置的当前默认半径上。

(4) 单击设置好半径。指针跳转到圆弧的起始点。

(5) 移动指针定位到起点，单击锚定起点。指针这时跳转到圆弧终点。移动指针定位到终点，单击锚定终点完成这个圆弧，如图 4-41 所示。

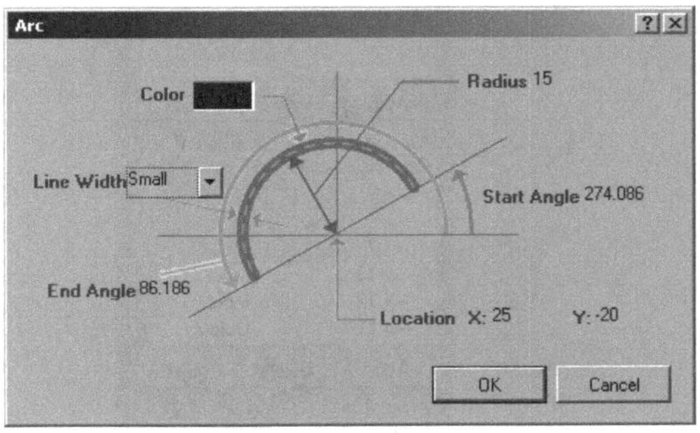

图 4-40 弧线属性对话框

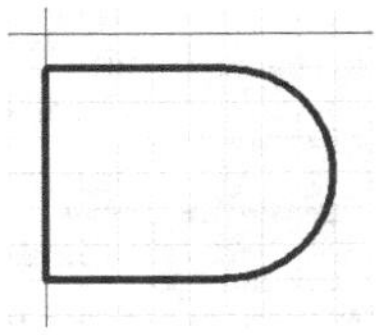

图 4-41 绘制弧线

(6) 右击或者按下 Esc 键，退出圆弧摆放模式。

接着添加引脚，用这个指南前面说到的给原理图元件添加引脚的技术给第一个部件添加引脚，如图 4-42 所示。

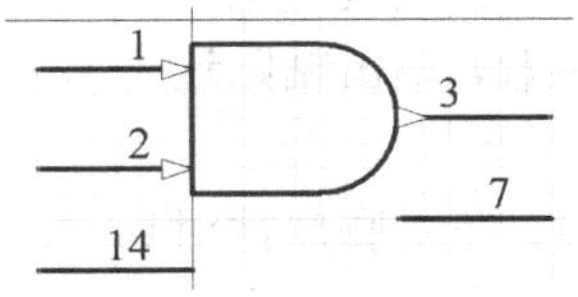

图 4-42 放置引脚

引脚 1 和 2 是输入特性，引脚 3 是输出特性。电源引脚是隐藏引脚，也就是说 GND(第 7 脚)和 VCC(第 14 脚)是隐藏引脚。它们要支持所有的部件，所以只要将它们作为部件 0 设置一次就可以了。将部件 0 简单地摆放为元件中的所有部件公用的引脚，当元件放置到原理图中时该部件中的这类引脚会被加到其他部件中。在这些电源引脚属性对话框的属性标签下，确认它们在部件编号栏中被设置为部件 0，其电气类型设置为 Power，隐藏复选框被选中而且引脚连接到正确的网络名，例如 VCC(第 14 脚)连接到 Connect To field 中输入的 CND，如图 4-43 所示。

(1) 选择 Edit | Select | All 命令，将元件全部选中。

(2) 执行编辑拷贝命令。鼠标指针会变成十字形。单击原点或者元件的左上角确定复制的参考点(当你粘贴时指针会抓住这个点)复制选中对象到粘贴板上。对象属性窗口如图 4-43 所示。

(3) 选择 Tools | New Part 命令。一个新的空白元件图纸被打开。如果单击原理图库面

板中元件列表里元件名字旁边的"+"号可以看到，原理图库面板中的部件计数器会更新元件使其拥有 Part A 和 Part B 两个部件，如图 4-44 所示。

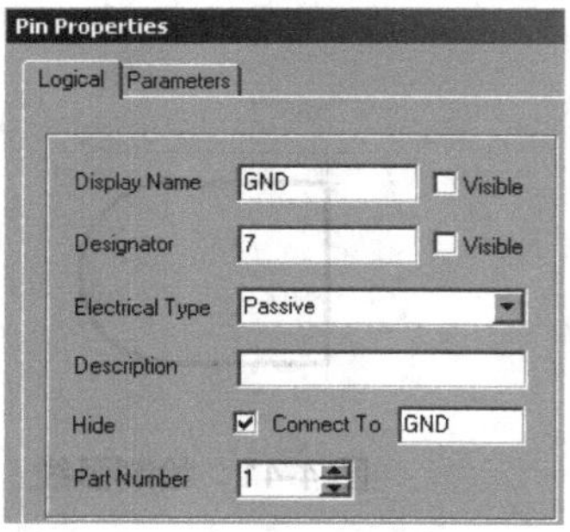

图 4-43　引脚属性

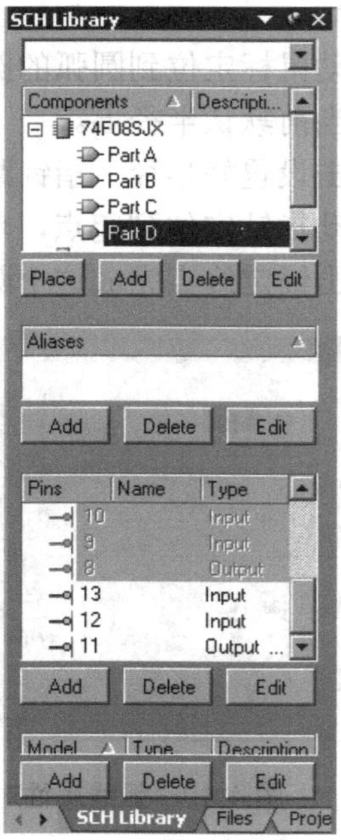

图 4-44　元件库管理面板

(4) 执行编辑粘贴命令。指针上出现一个元件部件外形以参考点为参考附在指针上。移动被复制的部件直到它定位到和源部件相同的位置，单击粘贴这个部件。

(5) 双击新部件的每一个引脚，在引脚属性对话框中修改引脚名字和编号以更新新部件的引脚信息，如图 4-45 所示。

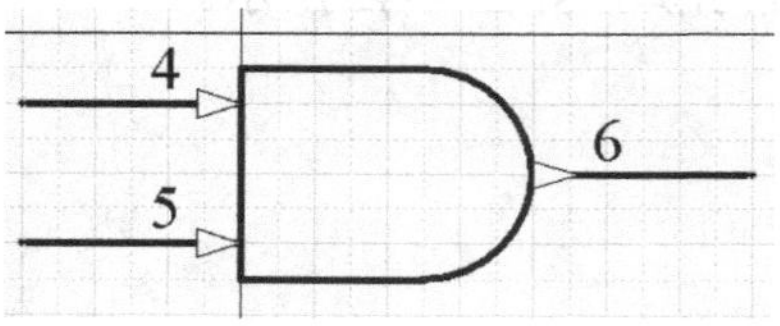

图 4-45　更新引脚

(6) 重复上面第(3)～(5)步创建剩下的两个部件，如图 4-46 和图 4-47 所示，存储库。

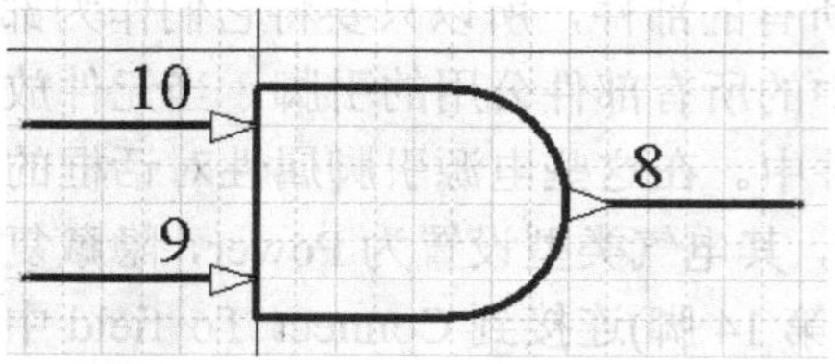

图 4-46　Part C

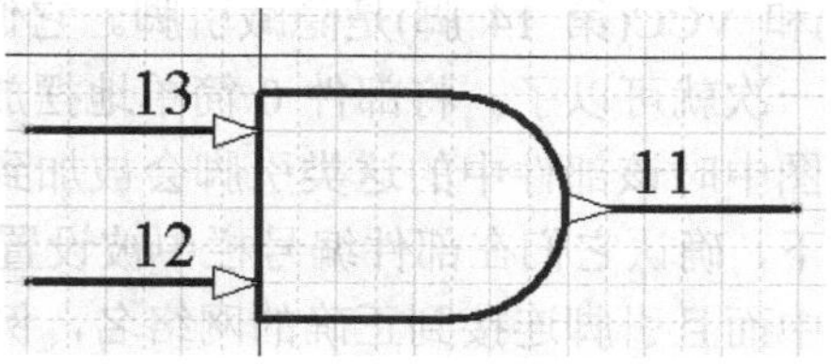

图 4-47　Part D

2. 创建部件的另一个可视模型

用户可以同时对一个部件加入 255 种可视模型。这些可视模型可以包含任何不同的元件图形表达方式，如 DeMorgan 或 IEEE 符号。IEEE 符号库在原理图库 IEEE 工具栏中。

如果添加了任何同时存在的可视模型，这些模型可以通过选择原理图库编辑器中的

Mode 按钮中的下拉列表框里选择另外的外形选项来显示。当已经将这个器件放置在原理图中时，通过元件属性对话框中图形栏的下拉框选择元件的可视模型。

当被编辑元件部件出现在原理图库编辑器的设计窗口时，按下面步骤可以添加新的原理图部件可视模型。

(1) 选择 Tools | Mode | Add 命令，一个用于画新模型的空白图纸弹出。

(2) 为已经建好的且存储的库放置一个可行的 IEEE 符号，如图 4-48 所示。

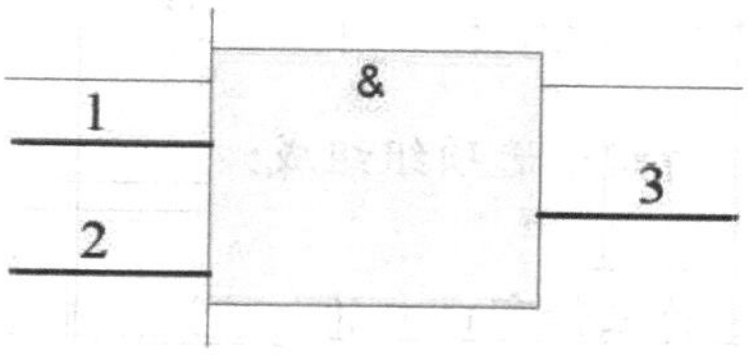

图 4-48 新的可视模型

3. 设置元件的属性

(1) 在原理图库面板中元件列表里选中这个元件然后单击 Edit 按钮设置元件属性。在元件属性对话框中填入定义的默认元件标识符如“U？”，元件描述如 Quad 2-Input AND Gate，然后在模型列表中添加封装模型 DIP14。在接下来的指南中我们将用 PCB 元件向导建立一个 DIP14 的封装。

(2) 存储这个元件到库中。

4. 从其他库中添加元件

用户可以将其他打开的原理图库中的元件加入到自己的原理图库中然后编辑其属性。如果元件是一个集成库的一部分，需要打开这个.IntLib 然后单击 Yes 按钮提出源库。然后从项目面板中打开产生的库。

(1) 在原理图库面板中的元件列表里选择你希望复制的元件，它将显示在设计窗口中。

(2) 选择 Tools | Copy Component 命令将元件从当前库复制到另外一个打开的库文件中。目标库对话框弹出并列出所有当前打开的库文件。

(3) 选择用户希望粘贴文件的目标库。单击 OK 按钮，元件将被复制到目标库中，如果需要的话，用户可以在这里编辑它。

5. 复制多个元件

使用原理图库面板你可以复制一个或多个库元件在一个库里或者粘贴到其他打开的原理图库中。

(1) 用典型的 Windows 选择方法在原理图库面板中的元件列表里可以选择一个或多个元件。然后右击，在弹出的快捷菜单中选择 Copy 命令。

(2) 切换到目标库，在原理图库面板的元件列表右击鼠标，选择 Paste 将元件添加到列表中。

本章习题

一、填空题

1. Protel DXP 元件和元件库的制作都是在________________中进行的。

2. 选择____________________命令，则系统在当前的项目工程环境下新建了一个元件库文件。

3. 元件库管理器控制面板由四个选项组组成：____________，____________，____________，____________。

4. 原理图元件库编辑环境的工作窗口中的________命令用来生成元件报表。

5. ________选项组的功能是选择需要编辑的元件。

二、选择题

1. (　　)按钮的功能是从元件库中删除选中的元件。

   A. Delete　　B. Edit　　C. Components　　D. Shift

2. (　　)按钮的功能是编辑所选中的元件。

   A. Delete　　B. Edit　　C. Components　　D. Shift

3. (　　)按钮的功能是筛选元件，用来从元件库中快速定位元件。

   A. Delete　　B. Edit　　C. Components　　D. Shift

4. (　　)选项组用于显示当前工作区中元件引脚的名称及状态信息，同时可以对元件的引脚进行编辑。

   A. Aliases　　B. Pins　　C. Model　　D. Add

5. (　　)选项组显示元件模型的形式及相关信息，制定元件模型可以映射到原理图的元件上。在此选项组，可以对元件模型进行添加、删除及编辑操作。

   A. Aliases　　B. Pins　　C. Model　　D. Add

三、问答题

1. 简述如何生成元件报表。

2. 简述如制作新元件。

第 5 章　检查电气规则和元件列表

本章内容提示

在完成了原理图设计之后，为了确保原理图在绘制过程中没有出现电气连接方面的错误，我们通常需要对设计好的原理图进行检查，特别是一些大型的原理图，元件和连线特别复杂，这样的图更容易出现失误。Protel 为用户提供方便简单的查找错误功能。用户通过设置电气检查规则，可以自行设定查找错误的方式。并自动生成错误信息提示。方便用户的修改工作。

学习要点

- 电气规则设置
- 生成检查报告
- 网络表的生成方式
- 元件列表的生成方式

5.1　电气规则检查(ERC)

Protel 在产生网络表和更新 PCB 文件之前，要先测试用户设计的原理图是否正确，这可以通过检查电气连接来实现，进行电气连接的测试，可以找出原理图中的一些电气连接方面的错误，只有在确定了原理图的正确性之后，才能开始后面的 PCB 板的制作。

连接检查可以检查原理图中是否有电气特性不一致的现象，比如某一个元件的输出引脚连接到另一个元件的输出引脚，这样就造成了信号的冲突，或是未连接完整的网络标签，重复的流水号，这些不合理的电气冲突现象都会对后面的工作产生严重的影响。Protel 会根据用户的设置生成错误(Error)或警告(Warning)等信息来提醒用户。

Protel 的电气检查规则是在项目选项中完成的，在设计好原理图之后，可以选择 Project | Project Options 命令，系统会弹出一个项目选项对话框，如图 5-1 所示。

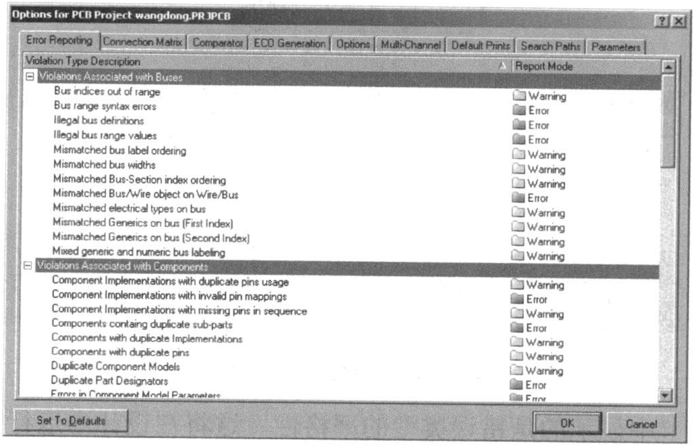

图 5-1　Options for PCB Project 对话框

5.1.1 设置电气连接检查规则

1. 设置错误报告

在 Options for PCB Project 对话框中的 Error Reporting(错误报告)选项卡用来设置设计草图的检查，如图 5-1 所示。该选项卡主要涉及以下几个方面：Violations Associated with Buses (总线错误检查报告)、Violations Associated with Components (组件错误检查报告)、Violations Associated with Documents (档错误检查报告)、Violations Associated with Nets(网络错误检查报告)、Violations Associated with Others (其他错误检查报告)、Violations Associated with Parameters(参数错误检查报告)。对每一种错误都设置相应的报告类型，例如选中 Bus indices out of range，选择右侧 Report Mode 下拉列表框中的 Fatal Error 选项，会弹出错误报告类型的下拉列表，如图 5-2 所示。一般采用默认设置，不需要对错误报告类型进行修改。

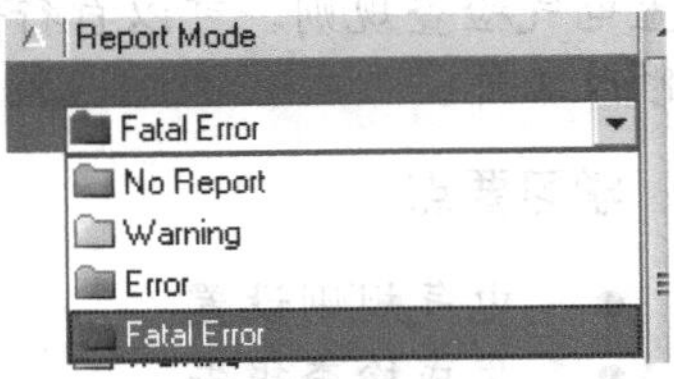

图 5-2 错误报告类型下拉列表

2. 设置电气连接矩阵

在规则检查设置对话框中切换到 Connection Matrix 选项卡，如图 5-3 所示。

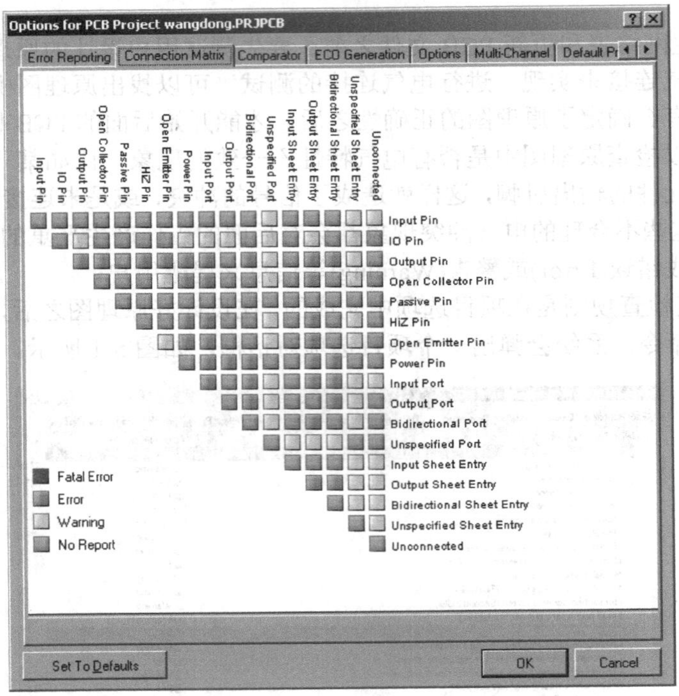

图 5-3 连接矩阵选项卡

连接矩阵选项卡中显示的是错误类型的严格性。这将在设计中运行“错误报告”检查电气连接如引脚间的连接、组件和图纸的输入。连接矩阵给出了原理图中不同类型的连接点以及是否被允许的图表描述。

- 如果横坐标和纵坐标交叉点为红色，则当横坐标代表的引脚和纵坐标代表的引脚相连接时，将出现 Fatal Error 信息。
- 如果横坐标和纵坐标交叉点为橙色，则当横坐标代表的引脚和纵坐标代表的引脚相连接时，将出现 Error 信息。
- 如果横坐标和纵坐标交叉点为黄色，则当横坐标代表的引脚和纵坐标代表的引脚相连接时，将出现 Warning 信息。
- 如果横坐标和纵坐标交叉点为绿色，则当横坐标代表的引脚和纵坐标代表的引脚相连接时，将不出现错误或警告信息。

例如在矩阵图的横向找到 Output Pin，从列向找到 Open Collector Pin，在相交处是绿色的方块。当项目被编译时，这个绿色方块表示在原理图中从一个 Output Pin 连接到 Open Collector Pin 时将启动一个错误条件。

如果想修改连接矩阵的错误检查报告类型，比如想改变 Passive Pins(电阻、电容和连接器)和 Unconnected 的错误检查，可以采取下述步骤。

(1) 在纵坐标找到 Passive Pins，在横坐标找到 Unconnected，系统默认为绿色，表示当项目被编译时，在原理图上发现未连接的 Passive Pins 不会显示错误信息。

(2) 单击相交处的方块，直到变成黄色，这样当编译项目时和发现未连接的 Passive Pins 时就给出警告信息。

(3) 单击 Set To Defaults 按钮，可以恢复到系统默认设置。

5.1.2 生成检查结果

当设置好了需要检查的电气连接和检查规则之后，就可以开始对原理图进行检查了。Protel 检查原理图是通过项目编译来完成的，在编译过程中，系统会对原理图的电气连接进行检查，编译项目的步骤如下。

(1) 打开需要编译的项目，然后选择 Project | Compile PCB Project 命令。

(2) 当项目被编译之后，原理图中存在的错误将会显示在一个 Message 面板中，被编译的文件与同级的文件、元件和列出的网络以及一个能浏览的连接模型一起显示在 Compiled 面板中，以列表的形式呈现给用户。如果被编译的项目不存在错误，则 Message 面板为空白状态。如图 5-4 所示，就是一个错误报告。

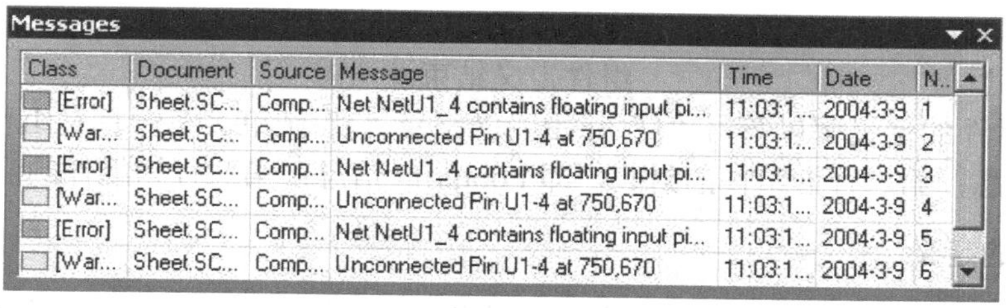

图 5-4 错误信息报告

(3) 此时双击列表中的某一项，即可打开该错误的详细信息，如图 5-5 所示。

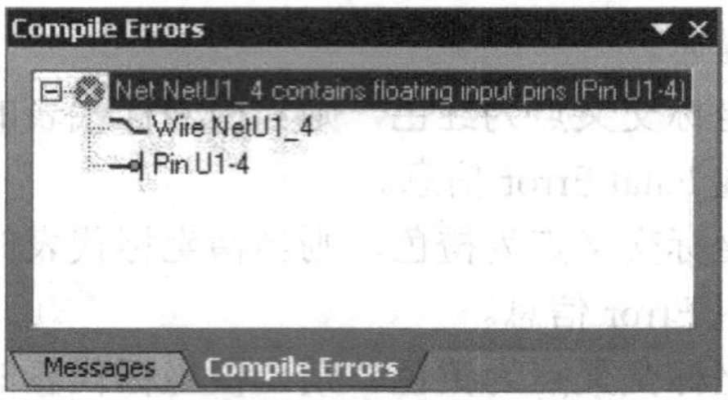

图 5-5　错误详细信息

5.2　网　络　表

在原理图产生的各种报表中，以网络表(Netlist)最为重要，绘制原理图最主要的目的就是为了将原理图转化成一张网络表，以供后续工作中使用。

在由原理图产生网络表时，使用的是逻辑的连通性原则，而非物理的连通性。也就是说只要在原理图中通过网络标签所连接的网络就被视为有效的连接，而不需要是由连线(Wire)将网络各个端点连接起来。

通常网络表有多种格式，一般情况下是 ASCII 码的文本文件，网络表的内容主要为原理图中各个元件的数据(流水号、元件类型以及封装信息)以及元件之间网络连接的数据，Protel 中大部分的网络表都是将这两种数据分为不同的部分，分别记录在网络表中。

由于网络表是纯文本的文件，因此用户可以利用一般的文本编辑工具对其进行编辑修改，如果用手工的方式编辑网络表，则必须保存为纯文本的格式。

5.2.1　Protel 的网络表格式

Protel 网络表的格式由两部分组成：一部分是组件的定义；另一部分是网络的定义。

1. 组件的定义

网络表第一部分是对所使用的组件进行定义，一个典型的组件定义如下。

[	组件定义开始
C1	组件标志名称
RAD – 0.3	组件的封装
10n	组件注释
]	组件定义结束

每一个组件的定义都以符号“[”开始，以符号“]”结束。第一行是组件的名称，即 Designator 信息；第二行为组件的封装，即 Footprint 信息；第三行为组件的注释。

2. 网络的定义

网络表的后半部分为电路图中所使用的网络定义。每一个网络意义就是对应电路中有电气连接关系的一个点。一个典型的网络定义如下。

(	网络定义开始
NetC2_2	网络的名称

C2-2　　　　连接到此网络的所有组件的标志和引脚号
X1-1　　　　连接到此网络的组件标志和引脚号
)　　　　　　网络定义结束

每一个网络定义的部分从符号“(”开始，以符号“)”结束。“(”符号下第一行为网络的名称。以下几行都是连接到该网络点的所有组件的组件标识和引脚号。如 C2-2 表示电容 C2 的第二脚连接到网络 NetC2_2 上；X1-1 表示还有晶振 X1 的第一脚也连接到该网络点上。

5.2.2　生成网络表

生成网络表的操作步骤很简单，具体步骤如下。

(1) 打开设计完成的项目，选择 Design | Netlist For Project | Protel 命令，如图 5-6 所示，系统自动生成网络表。

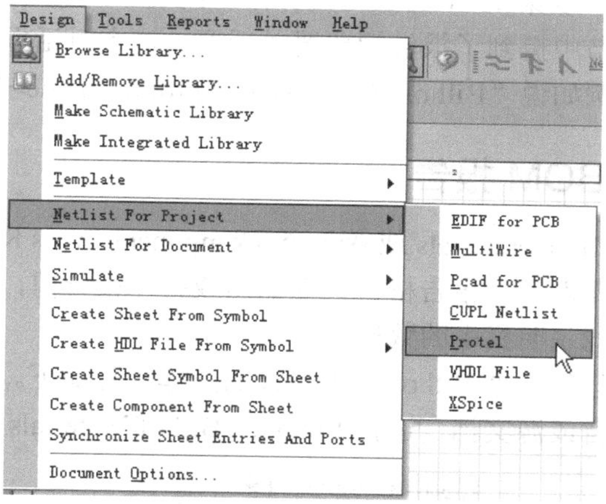

图 5-6　网络表菜单命令

(2) 打开系统生成的网络表，并保存为.net 文件，生成的网络表如图 5-7 所示。

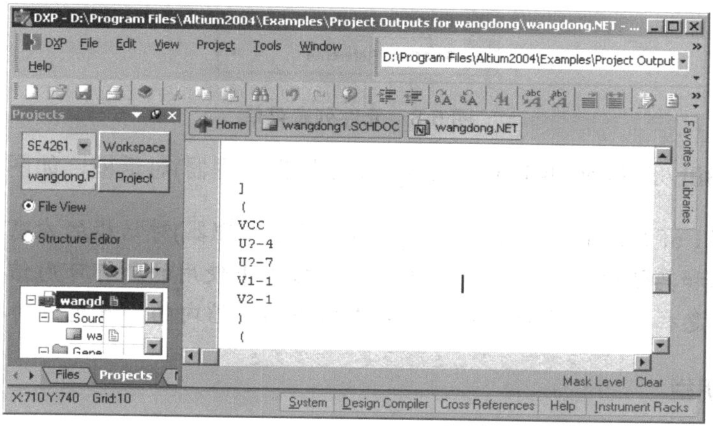

图 5-7　网络表

提示：网络表中不但包括了上面列举的 PCB 网络表，还可以生成 VHDL、CUPL、EDIF 以及 XSpice 文件表示的网络表，这些文件不但可以被 Protel 调用，还能被其他 CA 软件使用。

5.3 元件列表

Protel 能生成各种元件报告，例如材料清单(BOM)报告和元件交叉参考报告，可以用报告管理器定制。这些工具允许你在报告运行时将收集的数据分类及分组。

同时，Protel 也可以不同的格式来输出这些报告，例如微软的 Excel 文档或者 PDF，又或者用一个 Excel 模板来排列数据。通过设置一个输出工作配置文件可以批处理一批报告。

在这一节中，具体介绍在原理图编辑器中用报告管理器设置材料清单。BOM 也可以在 PCB 编辑器中生成。本节以第 13 章的项目文件作为例子。

请注意，尽管在本节中提到了报告管理器对话框，这个对话框的名字会根据你所生成的报告的类型而改变，例如说“Bill of Materials for <project_name>”。

5.3.1 创建一个 BOM 报告

当系统运行一个 Bill of Materials 或者一个 Component Cross Reference Report 时，报告管理对话框将会弹出以帮助安排报告格式。在输出或打印报告前，可以显示、隐藏或移动说明栏，然后分类及过滤说明栏中的数据。

在原理图编辑器中创建一个 Bill of Materials 的具体步骤如下。

(1) 打开需要的项目或源文档，选择 Reports | Bill of Materials 命令，如图 5-8 所示。

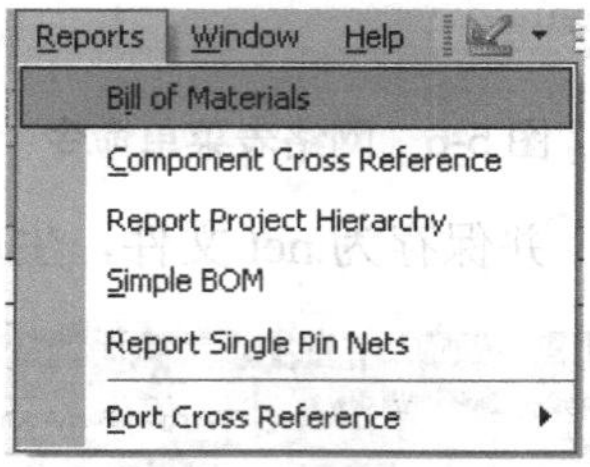

图 5-8 元件列表菜单

(2) 弹出 Bill of Materials For Project_name(报告管理器)对话框，如图 5-9 所示。

提示：Bill of Materials For Project_name(报告管理器)对话框的左窗格包括两栏分类栏和其他栏。其他栏列出了可以在报告中使用的所有可用信息。所有的这些信息栏的信息来源于被用于生成报告的文档内的所有元件的特性。

1. 显示说明栏

要在报告的数据栏内显示“其他说明栏”，可以按照下面的步骤进行操作。

(1) 单击说明栏条目旁边的 Show 选项使能 Show 功能，这一项说明栏会出现在对话框的主信息区。

(2) 每一个被使能的说明栏会列出原理图上所有出现的每一个元件的相应信息。

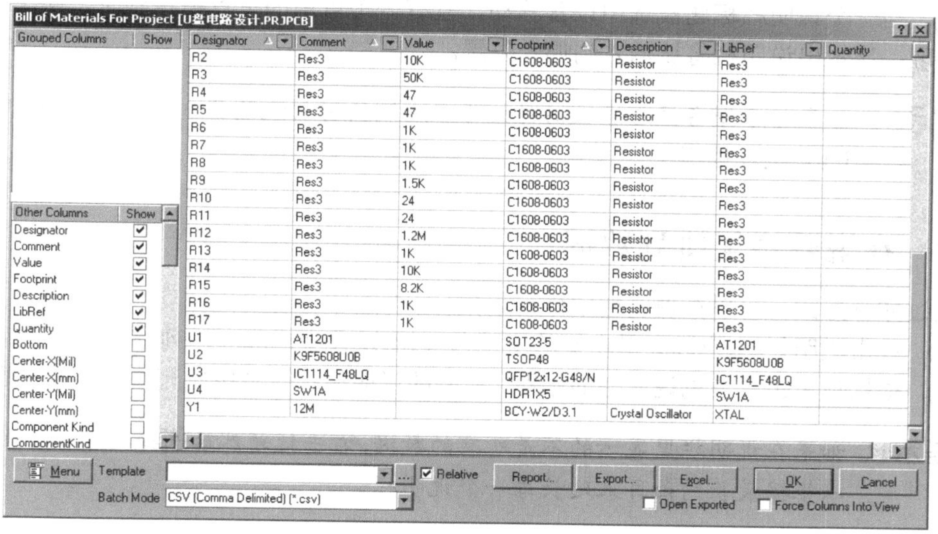

图 5-9 Bill of Materials For Project_name(报告管理器)对话框

2. 分类说明栏

可以根据一个或多个特定的说明栏信息来将元件分类。例如，在一个 BOM 里，可能希望通过元件封装或者是注释来将元件分类。

(1) 从报告管理器对话框中其他说明栏选项单击所期望的信息栏，拖动然后放到分组说明栏里。

(2) 说明栏标题显示在分类说明栏里，数据以新的分组方式被更新并显示。你需要注意由于有按封装的分组，说明栏的数量同时被更新。

(3) 将其他所需的说明栏单击，拖动并放到分类说明栏里。

(4) 举例来说，如果添加了 LibRef 和 Comments 说明栏到说明栏列表里，那么就可以改变组的排列方式。用户可以组织这些组，这样用户就可以为所有具有同样的值及具有同样封装的电阻建立报告。那么只需要单击、拖动及放下这些说明栏以使它们在分组说明栏里按照 Footprint、Comment 和 LibRef 的顺序排列，就可以做到生成上述报告。

3. 排列说明栏的顺序

对话框中数据栏里说明栏的顺序可以从其他说明栏里或数据说明栏里改变。数据栏里的说明栏顺序反映出其他说明栏里说明栏的排列顺序，除非你直接在数据栏里改变说明栏。

从其他说明栏里改变说明栏顺序的步骤如下。

(1) 在其他说明栏里单击拖动一个说明栏并把它放到它的新位置。重复此操作直到你满意说明栏的排列顺序为止。

(2) 数据栏里的说明栏会被更新。例如，如果拖动 Quantity 说明栏到其他说明栏列表的最上方，使能 Show，它将作为数据栏里的第一个说明栏标题显示。

在数据栏里改变说明栏顺序如下。

(1) 在数据栏里单击并拖动一个说明栏标题，将它放到它的新位置。

(2) 当一个说明栏标题被选中以备移动，且有一个可用的位置被找到时，两个绿色的箭头出现，显示出说明栏将被插入到哪个位置。

提示： 如果你希望在报告管理器对话框中看到所有的说明栏，使能 Force Columns into View 选项。

5.3.2 在说明栏里排列数据

通过如下方式，可以在说明栏中排列数据。

(1) 单击说明栏标题(远离最右侧的下三角按钮)以升序或降序排列信息。

(2) 根据你单击的信息说明栏的标题，所有的说明栏都会被影响到，除了横向的信息。

提示： 如果在说明栏里显示的不是所有的数据，右击标题然后选择 Column Best Fit，以根据最长的条目来延长每一个说明栏。

1. 定制过滤器

用户可以使用过滤器来显示指定的元件个数。

(1) 通过单击说明栏标题右侧的下三角按钮，也可以从独立可用的行中选择，或定制(Custom)，弹出定制自动过滤器对话框。

(2) 基于过滤器标准你应用特殊的信息说明栏，详细定义什么样的行信息希望显示。在上面这个简单的例子中，过滤器将只显示元件带有的名为 RES 的 LibRef。单击 OK 按钮。封装说明栏旁边的下拉箭头变成蓝色以指明定制这个说明栏。

(3) 弹出这个过滤器的原始文本描述，例如(LibRef=RES)，显示在对话框数据栏的左下角。单击文本旁的小十字按钮可以快速地清除掉一个过滤器。

2. 创建报告

报告命令用于根据当前的数据栏设置创建一个报告。报告自动导入到报告预览对话框中，在你输出或打印报告前，你可以在这里使用不同页和缩放控制检查报告。

(1) 单击 Report 按钮显示 BOM 打印预览。弹出报告预览对话框。

(2) 这个预览可以用 Print 按钮打印出来或者用 Export 按钮导出一个文件格式，例如 Microsoft Excel 的.xls 文件。参阅下面的列表，在这个对话框中列出了更多的输出文档格式。关闭对话框。

3. 输出报告

使用报告管理器对话框中的 Export 按钮生成报告，数据栏里格子内的内容页可以被输出。当输出数据时使用报告管理器对话框的输出选项，可以支持下列文档格式的输出，如图 5-10 所示。

(1) 如果希望一旦输出文件被存储，就用相应的应用程序，如 Microsoft Excel 来打开它们，确信报告管理器对话框中的 Open Exported 选项被选中。

(2) 单击报告管理器对话框中的 Export 按钮并以应用程序格式存储文件。

Microsoft Excel Worksheet(*.xls)	Web Page(*.htm;*.html)
XML Spreadsheet(*.xml)	CSV(Comma Delimited)(*.csv)
Tab Delimited Text(*.txt)	

图 5-10 输出格式

元件列表主要用于整理一个原理图或项目中所有使用到的元件，它主要包括元件的名称、标注、封装等内容。生成元件列表的步骤如下。

(1) 打开原理图文件，选择 Reports | Bill of Materials 命令。

(2) 执行该命令后，系统会弹出材料表(BOM，Bill of Materials)窗口，在此窗口中列出了原理图中所有元件，如图 5-11 所示。

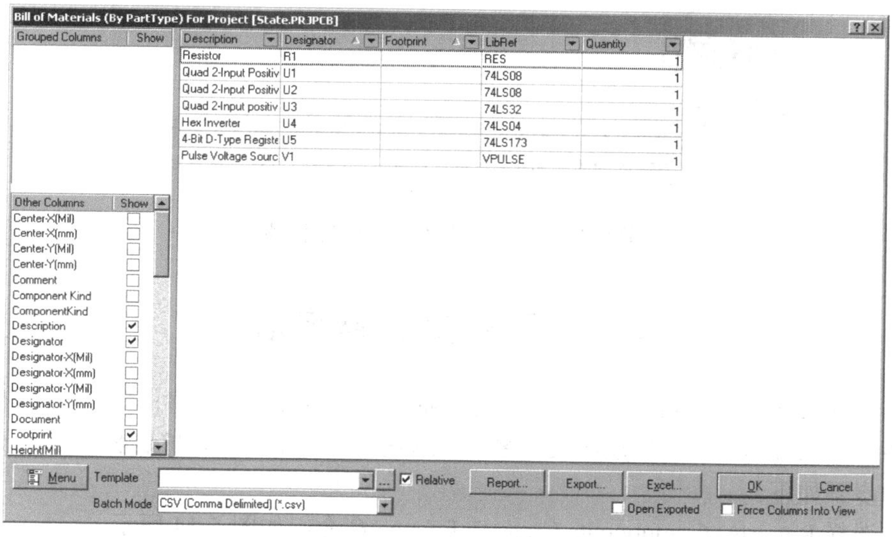

图 5-11 项目 BOM 窗口

(3) 单击 Report 按钮，可以生成预览元件报告，如图 5-12 所示。

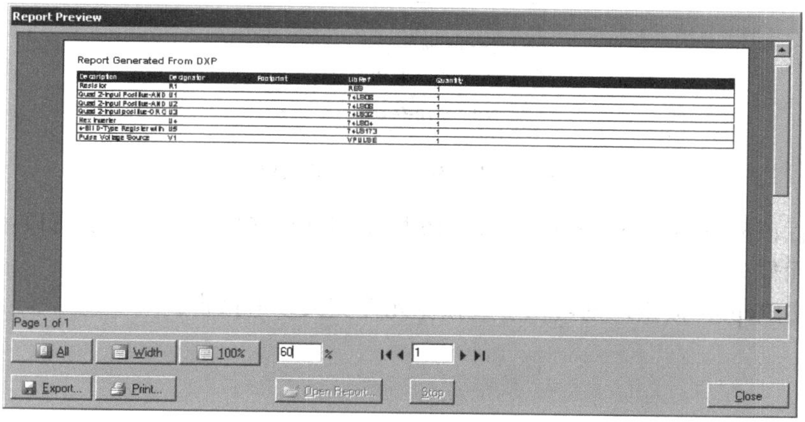

图 5-12 元件列表预览

(4) 如果单击 Export 按钮，则可以将元件报表导出，此时系统弹出一个导出项目的元件表对话框，选择用户需要导出的类型即可，如图 5-13 所示。

(5) 如果在选中 Open Exported 复选框之后，再单击 Excel 按钮，系统会自动启动 Excel 程序，并生成一个.xsl 为扩展名的元件报表文件。

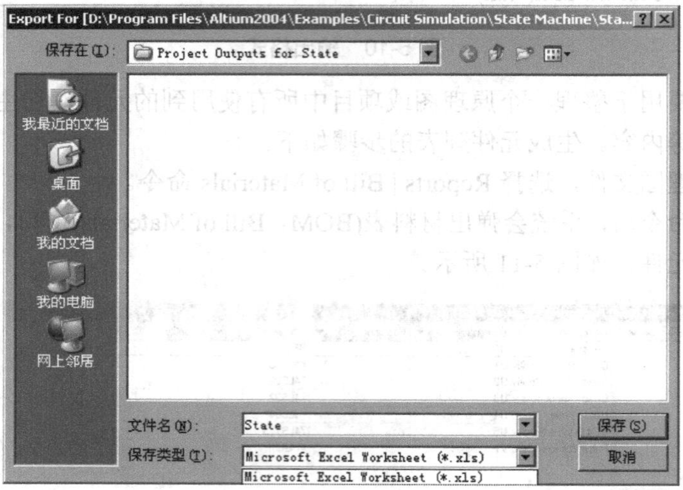

图 5-13 导出元件列表的保存对话框

5.4 元件交叉参考表

元件交叉参考表(Component Cross Reference)可以为多张原理图中的每个元件列出其元件类型，流水号和隶属的原理图文件名称，这是一个文本文档，扩展名为.xrf，建立交叉参考表的步骤如下。

(1) 选择 Reports | Components Cross Reference 命令，如图 5-14 所示。

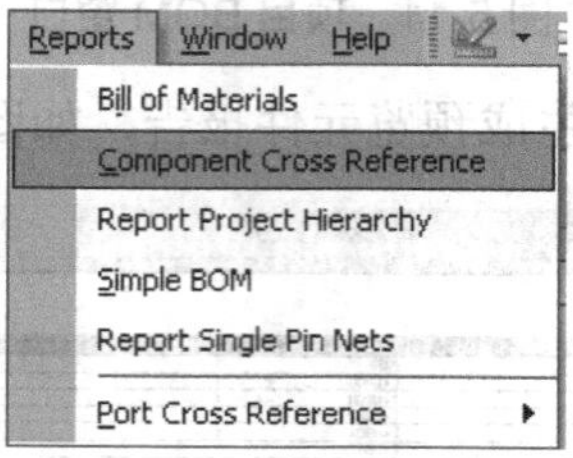

图 5-14 建立交叉参考表的菜单命令

(2) 执行该命令后，系统弹出如图 5-15 所示的项目文件交叉参考表窗口，此窗口列出了原理图的元件列表。

(3) 单击 Report 按钮，则可以生成预览元件交叉参考报告。

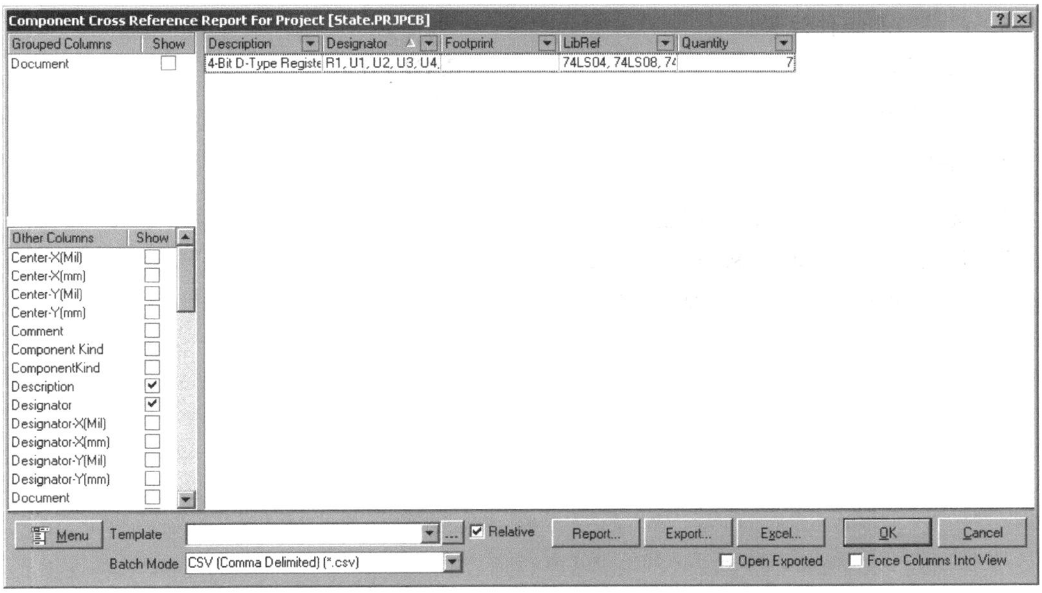

图 5-15 项目元件交叉参考表

本 章 习 题

一、填空题

1. Protel 在产生网络表和更新__________之前，要先测试用户设计的原理图是否正确。
2. Protel 会根据用户的设置生成____________或____________等信息来提醒用户。
3. Protel 的电气检查规则是在________________中完成。
4. Protel 检查原理图时通过____________来完成。
5. Protel 网表的格式由两部分组成：一部分是__________；另一部分是____________。

二、选择题

1. 每一个组件的定义都以符号(　　)开始，以符号(　　)结束。
   A. [　　B.]　　C. {　　D. }
2. 网络表中不但包括了 PCB 网络表，还可以生成(　　)文件表示的网络表。
   A. VHDL　　B. CUPL　　C. EDIF　　D. XSpice
3. (　　)是组件标志名称。
   A. C1　　B. RAD – 0.3
   C. 10n　　D. C2
4. (　　)是组件的封装。
   A. C1　　B. RAD – 0.3
   C. 10n　　D. C2

5. (　　)是组件注释。

A. C1　　B. RAD－0.3

C. 10n　　D. C2

三、问答题

1. 简述设置电气连接检查规则有哪些。
2. 简述 Protel 的网络表格式有哪些。
3. 简述如何创建一个 BOM 报告。

第 6 章　PCB 设计基础

本章内容提示

印制电路板(PCB)是所有设计的最终环节，前面所有的设计只是确定了元件的电气连接关系，而 PCB 才是生产厂家制作电路板的凭据，本章主要介绍与 PCB 设计有关的一些概念和基本操作，为学习 PCB 的高级操作打下基础。

学习要点

- PCB 基本概念
- PCB 设计流程
- PCB 图的基本设置
- PCB 元件封装的基本操作

6.1　PCB 介绍

PCB 是 Printed Circuit Board 的缩写，中文意思是印制电路板，就是用来连接实际元件的一块版图，如图 6-1 所示，就是一块印制电路板。

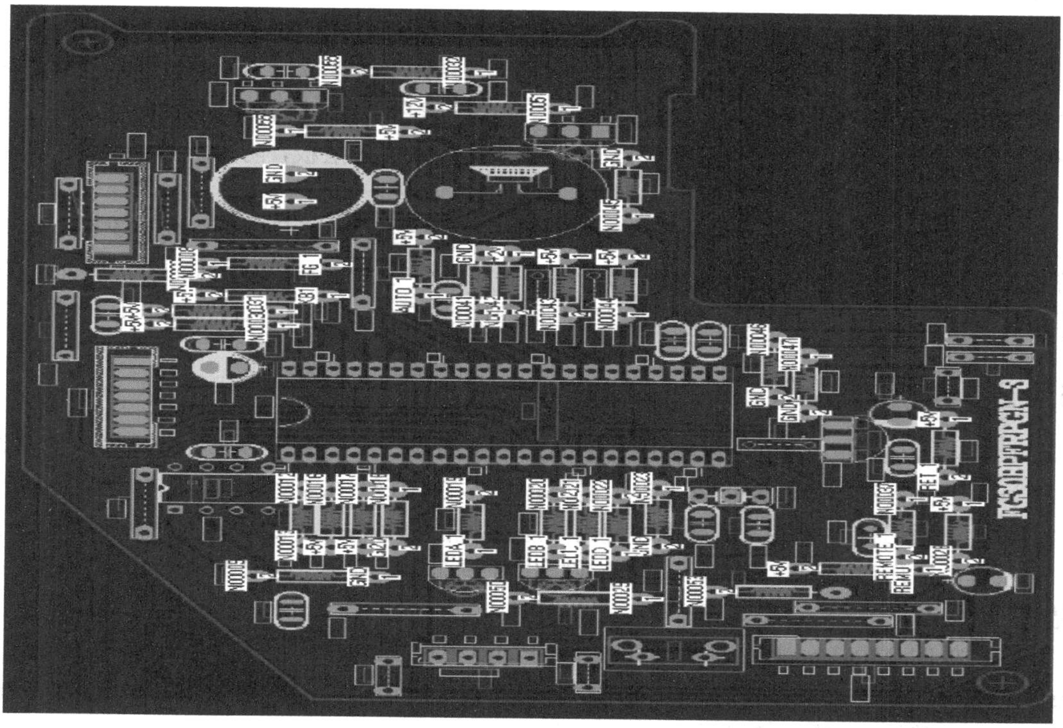

图 6-1　PCB 单面板

为了更好地学习 PCB 电路板设计，首先需要了解一些基本的概念，对 PCB 电路板有一些了解。印制电路板的制作通常是在一块绝缘度非常高的基材上覆盖一层导电性能良好的铜膜，制成覆铜板，然后根据具体的 PCB 图的要求，在导电材料上蚀刻出与 PCB 图纸一样的导线，并在板上钻出安装定位孔以及焊盘和过孔。如果是制作多层板，还需要对焊盘和过孔做金属化处理，来保证焊盘与过孔在不同层之间良好的电气连接。

根据制作材料的不同，印制电路板可以分为纸质覆铜板、玻璃覆铜板和用桡性塑料制作的桡性覆铜板。

6.1.1 PCB 的结构

根据印制电路板的结构，印制电路板又可以分为 Single Layer PCB(单面板)、Double Layer PCB(双面板)和 Multi Layer PCB(多层板)，现具体介绍这几种结构。

- Single Layer PCB：单面板是一种单面敷铜，因此只能利用它敷了铜的一面设计电路导线和组件的焊接。
- Double Layer PCB：双面板是包括 Top (顶层)和 Bottom (底层)的双面都敷有铜的电路板，双面都可以布线焊接，中间为一层绝缘层，为常用的一种电路板。
- Multi Layer PCB：如果在双面板的顶层和底层之间加上别的层，即构成了多层板，比如放置两个电源板层构成的四层板，这就是多层板。

通常的 PCB 板，包括顶层、底层和中间层，层与层之间是绝缘层，用于隔离布线层。它的材料要求耐热性和绝缘性好。早期的电路板多使用电木作为材料，而现在多使用玻璃纤维。

在 PCB 电路板布上铜膜导线后，还要在顶层和底层上印刷一层防焊层(Solder Mask)，它是一种特殊的化学物质，通常为绿色。它有两个好处：一是该层不粘焊锡，防止在焊接时相邻焊接点的多余焊锡短路。二是防焊层将铜膜导线覆盖住，防铜膜过快在空气中氧化，但是在焊点处留出位置，并不覆盖焊点。 对于双面板或者多层板，防焊层分为顶面防焊层和底面防焊层两种。

电路板制作最后阶段，一般要在防焊层之上印上一些文字元号，比如组件名称、组件符号、组件管脚和版权等，方便以后的电路焊接和查错等。这一层为 Silkscreen Overlay(丝印层)。多层板的防焊层分 Top Overlay(顶面丝印层)和 Bottom Overlay(底面丝印层)。

6.1.2 多层板概念

如果在 PCB 电路板的顶层和底层之间加上别的层，即构成了多层板。一般的电路系统设计用双面板和四层板即可满足设计需要，只是在较高级电路设计中，或者有特殊需要，比如对抗高频干扰要求很高情况下才使用六层及六层以上的多层板。多层板制作时是一层一层压合的，所以层数越多，无论设计或制作过程都将更复杂，设计时间与成本都将大大提高。

多层板的 Mid-Layer(中间层)和 Internal Plane(内层)是两个不同的概念：中间层是用于布线的中间板层，该层均布的是导线；而内层主要用于做电源层或者地线层，由大块的铜膜所构成，其结构如图 6-2 所示。

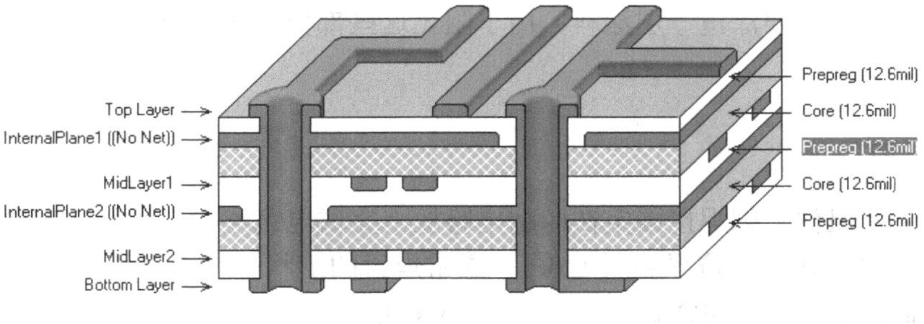

图 6-2　多层板剖面图

提示： 在图 6-2 中的多层板共有六层设计，最上面为 Top Layer(顶层)，最下面为 Bottom Layer(底层)，中间四层中有两层内层，即 InternalPlane1 和 InternalPlane2，用于电源层。两层中间层，分别为 MidLayerl 和 MidLayer2，用于布导线。

6.1.3　过孔

过孔就是用于连接不同板层之间的导线。过孔内侧一般都由焊锡连通，用于组件的管脚插入。过孔分为三种：从顶层直接通到底层的过孔称为 Thruhole Vias(穿透式过孔)；只从顶层通到某一层里层，并没有穿透所有层，或者从里层穿透出来的到底层的过孔称为 Blind Vias (盲过孔)；只在内部两个里层之间相互连接，没有穿透底层或顶层的过孔就称为 Buried Vias(隐藏式过孔)。

过孔的形状一般为圆形。过孔有两个尺寸，即 Hole Size(钻孔直径)和钻孔加上焊盘后的总的 Diameter(过孔直径)，如图 6-3 所示。

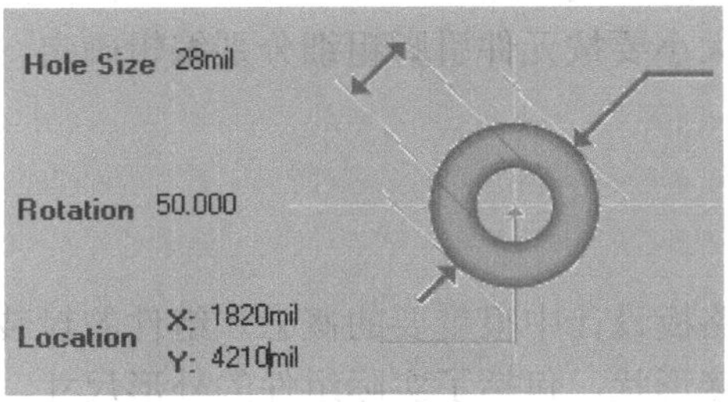

图 6-3　过孔的形状和尺寸

6.1.4　膜

膜(Mask)不仅是 PCB 制作工艺过程中必不可少的，更是元件焊装的必要条件。按“膜”所处的位置及其作用，“膜”可分为元件面(或焊接面)助焊膜(Top 或 Bottom)和元件面(或焊接面)阻焊膜(Top 或 Bottom Paste Mask)两类。顾名思义，助焊膜是涂于焊盘上，提高可焊性能的一层膜，也就是在绿色板子上比焊盘略大的各浅色圆斑。阻焊膜的情况正好相反，为了使制成的板子适应波峰焊等焊接形式，要求板子上非焊盘处的铜箔不能粘锡，因此在焊盘以外的各部位都要涂覆一层涂料，用于阻止这些部位上锡。可见，这两种膜是一种互补关系。

6.1.5 焊盘

焊盘用于将组件管脚焊接固定在印制电路板上完成电气连接。焊盘在印制电路板制作时都预先布上锡，并不被防焊层所覆盖。 通常焊盘的形状有以下三种，即圆形(Round)、矩形(Rectangle)和正八边形(Octagonal)，如图 6-4 所示。

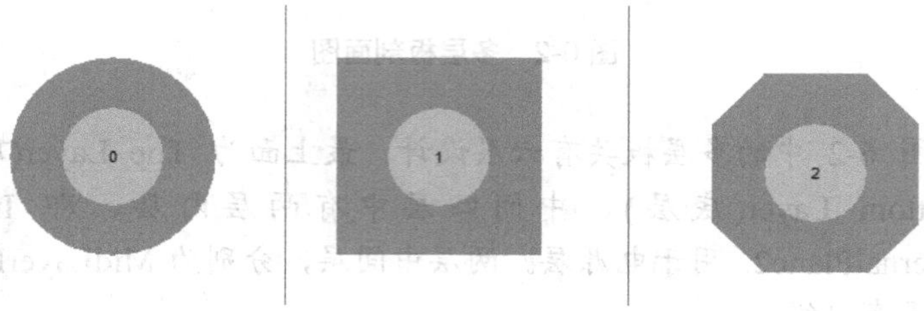

图 6-4 圆形、矩形和正八边形焊盘

焊盘是PCB设计中最常接触也是最重要的概念，但初学者却容易忽视它的选择和修正，在设计中千篇一律地使用圆形焊盘。选择元件的焊盘类型要综合考虑该元件的形状、大小、布置形式、振动和受热情况、受力方向等因素。Protel 在封装库中给出了一系列不同大小和形状的焊盘，如圆、方、八角、圆方和定位用焊盘等，但有时这还不够用，需要自己编辑。例如，对发热且受力较大、电流较大的焊盘，可自行设计成“泪滴状”，在大家熟悉的彩电 PCB 的行输出变压器引脚焊盘的设计中，不少厂家正是采用的这种形式。一般而言，自行编辑焊盘时除了以上所讲的以外，还要考虑以下原则。

(1) 形状上长短不一致时要考虑连线宽度与焊盘特定边长的大小差异不能过大。

(2) 需要在元件引角之间走线时选用长短不对称的焊盘往往事半功倍。

(3) 各元件焊盘孔的大小要按元件引脚粗细分别编辑确定，原则是孔的尺寸比引脚直径大 0.2～ 0.4 毫米。

6.1.6 组件的封装

组件的封装是印制电路板设计中很重要的概念。组件的封装就是实际组件焊接到印制电路板时的焊接位置与焊接形状，包括了实际组件的外形尺寸、所占空间位置、各管脚之间的间距等。

元件封装仅仅是一个空间上的概念，它的存在，只是为了在制作电路板时为了以后元件的安装留下一个确定的位置。不同的元件，只要它们有相同的外形，就能够公用一个元件封装，同样，同一种元件，也可能有不同的封装，因此，在制作电路板时必须知道组件的名称，同时也要知道该组件的封装形式。

1) 组件封装的分类

普通的组件封装有针脚式封装和表面黏着式封装两大类。针脚式封装的组件必须把相应的针脚插入焊盘过孔中，再进行焊接。因此所选用的焊盘必须为穿透式过孔，设计时焊盘板层的属性要设置成 Multi-Layer ，如图 6-5 和图 6-6 所示。

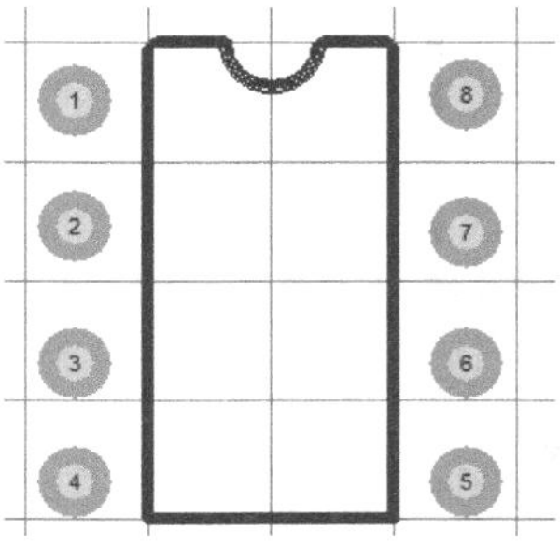

图 6-5　针脚式封装

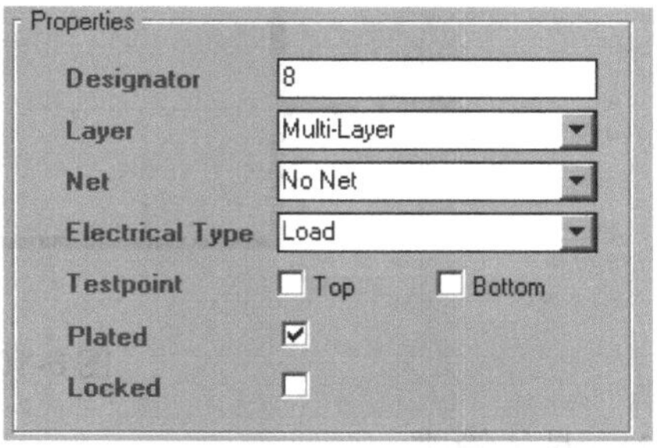

图 6-6　针脚式封装组件焊盘属性设置

SMT(表面黏着式封装)。这种组件的管脚焊点不只用于表面板层，也可用于表层或者底层，焊点没有穿孔。设计的焊盘属性必须为单一层面，如图 6-7 和图 6-8 所示。

图 6-7　表面黏着式组件的封装

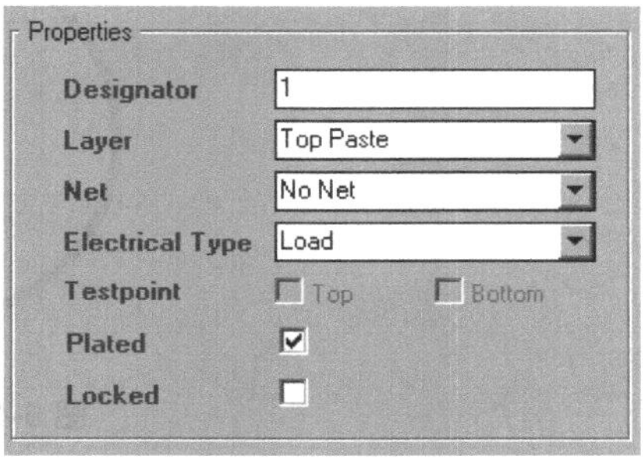

图 6-8　表面黏着式封装焊盘属性设置

2)　常见的几种组件的封装

常用的分立组件的封装有二极管类、晶体管类、可变电阻类等。常用的集成电路的封装有 DIP-XX 等。

Protel DXP 将常用的封装集成在 Miscellaneous Devices PCB.PcbLib 集成库中。

(1)　二极管类。

常用的二极管类组件的封装如图 6-9 所示。

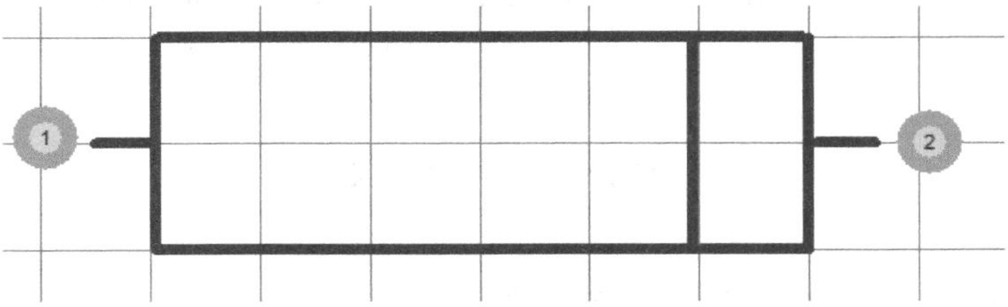

图 6-9　二极管类组件封装

(2)　电阻类。

电阻类组件常用封装为 AXIAL-XX，为轴对称式组件封装。如图 6-10 所示就是一类电阻封装形式。

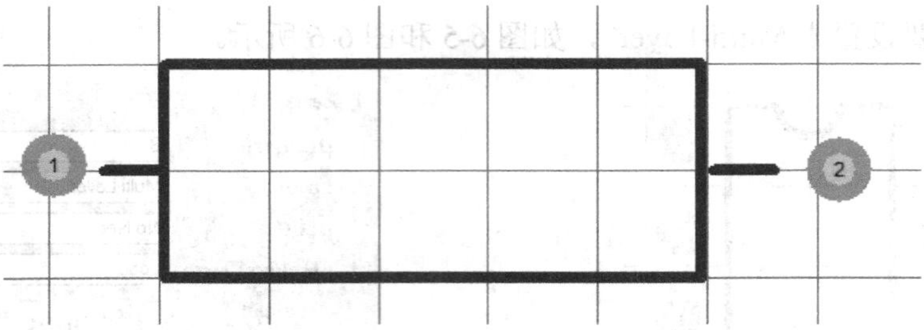

图 6-10　电阻类组件封装

(3)　晶体管类。

常见的晶体管的封装如图 6-11 所示，Miscellaneous Devices PCB.PcbLib 集成库中提供的有 BCY-W3 / H7 等。

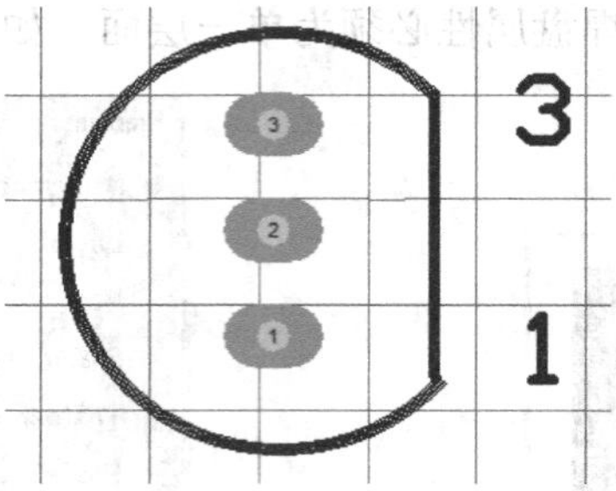

图 6-11　晶体管的封装

(4)　集成电路类。

集成电路常见的封装是双列直插式封装，如图 6-12 所示为 DIP-14 的封装类型。

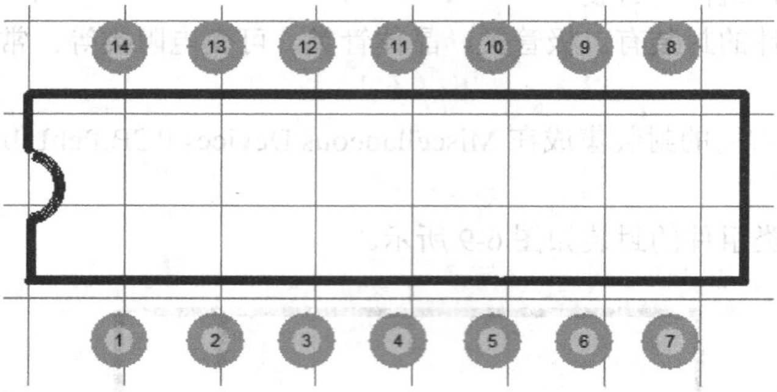

图 6-12　DIP-14 封装

(5)　电容类。

电容类分为极性电容和无极性电容两种不同的封装，如图 6-13 和图 6-14 所示。

提示： Miscellaneous Devices PCB. PcbLib 集成库中提供的极性电容封装有 RB76-15 等，提供的无极性电容的封装有 RAD-0.1 等。

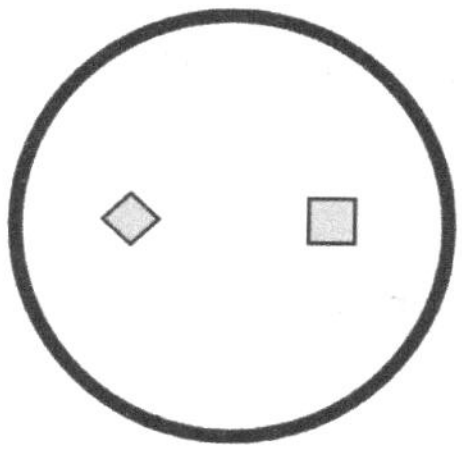

图 6-13　极性电容封装

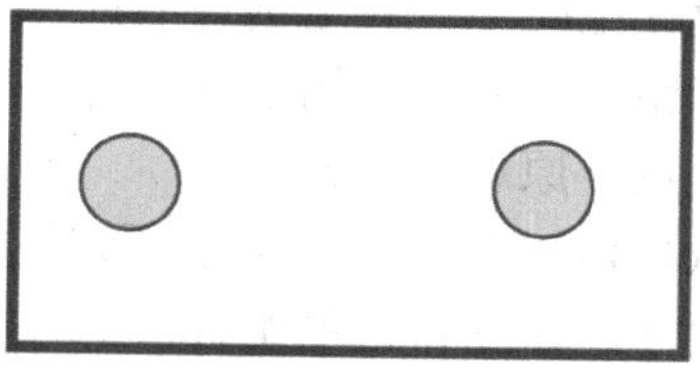

图 6-14　无极性电容封装

6.2　PCB 图的设计过程

利用 Protel DXP 来设计印制电路板，其一般的流程如图 6-15 所示。如果 PCB 图比较简单，也可以不采用这样的流程，而直接设计 PCB 图。但是，在实际设计中一般是不采用这样的方法。因为这样不利于设计的查错以及后期的文件管理和归档。

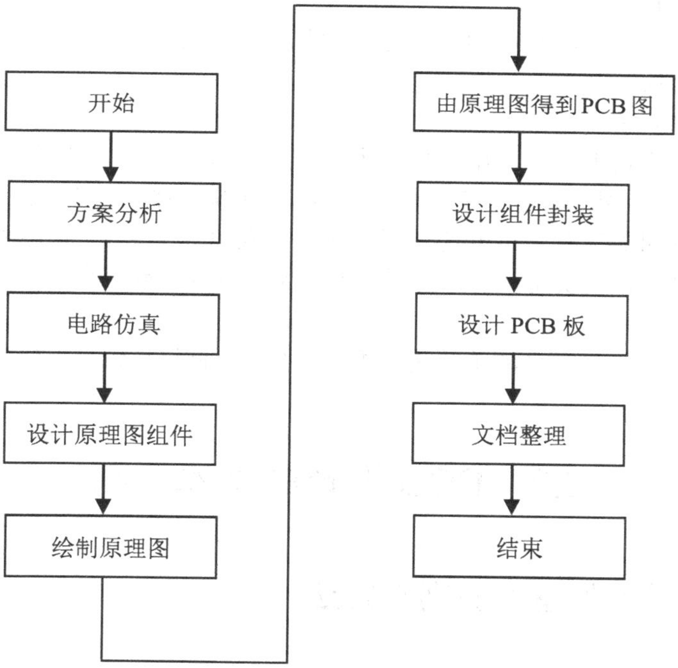

图 6-15　印制电路板设计流程

下面根据图 6-15 所示的流程，具体讲解 PCB 的设计步骤。

1)　开始

启动 Protel DXP 设计工作窗口，创建一个新的 PCB 项目工程文件夹。

2)　方案分析

决定电路原理图如何设计，同时也影响到 PCB 板如何规划。 根据设计要求进行方案的比较、选择及元件的选择等，是开发项目中最重要的环节。

3) 电路仿真

在设计电路原理图之前，有时候对某一部分电路设计并不十分确定，因此需要通过电路仿真来验证。还可以用于确定电路中某些重要器件参数。

4) 设计原理图组件

Protel DXP 提供了丰富的原理图组件库，但不可能包括所有组件，必要时需动手设计原理图组件，建立自己的组件库。

5) 绘制原理图

找到所有需要的原理组件后，开始原理图绘制。根据电路复杂程度决定是否需要使用层次原理图。完成原理图后，用 ERC(电气法则检查)工具查错。找到出错原因并修改原理图电路，重新查错到没有原则性错误为止。

6) 由原理图得到 PCB 图

这一步是设计 PCB 板中非常重要的一步。主要内容有确定电路板的结构框架，设置系统参数，如采用几层板、元件采用何种类型的封装，如何布局，如何设置元件布局参数、板层参数和布线参数等。

7) 设计组件封装

和原理图组件库一样，Protel DXP 也不可能提供所有组件的封装。需要时自行设计并建立新的组件封装库。

8) 设计 PCB 板

确认原理图没有错误之后，开始 PCB 板的绘制。首先绘出 PCB 板的轮廓，确定工艺要求(使用几层板等)。然后将原理图传输到 PCB 板中来，在网络表(简单介绍其功能)、设计规则和原理图的引导下布局和布线。(设计规则检查)工具查错。 电路设计时另一个关键环节，它将决定该产品的实用性能，需要考虑的因素很多，不同的电路有不同要求。

9) 文档整理

对原理图、PCB 图及器件清单等文件予以保存，以便以后维护、修改。

10) 结束

6.3 PCB 设计的基本原则

6.3.1 PCB 设计的基本原则与方法

1. 印制电路板的设计

从确定板的尺寸大小开始，印制电路板的尺寸因受机箱外壳大小限制，以能恰好安放入外壳内为宜，其次，应考虑印制电路板与外接元件(主要是电位器、插口或其他印制电路板)的连接方式。印制电路板与外接元件一般是通过塑料导线或金属隔离线进行连接。但有时也设计成插座形式。即在设备内安装一个插入式印制电路板要留出充当插口的接触位置。对于安装在印制电路板上的较大的元件，要加金属附件固定，以提高耐振、耐冲击性能。

2. 布线图设计的基本方法

首先需要对所选用元器件及各种插座的规格、尺寸、面积等有完全的了解；对各部件的位置安排做合理的、仔细的考虑，主要是从电磁场兼容性、抗干扰的角度，走线短，交叉少，电源，地的路径及去耦等方面考虑。各部件位置定出后，就是各部件的连线，按照电路图连接有关引脚，完成的方法有多种，印制线路图的设计有计算机辅助设计与手工设计两种方法。最原始的是手工排列布图。这比较烦琐，往往要反复几次，才能最后完成，这在没有其他绘图设备时也可以，这种手工排列布图方法对刚学习印制电路板设计者来说也是很有帮助的。计算机辅助制图，现在有多种绘图软件，功能各异，但总的来说，绘制、修改较方便，并且可以存盘储存和打印。

接着，确定印制电路板所需的尺寸，并按原理图，将各个元件位置初步确定下来 ，然后经过不断调整使布局更加合理，印制电路板中各元件之间的接线安排方式如下。

(1) 印制电路中不允许有交叉电路，对于可能交叉的线条，可以用“钻”、“绕”两种办法解决。即，让某引线从别的电阻、电容、三极管脚下的空隙处“钻”过去，或从可能交叉的某条引线的一端“绕”过去，在特殊情况下如何电路很复杂，为简化设计也允许用导线跨接，解决交叉电路问题。

(2) 电阻、二极管、管状电容器等元件有“立式”、“卧式”两种安装方式。立式指的是元件体垂直于电路板安装、焊接，其优点是节省空间；卧式指的是元件体平行并紧贴于电路板安装，焊接，其优点是元件安装的机械强度较好。这两种不同的安装元件，印制电路板上的元件孔距是不一样的。

(3) 同一级电路的接地点应尽量靠近，并且本级电路的电源滤波电容也应接在该级接地点上。特别是本级晶体管基极、发射极的接地点不能离得太远，否则因两个接地点间的铜箔太长会引起干扰与自激，采用这种“一点接地法”的电路，工作较稳定，不易自激。

(4) 总地线必须严格按高频—中频—低频一级级地按弱电到强电的顺序排列原则，切不可随便翻来覆去乱接，级与级间宁可接线长点，也要遵守这一规定。特别是变频头、再生头、调频头的接地线安排要求更为严格，如有不当就会产生自激以致无法工作。调频头等高频电路常采用大面积包围式地线，以保证有良好的屏蔽效果。

(5) 强电流引线(公共地线、功放电源引线等)应尽可能宽些，以降低布线电阻及其电压降，可减小寄生耦合而产生的自激。

(6) 阻抗高的走线尽量短，阻抗低的走线可长一些，因为阻抗高的走线容易发射和吸收信号，引起电路不稳定。电源线、地线、无反馈元件的基极走线、发射极引线等均属低阻抗走线，射极跟随器的基极走线、收录机两个声道的地线必须分开，各自成一路，一直到功效末端再合起来，如两路地线连来连去，极易产生串音，使分离度下降。

6.3.2 PCB设计中的注意事项

PCB设计中的注意事项如下。

(1) 布线方向：从焊接面看，元件的排列方位尽可能保持与原理图相一致，布线方向最好与电路图走线方向相一致，因生产过程中通常需要在焊接面进行各种参数的检测，故这样做便于生产中的检查、调试及检修(注：指在满足电路性能及整机安装与面板布局要求的前提下)。

(2) 各元件排列，分布要合理和均匀，力求整齐、美观，满足结构严谨的工艺要求。

(3) 电阻、二极管的放置方式：分为平放与竖放两种。电阻平放：当电路元件数量不多，而且电路板尺寸较大的情况下，一般是采用平放较好，对于1/4W以下的电阻平放时，两个焊盘间的距离一般取4/10in；1/2W的电阻平放时，两焊盘的间距一般取5/10in。二极管平放时，1N400X系列整流管，一般取3/10in；1N540X系列整流管,一般取4/10～5/10in；竖放：当电路元件数较多，而且电路板尺寸不大的情况下，一般是采用竖放，竖放时两个焊盘的间距一般取1/10～2/10in。

(4) 电位器、IC座的放置原则：电位器：在稳压器中用来调节输出电压，故设计电位器应满足顺时针调节时输出电压升高、逆时针调节时输出电压降低的要求；在可调恒流充电器中电位器用来调节充电电流的大小，设计电位器时应满足顺时针调节时电流增大的要求。电位器安放位置应当满足整机结构安装及面板布局的要求，因此应尽可能放置在板的边缘，旋转柄朝外；IC座：设计印制电路板时，在使用IC座的场合下，一定要特别注意IC座上定位槽放置的方位是否正确，并注意各个IC脚位是否正确，例如第一脚只能位于IC座的右下角线或者左上角，而且紧靠定位槽(从焊接面看)。

(5) 进出接线端布置，相关联的两引线端不要距离太大，一般为2/10～3/10in左右较合适。进出线端尽可能集中在1～2个侧面，不要太过离散。

(6) 设计布线图时要注意管脚排列顺序，元件脚间距要合理。

(7) 在保证电路性能要求的前提下，设计时应力求走线合理，少用外接跨线，并按一定顺序走线，力求直观，便于安装、调试和检修。

(8) 设计布线图时走线尽量少拐弯，力求线条简单明了。

(9) 布线条宽窄和线条间距要适中，电容器两焊盘间距应尽可能与电容引线脚的间距相符。

(10) 设计应按一定顺序方向进行，例如可以按照由左往右和由上而下的顺序进行。

6.4 PCB编辑器

在进行PCB设计之前，要先启动PCB编辑器，下面介绍Protel DXP的PCB编辑器的相关操作。

6.4.1 PCB编辑器启动方式

PCB编辑器的启动方式和前面所讲的原理图编辑器的启动方式类似。具体步骤如下。

(1) 进入Protel DXP，创建一个PCB文件，方法有三种。

- 选择File | New | PCB命令新建一个PCB设计文件，或者是选择File | Open命令打开一个已经存在的PCB文件。
- 在Files面板的New一栏中选择PCB File选项。
- 在Projects面板中右击，在弹出的快捷菜单中选择New | PCB命令。

(2) 对新建的PCB文件命名。可以选择File | Save命令，或是使用File | Save As命令。

(3) 在Projects面板中双击该文件，系统即可进入PCB编辑器，如图6-16所示。

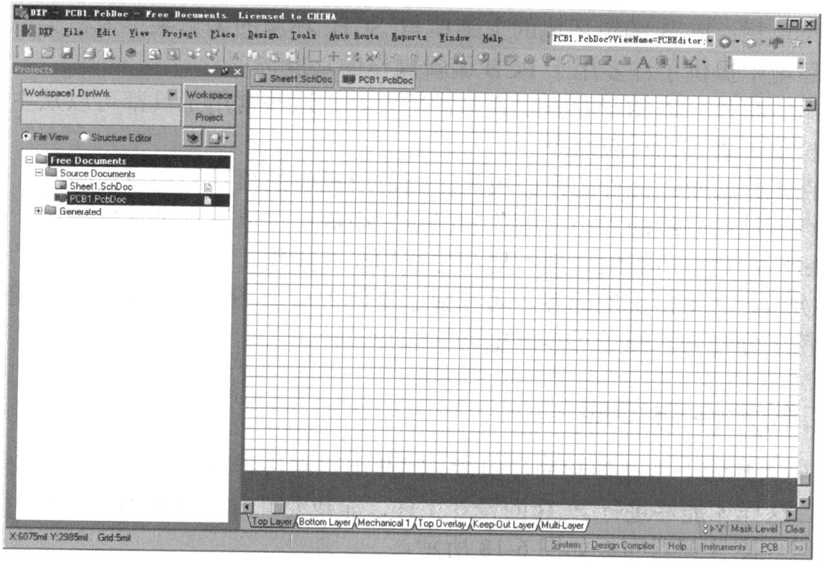

图 6-16 PCB 编辑器

6.4.2 PCB 编辑环境

在使用 PCB 设计向导进行 PCB 档的创建之后，即启动了 PCB 板编辑器，如图 6-17 所示。PCB 编辑环境接口与 Windows 资源管理器的风格类似，主要由以下几个部分构成。

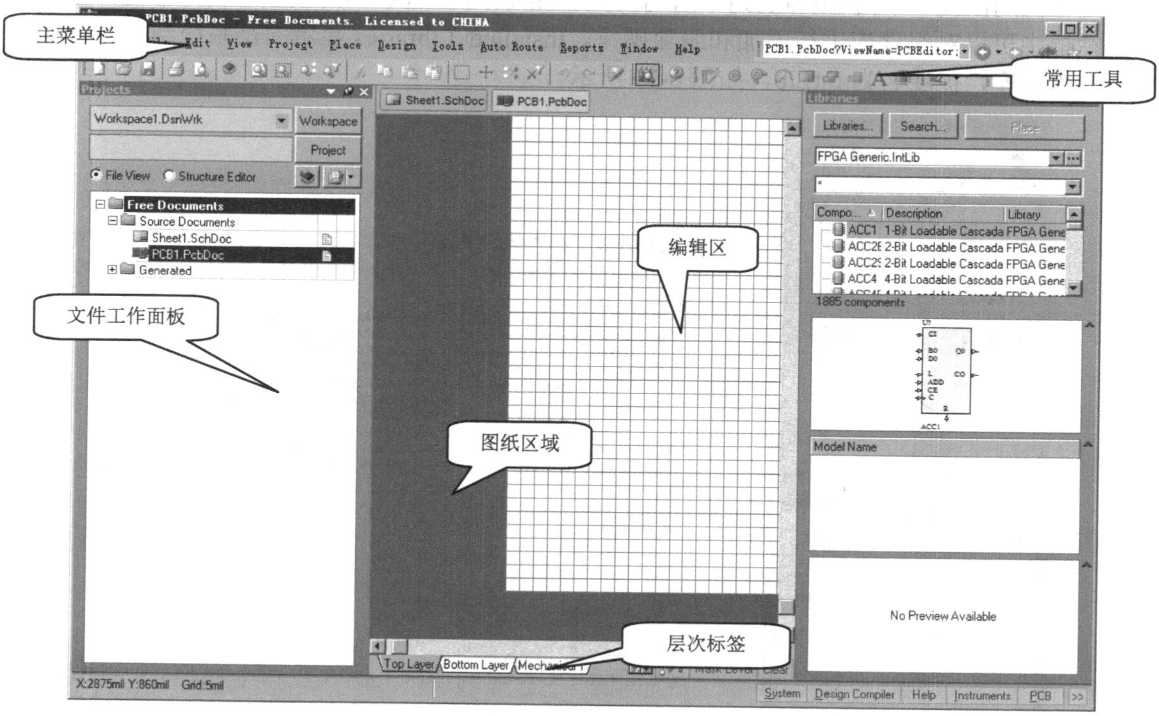

图 6-17 PCB 编辑环境

- 主菜单栏：PCB 编辑环境的主菜单与 SCH 环境的编辑菜单风格类似，不同的是该环境中提供了许多用于 PCB 编辑操作的功能选项。
- 常用工具栏：以图示的方式列出常用工具。这些常用工具都可以从主菜单栏中的下拉菜单里找到相应命令。
- 文件工作面板：文件工作面板显示当前所操作的项目档和设计文档。
- 图纸区域：图纸的大小、颜色和格点大小等都可以进行个性化设定。
- 编辑区：用于所有组件的布局和导线的布线操作。
- 层次标签：单击层次标签，可以显示不同的层次图纸，每层组件和走线都用不同颜色区分开来，便于对多层电路板进行设计。

6.4.3 加载元件封装库

PCB 设计图基本上由元件和导线组成，因此用户在进行 PCB 设计之前，必须首先加载元件封装库，这样才能够进行 PCB 的设计工作。加载元件封装库通常在元件封装库控制面板中进行。组件库管理器面板如图 6-18 所示。

组件库管理器提供了 Components(组件)、Footprints(封装)和 3D Models(模式)三种查看方式，单击其中某一复选框，即可进入相应的查看方式。

其中 Miscellaneous Devices.IntLib 一栏下拉菜单显示了当前已经加载的组件集成库。在组件搜索区域可以输入组件的关键信息，对所选中的组件集成库进行查找。如果输入"* "号则表示显示当前组件库下所有的组件，并可将所有当前库提供的组件都在组件列表框中显示出来，包括组件的 Footprint Name(封装信息)。

在控制面板中单击 Libraries 按钮，打开 Available Libraries (添加元件库)对话框，在该对话框中可以对组件库进行添加和删除操作。Installed Libraries 显示的是系统当前已经加载的组件库，扩展名为.IntLib，如图 6-19 所示。

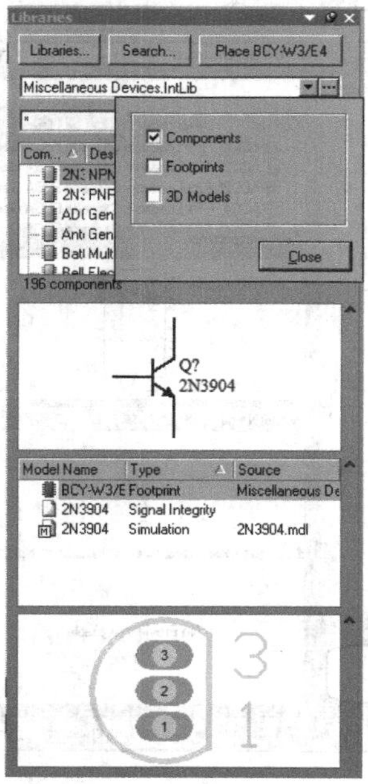

图 6-18　元件封装库控制面板

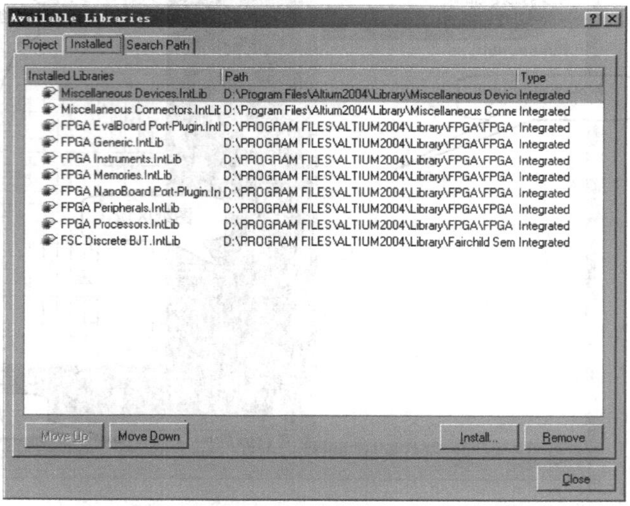

图 6-19　添加元件库对话框

选中一个组件库，可以单击 Move Down 或 Move Up 按钮对它们进行排序。单击 Remove 按钮，可以将该集成库移出当前的项目。

在 Installed 选项卡中单击 Install 按钮，将弹出如图 6-20 所示的“打开”对话框，用户可以添加组件库。该对话框列出了 Protel DXP 安装目录下的 Library 中的所有组件库。Protel DXP 的组件库以公司名分类，因此对一个特定组件进行封装时，要知道它的提供商。

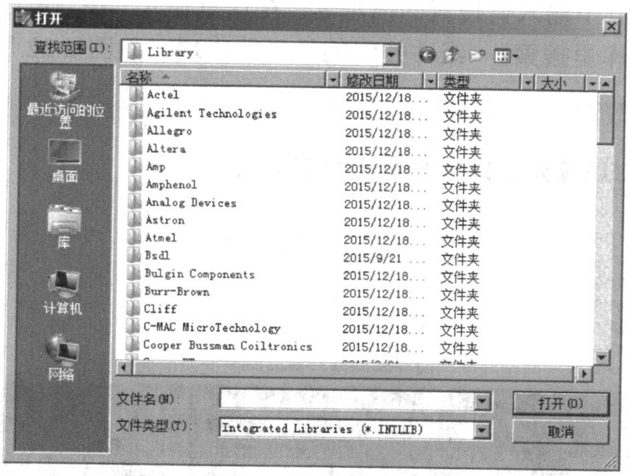

图 6-20 “打开”对话框

对于常用的组件库，如电阻、电容等元件，Protel DXP 提供了常用杂件库：Miscellaneous Devices.IntLib。对于常用的接插件和连接器件，Protel DXP 提供了常用接插件库：Miscellaneous Connectors.IntLib。

如果不知道某一组件的提供商时，可以回到组件库管理器，使用组件库的查找功能进行搜索，取得组件的封装形式。在组件库管理器面板中，单击 Search 按钮，将弹出如图 6-21 所示的 Libraries Search(组件搜索)对话框。

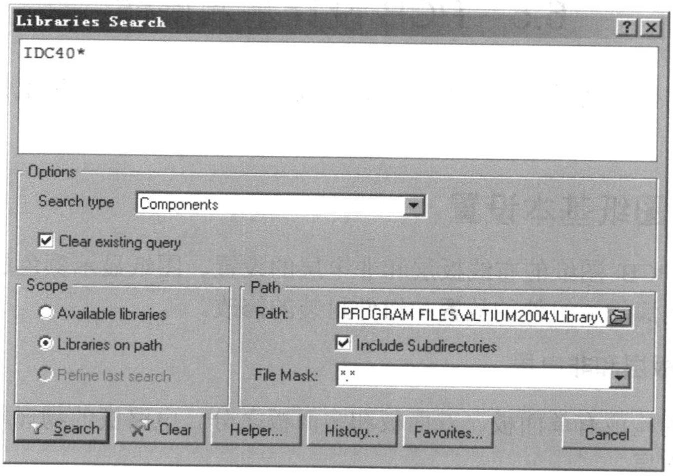

图 6-21 Libraries Search(组件搜索)对话框

在 Scope 选项组中，选中 Available libraries 单选按钮，即对已经添加到设计项目的库进行组件的搜索。选中 Libraries on path 单选按钮，可以指定对一个特定的目录下的所有组件库进行搜索。

Path 选项组中的 Include Subdirectories 复选框，选中该复选框则对所选目录下的子目录进行搜索。

例如，在不知道 DIP - 16 形式封装的组件位于哪个库中的情况下，可以在 Search Criteria 选项组的 Name 文本框中输入要搜索的信息名。在这里输入 DIP -16 ，然后单击 Search 按钮，系统将在指定的库里搜索。 组件搜索的结果即出现，如图 6-22 所示。

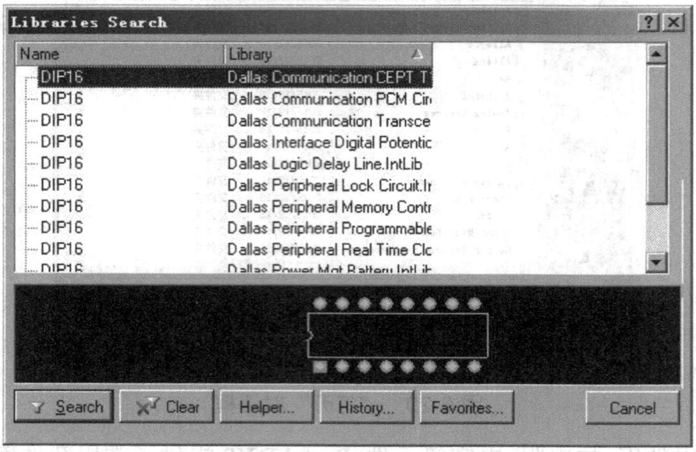

图 6-22　Libraries Search(组件搜索)结果对话框

在组件搜索结果对话框中，显示出搜索的组件名、组件所在库的名称，并且显示该组件的封装图标。单击 Select 按钮，可以选中该组件，直接在 PCB 设计图纸上进行组件放置。

6.5　PCB 设计基本操作

在完成上面的操作之后，即可开始 PCB 的操作，基本操作包括图纸设置、元件的放置等操作。

6.5.1　PCB 图纸基本设置

本小节介绍 PCB 图纸的布线板层和非电层的设置、图纸显示颜色的设置和网格等设置，以及组件库的添加、组件的放置和组件封装的修改。

1. 定义布线板层和非电层

印制电路板的构成有单面板、双面板和多面板之分。电路板的物理构造有两种类型，即布线板层和非电层。

(1)　布线板层：即电气层。Protel DXP 可以提供 32 个信号层(包括顶层和底层，最多可设计 30 个中间层)和 16 个内层。

(2)　非电层：分成两类，一类是机械层，另一类为特殊材料层。Protel DXP 可提供 16

个机械层，用于信号层之间的绝缘等。特殊材料层包括顶层和底层的防焊层、丝印层、禁止布线层等。

2. 设置布线板层

Protel DXP 提供了一个板层管理器对各种板层进行设置和管理，启动板层管理器的方法有两种。

(1) 选择 Design | Layer Stack Manager 命令。

(2) 在右侧 PCB 图纸编辑区内，右击，在弹出的快捷菜单中选择 Options | Layer Stack Manager 命令。

以上两种方法，均可启动板层管理器，启动后的界面如图 6-23 所示。

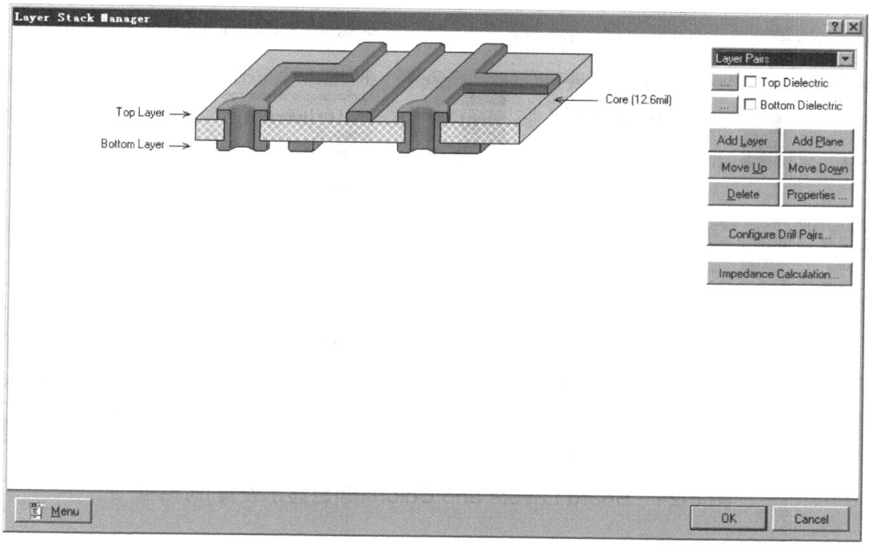

图 6-23 板层管理器

板层管理器默认为双面板设计，给出了两层布线层，即顶层和底层。板层管理器的设置及功能如下。

- Add Layer 按钮：用于向当前设计的 PCB 板中增加一层中间层。
- Add Plane 按钮：用于向当前设计的 PCB 板中增加一层内层。新增加的层面将放置在当前层面的下面。
- Move Up 和 Move Down 按钮：将当前指定的层进行上移和下移操作。
- Delete 按钮：可以删除所选定的当前层。
- Properties 按钮：将显示当前选中层的属性。
- Configure Drill Pairs 按钮：用于设计多层板中，添加钻孔的层面对，主要用于盲过孔的设计中。

单击 OK 按钮关闭板层管理器。

3. 图纸颜色设置

颜色显示设置对话框用于图纸的颜色设置，打开颜色显示设置对话框的方式如下。

(1) 选择 Design | Board Layers & Colors 命令，即可打开颜色显示设置对话框。

(2) 在右边 PCB 图纸编辑区内，右击，在弹出的快捷菜单中选择 Options | Board Layers & Colors 命令，即可打开 Board Layers and Colors(颜色显示设置)对话框，如图 6-24 所示。

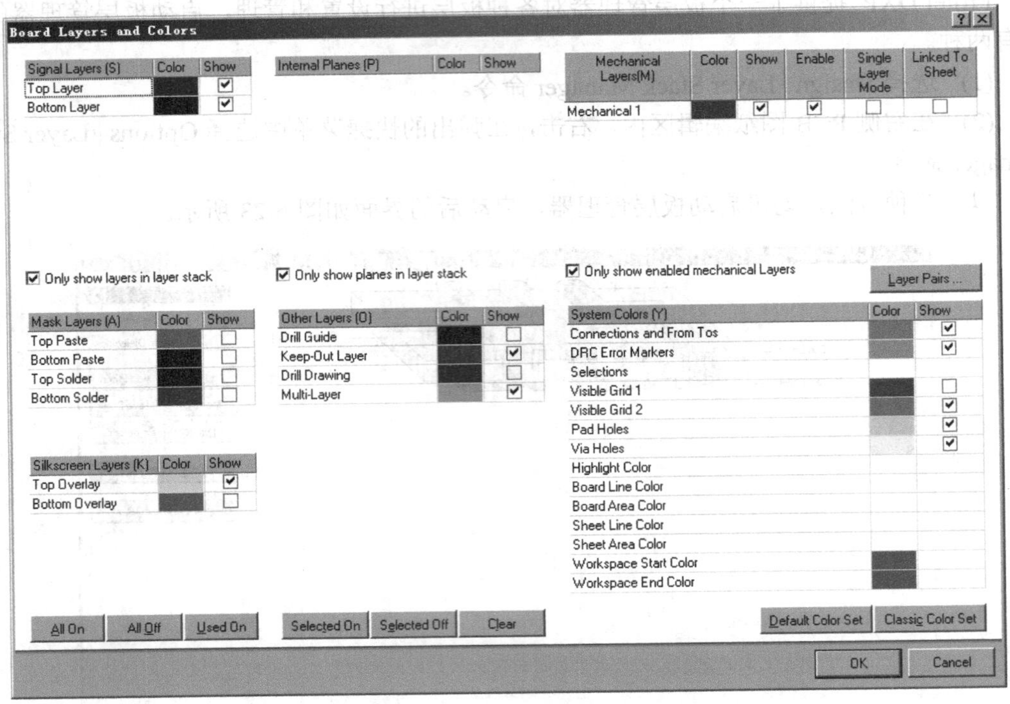

图 6-24 Board Layers and Colors(颜色显示设置)对话框

提示： Board Layers and Colors(颜色显示设置)对话框中共有七个选项组，分别对 Signal Layers(信号层)、Internal Planes (内层) 、Mechanical Layers(机械层)、Mask Layers(阻焊层)、Silkscreen Layers (丝印层)、Other Layers(其他层)和 System Colors(系统颜色)用于颜色设置。每项设置中都有 Show 复选框，决定是否显示。单击对应颜色图示，将弹出 Choose Color(颜色选择)对话框，可在其中进行颜色设置。

4. 使用环境设置和格点设置

PCB 板的使用环境设置和格点设置可以在设置对话框中进行，打开该对话框的方法有如下两种。

(1) 在主菜单栏中，选择 Design | Board Options 命令，如图 6-25 所示，打开 Board Options(格点设置)对话框，如图 6-27 所示。

(2) 在右边 PCB 图纸编辑区内右击，在弹出的快捷菜单中选择 Options | Grids 命令，如图 6-26 所示，打开 Board Options(格点设置)对话框，如图 6-27 所示。

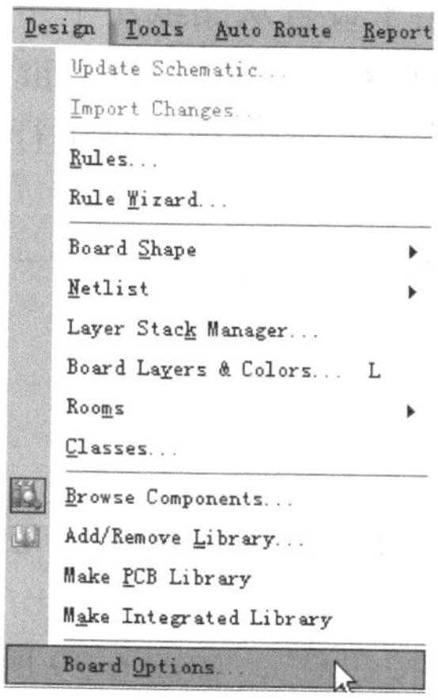

图 6-25　Board Options 命令

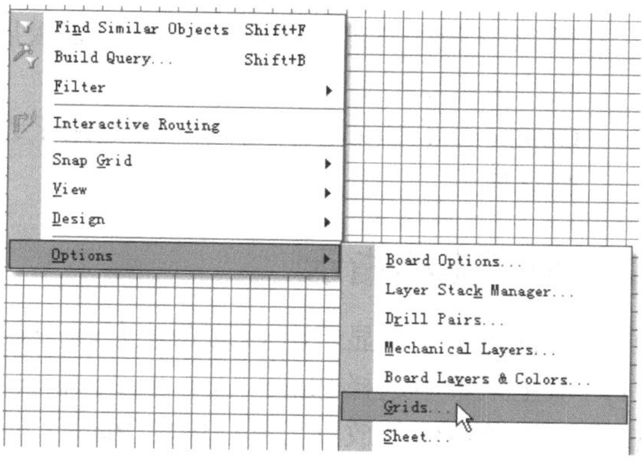

图 6-26　Grids 命令

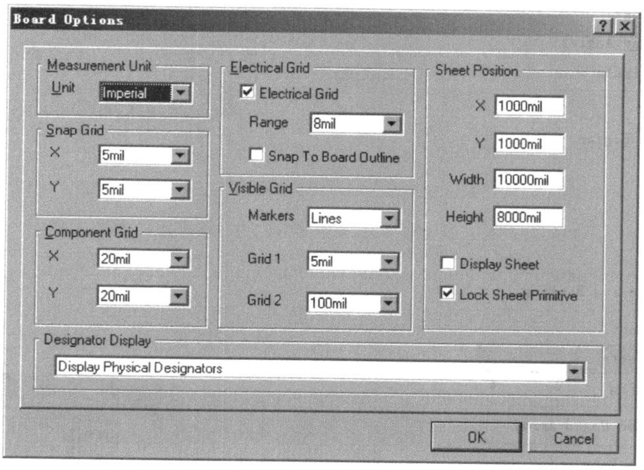

图 6-27　Board Options(格点设置)对话框

Board Options(格点设置)对话框中共有六个选项组，分别用于电路板的设计，其主要选项及功能如下。

- Measurement Unit(量度单位)：用于更改使用 PCB 向导模板建立 PCB 板时，设置的量度单位。单击下拉菜单，可选择英制量度单位(Imperial)或公制单位(Metric)。
- Snap Grid (可捕获格点) ：用于设置图纸捕获格点的距离即工作区的分辨率，也就是鼠标移动时的最小距离。此项根据需要进行设置，对于设计距离要求精确的电路板，可以将该值取得较小，系统最小值为 1mil。可分别对 X 方向和 Y 方向进行格点设置。
- Electrical Grid(电气格点)：用于系统在给定的范围内进行电气点的搜索和定位，系统默认值为 8mil。
- Visible Grid(可视格点)：选项组中的 Markers 下拉列表框用于选择所显示格点的类型，其中一种是 Lines(线状)，另一种是 Dots(点状)。Grid 1 和 Grid 2 下拉列表框分别用于设置可见格点 1 和可见格点 2 的值，也可以采用系统默认的值。

- Sheet Position(图纸位置)：选项组中的X和Y文本框用于设置从图纸左下角到PCB板左下角的X坐标和Y坐标的值；Width用于设置PCB板的宽度；Height用于设置PCB板的高度。用户创建好PCB板后，如果不需要对PCB板大小进行调整，这些值可以不必更改。
- Component Grid(组件格点)：分别用于设置X和Y方向的组件格点值，一般选择默认值。

6.5.2 放置坐标指示

放置坐标指示可以显示出PCB板上任何一点的坐标位置。启用放置坐标的方法如下。

(1) 从主菜单中选择 Place | Coordinate 命令，如图6-28所示。

(2) 可以单击组件放置工具栏中的(Place Coordinate)图标按钮，如图6-29所示。

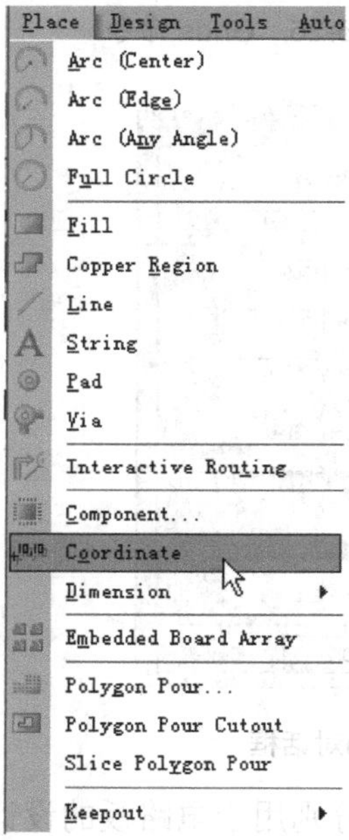

图6-28 Coordinate菜单命令

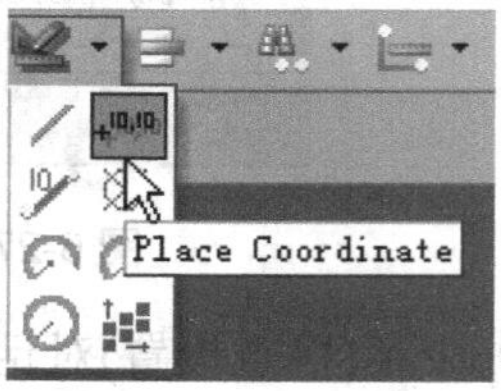

图6-29 Place Coordinate图标按钮

(3) 进入放置坐标的状态后，鼠标将变成十字形状，将鼠标移动到合适的位置，单击鼠标确定放置，如图6-30所示。

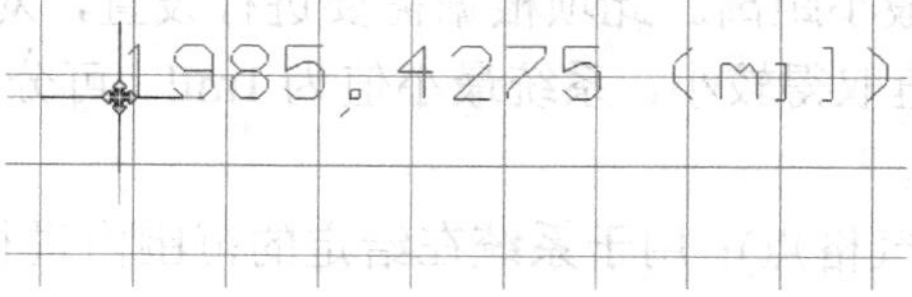

图6-30 坐标指示放置

坐标指示属性设置可以通过以下两种方法实现。

(1) 在用鼠标放置坐标(如图6-31所示)时按Tab键，将弹出Coordinate(坐标指示属性)

设置对话框，如图 6-32 所示。

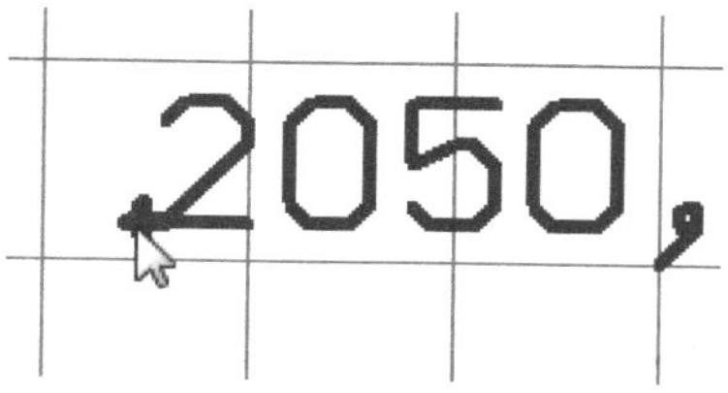

图 6-31 放置坐标位置图

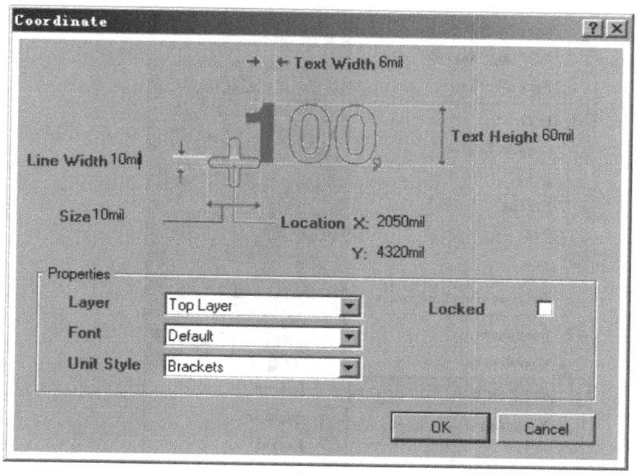

图 6-32 Coordinate(坐标指示属性)设置对话框

(2) 对已经在 PCB 板上放置好的坐标指示，直接双击该坐标指示也将弹出 Coordinate 属性设置对话框。

坐标指示属性设置对话框中有如下 10 个选项。

- Line Width 文本框：用于设置坐标线的线宽。
- Text Width 文本框：用于设置坐标的文字宽度。
- Text Height 文本框：用于设置坐标标注所占高度。
- Size 文本框：用于设置坐标的十字宽度。
- Location X 和 Y 文本框：用于设置坐标的位置 X 和 Y。
- Layer 下拉列表框：用于设置坐标所在的布线层。
- Font 下拉列表框：用于设置坐标文字所使用的字体。
- Unit Style 下拉列表框：用于设置坐标指示的放置方式。有三种放置方式，分别为 None (无单位)、Normal(常用方式)和 Brackets(使用括号方式)。
- Locked 复选框：用于设置是否将坐标指示文字在 PCB 上锁定。

6.5.3 距离标注

在电路板设计中，有时对组件或者电路板的物理距离要进行标注，以便以后的检查使用。

1. 放置距离标注的方法

(1) 先将 PCB 电路板切换到 Keep-out Layer 层，然后从主菜单选择 Place | Dimension | Dimension 命令，如图 6-33 所示。

(2) 也可以用组件放置工具栏中的 Place Standard Dimension 按钮，如图 6-34 所示。

(3) 进入放置距离标注的状态后，鼠标变成如图 6-35 所示的十字形状。将鼠标移动到合适的位置，单击鼠标确定放置距离标注的起点位置。

(4) 移动鼠标到合适位置再单击，确定放置距离标注的终点位置，完成距离标注的放置，如图 6-36 所示。系统自动显示当前两点间的距离。

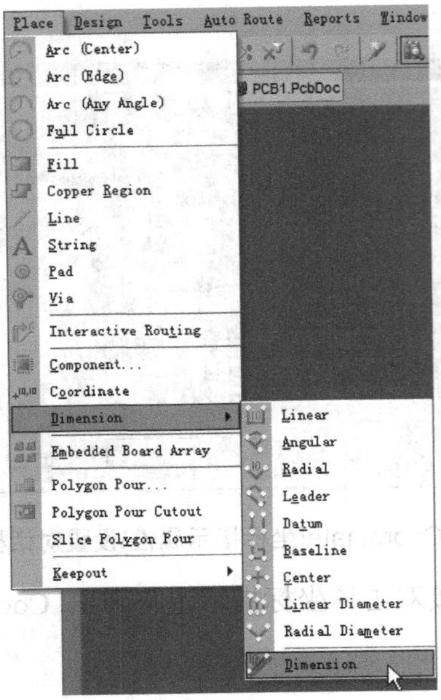

图 6-33　Dimension 命令

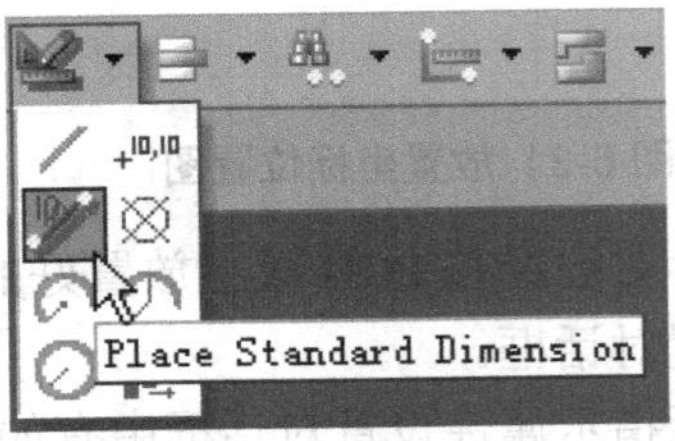

图 6-34　Place Standard Dimension 按钮

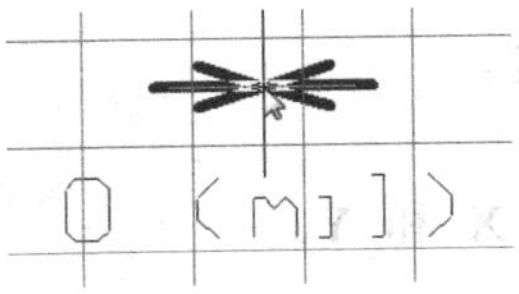

图 6-35　放置距离标注起点

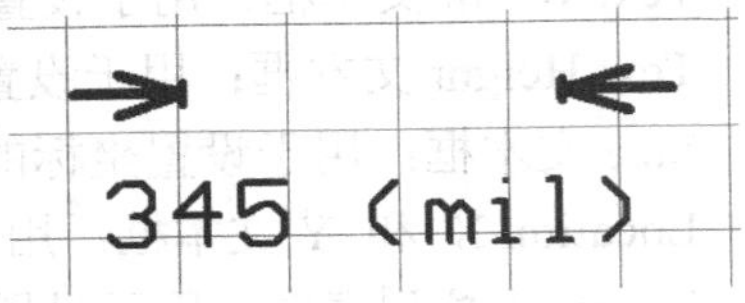

图 6-36　放置距离标注终点

2. 属性设置

属性的设置有两种方法。

(1) 在用鼠标放置距离标注(如图 6-37 所示)时按 Tab 键，将弹出 Dimension(距离标注属性)设置对话框，如图 6-38 所示。

(2) 对已经在 PCB 板上放置好的距离标注，直接双击也可以弹出距离标注属性设置对话框。

Dimension(距离标注属性)设置对话框中有如下 10 个选项。

- Start X 和 Y 文本框：用于设置距离标注的起始坐标 X 和 Y。
- Line Width 文本框：用于设置距离标注的线宽。
- Text Width 文本框：用于设置距离标注的文字宽度。
- Height 文本框：用于设置距离标注所占高度。
- End X 和 Y 文本框：用于设置距离标注的终止坐标 X 和 Y。
- Text Height 文本框：用于设置距离标注文字的高度。
- Layer 下拉列表框：用于设置距离标注所在的布线层。
- Font 下拉列表框：用于设置距离标注文字所使用的字体。
- Locked 复选框：用于设置该距离注释是否要在 PCB 板上固定位置。

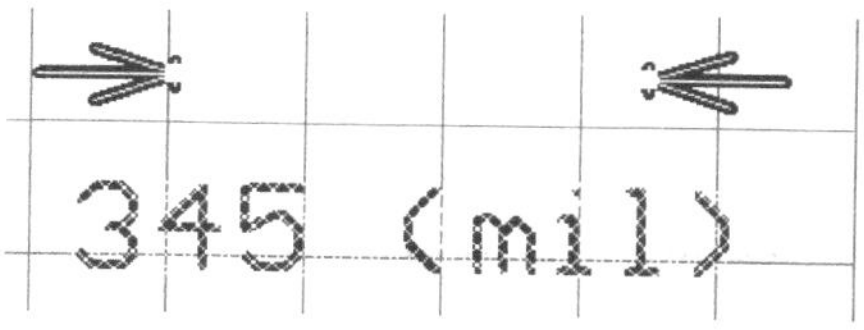

图 6-37　鼠标放置距离标注

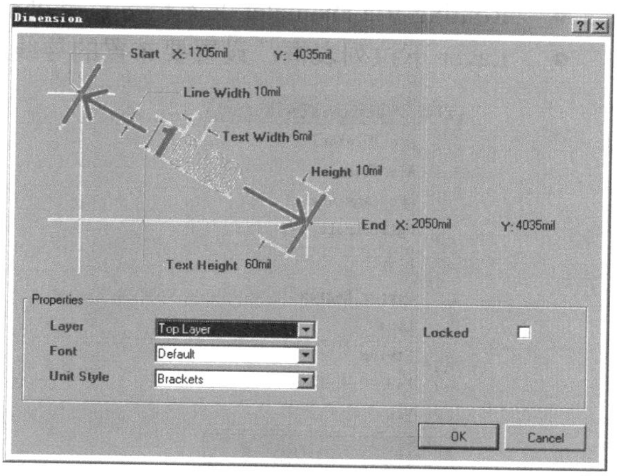

图 6-38　Dimension(距离标注属性)设置对话框

- Unit Style 下拉列表框：用于设置距离单位的放置。有三种放置方式，分别为 None(无单位)、Normal(常用方式)和 Brackets(使用括号方式)。效果分别如图 6-39～图 6-41 所示。

图 6-39　None 风格

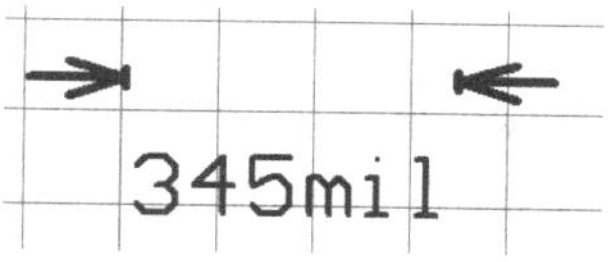

图 6-40　Normal 风格

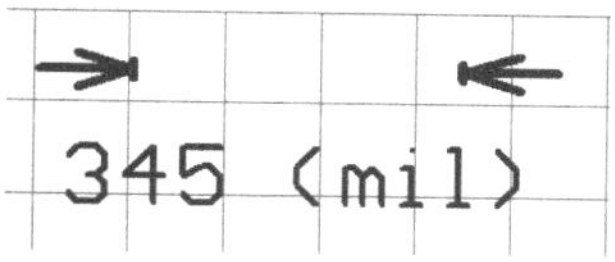

图 6-41　Brackets 风格

6.5.4　放置导线

(1) 当需要手工交互布线的时候，可以选择 Place | Interactive Routing 命令，如图 6-42 所示。

(2) 鼠标指针变成十字形，将鼠标指针移动到需要的位置单击，确定网络连接导线的起点，然后将鼠标指针移动到导线的下一个位置，再单击，即可绘制出一条导线，如图 6-43 所示。

(3) 完成一次布线之后右击，完成当前网络的布线，鼠标指针呈十字状，此时可以按上面的方法布置另一条线，双击鼠标右键或是按下 Esc 键，可以退出布线状态。

1. 交互布线的参数设置

在放置导线的状态下，按下 Tab 键，即可打开 Interactive Routing(交互布线设置)对话框，如图 6-44 所示。

Interactive Routing(交互布线设置)对话框可以设置布线的相关参数，具体设置的参数如下。

- Routing Via Hole Size 文本框：设置过孔的孔直径。
- Trace Width 文本框：设置布线时导线的宽度。
- Apply to all layers 复选框：该复选框选中后，所有层均使用这种布线参数。

- Routing Via Diameter 文本框：设置过孔的外径。
- Layer 下拉列表框：设置要布置的导线所在的层。

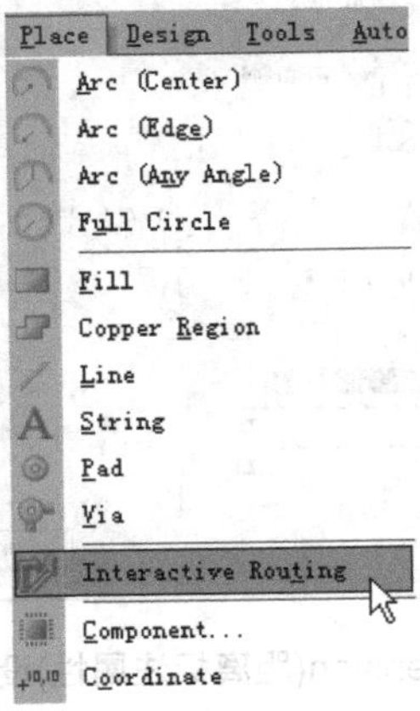

图 6-42　Interactive Routing 命令

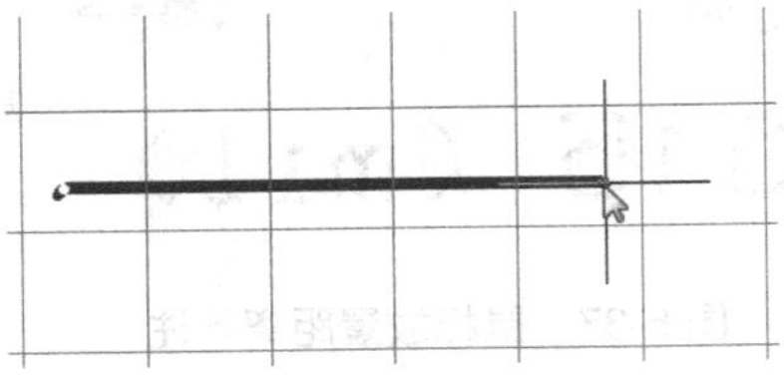

图 6-43　绘制导线

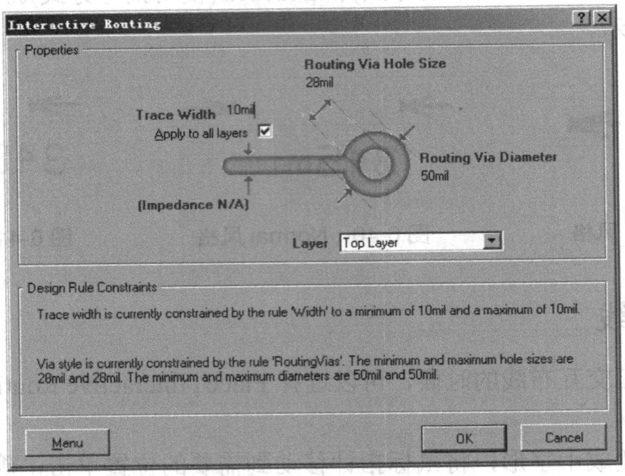

图 6-44　Interactive Routing(交互布线设置)对话框

2. 设置导线属性

绘制了导线之后，可以对导线进行编辑处理，方法如下。

(1) 选中导线后，右击，在弹出的快捷菜单中选择 Properties 命令，如图 6-45 所示，系统弹出如图 6-46 所示的 Track(导线)属性设置对话框。

(2) 鼠标双击导线，也可以打开如图 6-46 所示的 Track(导线)属性设置对话框。

Track(导线)属性设置对话框中各选项的含义如下。

- Width 文本框：设置导线宽度。
- Layer 下拉列表框：设置导线所在的层。
- Net 下拉列表框：设置导线所在的网络。
- Start X 文本框：导线起点 X 坐标。

- Start Y 文本框：导线起点 Y 坐标。
- End X 文本框：导线终点 X 坐标。
- End Y 文本框：导线终点 Y 坐标。
- Locked 复选框：设定导线位置是否锁定。
- Keepout 复选框：选中该复选框后，无论其他属性如何设置，此导线都在电气层。

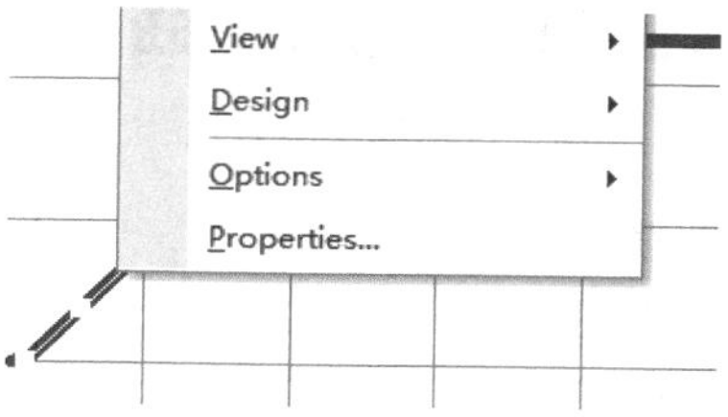

图 6-45 Properties 命令

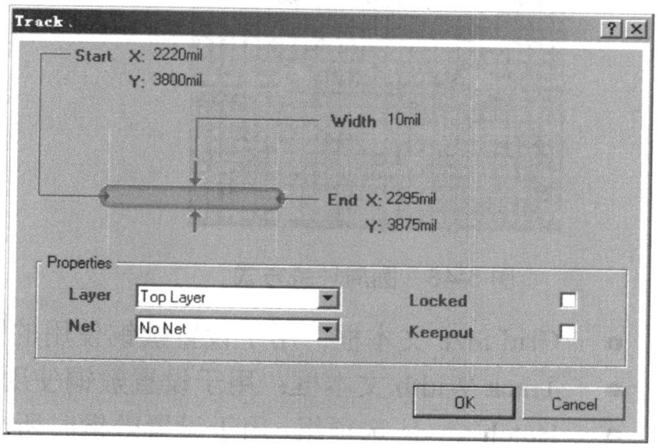

图 6-46 Track(导线)属性设置

6.5.5 敷铜

通常的 PCB 电路板设计中，为了提高电路板的抗干扰能力，将电路板上没有布线的空白区间铺满铜膜。一般将所铺的铜膜接地，以便于电路板能更好地抵抗外部信号的干扰。

1. 敷铜的方法

从主菜单中选择 Place | Polygon Pour 命令，也可以单击组件放置工具栏中的 Place Polygon Pour 按钮。进入敷铜的状态后，系统将会弹出 Polygon Pour(敷铜属性)设置对话框，如图 6-47 所示。

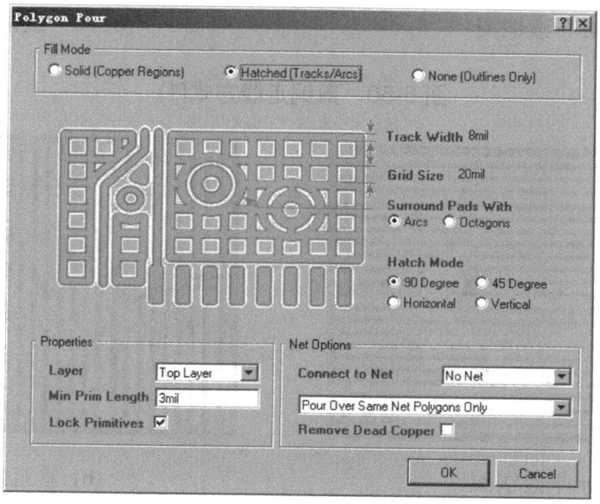

图 6-47 Polygon Pour(敷铜属性)设置对话框

在 Polygon Pour(敷铜属性)设置对话框中选择 Hatched 单选按钮，有如下几项设置。

- Surround Pads With 选项组：用于设置敷铜环绕焊盘的方式。有两种方式可供选择：Arcs(圆周环绕)方式和 Octagons(八角形环绕)方式。两种环绕方式效果分别如图 6-48 和图 6-49 所示。

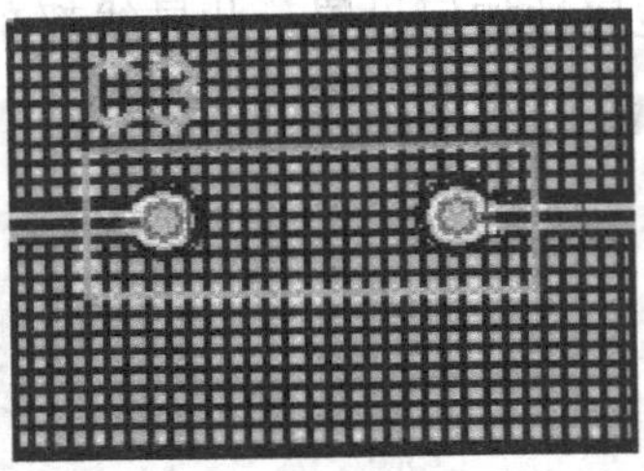

图 6-48　圆周环绕方式

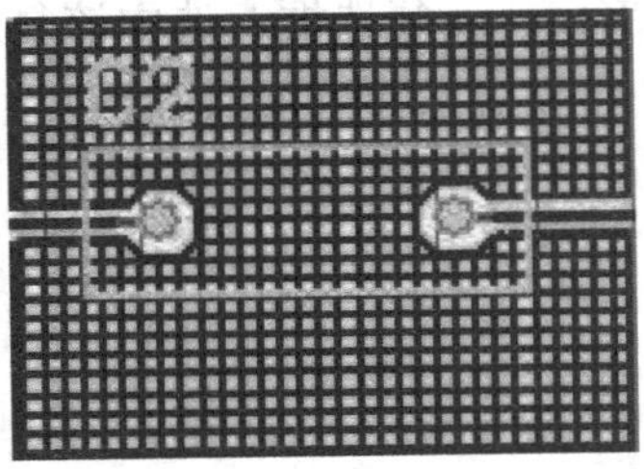

图 6-49　八角形环绕方式

- Grid Size 文本框：用于设置敷铜使用的网格的宽度。
- Track Width 文本框：用于设置敷铜使用的导线的宽度。
- Hatch Mode 选项组：用于设置敷铜时所用导线的走线方式。可以选择 90° 敷铜(90 Degree)、45° 敷铜(45 Degree)、水平敷铜(Horizontal)和垂直敷铜(Vertical)。几种敷铜导线走线方式分别如图 6-50 所示。当导线宽度大于网格宽度时，效果如图 6-51 所示。

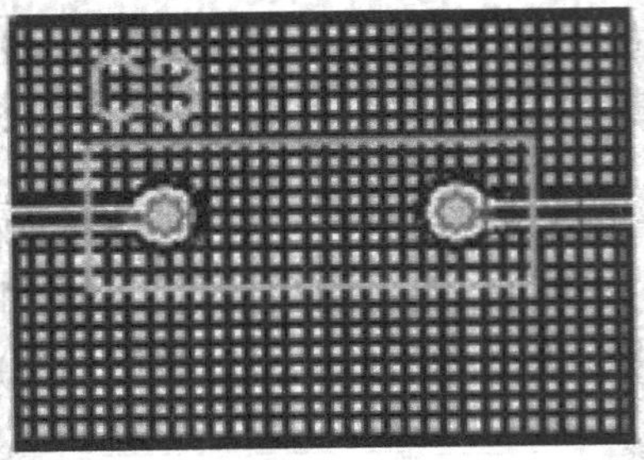

(a) 45° 敷铜图

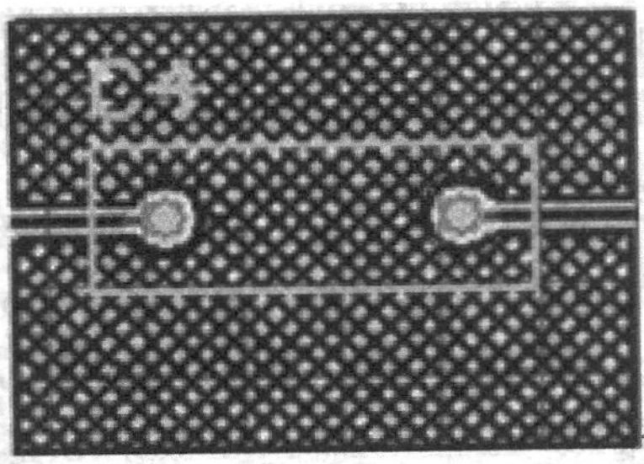

(b) 90° 敷铜图

图 6-50　敷铜走线方式(1)

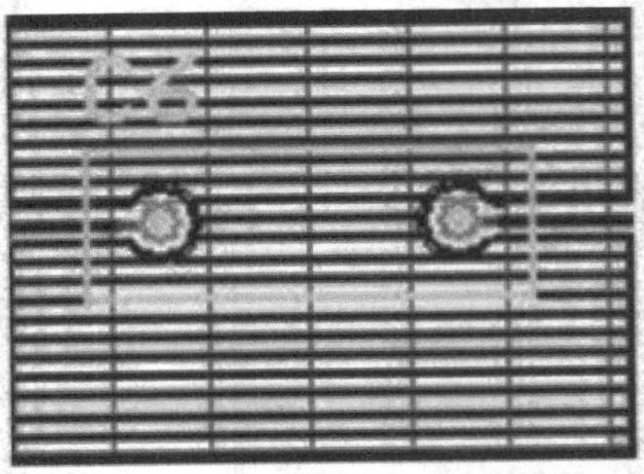

(a) 水平敷铜图

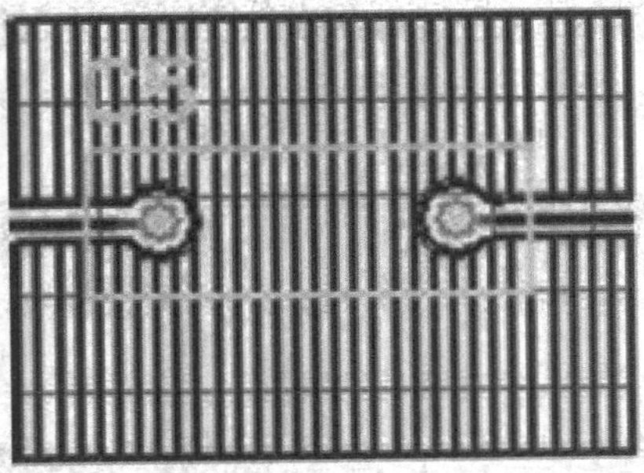

(b) 垂直敷铜图

图 6-51　敷铜走线方式(2)

- Layer 下拉列表框：用于设置敷铜所在的布线层。
- Min Prim Length 文本框：用于设置最小敷铜线的距离。
- Lock Primitives 复选框：是否将敷铜线锁定，系统默认为锁定。
- Connect to Net 下拉列表框：用于设置敷铜所连接到的网络，一般设计总将敷铜连接到信号地上。
- Remove Dead Copper 复选框：用于设置是否在无法连接到指定网络的区域进行敷铜。

2. 放置敷铜

设置好敷铜的属性后，鼠标变成十字形状，将鼠标移动到合适的位置，单击确定放置敷铜的起始位置。再移动鼠标到合适位置单击，确定所选敷铜范围的各个端点。必须保证的是，敷铜的区域必须为封闭的多边形状，比如电路板设计采用的是长方形电路板，最好沿长方形的四个顶角选择敷铜区域，即选中整个电路板。 敷铜区域选择好后，右击退出放置敷铜状态，系统自动运行敷铜并显示敷铜结果。

电路板设计中抗干扰的措施还可以采取包地的办法，即用接地的导线将某一网络包住，采用接地屏蔽的办法来抵抗外界干扰。

网络包地的使用步骤如下。

(1) 选择需要包地的网络或者导线。从主菜单中选择 Edit | Select | Net 命令，鼠标指针将变成十字形状，移动鼠标指针到进行包地的网络处单击，选中该网络。如果是组件没有定义网络，可以选择 Edit | Select | Connected Copper 命令选中要包地的导线。

(2) 放置包地导线。选择 Tools | Outline Selected Objects 命令，系统自动对已经选中的网络或导线进行包地操作。包地操作前和操作后效果如图 6-52 和图 6-53 所示。

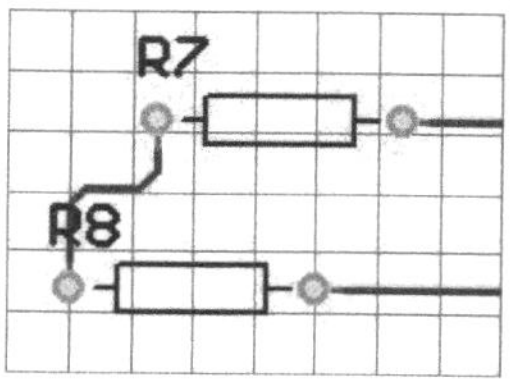

图 6-52 包地操作前效果图

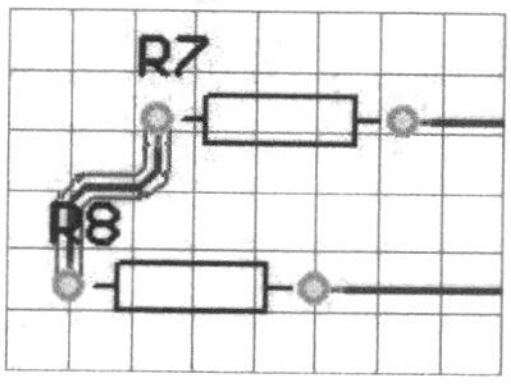

图 6-53 包地操作后效果图

(3) 对包地导线的删除。如果不再需要包地的导线，可以在主菜单中选择 Edit | Select | Connected Copper 命令。此时鼠标指针将变成十字形状，移动鼠标指针选中要删除的包地导线，按 Delete 键即可删除不需要的包地导线。

6.5.6 补泪滴

在电路板设计中，为了让焊盘更坚固，防止机械制板时焊盘与导线之间断开，常在焊盘和导线之间用铜膜布置一个过渡区，形状像泪滴，故常称作补泪滴(Teardrops)。

泪滴的放置可以选择 Tools | Teardrops 命令，将弹出如图 6-54 所示的 Teardrop Options(泪滴)设置对话框。

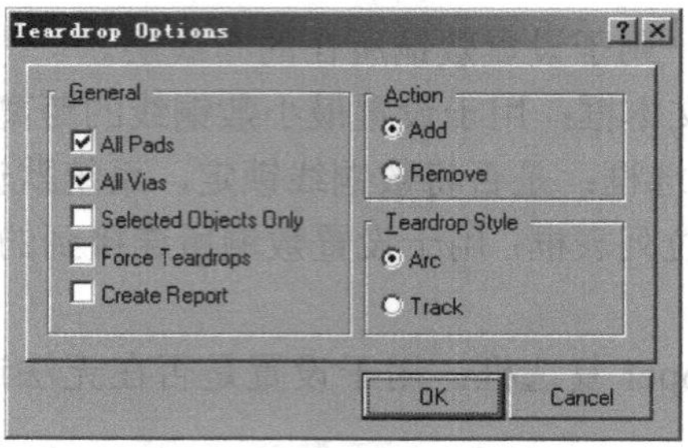

图 6-54　Teardrop Options(泪滴设置)对话框

Teardrop Options(泪滴设置)对话框中的各个选项组的作用介绍如下。

- General 选项组各项的设置如下。
  - ◆ All Pads 复选框：用于设置是否对所有的焊盘都进行补泪滴操作。
  - ◆ All Vias 复选框：用于设置是否对所有过孔都进行补泪滴操作。
  - ◆ Selected Objects Only 复选框：用于设置是否只对所选中的组件进行补泪滴。
  - ◆ Force Teardrops 复选框：用于设置是否强制性地补泪滴。
  - ◆ Create Report 复选框：用于设置补泪滴操作结束后是否生成补泪滴的报告档。
- Action 选项组各项的设置如下。
  - ◆ Add 单选按钮：表示进行泪滴的添加操作。
  - ◆ Remove 单选按钮：表示进行泪滴的删除操作。
- Teardrop Style 选项组各项的设置如下。
  - ◆ Arc 单选按钮：表示选择圆弧形补泪滴。
  - ◆ Track 单选按钮：表示选择用导线形做补泪滴。

所有泪滴属性设置完成后，单击 OK 按钮即可进行补泪滴操作。使用圆弧形补泪滴的方法操作结束后，如图 6-55 所示。

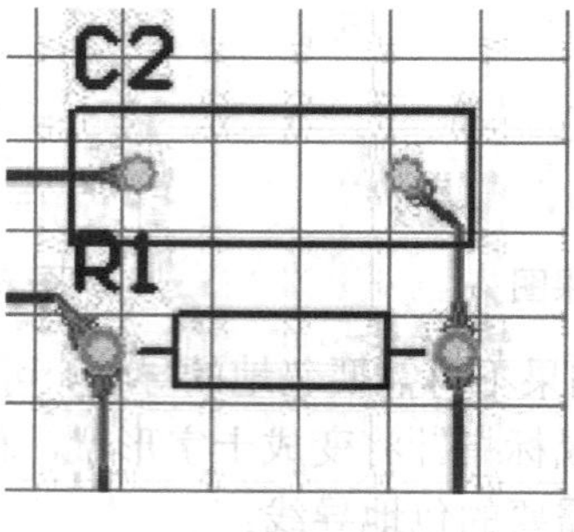

图 6-55　圆弧补泪滴效果示意图

6.5.7　放置文字

有时在布好的印制电路板上需要放置相应组件的文字(String)标注，或者电路注释及公司的产品标志等文字。

提示： *必须注意的是所有的文字都放置在 Silkscreen(丝印层)上。*

放置文字的方法如下。

(1) 选择 Place | String 命令，或单击组件放置工具栏中的(Place String)按钮 A 。

(2) 选中放置后，鼠标变成十字鼠标指针状，将鼠标移动到合适的位置，单击就可以放置文字。系统默认的文字是 String 。

可用以下两种方法对 String 进行编辑。

(1) 在用鼠标放置文字时按 Tab 键，将弹出 String(文字)属性设置对话框，如图 6-56 所示。

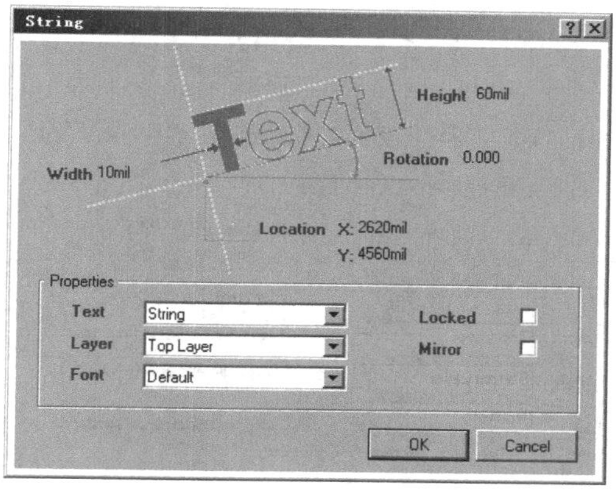

图 6-56 String(文字)属性设置对话框

(2) 对已经在 PCB 板上放置好的文字，直接双击文字，也可以弹出 String (文字)属性设置对话框。

String (文字)属性设置对话框可以设置的选项包括文字的 Height(高度)、Width(宽度)、Rotation(放置的角度)和文字的 X 和 Y 的坐标位置 Location X/Y 。

在属性 Properties 选项组中，有如下几项。

- Text 下拉列表框：用于设置要放置的文字的内容，可根据不同设计需要进行更改。
- Layer 下拉列表框：用于设置要放置的文字所在的层面。
- Font 下拉列表框：用于设置放置的文字的字体。
- Locked 复选框：用于设定放置后是否使文字固定不动。
- Mirror 复选框：用于设置文字是否镜像放置。

6.5.8 放置过孔

当导线从一个布线层穿透到另一个布线层时，就需要放置过孔(Via)。过孔用于不同板层之间导线的连接。

1. 放置过孔的方法

(1) 可以选择 Place | Via 命令，也可以单击组件放置工具栏中的 Place Via 按钮。

(2) 进入放置过孔状态后，鼠标变成十字形状，将鼠标移动到合适的位置，单击，就完成了过孔的放置。

2. 过孔的属性设置

过孔的属性设置有以下两种方法。

(1) 在用鼠标放置过孔时按 Tab 键，将弹出 Via(过孔属性)设置对话框，如图 6-57 所示。

(2) 对已经在 PCB 板上放置好的过孔，直接双击，也可以弹出 Via(过孔属性)设置对话框，如图 6-57 所示。

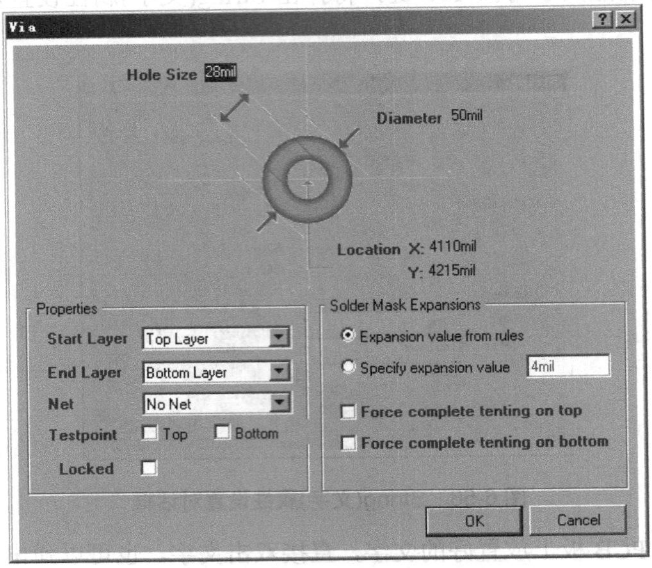

图 6-57　Via(过孔属性)设置对话框

Via(过孔属性)设置对话框中可以设置的项目如下。

- Hole Size 文本框：用于设置过孔内直径的大小。
- Diameter 文本框：用于设置过孔的外直径大小。
- Location 文本框：用于设置过孔的圆心的坐标 X 和 Y 位置。
- Properties 选项组：参数说明如下。
    - ◆ Start Layer 下拉列表框：用于选择过孔的起始布线层。
    - ◆ End Layer 下拉列表框：用于选择过孔的终止布线层。
    - ◆ Net 下拉列表框：用于设置过孔相连接的网络。
    - ◆ Testpoint 选项组：用于设置过孔是否作为测试点，注意可以做测试点的只有位于顶层和底层的过孔。
    - ◆ Locked 复选框：用于设定放置过孔后是否将过孔固定不动。
- Solder Mask Expansions 选项组：设置阻焊层。
    - ◆ Expansion value from rules 单选按钮：指定阻焊层从规模到扩展的价值。
    - ◆ Specify expansion value 单选按钮：指定阻焊层扩展值。
    - ◆ Force complete tenting on top 复选框：从头部封孔。
    - ◆ Force complete tenting on bottom 复选框：从底部封孔。

6.5.9　放置焊盘

1. 放置焊盘的方法

(1)　选择 Place | Pad 命令，也可以单击组件放置工具栏中的 Place Pad 按钮。

(2)　进入放置焊盘(Pad)状态后，鼠标将变成十字形状，将鼠标移动到合适的位置上单击就完成了焊盘的放置。

2. 焊盘的属性设置

焊盘的属性设置有以下两种方法。

(1)　在用鼠标放置焊盘时，鼠标将变成十字形状，按 Tab 键，将弹出 Pad(焊盘属性)设置对话框，如图 6-58 所示。

(2)　对已经在 PCB 板上放置好的焊盘，直接双击，也可以弹出 Pad(焊盘属性)设置对话框，如图 6-58 所示。

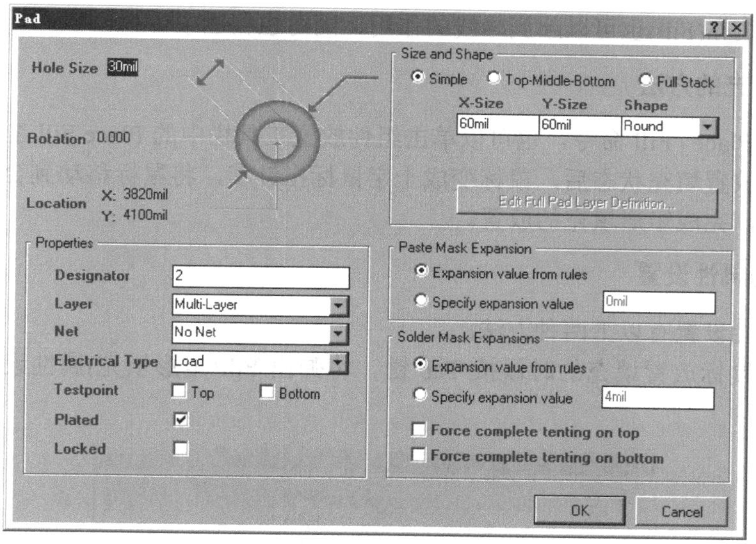

图 6-58　Pad(焊盘属性)设置对话框

在 Pad(焊盘属性)设置对话框中有如下几个选项。

- Hole Size 文本框：用于设置焊盘的内直径大小。
- Rotation 文本框：用于设置焊盘放置的旋转角度。
- Location 文本框：用于设置焊盘圆心的 X 和 Y 坐标的位置。
- Properties 选项组：参数说明如下。
  - Designator 文本框：用于设置焊盘的序号。
  - Layer 下拉列表框：从该下拉列表中可以选择焊盘放置的布线层。
  - Net 下拉列表框：该下拉列表用于设置焊盘的网络。
  - Electrical Type 下拉列表框：用于选择焊盘的电气特性。该下拉列表共有 3 种选择方式： Load(节点)、Source(源点)和 Terminator(终点)。

◆ Testpoint 复选框：用于设置焊盘是否作为测试点，可以做测试点的只有位于顶层(Top)和底层(Bottom)的焊盘。

◆ Locked 复选框：选中该复选框，表示焊盘放置后位置将固定不动。

- Size and Shape 选项组：用于设置焊盘的大小和形状。

◆ Simple 单选按钮：选定该按钮，设为简单焊盘。

◆ Top-Middle-Bottom 单选按钮：用于设置焊盘所在位置，顶层、中间、底层。

◆ Full Stack 单选按钮：设置为满盘。

◆ X-Size 和 Y-Size 选项：分别设置焊盘的 X 和 Y 的尺寸大小。

◆ Shape 下拉列表框：用于设置焊盘的形状，有 Round(圆形)、Octagonal(八角形)和 Rectangle(长方形)。

- Paste Mask Expansion 选项组：用于设置助焊层属性。
- Solder Mask Expansions 选项组：用于设置阻焊层属性。

6.5.10 放置填充

铜膜矩形填充(Fill)也可以起到导线的作用，同时也稳固了焊盘。

1. 放置填充的方法

(1) 选择 Place | Fill 命令，也可以单击组件放置工具栏中的 Place Fill 按钮。

(2) 进入放置填充状态后，鼠标变成十字鼠标指针状，将鼠标移动到合适的位置拖出一个矩形范围，完成矩形填充的放置。

2. 填充的属性设置

填充的属性设置有以下两种方法。

(1) 在用鼠标放置填充的时候按 Tab 键，将弹出 Fill(矩形填充)属性设置对话框，如图 6-59 所示。

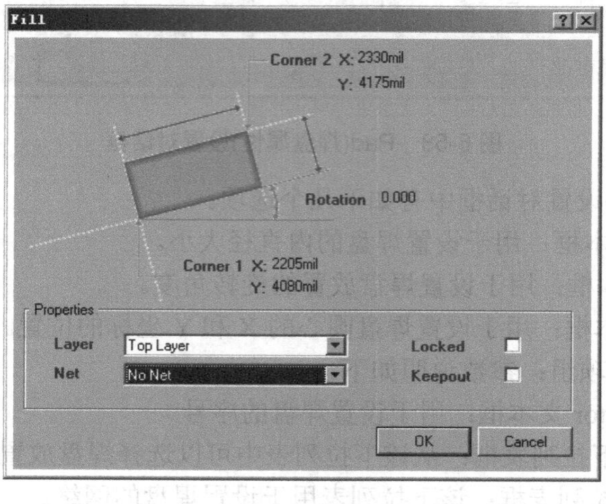

图 6-59 Fill(矩形填充)属性设置对话框

(2) 对已经在 PCB 板上放置好的矩形填充，直接双击也可以弹出 Fill(矩形填充)属性设置对话框，如图 6-59 所示。

Fill(矩形填充)属性设置对话框中有如下几项。

- Corner X 和 Y 文本框：设置矩形填充的左下角的坐标。
- Corner X 和 Y 文本框：设置矩形填充的右上角的坐标。
- Rotation 文本框：设置矩形填充的旋转角度。
- Layer 下拉列表框：用于选择填充放置的布线层。
- Net 下拉列表框：用于设置填充的网络。
- Locked 复选框：用于设定放置后是否将填充固定不动。
- Keepout 复选框：用于设置是否将填充进行屏蔽。

6.5.11 绘制圆弧或圆

Protel 中提供了四种绘制圆弧的方法，下面逐一进行介绍。

1. 放置圆弧导线

方法一：使用 Arc(Center)菜单项放置圆弧导线

使用设置圆弧中的方法放置圆弧导线的操作步骤如下。

(1) 选择 Place | Arc(Center)命令。或从组件放置工具栏中单击圆弧中心按钮。

(2) 选中放置圆弧导线后，鼠标将变成十字形状，选择圆心后，单击鼠标确定，如图 6-60 所示。

(3) 将鼠标移动到合适位置，选择圆弧的半径，右击，如图 6-61 所示。

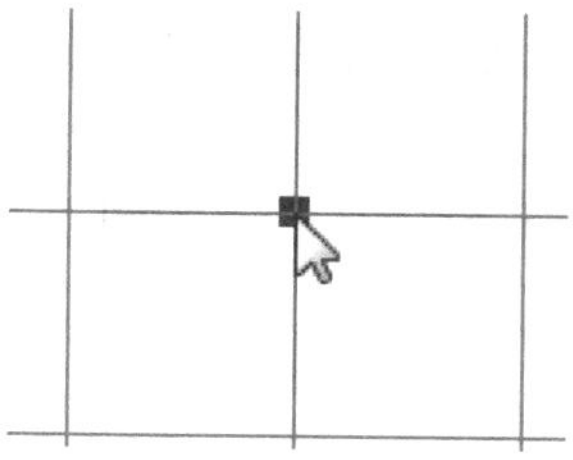

图 6-60 圆心选取

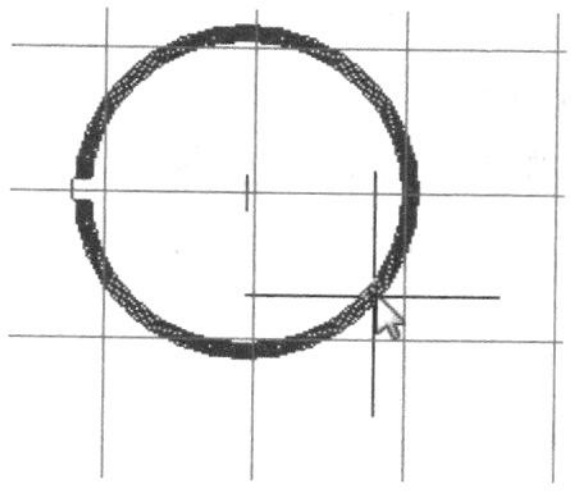

图 6-61 确定圆弧半径

(4) 移动鼠标到圆弧的开始和结尾处时都单击鼠标，确定圆弧起始位置和终止位置，如图 6-62 所示。

(5) 完成圆弧的绘制后，在 PCB 图纸上右击退出绘制圆弧状态，绘制结果如图 6-63 所示。

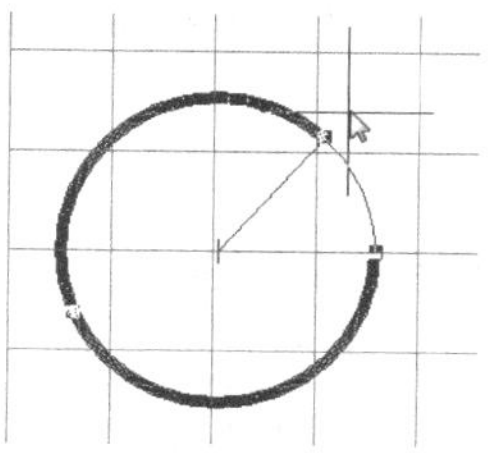

图 6-62 确定 Center 圆弧的起点和终点

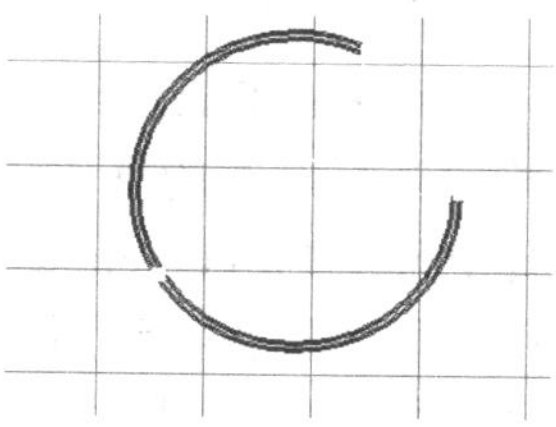

图 6-63 完成后的 Center 圆弧导线

方法二：使用 Arc(Edge)菜单项放置圆弧导线

使用设置圆弧端点的方法放置圆弧导线的步骤如下。

(1) 选择 Place | Arc(Edge)命令，或在组件放置工具栏中单击圆弧端点按钮。

(2) 选中放置圆弧导线后，鼠标将变成十字形状，单击确定起点，移动鼠标，选择合适的圆弧终点位置后，单击鼠标结束选取，如图 6-64 所示。

(3) 完成圆弧的绘制后，在 PCB 图纸上右击退出绘制圆弧状态，绘制结果如图 6-65 所示。

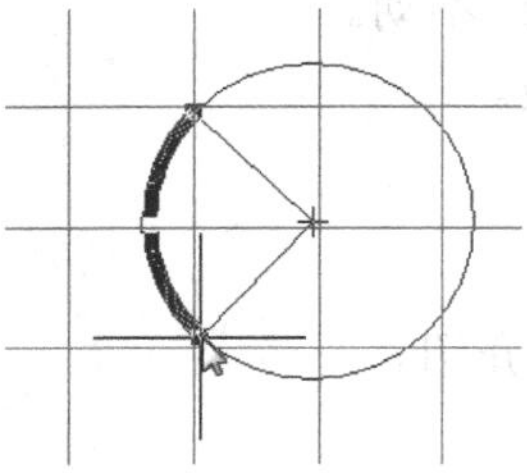

图 6-64 确定 Edge 圆弧起点和终点

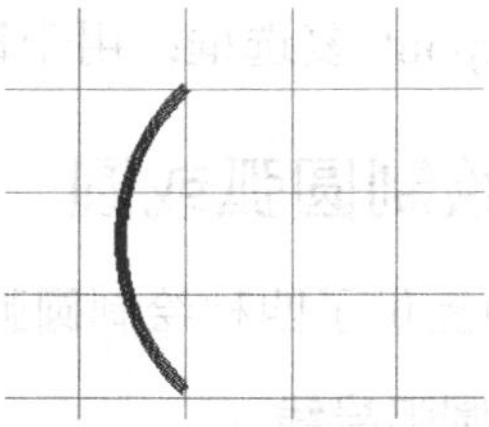

图 6-65 完成后的 Edge 圆弧导线

方法三：使用 Arc(Any Angle)菜单项放置圆弧导线

放置任意角度的圆弧导线的操作步骤如下。

(1) 选择 Place | Arc(Any Angle)命令，或在组件放置工具栏中单击按钮。

(2) 选中要放置的圆弧导线后，鼠标将变成十字形状，单击鼠标确定起点。

(3) 移动鼠标进行圆弧中心的选取，在合适的圆弧中心位置处单击，结束圆心和半径的选取，如图 6-66 所示。

(4) 起点和圆心确定好后，使鼠标仍保持十字游标形状，并在圆弧上移动，选择好圆弧终点后，单击鼠标，如图 6-67 所示。

(5) 完成圆弧的绘制后，在 PCB 图纸上右击退出绘制圆弧状态，绘制效果如图 6-68 所示。

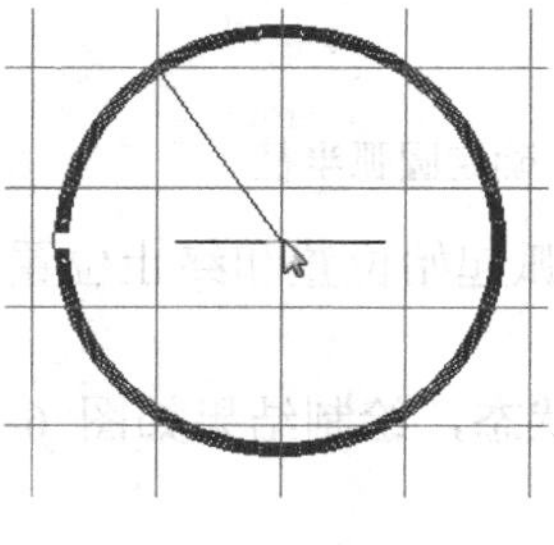

图 6-66 圆弧中心和半径选取

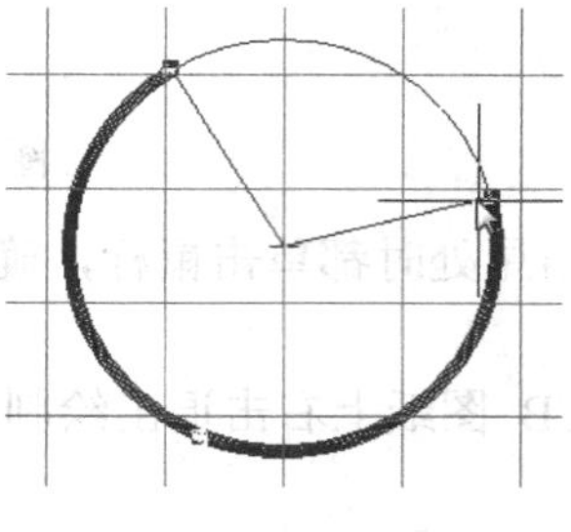

图 6-67 圆弧终点的选取

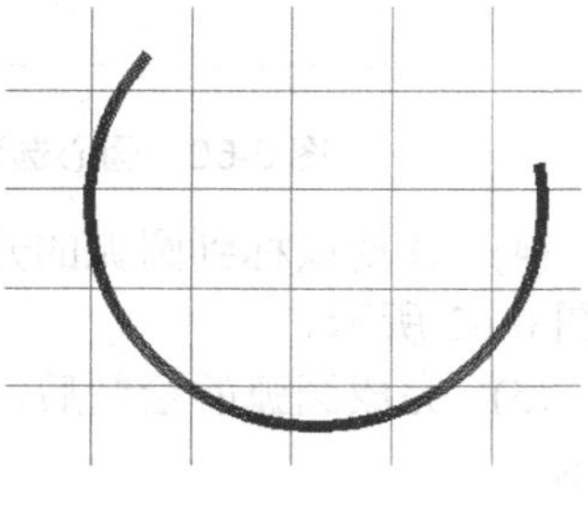

图 6-68 完成后的任意角度圆弧导线

方法四：使用 Full Circle 菜单项放置圆弧导线

放置完整的圆弧导线的操作步骤如下。

(1) 选择 Place | Full Circle 命令，或在组件放置工具栏中单击按钮。

(2) 选中放置的圆弧导线后，使鼠标将变成十字形状，单击鼠标确定圆心。

(3) 移动鼠标并使其保持十字游标状态，选择圆的半径，到达合适的位置后单击鼠标结束半径的选取，如图 6-69 所示。

(4) 完成圆弧的绘制后，在 PCB 图纸上右击退出绘制圆弧状态，绘制效果如图 6-70 所示。

2. 设置圆弧导线属性

设置圆弧导线属性有如下两种方法。

(1) 在用鼠标放置圆弧导线时按 Tab 键，弹出 Arc(圆弧)属性对话框，如图 6-71 所示。

(2) 对已经在 PCB 板上放置好的导线，直接双击该导线，也将弹出 Arc(圆弧)属性对话框，如图 6-71 所示。

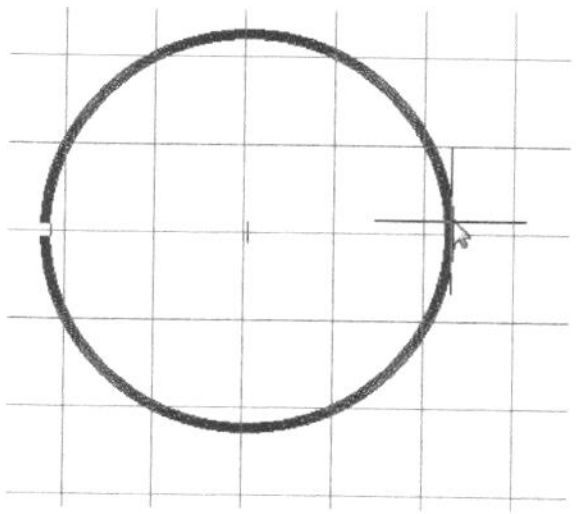

图 6-69 选取圆心和半径

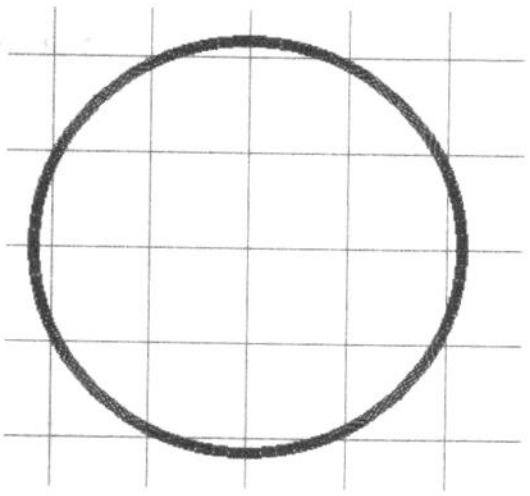

图 6-70 完成后的完整的圆弧导线

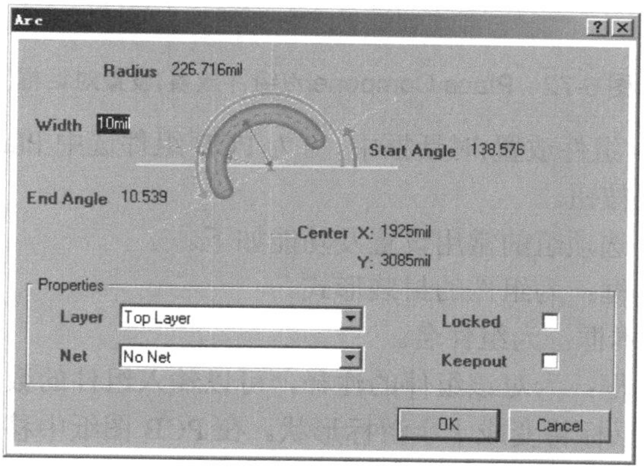

图 6-71 Arc(圆弧)属性对话框

Arc(圆弧)属性对话框中有如下几项。

- Radius 文本框：设置圆弧的半径。
- Width 文本框：设置圆弧的导线宽度。
- Start Angle 文本框：设置圆弧的起始角度。
- End Angle 文本框：设置圆弧的终止角度。
- Center X 和 Y 文本框：设置圆弧的圆心位置。
- Layer 下拉列表框：选择圆弧所放置的层面。
- Net 下拉列表框：选择该圆弧段对应的网络名。
- Locked 复选框：设定放置后是否将圆弧的位置固定不动。
- Keepout 复选框：选择是否屏蔽圆弧导线。

6.5.12 放置元件封装

组件放置有如下两种方法。

(1) 在组件库管理器中选中某个组件，单击 Place 按钮，即可在 PCB 设计图纸上放置组件。

(2) 在组件搜索结果对话框中选中某个组件，单击 Select 按钮，即可在 PCB 设计图上进行组件的放置。进行组件放置时，系统将弹出如图 6-72 所示的 Place Component(组件放置)对话框，显示放置的组件信息。

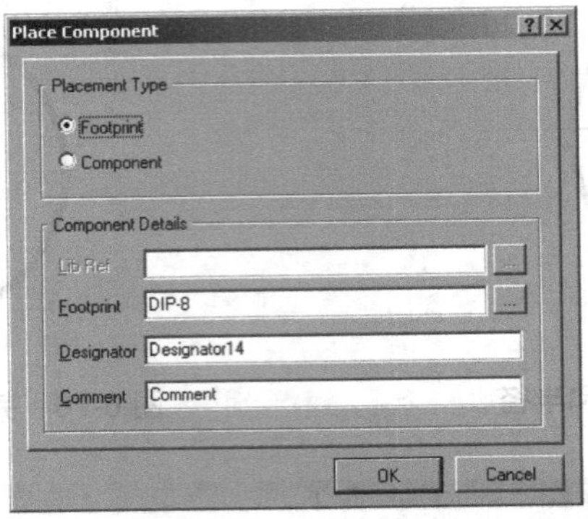

图 6-72 Place Component(组件放置)设置对话框

在 Place Component(组件放置)对话框中，可为 PCB 组件选中 Placement Type(放置类型)选项组的 Footprint 单选按钮。

Component Details 选项组的常用设置及功能如下。

- Footprint 文本框：为组件的封装形式。
- Designator 文本框：为组件名。
- Comment 文本框：为对该组件的注释，可以输入组件的数值大小等信息。

单击 OK 按钮后，鼠标将变成十字游标形状。在 PCB 图纸中移动鼠标到合适位置、单击，完成组件的放置。

6.5.13 元件封装的修改

组件封装的修改有如下两种方式。

(1) 在组件放置状态下，按 Tab 键，将会弹出 Component C100(组件属性)对话框。

(2) 对于在 PCB 板上已经放置好的组件，可以右击该组件，在弹出的快捷菜单中选择 Properties 命令，即可打开 Component C100 (组件属性)对话框，如图 6-73 所示。

Component C100 (组件属性)对话框中设有 Component Properties、Designator、Comment、Footprint、Schematic Reference Information 五个选项组，下面说明其中两个选项组内各项的含义。

- Component Properties 选项组的设置及功能如下。
    - ◆ Layer 下拉列表框：用于设置组件的放置层。

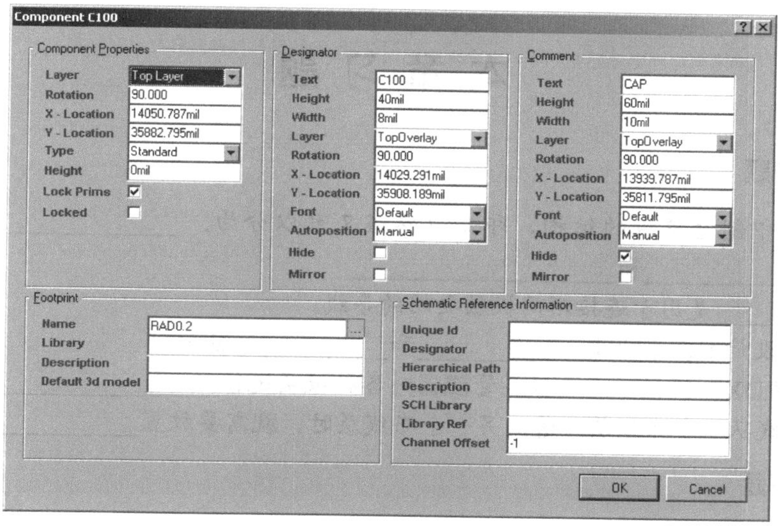

图 6-73　Component C100 (组件属性)对话框

- ◆ Rotation 文本框：用于设置组件的放置角度。
- ◆ X - Location 文本框：用于设置组件放置的 X 坐标。
- ◆ Y - Location 文本框：用于设置组件放置的 Y 坐标。
- ◆ Type 下拉列表框：用于设置组件放置的形式，可以为标准形式或者图形方式。
- ◆ Height 文本框：用于设置元件高度。
- ◆ Lock Prims 复选框：该选项即选择将组件作为整体使用，即不允许将组件和管脚拆开使用。
- ◆ Locked 复选框：选中此项即将组件放置在固定位置。

● Designator 选项组的设置及功能如下。

- ◆ Text 文本框：用于设置组件的序号。
- ◆ Height 文本框：用于设置组件文字的高度。
- ◆ Width 文本框：用于设置组件文字的宽度。
- ◆ Layer 下拉列表框：用于设置组件文字的所在层。
- ◆ Rotation 文本框：用于设置组件文字放置的角度。
- ◆ X-Location 文本框：用于设置组件文字的 X 坐标。
- ◆ Y-Location 文本框：用于设置组件文字的 Y 坐标。
- ◆ Font 下拉列表框：用于设置组件文字的字体。
- ◆ Autoposition 下拉列表框：用于设置组件文字的布局方式。
- ◆ Hide 复选框：用于设置是否隐藏组件的文字。
- ◆ Mirror 复选框：用于设置组件封装是否反转。

本章习题

一、填空题

1. 根据印制电路板的结构，印制电路板又可以分为：____________、____________和____________。
2. ________是用于连接不同板层之间的导线。
3. PCB设计图基本上由__________和__________组成。
4. Protel DXP 提供了一个板层管理器对各种板层进行__________。
5. 当导线从一个布线层穿透到另一个布线层时，就需要放置__________。

二、选择题

1. (   )用来设置过孔的孔直径。
   A. Routing via Hole Size　　B. Trace Width
   C. Apply to all Layer　　D. Routing Via Diameter
2. (   )设置布线时导线的宽度。
   A. Routing via Hole Size　　B. Trace Width
   C. Apply to all Layer　　D. Routing Via Diameter
3. (   )该框选中后，所有层均使用这种布线参数。
   A. Routing via Hole Size　　B. Trace Width
   C. Apply to all Layer　　D. Routing Via Diameter
4. (   )设置过孔的外径。
   A. Routing via Hole Size　　B. Trace Width
   C. Apply to all Layer　　D. Routing Via Diameter
5. (   )设置要布置的导线所在的层。
   A. Routing via Hole Size　　B. Trace Width
   C. Apply to all Layer　　D. Layer

三、问答题

1. 简述PCB设计的基本原则与方法有哪些。
2. 简述PCB图纸基本设置有哪些。

第 7 章　PCB 高级设计

本章内容提示

通过第 6 章的学习，应该基本掌握了 PCB 的设计。本章将介绍 PCB 高级设计的一些方法与技巧，同时，结合实例对设计好的 PCB 进行 DRC 检查。

本章将对原理图编辑器界面的管理、工作区参数的设置、图纸参数的设置以及一些其他参数的设置做详细的介绍。虽然在一般情况下，采用默认参数设置就可以满足用户大部分的需求，但熟悉设计环境参数的配置能使用户在使用时更加得心应手，因此对于本章内容的了解还是很有必要的。

学习要点

- 层管理器
- 系统参数设置方法
- 利用向导创建 PCB
- PCB 设计规则及检查

7.1　多层板的设计

在前面曾介绍过多层板的概念，多层板中的两个重要概念是中间层(Mid-Layer)和内层(Internal Plane)。其中，中间层是用于布线的中间板层，该层所布的是导线；内层是不用于布线的中间板层，主要用于做电源层或者地线层，由大块的铜膜所构成。

Protel DXP 中提供了最多 16 个内层、32 个中间层，以供多层板设计的需要。在这里以常用的四层电路板为例，介绍多层电路板的设计过程。

7.1.1　内层的建立

对于四层电路板，就是建立两层内层，分别用于电源层和地线层。这样在四层板的顶层和底层不需要布置电源线和地线，所有电路组件的电源和地的连接将通过盲过孔的形式连接两层内层中的电源和地。

内层的建立方法如下。

(1) 打开要设计的 PCB 电路板，进入 PCB 编辑状态，如图 7-1 所示是一幅双面板的电路图，其中较粗的导线为地线 GND。

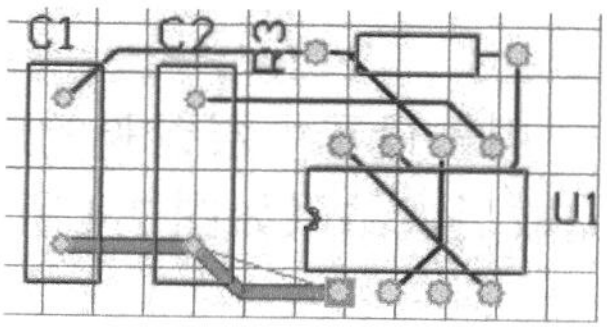

图 7-1　双面板电路图举例

(2) 选择 Design | Layer Stack Manager 命令，系统将弹出 Layer Stack Manager (板层管理器)对话框。

(3) 在板层管理器中，单击 Add Plane 按钮，会在当前的 PCB 板中增加一个内层，这里要添加两个内层，添加两个内层的效果如图 7-2 所示。

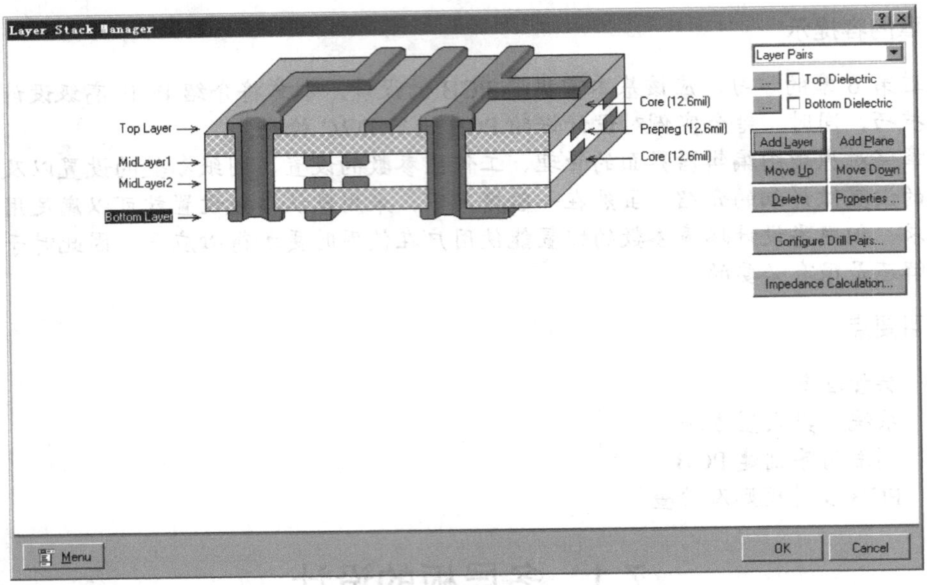

图 7-2 增加两个内层的 PCB 板

(4) 选中第一个内层(Internal Plane)，双击将弹出 Edit Layer(内层属性编辑)对话框，如图 7-3 所示。

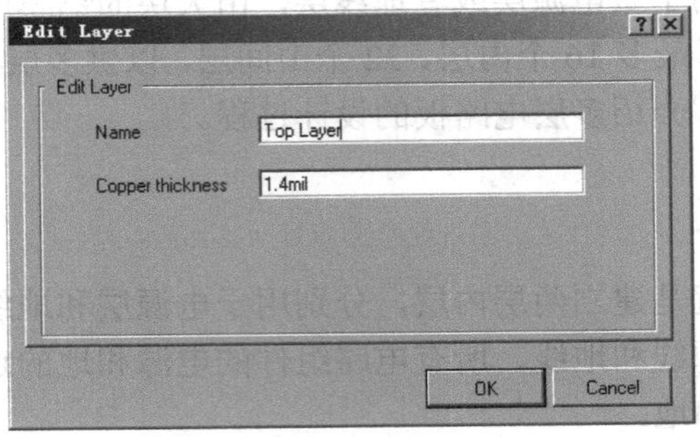

图 7-3 Edit Layer(内层属性编辑)对话框

Edit Layer(内层属性编辑)对话框中的各项设置说明如下。

- Name 文本框：用于给该内层指定一个名字，例如，设置为 Power，表示布置的是电源层。
- Copper thickness 文本框：用于设置内层铜膜的厚度，这里取默认值。

(5) 对两个内层的属性设置完成后，结果如图 7-4 所示。

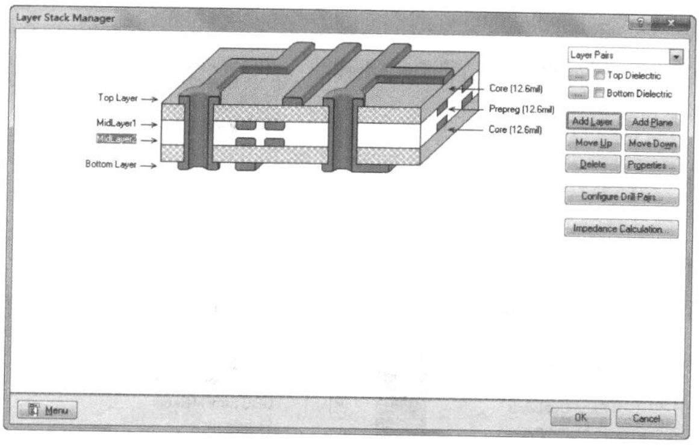

图 7-4　内层设置完成结果

7.1.2　删除所有导线

内层设置完毕后，要删除以前的导线，方法是在主菜单下选择 Tools | Un-Route | All 命令。

7.1.3　重新布置导线

重新布线的方法是在主菜单下选择 Tools | Auto Route | All 命令，Protel 将对当前 PCB 板重新布线，布线结果如图 7-5 所示。

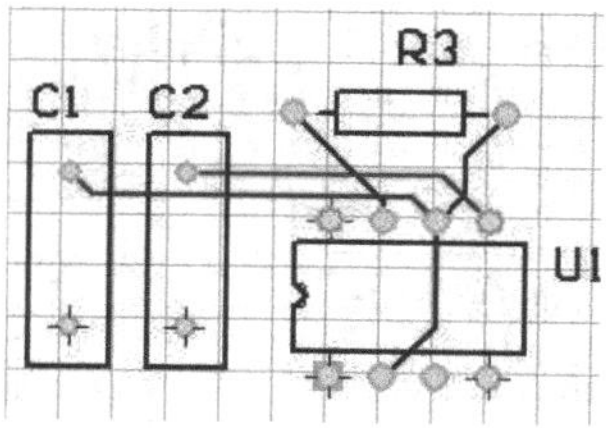

图 7-5　多层板布线结果

提示： 从图 7-5 中可以看出，VCC 和 GND 的接点都不用导线相连接，它们都使用过孔与两个内层相连接，在 PCB 图上表现为使用十字符号标注。

7.1.4　内层的显示

(1) 在 PCB 图纸上右击，在弹出的快捷菜单中选择 Options | Board Layers & Colors 命令，系统将弹出 Board Layers and Colors(板层和颜色)管理对话框，如图 7-6 所示。

(2) 在 Board Layers and Colors(板层和颜色)管理对话框中，Internal Planes 栏列出了当前设置的两个内层，分别为 Power 层和 Ground 层。用鼠标选中这两项的 Show 复选框，表示显示这两个内层。单击 OK 按钮后退出。

(3) 再在 PCB 编辑界面中右击，在弹出的快捷菜单中选择 Options | Preferences 命令，将弹出 Preferences(属性)设置对话框，选择 Display 选项，如图 7-7 所示。

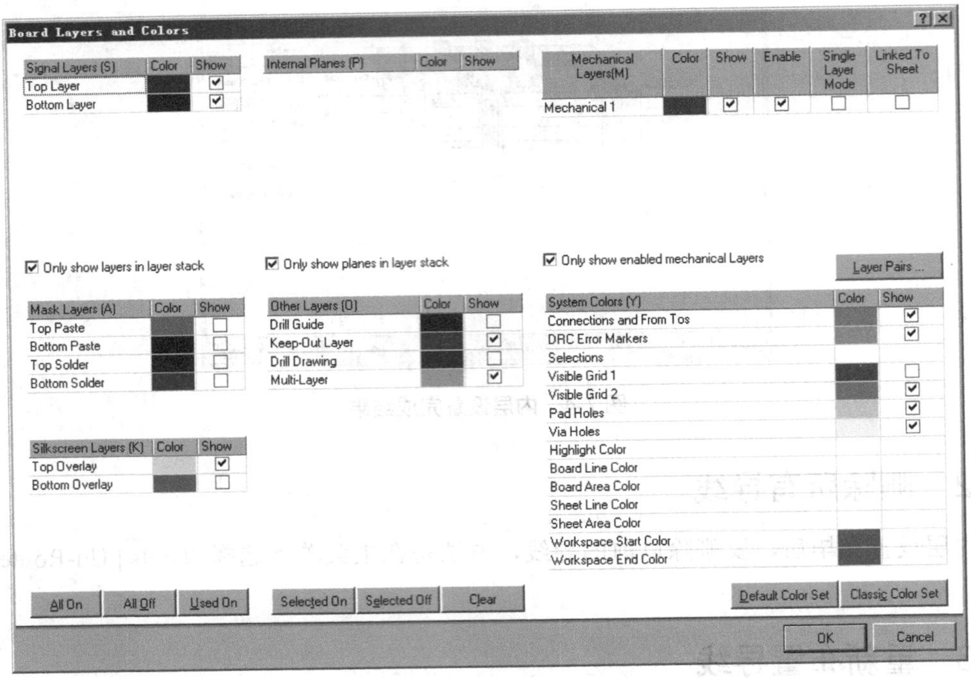

图 7-6　Board Layers and Colors(板层和颜色)管理对话框

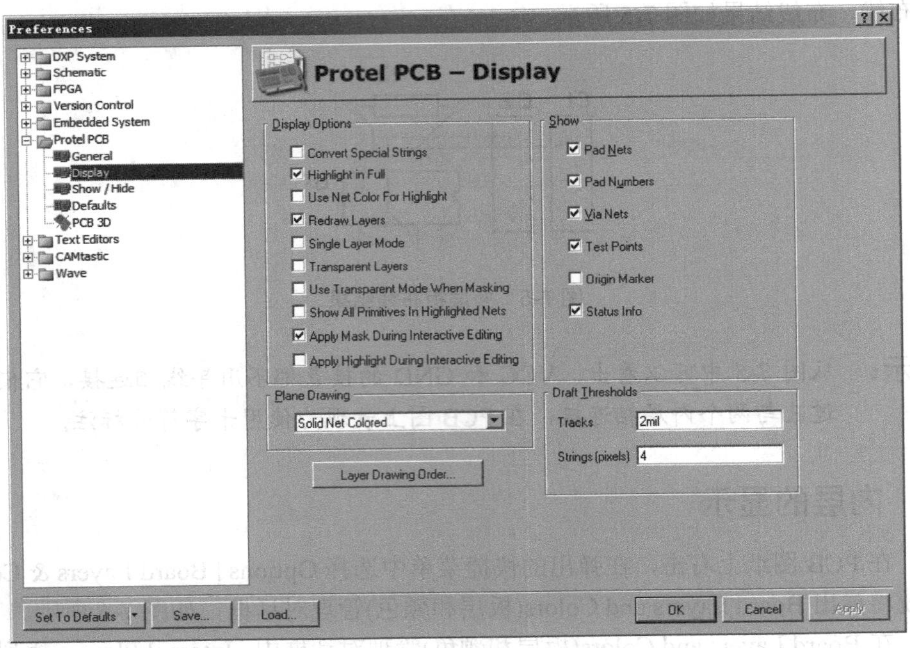

图 7-7　Display 选项设置界面

(4) 选中 Display Options 选项组下的 Single Layer Mode(单层显示模式)复选框，单击 OK 按钮后确定退出。将板层切换到内层，如切换到 Power 层的效果如图 7-8 所示。

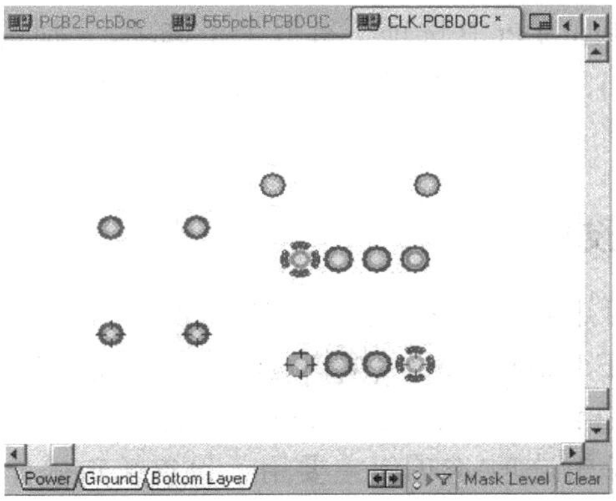

图 7-8 内层显示效果图

7.2 系统参数设置

PCB 的系统设置是高级 PCB 设计中非常重要的环节，包括鼠标指针显示、板层颜色、系统默认设置、PCB 设置等。启动 Perferences(系统设置)对话框有如下两种方法。

- 选择 Tools | Preferences 命令，可启动 Perferences(系统设置)对话框，如图 7-9 所示。
- 在 PCB 编辑窗口中右击，在弹出的快捷菜单中执行 Perferences 命令，也可以打开 Perferences(系统设置)对话框。

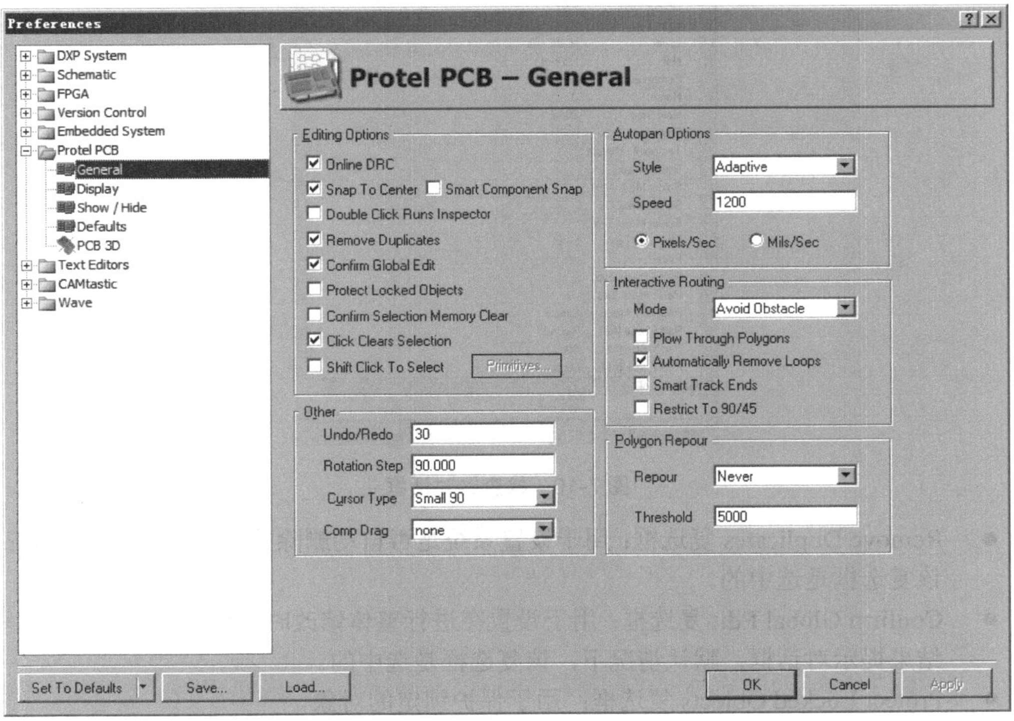

图 7-9 Perferences(系统设置)对话框

Perferences对话框的Protel PCB选项下有五个子选项，分别是General(一般)、Display(显示)、Show/Hide(显示/隐藏)、Defaults(默认)和 PCB 3D(3D 设置)。下面分别介绍这几个选项卡的内容。

7.2.1 General(一般)

单击General选项即可进入General选项设置界面，如图7-9所示，该界面主要用于设置一些特殊的功能，包含Editing Options(编辑选项)、Autopan Options(屏幕自动移动选项)、Interactive Routing(交互式布线)、Polygon Repour(覆铜区重灌铜)和Other等设置。

(1) Editing Options(编辑选项)选项组主要用于设置编辑操作时的一些特性，内容如下。

- Online DRC复选框：用于设置在线规则检查，如果选中此项，那么在布线过程中，系统将自动分局设置的布线规则进行检查。
- Snap To Center复选框：用于设置当用户移动元件封装或文字时，鼠标指针是否自动移动到元件封装或文字的参考点，默认情况下为选中。
- Smart Component Snap复选框：选中该复选框，当用户双击选中一个封装时，鼠标指针会自动出现在相应元件最近的焊盘上。
- Double Click Runs Inspector复选框：选中该复选框后，如果双击元件或引脚，将会弹出如图7-10所示的检查器对话框，此窗口显示元件的信息。

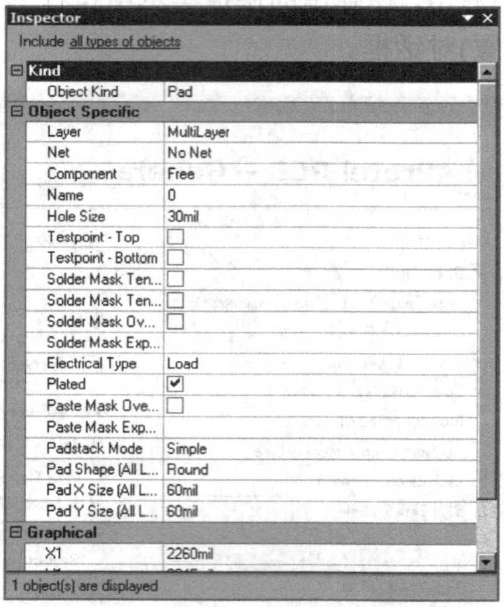

图7-10 检查器对话框

- Remove Duplicates复选框：用于设置系统是否自动删除重复的组件，默认情况下，该复选框是选中的。
- Confirm Global Edit复选框：用于设置在进行整体修改时，系统是否出现整体修改结果提示对话框，默认情况下，该复选框是选中的。
- Protect Locked Objects复选框：用于保护锁定的对象。
- Confirm Selection Memory Clear复选框：选中该复选框后，选择集存储空间可用于存储一些对象的选择状态。

- Shift Click To Select 复选框：选中此复选框后，必须使用 Shift 键才能选中对象。

(2) Autopan Options(屏幕自动移动选项)选项组用于设置自动移动功能。系统一共提供了 7 种移动模式，具体介绍如下。

- Adaptive：子适应模式。系统自动选择移动方式。
- Disable：取消移动功能。
- Re-Center：鼠标指针移动到区域边缘时，系统自动将鼠标指针移动到编辑区的中心。
- Pixed Size Jump：鼠标指针移动到区域边缘时，系统将以 Step Size 项的设定值为移动量来向未显示的部分移动。按下 Shift 键后，系统将以 Shift Step 项的设定值为移动量向未显示的部分移动。
- Shift Accelerate：当鼠标指针移动到编辑区的边缘时，如果 Shift Step 项的设定值比 Step Size 的值大，则系统以 Step Size 的设定值为移动量向未显示的部分移动。按下 Shift 键后，系统将以 Shift Step 项的设定值为移动量向未显示的部分移动。
- Shift Decelerate：当鼠标指针移动到编辑区的边缘时，如果 Shift Step 项的设定值比 Step Size 的值小，则系统以 Step Size 的设定值为移动量向未显示的部分移动。按下 Shift 键后，系统将以 Shift Step 项的设定值为移动量向未显示的部分移动。
- Ballistic：当鼠标指针移动到编辑区边缘时，越往编辑区边缘移动，移动速度越快。

(3) Interactive Routing(交互式布线)用来设置交互式布线模式，用户可以选择三种布线方式：Ignore Obstacle(忽略障碍)、Avoid Obstacle(避开障碍)、Push Obstacle(移开障碍)。

- Plow Through Polygons 复选框：布线时使用多边形布线障碍。
- Automatically Remove Loops 复选框：用于设置自动回路删除。
- Smart Track Ends 复选框：快速跟踪导线的端部。
- Restrict To 90/45 复选框：布线方式限制在 45° 和 90° 。

(4) Polygon Repour(覆铜区重灌铜)选项组用于设置交互式布线中的避免障碍和推挤布线方式。每次当一个布线被移动时，它可以自动或布局设置调整以避免障碍。

7.2.2 Display(显示)

单击 Display 选项即可进入 Display 选项设置界面，如图 7-11 所示，该设置界面主要用于设置屏幕显示和元件显示模式。

Display 选项设置界面中的主要设置选项如下。

(1) Display Options 选项组，主要的设置有如下几种。

- Convert Special Strings 复选框：是否将特殊字符串转化成它所代表的文字。
- Highlight in Full 复选框：该复选框如果被选中，则被选中的对象完全以当前选择集颜色反白显示。
- Use Net Color For Highlight 复选框：用于设置是否选用网络颜色或是一律采用黄色。
- Redraw Layers 复选框：设置当前重画电路板时，当前层最后重画。
- Single Layer Mode 复选框：设置系统只显示当前层。
- Transparent Layers 复选框：该复选框用于将所有的层都设置为透明。

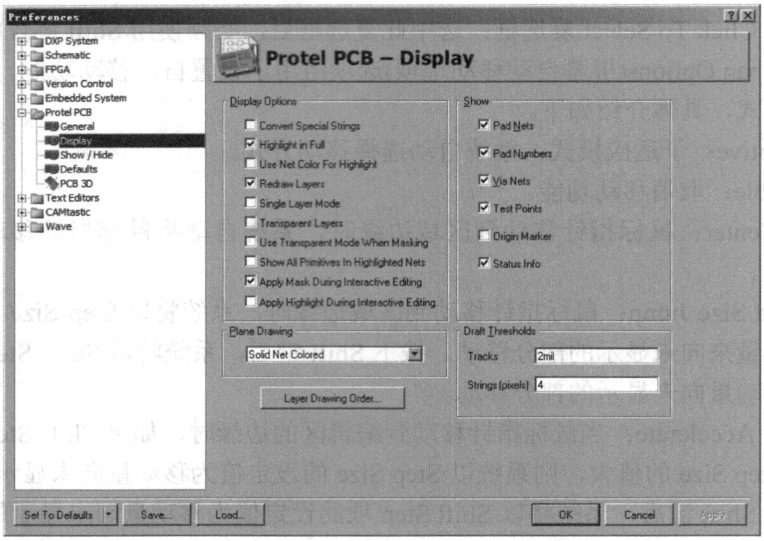

图 7-11　Display(显示)选项卡

(2) Show 选项组用于显示设置。

- Pad Nets 复选框：用于设置是否显示焊盘的网络名称。
- Pad Numbers 复选框：用于设置是否显示焊盘的序号。
- Via Nets：选中该复选框后，所有过孔的网络名称将在较高的放大比例时显示在屏幕上。
- Test Points 复选框：选中该复选框后，可以显示测试点。
- Origin Marker 复选框：是否显示绝对坐标的黑色带叉圆圈。
- Status Info 复选框：PCB 对象的状态信息将会显示在设计管理器的状态栏上。显示信息包括 PCB 对象的位置、所在层和它所连接的网络。

(3) Draft Thresholds 选项组：用于设置图形显示极限。

- Tracks 文本框：用于设置导线显示极限，如果大于该值的导线，则以实际轮廓显示，否则以直线显示。
- Strings(pixels)文本框：用于设置字符显示极限。

7.2.3　Show/Hide(显示/隐藏)

单击 Show/Hide 选项即可进入 Show/Hide 选项设置界面，如图 7-12 所示，该界面主要用于设置显示或隐藏 PCB 样式。

Show/Hide 选项设置界面中的每一个选项都有三种显示模式：Final(精细)、Draft(简易)和 Hidden(隐藏)。

7.2.4　Defaults(默认)

单击 Defaults 选项即可进入 Defaults 选项设置界面，如图 7-13 所示，该界面用于恢复各个组件的系统默认设置。

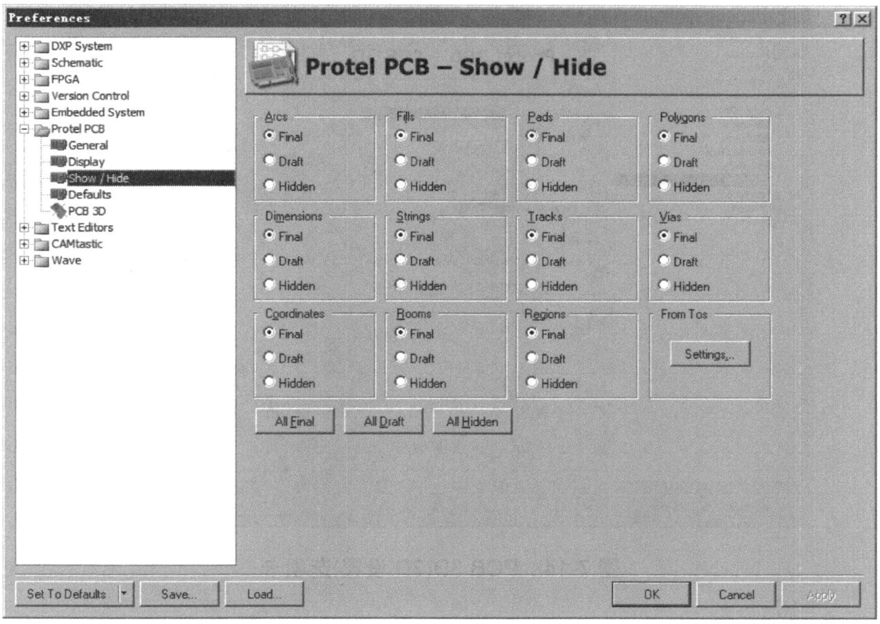

图 7-12　Show/Hide(隐藏/显示)选项卡

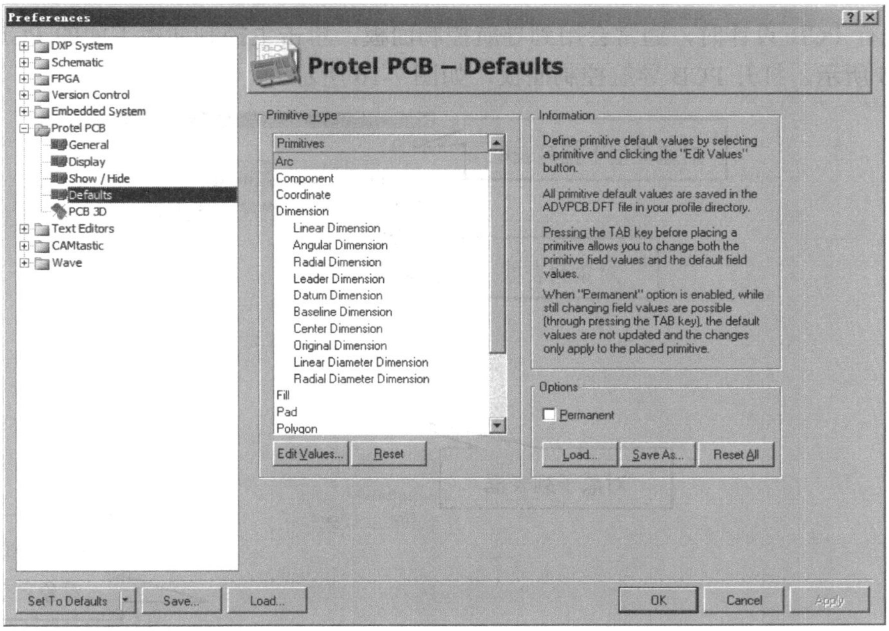

图 7-13　Defaults(默认参数)选项卡

7.2.5　PCB 3D(3D 设置)

单击 PCB 3D 选项即可进入 PCB 3D 选项设置界面，如图 7-14 所示，该界面用于设置 3D 的显示参数。

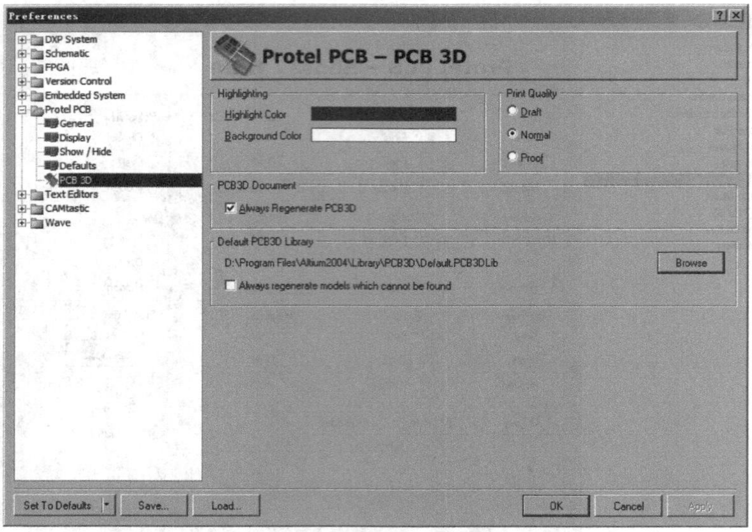

图 7-14　PCB 3D(3D 设置)选项卡

7.3　导航控制面板的管理

在进行 PCB 设计时，通常会用到导航控制面板，单击主控制面板下面的 PCB 标签，如图 7-15 所示，打开 PCB 导航控制面板，如图 7-16 所示。

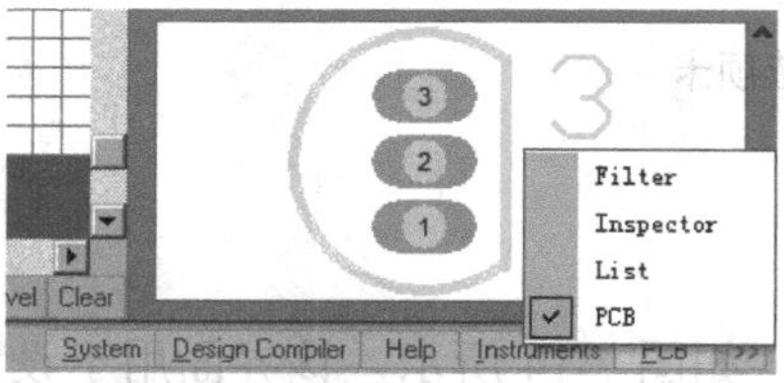

图 7-15　PCB 标签

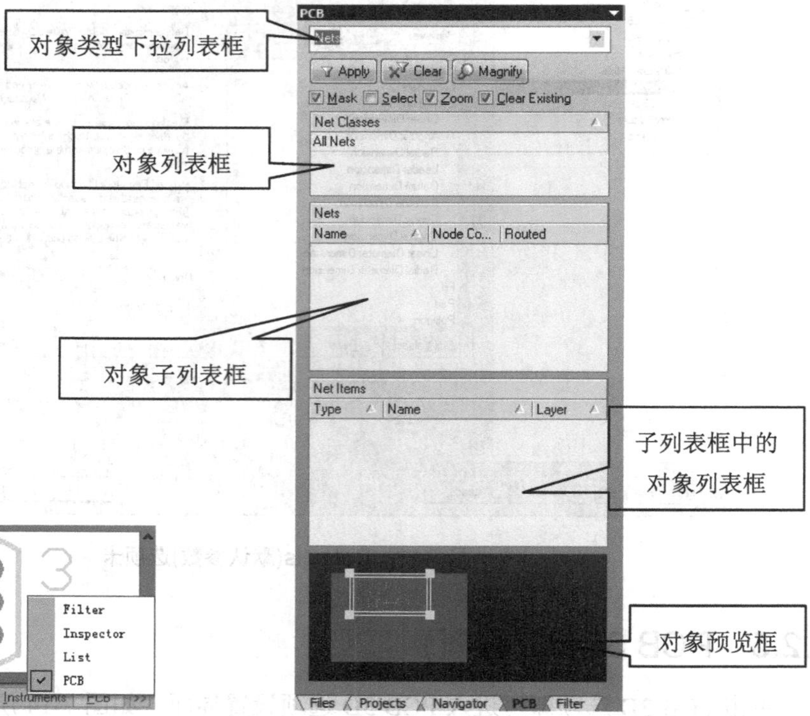

图 7-16　导航控制面板

下面介绍 PCB 导航控制面板中各项的功能。

- 对象类型下拉列表框：用于选择要查询编辑的对象，在该下拉列表框中有五个对象，即 Nets(网络)、Components(元件封装)、Rules(规则)、From-To Editor(飞线编辑器)、Split Plane Editor(分割内层编辑器)，如图 7-17 所示。
- 对象列表框：该列表用于编辑以及查询选择的所有对象。
- 对象子列表框：用于编辑查询对象列表框中选择的对象的子对象。
- 子列表框中的对象列表框：用于编辑查询子列表框中对象的子对象。
- 对象预览框：用于预览对象的外形以及在电路板中的位置。

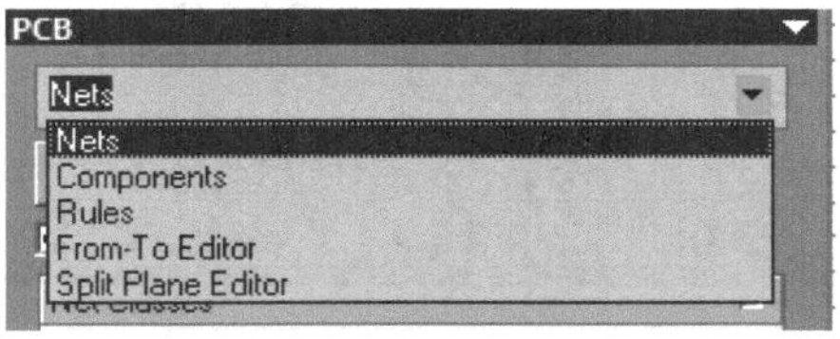

图 7-17 对象类型选择框

7.3.1 管理 Nets(网络)对象

在对象类型下拉列表框中选择 Nets 选项，在子对象列表中双击网络对象，弹出 Edit Net(网络编辑)对话框，如图 7-18 所示。

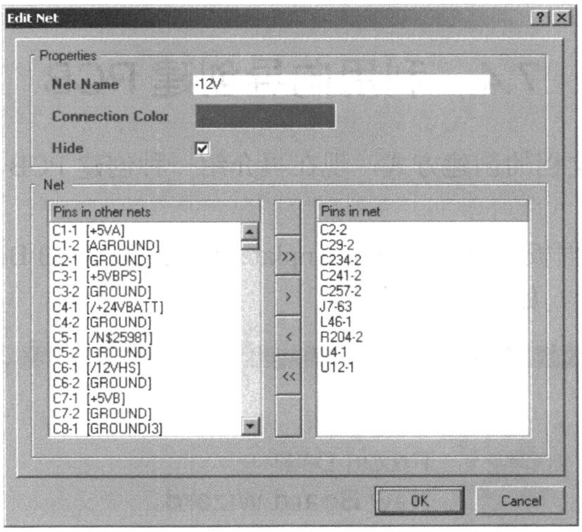

图 7-18 Edit Net(网络编辑)对话框

在 Edit Net(网络编辑)对话框中有三项设置。

- Net Name 文本框：显示所选择的网络名，网络名不可以修改。
- Connection Color 颜色块：修改网络飞线颜色。
- Hide 复选框：设置是否隐藏网络飞线。

在子列表框中的对象列表框中双击某一项，即可打开该对象的属性对话框，如图 7-19 所示为一个 Pad(焊盘)属性对话框。

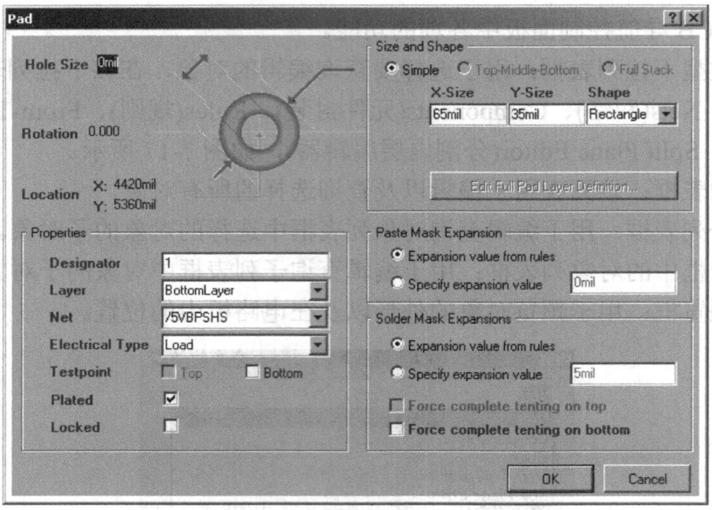

图 7-19　Pad(焊盘)属性对话框

7.3.2　管理 Components(元件封装)对象

在对象类型下拉列表框中选择 Components 选项，用户可以编辑元件封装属性、快速定位所选元件封装、设置引脚焊盘属性、快速定位焊盘、预览放大等，由于它的操作与 Nets 管理大致一样，因此在这里不再详细介绍。

7.4　利用向导创建 PCB

第 6 章讲过 PCB 文档的创建方式，现在再介绍一种创建 PCB 文档的方法，具体步骤如下。

(1)　单击文件工作面板中 New from template 选项下的 PCB Board Wizard 选项，启动的 PCB 电路板设计向导，如图 7-20 所示。

图 7-20　启动的 PCB 向导

(2) 单击 Next 按钮，出现如图 7-21 所示对话框，要求对 PCB 板进行度量单位设置。系统提供两种度量单位：一种是 Imperial(英制单位)，在印制电路板中常用的是 Inch(英寸)和 mil(千分之一英寸)，其转换关系是 1inch=1000mil；另一种单位是 Metric(公制单位)，常用的有 cm(厘米)和 mm(毫米)。两种量度单位的转换关系为 1inch=25.4mm。系统默认使用的是英制度量单位。

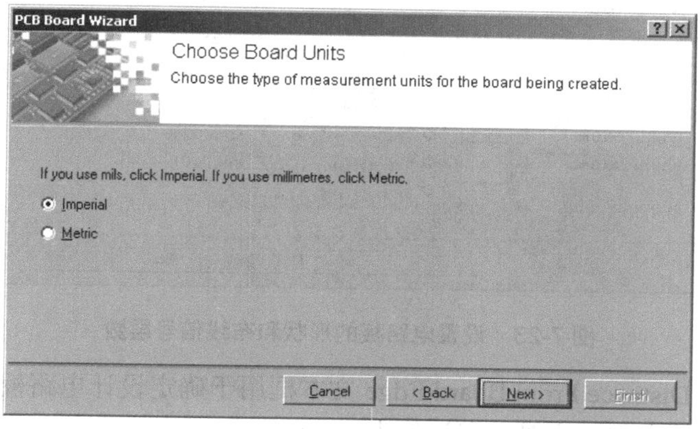

图 7-21 PCB 电路板度量单位设定

(3) 单击 Next 按钮，出现如图 7-22 所示的界面，要求对 PCB 板的尺寸类型进行指定。Protel DXP 提供了多种工业制板的规格，用户可以根据自己的需要，选择 Custom 选项，进入自定义 PCB 板的尺寸类型模式。

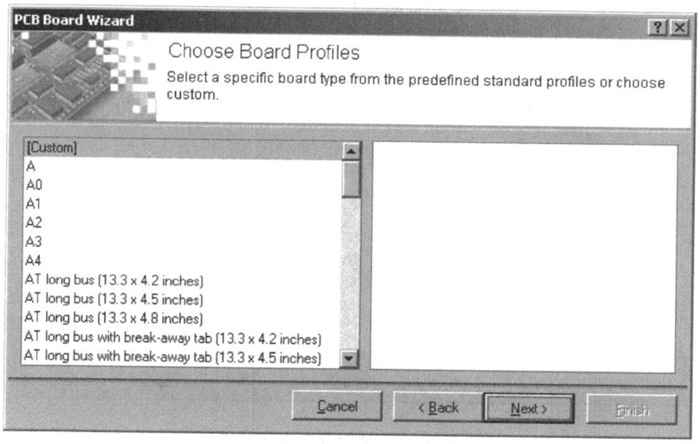

图 7-22 指定 PCB 板的尺寸类型

(4) 单击 Next 按钮，进入下一界面，设置电路板的形状和布线信号层数，如图 7-23 所示。

在图 7-23 所示对话框中，Outline Shape 选项组有三种选项可以设置设计的外观形状：Rectangular 为矩形；Circular 为圆形；Custom 为自定义形状，类似椭圆形。常用设置如下。

- Rectangular 矩形板。Board Size 为板的长度和宽度，输入 3000mil 和 2000mil，即 3inch × 2inch。
- Dimension Layer 下拉列表框用于选择所需要的机械加工层，最多可选择 16 层。

设计双面板只需要使用默认选项，选择 Mechanical Layer 1 选项。

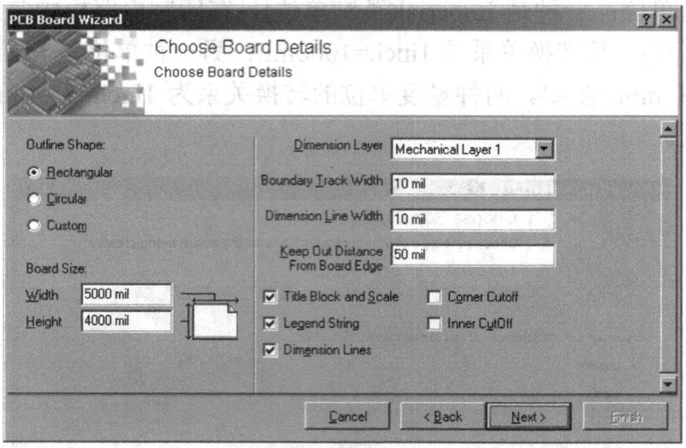

图 7-23　设置电路板的形状和布线信号层数

- Keep Out Distance From Board Edge 文本框用于确定设计电路板时，从机械板的边缘到可布线之间的距离，默认值为 50 mil。
- Corner Cutoff 复选框，选择是否要在印制电路板的四个角进行裁剪。本例中不需要。如果需要则单击 Next 按钮，之后会出现如图 7-24 所示界面，要求对裁剪大小进行尺寸设计。

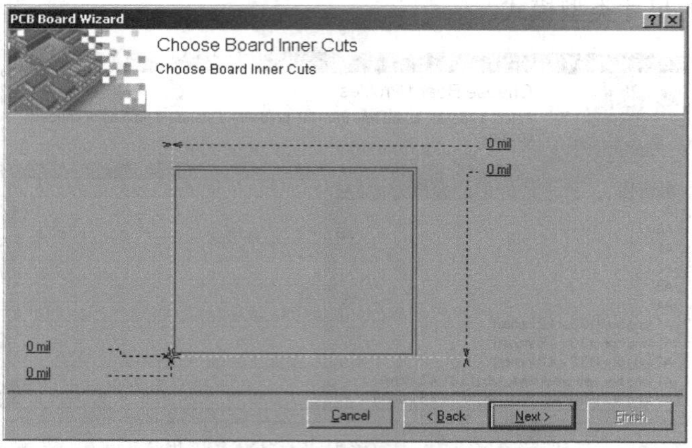

图 7-24　PCB 板内部裁剪

- Inner Cutoff 复选框用于确定是否进行印制电路板内部的裁剪。

提示： 本例中不需要内部的裁剪，所以取消选中 Inner Cutoff 复选框。如果需要，选中该复选框后，会出现如图 7-24 所示的界面，在左下角输入距离值进行内部裁剪。

(5) 单击 Next 按钮进入下一个界面，对 PCB 板的 Signal Layers(信号层)和 Power Planes(电源层)的数目进行设置，如图 7-25 所示。本例设计双面板，故信号层数为 2，电源层数为 0，不设置电源层。

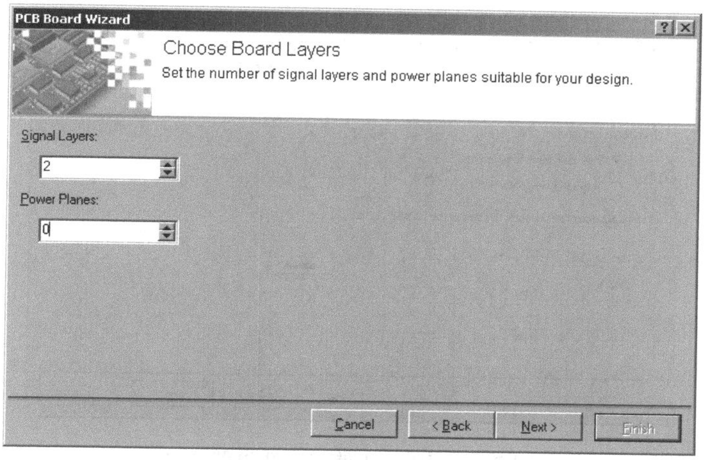

图 7-25　PCB 板信号层和电源层数目的设置

(6) 单击 Next 按钮进入下一个界面，设置所使用的过孔类型，这里有两类过孔方式可供选择：一类是 Thruhole Vias only(穿透式过孔)；另一类是 Blind and Buried Vias only(盲过孔和隐藏过孔)。本例中使用穿透式过孔，如图 7-26 所示。

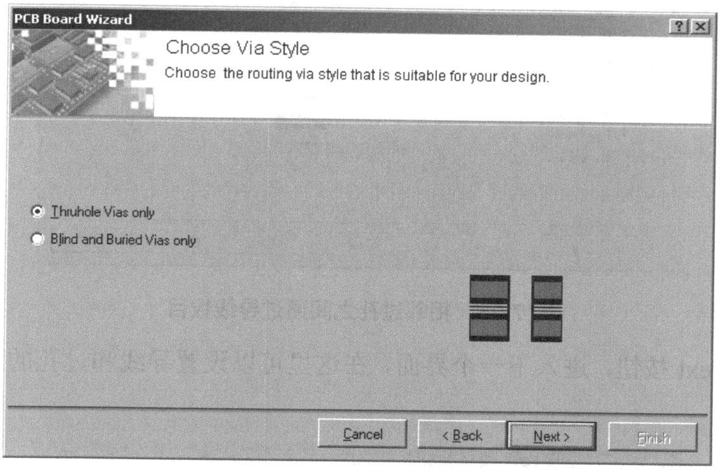

图 7-26　PCB 过孔类型设置

(7) 单击 Next 按钮，进入下一个界面，设置组件的类型和表面黏着组件的布局，如图 7-27 所示。在 The board has mostly 选项组中，有两个选项可供选择：一个是 Surface-mount components，即表面黏着式组件；另一个是 Through-hole components，即针脚式封装组件(第 8 章中会进行详细介绍)。如果选择使用表面黏着式组件选项，将会出现“Do you put components on both sides of the board”提示信息，询问是否在 PCB 的两面都放置表面黏着式组件。

本例中使用的是针脚式封装组件，选中此单选按钮后出现如图 7-28 所示的单选按钮，在此可对相邻两过孔之间布线时所经过的导线数目进行设定。这里选择 Two Track 单选按钮，即相邻焊盘之间允许经过的导线为两条。

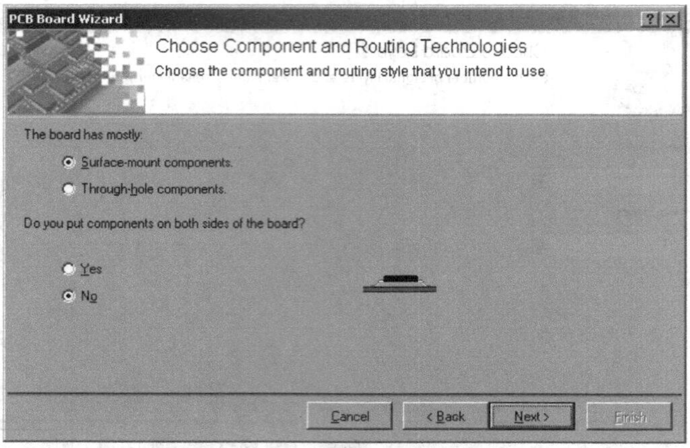

图 7-27　PCB 板使用组件类型设定

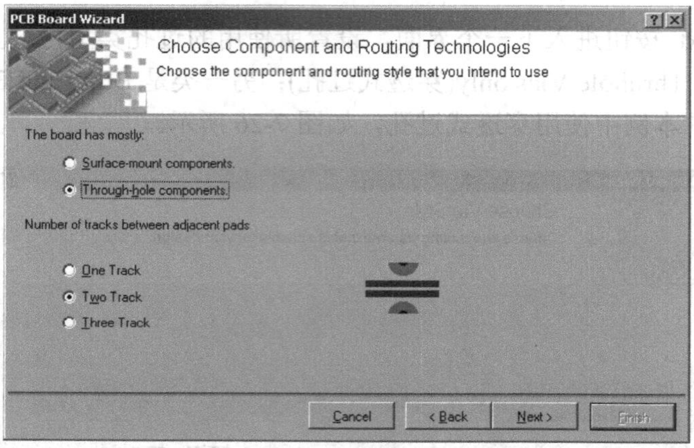

图 7-28　相邻过孔之间通过导线数目

(8) 单击 Next 按钮，进入下一个界面，在这里可以设置导线和过孔的属性，如图 7-29 所示。

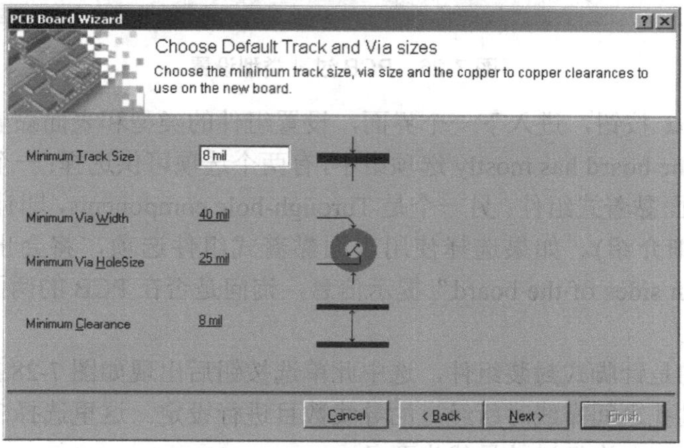

图 7-29　导线和过孔属性设置对话框

图 7-29 所示对话框中的选项设置及功能如下。

- Minimum Track Size 文本框：设置导线的最小宽度，单位为 mil。
- Minimum Via Width 文本框：设置焊盘的最小直径值。
- Minimum Via HoleSize 文本框：设置焊盘的最小孔径。
- Minimum Clearance 文本框：设置相邻导线之间的最小安全距离。

这些参数可以根据实际需要进行设定，单击相应的位置即可进行参数修改，这里均采用默认值。

(9) 单击 Next 按钮，出现 PCB 设置完成界面，如图 7-30 所示。单击 Finish 按钮，将启动 PCB 编辑器。

图 7-30　完成设计

至此完成了使用 PCB 向导新建 PCB 板的设计。新建的 PCB 文档默认命名为 PCB1.PCbDeC，编辑区中会出现设定好的空白 PCB 纸。在文件工作面板中右击，在弹出的快捷菜单中选择 Save As 命令，将其保存为 CLOCK.PcbDoc，并将其加入到 CLOCK.PRJPCB 项目中。

7.5　PCB 设计规则及其检查

在 PCB 布线时，系统会按照预先设定的规则布线，对于手工布线的电路板而言，既可以进行设计规则检查(DRC)，又可以让系统进行实时规则检查。对于自动布线，也可以用 DRC 功能检查。

7.5.1　PCB 设计规则

对于 PCB 的设计，Protel DXP 提供了 10 种不同的设计规则，这些设计规则包括导线放置、导线布线方法、组件放置、布线规则、组件移动和信号完整性等。根据这些规则，Protel DXP 进行自动布局和自动布线。在很大程度上，布线是否成功和布线质量的高低取决于设计规则的合理性，也依赖于用户的设计经验。

如果是设计双面板，很多规则可以采用系统默认值，系统默认值就是对双面板进行布线的设置。

1. 设计规则设置

进入设计规则设置对话框的方法是在 PCB 电路板编辑环境下，选择 Design | Rules 命令，系统将弹出如图 7-31 所示的 PCB Rules and Constraints Editor(PCB 设计规则和约束)对话框。该对话框左窗格显示的是设计规则的类型，共分 10 类，包括 Electrical(电气类型)、Routing(布线类型)、SMT(表面黏着组件类型)规则等，右窗格则显示对应设计规则的设置属性。

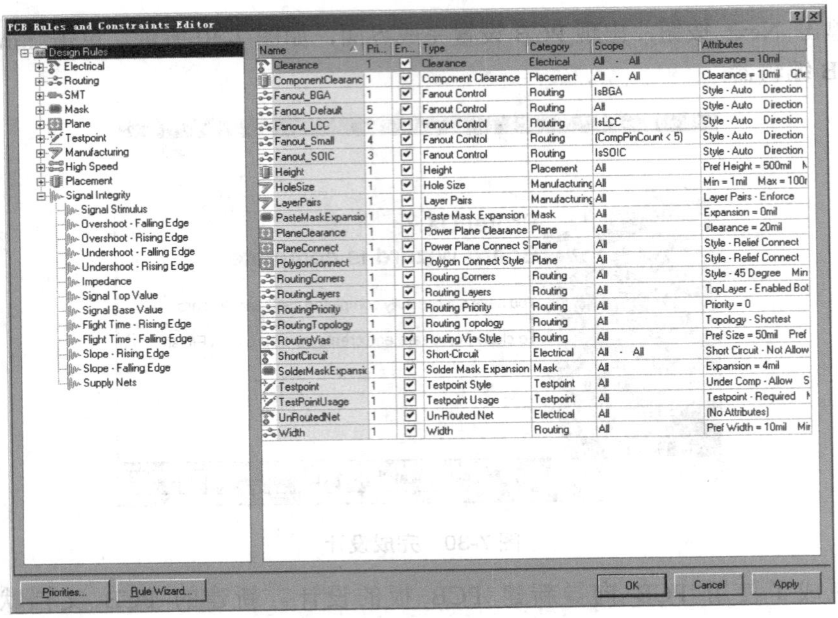

图 7-31 PCB Rules and Constraints Editor(PCB 设计规则和约束编辑)对话框

PCB Rules and Constraints Editor(PCB 设计规则和约束)对话框的左下角有按钮 Priorities，单击该按钮，可以对同时存在的多个设计规则设置优先权的大小。对这些设计规则的基本操作有：新建规则、删除规则、导出规则和导入规则等。可以在左窗格任一类规则上右击，将会弹出如图 7-32 所示的快捷菜单。

如图 7-32 所示快捷菜单含义如下。

- New Rule：新建规则。
- Delete Rule：删除规则。
- Report：将当前规则以报告文件的方式给出。
- Export Rules：将规则导出，将以.rul 为扩展名导出到文件中。
- Import Rules：从文件中导入规则。

2. 电气设计规则

Electrical(电气设计)规则是电路板在布线时必须遵守的规则，包括安全距离、短路允许等四个方面的设置。

1) Clearance(安全距离)选项组设置

安全距离是 PCB 电路板在布置铜膜导线时，组件焊盘和焊盘之间、焊盘和导线之间、导线和导线之间的最小距离。

下面以新建一个安全规则为例，简单介绍安全距离的设置方法。

(1) 在 Clearance 上右击，在弹出的快捷菜单中选择 New Rule 命令，如图 7-33 所示。系统将自动以当前设计规则为准，生成名为 Clearance_1 的新设计规则，其设置对话框如图 7-34 所示。

图 7-32 设计规则菜单

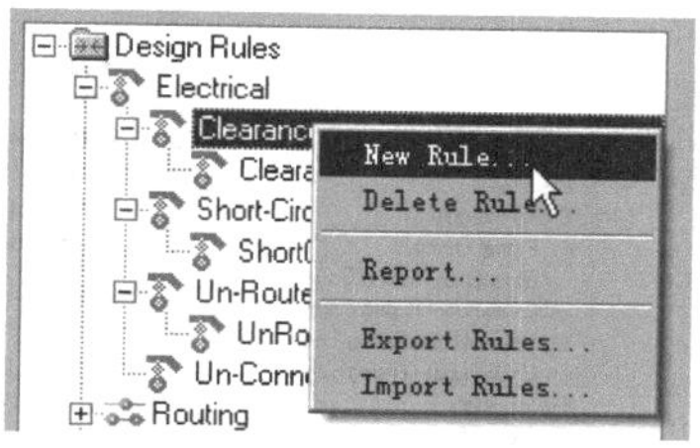

图 7-33 新建规则

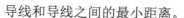

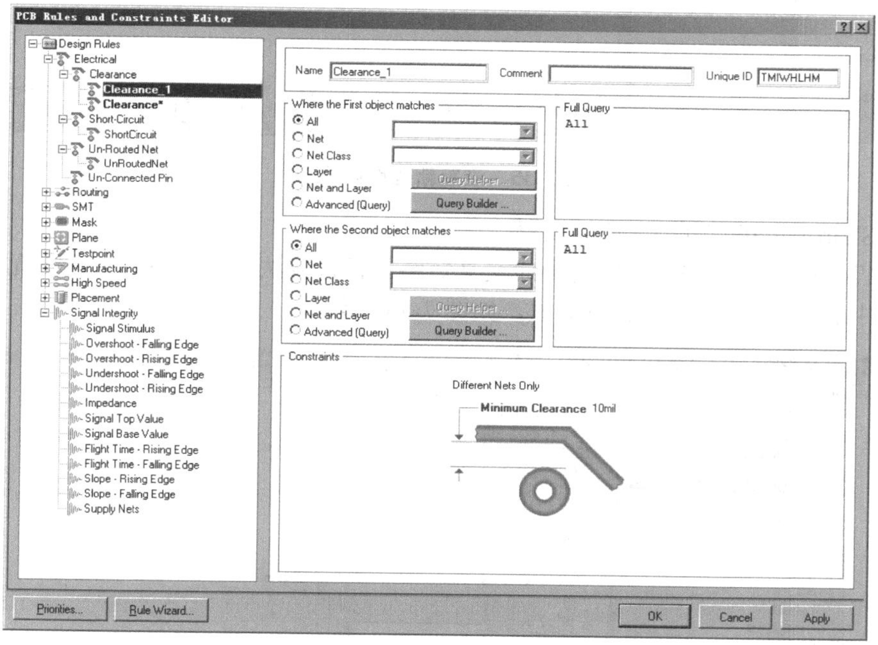

图 7-34 新建 Clearance_1 设计规则

(2) 在 Where the First object matches 选项组中选定一种电气类型。在这里选中 Net 单选按钮，同时在下拉列表框中选择任一网络名。在右边 Full Query 列表框中出现 InNet 字样，其中括号里也会出现对应的网络名。

(3) 同样地在 Where the Second object matches 选项组中也选中 Net 单选按钮，从下拉列表框中选择另外一个网络名。

(4) 在 Constraints 选项组中的 Minimum Clearance 文本框里输入 8mil。这里 mil 为英制单位，1mil=0.001 inch, 1inch= 2.54cm。文中其他位置的 mil 也代表同样的长度单位。

(5) 单击 Close 按钮，将退出设置，系统自动保存更改，设计完成效果，如图 7-35 所示。

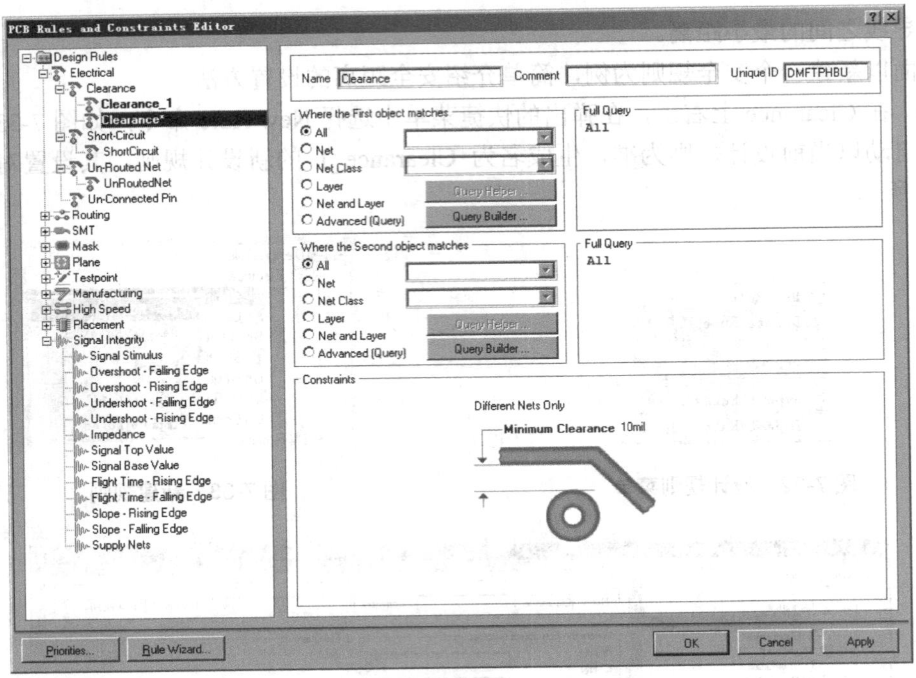

图 7-35　设置新建设计规则

2)　Short-Circuit(短路)选项组设置

短路设置即是否允许电路中有导线交叉短路。设置方法同上，系统默认不允许短路，即取消选中 Allow Short Circuit 复选框，如图 7-36 所示。

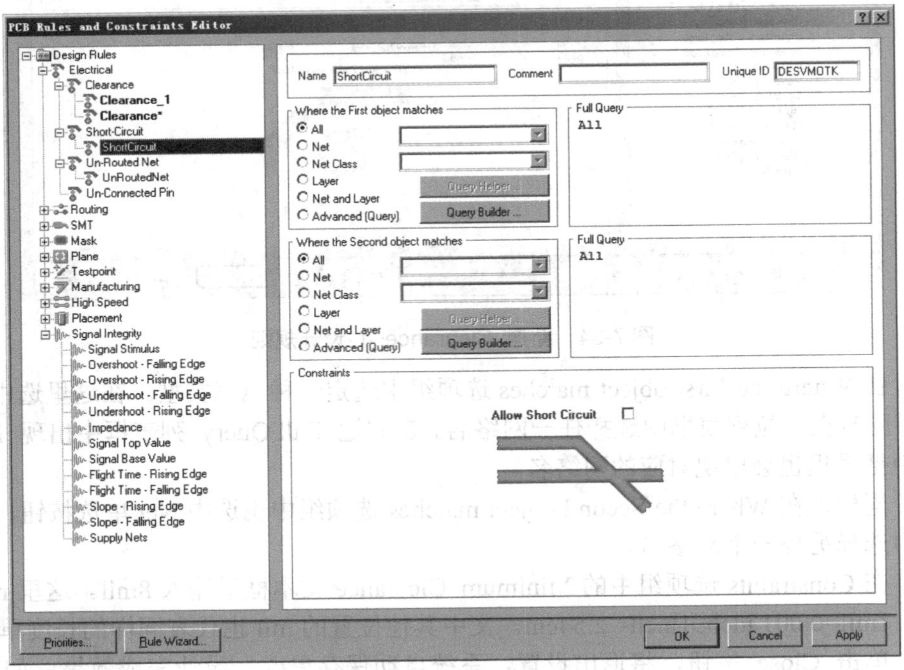

图 7-36　短路是否允许设置

3) Un-Routed Net(未布线网络)选项组设置

可以指定网络、检查网络布线是否成功，如果不成功，将保持用飞线连接。

4) Un-Connected Pin(未连接管脚)选项组设置

对指定的网络检查是否所有组件管脚都连接了。

3. 布线设计规则

Routing(布线设计)规则主要有如下六种。

1) Width(导线宽度)选项组设置

导线的宽度有三个值可以供设置，分别为 Max Width(最大宽度)、Preferred Width(最佳宽度)和 Min Width(最小宽度)三个值，如图 7-37 所示。导线宽度的默认值为 10mil，单击每个项直接输入数值即可更改。这里采用系统默认值 10mil 设置导线宽度。

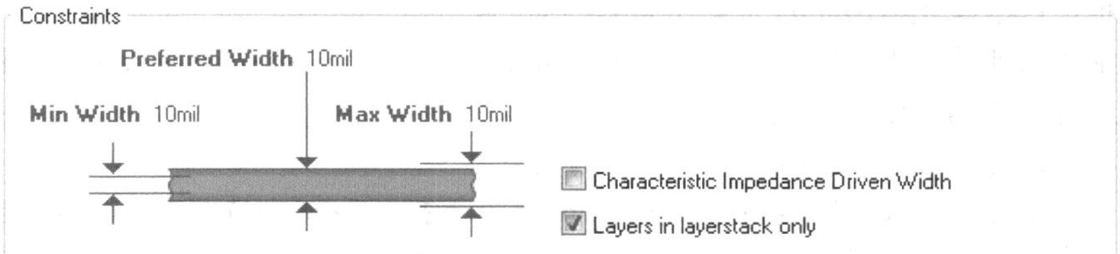

图 7-37 设置导线宽度

2) Routing Topology(布线拓扑)选项组设置

拓扑规则定义采用的是布线的拓扑逻辑约束。Protel DXP 中常用的布线约束为统计最短逻辑规则，用户可以根据具体设计选择不同的布线拓扑规则。Protel DXP 提供了七种布线拓扑规则。

第一种：Shortest(最短)规则设置

最短规则设置如图 7-38 所示。从 Topology 下拉列表框中选择 Shortest 选项，是指在布线时采用连接所有节点的联机最短规则。

第二种：Horizontal (水平)规则设置

水平规则设置如图 7-39 所示。从 Topology 下拉列表框中选择 Horizontal 选项，是指采用连接节点的水平联机最短规则。

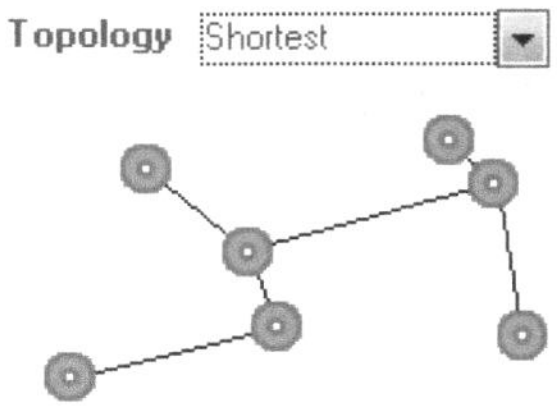

图 7-38 最短拓扑规则

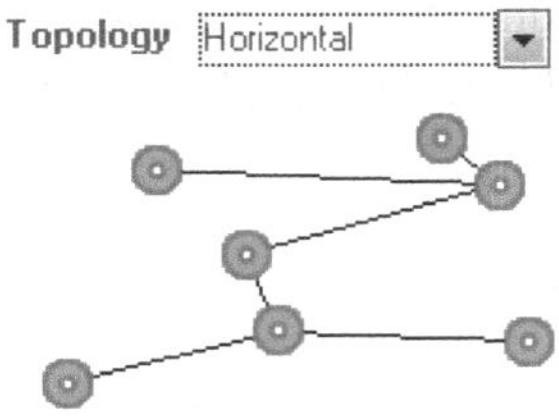

图 7-39 水平拓扑规则

第三种：Vertical (垂直)规则设置

垂直规则设置如图 7-40 所示。从 Topology 下拉列表框中选择 Vertical 选项，是指采用连接所有节点时在垂直方向联机最短规则。

第四种：Daisy-Simple(简单雏菊)规则设置

简单雏菊规则设置如图 7-41 所示。从 Topology 下拉列表框中选择 Daisy-Simple 选项，是指采用链式连通法则从一点到另一点连通所有的节点，并使联机最短。

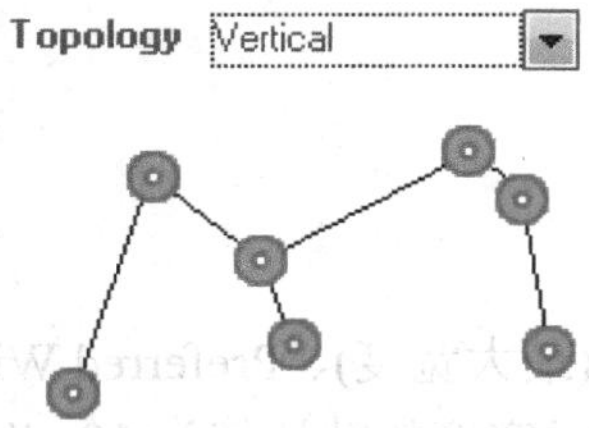

图 7-40 垂直拓扑规则

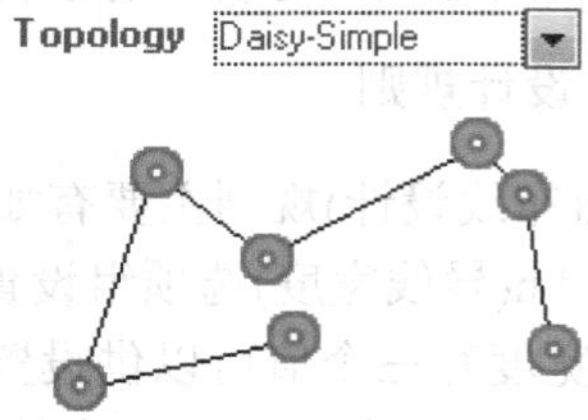

图 7-41 简单雏菊规则

第五种：Daisy-MidDriven (雏菊中点)规则设置

雏菊中点规则设置如图 7-42 所示。从 Topology 下拉列表框中选择 Daisy_MidDiven 选项，是指选择一个 Source(源点)，以它为中心向左右连通所有的节点，并使联机最短。

第六种：Daisy-Balanced (雏菊平衡)规则设置

雏菊平衡规则设置如图 7-43 所示。从 Topology 下拉列表框中选择 Daisy-Balanced 选项，是指选择一个源点，将所有的中间节点数目平均分成组，所有的组都连接在源点上，并使联机最短。

第七种：Starburst(星形)规则设置

星形规则设置如图 7-44 所示。从 Topology 下拉列表框中选择 Starburst 选项，是指选择一个源点，以星形方式去连接别的节点，并使联机最短。

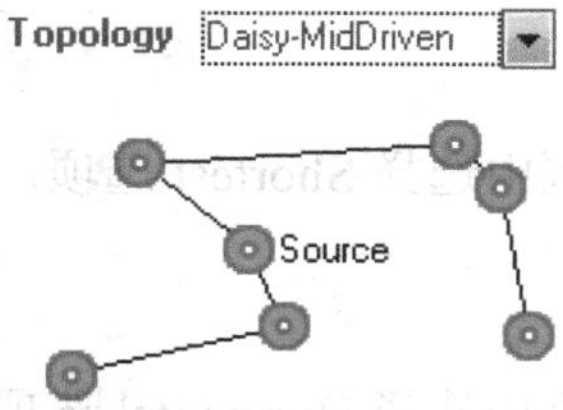

图 7-42 雏菊中点规则

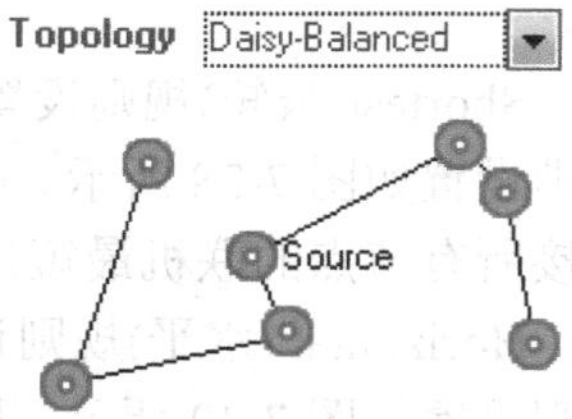

图 7-43 雏菊平衡规则

3) Routing Priority(布线优先级别)选项组设置

该规则用于设置布线的优先次序，设置的范围为 0～100，数值越大，优先级越高，如图 7-45 所示。

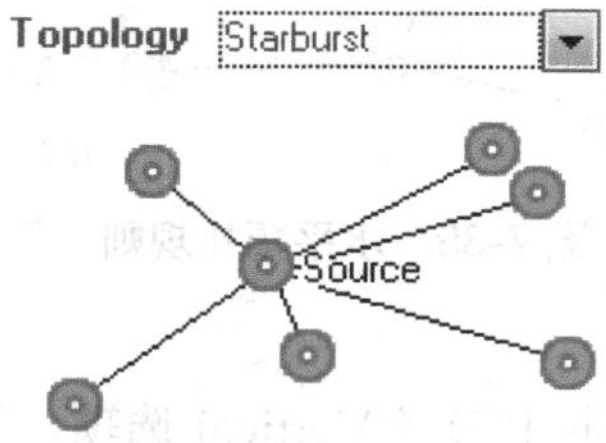

图 7-44 Starburst (星形)规则

图 7-45 布线优先级设置

4)　Routing Layers(布线图)选项组设置

该规则设置布线板的导线走线方法，包括顶层和底层布线层，如图 7-46 所示。

5)　Routing Corners(拐角)选项组设置

布线的拐角可以有 45° 拐角(45 Degrees)、90° 拐角(90 Degrees)和圆形拐角(Rounded)三种，如图 7-47 所示。

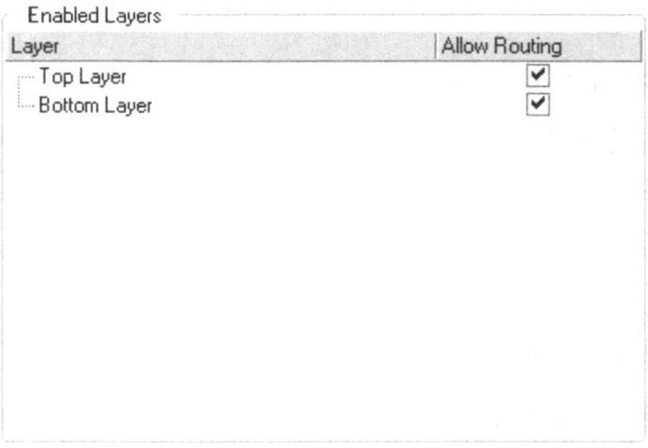

图 7-46　布线层设置

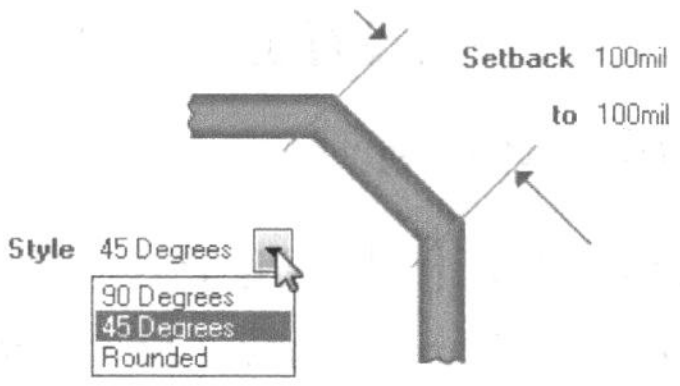

图 7-47　拐角设置

从 Style 下拉列表框中可以选择拐角的类型，90° 拐角如图 7-48 所示，圆形拐角设置如图 7-49 所示。

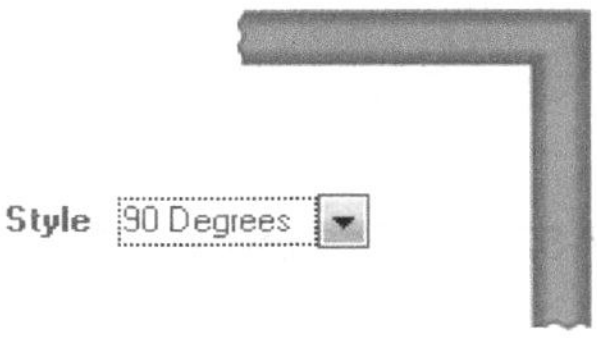

图 7-48　90° 拐角

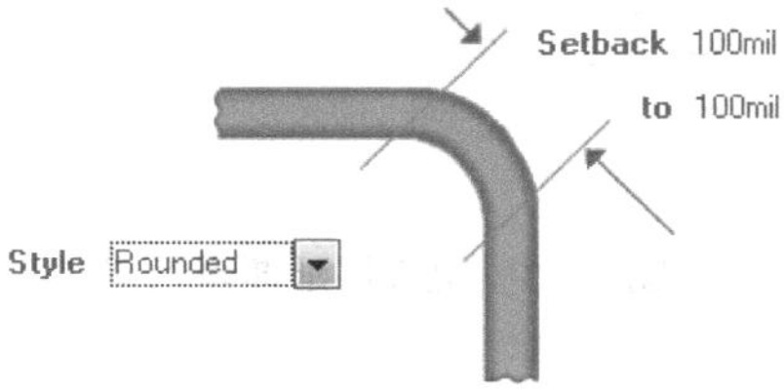

图 7-49　圆形拐角设置

6)　Routing Via Style(导孔)选项组设置

该规则用于设置布线中导孔的尺寸，其接口如图 7-50 所示。可以设置的参数有导孔的直径 Via Diameter 和导孔中的通孔直径 Via Hole Size，包括 Maximum(最大值)、Minimum(最小值)和 Preferred(最佳值)。

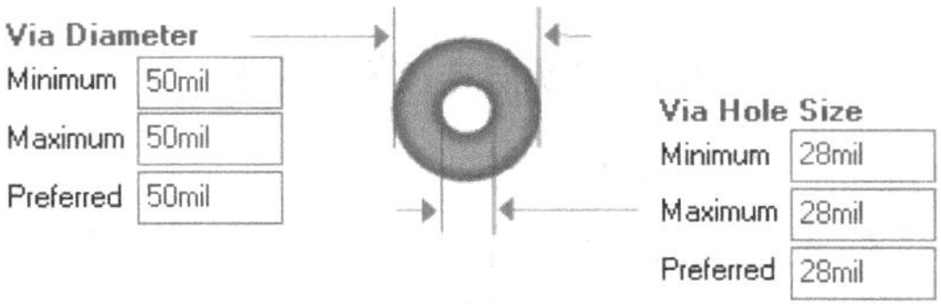

图 7-50　导孔设置

提示： 设置时需注意导孔直径和通孔直径的差值不宜过小，否则将不宜于制板加工，合适的差值在 10mil 以上。

4. 阻焊层设计规则

Mask(阻焊层设计)规则用于设置焊盘到阻焊层的距离，有如下几种规则。

1) Solder Mask Expansion(阻焊层延伸量)选项组设置

该规则用于设计从焊盘到阻碍焊层之间的延伸距离。在制作电路板时，阻焊层要预留一部分空间给焊盘。这个延伸量就是防止阻焊层和焊盘相重叠，如图 7-51 所示，系统默认值为 4mil，Expansion 设置项为延伸量的大小。

2) Paste Mask Expansion(表面黏着组件延伸量)选项组设置

该规则设置表面黏着组件的焊盘和焊锡层孔之间的距离，如图 7-52 所示，图中的 Expansion 设置项为设置延伸量的大小。

5. 内层设计规则

Plane(内层设计)规则用于多层板设计，有三种设置规则。

1) Power Plane Connect Style(电源层连接方式)选项组设置

电源层连接方式规则用于设置导孔到电源层的连接，其设置界面如图 7-53 所示。

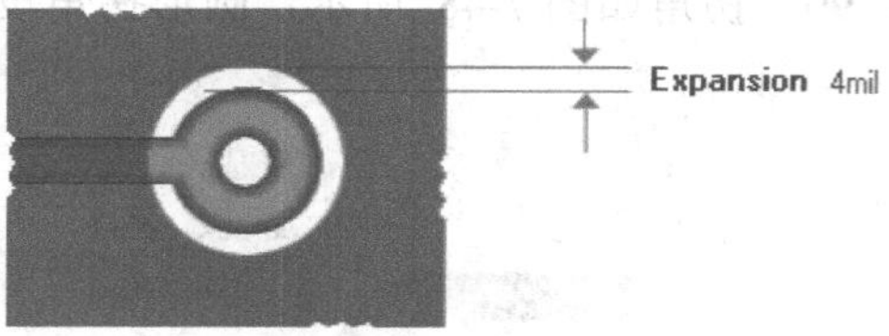

图 7-51　阻焊层延伸量设置

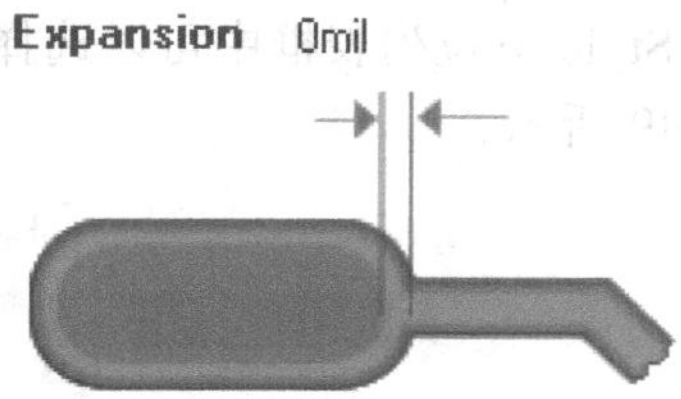

图 7-52　表面黏着组件延伸量设置

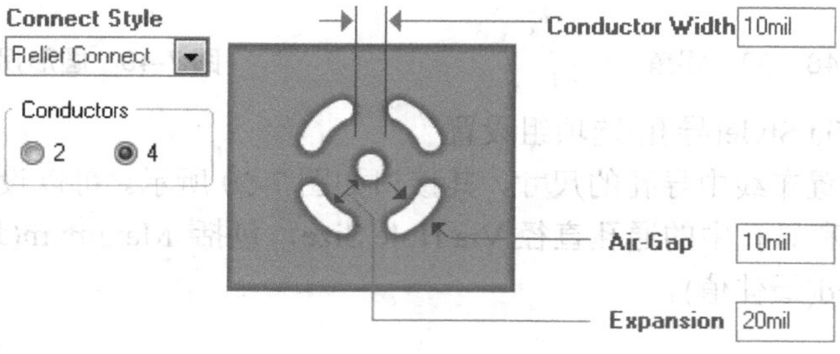

图 7-53　电源层连接方式设置

图 7-53 中共有五个设置项，分别介绍如下。

- Connect Style 下拉列表框：用于设置电源层和导孔的连接风格。下拉列表中有三个选项可以选择，即 Relief Connect (发散状连接)、Direct Connect(直接连接)和 No Connect (不连接)，如图 7-54 所示。工程制板中多采用发散状连接风格。
- Conductor Width 文本框：用于设置导通的导线宽度。
- Conductors 单选按钮：用于选择连通的导线数目，可以有两条或者四条导线供选择。

- Air-Gap 文本框：用于设置空隙的宽度。
- Expansion 文本框：用于设置导孔到空隙之间的距离。

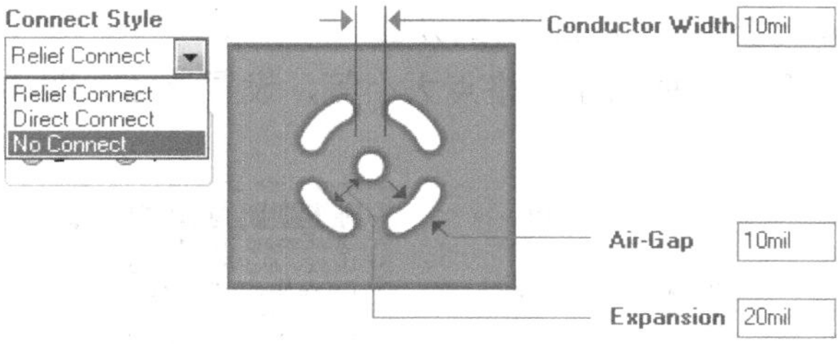

图 7-54　Connect Style 下拉列表框

2)　Power Plane Clearance(电源层安全距离)选项组设置

该规则用于设置电源层与穿过它的导孔之间的安全距离，即防止导线短路的最小距离，设置界面如图 7-55 所示，系统默认值 20mil。

3)　Polygon Connect Style(敷铜连接方式)选项组设置

该规则用于设置多边形敷铜与焊盘之间的连接方式，设置界面如图 7-56 所示。用户可以设定敷铜与焊盘之间的连接角度，有 45 Angle(45°)和 90 Angle(90°)两种方式可选。

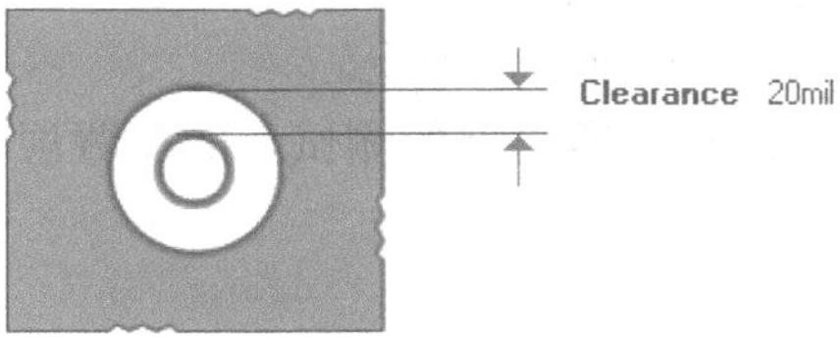

图 7-55　电源层安全距离设置

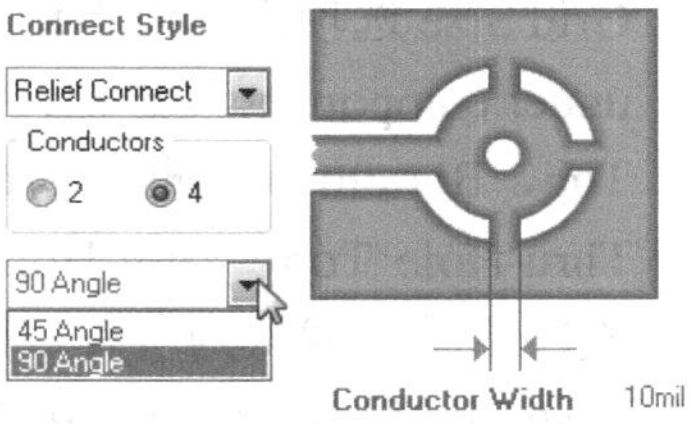

图 7-56　敷铜连接方式设置

提示：在如图 7-56 所示的 Connect Style 下拉列表框中有三个选项，分别为 Relief Connect (发散状连接)、Direct Connect (直接连接)和 No Connect(不连接)，如图 7-57 所示。这三个选项设置与 Power Plane Connect Style 选项设置意义相同，在此不再赘述。

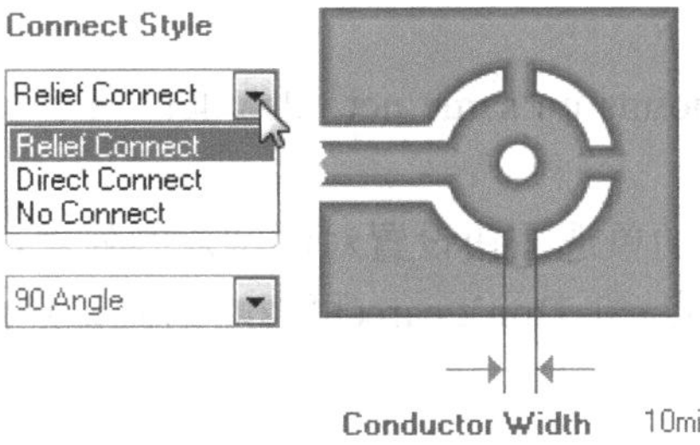

图 7-57　Polygon Connect Style 的 Connect Style 下拉列表

6. 测试点设计规则

Testpoint(测试点设计)规则用于设计测试点的形状、用法等，有如下几项设置。

1) Testpoint Style(测试点风格)选项组设置

该规则中可以指定测试点的大小和格点大小等，设置界面如图 7-58 所示。

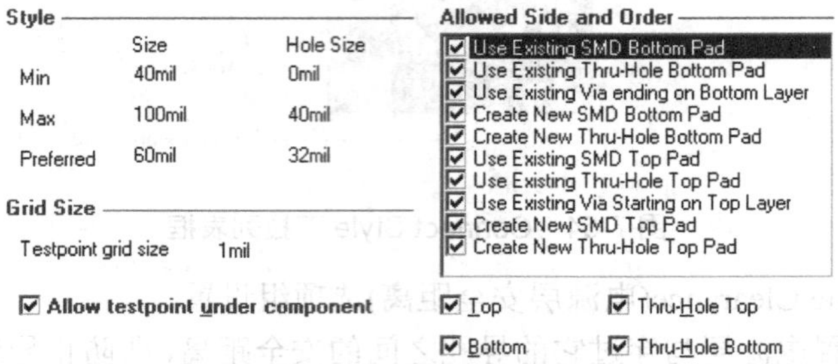

图 7-58　测试点风格设置

图 7-58 中的各选项介绍如下。

- Size 选项组：测试点的大小，Hole Size 文本框为测试点的导孔的大小，可以指定 Min(最小值)、Max(最大值)和 Preferred(最优值)。
- Grid Size 选项组：用于设置测试点的网格大小。系统默认为 1mil。Allow testpoint under component 复选框：用于选择是否允许将测试点放置在组件下面。
- Top、Bottom 复选框：选择可以将测试点放置在哪些层面上。
- Thru-Hole Top、Thru-Hole Bottom 复选框：设置所允许的测试点的放置层和放置次序。系统默认为所有规则都选中。

2) Testpoint Usage(测试点用法)选项组设置

测试点用法设置的接口如图 7-59 所示。

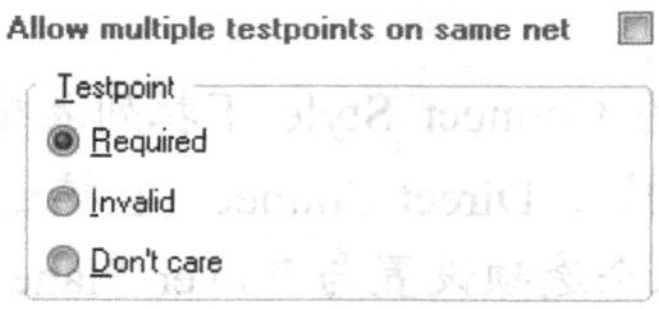

图 7-59　测试点用法设置

图 7-59 中的设置选项如下。

- Allow multiple testpoints on same net 复选框：用于设置是否可以在同一网络上允许多个测试点存在。
- Testpoint 选项组中的单选按钮设置对测试点的处理，可以是 Required(必须处理)、Invalid(无效的测试点)和 Don’t care(可忽略的测试点)。

7. 电路板制板规则

Manufacturing(电路板制板)规则用于设置电路板制板，有如下三类设置。

(1) Minimum annular Ring(最小焊盘环宽)选项组设置。电路板制作时的最小焊盘宽度，即焊盘外直径和导孔直径之间的有效值，系统默认值为 10mil。

(2) Acute Angle(导线夹角设置)选项组设置。对于两条铜膜导线的交角，不小于 90°。

(3) Hole size (导孔直径设置)选项组设置。该规则用于设置导孔内直径的大小，可以指定导孔内直径的最大值和最小值。

Measurement Method 下拉列表框中有两个选项：Absolute 以绝对尺寸来设计，Percent 以相对的比例来设计。采用绝对尺寸的导孔直径设置，如图 7-60 所示(以 mil 为单位)。

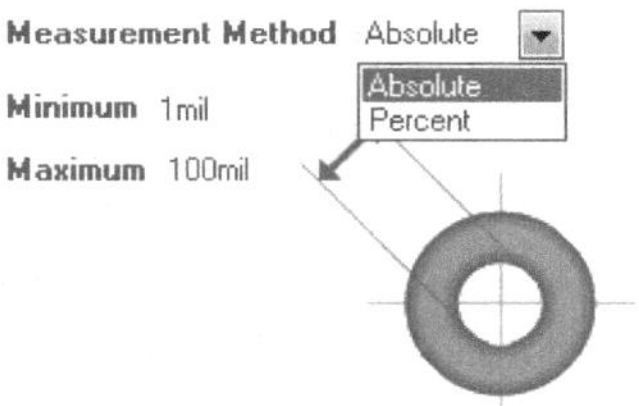

图 7-60　导孔直径设置

8. Layers Pais(使用板层对)选项组设置

在设计多层板时，如果使用了盲导孔，就要在这里对板层对进行设置。其中的 Enforce layer pairs settings 复选框用于选择是否允许使用板层对(Layers Pairs)设置。

7.5.2　设计检查

启动设置规则检查 DRC 的方法是选择 Tools | Design Rule Check 命令，将弹出 Design Rule Checker(设计规则检查)对话框，如图 7-61 所示。

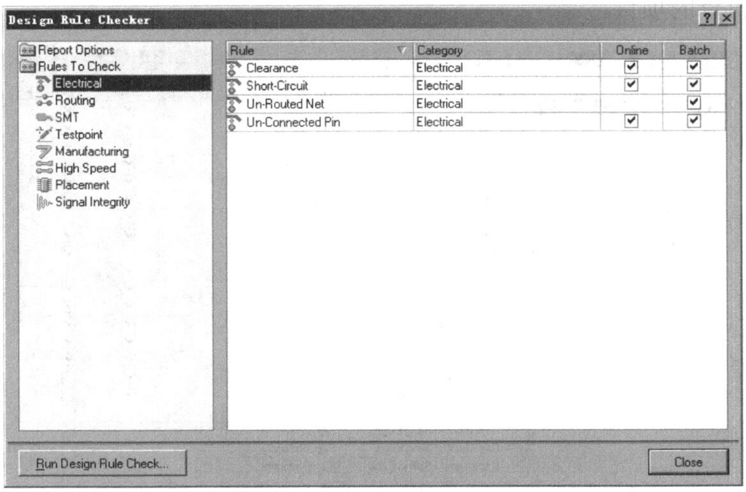

图 7-61　Design Rule Checker(设计规则检查)对话框

Design Rule Checker(设计规则检查)对话框的左窗格是设计项，右窗格为具体的设计内容。

1) Report Options 选项

如图 7-62 所示，该项设置生成的 DRC 报表包括哪些选项，由 Create Report File(生成报表文件)、Create Violations(给出违规信息)、Sub-Net Details (列出子网络的细节)、Internal Plane Warnings(内层检查)等选项来决定。选项 Stop when … violations found 用于限定违反规则的最高选项数，以便停止报表生成。系统默认所有的选项都选中。

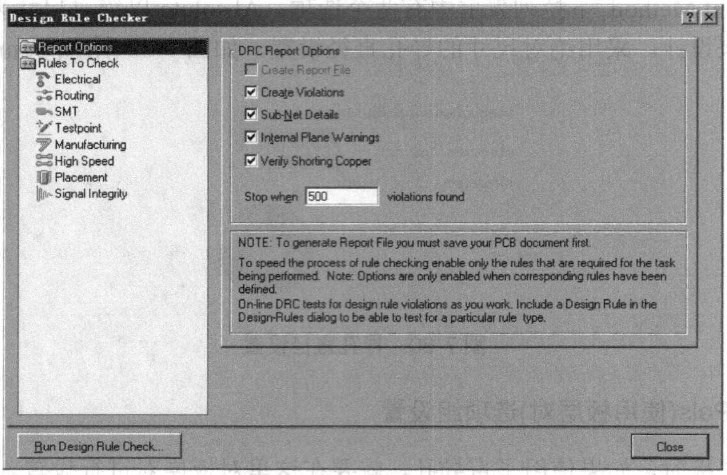

图 7-62 Report Options 选项

2) Rules To Check 选项

该项列出了八个设计规则，这些设计规则都是在PCB设计规则和约束对话框里定义的。选择左边各选项，详细内容会显示在右边的窗格中，如图 7-63 所示。Online 选项表示该规则是否在电路板设计的同时进行同步检查，即在线方法的检查。Batch 选项表示在运行 DRC 检查时要进行检查的项目。

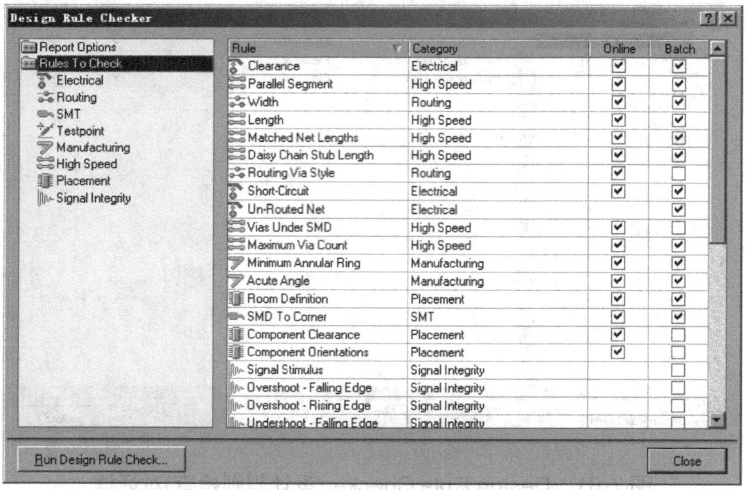

图 7-63 选择设计规则选项

对要进行检查的规则设置完成之后，在 Design Rule Checker 对话框中单击 Run Design

Rule Check 按钮，进入规则检查。系统将弹出 Messages 信息框，在这里列出了所有违反规则的信息项，包括所违反的设计规则的种类、所在文件、错误信息、序号等，如图 7-64 所示。

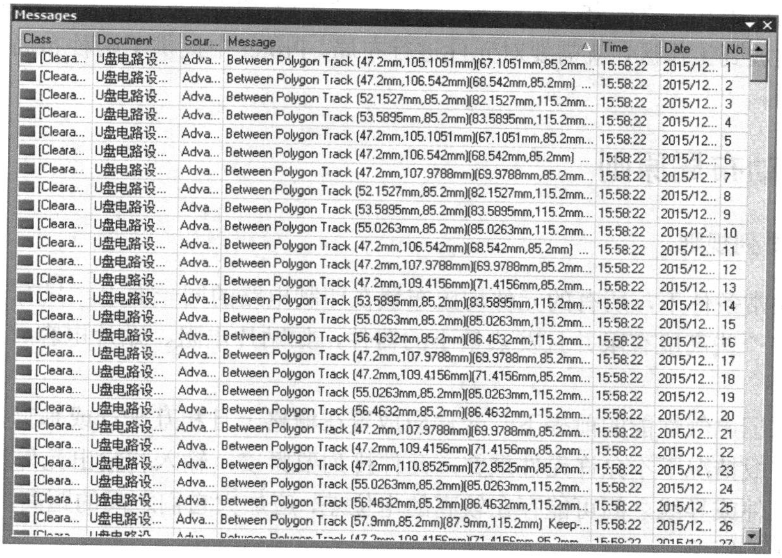

图 7-64 Messages 信息框

同时在 PCB 电路图中以绿色标志标出不符合设计规则的位置，用户可以回到 PCB 编辑状态下对错误的设计进行修改。再重新运行 DRC 检查，直到没有错误为止。DRC 设计规则检查完成后，系统将生成设计规则检查报告，文件扩展名为.DRC，如图 7-65 所示。

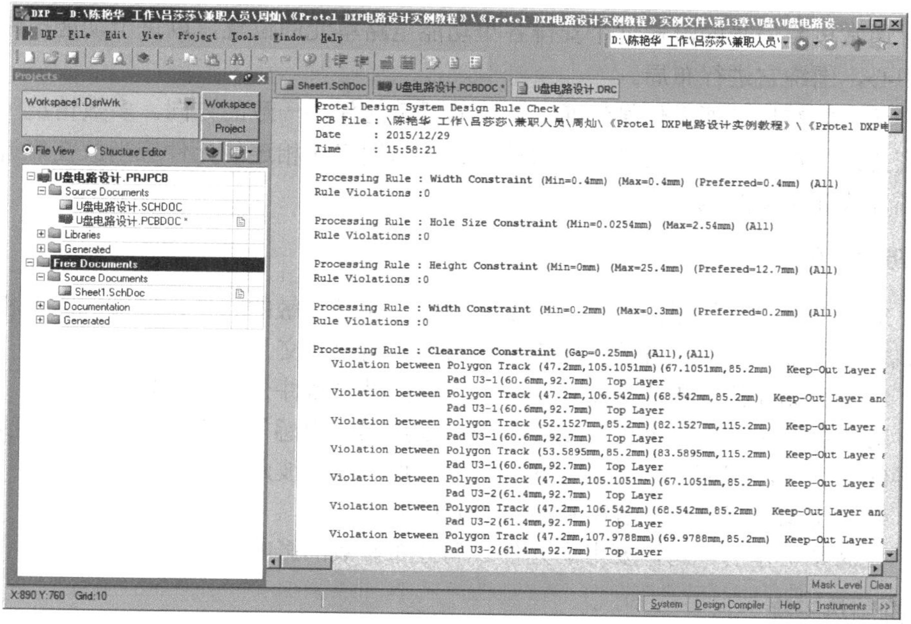

图 7-65 设计规则检查报告

7.6 元件的自动与手动布局

在装入网络表和元件封装之后，元件封装往往不能按照预期的位置布置在PCB图上，要把元件封装放到工作区，就需要对元件进行布局。Protel中提供了两种布局方式：自动布局与手动布局。

7.6.1 自动布局原则

1. 元件排列规则

(1) 在通常条件下，所有的元件均应布置在印制电路的同一面上，只有在顶层元件过密时，才能将一些高度有限并且发热量小的器件，如贴片电阻、贴片电容、贴IC等放在底层。

(2) 在保证电气性能的前提下，元件应放置在栅格上且相互平行或垂直排列，以求整齐、美观，一般情况下不允许元件重叠；元件排列要紧凑，输入和输出元件尽量远离。

(3) 某元件或导线之间可能存在较高的电位差，应加大它们之间的距离，以免因放电、击穿而引起意外短路。

(4) 带高电压的元件应尽量布置在调试时手不易触及的地方。

(5) 位于板边缘的元件，离板边缘至少要有两个板厚的距离。

(6) 元件在整个板面上应分布均匀、疏密一致。

2. 按照信号走向布局原则

(1) 通常按照信号的流程逐个安排各个功能电路单元的位置，以每个功能电路的核心元件为中心，围绕它进行布局。

(2) 元件的布局应便于信号流通，使信号尽可能保持一致的方向。多数情况下，信号的流向安排为从左到右或从上到下，与输入、输出端直接相连的元件应当放在靠近输入、输出接插件或连接器的地方。

3. 防止电磁干扰

(1) 对辐射电磁场较强的元件，以及对电磁感应较灵敏的元件，应加大它们相互之间的距离或加以屏蔽，元件放置的方向应与相邻的印制导线交叉。

(2) 尽量避免高低电压器件相互混杂、强弱信号的器件交错在一起。

(3) 对于会产生磁场的元件，如变压器、扬声器、电感等，布局时应注意减少磁力线对印制导线的切割，相邻元件磁场方向应相互垂直，减少彼此之间的耦合。

(4) 对干扰源进行屏蔽，屏蔽罩应有良好的接地。

(5) 在高频工作的电路，要考虑元件之间分布参数的影响。

4. 抑制热干扰

(1) 对于发热元件，应优先安排在利于散热的位置，必要时可以单独设置散热器或小风扇，以降低温度，减少对邻近元件的影响。

(2) 一些功耗大的集成块、大或中功率管、电阻等元件，要布置在容易散热的地方，并与其他元件隔开一定距离。

(3) 热敏元件应紧贴被测元件并远离高温区域，以免受到其他发热功率元件影响，引起误动作。

(4) 双面放置元件时，底层一般不放置发热元件。

5. 可调元件的布局

对于电位器、可变电容器、可调电感线圈或微动开关等可调元件的布局应考虑整机的结构要求。若是机外调节，其位置要与调节钮在机箱面板上的位置相适应；若是机内调节，则应放置在印制电路板便于调节的地方。

7.6.2　自动布局

Protel 提供了强大的自动布局功能，用户需要自行设定好自动布线规则，系统将自动对元件进行布局。

1. 自动布局的操作步骤

自动布局具体的操作步骤如下。

(1) 选择 Tools | Component Placement | Auto Placer 命令，如图 7-66 所示。

(2) 系统弹出 Auto Place(自动布局)对话框，如图 7-67 所示，在对话框中设置自动布局的有关参数，一般情况下都采用默认的设置。

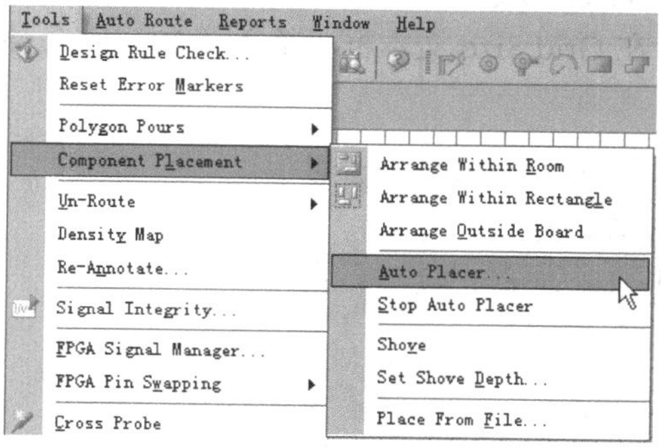

图 7-66　Auto Placer 命令

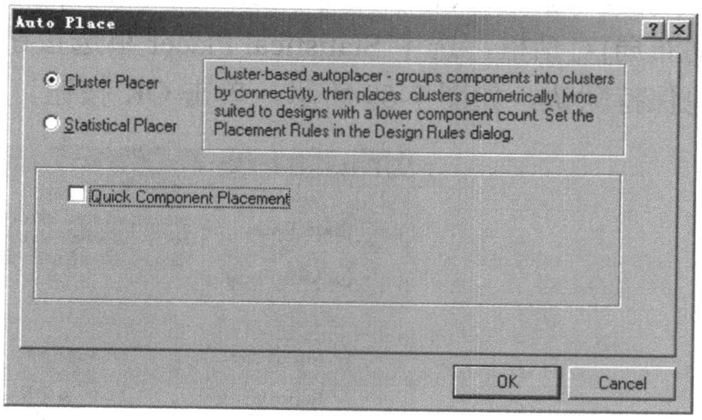

图 7-67　Auto Place(自动布局)对话框

Protel 的 PCB 编辑器提供了两种自动布局的算法，分别使用不同的计算和优化元件位置的方法，具体介绍如下。

(1) Cluster Placer 自动布局：这种方法将元件给予它们连同属性分为不同的元件束，并根据不同的元件束来分配不同的位置，一般这样的布局方式适合用于元件较少的 PCB 设计。

(2) Statistical Placer 布局使用统计算法来安排元件的位置，以便使得连接长度最优化，即使用元件中最短的导线来连接，如图 7-68 所示。

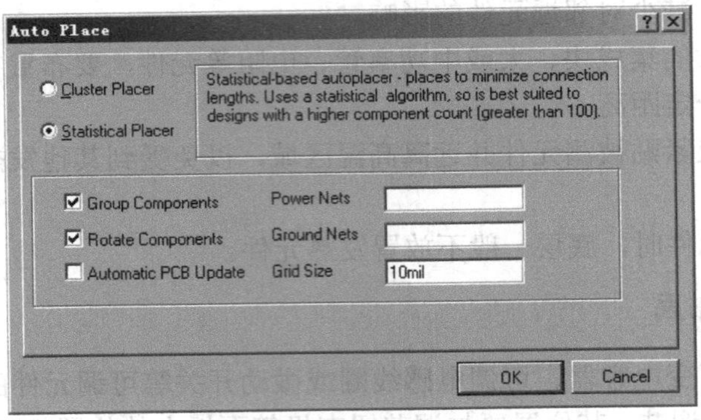

图 7-68　Statistical Placer 布局选项

Statistical Placer 布局选项具体含义如下。

- Group Components 复选框：将当前网络中联系密切的元件归为一个元件束，该元件束将被视为一个整体考虑，而不是单个的元件。
- Rotate Components 复选框：依据当前网络和排列的需要，将元件重组转向。
- Automatic PCB Update 复选框：自动更新 PCB 的网络和元件信息。
- Power Nets 文本框：定义电源网络名称。
- Ground Nets 文本框：定义接地网络名称。
- Grid Size 文本框：设置元件自动布局时的栅格间距大小。

2. 自动布局实例

(1) 选择 Tools | Component Placement | Auto Placer 命令，系统自动弹出 Auto Place(自动布局)对话框，选中 Statistical Placer 单选按钮，在 Grid Size 文本框中输入“20mil”，其他保持默认，如图 7-69 所示，单击 OK 按钮。

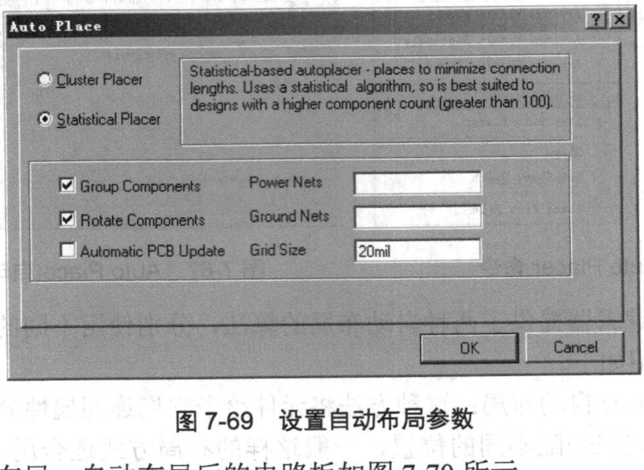

图 7-69　设置自动布局参数

(2) 开始自动布局，自动布局后的电路板如图 7-70 所示。

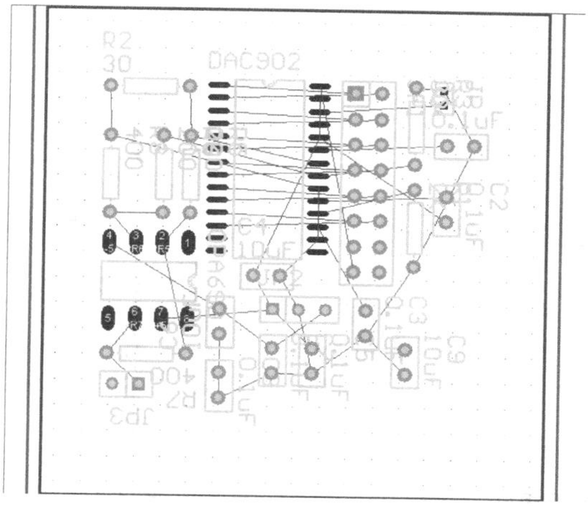

图 7-70　自动布局后的电路板

7.6.3　手动布局

在系统自动布局后，可以手动对元件布局进行调整，自动布局功能，直接进入元件的手动布置。手动调整元件的方法和 SCH 原理图设计中使用的方法类似，即将元件选中进行重新放置。使用鼠标左键选中元件并拖动的过程中，元件之间的飞线不会断开。

(1) 移动元件：将鼠标移到元件上单击并拖动鼠标，如图 7-71 所示。

(2) 旋转元件：单击选中元件，按空格键，如图 7-72 所示。

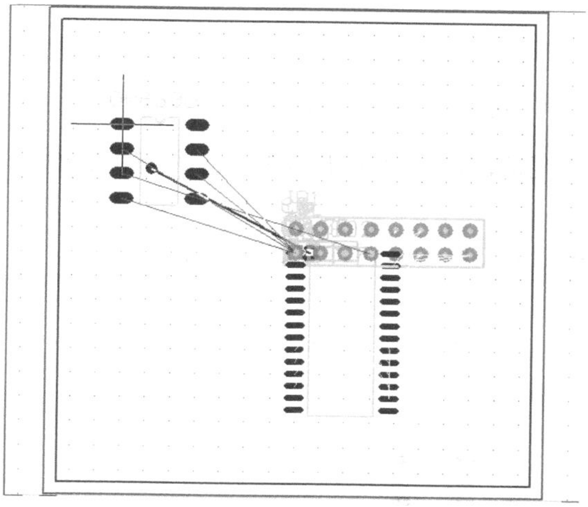

图 7-71　移动元件

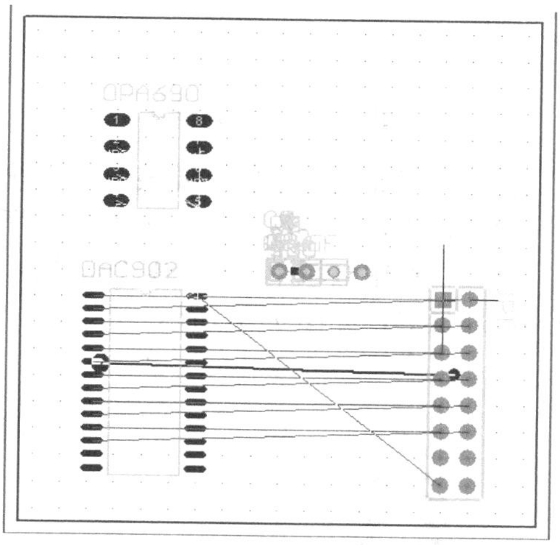

图 7-72　旋转元件

(3) 更换板层：单击选中元件，按 L 键，如图 7-73 所示。

(4) 元件复制：用区域选择命令将需要复制的元件选中，如图 7-74 所示。

(5) 按快捷键 Ctrl+C。鼠标指针变成十字形状，选择参考点，在选择区域中的任意处单击，鼠标指针消失，如图 7-75 所示。

(6) 按快捷键 Ctrl+V，出现带有复制元件的十字形状，单击放置元件，如图 7-76 所示。

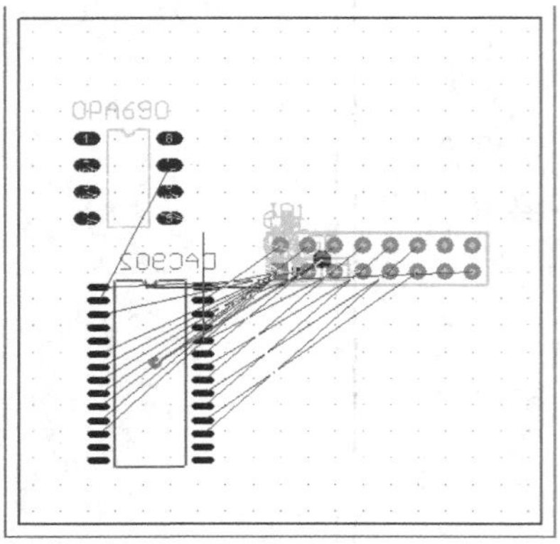

图 7-73　更换板层

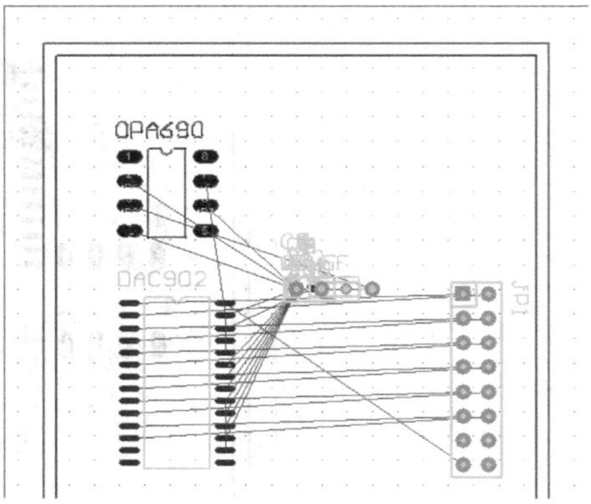

图 7-74　选中需要复制的元件

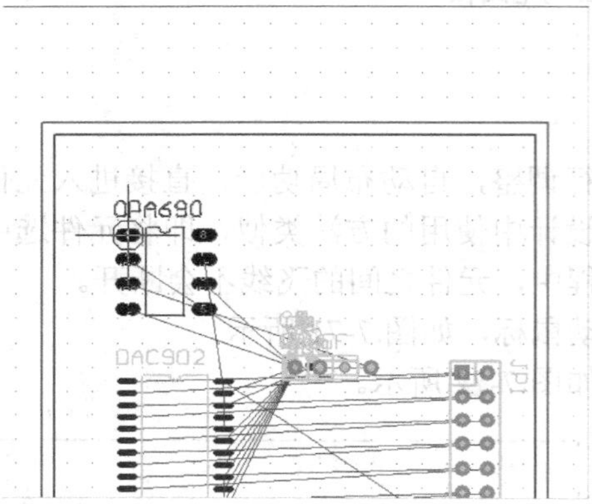

图 7-75　装载网络表

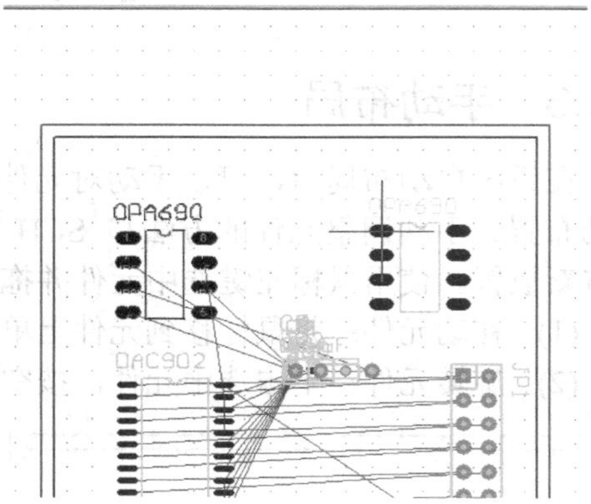

图 7-76　网络表载入 PCB 编辑器中

(7) 如果布局过程中需要某个部分进行整体变动，可以使用块操作。选中需要更改的所有元件，可以分多次选择，如图 7-77 所示。

(8) 在选中区域单击，将整个选中区域作为一个对象来操作，可进行整体移动、旋转、更换电路层等，如图 7-78 所示。

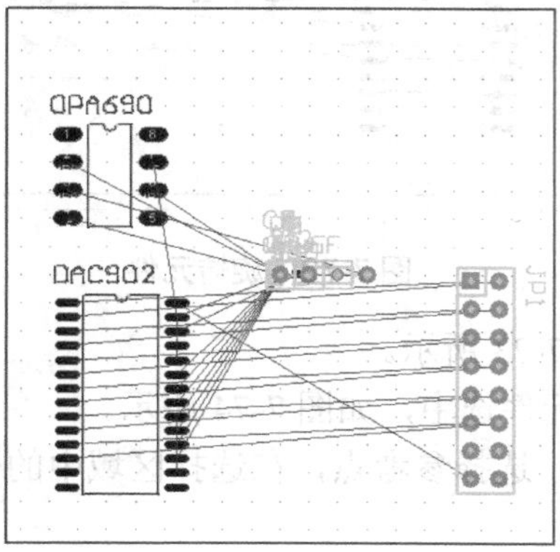

图 7-77　选择块

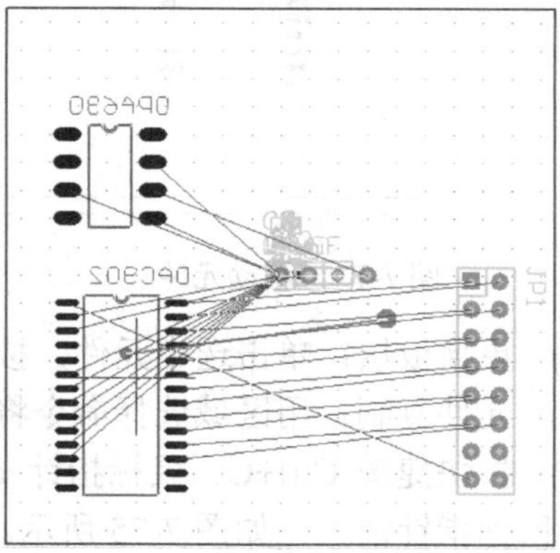

图 7-78　块操作

7.7　自动与手动布线

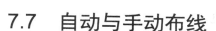

在对印制电路板进行了自动布局并且设置好布线规则后，即可给组件布线。布线可以采取自动布线和手动布线调整两种方式。Protel DXP 提供了强大的自动布线功能，它适合于组件数目较多的情况。

7.7.1　自动布线设置

利用系统进行自动布线操作之前，先要对自动布线进行规则设置。在 PCB 操作界面下，选择 Auto Route | Setup 命令，如图 7-79 所示，进入自动布线状态。

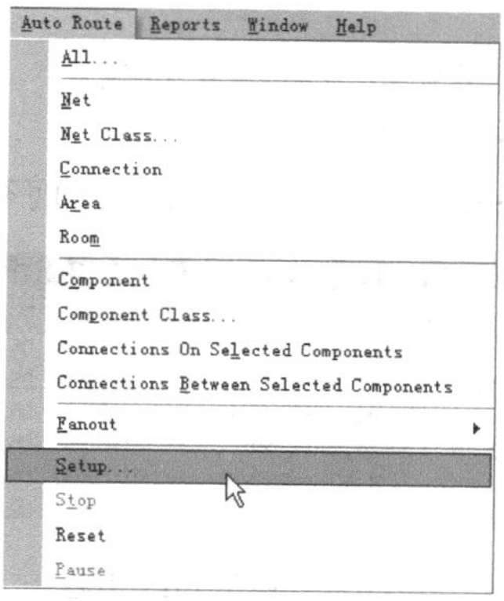

图 7-79　Setup 命令

弹出 Situs Routing Strategies(自动布线设置)对话框，如图 7-80 所示。该对话框显示了 Available Routing Strategies(有效布线策略)，一般情况下均采用系统默认值。

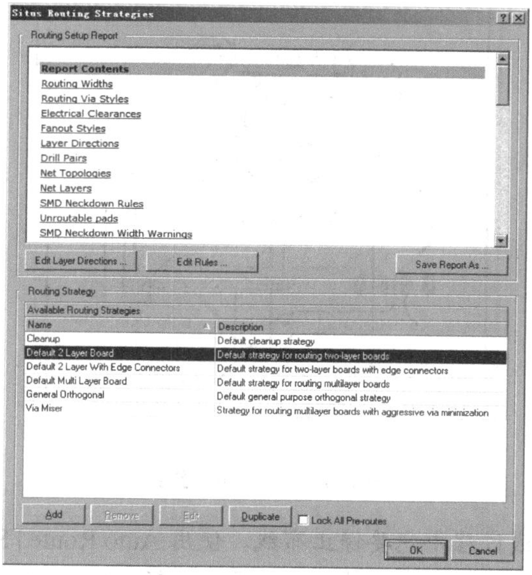

图 7-80　Situs Routing Strategies(自动布线设置)对话框

7.7.2 自动布线菜单

自动布线菜单中的命令介绍如下。

- All：对整个印制电路板所有的网络进行自动布线。
- Net：对指定的网络进行自动布线。
- Connection：对指定的焊盘进行自动布线。
- Area：对指定的区域自动布线。
- Room：对给定的组件组合进行自动布线。
- Component：对指定的组件进行自动布线。
- Setup：用于打开自动布线设置对话框。
- Stop：终止自动布线。
- Reset：对布过线的印制电路板进行重新布线。
- Pause：中断正在进行的布线操作。

自动布线过程中，出现 Messages 对话框，显示当前布线的信息，如图 7-81 所示。

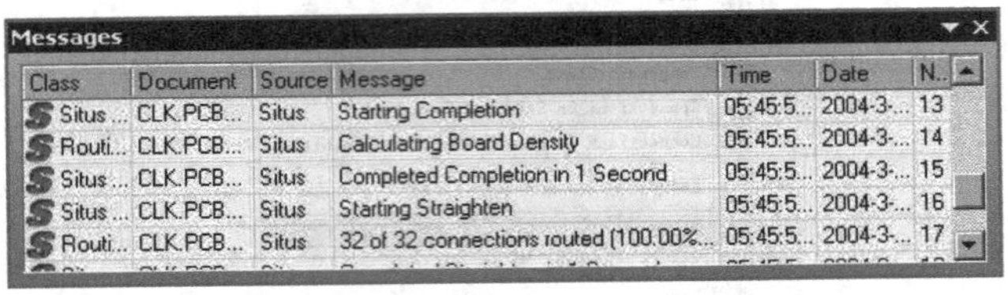

图 7-81　自动布线信息

在这里对手动布局好的 CLOCK.PCBDOC 印制电路板进行自动布线，在 Protel DXP 主菜单中选择 Auto Route | All 命令。自动布线完成后，按 End 键将刷新显示布线结果，布线结果如图 7-82 所示

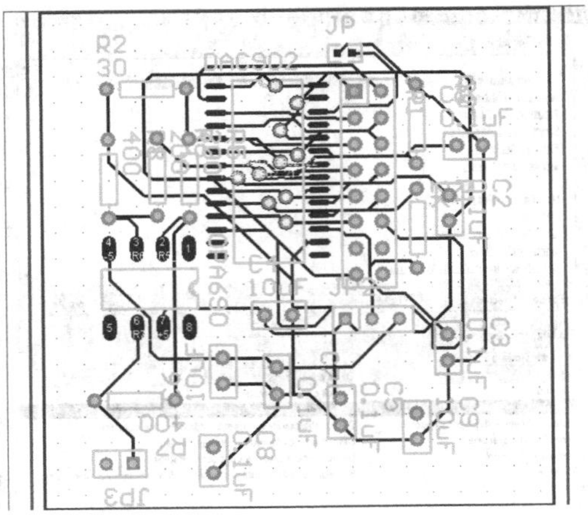

图 7-82　自动布线结果

提示： 如果在布线过程中想要停止布线，使用 Auto Route | Stop 命令；如果要暂停，使用 Auto Route | Pause 命令；如果要重新开始，使用 Auto Route | Reset 命令。

7.7.3　自动布线实例

(1)　在 PCB 操作界面下，选择 Auto Route | Setup 命令，弹出 Situs Routing Strategies(自动布线设置)对话框，如图 7-83 所示。单击 OK 按钮，开始自动布线。

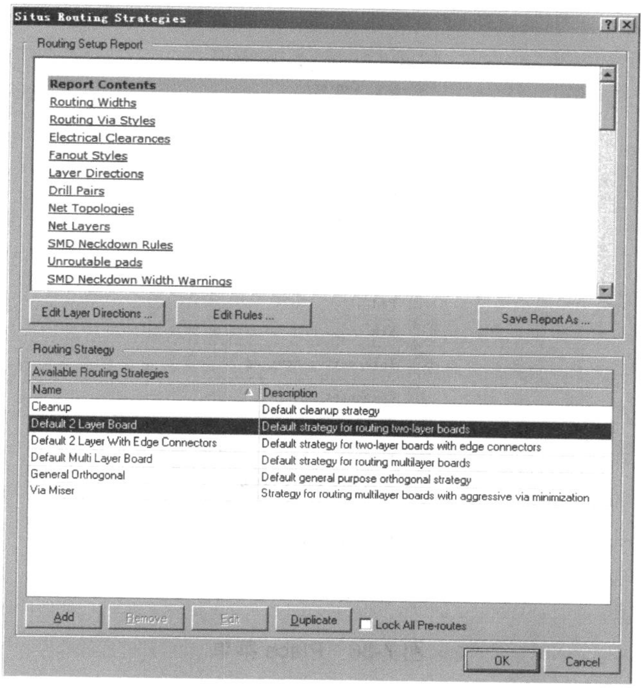

图 7-83　Situs Routing Strategies(自动布线设置)对话框

也可以采用 Net 布线方式。选择 Auto Route | Net 命令，将出现的十字形状鼠标指针放在需要布线的网络上，单击，即可完成一个网络的布线，如图 7-84 所示。

(2)　布好一个网络后，可继续选择其他网络，右击或按 Esc 键可退出网络布线状态。有时单击鼠标左键可能会弹出快捷菜单，这时应选择 Pad 命令或 Connection 命令，不能选择 Component 命令，如图 7-85 所示。

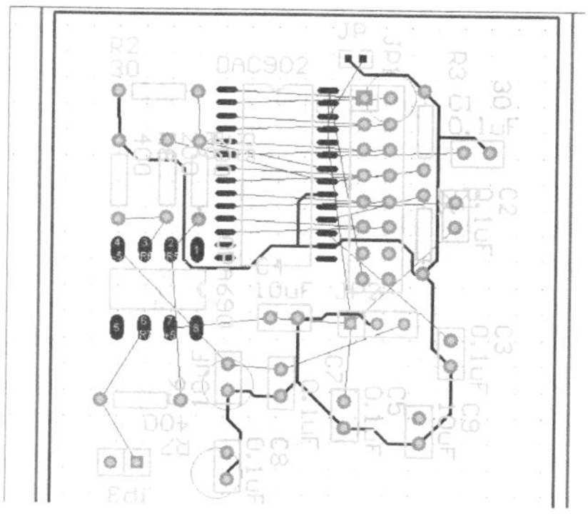

图 7-84　完成一个网络的布线

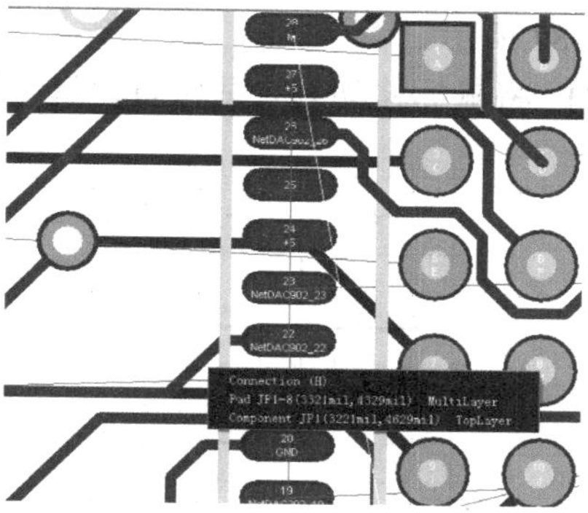

图 7-85　出现快捷菜单时的选择

7.7.4 手动布线

在 PCB 板上的组件数量不多、联机不复杂的情况下，或者在使用自动布线后需要对组件进行更改时，都可以采用手动布线方式。手动布线命令在 Place 菜单中执行，如图 7-86 所示。

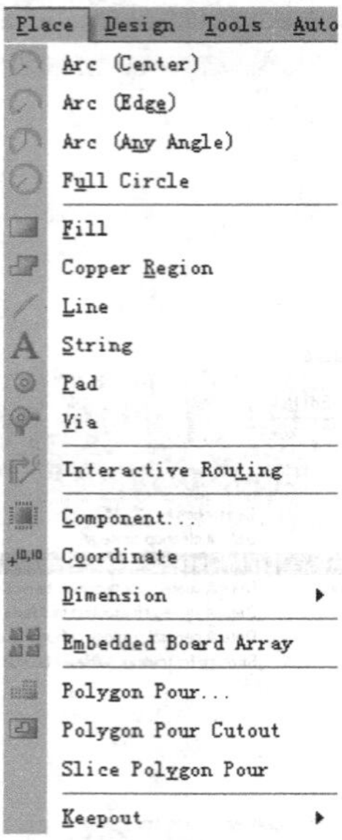

图 7-86 Place 菜单

手动布线包括 Arc(放置圆弧导线)、Track (放置导线)、String (放置文字)、Pad (放置焊盘)等。

7.7.5 手动布线实例

下面以放置圆弧导线为例，介绍手绘布线，操作步骤如下。

(1) 选择 Place | Arc (Center)命令，或在组件放置工具栏中单击圆弧中心按钮。

(2) 选中放置圆弧导线后，鼠标指针将变成十字形状，选择圆心后，单击鼠标确定，如图 7-87 所示。

(3) 将鼠标移动到合适位置，选择圆弧的半径，然后右击，如图 7-88 所示。

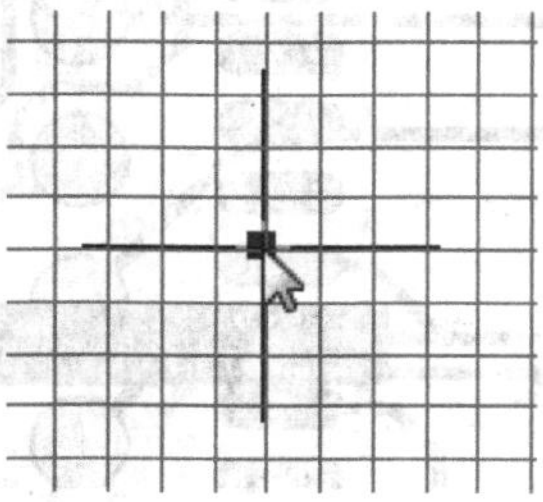

图 7-87 圆心选取

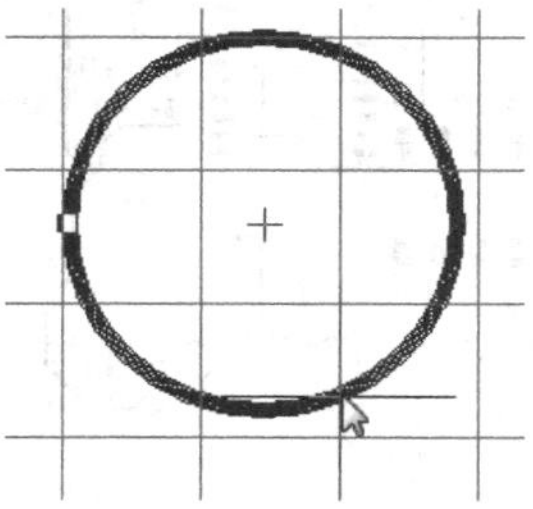

图 7-88 确定圆弧半径

(4) 移动鼠标在圆弧的开始和结尾处单击，确定圆弧的起始位置和终止位置，如图 7-89 所示。

(5) 完成圆弧的绘制后，在 PCB 图纸上右击取消画圆弧状态，绘制结果如图 7-90 所示。

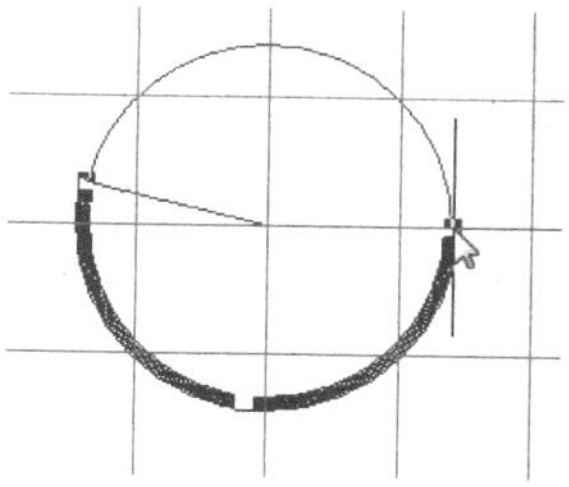

图 7-89　确定 Center 圆弧的起点和终点

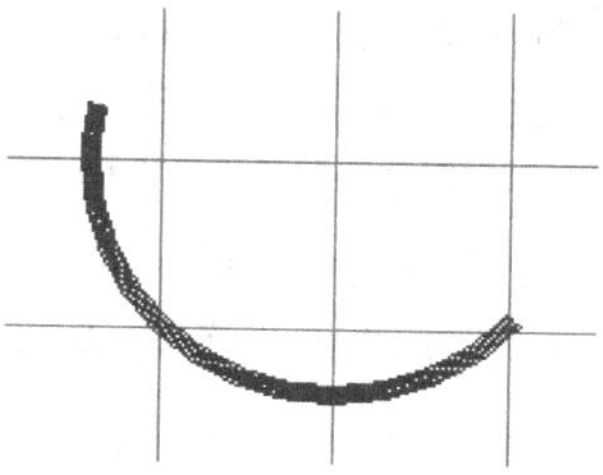

图 7-90　完成后的 Center 圆弧导线

在放置圆弧时，必须设置圆弧导线属性，设置圆弧导线属性有如下两种方法。

- 在用鼠标放置圆弧导线时按 Tab 键，弹出 Arc(圆弧)属性对话框，如图 7-91 所示。
- 对已经在 PCB 板上放置好的导线，直接双击该导线，也将弹出 Arc(圆弧)属性对话框，如图 7-91 所示。

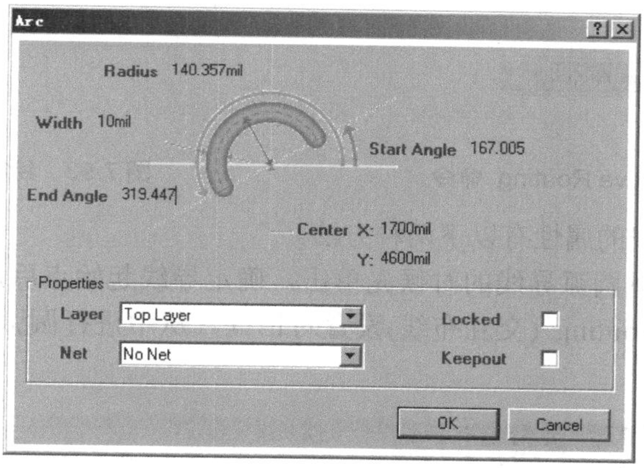

图 7-91　Arc(圆弧)对话框

Arc(圆弧)属性对话框中的各项介绍如下。

- Radius 文本框：设置圆弧的半径。
- Width 文本框：设置圆弧的导线宽度。
- Start Angle 文本框：设置圆弧的起始角度。
- End Angle 文本框：设置圆弧的终止角度。
- Center X 和 Y 文本框：设置圆弧的圆心位置。
- Layer 下拉列表框：选择圆弧所放置的层面。
- Net 下拉列表框：选择该圆弧段对应的网络名。
- Locked 复选框：设定圆弧的位置是否固定不动。
- Keepout 复选框：选择是否屏蔽圆弧导线。

7.7.6 放置导线

放置导线有以下两种方法。

- 选择 Place | Interactive Routing 命令，如图 7-92 所示。
- 单击组件放置工具栏中的按钮。进入放置导线状态后，鼠标指针变成十字形状，将鼠标移动到合适的位置，单击鼠标确定导线的起始点，在导线绘制过程中，可以用空格键对导线方向进行调整；将鼠标移至终点位置，单击鼠标确定终点位置，最后右击结束当前导线的布置，如图 7-93 所示。

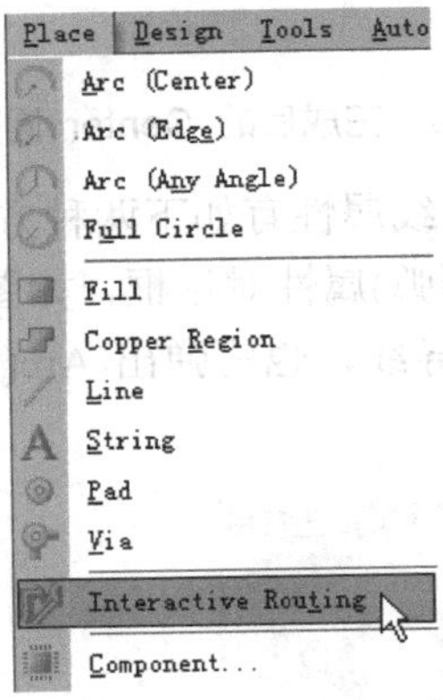

图 7-92 Interactive Routing 命令

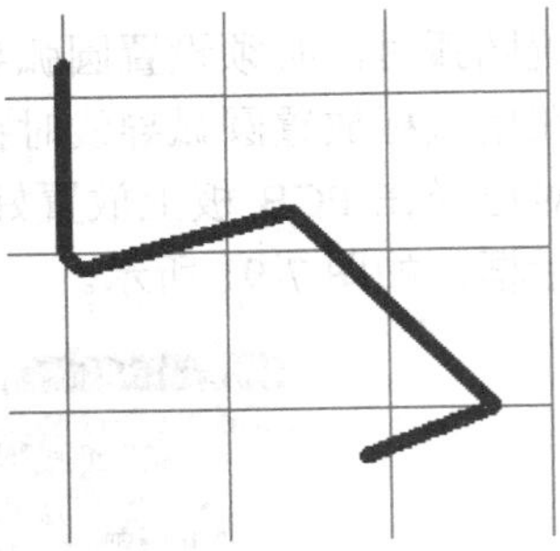

图 7-93 绘制完的导线

设置所放置的导线的属性有以下两种方法。

- 在用鼠标放置圆弧导线的时候先单击，确定导线起始点后，按 Tab 键，将弹出 Interactive Routing (交互布线)设置对话框，从中进行圆弧导线属性的设置，如图 7-94 所示。

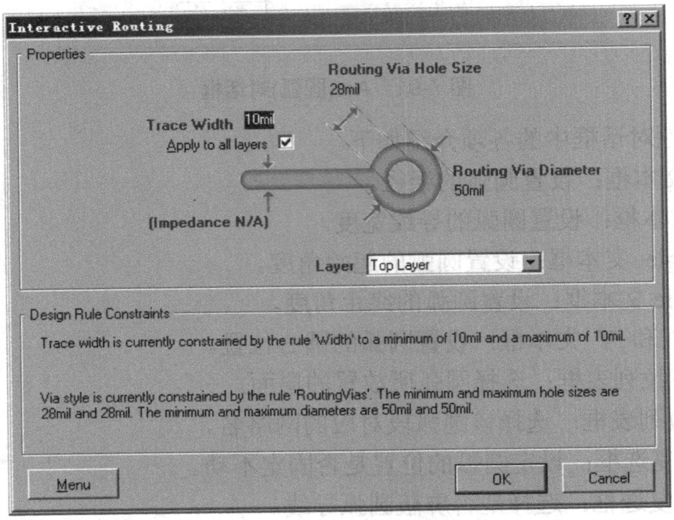

图 7-94 Interactive Routing (交互布线)设置对话框

- 对已经在 PCB 板上放置好的导线，直接双击该导线，可以弹出 Track(导线属性)设置对话框，如图 7-95 所示。

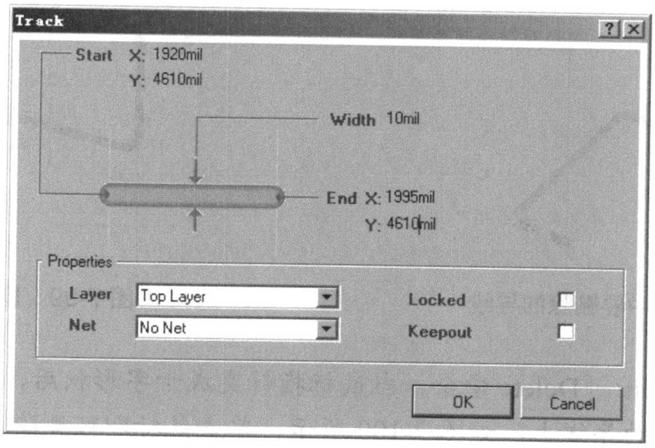

图 7-95　Track(导线属性)设置对话框

Track(导线属性)设置对话框中有如下几项。

- Start X 和 Y 文本框：用于确定该段导线起始位置的 X 和 Y 的坐标。
- Width 文本框：用于设置导线的宽度。
- End X 和 Y 文本框：用于设置导线终止位置的 X 和 Y 坐标。
- Layer 下拉列表框：用于设置放置的层面。
- Net 下拉列表框：用于设置放置的网络。
- Locked 复选框：用于设定放置后是否将文字固定不动。
- Keepout 复选框：用于设置是否屏蔽该导线。

7.7.7　放置导线实例

下面以具体实例介绍如何绘制导线，具体操作步骤如下。

(1) 选择 Place | Interactive Routing 命令，如图 7-92 所示。

(2) 进入放置导线状态后，鼠标指针变成十字形状，将鼠标移动到合适的位置，单击鼠标确定导线的起始点，如图 7-96 所示。

(3) 将鼠标移至导线终点之后，右击可完成导线绘制，如图 7-97 所示。

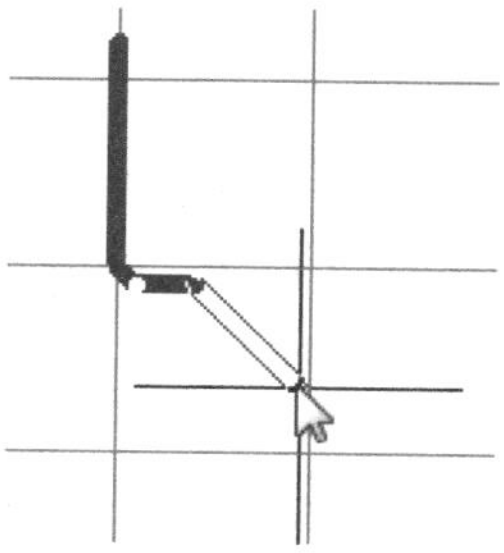

图 7-96　绘制导线

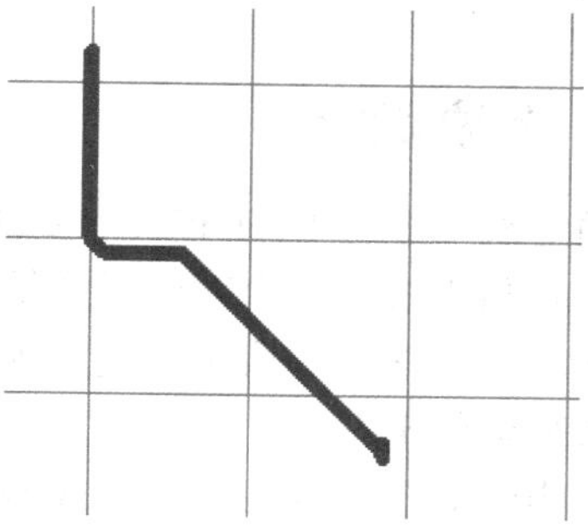

图 7-97　绘制导线结果

(4) 要删除一条导线，应先选中该导线，如图 7-98 所示，然后按 Delete 键即可删除该导线，如图 7-99 所示。

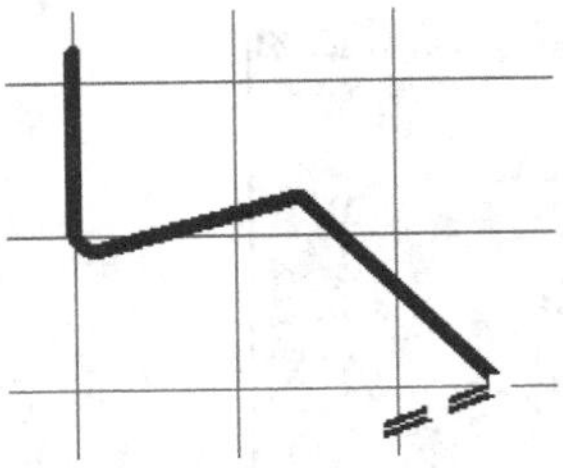
图 7-98　选中要删除的导线

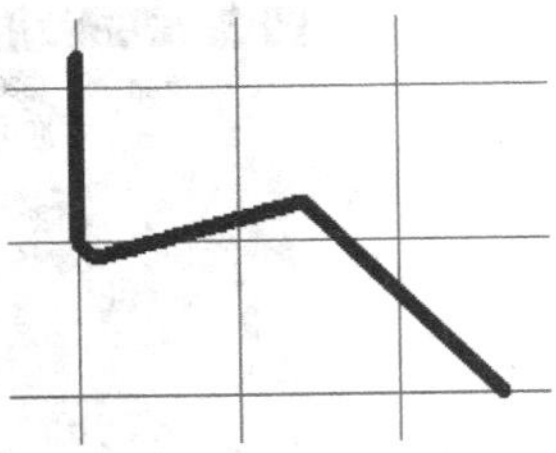
图 7-99　删除导线

提示：选择 Edit | Delete 命令，当鼠标指针变成十字形状后，将鼠标指针移动到需要删除的导线上，如图 7-100 所示，单击鼠标即可删除，如图 7-101 所示。

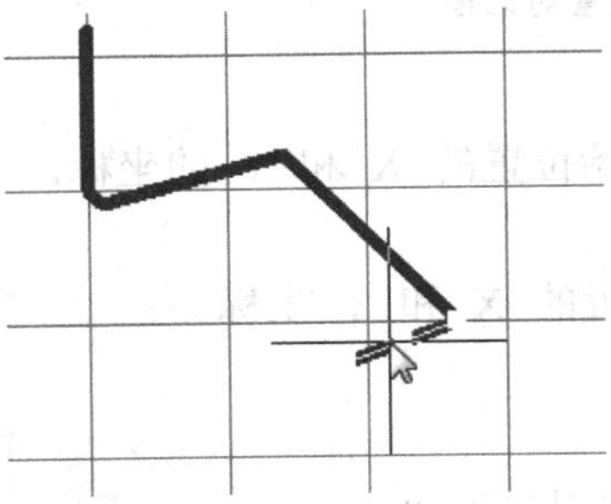
图 7-100　选中要删除的导线

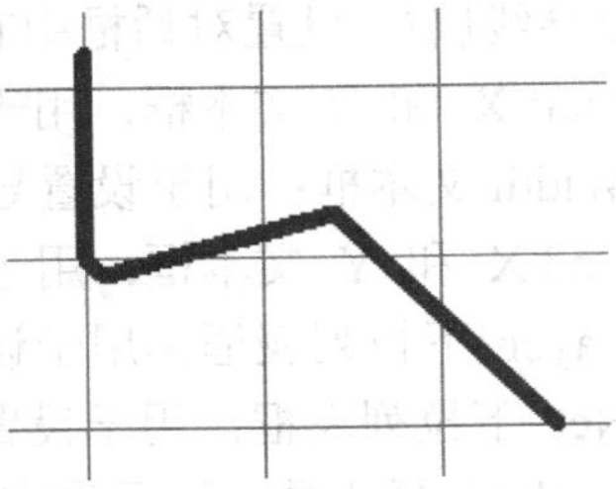
图 7-101　删除导线

7.8　PCB 布线策略

布线(Layout)是 PCB 设计工程师最基本的工作技能之一。走线的好坏将直接影响整个系统的性能，大多数关于电路的设计理论也要最终经过布线得以实现并验证，由此可见，布线在高速 PCB 设计中是至关重要的。下面将针对实际布线中可能遇到的一些情况，分析其合理性，并给出一些比较优化的走线策略。以下将主要从直角走线、差分走线、蛇形线三个方面来阐述。

7.8.1　直角走线

直角走线一般是 PCB 布线中要求尽量避免的情况，也几乎成为衡量布线好坏的标准之一，那么直角走线究竟会对信号传输产生多大的影响呢？从原理上说，直角走线会使传输线的线宽发生变化，造成阻抗的不连续。其实不光是直角走线，钝角、锐角走线都可能会造成阻抗变化的情况。

直角走线对信号的影响主要体现在三个方面：一是拐角可以等效为传输线上的容性负载，减缓上升时间；二是阻抗不连续会造成信号的反射；三是直角尖端产生的 EMI。

传输线的直角带来的寄生电容可以由下面这个经验公式来计算：

$$C=61W(\varepsilon_r)1/2/Z_0$$

在上式中，C 就是指拐角产生的等效电容(单位：pF)，W 指走线的宽度(单位：inch)，ε_r 指介质的介电常数，Z_0 就是传输线的特征阻抗。举个例子，对于一个 4mil 的 50Ω传输线(ε_r 为 4.3)来说，一个直角带来的电容量大概为 0.0101pF，进而可以估算由此引起的上升时间变化量：

$$T10\%\sim90\%=2.2*C*Z_0/2=2.2*0.0101*50/2=0.556ps$$

通过计算可以看出，直角走线带来的电容效应是极其微小的。

由于直角走线的线宽增加，该处的阻抗将减小，于是会产生一定的信号反射现象，我们可以根据传输线章节中提到的阻抗计算公式来算出线宽增加后的等效阻抗，然后根据经验公式计算反射系数：$\rho=(Z_s-Z_0)/(Z_s+Z_0)$，一般直角走线导致的阻抗变化在 7%～20%，因而反射系数最大为 0.1 左右。而且在 $W/2$ 线长的时间内传输线阻抗变化到最小，再经过 $W/2$ 时间又恢复到正常的阻抗，整个发生阻抗变化的时间极短，往往在 10ps 之内，这样快而且微小的变化对一般的信号传输来说几乎可以忽略不计。

很多人对直角走线都有这样的理解，认为尖端容易发射或接收电磁波，产生 EMI，这也成为许多人认为不能直角走线的理由之一。然而很多实际测试的结果显示，直角走线并不会比直线产生很明显的 EMI。也许目前的仪器性能，测试水平制约了测试的精确性，但至少说明了一个问题，直角走线的辐射已经小于仪器本身的测量误差。

总的来说，直角走线并不是想象中的那么可怕。至少在 GHz 以下的应用中，其产生的任何诸如电容、反射、EMI 等效应在 TDR 测试中几乎体现不出来，高速 PCB 设计工程师的重点还是应该放在布局、电源/地设计、走线设计、过孔等其他方面。当然，尽管直角走线带来的影响不是很严重，但并不是说我们以后都可以走直角线，注意细节是每个优秀工程师必备的基本素质，而且，随着数字电路的飞速发展，PCB 工程师处理的信号频率也会不断提高，到 10GHz 以上的 RF 设计领域，这些小小的直角都可能成为高速问题中的重点对象。

7.8.2　差分走线

差分信号(Differential Signal)在高速电路设计中的应用越来越广泛，电路中最关键的信号往往都要采用差分结构设计。

什么是差分信号？通俗地说，就是驱动端发送两个等值、反相的信号，接收端通过比较这两个电压的差值来判断逻辑状态是“0”还是“1”。而承载差分信号的一对走线就称为差分走线。

差分信号和普通的单端信号走线相比，最明显的优势体现在以下三个方面。

- 抗干扰能力强，因为两根差分走线之间的耦合很好，当外界存在噪声干扰时，几乎是同时被耦合到两条线上，而接收端关心的只是两信号的差值，所以外界的共模噪声可以被完全抵消。
- 能有效抑制 EMI，同样的道理，由于两根信号的极性相反，它们对外辐射的电磁场可以相互抵消，耦合得越紧密，泄放到外界的电磁能量越少。
- 时序定位精确，由于差分信号的开关变化是位于两个信号的交点，而不像普通单端信号依靠高低两个阈值电压判断，因而受工艺、温度的影响小，能降低时序上的误差，同时也更适合于低幅度信号的电路。目前流行的 LVDS(low voltage differential signaling)就是指这种小振幅差分信号技术。

对于 PCB 工程师来说，最关注的还是如何确保在实际走线中能完全发挥差分走线的这些优势。也许只要是接触过 Layout 的人都会了解差分走线的一般要求，那就是“等长、等距”。等长是为了保证两个差分信号时刻保持相反极性，减少共模分量；等距则主要是为了保证两者差分阻抗一致，减少反射。“尽量靠近原则”有时候也是差分走线的要求之一。但所有这些规则都不能生搬硬套，不少PCB设计者似乎还不了解高速差分信号传输的本质。下面重点讨论 PCB 差分信号设计中几个常见的误区。

误区一：认为差分信号不需要地平面作为回流路径，或者认为差分走线彼此为对方提供回流途径。造成这种误区的原因是被表面现象迷惑，或者对高速信号传输的机理认识还不够深入。差分电路对于可能存在于电源和地平面上的噪声信号是不敏感的。地平面的部分回流抵消并不代表差分电路就不以参考平面作为信号返回路径，其实在信号回流分析上，差分走线和普通的单端走线的机理是一致的，即高频信号总是沿着电感最小的回路进行回流，最大的区别在于差分线除了有对地的耦合之外，还存在相互之间的耦合，哪一种耦合强，哪一种就成为主要的回流通路。

在 PCB 电路设计中，一般差分走线之间的耦合较小，往往只占 10%～20%的耦合度，更多的还是对地的耦合，所以差分走线的主要回流路径还是存在于地平面。当地平面发生不连续的时候，无参考平面的区域，差分走线之间的耦合才会提供主要的回流通路。尽管参考平面的不连续对差分走线的影响没有对普通的单端走线来得严重，但还是会降低差分信号的质量，进而增加 EMI，因此要尽量避免。也有些设计人员认为，可以去掉差分走线下方的参考平面，以抑制差分传输中的部分共模信号，但从理论上看这种做法是不可取的，阻抗如何控制？不给共模信号提供地阻抗回路，势必会造成EMI 辐射，这种做法弊大于利。

误区二：认为差分走线一定要靠得很近。让差分走线靠近无非是为了增强它们的耦合，既可以提高对噪声的免疫力，还能充分利用磁场的相反极性来抵消对外界的电磁干扰。虽说这种做法在大多数情况下是非常有利的，但不是绝对的，如果能保证让它们得到充分的屏蔽，不受外界干扰，那么我们也就不需要再通过彼此的强耦合达到抗干扰和抑制 EMI 的目的了。如何才能保证差分走线具有良好的隔离和屏蔽呢？增大与其他信号走线的间距是最基本的途径之一，电磁场能量是随着距离呈平方关系递减的，一般线间距超过 4 倍线宽时，它们之间的干扰就极其微弱了，基本可以忽略。此外，通过地平面的隔离也可以起到很好的屏蔽作用，这种结构在高频的(10GHz 以上)IC 封装 PCB 设计中经常会采用，被称为 CPW 结构，可以保证严格的差分阻抗控制(2Z0)。

提示： 差分走线也可以分布在不同的信号层中，但一般不建议这种走法，因为不同的层产生的诸如阻抗、过孔的差别会破坏差模传输的效果，引入共模噪声。此外，如果相邻两层耦合不够紧密，会降低差分走线抵抗噪声的能力，但如果能保持和周围走线适当的间距，串扰就不是问题。在一般频率(GHz 以下)，EMI 也不会是很严重的问题，实验表明，相距 500mil 的差分走线，在 3 米之外的辐射能量衰减已经达到 60dB，足以满足 FCC 的电磁辐射标准，所以设计者根本不用过分担心差分线因耦合不够而造成电磁不兼容问题。

7.8.3　蛇形线

蛇形线是 Layout 中经常使用的一类走线方式，其主要目的就是为了调节延时，满足系统时序设计要求。设计者首先要有这样的认识：蛇形线会破坏信号质量，改变传输延时，布线时要尽量避免使用。但实际设计中，为了保证信号有足够的保持时间，或者减小同组信号之间的时间偏移，往往不得不故意进行绕线。

那么，蛇形线对信号传输有什么影响呢？走线时要注意些什么呢？其中最关键的两个参数就是平行耦合长度(Lp)和耦合距离(S)，信号在蛇形走线上传输时，相互平行的线段之间会发生耦合，呈差模形式，S 越小，Lp 越大，则耦合程度也越大。可能会导致传输延时减小，以及由于串扰而大大降低信号的质量。

下面给出处理蛇形线时的七条建议。

(1)　尽量增加平行线段的距离(S)，至少大于 3H，H 指信号走线到参考平面的距离。通俗地说就是绕大弯走线，只要 S 足够大，几乎就能完全避免相互的耦合效应。

(2)　减小耦合长度 Lp，当两倍的 Lp 延时接近或超过信号上升时间时，产生的串扰将达到饱和。

(3)　带状线(Strip-Line)或者埋式微带线(Embedded Micro-strip)的蛇形线引起的信号传输延时小于微带走线(Micro-strip)。理论上，带状线不会因为差模串扰影响传输速率。

(4)　高速以及对时序要求较为严格的信号线，尽量不要走蛇形线，尤其不能在小范围内蜿蜒走线。

(5)　可以经常采用任意角度的蛇形走线，能有效地减少相互间的耦合。

(6)　高速 PCB 设计中，蛇形线没有所谓滤波或抗干扰的能力，只可能降低信号质量，所以只作时序匹配之用而无其他目的。

(7)　有时可以考虑采用螺旋走线的方式进行绕线，仿真表明，其效果要优于正常的蛇形走线。

7.9　PCB 报表和电路板打印

Protel DXP 系统提供了生成各种各样的报表和打印文件的功能，也为设计者提供了有关设计过程及设计内容的详细资料。

7.9.1　生成报表

1. 生成电路板信息报表

电路板信息报表可以给用户提供电路板的完整信息，包括电路板的尺寸、焊点数量、过孔数量、导线数量、元件标号等。下面以 PCB 设计文件为例，来讲述电路板信息报表的具体内容。

打开 PCB 文件，在编辑器环境下，选择 Reports | Board Information 命令，如图 7-102 所示，系统自动弹出 PCB Information(电路板信息)对话框，如图 7-103 所示。

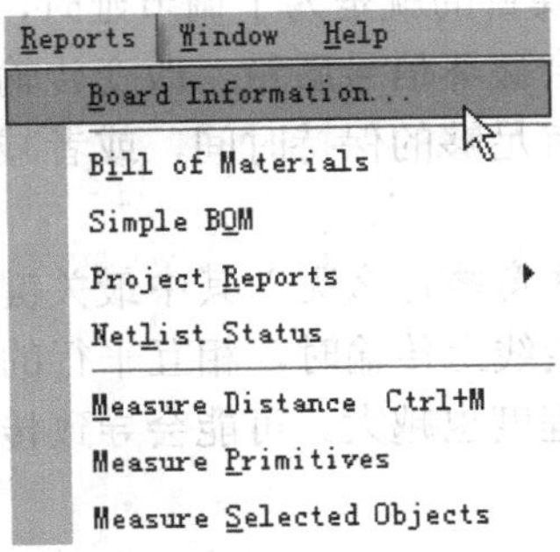

图 7-102 Board Information 命令

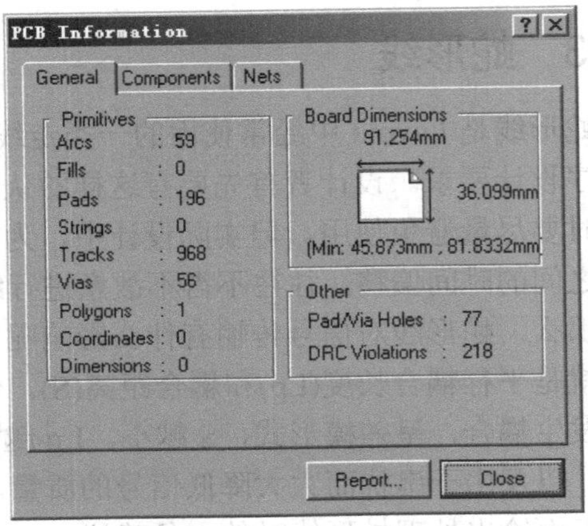

图 7-103 PCB Information(电路板信息)对话框

PCB Information(电路板信息)对话框包含三个选项卡，各选项卡的含义如下。

- General 选项卡：该选项卡提供电路板的一般信息，如各个组件的数量、PCB 板的尺寸之类的信息。
- Components 选项卡：该选项卡提供电路板上使用的元件序号及元件所在板的板层等信息。
- Nets 选项卡：该选项卡主要提供电路板的网络信息。

2. 生成网络状态表

网络状态表用于列出电路板中每个网络导线的长度，通过选择 Reports | Netlist Status 命令，系统自动生成相应的网络状态表，该文件以.REP 为扩展名，如图 7-104 所示。

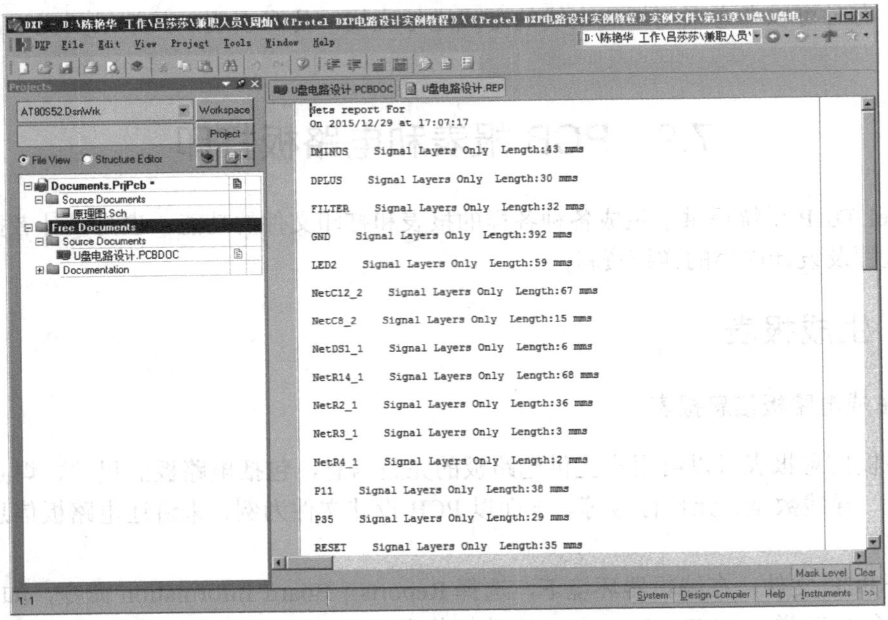

图 7-104 网络状态表

3. 生成元件报表

元件报表主要提供一个电路板或一个项目中元件的信息，形成一个元件列表，以方便用户了解在该文件或项目中使用了哪些元件。

在 PCB 编辑器状态下，选择 Reports | Bill of Materials 命令，系统弹出如图 7-105 所示的元件报表对话框。

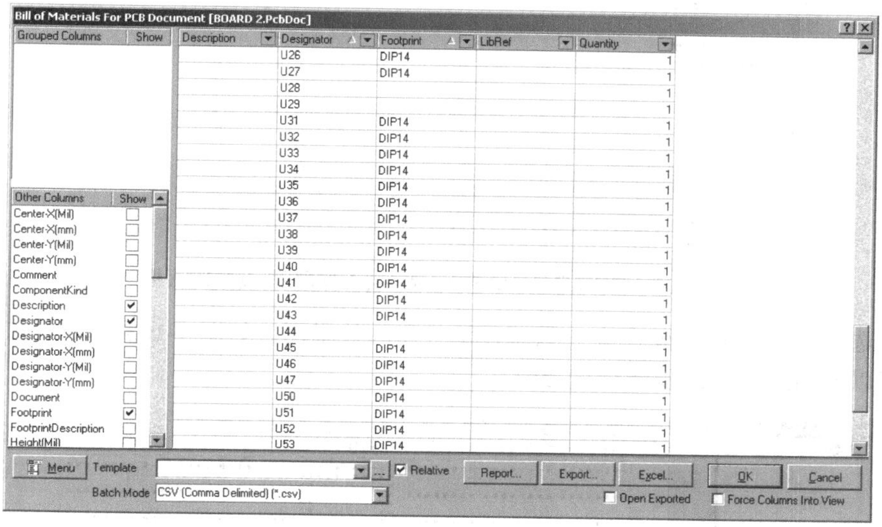

图 7-105　元件报表

7.9.2　PCB 的打印输出

在完成 PCB 的设计之后，需要打印输出以生成印制电路板和焊接元件。首先要设置打印机的类型、纸张大小和电路图的设计等内容，具体方法如下。

(1) 打开 PCB 图，选择 File | Page Setup 命令，系统会弹出 Composite Properties(打印设置)对话框，如图 7-106 所示，在该对话框中可以完成打印机类型、颜色及选择目标图形文件类型等设置。

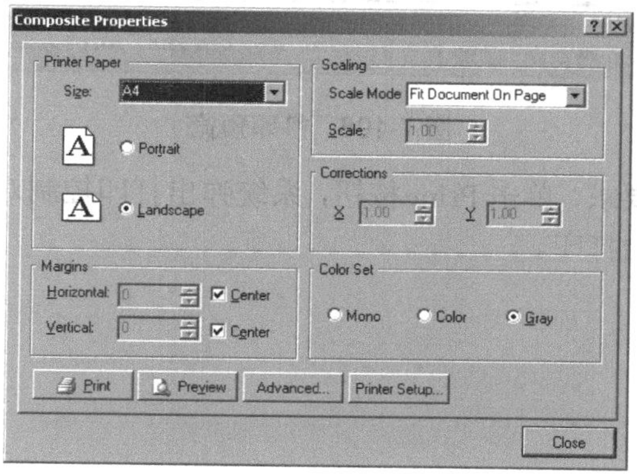

图 7-106　Composite Properties(打印设置)对话框

(2) 单击 Advanced 按钮，弹出 PCB Printout Properties(工作层面)设置对话框，如图 7-107 所示，可以在该对话框中设置输出的工作层面的类型，完成设置后单击 OK 按钮。

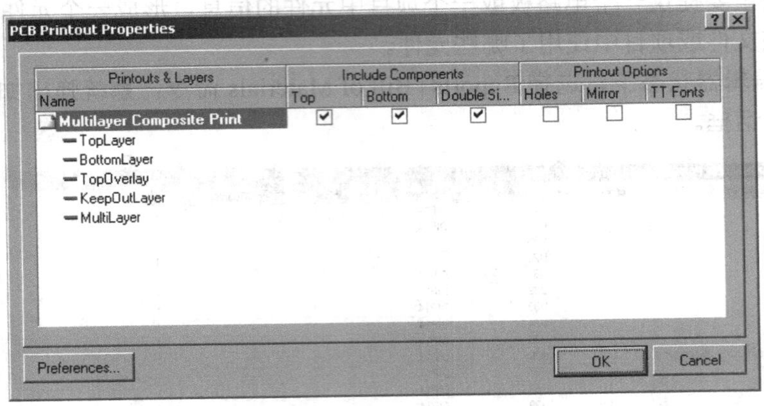

图 7-107　PCB Printout Properties(工作层面)设置对话框

(3) 选择 Print Preview 命令，系统显示打印的效果图，如图 7-108 所示，如果不符合要求，可以返回到前面的步骤继续修改。

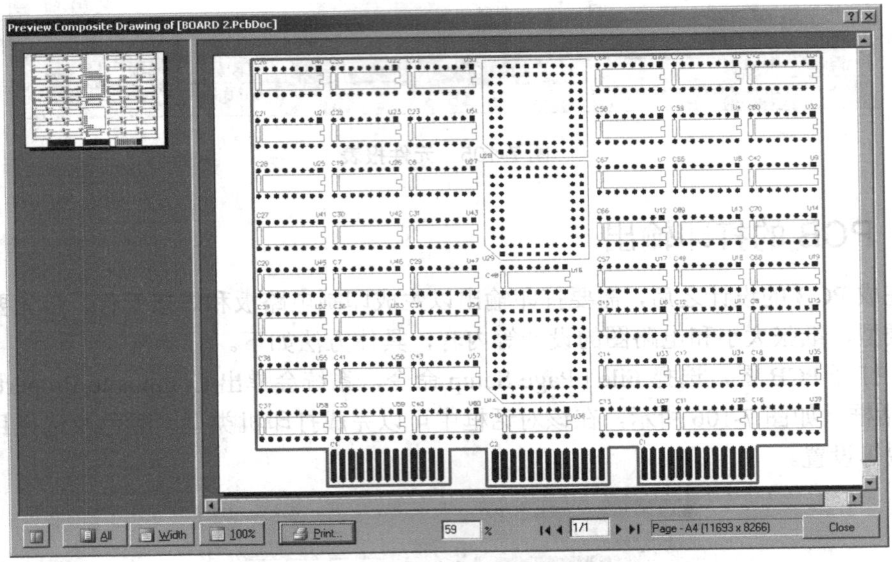

图 7-108　打印预览

(4) 如果效果符合要求，单击 Print 按钮，系统弹出打印控制对话框，如图 7-109 所示。单击 OK 按钮，即可开始打印。

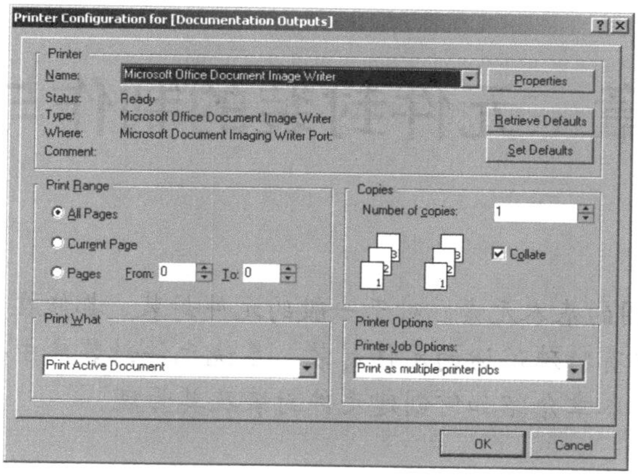

图 7-109 打印控制对话框

本 章 习 题

一、填空题

1. Protel DXP 中最多提供了__________个内层和__________个中间层，可以供多层板设计的需要。

2. 对于四层电路板，就是建立两层内层，分别用于______________和______________。

3. Protel 中提供了两种布局方式：______________和______________。

4. 电路板信息报表用于给用户提供电路板的完整信息，包括___________、___________、_____________、_____________、_____________等。

5. 在完成 PCB 的设计之后，需要______________________和______________________。

二、选择题

1. (　　)是新建规则。

A. New Rule　　B. Delete Rule　　C. Export Rules　　D. Import Rules

2. (　　)是删除规则。

A. New Rule　　B. Delete Rule　　C. Export Rules　　D. Import Rules

3. (　　)是将规则导出，将以.rul 为扩展名导出到文件中。

A. New Rule　　B. Delete Rule　　C. Export Rules　　D. Import Rules

4. (　　)是从文件中导入规则。

A. New Rule　　B. Delete Rule　　C. Export Rules　　D. Import Rules

5. (　　)选项，将当前规则以报告文件的方式给出。

A. New Rule　　B. Delete Rule　　C. Export Rules　　D. Report

三、问答题

1. 简述 PCB 设计规则有哪些。

2. 简述如何进行 PCB 报表和电路板打印。

第 8 章　元件封装的制作与管理

本章内容提示

元件封装是 PCB 图的基本元素，对于一般的元件封装，都能在系统提供的元件封装库中找到，但是对于一些有特殊用途的元件封装，系统元件封装库中却没有，这时就需要用户自己制作元件封装。本章介绍如何创建元件封装及其管理。

学习要点

- 元件封装的基本知识
- 手工创建元件封装
- 元件封装的管理

8.1　元件封装简介

元件封装实际上是指将元件焊接到电路板上时的外观和焊盘的位置。它使元件引脚和印制电路板上的焊盘保持一致。元件封装只是一个空间上的概念，不同的元件可以有相同的封装，比如普通的电阻和二极管，因为它们的外形大致一样。同一种元件也可能有不同的封装，如两个不同阻值的电阻，由于其阻值不同导致外形大小不同，其封装也就不同了。因此在设计 PCB 时，不但要知道元件的名称，还要知道元件封装。如图 8-1 所示，就是一个元件封装。

元件封装可以分成两大类：表面黏着式(STM)元件封装和针脚式元件封装。

1. 表面黏着式(STM)元件封装

表面黏着式(STM)元件封装只能用于表面板层，即只能在顶层或是底层。如图 8-2 所示。

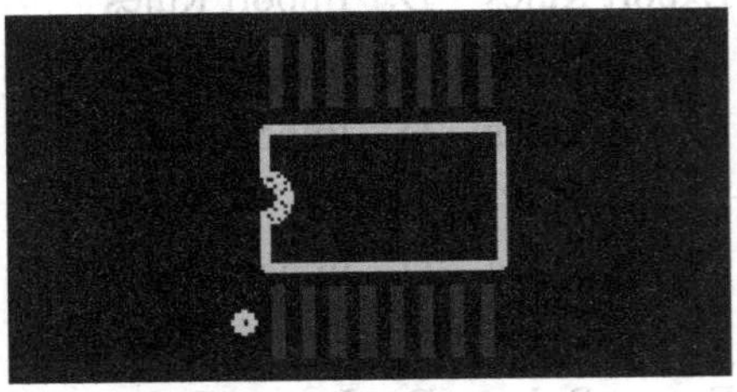

图 8-1　元件封装外形

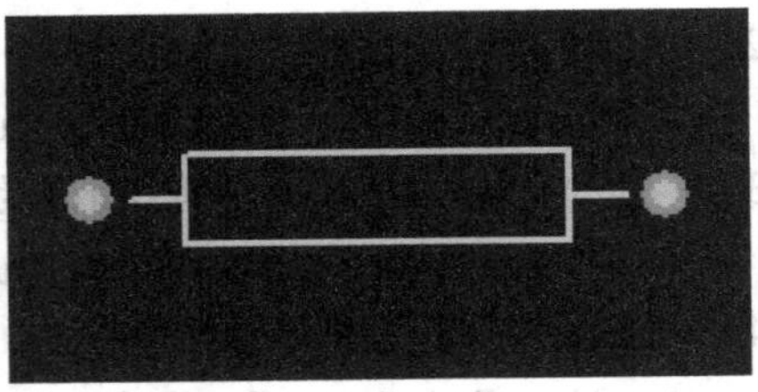

图 8-2　表面黏着式元件封装

2. 针脚式元件封装

针脚式元件封装是指在焊接时要先将元件的引脚插入焊点通孔，然后再焊接。其焊盘的板层属性为 Multi Layer。如图 8-1 所示就是针脚式元件封装。

元件封装的编号一般是元件类型+焊点距离+元件外形尺寸。可以根据元件封装编号来确定以各元件的规格。

8.2 创建元件封装

当用户在系统自带的元件封装库中找不到需要的元件封装的时候，就需要用户自行根据元件的尺寸来制作元件封装了。

8.2.1 启动元件封装编辑器

在制作元件封装之前，首先要启动元件封装编辑器，启动 Protel 的元件封装库编辑器的方法如下。

(1) 选择 File | New | Library | PCB Library 命令，就可以启动元件封装编辑器了，如图 8-3 所示。

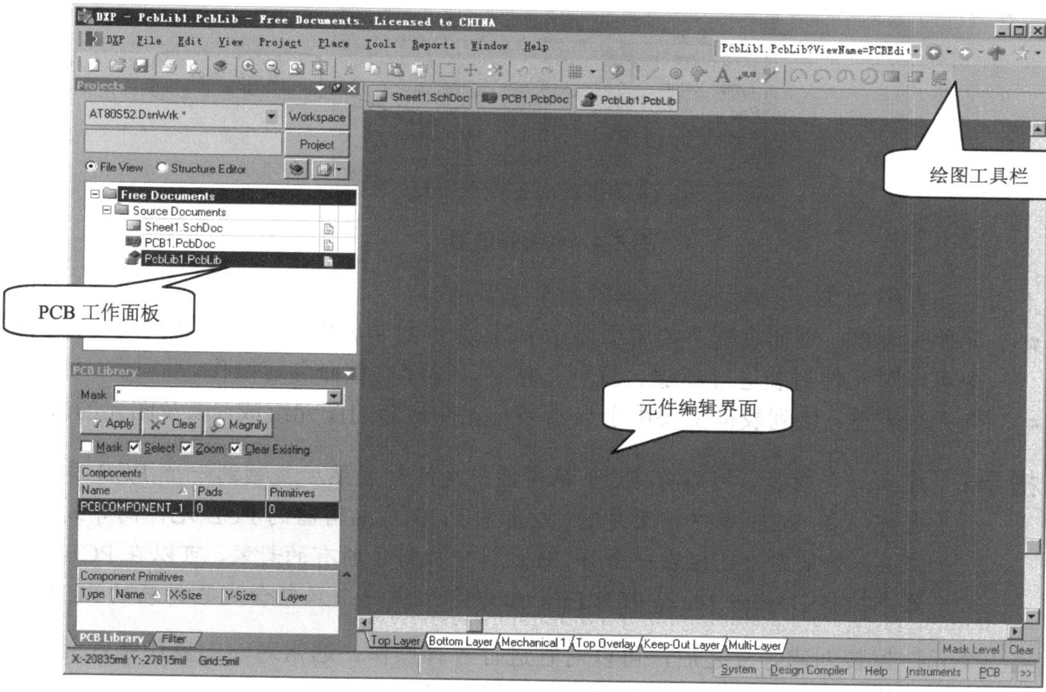

图 8-3 元件封装编辑器

(2) 选择 File | Save 命令，将元件封装文件保存到相应的位置，文件的扩展名为.PcbLib。PCB 元件封装编辑器可分为以下几个部分，分别介绍如下。

- 主菜单：PCB 元件的主菜单主要是给设计人员提供编辑以及绘图命令。
- 元件编辑界面：该界面主要用于绘制元件封装，对元件封装进行各种绘制操作。
- PCB 工具栏：该工具栏为用户提供了各种图标操作方式，主要用于执行保存、缩放、打印等功能。
- 绘图工具栏：该工具栏主要是绘图时使用，主要用于在编辑界面上放置一些焊盘、线条、圆弧等组件。

8.2.2 元件封装管理器

PCB 元件封装的管理面板和原理图元件管理面板类似，下面简单介绍一下元件封装管理面板。

如图 8-4 所示是 PCB 元件封装编辑器的管理面板。

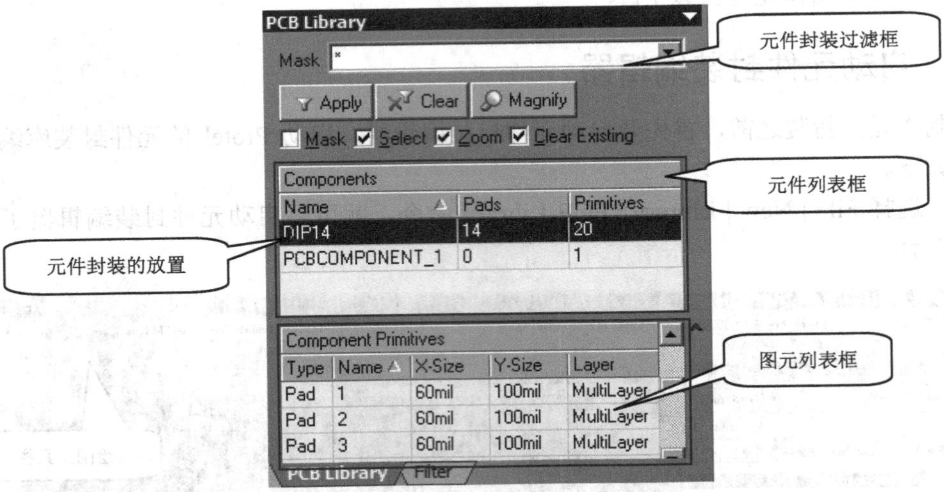

图 8-4 封装管理器

下面主要介绍 PCB 元件封装编辑器的两个主要部分。

- 元件列表框：该列表框主要用于显示 PCB 元件封装库中的元件封装，在该列表框中可以对元件封装进行新建、复制、粘贴、排序、重命名等操作。
- 图元列表框：该列表框主要用于显示某一元件封装的图元组成，以及图元的属性。

提示： 建立一个封装，可以在 PCB 编辑器中建立封装然后复制到一个 PCB 库中，也可以在 PCB 库中相互复制，或者用 PCB 库编辑器的 PCB 元件向导或画图工具。如果用户已经在一个 PCB 设计中放好了所有的封装，可以在 PCB 编辑器中执行 Design .Make PCB Library 命令生成一个只包含这些封装的 PCB 库。

当一个元件封装创建好了之后，可以对它进行各种操作。通常对它的操作是在元件封装管理器中进行的，下面详细介绍元件封装管理器的应用。

1. 元件封装过滤框

在元件封装管理器上面有一个 Mask 组合框，该编辑框即元件封装过滤框，通过在此输入元件封装名称的前几个字母，符合该命名的元件封装将会全部出现在元件封装列表框中，即出现在 Components 列表框中，如在组合框中输入字母 A，则所有名称以 A 开头的元件封装都会出现在 Components 区域。如果在此输入通配符“*”，则列出所有的元件封装，如图 8-5 所示。

2. 元件封装列表

在元件封装过滤框中选择出来的元件都会列在元件列表中，如图 8-6 所示。在该列表顶行有三个按钮，分别是：Name(名称)、Pads(引脚)、Primitives。通过单击这些按钮，可以改变元件封装在列表中的排列顺序。例如单击一次 Name 按钮，可以将元件封装按名称首字母升序排列，再次单击此按钮，则可以按降序排列。同理，Pads 按钮是按元件封装的引脚数量来排序的。

图 8-5 元件封装过滤框

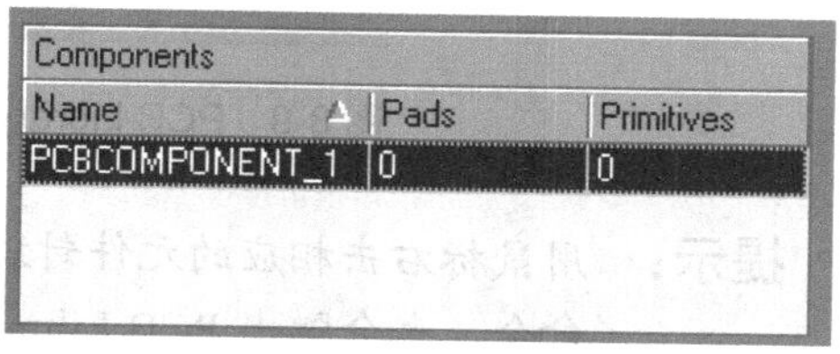

图 8-6 元件封装列表

3. 元件封装的放置

在元件封装列表中选择需要的元件封装，右击，在弹出的快捷菜单中选择 Place 命令，如图 8-7 所示。此时系统自动转到当前打开的 PCB 编辑器中，并且弹出 Place Component(放置组件)对话框，如图 8-8 所示。在此对话框中设置好改组件的参数，单击 OK 按钮，鼠标指针变成十字形状，在鼠标指针处出现该元件封装的外形，在合适的地方单击鼠标，即可将元件封装放到 PCB 文档中。

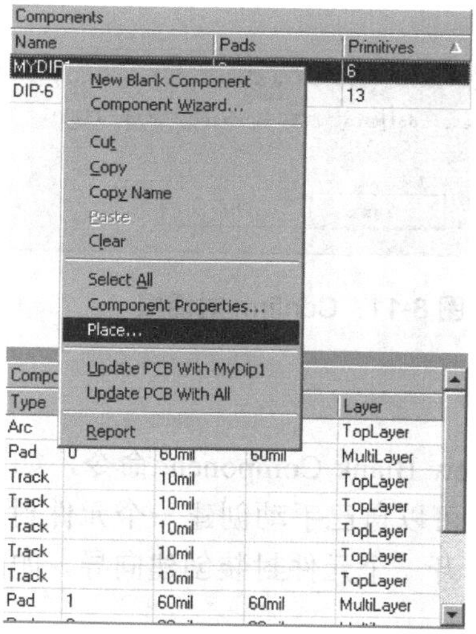

图 8-7 Place 命令

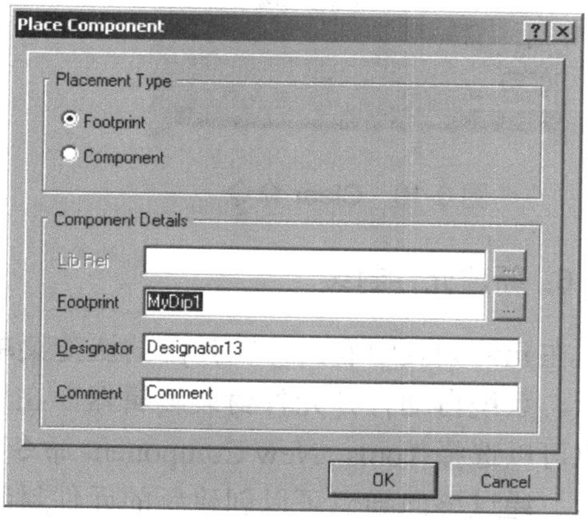

图 8-8 Place Component(放置元件)对话框

4. 元件封装的重命名

元件重命名很简单，只要双击列表中相应元件封装的名称，系统将弹出 PCB Library Component(元件封装)对话框，如图 8-9 所示。在对话框中有几个文本框，分别是 Name(名称)、Height(高度)、Description(描述)，在 Name 文本框中输入新的名称后，单击 OK 按钮，即可更改元件封装的名称。

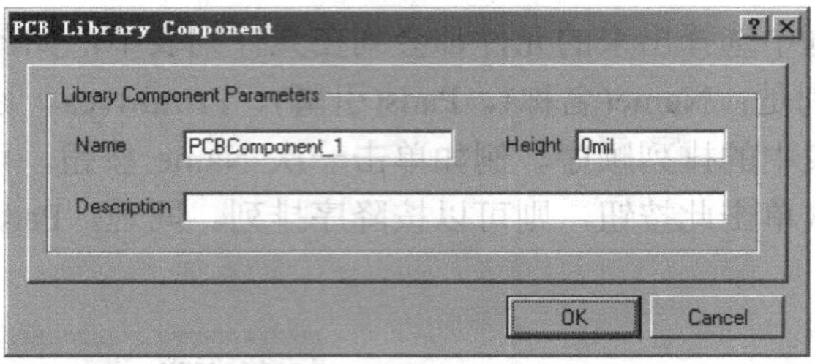

图 8-9　PCB Library Component(元件封装)对话框

提示： 用鼠标右击相应的元件封装，在弹出的快捷菜单中选择 Component Properties 命令，也会弹出 PCB Library Component(元件封装)对话框。

5. 元件封装的删除

选择想要删除的元件封装，右击，在弹出的快捷菜单中选择 Clear 命令，如图 8-10 所示，系统弹出 Confirm 对话框，如图 8-11 所示。提示用户是否确定要删除该元件封装。单击 Yes 按钮则删除元件，单击 No 按钮则取消删除。

图 8-10　Clear 命令

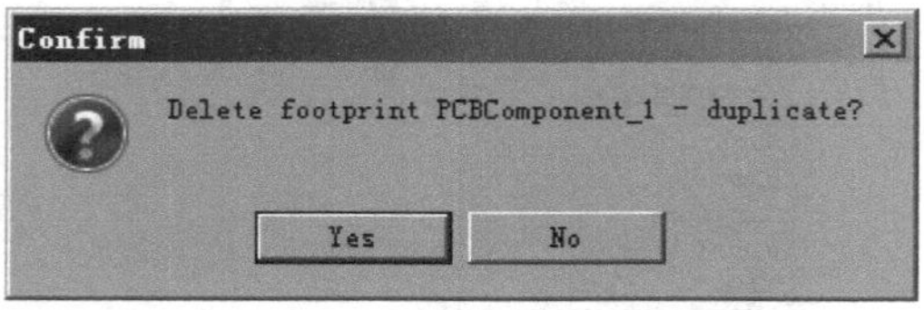

图 8-11　Confirm 对话框

6. 新建元件封装

在元件列表中右击，在弹出的快捷菜单中选择 New Blank Component 命令，如图 8-12 所示，系统自动打开元件封装编辑器，在此编辑器中可以自己手动创建一个元件封装。或者也可以选择 Tools | New Component 命令。系统则打开一个元件封装创建向导，如图 8-13 所示。通过该向导也可以创建新的元件封装。

7. 元件封装属性编辑

在创建了一个新的元件封装后，通常要对其中一些引脚参数进行设置，在元件封装列表中选择一个要编辑的元件，在元件封装结构列表中会列出组成该元件封装的所有结构，双击其中一项，则可以打开相应的属性编辑对话框。例如双击 Track 选项，则弹出一个 Track(引脚属性编辑)对话框，如图 8-14 所示。

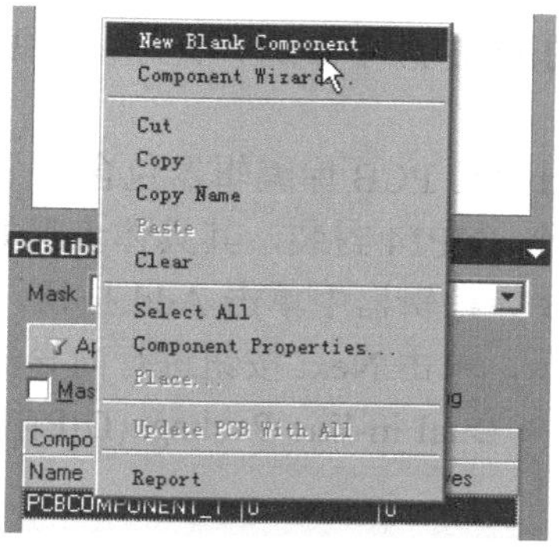

图 8-12　New Blank Component 命令

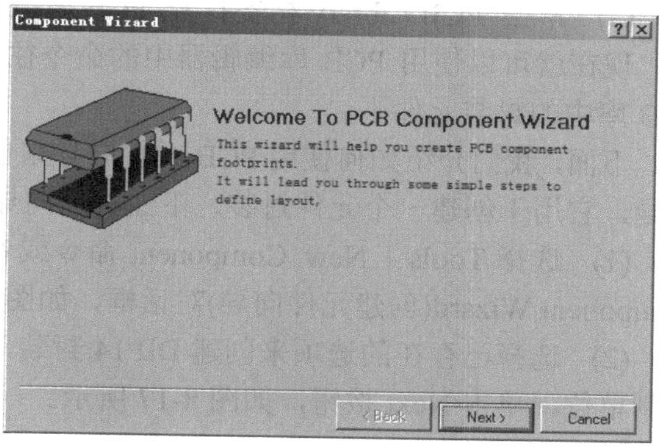

图 8-13　新建元件封装向导

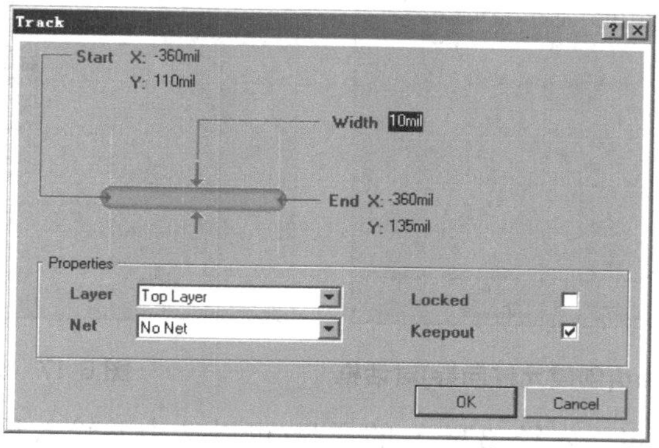

图 8-14　Track(引脚属性编辑)对话框

8.2.3　利用向导创建元件封装

下面以如图 8-15 所示的元件封装为例，来说明创建一个元件封装必要的程序。使用制造商的数据手册检查相应的详细封装规格。

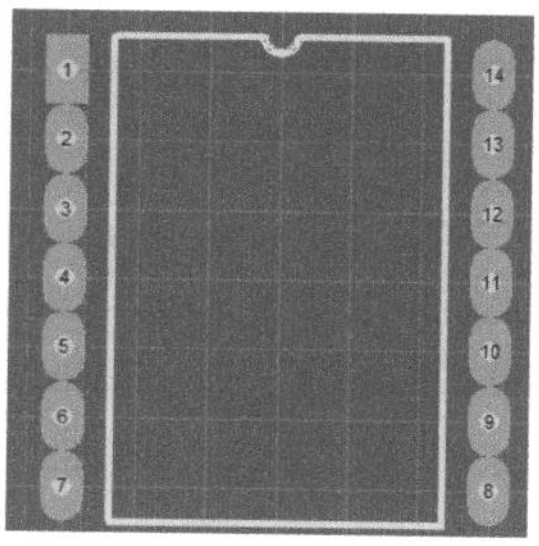

图 8-15　DIP14 元件封装

首先，创建新的 PCB 库，建立新的 PCB 库步骤如下。

(1)　选择 File | New | Library | PCB Library 命令。在设计窗口中显示一个新的名为 PcbLib1.PcbLib 的库文件和一个名为 PCBComponent_1 的空白元件图纸。

(2)　执行存储命令，将库文件更名为 PCB Footprints.PcbLib 存储。

(3) 单击 PCB Library 标签打开 PCB 库编辑器面板。

现在就可以使用 PCB 库编辑器中的命令往这个新的 PCB 库中添加、移除或者编辑新 PCB 库中的封装元件了。

下面，我们介绍如何使用 PCB 元件向导来创建元件封装。PCB 库编辑器包含一个元件向导，它用于创建一个元件封装，下面将用向导建立一个 DIP14 封装，其具体步骤如下。

(1) 选择 Tools | New Component 命令或者在 PCB 库编辑器中单击 Add 按钮。弹出 Component Wizard(创建元件向导)对话框，如图 8-16 所示，单击 Next 按钮进行向导流程。

(2) 选择已存在的选项来创建 DIP14 封装，这里选择 Dual in-line Package(DIP)模板，英制单位，单击 Next 按钮，如图 8-17 所示。

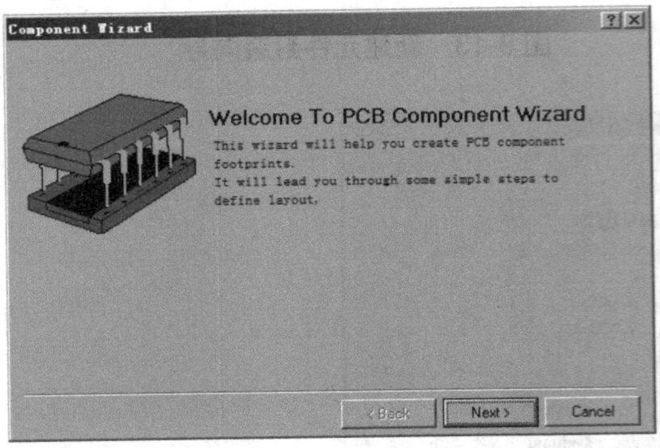

图 8-16 Component Wizard(创建元件向导)对话框

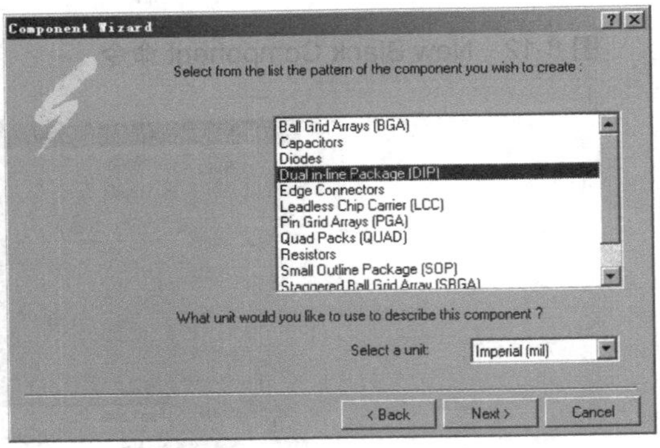

图 8-17 选择 DIP 模板

(3) 设置外径 60mil、内径 32mil 的焊盘(可以选中并输入尺寸)，焊盘间距水平为 300mil，垂直为 100mil，如图 8-18 所示。剩下的选项全部用默认值直到需要定义所要求的焊盘数，如图 8-19 和图 8-20 所示。根据要求输入 14，如图 8-21 所示，单击 Next 按钮。

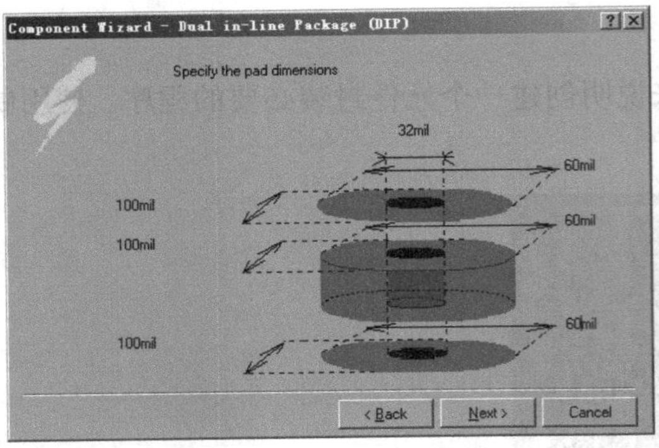

图 8-18 设置焊盘属性

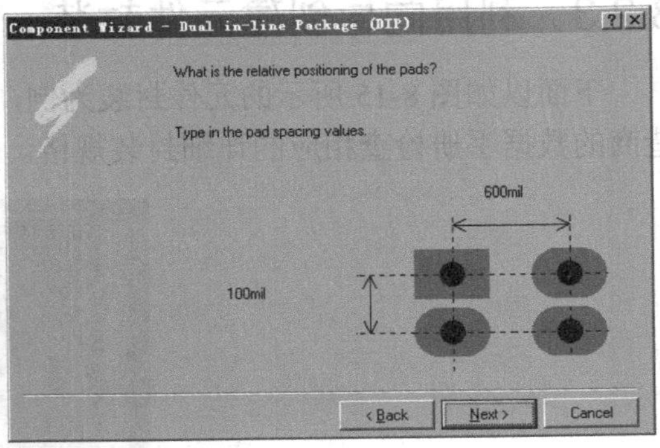

图 8-19 保持默认值 1

(4) 保持默认数值，单击 Next 按钮，如图 8-22 所示，出现最后一页，然后单击 Finish 按钮，如图 8-23 所示。

(5) 名为 DIP14 的新的封装将出现在 PCB 库编辑器面板的元件列表中，新的封装出现在设计窗口，现在可以根据要求进一步调整元件，最终元件封装效果如图 8-24 所示。

(6) 执行存储命令保存这个带有新元件的库。

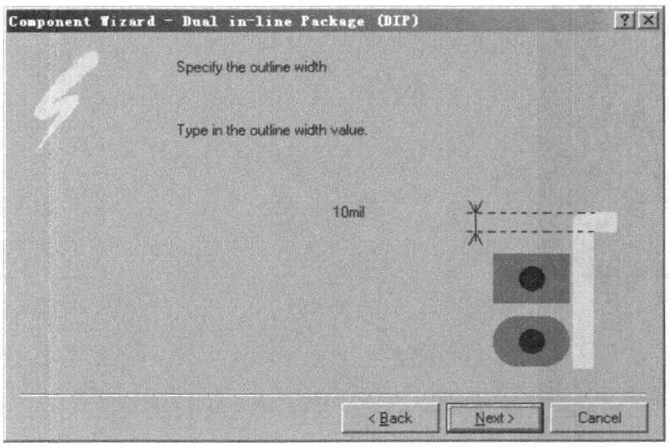

图 8-20　保持默认值 2

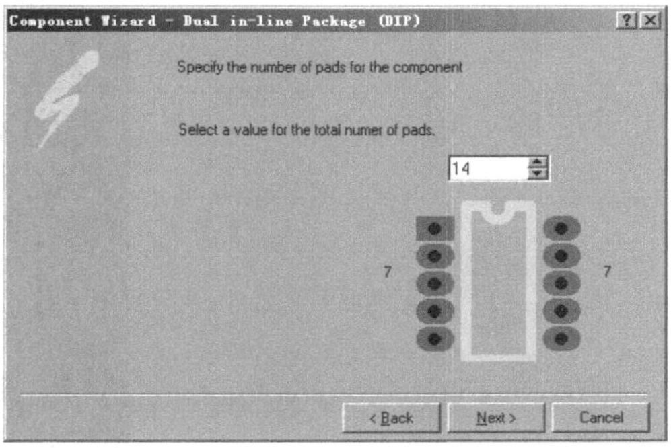

图 8-21　设置引脚数目

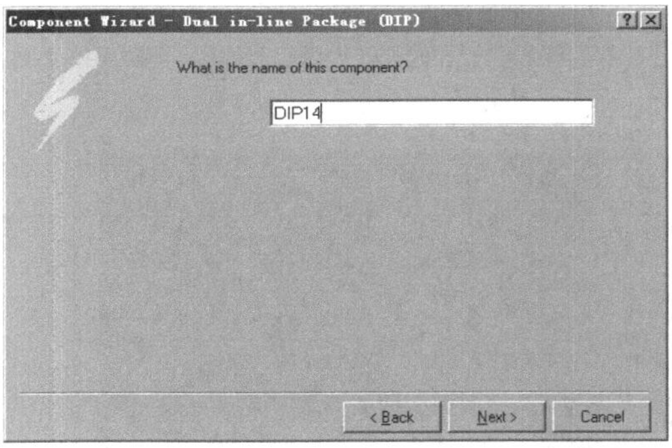

图 8-22　保持默认值 3

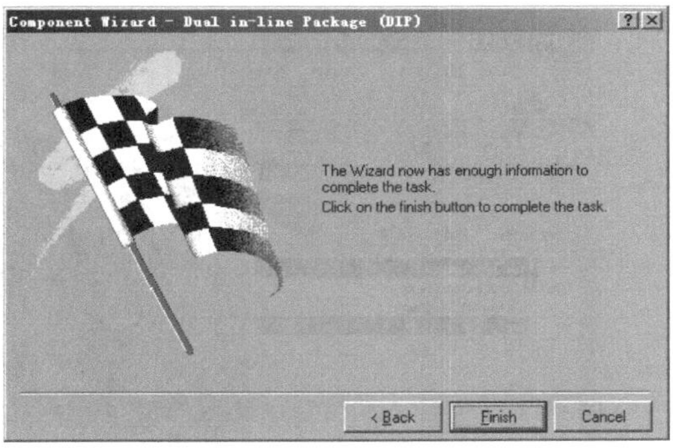

图 8-23　单击 Finish 按钮

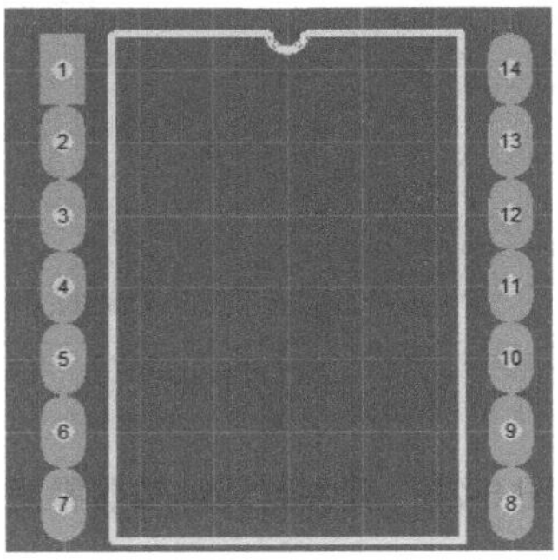

图 8-24　新建的封装

8.2.4　手动创建元件封装

手动创建元件封装就是用绘图工具按照元件实际的外形绘制出元件的封装，如图 8-25 所示是一个创建好的元件封装，下面介绍创建该元件封装的具体步骤。

1. 启动元件封装编辑器

选择 File | New | Library | PCB Library 命令，即可进入元件封装编辑器，如图 8-26 所示。

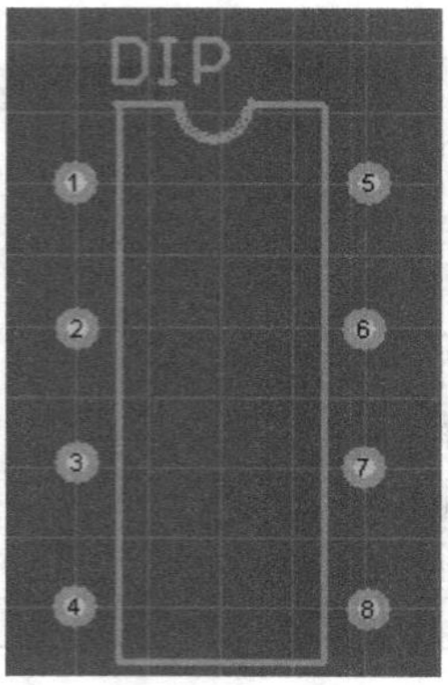

图 8-25　新建的元件封装

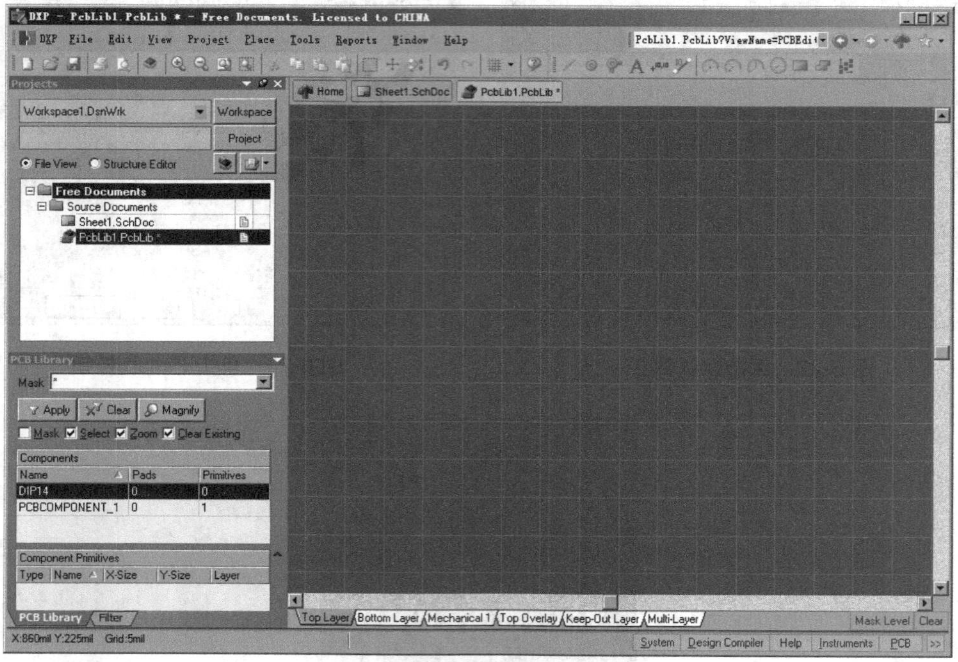

图 8-26　元件封装编辑器界面

2. 设置元件封装参数

元件封装参数的设置包括栅格大小设置、板层设置、系统参数设置。

1)　栅格大小设置

在元件编辑界面右击，在弹出的快捷菜单中选择 Options | Library Options 命令，如图 8-27 所示。弹出 Board Options(栅格设置)对话框，如图 8-28 所示。

2)　板层设置

在元件封装编辑器中右击，在弹出的快捷菜单中选择 Options | Library Layers 命令，如图 8-29 所示，弹出 Board Layers and Colors(板层颜色)设置对话框，如图 8-30 所示，在该对话框中进行板层设置。

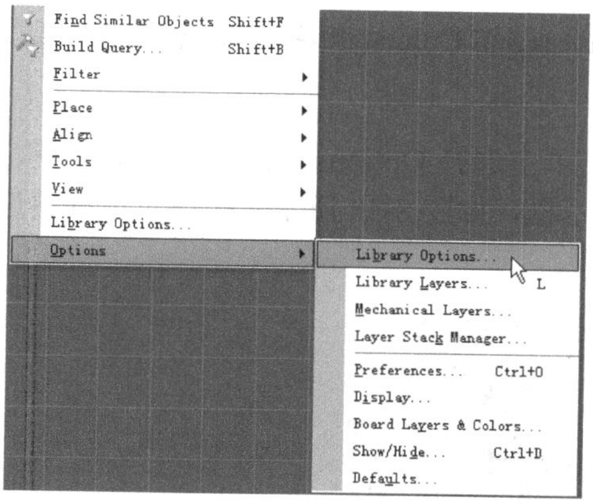

图 8-27　Library Options 命令

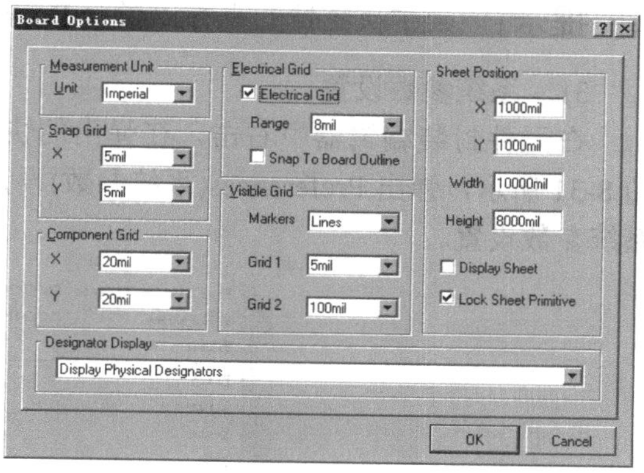

图 8-28　Board Options(栅格设置)对话框

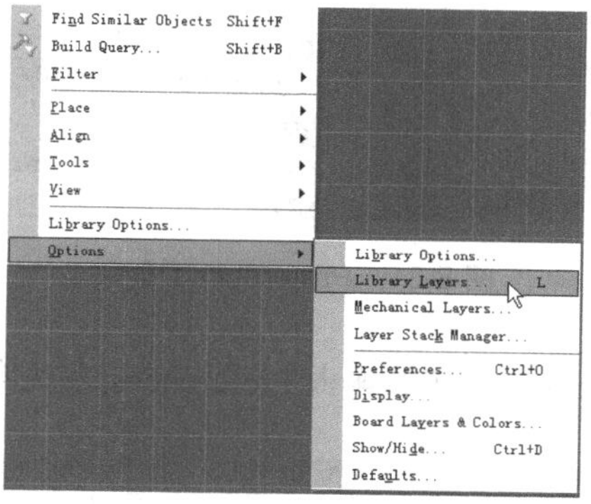

图 8-29　Library Layers 命令

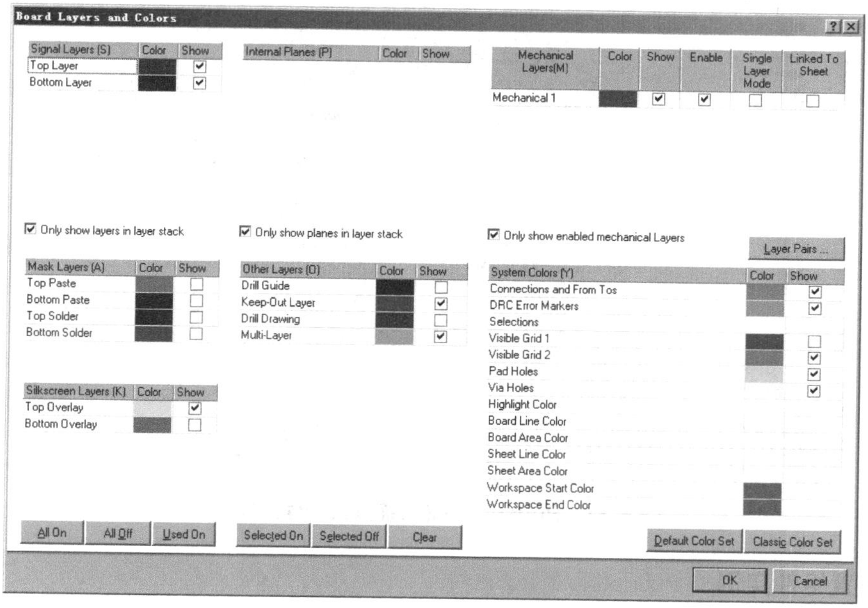

图 8-30　Board Layers and Colors(板层颜色)设置对话框

提示： 按下快捷键 L 也可以弹出 Board Layers and Colors(板层颜色)设置对话框。

3) 系统参数设置

在元件封装编辑器中右击，在弹出的快捷菜单中选择 Options | Preferences 命令，如图 8-31 所示，弹出 Preferences(系统参数)设置对话框，如图 8-32 所示，在该对话框中进行系统参数设置。

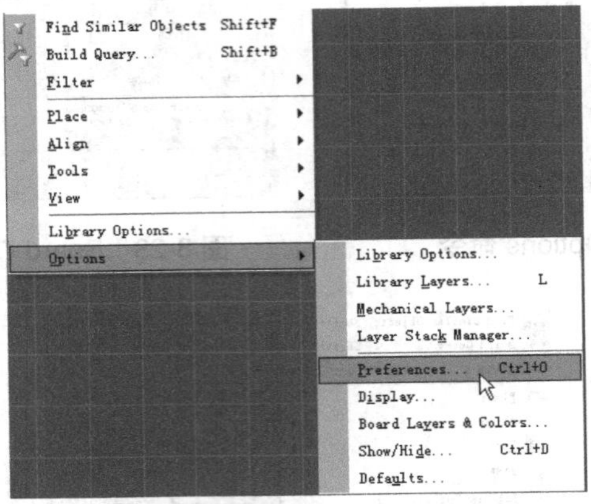

图 8-31 Preferences 命令

提示： 按下快捷键 Ctrl+O 也可以弹出 Preferences(系统参数)设置对话框。

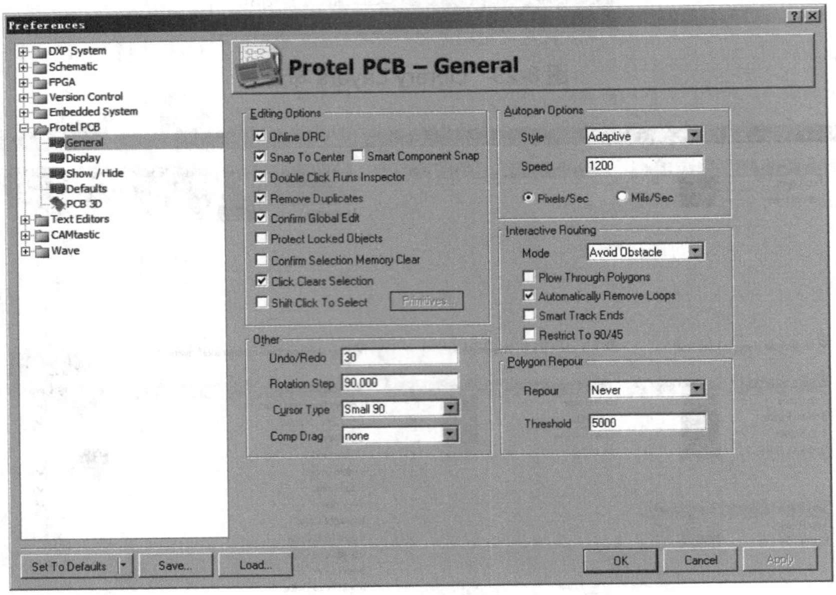

图 8-32 Preferences(系统参数)设置对话框

3. 布置组件实例

在绘制元件封装时必须保证当前层是顶层(Top Overlay)。

(1) 布置焊盘。启动放置焊盘命令，选择 Place | Pad 命令，启动后鼠标指针变成十字形状，此时按下 Tab 键，弹出 Pad(焊盘属性)设置对话框，如图 8-33 所示。即可进行焊盘属性设置，单击 OK 按钮。

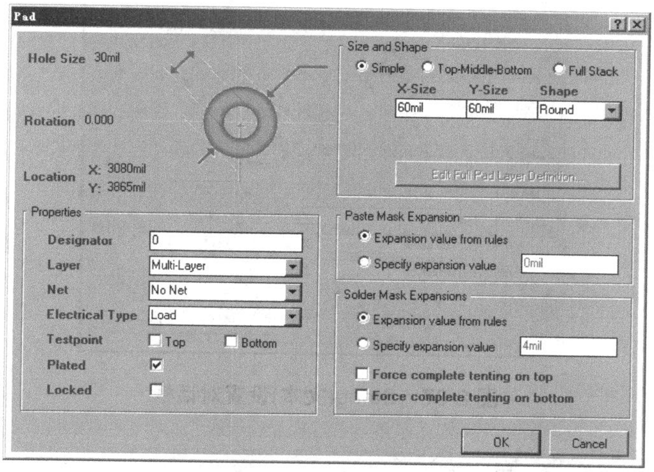

图 8-33　Pad(焊盘属性)设置对话框

(2) 按同样的方法，放置好其他的焊盘，如图 8-34 所示。

(3) 绘制外形轮廓。选择 Place | Line 命令，启动导线放置命令，布置好的导线如图 8-35 所示。

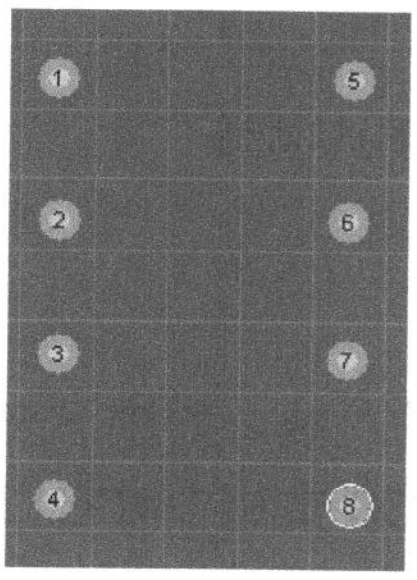

图 8-34　布置好的焊盘

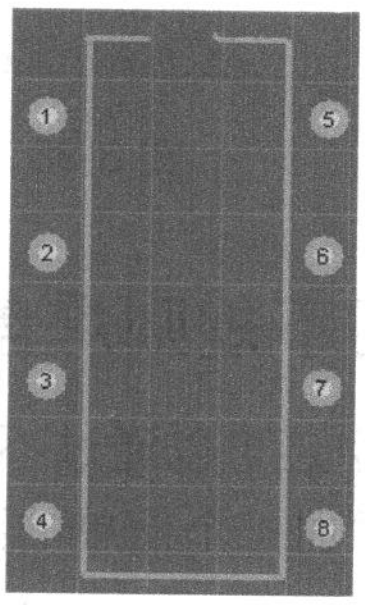

图 8-35　布置好的导线

(4) 放置圆弧线。选择 Place | Arc(Center)命令，启动绘制圆弧命令，绘制好的圆弧线如图 8-36 所示。

(5) 设置参考点。选择 Edit | Set Reference 命令，在该菜单项中有三个子菜单项，即 Pin 1、Center 和 Location，分别表示以引脚 1 为参考点、以中心为参考点和由用户指定参考点。该元件封装以一号引脚为参考点。

(6) 设置说明符。选择 Place | String 命令，按 Tab 键弹出 String(文本)设置对话框，如图 8-37 所示，在 Text 文本框中输入说明性文字，单击 OK 按钮。

(7) 保存。在封装管理器的 Components 中选择该元件封

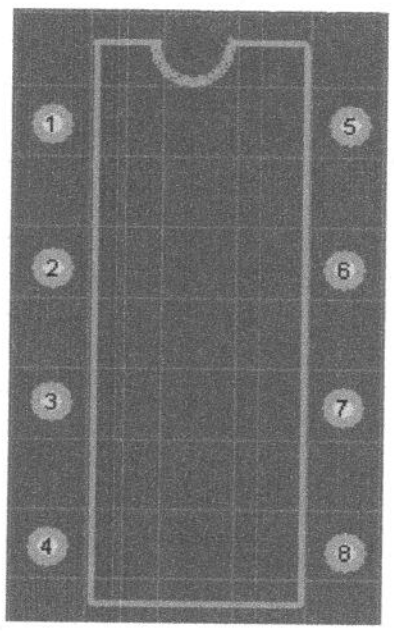

图 8-36　布置好的外形

装，双击。弹出 PCB Library Component(元件封装)对话框，如图 8-38 所示，在 Name 文本框中输入元件名称 PCBComponent_1。选择 File | Save 命令，保存该元件封装。

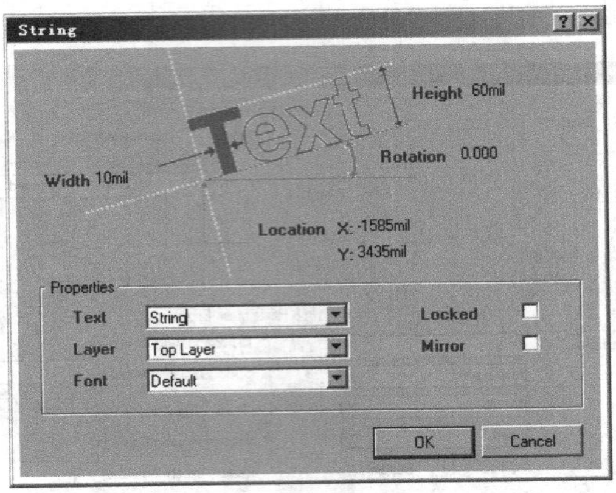

图 8-37　String(文本)设置对话框

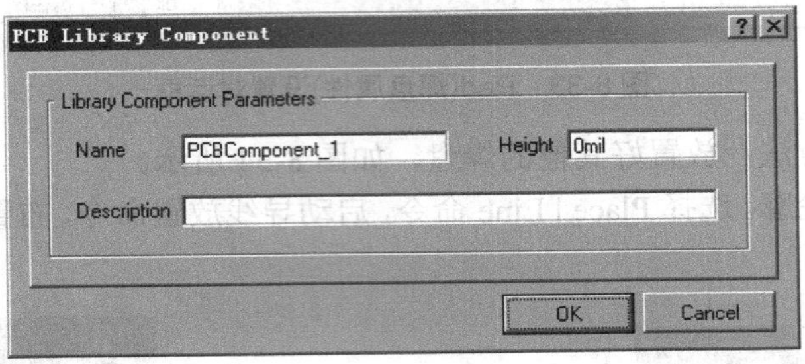

图 8-38　PCB Library Component(元件封装)对话框

8.2.5　使用不规则焊盘创建元件封装

在 Protel 中还可以通过不规则的焊盘形状创建不规则的封装，如接下来的第一个例子 SOT89，或者添加一个简单的到焊盘的连接，当元件放到 PCB 文档中时它们会被连接到焊盘的网络上。

SOT89 的制造规格以公制为单位，如图 8-39 所示是外形尺寸。

Dimensions (millimeters)	
A	5.00
B	6.00
C	1.35
D	0.70
E	1.90
F	3.30
G	2.30

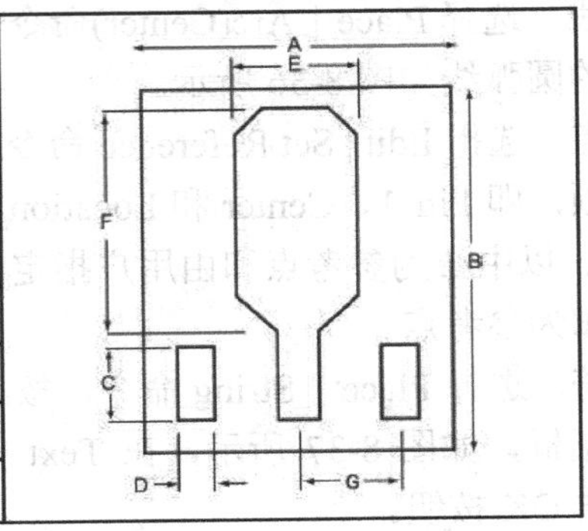

图 8-39　SOT89 外形尺寸

下面介绍具体的操作步骤。

1. 进入封装编辑界面

(1) 进入封装编辑界面，按下 Q 键将坐标单位定为 mm。查看 DXP 窗口下方的坐标状态栏确定目前处于何种单位坐标模式下。

(2) 确定将栅格设置为公制，选择 Tools | Library Options 命令，改变可视栅格和捕捉栅格。将捕捉栅格设置为 1mm，可视栅格设置为 10mm。

2. 摆放焊盘

在创建元件封装 SOT89 时，将引脚 1 作为封装的参考原点，也就是说，引脚 1 的中心作为原点，因此将焊盘 1 的坐标放在坐标点(0,0)。

(1) 要将焊盘放在封装的顶层，先选择 Place | Pad 命令或单击 Place Pad 按钮。按下 Tab 键，弹出 Pad(定义焊盘)属性设置对话框。确定层设置为顶层，标识符设置为 1(为匹配元件引脚编号)及孔径设置为 0mil，单击 OK 按钮，如图 8-40 所示。

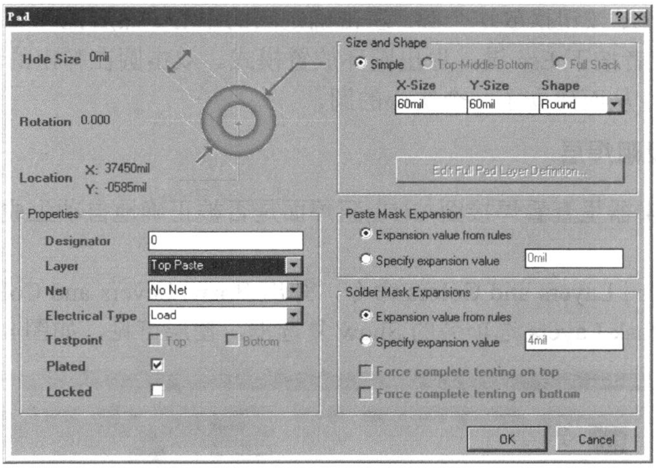

图 8-40　Pad(定义焊盘)属性设置对话框

(2) 定位指针然后单击放下这三个焊盘，标识符会自动增加。右击或按下 Esc 键退出焊盘放置模式。修改焊盘 2，将它延长并摆放到能与焊盘 0 相接的位置。

(3) 最后摆放焊盘 0。在焊盘对话框中选中 Simple 单选按钮并从 Shape 下拉列表框中选择 Octagonal 设置焊盘尺寸和形状，放置好焊盘，如图 8-41 所示。

图 8-41　绘制矩形焊盘

3. 绘制元件外形

(1) 单击设计窗口下方的 Top Overlay 标签，在 Top Overlay 层创建元件外形。选择 Place | Line 命令或者单击 Place Line 按钮。

(2) 单击定位外形框的第一个角。按下 Tab 键，弹出 Line Constraints(线条约束)设置对话框，设置宽度为 10mil，检查层设置，如图 8-42 所示，单击 OK 按钮。

(3) 单击确定外框的角，直到回到出发点完成外框。右击或者按下 Esc 键，退出线条模式，效果如图 8-43 所示。

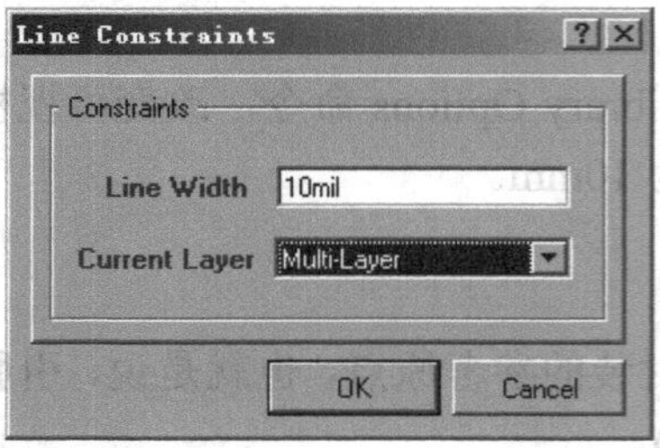

图 8-42 Line Constraints(线条约束)设置对话框

图 8-43 元件的边框

(4) 对这个封装来说，在引脚 1 附近需要一个指示标志。在本例中，一个 Top Overlay 的圆放在焊盘 1 附近。对这个封装来说还需要一个切削边。选择 Place | Full Circle 命令或单击 Place Full Circle 按钮摆放这个圆。左击确定圆的中心。然后拖动十字光标设置圆的半径为 5mil。右击或者按下 Esc 键，退出圆环放置模式。双击圆在弹出的圆弧对话框中将圆的线宽改为 10mil，从而建立了一个实心的圆。

4. 显示焊接及阻焊层

在 PCB 库编辑器里查看焊接面与(或)阻焊面是否被正确地自动生成。本例中，我们将打开焊接面。

(1) 选择 Tools | Layers and Colors 命令，弹出 Board Layers and Colors(板层和颜色)设置对话框，选中 Mask Layers 选项旁的 Show 复选框，使层可见，如图 8-44 所示。

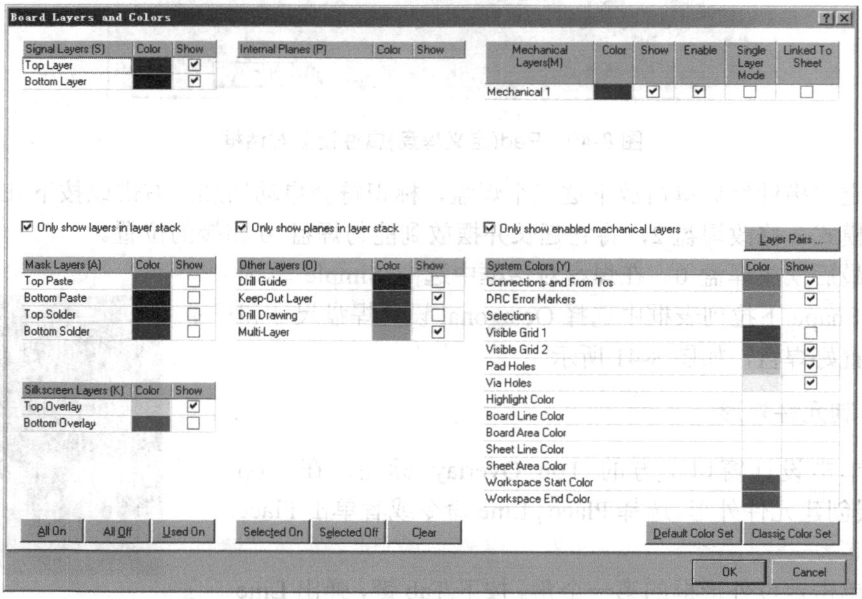

图 8-44 Board Layers and Colors(板层和颜色)设置对话框

(2) 在设计窗口的下方单击层标签，例如 Top Solder，就可以看到焊接面。使用 Shift+S 快捷键查看信号层模式下的层。

5. 用设计规则设置面的扩展

如果希望用设计规则设置面扩展，操作步骤如下。

(1) 在焊盘对话框中的阻焊面扩展和(或)焊接面扩展栏选择规则中的扩展值。

(2) 在 PCB 编辑器的菜单中选择 Design | Rules 命令设置规则，然后在 PCB 规则和约束编辑器对话框中检查或修正面类的设计规则，封装将遵从这些规则被放置到 PCB 中。

6. 指定面的扩展

要重新设置扩展设计规则和定义面扩展的步骤如下。

(1) 在焊盘对话框的焊接面和(或)阻焊面栏选中 Specify expansion value 单选按钮。

(2) 输入需要的值然后单击 OK 按钮，存储封装。

本 章 习 题

一、填空题

1. ______________实际上是指将元件焊接到电路板上时的外观和焊盘的位置。
2. 元件封装可以分成两大类：_____________________和针____________________。
3. ________________主要用于显示 PCB 元件封装库中的元件封装，在该列表框中可以对元件封装进行新建、复制、粘贴、排序、重命名等操作。
4. _______________主要用于显示某一元件封装的图元组成以及图元的属性。
5. 手动创建元件封装就是____。

二、选择题

1. PCB 元件的(　　)主要是给设计人员提供编辑以及绘图命令。
   A. 主菜单　　B. 元件编辑界面　　C. PCB 工具栏　　D. 绘图工具栏
2. (　　)该界面主要用于绘制元件封装，对元件封装进行各种绘制操作。
   A. 主菜单　　B. 元件编辑界面　　C. PCB 工具栏　　D. 绘图工具栏
3. (　　)为用户提供了各种图标操作方式，主要用于执行保存、缩放、打印等功能。
   A. 主菜单　　B. 元件编辑界面　　C. PCB 工具栏　　D. 绘图工具栏
4. (　　)主要是绘图时使用，主要用于在编辑界面上放置一些焊盘、线条、圆弧等组件。
   A. 主菜单　　B. 元件编辑界面　　C. PCB 工具栏　　D. 绘图工具栏
5. 进入元件封装编辑窗口，选择左边的(　　)选项，即可打开元件封装管理器。
   A. PCB Library　　B. PCB　　C. Library　　D. PL

三、问答题

1. 简述如何启动元件封装编辑器。
2. 简述如何手动创建元件封装。

第 9 章　原理图与 PCB 图的交互验证

本章内容提示

原理图和 PCB 是电路设计中两个基本的图元，原理图中的信息体现了设计者的设计思想，而 PCB 图是设计的具体体现，Protel 为设计者提供了友好的原理图和 PCB 图的编辑环境，还增强了 PCB 图与原理图之间的同步功能。本章详细介绍了原理图和 PCB 图之间的同步工具与用法。

学习要点

- 由原理图生成 PCB 图
- 原理图的改变在 PCB 图中的反映
- PCB 图的改变在原理图中的反映

9.1　由原理图生成 PCB 图

原理图和PCB图是电子电路设计中两个基本的图元，原理图体现了设计者的设计思想，而 PCB 图则是设计思想的体现，也是制板厂制作电路板的主要依据。要设计 PCB，首先要设计原理图并保证原理图能编译成功，一般由原理图生成 PCB 图的制作过程为：首先设计好原理图，在原理图设计完成后，编译项目工程文件并生成网络表供 PCB 使用。下面介绍一下网络表。

9.1.1　单个 PCB 原理图创建网络表

Netlist(网络表)分为 External Netlist(外部网络表)和 Internal Netlist(内部网络表)两种。从 SCH 原理图生成的供 PCB 使用的网络表就叫作外部网络表，在 PCB 内部根据所加载的外部网络表所生成表称为内部网表，用于 PCB 组件之间连线的连接。一般用户所使用的也就是外部网络表，所以一般不用将两种网络表严格区分。

为单个 PCB 原理图文件创建网络表的步骤如下。

(1) 双击文件工作面板中对应的 SCH 原理文件，打开要创建网络表的原理图文文件。

(2) 选择 Design | Netlist For Project | Protel 命令，如图 9-1 所示。

(3) 所产生的网络表与原项目文件同名，扩展名为.NET。如图 9-2 所示的网络表文件位于文件工作面板中该项目的 Generated/Netlist Files 选项下，文件名为理疗仪.NET。

(4) 双击 Sheet1.NET 图标，将显示网络表的详细内容，如图 9-3 所示。

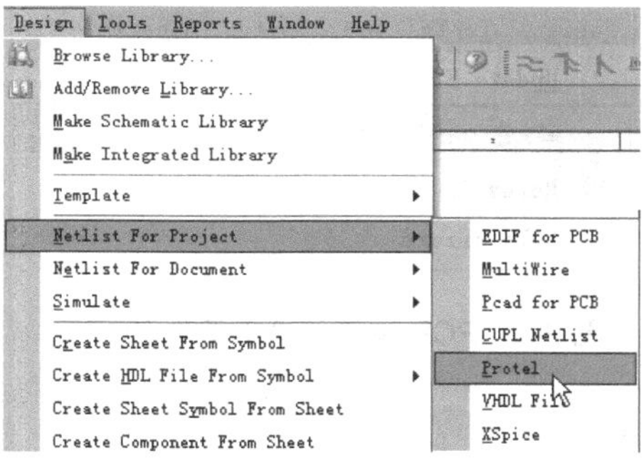

图 9-1　Protel 命令

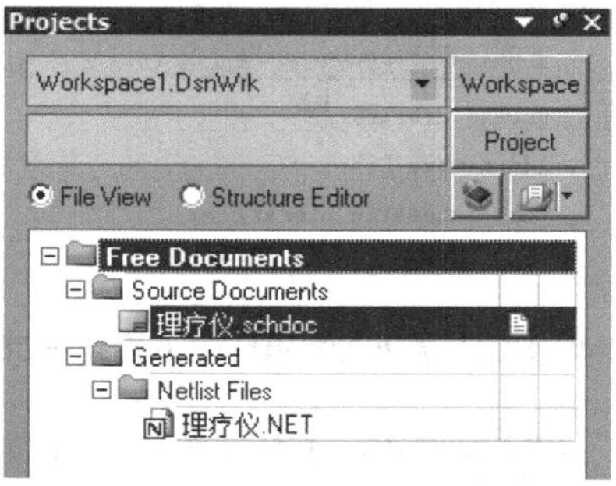

图 9-2　网络表的生成

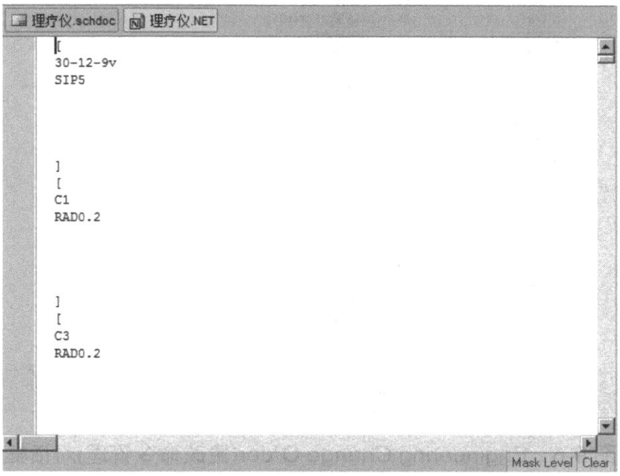

图 9-3　网络表内容

9.1.2　生成 PCB 板

生成网表后，可以将网表里的信息导入印制电路板，为电路板的组件布局和布线做准备。Protel 提供了从原理图到 PCB 板自动转换设计的功能，它集成在 ECO 项目设计更改管理器中。

启动项目设计更改管理器的方法有两种。

(1)　在 PCB 原理图编辑环境下，先打开原理图文件。选择 Design | Update PCB Document 理疗仪.pcbDoc 命令，如图 9-4 所示。

(2)　先进入 PCB 编辑环境下，打开原理图文件，选择 Design | Import Changes From 理疗仪.PRJPCB 命令，如图 9-5 所示。

执行以上相应命令后，将弹出 Engineering Change Order(更改命令管理)对话框，如图 9-6 所示。

Engineering Change Order(更改命令管理)对话框中显示出当前对电路进行的修改内容，左边为 Modifications (修改)列表，右边是对应修改的 Status(状态)。主要的修改有 Add Component、Add Nets、Add Components Classes 和 Add Rooms 几类。

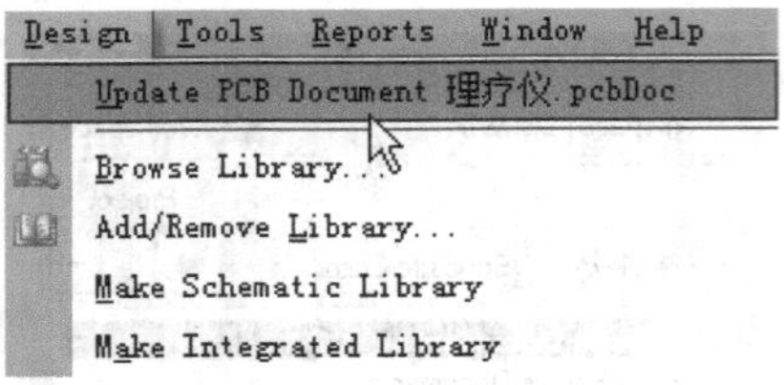

图 9-4　SCH 原理图编辑环境下更新 PCB 图

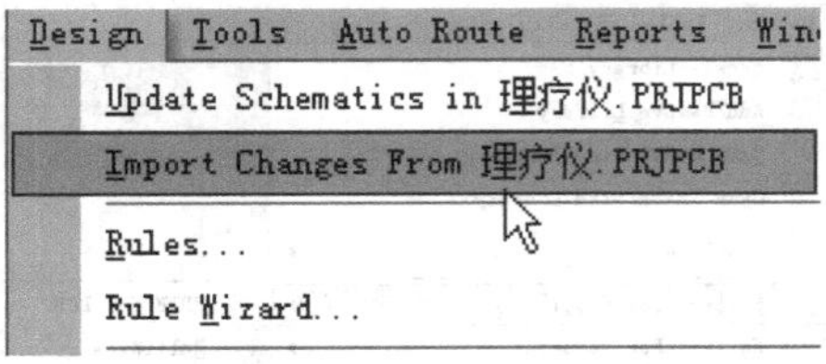

图 9-5　PCB 编辑环境下更新 PCB 图

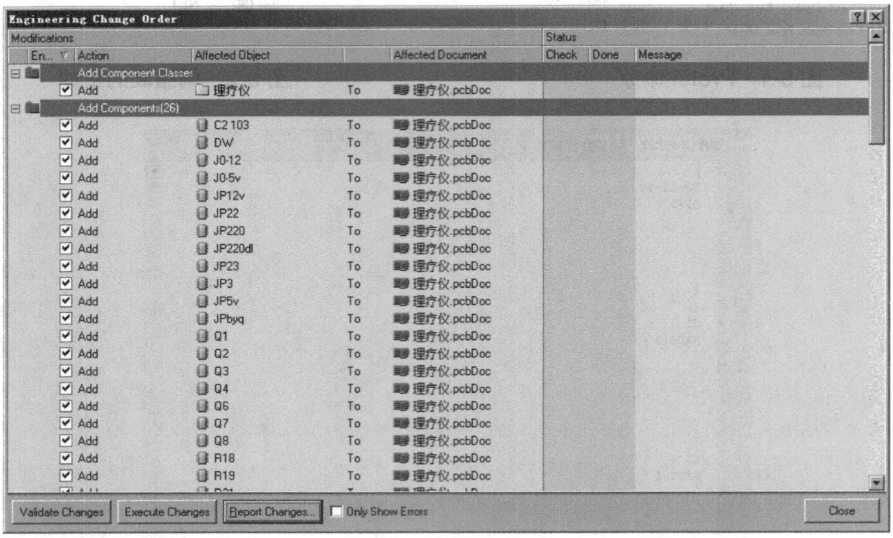

图 9-6　Engineering Change Order(更改命令管理)对话框

单击 Validate Changes 按钮，系统将检查所有的更改是否都有效，如果有效，将在右边 Check 栏对应位置打钩；如果有错误，Check 栏中将显示红色错误标识，如图 9-7 所示。

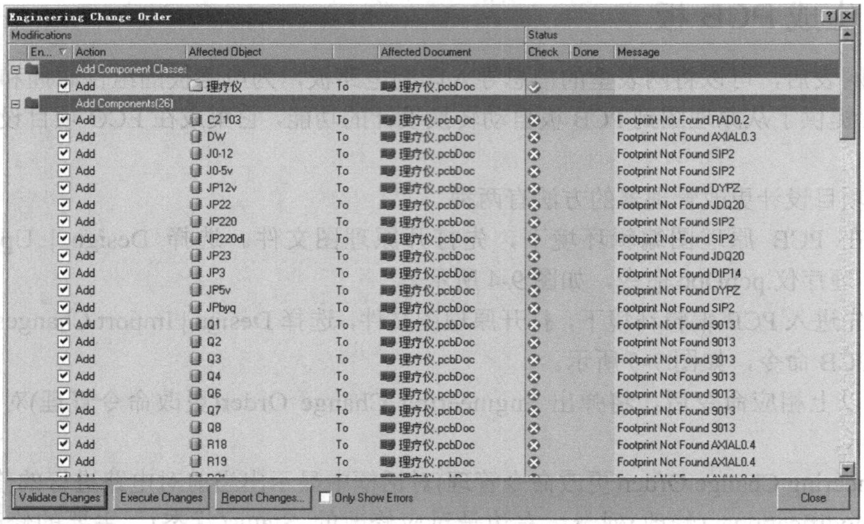

图 9-7　显示更改是否都有效

提示：一般的错误都是由于组件封装定义不正确，系统找不到给定的封装，或者设计 PCB 板时没有添加对应的集成库。此时可返回到 PCB 原理图编辑环境中，对有错误的组件进行更改，直到修改完所有的错误即 Check 栏中全为正确内容为止。

单击 Execute Changes 按钮，系统将执行所有的更改操作，如果执行成功，Status 下的 Done 列表栏将被勾选，执行结果如图 9-8 所示。

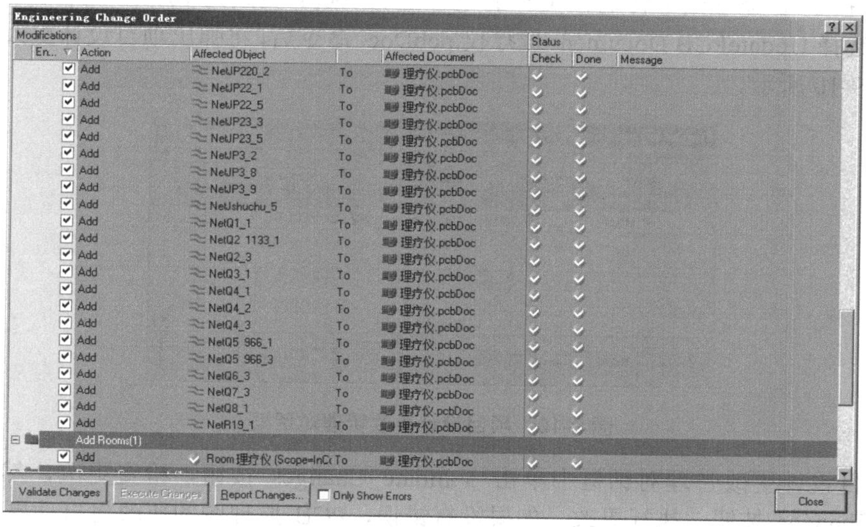

图 9-8 显示所有修改过的结果

提示：在 Engineering Change Order(更改命令管理)对话框中，单击 Report Changes 按钮，将打开 Report Preview (报告预览)对话框，在该对话框中可以预览所有进行修改过的档。

9.2 PCB 与原理图的相互更新

在印制电路板设计中，有时在原理图和 PCB 电路图都设计好的情况下，难免会对其中的组件或电路进行局部的更改，更改较多的往往是组件的封装。有时在 PCB 电路板上直接对某个组件的封装做了修改，也想自动地将更改反映到原理图上去；或者在原理图上对某组件的数值大小进行修改，也希望能对应更改 PCB 电路板。Protel DXP 提供了很好的 PCB 与原理图相互更新的功能。

9.2.1 由 PCB 原理图更新 PCB

对 PCB 原理图进行了部分更改后，在原理图编辑环境下，选择 Design | UpdatePCB Document 理疗仪.pcbDoc 命令，如图 9-9 所示，可完成从 PCB 原理图对 PCB 电路图的更新。

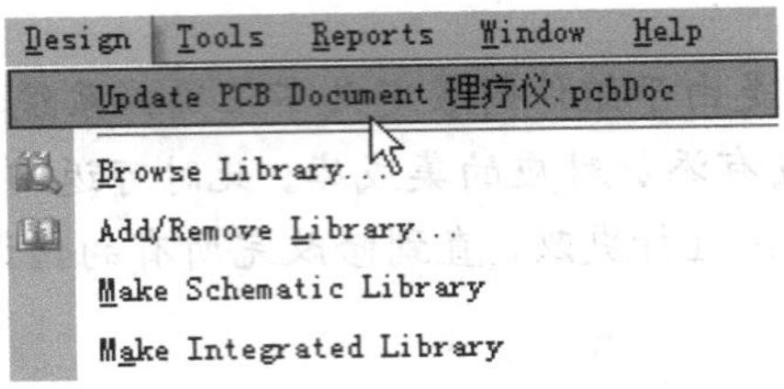

图 9-9　更新 PCB 菜单

例如，在 PCB 原理图中将电容 C5 的电容值从 100pF 更改为 1000pF，从 Protel DXP 的主菜单中选择 UpdatePCB Document 理疗仪.pcbDoc 命令后，将弹出项目设计更改管理对话框，如图 9-10 所示。

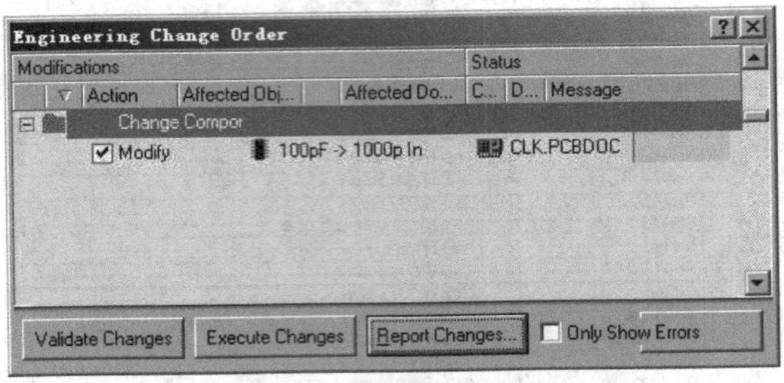

图 9-10　项目设计更改管理对话框

在项目设计更改管理对话框中单击 Validate Changes 按钮，检查更改，然后再单击 Execute Changes 按钮，执行更改。如果没有错误，PCB 原理图的更改将自动更新到 PCB 电路板上。更新前与更新后的 PCB 电路图，如图 9-11 和图 9-12 所示。

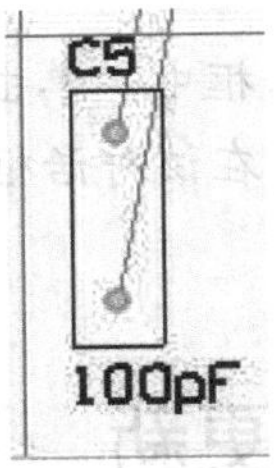

图 9-11　更新前的 PCB

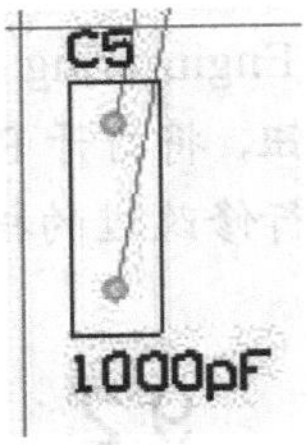

图 9-12　更新后的 PCB

9.2.2　由 PCB 更新原理图

由 PCB 图更新 PCB 原理图与由 PCB 原理图更新 PCB 的原理图相同。在 PCB 设计环境下，选择 Design | Update Schematics in 理疗仪. PRJPCB 命令，如图 9-13 所示。

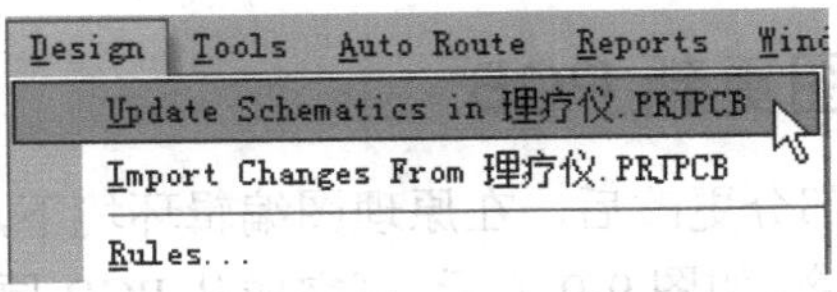

图 9-13　PCB 图更新原理图操作

例如，在这里对理疗仪.PRJPCB 电路板中的电阻 C5 进行更改，将电阻值从 100pF 改为 1000pF。选中该菜单项后，也将弹出项目设计更改管理对话框。使用上述相同方法可以将 C5 的更改反映到 PCB 原理图上。更新前、后的 SCH 原理图如图 9-14 和图 9-15 所示。

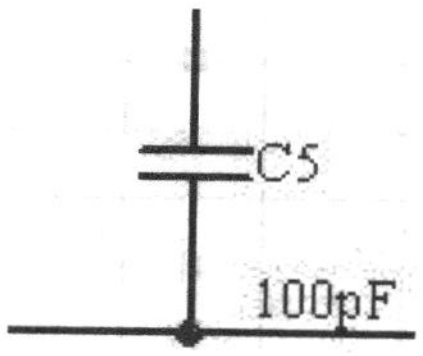

图 9-14　PCB 图更新前

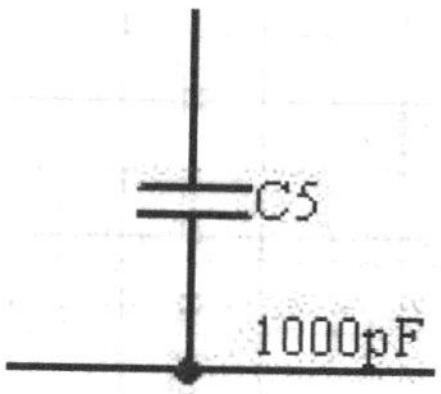

图 9-15　PCB 图更新后

本 章 习 题

一、填空题

1. ________和________是电子电路设计中两个基本的图元。
2. Netlist(网络表)分为________________和________________两种。
3. 所产生的网络表与原项目文件同名，扩展名为________。

二、选择题

1. 下面(　　)命令可以打开网络表。
   A. Protel　　B. Protels　　C. Netlist　　D. Design
2. 启动项目设计更改管理器的方法有(　　)种。
   A. 1　　B. 2　　C. 3　　D. 4

三、问答题

1. 简述如何由 PCB 原理图更新 PCB。
2. 简述如何由 PCB 更新原理图。

第10章　电 路 仿 真

本章内容提示

Protel 不但能绘制原理图和 PCB 图，而且提供了电路的仿真工具，用户可以方便地对设计的电路进行信号仿真，本章将介绍 Protel 信号仿真的分析工具和使用方法。

学习要点

- 常见仿真元件
- 仿真器设置
- 仿真原理图绘制
- 仿真器使用的方法

10.1　常见仿真元件介绍

传统的 PCB 板的设计依次经过电路设计、版图设计、PCB 制作等工序，而 PCB 的性能只有通过一系列仪器测试电路板原型来评定。如果不能满足性能的要求，上述的过程就需要经过多次的重复，尤其是有些问题往往很难将其量化，反复多次就不可避免。这些在当前激烈的市场竞争面前，无论是设计时间、设计的成本还是设计的复杂程度都无法满足要求。在现在的 PCB 板级设计中采用电路板级仿真已经成为必然。基于信号完整性的 PCB 仿真设计就是根据完整的仿真模型通过对信号完整性的计算、分析得出设计的解空间，然后在此基础上完成 PCB 设计，最后对设计进行验证是否满足预计的信号完整性要求。如果不能满足要求就需要修改版图设计。与传统的 PCB 板的设计相比既缩短了设计周期，又降低了设计成本。

Protel DXP 为用户提供了大量的仿真元件，下面就简单介绍一下这些元件库。

1. 仿真信号源的元件库

1)　直流源

在 Simulation Sources.IntLib 元件库中，包含了两个直流源元件：VSRC 和 ISRC 电流源。仿真库中的电压/电流源符号提供了用来激励电路的一个不变的电压和电流输出。

2)　正弦仿真源

在 Simulation Sources.IntLib 元件库中，有两个正弦仿真源：VSIN 正弦电压源和 ISIN 正弦电流，分别可以创建正弦电压和正弦电流。

3)　周期脉冲源

在 Simulation Sources.IntLib 元件库中，包含了两个周期脉冲源元件：VPULSE 电压周期脉冲源和 IPULSE 电流周期脉冲源。利用这些脉冲源可以创建周期性的连续脉冲。

4)　指数激励源

在 Simulation Sources.IntLib 元件库中，包含了两个指数激励源：VEXP 指数激励电压源和指数激励电流源。通过该激励源可以创建带有指数的上升沿和下降沿脉冲波。

5) 单频调频源

在 Simulation Sources.IntLib 元件库中，包含了两个单频调频源元件：VSFFN 单频调频电压源和 ISFFN 单频调频电流源。通过该仿真源，用户可以创建一个单频调频波。

2. 仿真专用函数元件库

Simulation Special Function.IntLib 元件库中的元件是一些专门为信号仿真而设计的函数，包括常用的运算函数加、减、乘、除、求和、压控振荡源等专用元件。

3. 仿真数学函数元件库

Simulation Math Function.IntLib 元件库中的元件主要是一些仿真数学元件，例如求正弦、余弦、绝对值、反正弦、反余弦、开方等数学运算。

4. 信号仿真传输线元件库

Simulation Transmision Line.IntLib 元件库中主要包含了三个信号仿真传输线元件：URC(均匀分布传输线)、LTRA(有损耗传输线)、LLTRA(无损耗传输线)。

- URC(均匀分布传输线)：该传输线有一个双向的理想的延迟线，有两个端口，节点定义了端口的电压的极性。
- LTRA(有损耗传输线)：单一的损耗传输线将使用两端口响应模式，这个模式属性包含了电阻、电感、电容和长度，这些属性不可能在原理图中直接设置，但设计者可以创建和引用自己的模式文件。
- LLTRA(无损耗传输线)：该模型是有 URC 传输线的子电路类型上扩展成内部产生节点的集合 RC 分段网络而获得，RC 各段在几何上是连续的，URC 段必须严格由电阻和电容组成。

5. 常用元件库

PROTEL 为用户提供了一个常用元件库 Miscellaneous Devices.IntLib，该元件库包含了电阻、电容、电感、振荡器、三极管、二极管、电池、熔断器等，所有的元件都定义了仿真特性，仿真时只要选择默认属性或者修改为自己所需要的属性即可。

10.2 初始状态设置

设置初始状态是为了计算偏置点而设定一个或多个电压值。在分析模拟非线性电路、震荡电路以及触发电路的直流特定时，常常出现解的不收敛现象，在实际电路中当然是有解的，出现这样的情况是因为点发散或收敛的偏置点不能适应多种情况，设置初始状态多是为了在两个或更多的稳定工作点中选择一个，使仿真顺利进行。

10.2.1 节点电压设置

该设置使指定的节点固定在所给的电压下，仿真器按照这些节点电压求得直流或瞬态的初始解。

该设置对双稳态或非稳态电路收敛的计算是必需的，它可使电路摆脱停顿状态，而进入所希望的状态，一般情况下，该设置不必要。

节点电压设置方法如下。

(1) 打开 Component Properties(元件属性)对话框，如图 10-1 所示。

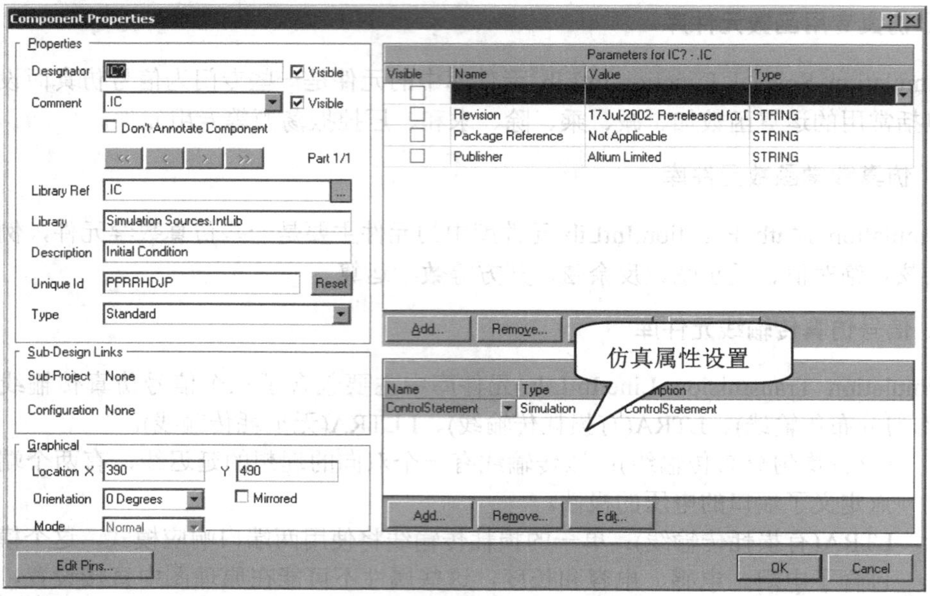

图 10-1 Component Properties(元件属性)对话框

(2) 单击元件的仿真属性设置，弹出如图 10-2 所示的仿真模式参数设置对话框。

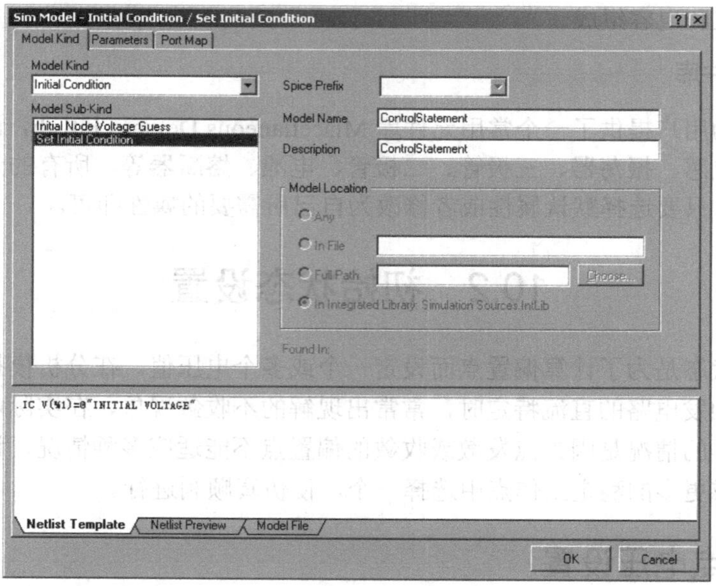

图 10-2 元件仿真属性设置

(3) 在 Model Kind 下拉列表框中选择 Initial Condition 选项，在 Model Sub-Kind 列表

框中选择 Initial Node Voltage Guess 选项，然后进入 Parameters 选项卡中设置其初始值即可。

10.2.2 初始条件(IC)设置

初始条件(IC)设置是用来设置瞬态初始条件的，在瞬态分析中，一旦设置了参数 Use Initial Conditions 和 IC 时，瞬态分析就先不进行直流工作点的分析，因而应在 IC 中设定各点的直流电压，如果瞬态分析中没有设置参数 Use Initial Conditions，那么在瞬态分析前计算直流偏量解。此时，IC 设置中指定的节点电压仅当作求解直流工作点时相应的节点的初始值。

仿真元件的初始条件设置与节点电压设置类似，具体步骤如下。

(1) 首先打开如图 10-2 所示的对话框，在 Model Kind 下拉列表框中选择 Initial Condition 选项。

(2) 在 Model Sub-Kind 列表框中选择 Set Initial Condition 选项，然后进入 Parameters 选项卡中设置其初始值即可。

10.3 仿真器的设置

Protel DXP 基于 SPICE 3F5/XSPICE 引擎，在进行仿真前，设计者要选择对电路进行哪种仿真分析，要收集哪些变量数据，根据不同的电路要求，Protel DXP 提供了以下几种仿真分析方法，即瞬态特性分析、直流分析、交流小信号分析、噪声分析、温度扫描分析、参数扫描分析、蒙特卡罗分析等。本节介绍各种仿真分析的设置方法。

10.3.1 进入分析主菜单

当电路原理图完成后，用户就可以对电路进行仿真分析对象的选择和设置。选择 Design | Simulate | Mixed Sim 命令，系统弹出 Analyses Setup(仿真分析)设置界面，如图 10-3 所示。

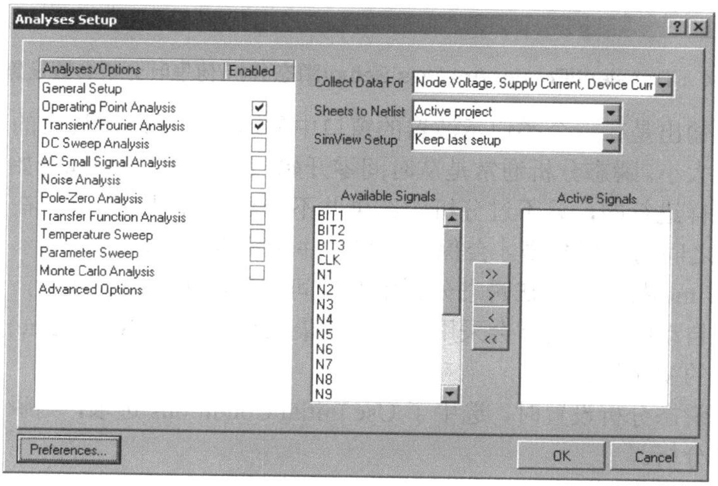

图 10-3 Analyses Setup(仿真分析)设置界面

10.3.2 一般设置

在如图 10-3 所示的对话框的左侧列表框中选择 General Setup 选项，即可打开一般设置选项，用户可以选择分析对象，在 Available Signals 列表框中显示的是可以进行仿真分析的信号，Active Signals 列表框中为激活的信号，通过 > 和 < 按钮，可以自行添加和移除激活的信号。

10.3.3 瞬态特性分析

瞬态特性分析(Transient Analysis)是从时间零开始，到用户规定的时间范围内进行。用户可以设定输出的开始到中止的时间长短与分析的步长，初始值可以由直流分析部分确定，所有与时间无关的源可以用直流值，也可以由用户自行设定。

通过选择如图 10-3 所示的对话框的左侧列表框中的 Transient/Fourier Analysis 选项，可以打开 Transient/Fourier Analysis Setup(瞬态分析/傅里叶分析参数设置)界面，如图 10-4 所示。

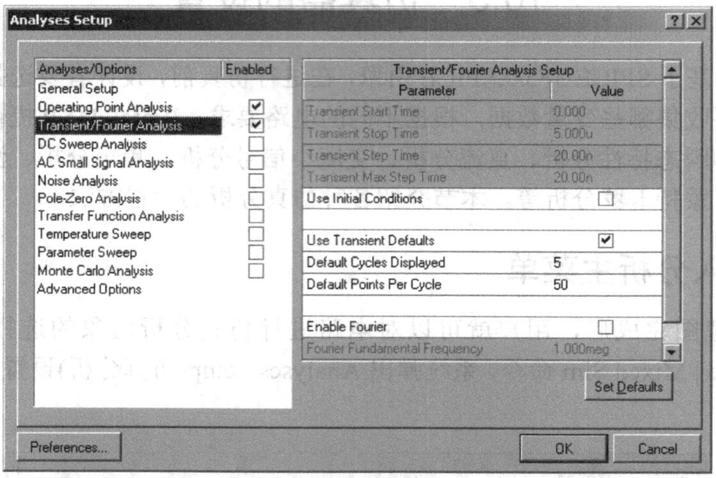

图 10-4 Transient/Fourier Analysis Setup(瞬态分析/傅里叶分析参数设置)界面

瞬态分析的输出是在一个类似示波器的窗口中显示的，在用户设定的时间间隔内计算变量的瞬间值的大小。瞬态分析通常是从时间零开始，但是在时间零和开始时间(Start Time)之间，分析是照样进行的，只不过分析的结果并不会显示给用户，只有在开始时间和结束时间(Stop Time)之间的分析数据才会保留下来，并显示给用户。

步长(Step Time)指的是用在瞬态分析中的时间增量，在实际应用中，步长不是固定不变的，为了完成自动收敛，通常会采用变步长，最大步长(Max Step Time)限制了分析瞬态数据时的时间片的变化量。

如果在进行瞬态分析设置时，选中了 Use Initial Conditions 选项，则瞬态分析就不能进行直流工作点的分析。

提示： 进行仿真设计时，也可以采用默认值，使用系统默认的瞬态分析参数。

10.3.4 直流分析

直流分析(DC Sweep Analysis)产生直流转移曲线，直流分析将执行一系列的静态工作点分析。从而改变前述定义的所选源的电压，设置中可定义可选辅助源。

在 Protel 仿真时，设置直流分析的参数可以进入如图 10-3 所示的对话框，通过激活 DC Sweep Analysis 选项，即可打开 DC Sweep Analysis Setup(直流分析参数)设置界面，如图 10-5 所示的。

其中，Primary Source 定义了电路中的主电源，选中 Enable Secondary 选项可以使用从电源。

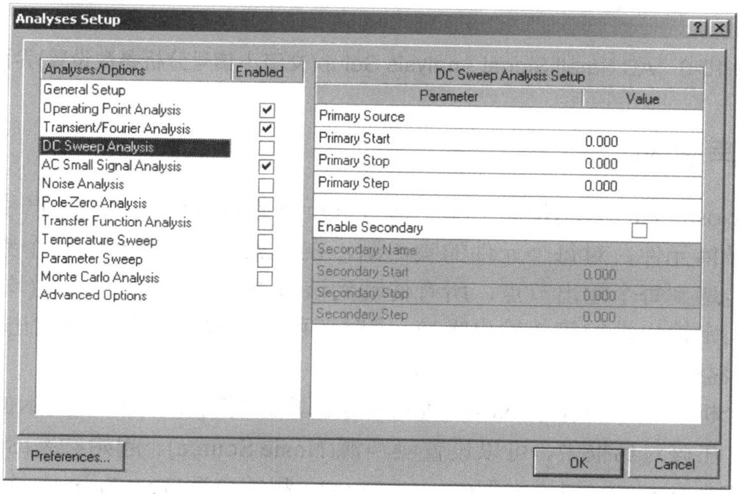

图 10-5 DC Sweep Analysis Setup(直流分析参数设置)界面

10.3.5 交流小信号分析

交流小信号分析(AC Small Signal Analysis)将交流输出变量作为频率的函数计算出来，先计算电路的支流工作点，决定电路中所有的非线性元件的线性化小信号模型参数，然后在用户指定的频率范围内对该线性化电路进行分析，该分析的输出通常是一个传递函数。

用户在进行交流小信号仿真时，可以选中如图 10-3 所示对话框的 AC Small Signal Analysis 选项，进入 AC Small Signal Analysis Setup(交流小信号分析)参数设置界面，如图 10-6 所示。

AC Small Signal Analysis Setup(交流小信号分析参数设置)界面中的扫描类型(Sweep Type)和测试点数目(Test Points)决定了频率的增量，其定义如下。

- Linear：定义扫描中线性递增的测试点总数。
- Decade：定义扫描中以 10 的倍数递增扫描测试点的总数。
- Octave：定义扫描中以 8 的倍数递增扫描测试点的总数。

提示： 在进行交流小信号分析之前，仿真原理图中至少要包含一个交流源，且该交流源已经设置完毕。

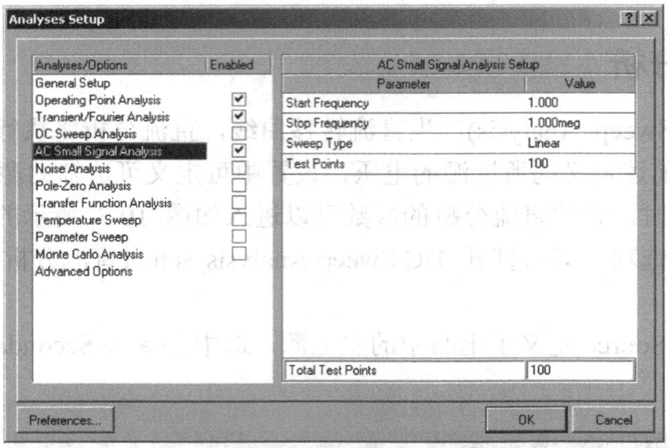

图 10-6　AC Small Signal Analysis Setup(交流小信号分析参数设置)界面

10.3.6　噪声分析

噪声分析(Nosie Analysis)是同交流小信号分析一起进行的，电路中产生噪声的元件有电阻元件和半导体元件，对每个元件的噪声源，在交流小信号分析的每个频率上计算出相应的噪声，并传递到每个输出节点，所有传动到该节点的噪声进行 RMS(均方根)值相加，得到的值就是制定输出端的等效输出噪声，同时还可以计算从输入源到输出端的电压增益，有输出噪声和增益就可以算出等效输入噪声。

设置噪声分析参数，可激活 Nosie Analysis 选项，打开如图 10-7 所示的噪声分析设置界面进行设置。在该对话框中，可以设置噪声源(Nosie Source)、起始频率(Start Frequency)、中止频率(Stop Frequency)、扫描类型(Sweep Type)、测试点数(Test Points)、输出节点(Output Node)和参考节点(Reference Node)等数值。

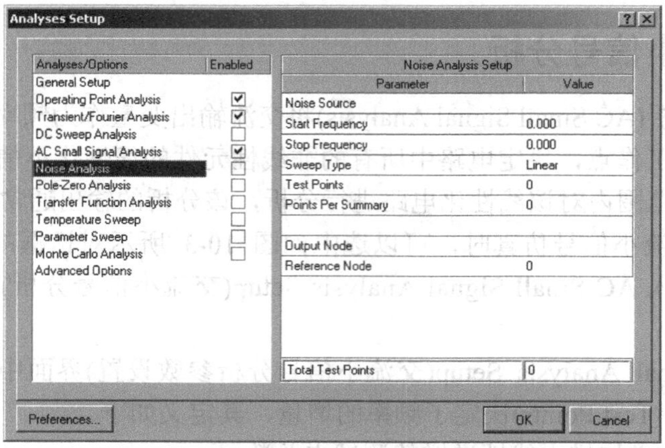

图 10-7　Nosie Analysis Setup(噪声分析参数设置)界面

10.3.7　温度扫描分析

温度扫描分析(Temperature Sweep Analasis)是和交流小信号分析、直流分析以及瞬态特征分析中的一种或几种相连的，该设置决定了在什么温度下进行仿真。

设置温度扫描分析的参数，可以通过激活 Temperature Sweep 选项，打开如图 10-8 所示的温度扫描分析参数设置界面进行操作。其中 Start /Stop Temperature 定义了扫描的范围，Step Temperature 定义了扫描的步长。

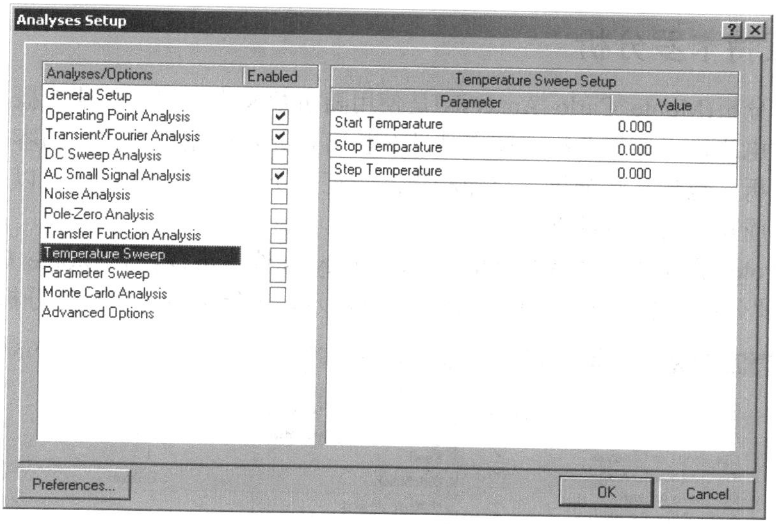

图 10-8 Temperature Sweep Setup(温度扫描分析参数设置)界面

10.3.8 参数扫描分析

参数扫描分析(Parameter Sweep Analysis)允许设计者自定义增幅扫描元件的值，参数扫描分析可以改变基本的元件和模式，但并不改变子电路的数据。

通过激活 Parameter Sweep 选项，打开如图 10-9 所示的参数设置界面，即可进行参数扫描分析设置。

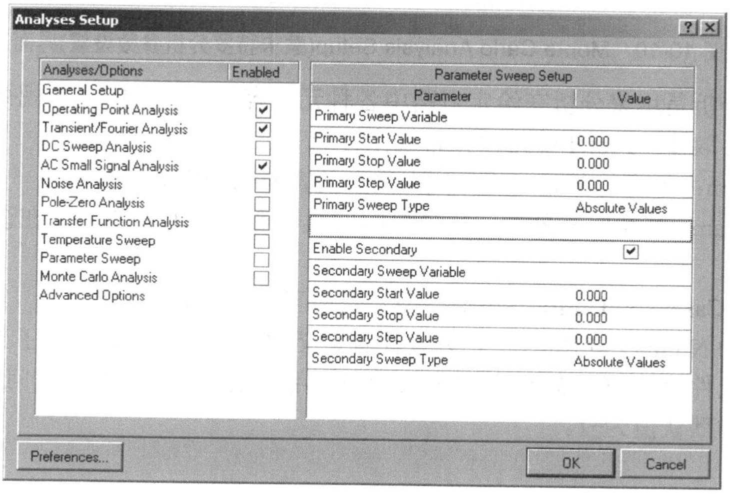

图 10-9 Parameter Sweep Setup(参数扫描分析参数设置)界面

Primary Sweep Variable 参数可以是一个单独的标识符，也可以是带有元件参数的标识符，或是直接从下拉列表中选择。

Primary Start Value 和 Primary Stop Value 定义可扫描的范围，Primary Step Value 定义了扫描的步长。在 Primary Sweep Type 中选择扫描范围。

10.3.9　蒙特卡罗分析

蒙特卡罗分析(Monte Carlo Analysis)是使用随机数发生器按元件值的概率分布来选择元件。然后对电路进行模拟分析。蒙卡特罗分析可在元件模型参数赋给的容差范围内进行各种复杂的分析，包括直流分析、交流和瞬态特征分析。这些分析结果可以作为以后电路板生产成本和成功率的预测数据。

在进行 Protel 仿真时，激活 Monte Carlo Analysis 选项可以打开 Monte Carlo Analysis Setup(蒙卡特罗分析参数)设置界面，如图 10-10 所示，进行蒙特卡罗直流分析参数的设置。

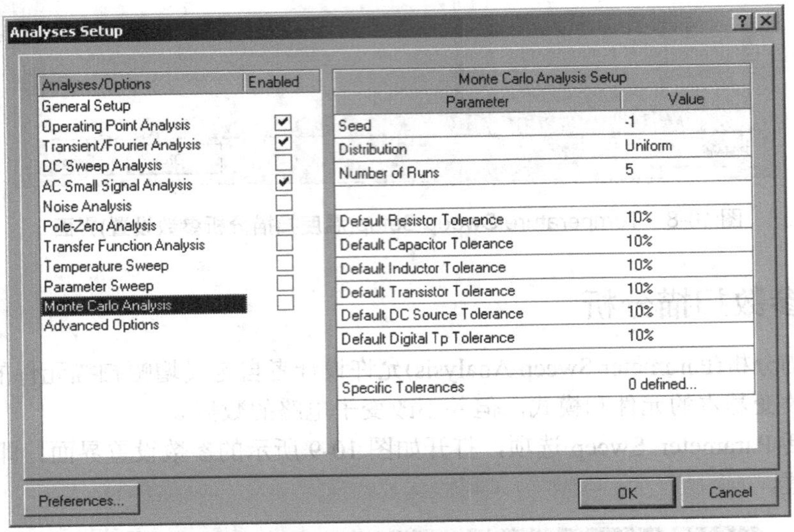

图 10-10　Monte Carlo Analysis Setup(蒙卡特罗分析参数设置)界面

蒙特卡罗分析是用来分析在给定点路中各种元件容差范围内的分布规律，然后用一组随机数对各元件取值。Protel 中元件分布规律有如下三种。

- Uniform：平直的分布，元件值在定义的容差范围内统一分布。
- Gaussian：高斯曲线分布，元件值的定义中心值加上容差±3，在该范围内呈高斯分布。
- Worst Case：与 Uniform 类似，但只是用了该范围的结束点。

对话框中的 Number of Runs 选项为设计者定义的仿真数，如果定义了 5 次，每次运行将使用不同的元件值来仿真 5 次，用户如果希望使用一系列的随机数来访问，可以设置 Seed 选项，该选项的默认值为-1。

10.4　设计仿真原理图

1. 仿真原理图设计流程

在采用 Protel 进行混合信号仿真的设计流程，如图 10-11 所示。

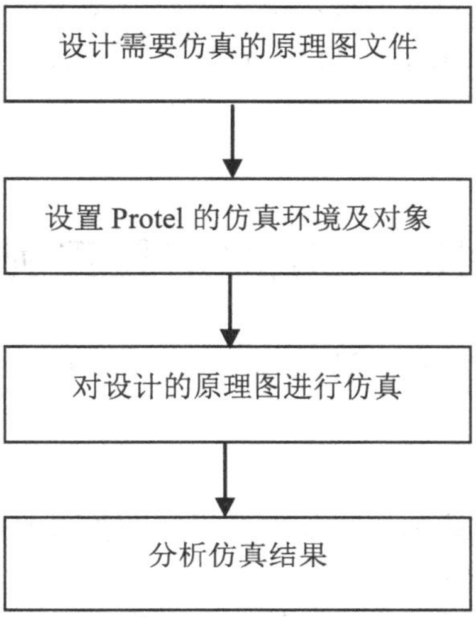
设计需要仿真的原理图文件
设置 Protel 的仿真环境及对象
对设计的原理图进行仿真
分析仿真结果

图 10-11　电路仿真一般流程

提示： 在设计仿真原理图之前，该原理图文件必须包含所有必需的信息，为了使仿真可靠地运行，必须遵循以下规则。

- 所有的元件必须定义适当的仿真元件属性。
- 必须放置和连接可靠的信号源。
- 在需要绘制仿真数据的节点处必须添加网络标号。

2. 调用元件库

在 Protel 中，默认的原理图库包含在一系列的设计数据库中，每一个数据库都有许多的原理图库，设计中，一旦加载了数据库，那么该数据库下所有的库都将列出来，原理图仿真用的元件都保存在\Library\Simulation 目录中。在进行原理图仿真设计时，要先将这些元件库加载到系统中。

3. 选择仿真用原理图元件

为了执行仿真分析，原理图中放置的所有部件都必须包含特别的仿真信息，以便系统正确地对待所放置的所有元件，一般情况下，原理图中的部件必须引用适当的 Spice 元件模型。

创建仿真用的原理图的简便方法是使用仿真库中的元件，Protel 提供的仿真元件库就是为仿真而准备的，只要将它们放在原理图中，该元件将自动连接到相应的仿真模型文件上。

Protel 还为大部分元件生产公司的常用元件制定了标准元件库，这些元件大部分都已经定义了仿真属性，只要调用这些元件，就能进行仿真分析，而不用再设置仿真属性。在进行仿真检查时，发现有元件没有定义仿真属性，设计者为其定义仿真属性。

4. 仿真原理图

在设计完原理图之后，应对原理图进行 ERC 检查，如果有错误，返回原理图设计修改。然后设计者需要对仿真器进行合理设置，决定对原理图进行何种分析，并设定分析采用的参数，如果设计不正确，仿真器会在仿真前报告警示信息，并将仿真过程中的错误写入 FileName.err 文件中。在仿真完成后，将输出一些列的文件，供设计者对所设计的电路进行分析。

10.5 电路仿真实例

下面以具体实例介绍电路仿真、数字电路仿真、仿真波形的运算处理。

10.5.1 模拟电路仿真

通过前面的学习，读者应该掌握了基本的原理图仿真的技巧，现在通过一个简单的模拟电路，具体讲述在 Protel 的仿真环境中进行电路仿真的方法。

(1) 绘制仿真原理图，这是仿真中的第一步，也是最重要的一步。本例采用的原理图如图 10-12 所示。

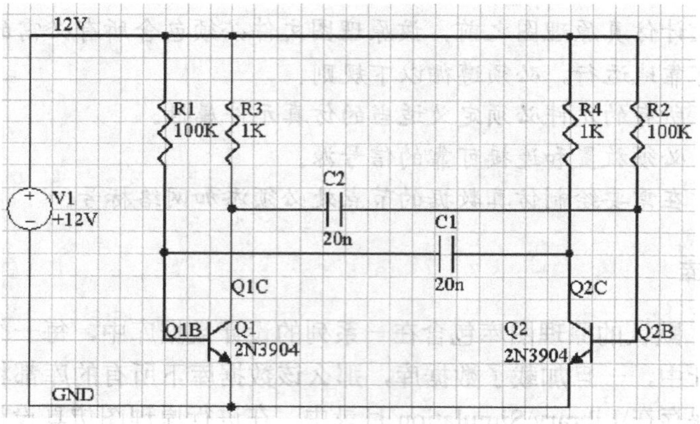

图 10-12 仿真原理图

(2) 选择 Design | Simulate | Mixed Sim 命令，弹出 Analyses Setup(分析设置)对话框，如图 10-13 所示，所有的仿真选项均在此设置。

(3) 首先我们要设置用户希望观察到的电路中的中心点。在 Collect Data For 下拉列表框中选择 Node Voltage and Supply Current。这个选项定义了在仿真运行期间预计算的数据类型。

(4) 在 Available Signals 栏，双击 Q1B、Q2B、Q1C 和 Q2C 信号名。当双击每一个名称时，该信号会自动添加到 Active Signals 栏。

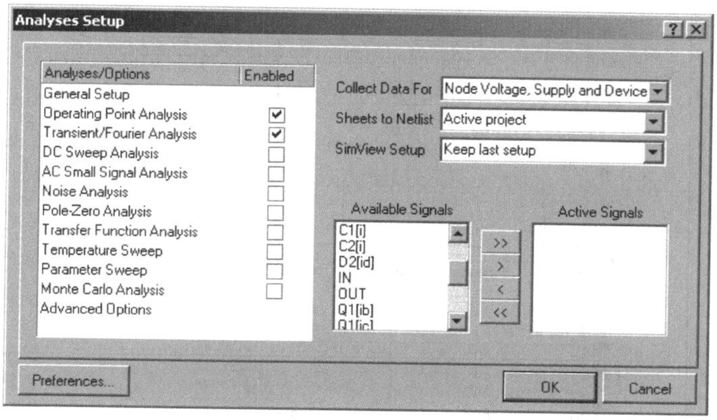

图 10-13 Analyses Setup(分析设置)对话框

(5) 为这个分析选中 Operating Point Analysis 和 Transient/Fourier Analysis 复选框，如图 10-14 所示。如果 Transient/Fourier Analysis Setup 界面没有自动显示，单击 Transient/Fourier Analysis 名称。

(6) 将 Use Transient Defaults 选项设为无效，这样瞬态特性分析规则可用，如图 10-14 所示。

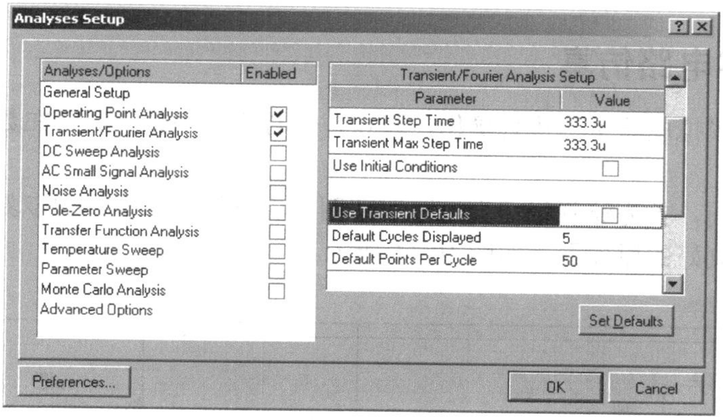

图 10-14 瞬态分析设置

(7) 要指定一个 10ms 的仿真窗口，将 Transient Step Time 栏设为 10m。

(8) 现在设置 Transient Step Time 栏为 10u，表示仿真可以每 10us 显示一个点。

(9) 在仿真期间，实际的时间间隔是自动随机获取的一簇。在 Maximum Step 栏限制时间间隔大小的随机性，设置 Transient Max Step Time 为 10u。现在准备运行瞬态特性分析。

(10) 单击 Analyses Setup 对话框底部的 OK 按钮运行仿真。

(11) 仿真执行后，将看到与如图 10-15 所示相似的输出波形。

提示： 现在已经完成电路仿真，并显示了它的输出波形。可以改变一些原理图中的元件参数，再运行仿真看看其变化。试着将 C1 的值改为 47n(双击 C1 编辑其属性)，然后再运行瞬态特性分析。输出波形将显示一个不均匀的占空比波形。

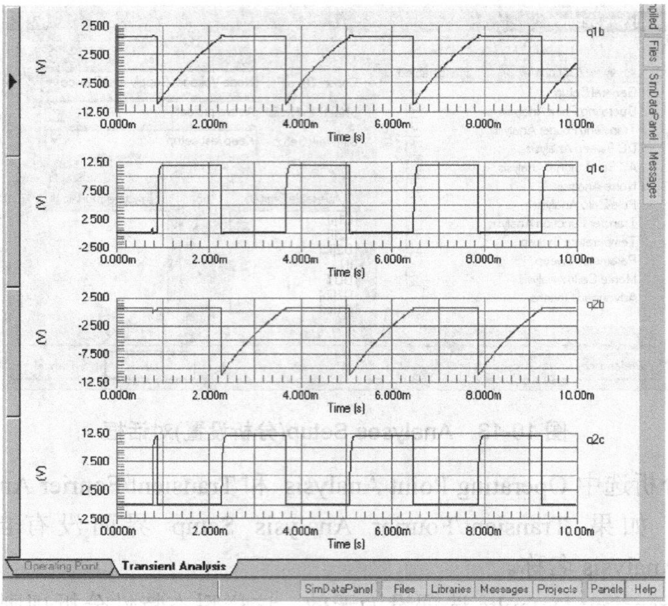

图 10-15　仿真结果

10.5.2　数字电路仿真

前面讲解了模拟电路中的仿真操作，现在，结合实例来讲述如何在数字电路中进行仿真操作。

在进行仿真前，首先绘制好仿真电路原理图。由于绘制原理图的步骤前面已讲解，在此不再赘述，绘制好的原理图，如图 10-16 所示。

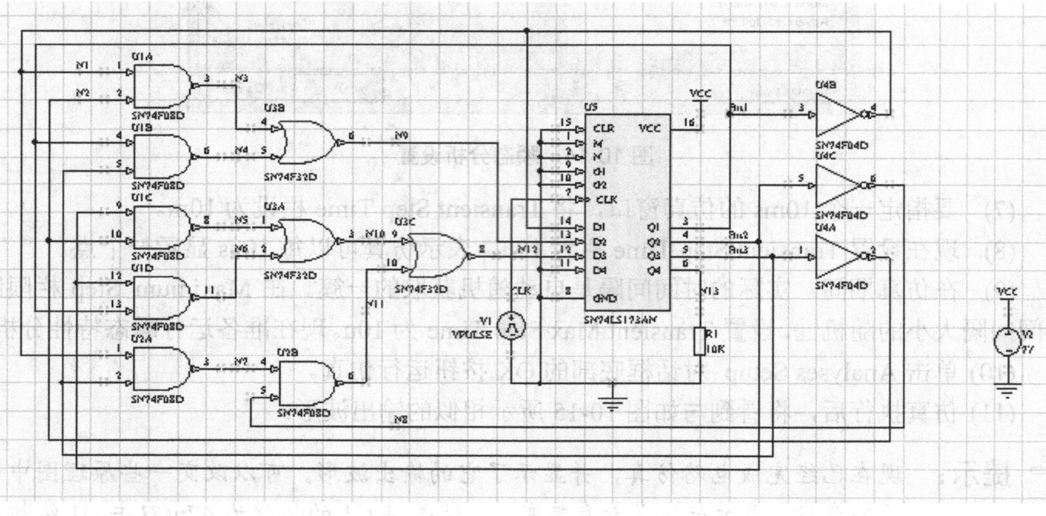

图 10-16　数字电路

在如图 10-16 所示的原理图中各个元件的属性，如表 10-1 所示。

表 10-1　元件属性列表

Designator	Comment	LibRef	Value	Footprint	Simulation	Description
R1	Res2	Res2	10K	AXIAL-0.4	RESISTOR	Resistor
U1	SN74F08D	SN74F08D		D014	SN74F08	Quadruple 2-Input Positive-AND Gate
U2	SN74F08D	SN74F08D		D014	SN74F08	Quadruple 2-Input Positive-AND Gate
U3	SN74F32D	SN74F32D		D014	SN74F32	Quadruple 2-Input Positive-OR Gate
U4	SN74F04D	SN74F04D		D014	SN74F04	Hex Inverter
U5	SN74LS17-3AN	SN74LS17-3AN		N016D	SN74LS173	4-Bit D-Type Register with 3-State Outputs
V1	VPULSE	VPULSE			VPULSE	Pulse Voltage Source
V2	7V	VSRC	7V		VSRC	Voltage Source

在仿真原理图绘制好以后，就可以进行仿真器设置了，具体步骤如下。

(1) 选择 Design | Simulate | Mixed Sim 命令，打开 Analyses Setup(分析设置)对话框，如图 10-17 所示。

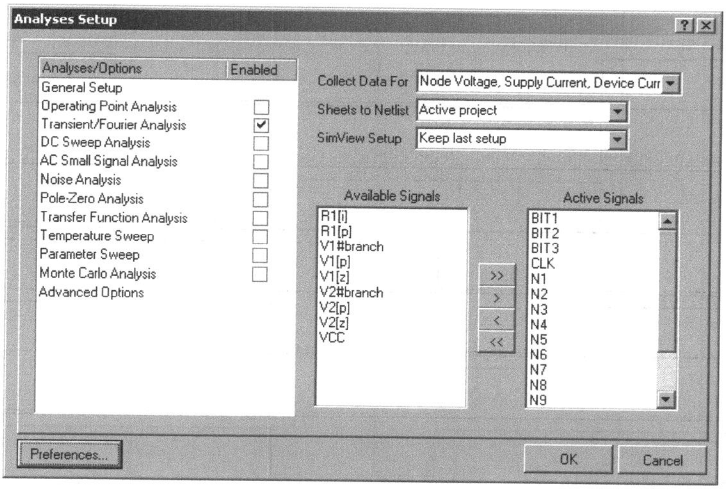

图 10-17　Analyses Setup(分析设置)对话框

(2) 在 Analyses Setup(分析设置)对话框中选中 Transient /Fourier Analysis 复选框，进行瞬态特性分析设置，具体设置如图 10-18 所示。

(3) 在完成设置之后，即可开始仿真，单击 OK 按钮，仿真器输出仿真结果，该文件的输出结果是以方波的形式输出的，结果如图 10-19 所示。

(4) 单击瞬态分析结果窗口下的 Fourier Analysis 标签，即可打开傅里叶分析结果，如图 10-20 所示。

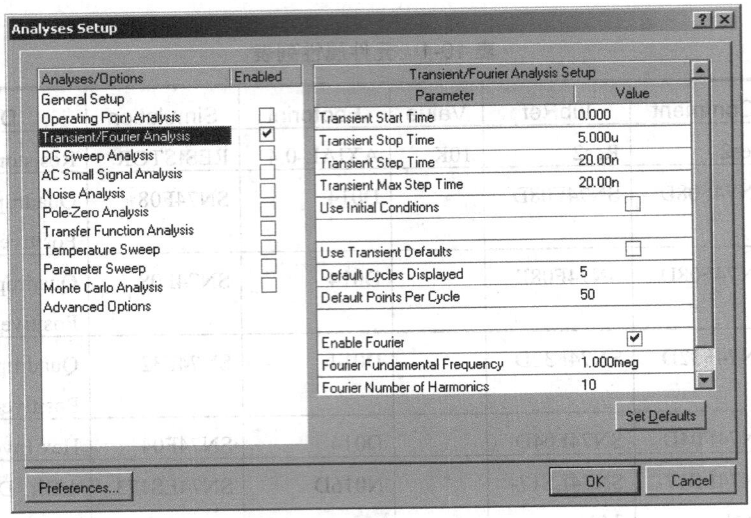

图 10-18 瞬态特性分析设置

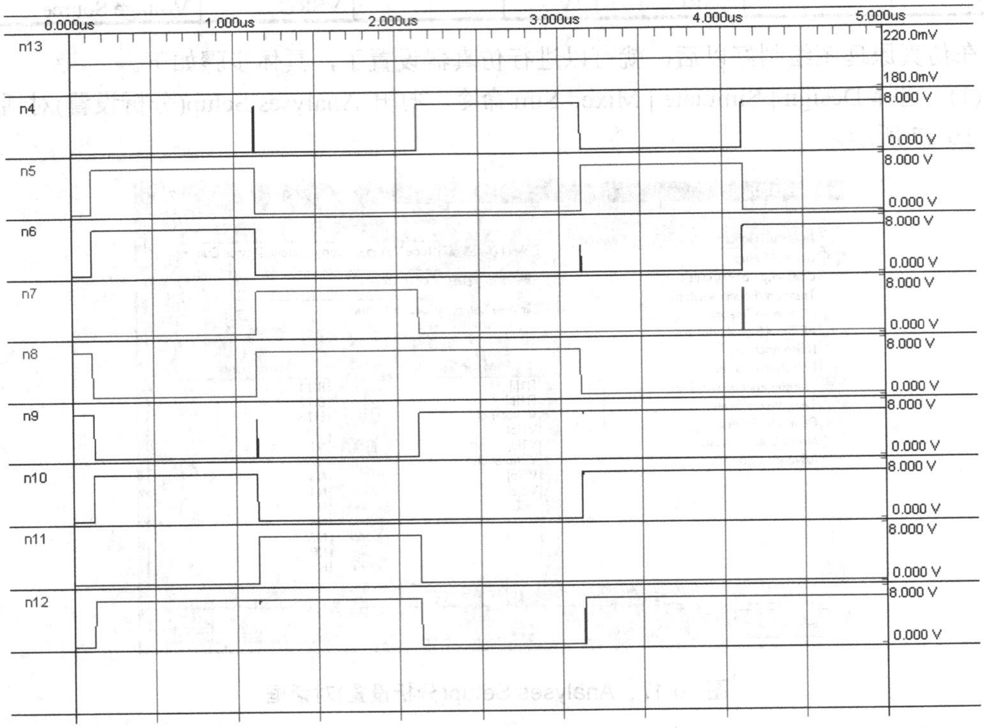

图 10-19 仿真结果

提示： 仿真器输出了一系列的波形，根据这些波形，用户可以很方便地发现设计中存在的各种问题。

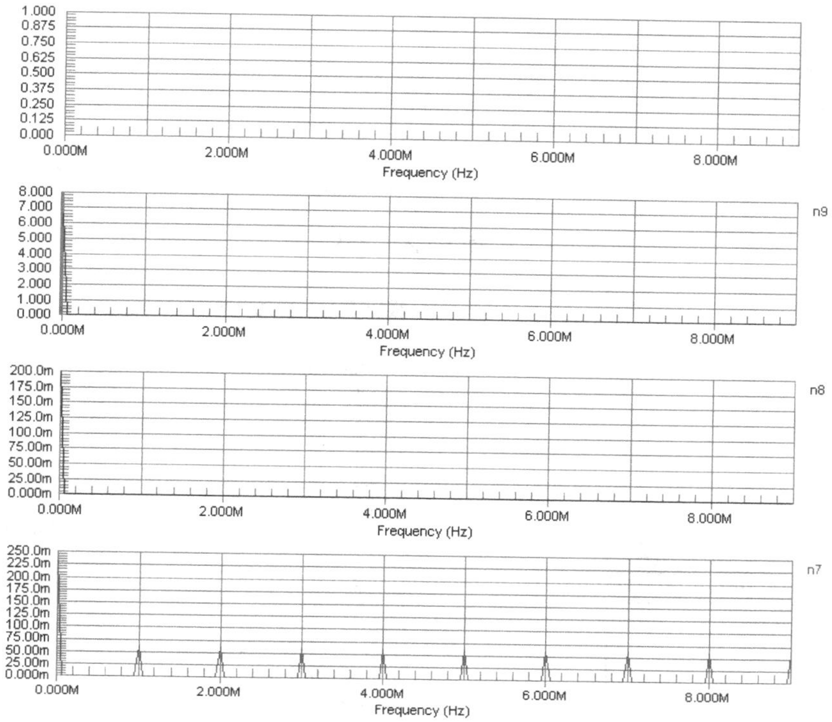

图 10-20 傅里叶分析结果

10.5.3 仿真波形的运算处理

在上例中，讲述了数字电路的仿真过程，在仿真器输出了仿真波形之后，在输出波形的环境中，可以对波形进行处理，根据用户的实际需求来定制输出波形。

1. 添加和删除波形

(1) 在仿真输出环境中，选中一个波形，选择 Edit | Insert 命令，如图 10-21 所示。

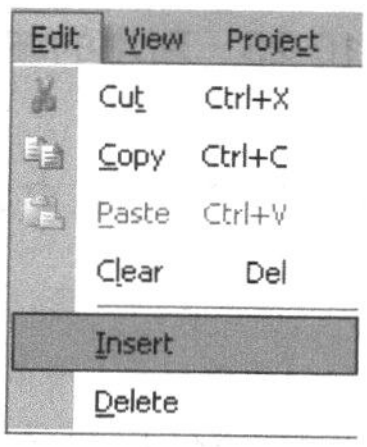

图 10-21 添加波形菜单命令

(2) 执行了该命令后，系统会在输出波形窗口上增加一个空栏，如图 10-22 所示。

(3) 选择 Wave | Add Wave 命令，如图 10-23 所示。

(4) 执行命令后，系统弹出 Add Wave To Plot(添加波形)对话框，如图 10-24 所示。

(5) 在 Add Wave To Plot(添加波形)对话框的 Waveforms 列表框中选择需要添加的波形后单击 Create 按钮，即可将需要添加的波形加载到仿真结果输出窗口，如图 10-25 所示。

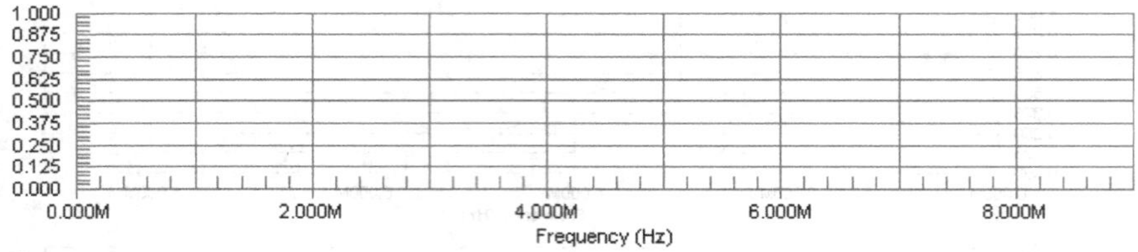

图 10-22　空栏

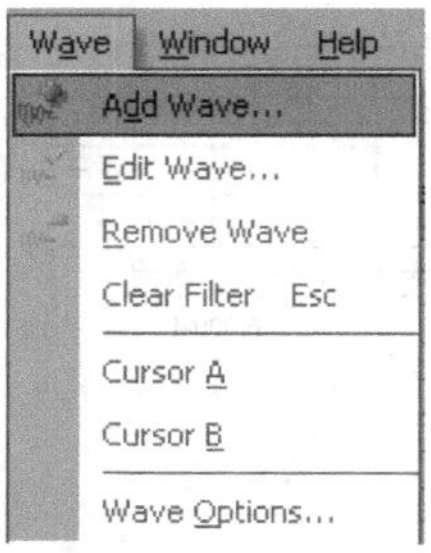

图 10-23　增加波形菜单

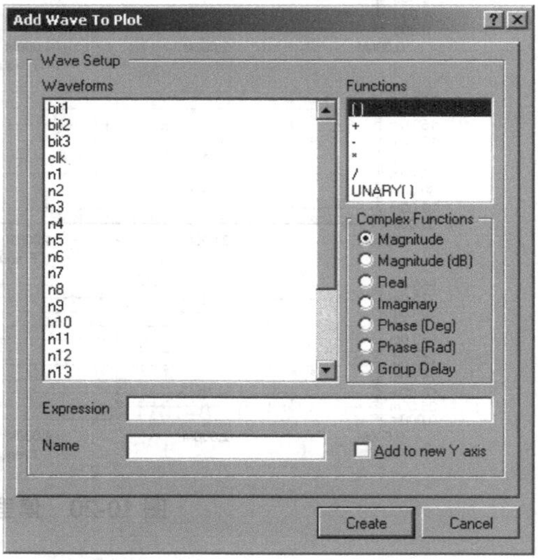

图 10-24　Add Wave To Plot(添加波形)对话框

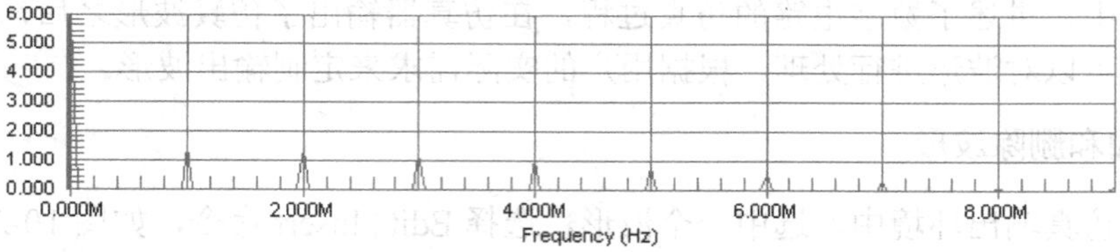

图 10-25　新增的波形

提示： 如果需要删除某一个波形，可以先选中该波形，然后选择 Edit | Cut 命令即可。

2. 调整波形输出范围

在输出波形中，有时候需要对一些关键的波形的范围进行缩小，以便于观察，这时可以通过调整波形显示范围来实现显示范围的缩放。具体步骤如下。

(1) 选择 Chart | Chart Options 命令，如图 10-26 所示。

(2) 系统会弹出 Chart Options(波形显示范围)对话框，如图 10-27 所示。

(3) 在 Chart Options(波形显示范围)对话框中切换到 Scale 选项卡，在时间范围文本框中输入新的时间范围，单击 OK 按钮，可更改波形输出范围。

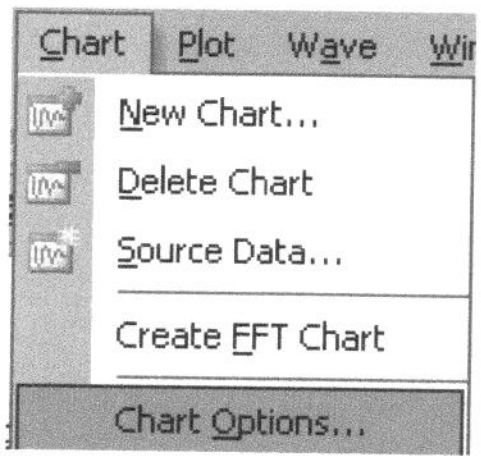

图 10-26 调整波形菜单

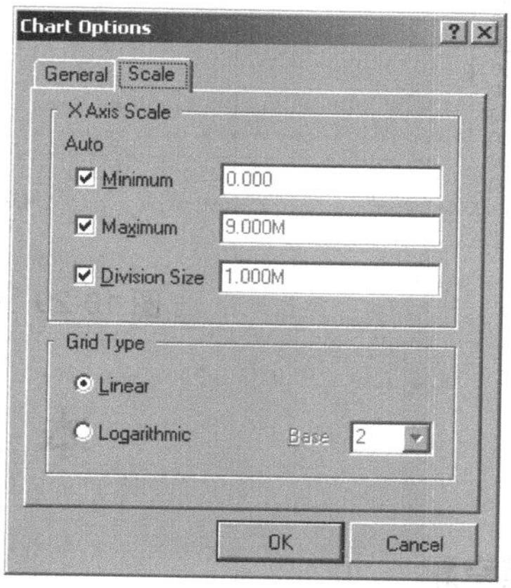

图 10-27 Chart Options(波形显示范围)对话框

3. 输出波形的运算

在进行仿真操作时，通常要对一些波形进行简单的运算，例如加、减、乘、除、正弦、余弦等运算。具体操作步骤如下。

(1) 选择 Edit | Insert 命令，创建一个新的空波形栏。

(2) 选择 Wave | Add Wave 命令，打开 Add Wave To Plot(添加波形)对话框，如图 10-28 所示。

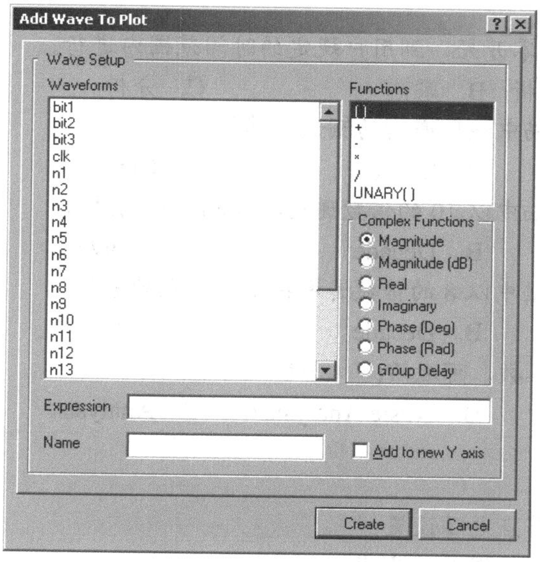

图 10-28 Add Wave To Plot(添加波形)对话框

(3) 首先在 Functions 列表框中选择合适的运算公式，例如要运算波形 bit1×bit2，可以先在 Waveforms 列表框中选择波形 bit1，然后在 Functions 列表框中选择“*”号，接着选择 bit2，单击 Create 按钮，得到结果，如图 10-29 所示。在波形右侧显示：bit1*bit2。

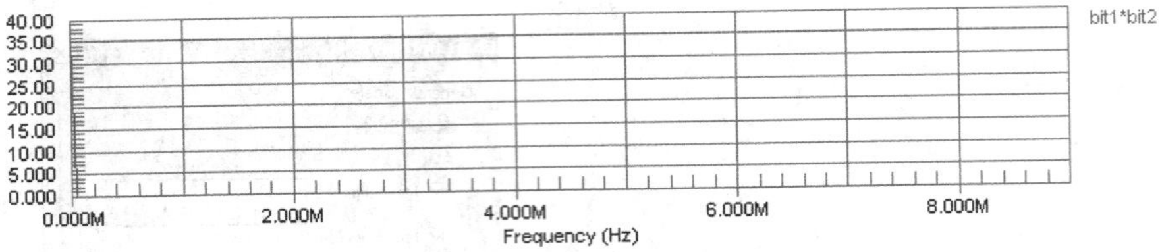

图 10-29　输出波形的乘法运算

本 章 习 题

一、填空题

1. Protel DXP 提供了以下几种仿真分析方法：________、________、________、________、________、________和________等。

2. ________________是同交流小信号分析一起进行的。

3. 当电路原理图完成后，用户就可以对电路进行仿真分析对象的________和________。

4. 原理图中的部件必须引用适当的____________。

5. 在仿真输出环境中，选中一个波形，选择____________命令。

二、选择题

1. (　　)是从时间零开始，到用户规定的时间范围内进行。

　A. 瞬态特性分析　B. 瞬态　C. 分析　D. 特性

2. (　　)定义扫描中线性递增的测试点总数。

　A. Linear　B. Decade　C. Octave　D. Olive

3. (　　)定义扫描中以 10 的倍数递增扫描测试点的总数。

　A. Linear　B. Decade　C. Octave　D. Olive

4. (　　)定义扫描中以 8 的倍数递增扫描测试点的总数。

　A. Linear　B. Decade　C. Octave　D. Olive

5. 设置噪声分析参数，可激活(　　)选项。

　A. Nosie　B. Nosie Analysisz　C. Analysisz　D. Octave

三、问答题

1. 简述如何进行节点电压设置。
2. 简述设计仿真原理图以及步骤。

第 11 章　PCB 信号完整性分析

本章内容提示

随着 PCB 设计的日益复杂，高频时钟和逻辑开关意味着 PCB 不仅仅是放置元器件以及布线那么简单，信号质量、反射、串扰以及网络阻塞等因素在进行 PCB 设计时都必须加以考虑。因此，在制版前对信号的完整性分析就显得非常重要了。本章主要讲述如何在 Protel 中进行信号完整性分析。

学习要点

- 信号完整性的概念
- 信号完整性分析设置
- 掌握信号完整性分析方法

11.1　信号完整性分析器

信号完整性(Signal Integrity，SI)是指在信号线上的信号的质量。造成信号完整性变差时不是由某一单一因素导致的，而是板级设计中多种因素共同引起的，如反射、串扰信号振铃、地弹等。

11.1.1　简介

源端与负载端阻抗不匹配会引起线上反射，负载将一部分电压反射回源端。如果负载阻抗小于源阻抗，反射电压为负；反之，如果负载阻抗大于源阻抗，反射电压为正。布线的几何形状、不正确的线端接、经过连接器的传输及电源平面的不连续等因素的变化均会导致此类反射。

串扰是两条信号线之间的耦合，信号线之间的互感和互容引起线上的噪声。容性耦合引发耦合电流，而感性耦合引发耦合电压。PCB 板层的参数、信号线间距、驱动端和接收端的电气特性及线端接方式对串扰都有一定的影响。

信号的振铃(ringing)是由线上过度的电感和电容引起，振铃属于欠阻尼状态。信号完整性问题通常发生在周期信号中，如时钟等，振铃同反射一样也是由多种因素引起的，振铃可以通过适当的端接予以减小，但是不可能完全消除。

在电路中有大的电流涌动时会引起地弹，如大量芯片的输出同时开启时，将有一个较大的瞬态电流在芯片与板的电源平面流过，芯片封装与电源平面的电感和电阻会引发电源噪声，这样会在真正的地平面(0V)上产生电压的波动和变化，这个噪声会影响其他元器件的动作。负载电容的增大、负载电阻的减小、地电感的增大、同时开关器件数目的增加均会导致地弹的增大。

11.1.2 自动信号分析器

在一个已经制作好的PCB板上检测信号的完整性是一件非常困难的事情，即使找到了信号完整性方面的问题，要修改一个已经制作成型的PCB板也不太实际，因此，信号完整性必须在PCB制作之前进行。

Protel系统引进了EMC公司的INCASES技术，在Protel系统中集成了信号完整性分析工具，以帮助用户在分析信号完整性时方便快捷的得到结果，以缩短PCB的研发周期。

Protel的信号完整性分析模块具有以下优点。

- 设置简单，可以像在PCB中定义设计规则一样定义设计参数。
- 可以在PCB中直接进行信号完整性分析。
- 提供快速准确的反射和串扰分析。
- 采用示波器形式来显示分析结果，一目了然。
- 成熟的并发仿真算法与传输线特性计算。
- 利用I/O缓冲器模型。

在使用Protel进行信号完整性分析时，必须注意以下六点。

- 无论是在PCB编辑环境下还是在原理图编辑环境下，要进行完整性分析的文档必须属于某一个项目。如果该设计文档属于“自由文档”，则不能进行信号完整性分析。
- 电路中至少需要有一块集成电路，因为集成电路的管脚可以作为激励源输出到被分析的网络上，如果没有源的驱动，则无法给出仿真结果。
- 每个元件的信号完整性模型必须正确。
- 在规则中必须设置电源网络和地网络。
- 设定激励源。
- 用于PCB的层堆栈必须设置正确，电源平面必须连续，正确设置所有层的厚度。

11.1.3 信号完整性分析器设置

Protel中包含了许多信号完整性分析规则，这些规则用于在PCB设计中检测一些潜在的信号完整性问题。下面介绍下信号完整性分析器的规则设置问题。

打开需要进行信号完整性分析的PCB文档，选择Design | Rules命令，系统将打开 PCB Rules and Constraints Editor(PCB规则设置)对话框，如图11-1所示。在该对话框中进行信号完整性规则设置。

在PCB Rules and Constraints Editor(PCB规则设置)对话框中单击Signal Integrity选项，用户可以选择信号完整性分析的规则，在默认情况下，信号完整性没有定义规则，当需要进行信号完整性分析时，可以选择Signal Integrity选项中的某一项，右击，在弹出的快捷菜单中选择New Rule命令，如图11-2所示，就可以新建一条新的规则，双击该规则就可以进入规则设置对话框。

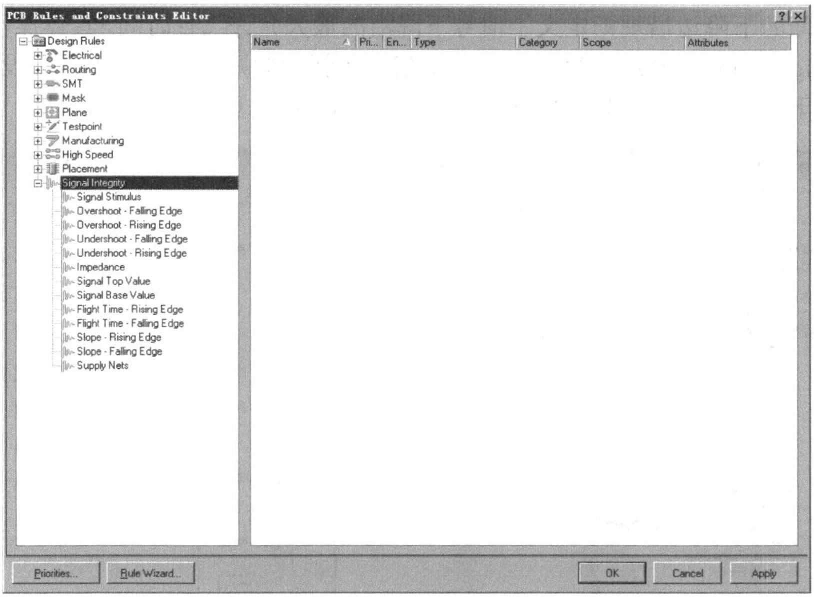

图 11-1　PCB Rules and Constraints Editor(PCB 规则设置)对话框

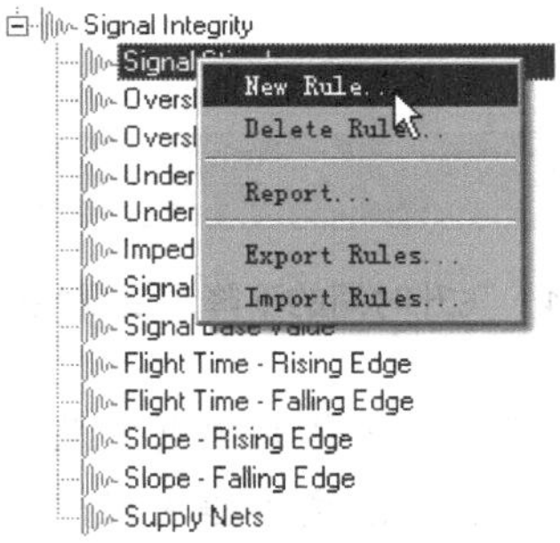

图 11-2　New Rule 命令

Protel 包含了 13 条信号完整性分析规则，现介绍如下。

1. 飞升时间的下降边沿

飞升时间的下降边沿(Flight Time-Falling Edge)是相互连接结果的输入信号延迟，如图 11-3 所示，它是实际的输入电压到门限电压之间的时间，小于这个时间将驱动一个基准负载。该负载直接与输出相连。

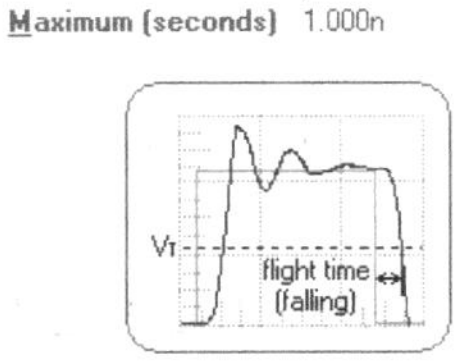

图 11-3　飞升时间的下降边沿示意图

飞升时间的下降边沿规则定义了信号下降沿的最大允许飞行时间，具体操作方法如下。

选择 Flight Time-Falling Edge 选项，新建一条新的规则，进入新规则的设置对话框，飞升时间的下降边沿的信号分析规则定义界面，如图 11-4 所示。

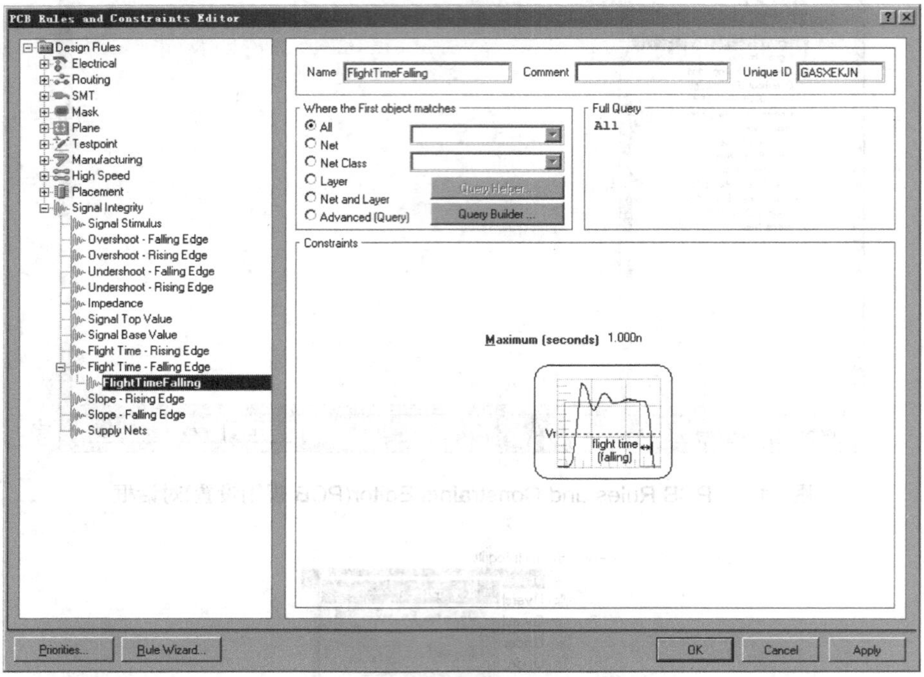

图 11-4　飞升时间的下降边沿属性设置界面

提示：在该处即可设置次规则，具体的规则定义过程可以参考布线规则的设置。在此不再赘述。在 Maximum 文本框中可以定义下降边沿的最大允许时间，时间单位一般是 ns。

2. 飞升时间的上升边沿

这条规则定义了信号上升边沿的最大允许飞行时间，信号飞升时间上升边沿(Filght Time-Rising Edge)的定义，如图 11-5 所示。

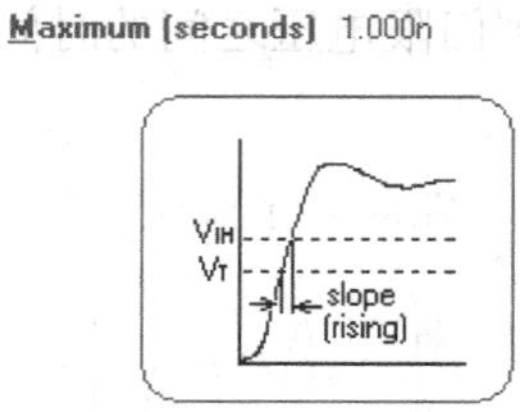

图 11-5　飞升时间的上升边沿示意图

飞升时间的信号上升边沿的分析规则设置界面如图 11-6 所示，具体设置方法与飞升时间的下降边沿设置类似。

3. 阻抗约束

阻抗约束(Impedance)定义了允许的电阻的最大值与最小值、阻抗和导体几何外观及电导率、外绝缘层材料以及板的物理分布。阻抗约束规则设置界面如图 11-7 所示。在该对话框中，用户可以设定阻抗的最大值(Maximum)与最小值(Minimum)。

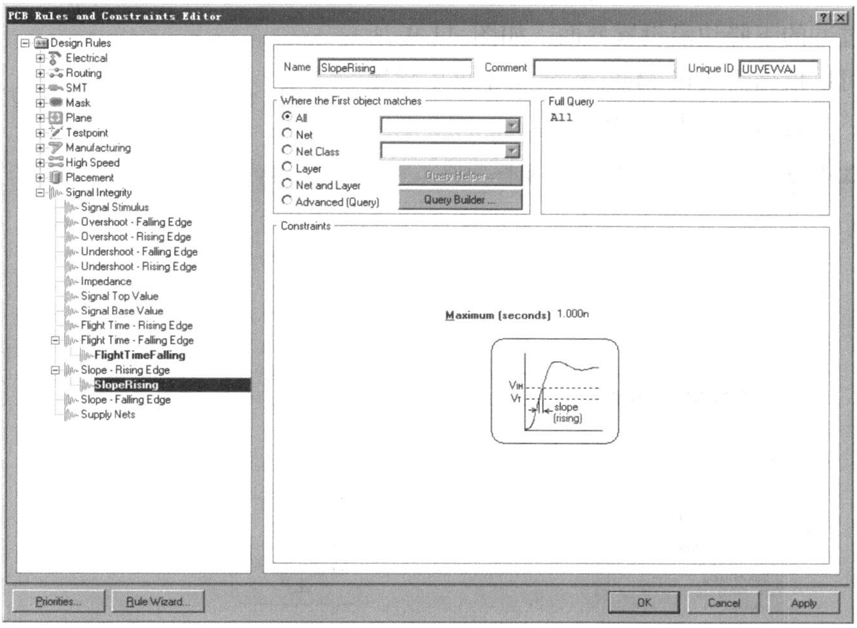

图 11-6　飞升时间的上升边沿属性设置界面

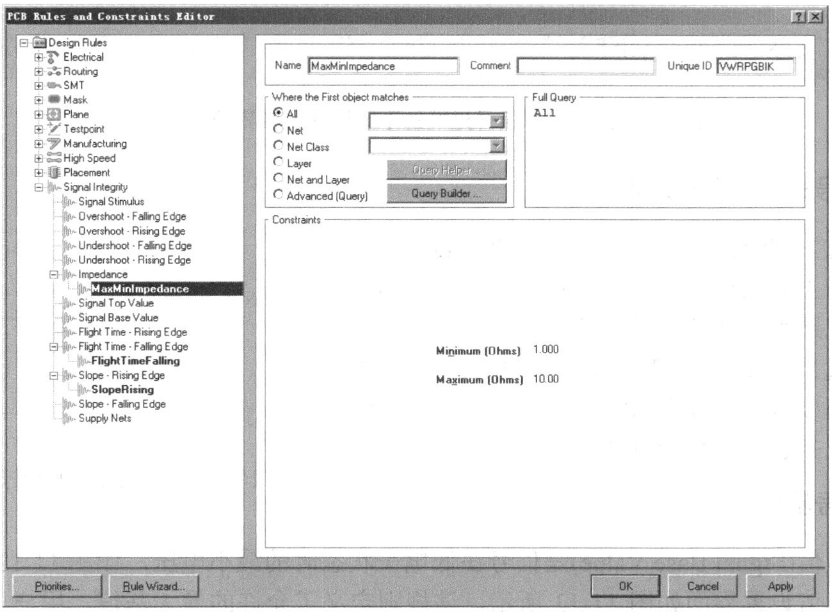

图 11-7　阻抗约束设置界面

4. 信号过冲的下降边沿

信号过冲的下降边沿(Overshoot-Falling Edge)定义了信号下降沿允许的最大过冲值。如图 11-8 所示，直观地表示了信号过冲的下降沿。

信号过冲的下降边沿设置界面，如图 11-9 所示，用户可以根据需要在 Maximum 文本框中设置信号过冲下降边沿的最大过冲值。

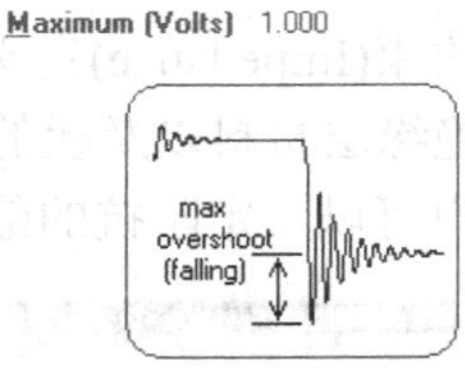

图 11-8 信号过冲的下降边沿示意图

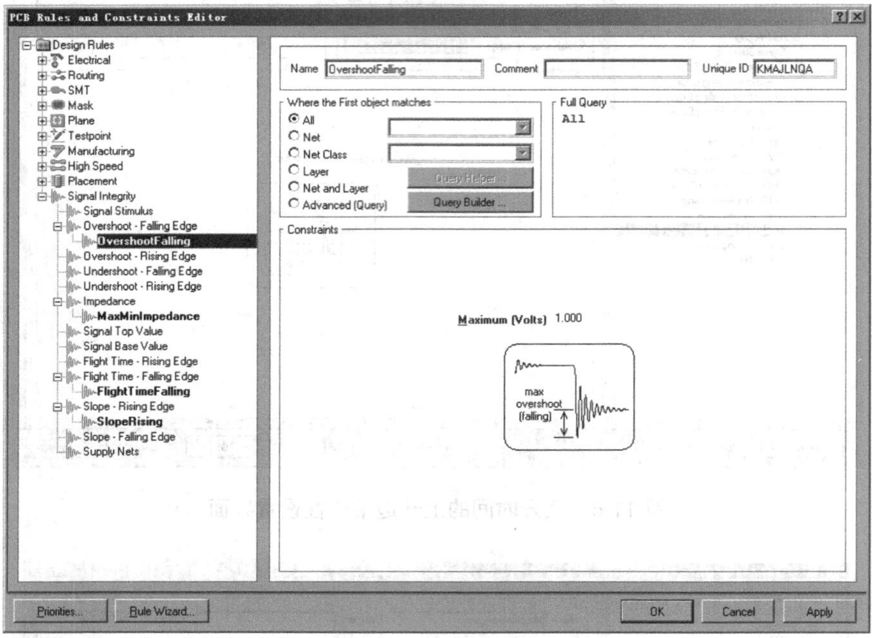

图 11-9 信号过冲的下降边沿设置界面

5. 信号过冲的上升边沿

信号过冲的上升边沿(Overshoot-Rising Edge)定义了信号上升沿允许的最大过冲值。如图 11-10 所示，直观地表示了信号过冲的上升沿。

信号过冲的上升边沿设置界面如图 11-11 所示，用户可以根据需要在 Maximum 文本框中设置信号过冲上升边沿的最大过冲值。

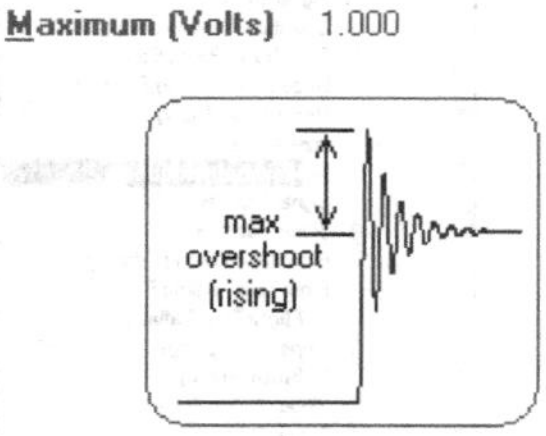

图 11-10 信号过冲的上升边沿示意图

6. 信号基值

信号基值(Signal Base Value)是信号在低电平状态时的最小电压，如图 11-12 所示。

信号基值设置界面如图 11-13 所示，该规则定义了允许的最大基值。用户可以在该界面的 Maximum 文本框中设定信号完整性分析中的最大信号基值。

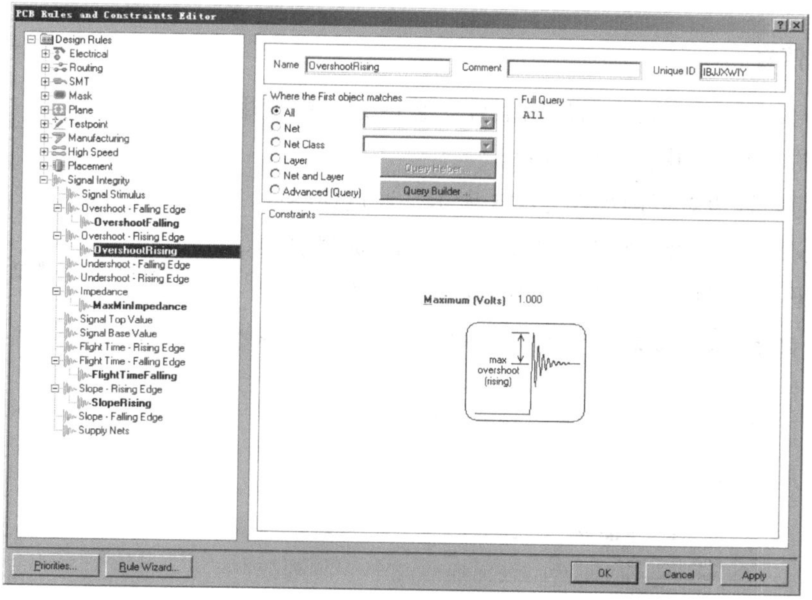

图 11-11　信号过冲的上升边沿设置界面

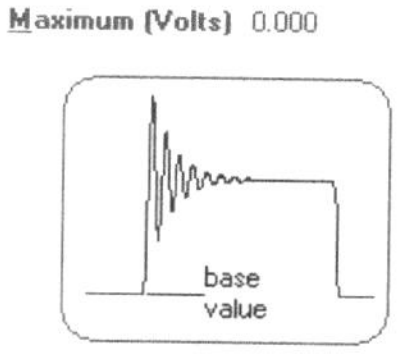

图 11-12　信号基值示意图

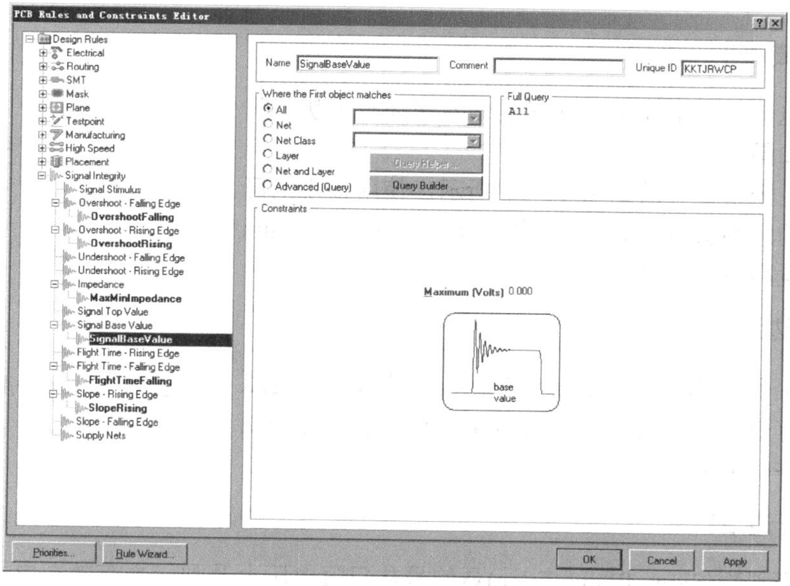

图 11-13　信号基值设置界面

7. 激励信号

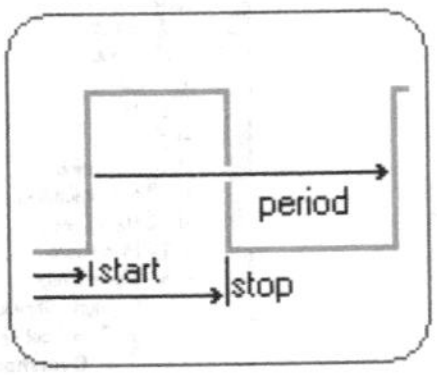

图 11-14　激励信号示意图

激励信号(Signal Stimulus)是在信号完整性分析中使用的激励信号的特性，如图 11-14 所示。

激励信号属性设置界面如图 11-15 所示，通过该界面，用户可以定义所使用的激励信号的属性，例如：激励种类、信号起始电平、信号的起始时间、中止时间和周期等。

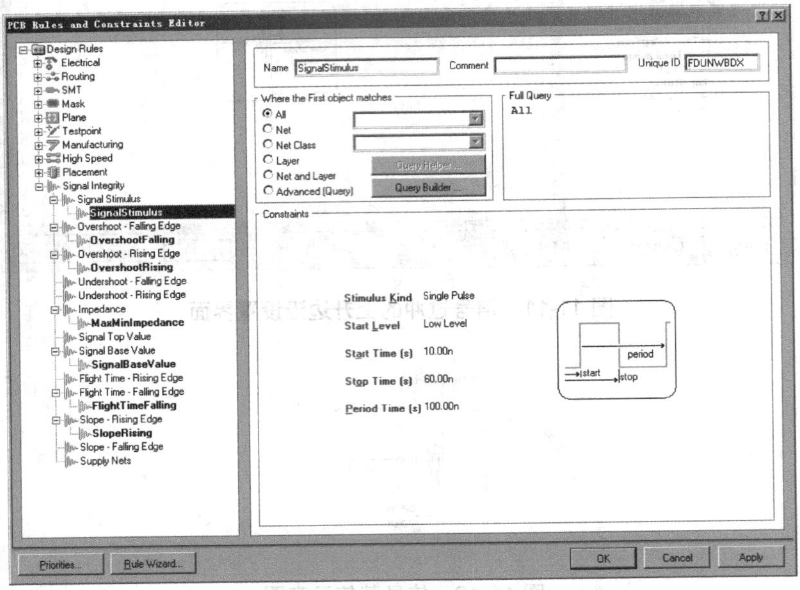

图 11-15　激励信号设置界面

8. 信号高电平

信号高电平(Signal Top Value)是信号在高电平状态时的电压值，如图 11-16 所示。

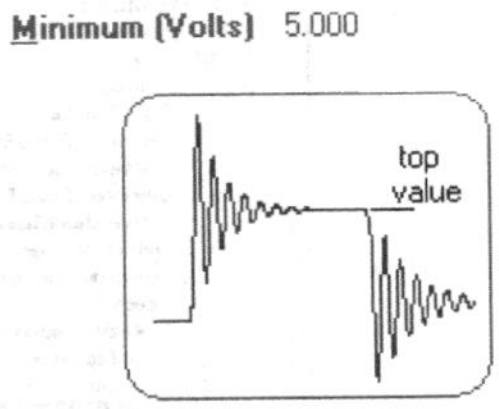

图 11-16　信号高电平示意图

信号高电平设置界面如图 11-17 所示，使用该规则可以定义电压的最小值。在属性界面中，用户可以在Minimum文本框中设置高电平的最小值。

9. 下降边沿斜率

下降边沿斜率(Slope-Falling Edge)是信号从门限电压下降到一个有效低电平的时间，如图 11-18 所示。这条规则定义了允许的最大时间。

10. 上升边沿斜率

上升边沿斜率(Slope-Rising Edge)是信号从门限电压上升到一个有效高电平的时间，如图 11-19 所示。这条规则定义了允许的最大时间。

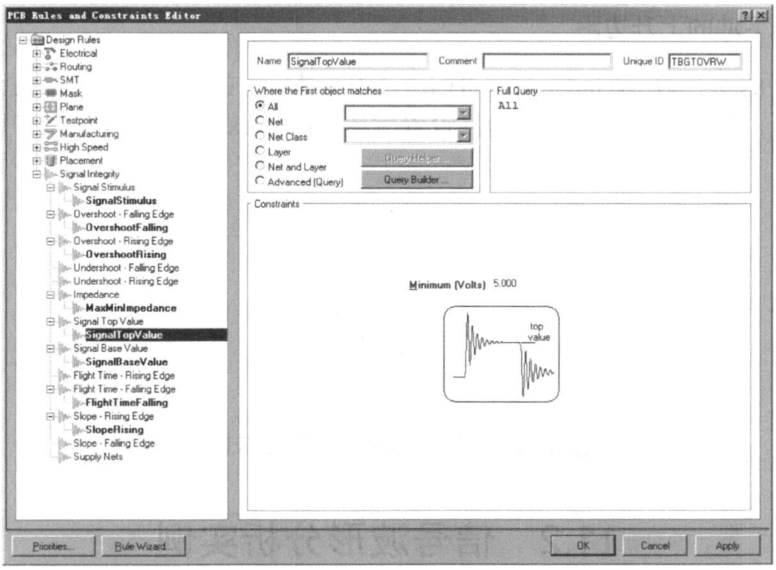

图 11-17　信号高电平设置界面

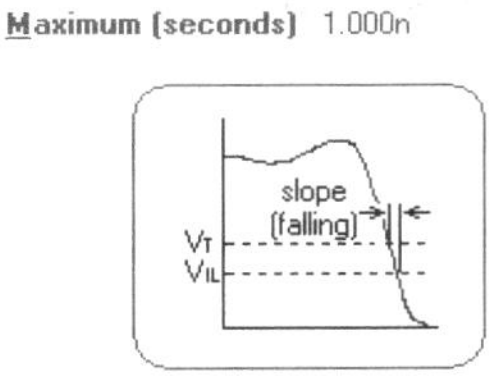

图 11-18　下降边沿斜率示意图

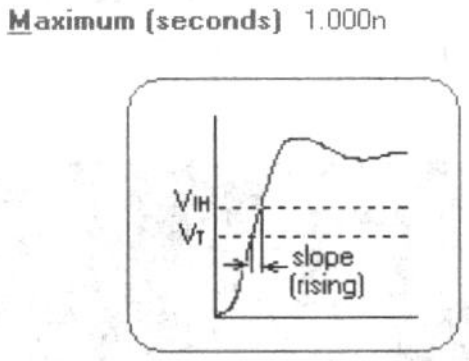

图 11-19　上升边沿斜率示意图

11. 供电网络标号

供电网络标号(Supply Nets)用来定义印制电路板上的供电网络标号，进行信号完整性分析时要了解供电网络标号的名称和电压。在电压(Voltage)文本框中可以设置网络标号对应的电压值，如图 11-20 所示。

12. 信号下冲的下降边沿

信号下冲的下降边沿(Undershoot-Falling Edge)是信号的下降沿允许的最大下冲值，如图 11-21 所示。在信号下冲的下降边沿设置对话框的 Maximum 文本框中可以设置最大下冲值。

图 11-20　电压(Voltage)文本框

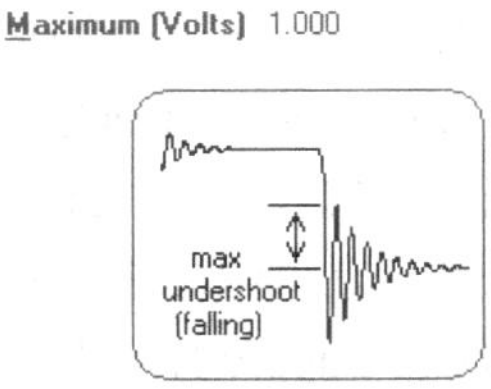

图 11-21　信号下冲的下降边沿示意图

13. 信号下冲的上升边沿

信号下冲的上升边沿(Undershoot-Rising Edge)是信号的上升沿允许的最大下冲值，如图 11-22 所示。在信号下冲的上升边沿设置对话框的 Maximum 文本框中可以设置最大下冲值。

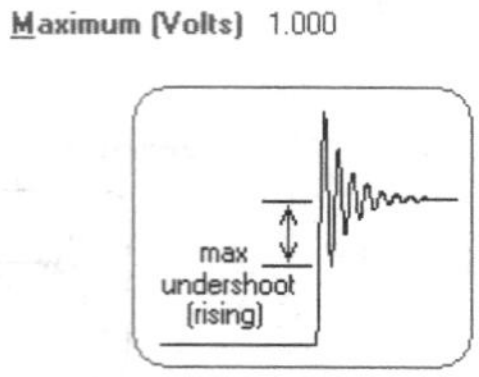

图 11-22　信号下冲的上升边沿示意图

11.2　信号波形分析实例

下面以 Protel 系统自带的例子，来说明如何进行信号完整性分析，打开位于 Protel 的安装目录下的文件：Altium2004\Examples\Reference Design\4 Port Serial Interface\4 Port SerialInterface.Prjpcb，如图 11-23 所示。

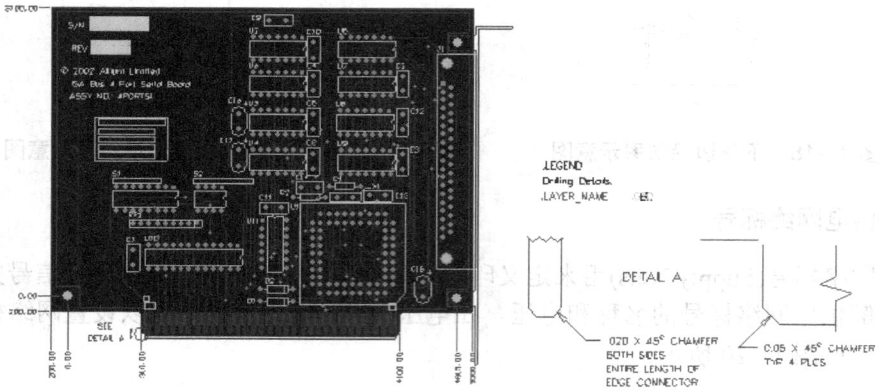

图 11-23　PCB 板

(1) 选择 Design | Layer Stack Manager 命令，配置好相应的层后，单击 Impedance Calculation 按钮，在弹出的对话框中配置板材的相应参数，如图 11-24 所示，本例中采用系统的默认值。

(2) 选择 Design | Rules 命令，在 Signal Integrity 一栏设置相应的参数，如图 11-25 所示。首先设置 Signal Stimulus(信号激励)，右击 Signal Stimulus 选项，在弹出的快捷菜单中选择 New 命令，在新出现的 Signal Stimulus 界面下设置相应的参数，本例为默认值。

(3) 接下来设置电源网络，右击 Supply Nets 选项，在弹出的快捷菜单中选择 New Rule 命令，在新出现的 Supply Nets 界面下，将 Voltage 设置为 0，如图 11-26 所示，按相同方法再添加 Rule，将 Voltage 设置为 5。其余的参数按实际需要进行设置。最后单击 OK 按钮退出。

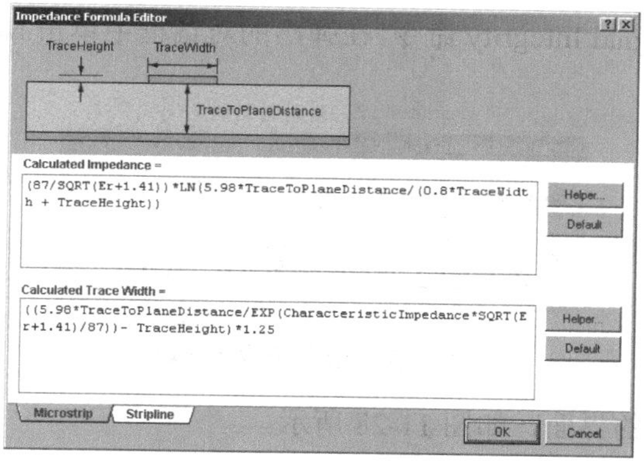

图 11-24　板层设置

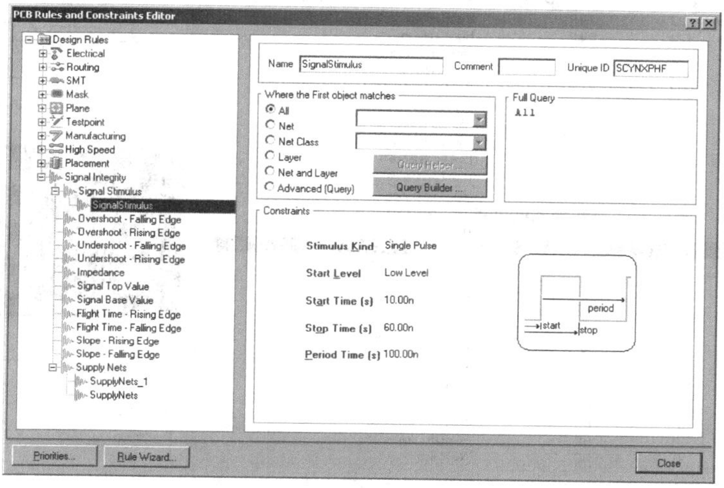

图 11-25　信号完整性设置

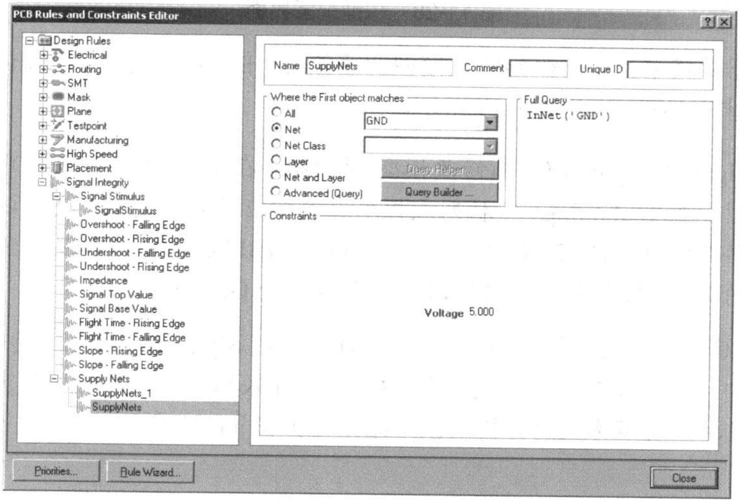

图 11-26　电源网络设置

(4) 选择 Tools | Signal Integrity 命令，在弹出的对话框中单击 Model Assignments 按钮，如图 11-27 所示。

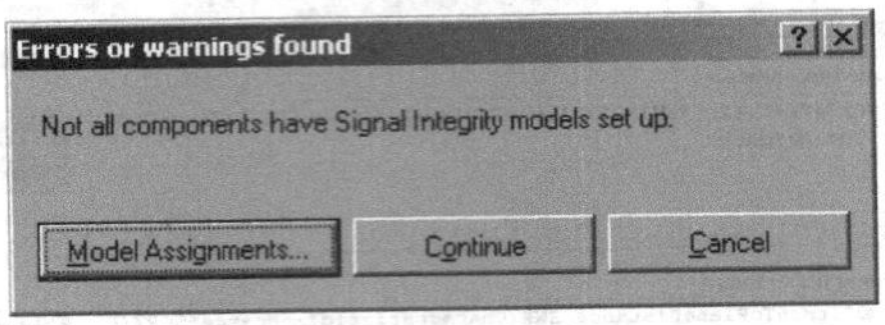

图 11-27　错误查找提示框

(5) 进入模型配置的界面，如图 11-28 所示。

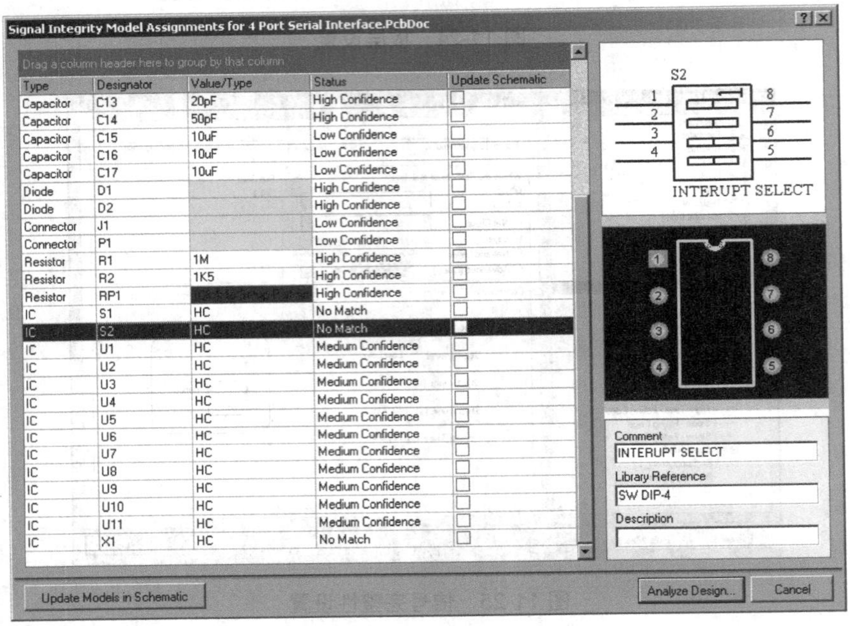

图 11-28　模型配置界面

(6) 修改器件模型。双击需要修改模型的器件(U1)的 Status 部分，弹出 Signal Integrity Model(修改模型)对话框，如图 11-29 所示。

提示： Signal Integrity Model(修改模型)对话框，在 Type 下拉列表框中选择器件的类型，在 Technology 下拉列表框中选择相应的驱动类型，也可以从外部导入与器件相关联的 IBIS 模型，单击 Import IBIS 按钮，选择从器件厂商那里得到的 IBIS 模型即可。模型设置完成后单击 OK 按钮退出。

(7) 下面以图形的方式进行反射分析，选择 Tools | Signal Integrity 命令，在如图 11-30 所示的对话框中，双击需要分析的网络 TXB，将其导入到窗口的右侧。单击窗口右下角的 Reflections 按钮，系统声称反射分析的波形结果，如图 11-31 所示。

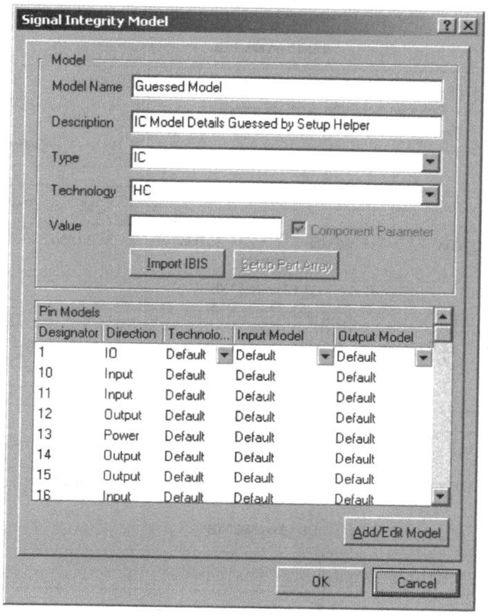

图 11-29　Signal Integrity Model(修改模型)对话框

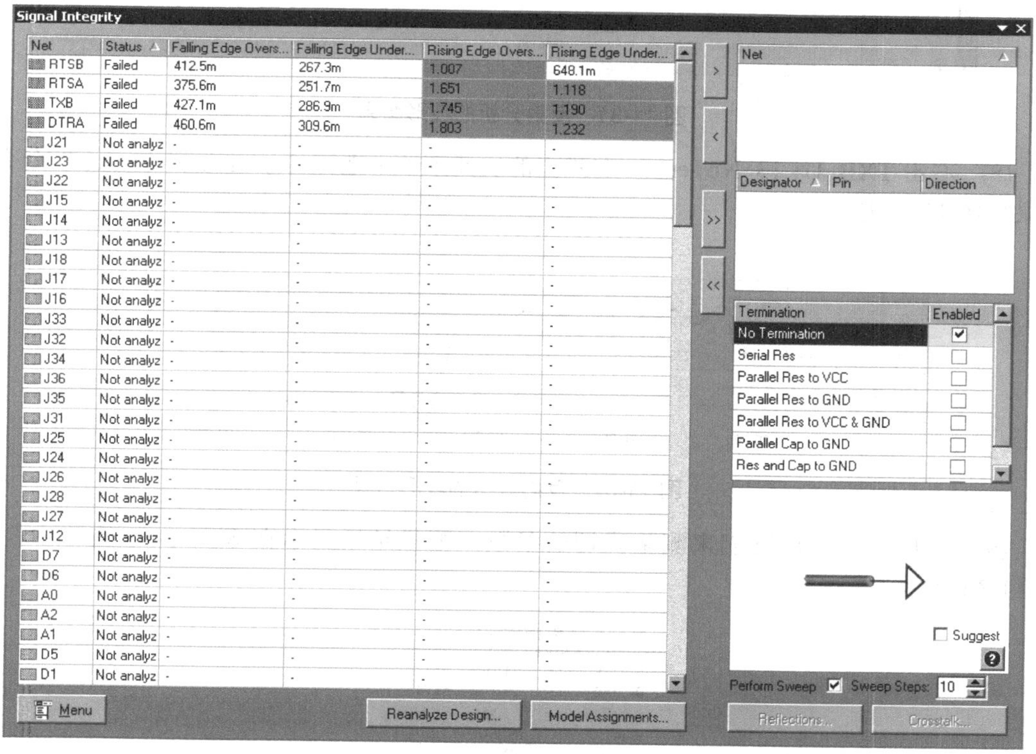

图 11-30　内部信号完整性仿真器界面

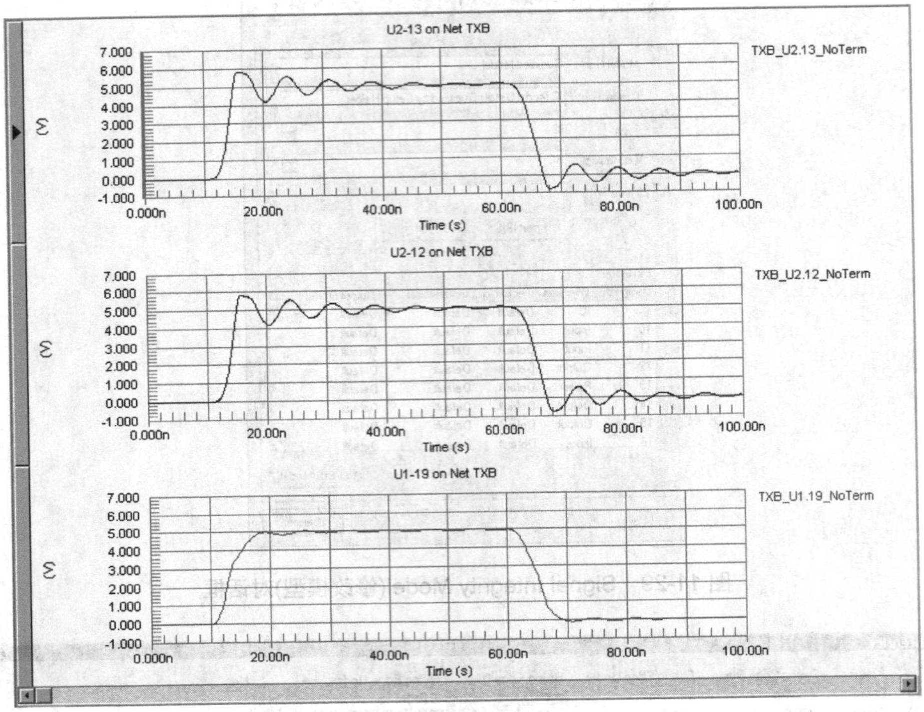

图 11-31　反射分析的波形结果

(8) 右击 TXB_U1.13_NoTerm，在弹出的快捷菜单中选择 Cursor A 和 Cursor B 命令，结果如图 11-32 所示。

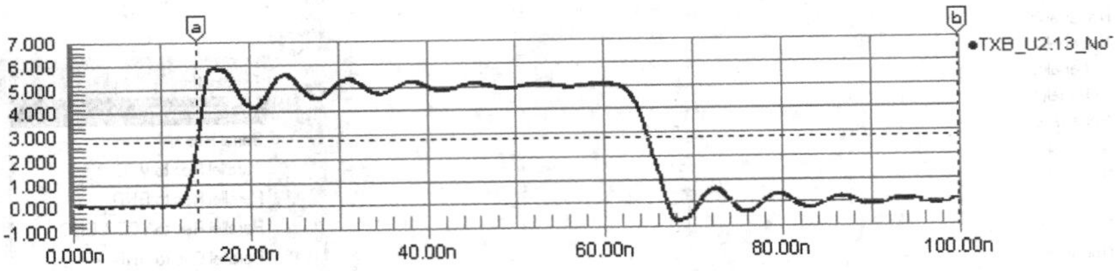

图 11-32　反射分析的波形结果

(9) 然后可以利用它们来测量确切的参数，测量结果显示在 Sim Data 窗口中，如图 11-33 所示。

Measurement Cursors			
	Wave Name	X	Y
A	TXB_U2.13_...	14.046n	2.8131
B	TXB_U2.13_...	99.937n	55.747m
Measurement		X	Y
B - A		85.891n	-2.7574
Minimum A . . B		-780.97m	
Maximum A . . B		5.8455	
Average A . . B		2.9511	
AC RMS A . . B		2.4492	
RMS A . . B		3.8350	
Frequency A . . B		11.643M...	

图 11-33　参数窗口

(10) 接下来进行串扰分析，重新返回到如图 11-30 所示的界面下，双击网络 RTSB 将其导入到右面的窗口，然后右击 TXB，在弹出的快捷菜单中选择 Set Aggressor 命令设置干扰源，单击右下角的 Crosstalk 按钮，就会得到串扰的分析波形，如图 11-34 所示。

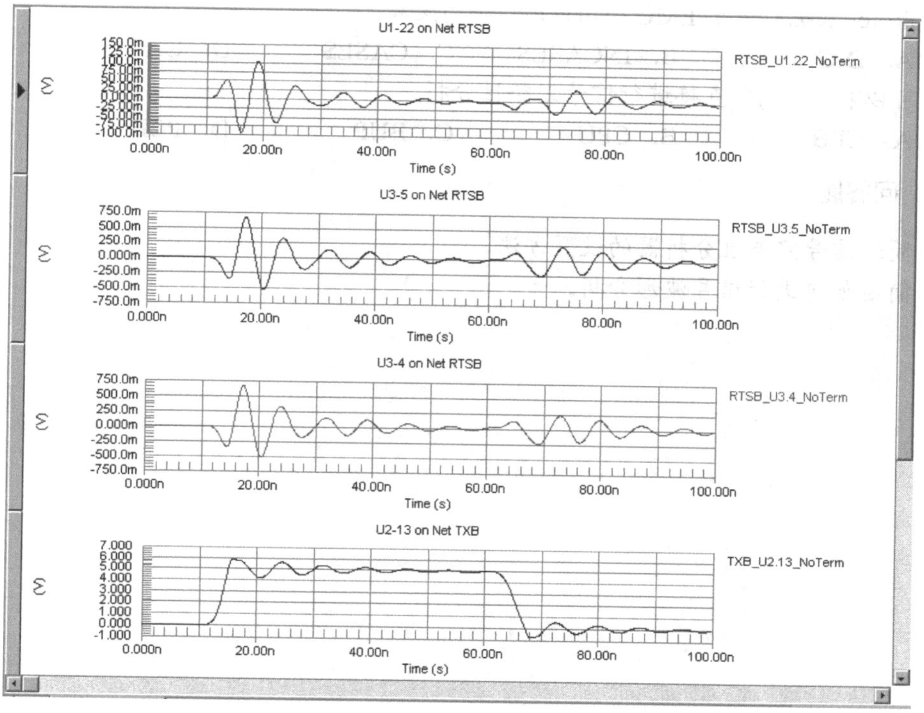

图 11-34　串扰分析结果

本 章 习 题

一、填空题

1. ________________________是指在信号线上的信号的质量。
2. __________与________阻抗不匹配会引起线上反射，负载将一部分电压反射回源端。
3. _____________是两条信号线之间的耦合。
4. __________________________是由线上过度的电感和电容引起，振铃属于欠阻尼状态。
5. Protel 中包含了________________________________，这些规则用于在 PCB 设计中检测一些潜在的信号完整性问题。

二、选择题

1. 选择(　　)命令，系统将打开一个 PCB 规则设置对话框。

   A. Design | Rules　　　　B. Design

   C. Rules　　　　D. Design | Rule

2. Protel 包含了(　　)条信号完整性分析规则。

A. 10　　B. 11　　C. 12　　D. 13

3. 在Maximum文本框中可以定义下降边沿的最大允许时间，时间单位一般是(　　)。

A. ss　　B. sn　　C. ns　　D. nb

4. Protel系统引进了EMC公司的(　　)技术。

A. INC　　B. INCASES　　C. CASES　　D. CA

5. 可以在(　　)中直接进行信号完整性分析。

A. CPB　　B. CPU　　C. BUP　　D. PCB

三、问答题

1. 简述信号完整性分析器的设置方法。
2. 简述如何进行信号波形分析。

第 12 章　IC 卡考勤机的设计

本章内容提示

本章介绍了电路原理图的设计过程中所涉及的各种知识点。并对其方法和步骤进行了详细的解释。通过本章的学习，读者可以掌握原理图的绘制，并提高原理图绘制的效果。

学习要点

- 原理图编辑的基本步骤
- 元件的绘制
- 线路连接

12.1　设 计 任 务

相关元件：CAP、MAX232C、CON9、AT24C512、AT89C52、0CM128X64、CON4、D89、CON2、POT2、RES2、SW-P8、PCF8563、74425、CYWSTAL、MAX813L。

设计预览图如图 12-1 所示。

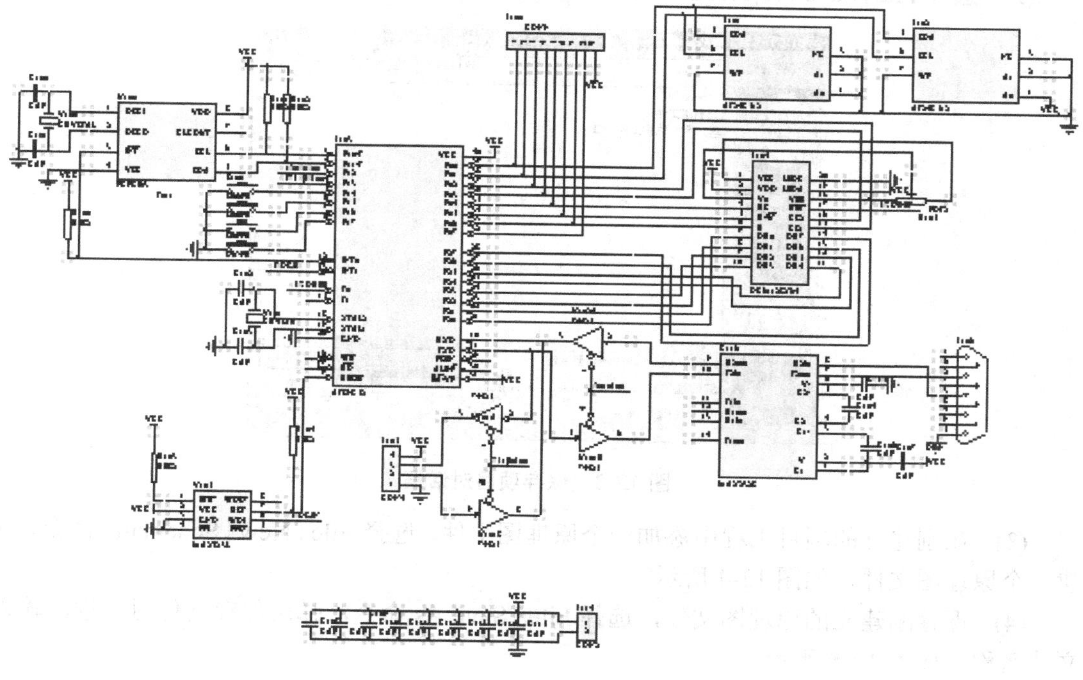

图 12-1　设计预览图

12.2 绘制原理图

绘制原理图的主要步骤包括：启动 Protel、设置原理图图纸、在图纸上放置元件、布局走线、编译、保存打印。下面就具体例子来详细讲解这些步骤。

12.2.1 创建项目

项目工程文件的创建如下。

(1) 启动 Protel DXP，进入系统主界面，选择 File | New Project | PCB Project 命令，如图 12-2 所示。

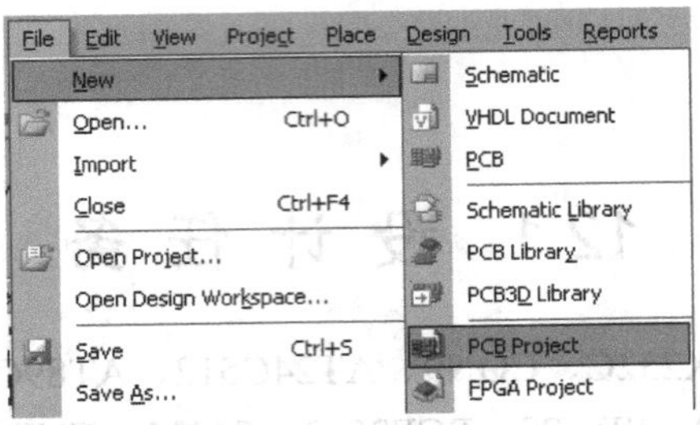

图 12-2 新建项目菜单命令

(2) 选择 File | Save Project As 命令，保存项目文件夹，为项目确定名称，如图 12-3 所示。

图 12-3 保存项目对话框

(3) 在刚建立的项目工程中添加一个原理图文件，选择 File | New | Schematic 命令，新建一个原理图文件，如图 12-4 所示。

(4) 保存刚建立的原理图文件，选择 File | Save As 命令，弹出保存文件对话框，输入文件名称，如图 12-5 所示。

(5) 完成后的项目工程文件结构如图 12-6 所示。

(6) 在新建了原理图之后，就可以对原理图进行必要的设置了，在原理图上右击，在弹出的快捷菜单中选择 Document Options 命令，弹出 Document Options(图纸设置)对话框，如图 12-7 所示的。

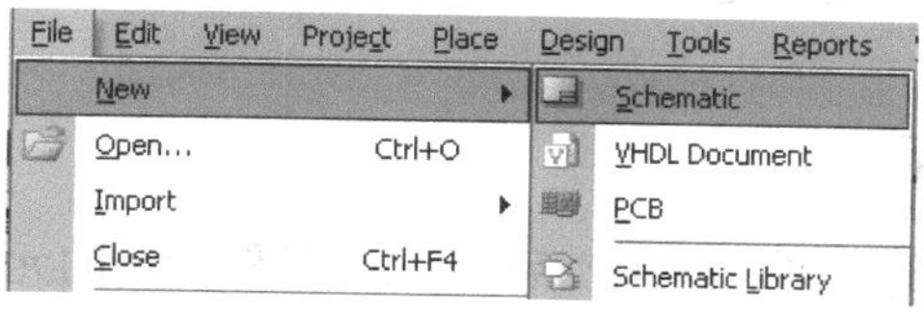

图 12-4　新建原理图文件

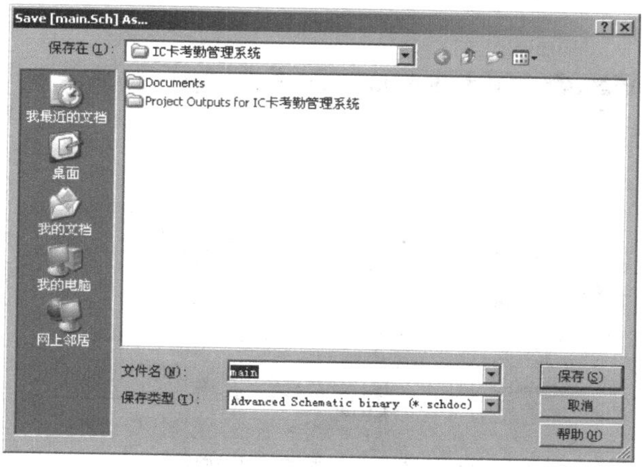

图 12-5　保存原理图文件

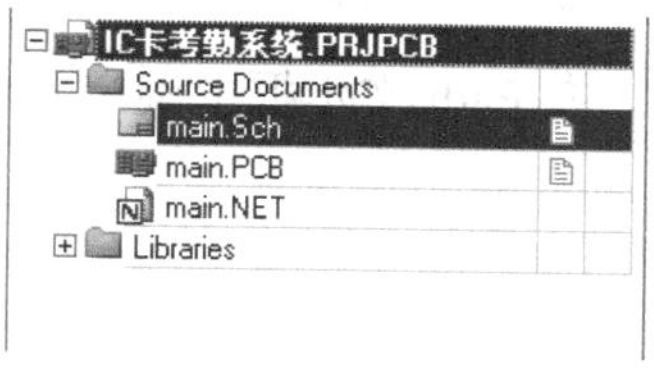

图 12-6　完成后的项目目录结果

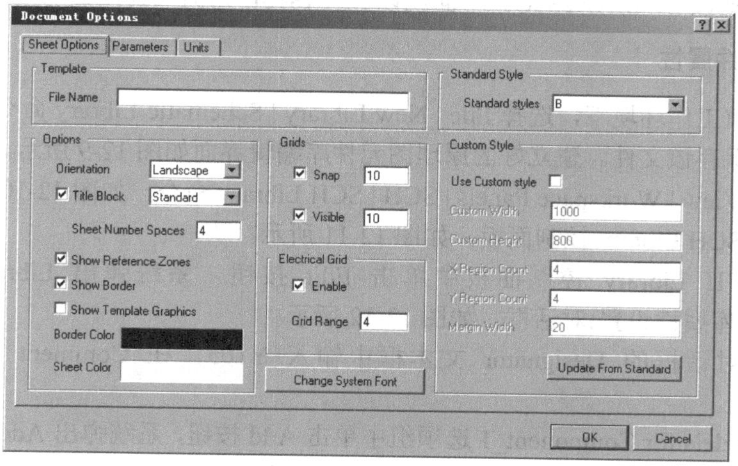

图 12-7　Document Options(图纸设置)对话框

提示： 在本例中，图纸设置采用系统默认设置。

12.2.2 查找元件库

通常情况下，用户知道元件的名称，而不知道元件所在的元件库，这样就需要进行元件查找来找到需要的元件。下面以 D Connector 9 为例，说明查找元件的过程。

(1) 单击 Libraries 元件库控制面板上的 Search... 按钮，系统弹出 Libraries Search 对话框，如图 12-8 所示。

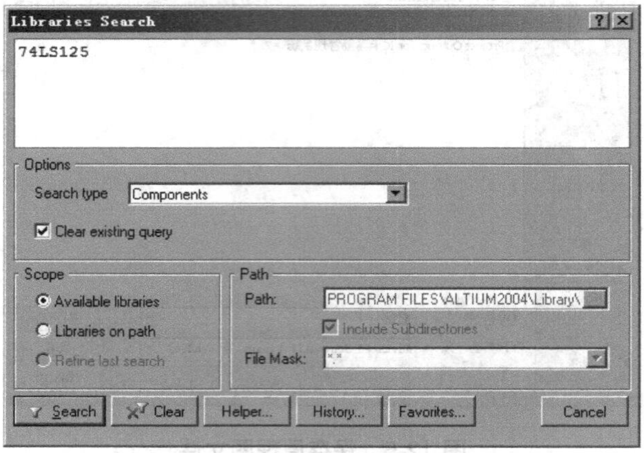

图 12-8 元件查找对话框

(2) 在文本中输入元件名称，在 Path 文本框中确定元件库所在的位置，单击 Search 按钮，即可搜索到所要找的元件。

12.2.3 制作元件

在本电路中，有六个元件需要编辑，分别是 PCF8563、OCM128X64、MAX813L、AT24C51、AT89C52、MAX232C。下面就以 MAX813L 为例来具体说明如何编辑元件。

1. 设置元件属性

(1) 在当前工作环境下，选择 File | New Library | Schematic Library 命令，新建一个原理图元件库并保存该文件。建立好的原理图元件库编辑界面如图 12-9 所示。

(2) 选择 View | Workspace Panels | SCH | SCH Library 命令，如图 12-10 所示。

(3) 打开 SCH Library 控制面板，如图 12-11 所示。

(4) 在 SCH Library 控制面板中单击 Edit 按钮，系统弹出 Library Component Properties(元件库属性设置)对话框，如图 12-12 所示。

(5) 在该对话框的 Designator 文本框中输入 Y105，在 Comment 组合框中输入 MAX813L。

(6) 在 Models for Component_1 选项组中单击 Add 按钮，系统弹出 Add New Model(添加新模式)对话框，在该对话框的下拉列表框中选择 Footprint 选项，单击 OK 按钮，如

图 12-13 所示。

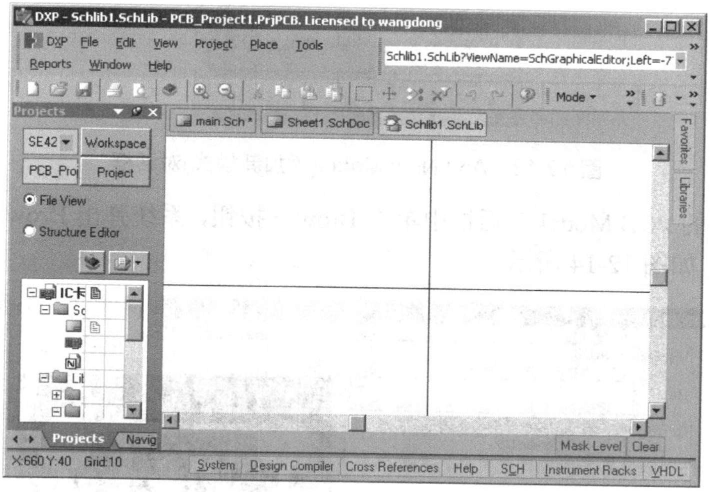

图 12-9　元件编辑界面

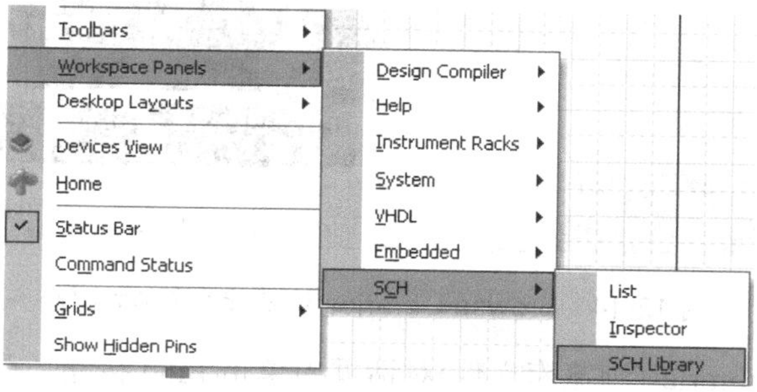

图 12-10　SCH Library 命令

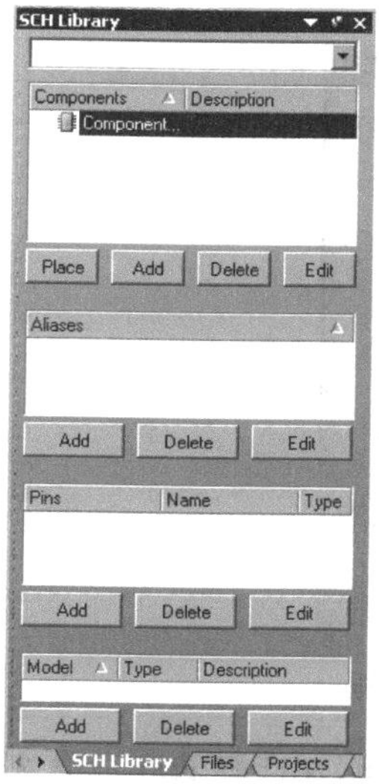

图 12-11　SCH Library 面板

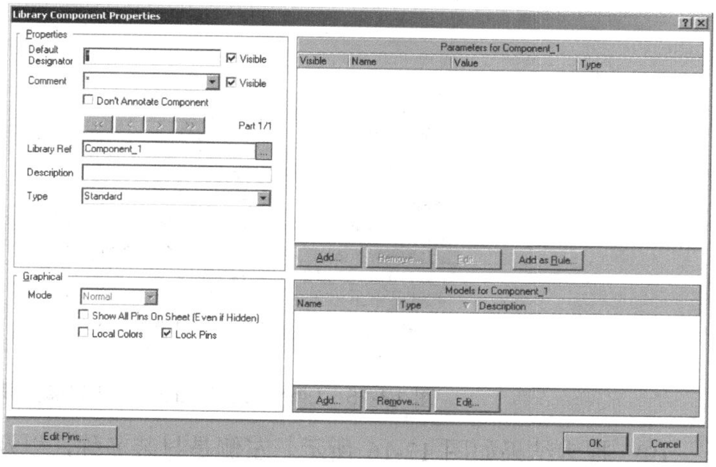

图 12-12　Library Component Properties(元件库属性设置)对话框

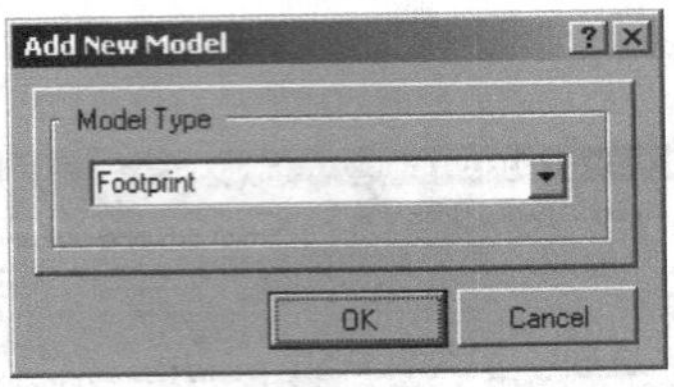

图 12-13　Add New Model(添加新模式)对话框

(7) 在弹出的 PCB Model 对话框中单击 Browse 按钮，系统弹出 Browse Libraries(浏览库文件)对话框，如图 12-14 所示。

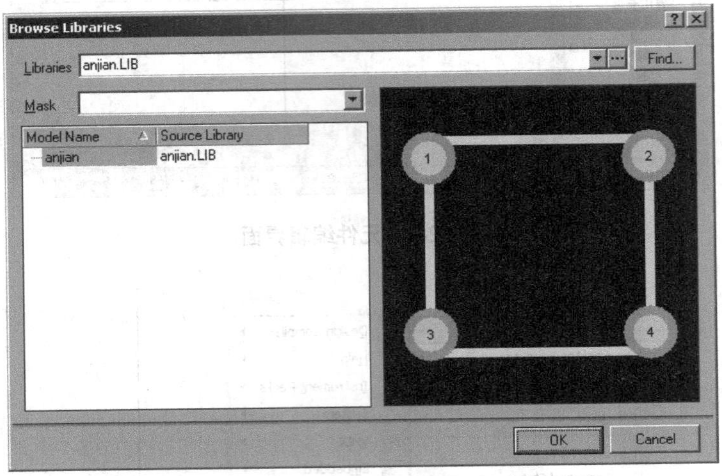

图 12-14　Browse Libraries(浏览库文件)对话框

(8) 在 Browse Libraries(浏览库文件)对话框中单击 Find 按钮，弹出如图 12-15 所示的 Libraries Search(元件封装搜索)对话框，在该对话框中可以查找所需的元件封装，在顶部空白文本框中输入元件封装名称 DIP8，单击 Search 按钮，开始搜索。

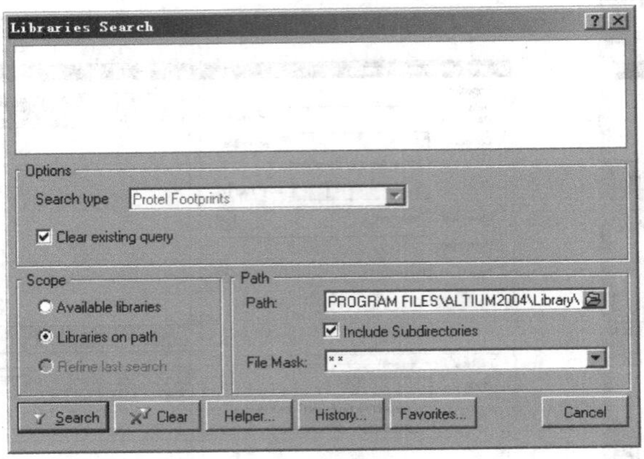

图 12-15　Libraries Search(元件封装搜索)对话框

(9) 搜索结果如图 12-16 所示。左侧是封装名称，以及所在的元件封装库，右侧是元件封装的外形。选中元件封装，单击 Select 按钮，即可选择元件封装。完成操作后，关闭该对话框。

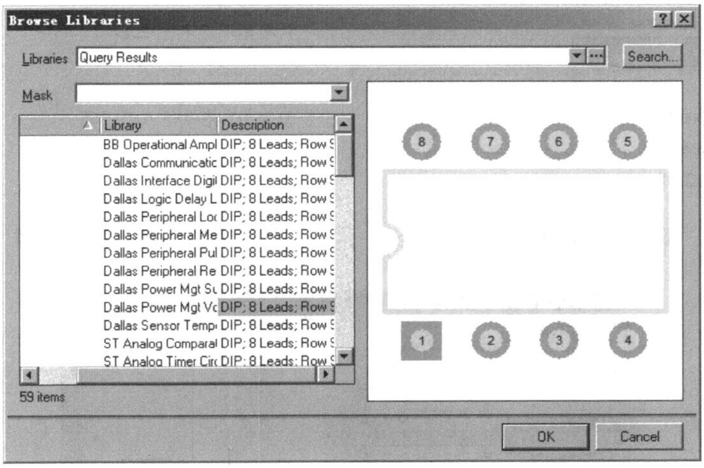

图 12-16　搜索结果对话框

(10) 单击 OK 按钮，结束元件封装的设置。

2. 绘制元件

在完成元件的设置后，就可以开始绘制元件了。下面介绍绘制元件的步骤。

(1) 在元件编辑环境下，选择 Place | Rectangle 命令，如图 12-17 所示。

(2) 此时，鼠标指针变成十字形状，将鼠标指针移动到图纸的坐标轴原点处，单击鼠标，确定矩形的左上角，接着将鼠标指针移动到坐标轴的(60, −50)处，确定矩形的右上角，如图 12-18 所示。

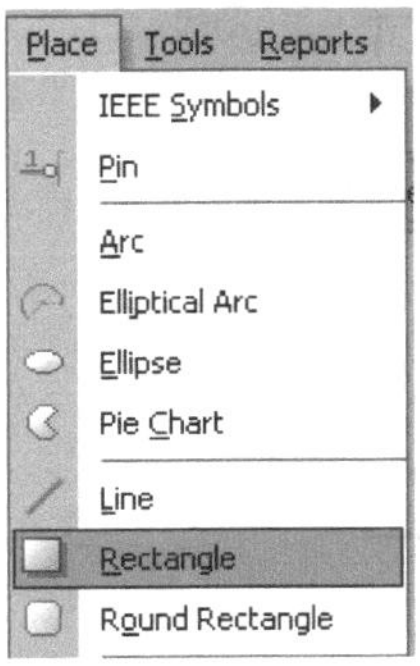

图 12-17　绘制矩形菜单命令

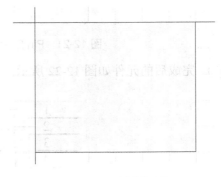

图 12-18　绘制矩形

(3) 下面开始放置元件的引脚，选择 Place | Pin 命令，如图 12-19 所示。

(4) 此时鼠标指针变成十字形状，附近还有一个随鼠标指针移动的元件引脚，将引脚移动到确定的位置，单击鼠标，放置好引脚即可，如图 12-20 所示。

(5) 双击引脚，弹出 Pin Properties(引脚属性)设置对话框，如图 12-21 所示。

(6) 在 Pin Properties(引脚属性)设置对话框中设置引脚的属性，元件引脚属性见 12.4 节的表 12-1 所示。依次完成元件的八个引脚的属性设置。

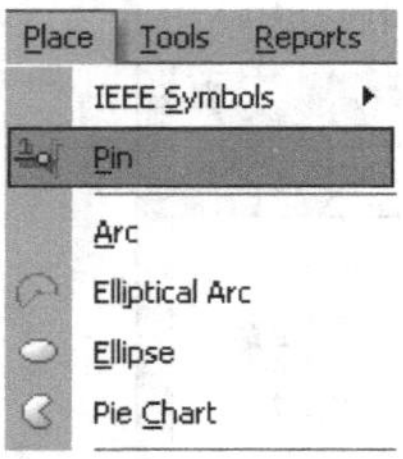

图 12-19　添加引脚菜单

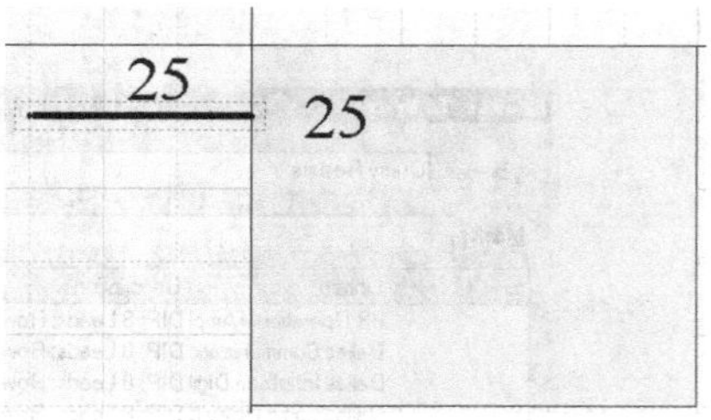

图 12-20　绘制引脚

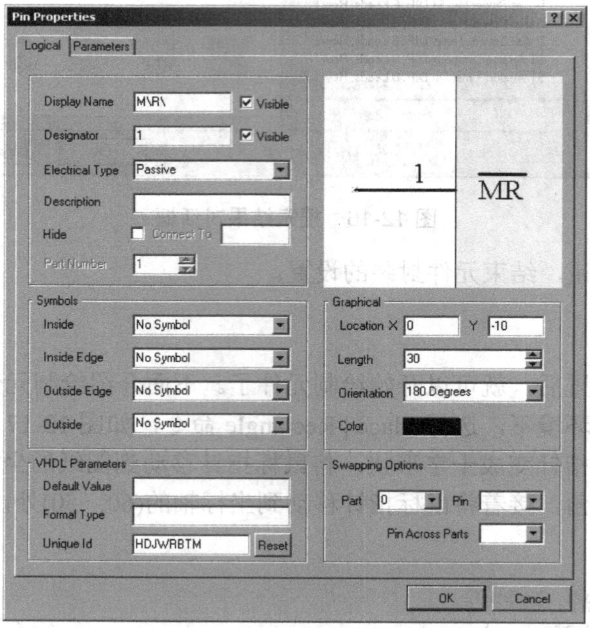

图 12-21　Pin Properties(引脚属性)设置对话框

(7)　完成后的元件如图 12-22 所示。

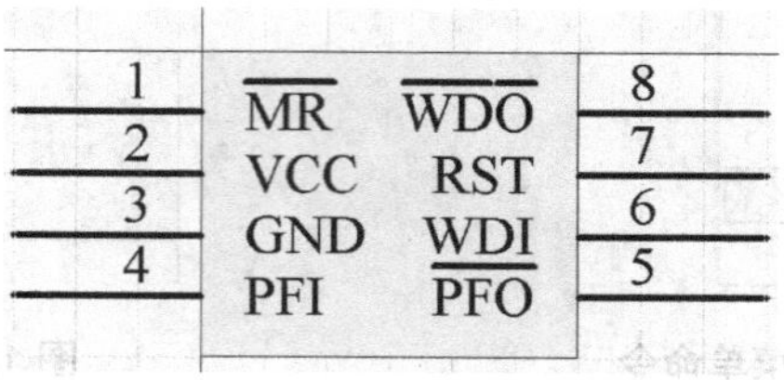

图 12-22　完成的元件

(8)　完成元件的绘制后，在 SCH Library 控制面板上单击 Place 按钮，就可以将该元件放入原理图中。

提示： 在本原理图中，有六个元件需要自己绘制，由于步骤基本一样，所以不再赘述。下面将给出各个元件的外形以及引脚属性表，由读者自行绘制。

3. 绘制其他元件

1)　元件 PCF8563

元件 PCF8563 的外形，如图 12-23 所示。

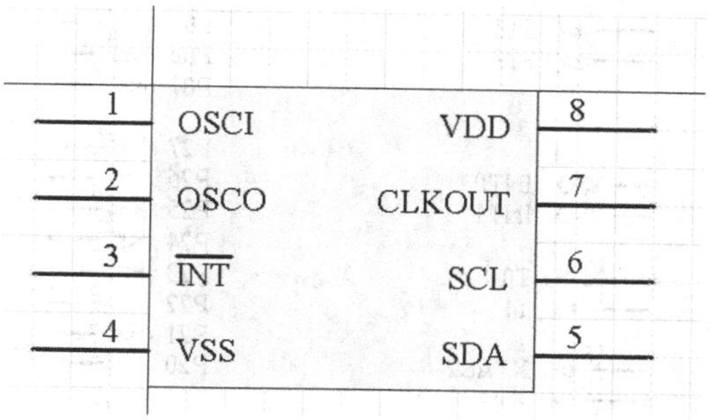

图 12-23　元件 PCF8563

2)　元件 OCM128X64

元件 OCM128X64 的外形，如图 12-24 所示。

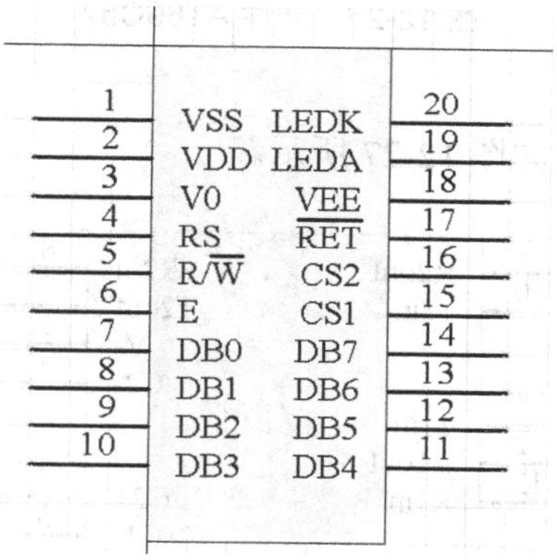

图 12-24　元件 OCM128X64

3)　元件 AT24C51

元件 AT24C51 的外形，如图 12-25 所示。

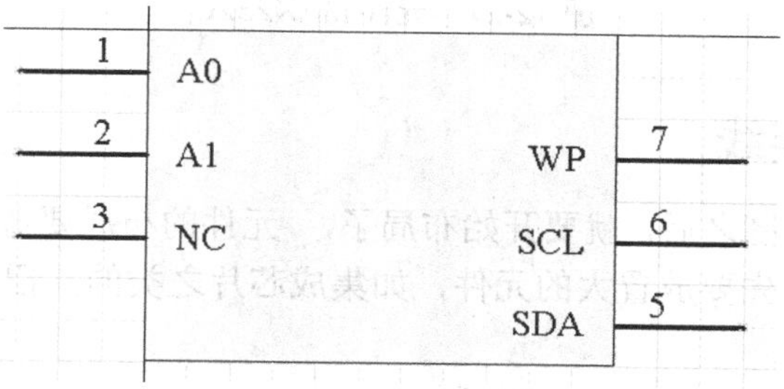

图 12-25　元件 AT24C51

4)　元件 AT89C52

元件 AT89C52 的外形，如图 12-26 所示。

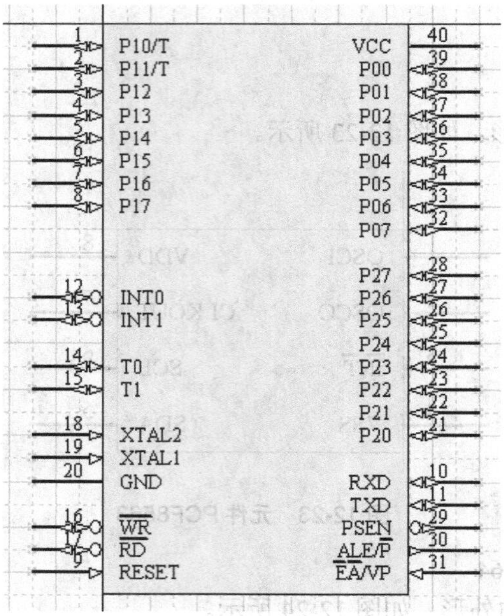

图 12-26　元件 AT89C52

5)　元件 MAX232C

元件 MAX232C 的外形，如图 12-27 所示。

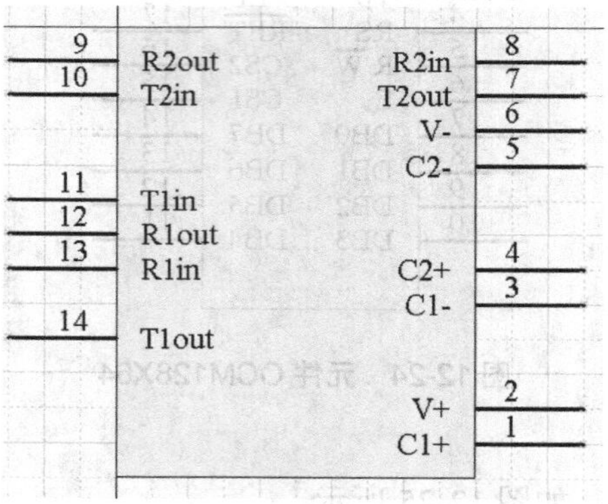

图 12-27　元件 MAX232C

12.2.4　布局与连线

在完成了元件的绘制之后，就要开始布局了，元件的布局要考虑到线路的连接，以及整体的美观、清晰，首先要放置大的元件，如集成芯片之类的，摆放好核心元件之后的原理图，如图 12-28 所示。

放置好了核心的元件之后，就可以开始放置一些小的元件了，如电阻、电容之类的。具体方法是针对核心元件在其周边摆放小元件，再将小元件与该核心元件连接起来，例如，首先在 PCF8563 元件周围放置小的元件，如图 12-29 所示。

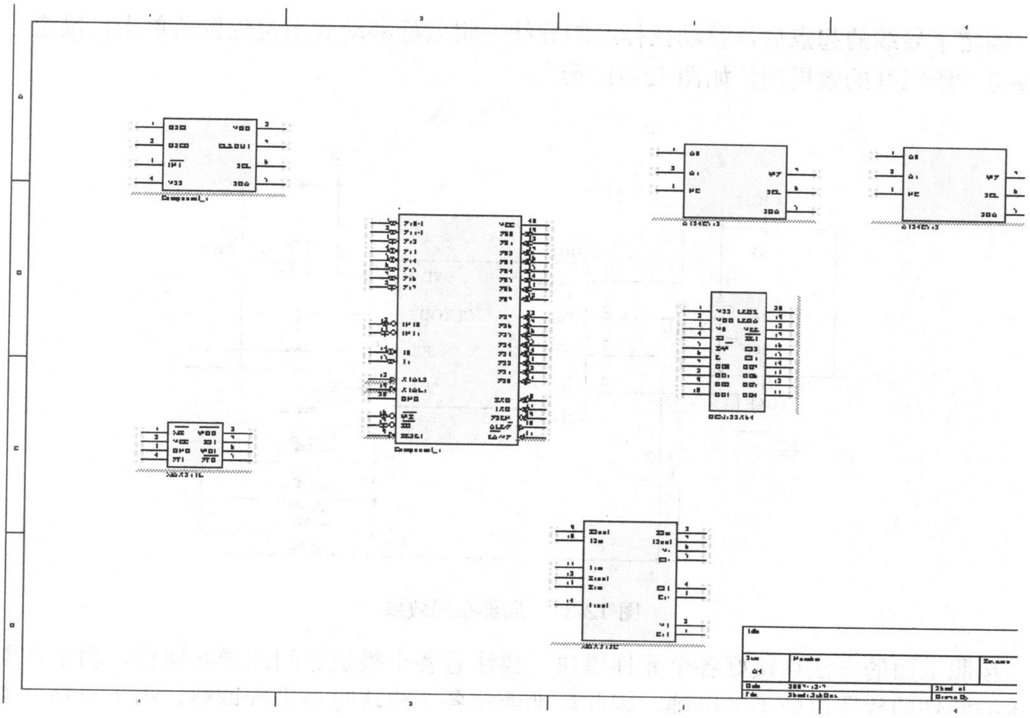

图 12-28　核心元件布局

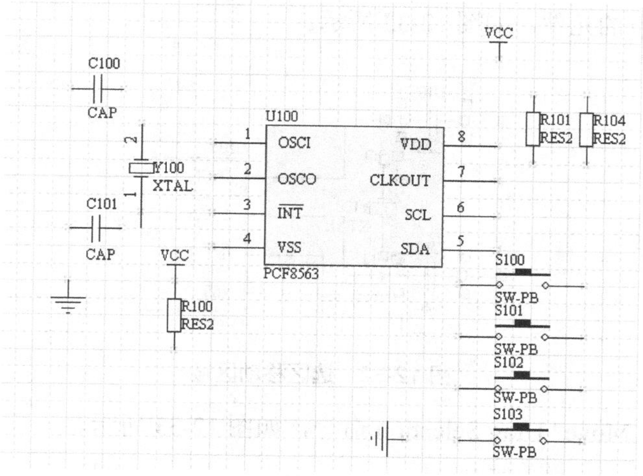

图 12-29　局部布局

放置调整好元件之后，就可以开始连接导线了，选择 Place | Wire 命令，鼠标指针变成了十字形状，将鼠标指针移动到需要的位置，单击，确定导线的起点，注意导线与元件的电气连接关系，在画图的时候，要设置系统自动寻找电气节点，当鼠标旁边出现红色的“*”字形的标志时，说明当前系统捕获了一个电气节点，如图 12-30 所示。

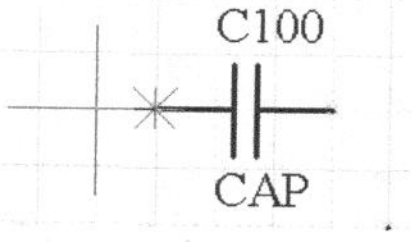

图 12-30　自动捕获电气节点

确定了导线的起点后，移动鼠标绘制导线，将鼠标移动到指定位置后单击，确定导线的终点。绘制好的效果图，如图 12-31 所示。

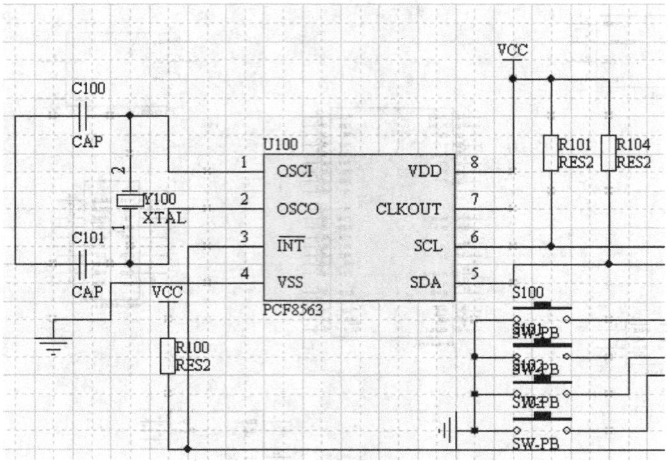

图 12-31　局部布局效果

按照上面的方法连接好各个元件模块，要注意各个模块之间的导线连接，由于前期各个核心元件的放置可能不够准确，因此后期连接各个模块时要进行调整，由于单独调整元件会影响到已经连接好的线路，因此可以通过同时调整元件和导线，来达到调整的目的，具体方法如下。

(1)　选择要调整的元件，如图 12-32 所示。

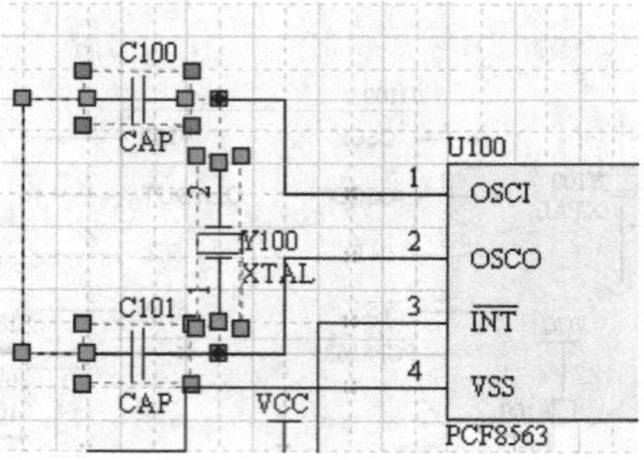

图 12-32　选区移动区域

(2)　选择 Edit | Move | Drag Selection 命令，如图 12-33 所示。

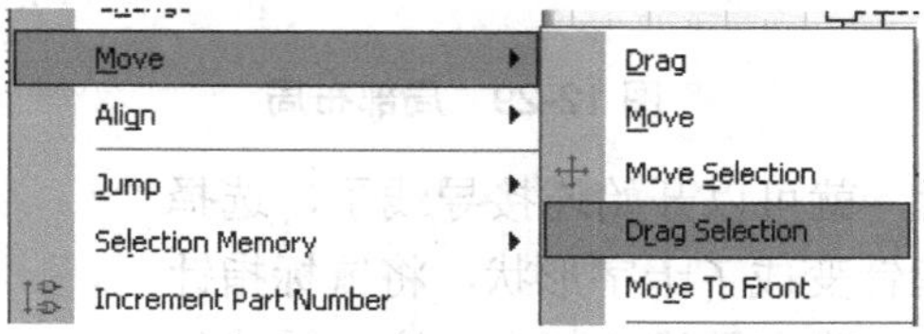

图 12-33　Drag Selection 命令

(3)　执行该命令后，鼠标指针变成十字形状，在选取的区域单击，此时选取的区域将随鼠标指针移动，且导线也随鼠标指针的移动而移动，将鼠标指针移动到需要的位置单击，确定元件的新位置，如图 12-34 所示。

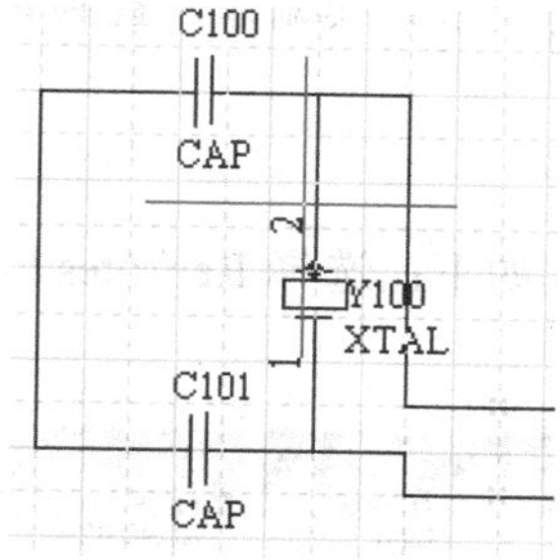

图 12-34 执行后的效果

(4) 按照上述方法，将所有元件连接完毕后，最终效果图如图 12-35 所示。

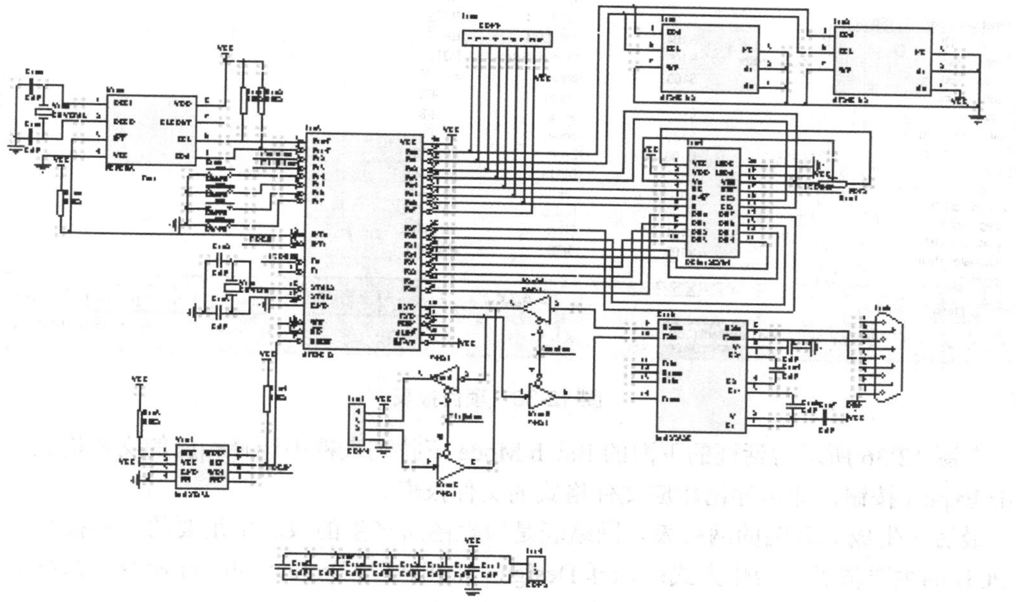

图 12-35 最终原理图

12.3 后 期 处 理

在完成了前面的工作之后，原理图的设计工作基本完成了，接下来要进行的是编译、生成报表等工作。

12.3.1 编译项目

通过选择 Project | Compile PCB Project 命令，可以编译项目，在编译过程中，任何已经启动的错误均将显示在设计窗口下的 Message 面板中，被编译的文件与同级的文件、元件和列出的网络以及一个能浏览的连接模型，一起显示在 Compiled 中，并以列表方式显示。

如果原理图绘制正确，Message 面板中不会有错误存在，如果系统给出了报告，则需根据面板中的提示，修改相应的错误后继续编译，直到系统不再提示有错误为止。

12.3.2 生成报表

生成元件报表的具体操作方式如下：选择 Reprotes | Bill Of Materials 命令，如图 12-36 所示。

Bill of Materials For Project [IC卡考勤管理系统.PRJPCB]
Grouped Columns
Show
Description
Designator
Footprint
LibRef
Quantity
J102 DIP8 AT24C512 1
J103 DIP40 AT89C52 1
J104 SIP20 OCM128X64 1
Connector J105 SIP4 CON4 1
J106 DB9/M DB9 1
Connector J114 SIP2 CON2 1
R100 AXIAL0.4 RES2 1
R101 AXIAL0.4 RES2 1
R102 AXIAL0.4 RES2 1
R103 AXIAL0.4 RES2 1
R104 AXIAL0.4 RES2 1
Potentiometer R105 Potentiometer POT2 1
S100 anjian SW-PB 1
S101 anjian SW-PB 1
S102 anjian SW-PB 1
S103 anjian SW-PB 1
PCF8563 U100 DIP8 PCF8563 1
U101 DIP14 74LS125 1
U102 DIP14 74LS125 1
Crystal Y100 RAD0.1 CRYSTAL 1
Crystal Y101 CRYSTAL CRYSTAL 1
Y105 DIP8 MAX813L 1
Other Columns
Show
Center-X(Mil)
Center-X(mm)
Center-Y(Mil)
Center-Y(mm)
Comment
Component Kind
ComponentKind
Description
Designator
Designator-X(Mil)
Designator-X(mm)
Designator-Y(Mil)
Designator-Y(mm)
Document
Menu
Template
Relative
Report...
Export...
Excel...
OK
Cancel
Batch Mode
CSV (Comma Delimited) (*.csv)
Open Exported
Force Columns Into View

图 12-36 项目报表

在图 12-36 所示对话框的下面的 Batch Mode 下拉列表框中选择相应的文件格式，然后单击 Export 按钮，即可导出相应文件格式的文件报表。

最后，生成原理图的网络表。网络表是原理图所产生的报表中重要的一种报表，是生成 PCB 的主要依据。操作方式：选择 Design | Netlist For Project | Protel 命令，系统生成一个与原理图同名、扩展名为.NET 的网络表文件，如图 12-37 所示。

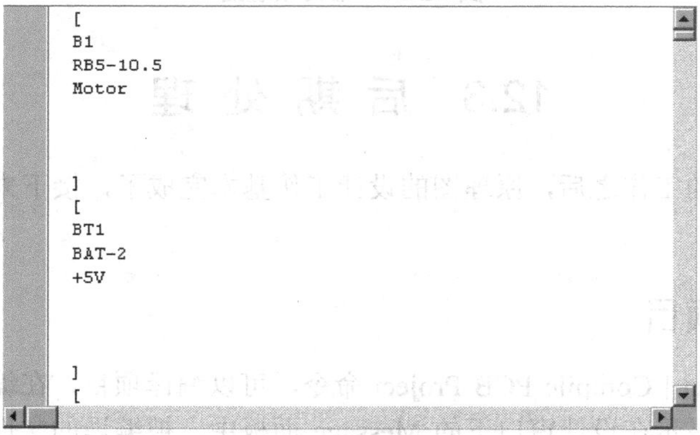
[
B1
RB5-10.5
Motor
]
[
BT1
BAT-2
+5V
]
[

图 12-37 网络表文件

12.3.3　保存与打印

对设计好的原理图要进行保存、打印等工作，以便以后使用，打印的操作如下。

选择 File | Print 命令，即可打开打印对话框，如图 12-38 所示。

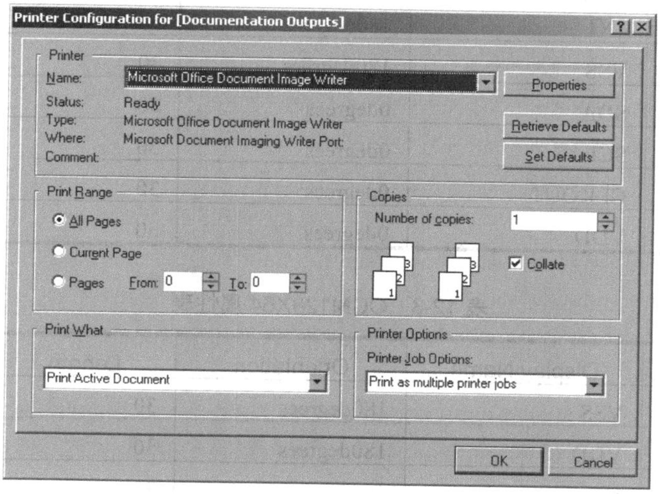

图 12-38　打印对话框

12.4　元件属性表

通常，元件属性设置与元件的放置是同步进行的，在放置元件的同时对元件进行设置。而元件的标识一般是在原理图绘制完成后，利用系统的自动标识功能进行自动标识。

1. 新建元件属性

如表 12-1 至表 12-6 所示是需要用户自行创建的元件的属性列表。

表 12-1　MAX813L 引脚属性表

Designator	Display Name	Orientation	Length	Electrical
1	$\overline{\text{MR}}$	180degrees	30	Passive
2	VCC	180degrees	30	Power
3	GND	180degrees	30	Power
4	PFI	180degrees	30	Passive
5	$\overline{\text{PFO}}$	0degrees	30	Passive
6	WDI	0degrees	30	Passive
7	RST	0degrees	30	Passive
8	$\overline{\text{WDO}}$	0degrees	30	Passive

表 12-2　PCF8563.LIB 属性表

Designator	Display Name	Orientation	Length	Electrical
1	OSCI	180degrees	30	Passive
2	OSCO	180degrees	30	Passive
3	$\overline{\text{INT}}$	180degrees	30	Passive
4	VSS	180degrees	30	Passive
5	SDA	0degrees	30	Passive
6	SCL	0degrees	30	Passive
7	CLKOUT	0degrees	30	Passive
8	VDD	0degrees	30	Passive

表 12-3　OCM128X64 属性表

Designator	Display Name	Orientation	Length	Electrical
1	VSS	180degrees	30	Passive
2	VDD	180degrees	30	Passive
3	V0	180degrees	30	Passive
4	RS	180degrees	30	Passive
5	R/ $\overline{\text{W}}$	180degrees	30	Passive
6	E	180degrees	30	Passive
7	DB0	180degrees	30	Passive
8	DB1	180degrees	30	Passive
9	DB2	180degrees	30	Passive
10	DB3	180degrees	30	Passive
11	DB4	0degrees	30	Passive
12	DB5	0degrees	30	Passive
13	DB6	0degrees	30	Passive
14	DB7	0degrees	30	Passive
15	CS1	0degrees	30	Passive
16	CS2	0degrees	30	Passive
17	$\overline{\text{RET}}$	0degrees	30	Passive
18	VEE	0degrees	30	Passive
19	LEDA	0degrees	30	Passive
20	LEDK	0degrees	30	Passive

表 12-4　AT24C51 属性表

Designator	Display Name	Orientation	Length	Electrical
1	A0	180degrees	30	Passive
2	A1	180degrees	30	Passive
3	NC	180degrees	30	Passive
4	SDA	0degrees	30	Passive
5	SCL	0degrees	30	Passive
6	WP	0degrees	30	Passive

表 12-5　AT89C52 属性表

Designator	Display Name	Orientation	Length	Electrical
1	P10/T	180degrees	30	IO
2	P11/T	180degrees	30	IO
3	P12	180degrees	30	IO
4	P13	180degrees	30	IO
5	P14	180degrees	30	IO
6	P15	180degrees	30	IO
7	P16	180degrees	30	IO
8	P17	180degrees	30	IO
9	RESET	180degrees	30	Input
10	RXD	0degrees	30	IO
11	TXD	0degrees	30	IO
12	INT0	180degrees	30	IO
13	INT1	180degrees	30	IO
14	T0	180degrees	30	IO
15	T1	180degrees	30	IO
16	$\overline{WR}$	180degrees	30	IO
17	$\overline{RD}$	180degrees	30	IO
18	XTAL2	180degrees	30	Input
19	XTAL1	180degrees	30	Input
20	GND	180degrees	30	Passive
21	P20	0degrees	30	IO
22	P21	0degrees	30	IO
23	P22	0degrees	30	IO
24	P23	0degrees	30	IO
25	P24	0degrees	30	IO
26	P25	0degrees	30	IO

续表

Designator	Display Name	Orientation	Length	Electrical
27	P26	0degrees	30	IO
28	P27	0degrees	30	IO
29	PSEN	0degrees	30	Output
30	ALE/$\overline{P}$	0degrees	30	Output
31	$\overline{EA}$/VP	0degrees	30	input
32	P07	0degrees	30	IO
33	P06	0degrees	30	IO
34	P05	0degrees	30	IO
35	P04	0degrees	30	IO
36	P03	0degrees	30	IO
37	P02	0degrees	30	IO
38	P01	0degrees	30	IO
39	P00	0degrees	30	IO
40	VCC	0degrees	30	Passive

表 12-6　MAX232C 属性表

Designator	Display Name	Orientation	Length	Electrical
1	C1+	0degrees	30	Passive
2	V+	0degrees	30	Passive
3	C1−	0degrees	30	Passive
4	C2+	0degrees	30	Passive
5	C2−	0degrees	30	Passive
6	V−	0degrees	30	Passive
7	T2out	0degrees	30	Passive
8	R2in	0degrees	30	Passive
9	R2out	180degrees	30	Passive
10	Tin	180degrees	30	Passive
11	T1in	180degrees	30	Passive
12	R1out	180degrees	30	Passive
13	R1in	180degrees	30	Passive
14	T1out	180degrees	30	Passive

2. 原理图元件列表

如表 12-7 所示是原理图中所有元件的属性列表。

表 12-7　元件属性列表

Designator	Footprint	Comment	Part Type
C100	RAD0.2	CAP	CAP
C101	RAD0.2	CAP	CAP
C102	RAD0.2	CAP	CAP
C103	RAD0.2	CAP	CAP
C104	RAD0.2	CAP	CAP
C105	RAD0.2	CAP	CAP
C106	RAD0.2	CAP	CAP
C107	RAD0.2	CAP	CAP
C108	RAD0.2	CAP	CAP
C109	RAD0.2	CAP	CAP
C110	RAD0.2	CAP	CAP
C111	RAD0.2	CAP	CAP
C112	RAD0.2	CAP	CAP
C113	RAD0.2	CAP	CAP
C114	RAD0.2	CAP	CAP
C115	RAD0.2	CAP	CAP
C116	DIP16	MAX232C	MAX232C
J100	SIP9	CON9	CON9
J101	DIP8	AT24C512	AT24C512
J102	DIP8	AT24C512	AT24C512
J103	DIP40	AT89C52	AT89C52
J104	SIP20	OCM128X64	OCM128X64
J105	SIP4	CON4	CON4
J106	DB9/M	DB9	DB9
J114	SIP2	CON2	CON2
R100	AXIAL0.4	RES2	RES2
R101	AXIAL0.4	RES2	RES2
R102	AXIAL0.4	RES2	RES2
R103	AXIAL0.4	RES2	RES2
R104	AXIAL0.4	RES2	RES2
R105	Potentiometer	POT2	POT2
S100	anjian	SW-PB	SW-PB
S101	anjian	SW-PB	SW-PB
S102	anjian	SW-PB	SW-PB
S103	anjian	SW-PB	SW-PB

续表

Designator	Footprint	Comment	Part Type
U100	DIP8	PCF8563	PCF8563
U101	DIP14	74425	74425
U102	DIP14	74425	74425
Y100	RAD0.1	CRYSTAL	CRYSTAL
Y101	CRYSTAL	CRYSTAL	CRYSTAL
Y105	DIP8	MAX813L	MAX813L

本章习题

一、填空题

1. 考勤机的相关元件有：__________、__________、__________、__________等。
2. 绘制原理图的主要步骤包括：____________________、________________、________________、________________、________________、________________。
3. 在考勤机电路中，有六个元件需要编辑，分别是________、________、________、________、________、________。
4. 通过选择____________________________命令，可以编译项目。
5. 在编译过程中，任何已经启动的错误均将显示在设计窗口下的__________面板中。

二、选择题

1. 如果原理图绘制正确，(　　)面板中不会有错误存在。

   A. Shift　　B. Ctrl　　C. Messages　　D. Message
2. 扩展名为(　　)是网络表文件。

   A. .ENT　　B. .TEN　　C. .TEN　　D. .NET

三、问答题

1. 简述如何绘制考勤机原理图。
2. 简述如何制作考勤机元件。

第 13 章　U 盘 PCB 设计

本章内容提示

通过一款 U 盘的电路图设计，介绍从原理图到 PCB 板的制作过程，以及多层板中元件的放置。通过本章的学习，让读者更深入地理解电路板的设计过程，并能熟练使用各种操作方法绘制电路原理图和 PCB 板。

学习要点

- 原理图设计
- PCB 板设计
- 多层板中元件的放置

13.1　设 计 任 务

电路功能：该电路是一个 32MB 的 U 盘，采用了 IC1114 作为控制器，K9F5608U0B 为存储器，可以通过 IC1114 从 USB 接口读入数据存储到 K9F5608U0B 中，同样也可以通过 IC1114 从 K9F5608U0B 中读取数据，并通过 USB 接口传送到 PC 设备。

主要元件：IC1114_F48LQ、K9F5608U0B、SW1A、AT1201。

电路预览如图 13-1 所示。

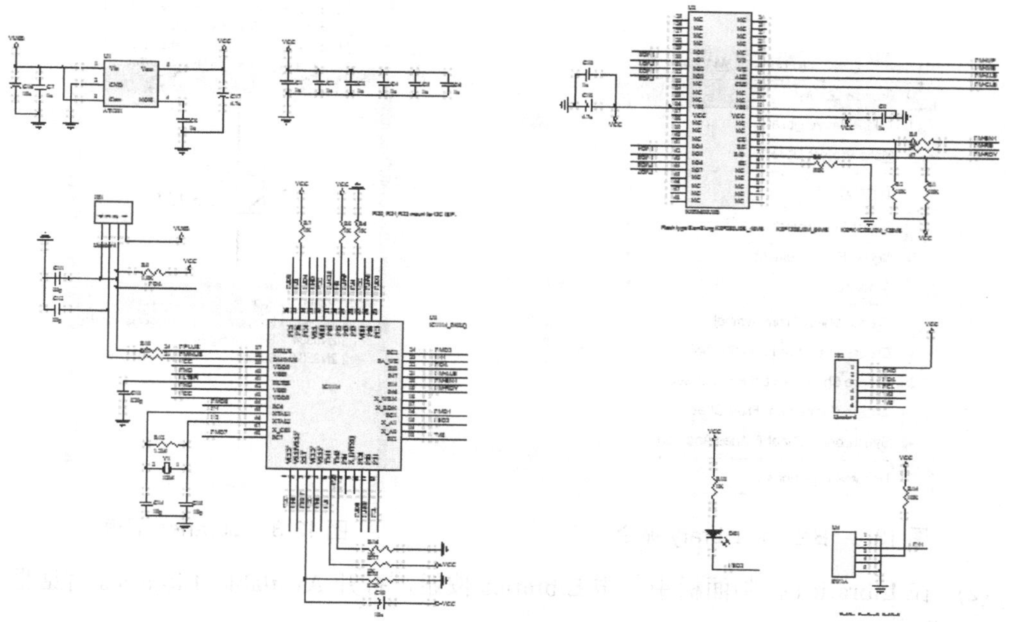

图 13-1　U 盘电路图预览

13.2 创 建 项 目

在进行原理图设计之前，先要建立工程项目，步骤如下。

(1) 选择 File | New | PCB Project 命令，或通过文件工作面板 New | Blank Project(PCB)命令，建立一个新的工程项目。

(2) 选择 File | Save As 命令，系统打开另存为对话框，将项目命名为“U 盘.PRJPCB”。

(3) 选择 File | New | Schematic 命令，创建一个原理图文件，并选择 File | Save As 命令，将文件命名为“U 盘.SCHDOC”。

13.3 装载元件库

在开始绘制原理图之前，需要将在绘制中要使用的元件库载入系统，具体步骤如下。

(1) 在原理图编辑环境下，选择 Design | Browse Library 命令，如图 13-2 所示，打开 Libraries(元件库)面板，如图 13-3 所示。

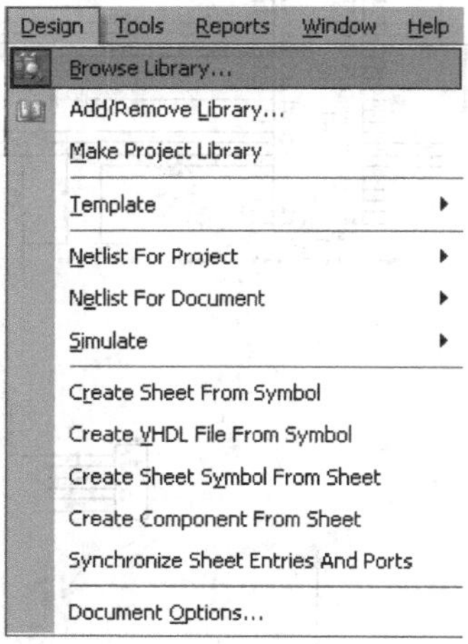

图 13-2 Browse Library 命令

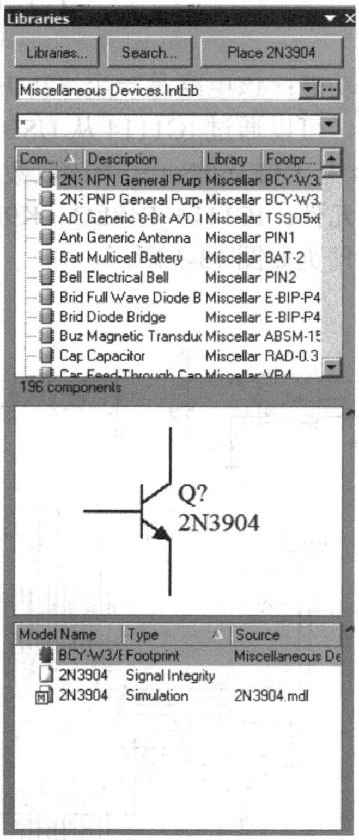

图 13-3 Libraries 面板

(2) 在 Libraries 控制面板中单击 Libraries 按钮，打开 Available Libraries 对话框，如图 13-4 所示。

(3) 在 Available Libraries 对话框中单击 Install 按钮，打开加载元件库对话框，在对话框中选择要加载的元件库，如图 13-5 所示。

(4) 加载完毕后，单击 Available Libraries 对话框中的 Close 按钮，即可完成加载元件库的操作。

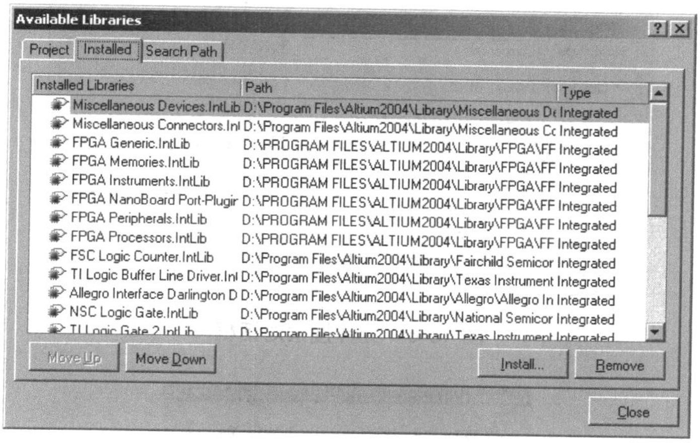

图 13-4　Available Libraries 对话框

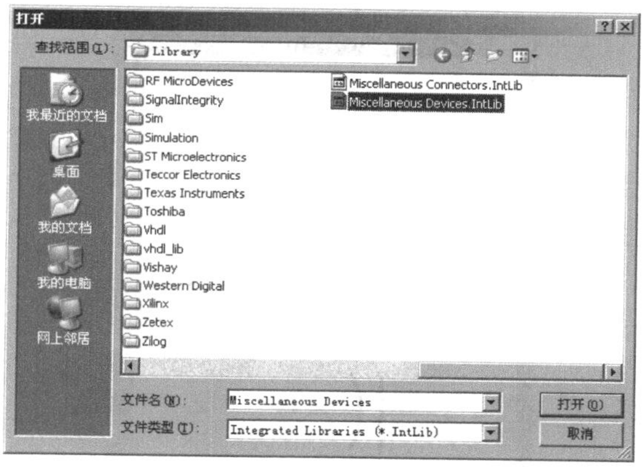

图 13-5　加载元件库

13.3.1　查找元件库

如果用户只知道元件的名称而不知道元件所在的库，则可以使用元件的查找功能，具体方法如下。

(1) 在 Libraries 控制面板中，单击 Search 按钮，系统打开 Libraries Search(元件搜索)对话框，如图 13-6 所示。

(2) 在顶部空白文本框中输入元件的名称 Cap2，单击 Search 按钮，开始搜索。

(3) 系统搜索到该元件之后会返回到 Libraries 面板中，并显示该元件及其封装外形。此时，单击元件将其拖动到绘图区即可将该元件放置到原理图。如图 13-7 所示。

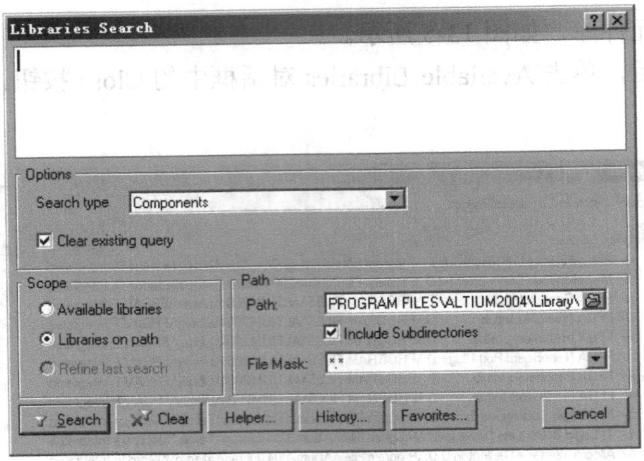

图 13-6　元件搜索对话框

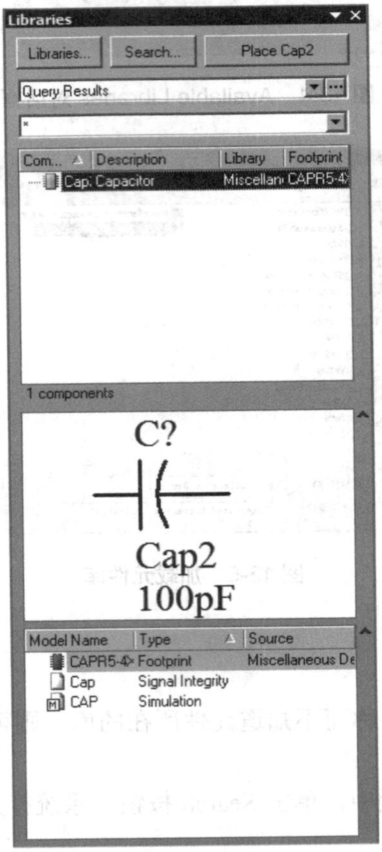

图 13-7　搜索结果

13.3.2　制作元件

在本设计中，有如下四个元件需要用户自己绘制：IC1114_F48LQ(如图 13-8 所示)、

K9F5608U0B(如图 13-9 所示)、AT1201(如图 13-10 所示)和 Header6(如图 13-11 所示)。由于前面的章节详细讲解过元件的绘制，因此这里不再赘述。

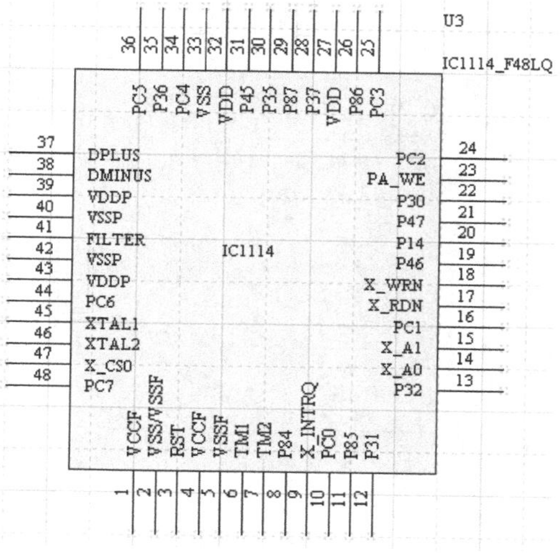

图 13-8　IC1114_F48LQ

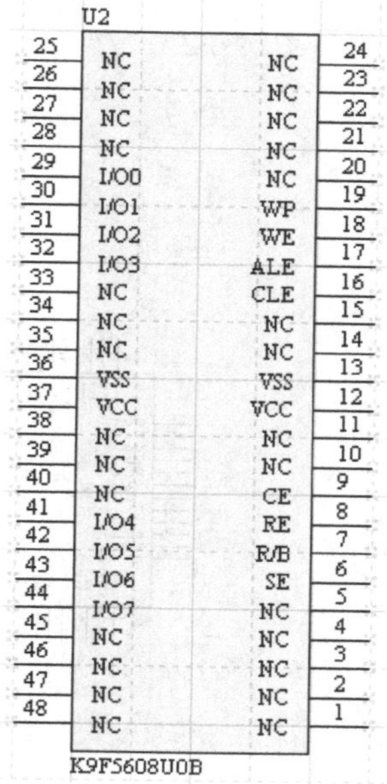

图 13-9　K9F5608U08

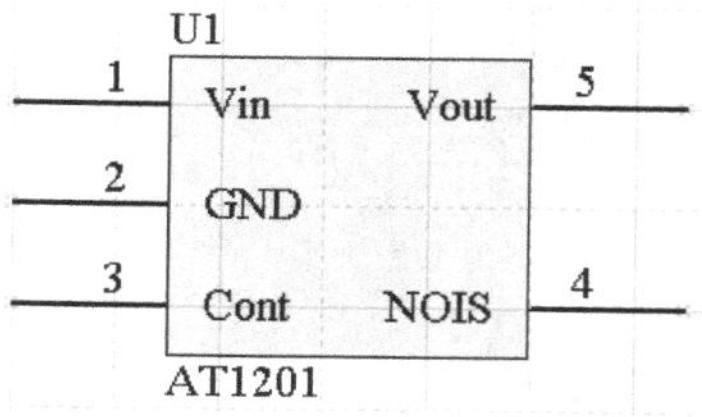

图 13-10　AT1201

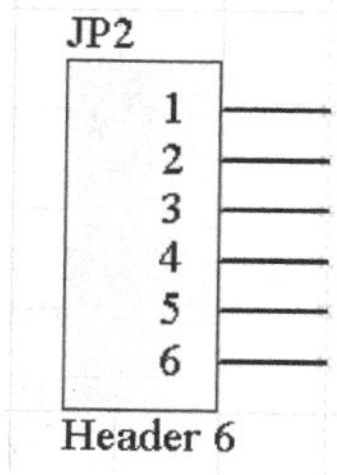

图 13-11　Header6

13.4　布局与连线(一)

(1) 主要的元件绘制完毕之后，就可以开始摆放元件了。首先摆放主要的元件，摆放的结果如图 13-12 所示。

(2) 放置好主要的元件之后，就可以开始针对每一个元件摆放小的元件。以元件 IC1114 为例，首先在其左边摆放好元件，如图 13-13 所示。

(3) 元件摆放好了之后就可以开始连线以及放置接地符了，效果如图 13-14 所示。

(4) 按照相同的方法放置好所有的元件并连线，最终效果如图 13-15 所示。

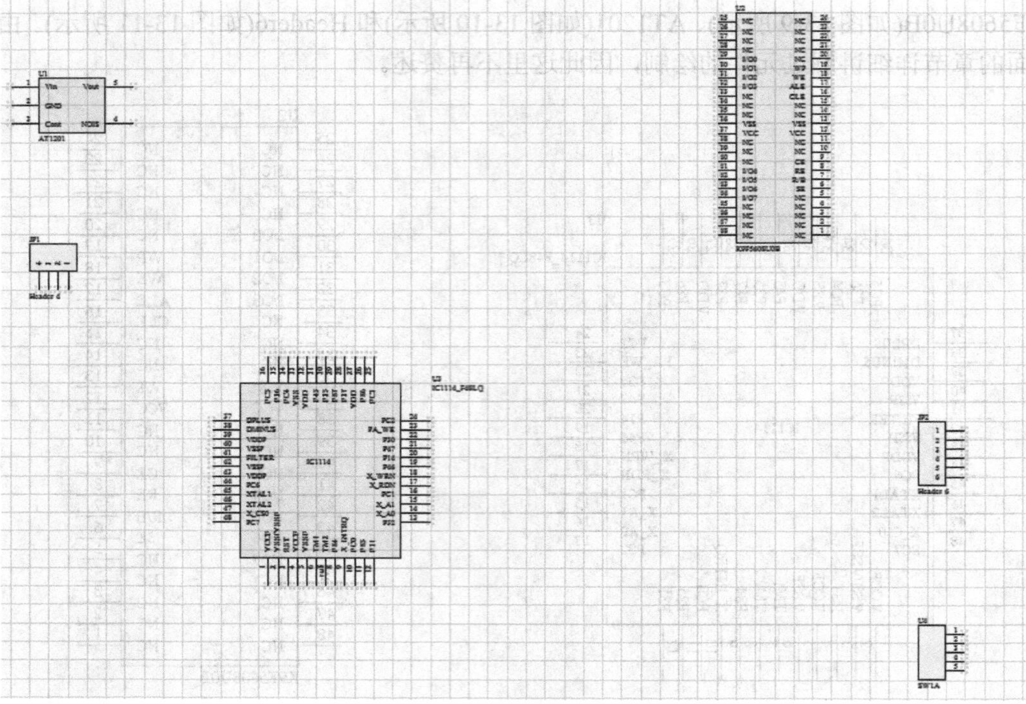

图 13-12　放置主要元件

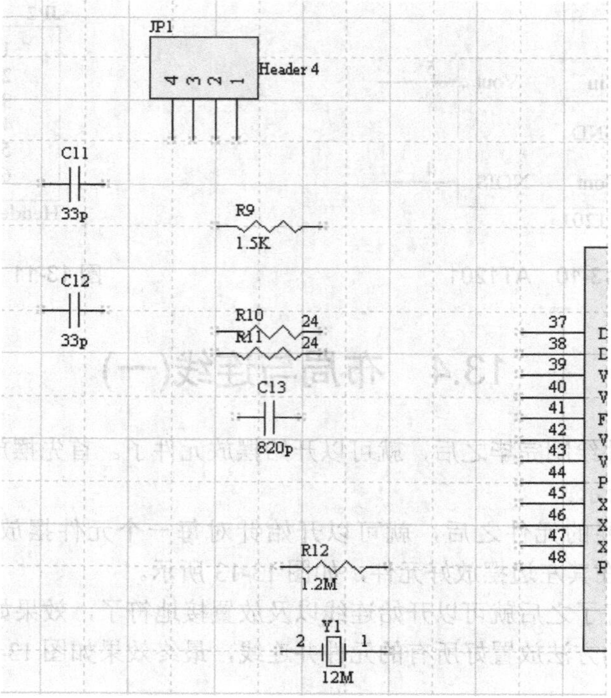

图 13-13　局部元件布局

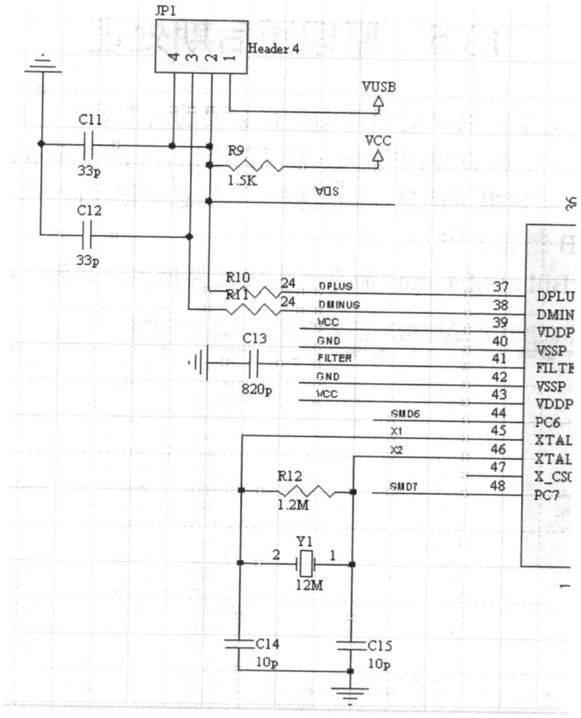

图 13-14 局部的连线

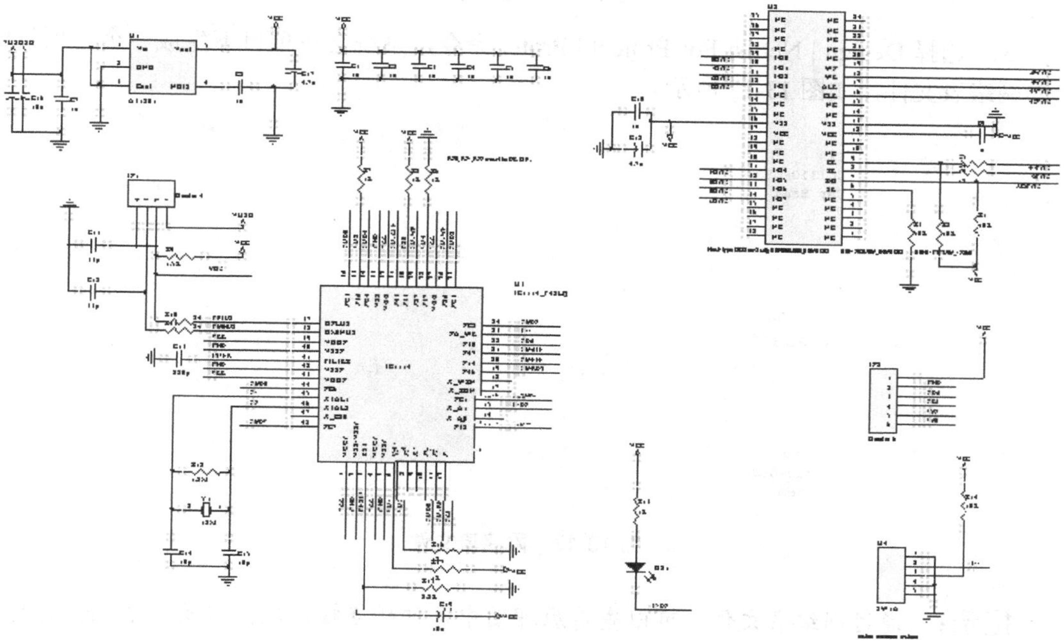

图 13-15 最终效果

13.5　原理图后期处理

在原理图设计完成之后，必须对原理图进行必要的后期处理，具体处理步骤如下。

(1)　首先要编译项目，检查原理图中是否存在错误，选择 Project | Compile PCB Project 命令，如果系统给出了错误提示信息，则根据提示信息将错误改正，只有没有错误的情况下，才能进入后期 PCB 制版工作。

(2)　选择 Report | Bill of Materials 命令，生成元件报表，如图 13-16 所示。

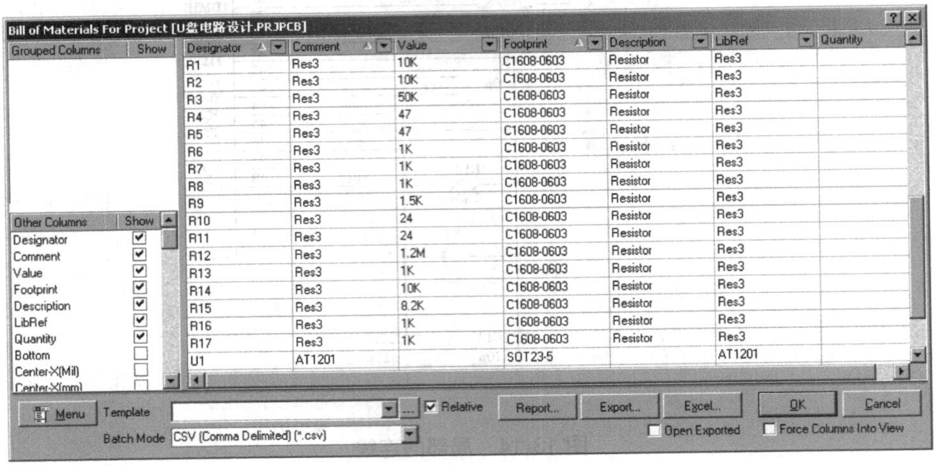

Designator	Comment	Value	Footprint	Description	LibRef	Quantity
R1	Res3	10K	C1608-0603	Resistor	Res3	
R2	Res3	10K	C1608-0603	Resistor	Res3	
R3	Res3	50K	C1608-0603	Resistor	Res3	
R4	Res3	47	C1608-0603	Resistor	Res3	
R5	Res3	47	C1608-0603	Resistor	Res3	
R6	Res3	1K	C1608-0603	Resistor	Res3	
R7	Res3	1K	C1608-0603	Resistor	Res3	
R8	Res3	1K	C1608-0603	Resistor	Res3	
R9	Res3	1.5K	C1608-0603	Resistor	Res3	
R10	Res3	24	C1608-0603	Resistor	Res3	
R11	Res3	24	C1608-0603	Resistor	Res3	
R12	Res3	1.2M	C1608-0603	Resistor	Res3	
R13	Res3	1K	C1608-0603	Resistor	Res3	
R14	Res3	10K	C1608-0603	Resistor	Res3	
R15	Res3	8.2K	C1608-0603	Resistor	Res3	
R16	Res3	1K	C1608-0603	Resistor	Res3	
R17	Res3	1K	C1608-0603	Resistor	Res3	
U1	AT1201		SOT23-5		AT1201	

图 13-16　元件报表

(3)　选择 Design | Netlist For Project | Protel 命令，系统会在项目下生成一个与项目同名的网络表文件，如图 13-17 所示。

```
[
C1
CC1310-0504
Cap Semi



]
[
C2
CC1310-0504
Cap Semi



]
[
C3
CC1310-0504
Cap Semi
```

图 13-17　网络表文件

提示： 通过网络表文件，可以查看原理图中元件的连接情况，以及每个元件的封装信息。网络表文件是生成 PCB 文件的重要依据。

13.6　规划电路板

在前期工作都完成的情况下，就可以开始 PCB 的设计了，具体步骤如下。

(1)　选择 File | New | PCB 命令，在项目文件夹下新建一个 PCB 文件。

(2)　选择 File | Save As 命令，将文件命名为“U 盘.PCBDOC”，保存 PCB 文件。

(3)　在 PCB 编辑环境下，选择 Design | Layer Stack Manager 命令，在弹出的 PCB 板设置类型对话框中将该 PCB 板设置为双面板，如图 13-18 所示。

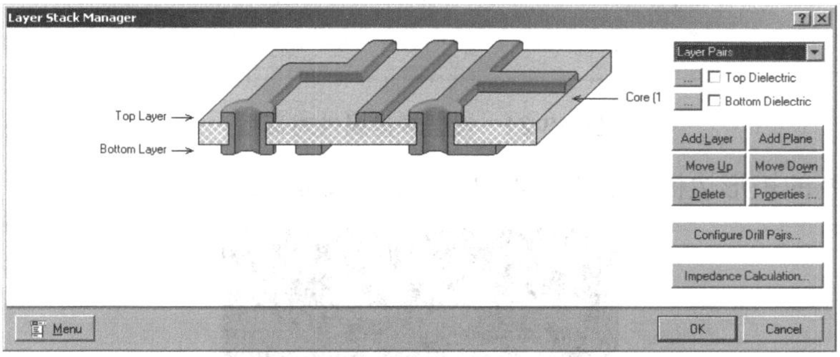

图 13-18　板层设置

(4)　选择 Design | Board Shape | Redefine Board Shape 命令，打开 PCB 图纸设置对话框，将电路板设置为 100×80。

(5)　选择 Design | Board Options 命令，打开图纸设置对话框，设置结果如图 13-19 所示。

(6)　进入 Mechanical1 工作层，按 P、L 键，激活绘制导线命令，在该工作层绘制电路板矩形边框，如图 13-20 所示。

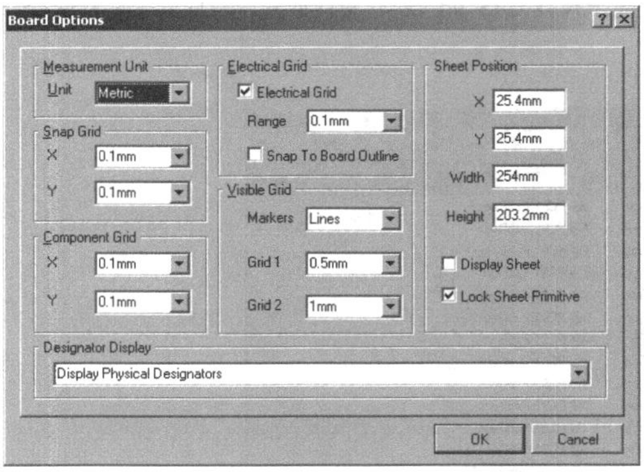

图 13-19　PCB 图纸设置

图 13-20　绘制矩形边框

(7)　在 PCB 工作界面单击 Keep-Out Layer 标签，将当前工作层设置为 Keep-Out Layer，按步骤(6)的操作绘制电路板矩形边框。

(8)　按两次 P 键，激活放置焊盘的命令，按 Tab 键，在系统弹出的焊盘属性设置对话框中设置焊盘属性，如图 13-21 所示。

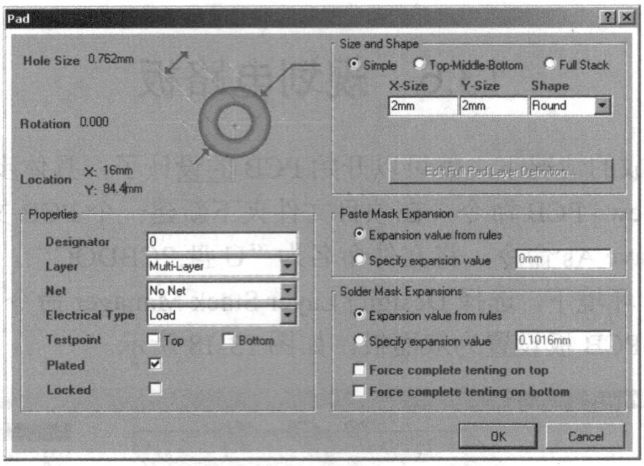

图 13-21　设置焊盘属性对话框

(9)　在绘制的矩形边框的适当位置放置焊盘，如图 13-22 所示。

图 13-22　放置焊盘

13.7　网络表与元件封装的载入

在电路板设置完毕之后，就可以装入网络表和元件封装了，具体步骤如下。

(1)　选择 Design | Import Changes From U 盘.PRJPCB 命令，系统会弹出如图 13-23 所示的对话框。

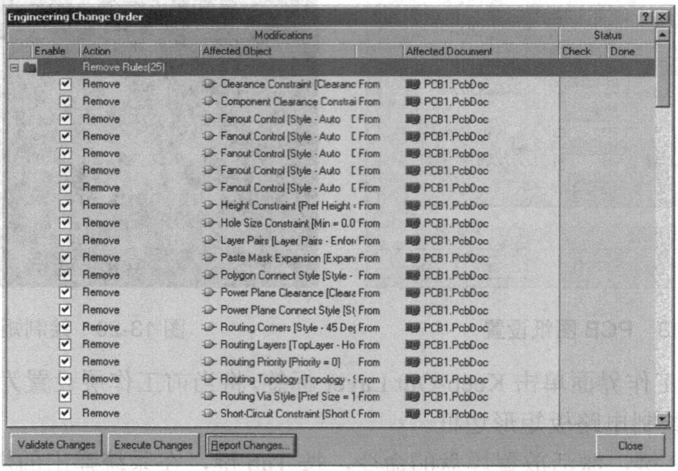

图 13-23　元件封装对话框

(2) 单击 Validate Changes 按钮装入元件，检查是否有元件无法装入，若有元件无法装入，就返回到原理图检查元件的封装属性是否正确。确定所有的元件都装入后，单击 Execute Changes 按钮，装入网络表和元件封装，装载成功后如图 13-24 所示。

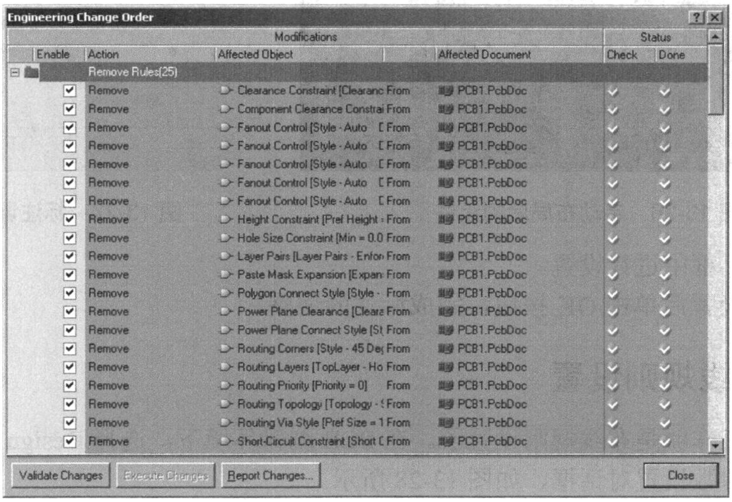

图 13-24 装入网络表和元件封装

(3) 单击 Close 按钮，关闭对话框，PCB 的工作界面如图 13-25 所示。

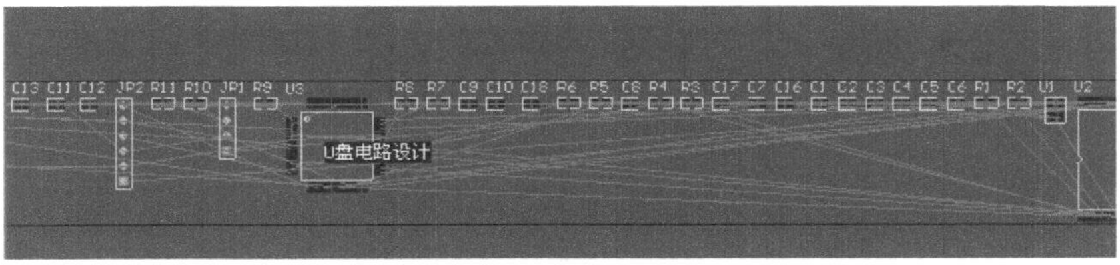

图 13-25 装入元件封装

13.8 布局与布线(二)

下面介绍元件布局与布线，具体操作步骤如下。

13.8.1 手动布局与调整

载入元件封装后，就可以开始布局工作了，根据原理图的连接关系，尽量将具有相近连接的元件封装放到一起，完成手动布局后的 PCB 图如图 13-26 所示。

调整边框线，让边框的大小尽量接近元件。

到此为止，整个 PCB 板的手动布局已经完成了。下面开始进行元件封装标注的调整，具体步骤如下。

(1) 选择 PCB 图中所有的元件封装，然后选择 Tools | Interactive Placement | Position Component Text 命令，系统弹出元件标注位置设置对话框，如图 13-27 所示。

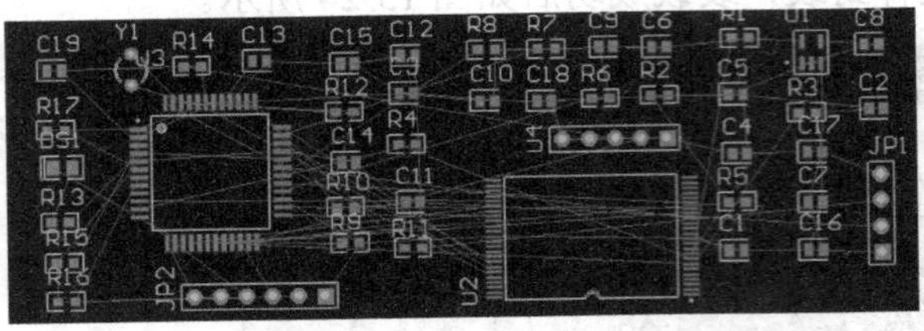

图 13-26　手动布局后的元件

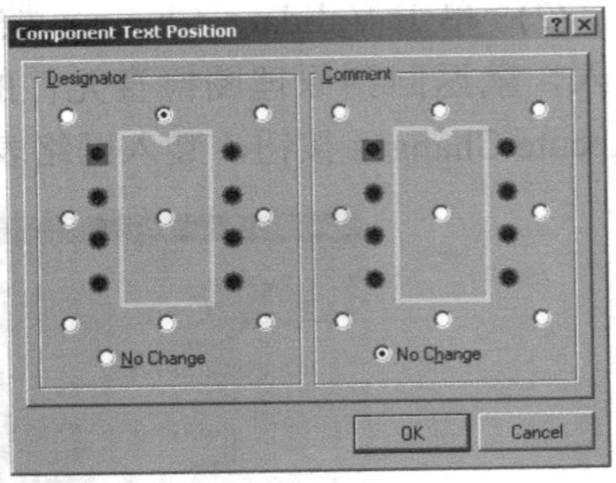

图 13-27　标注调整对话框

(2) 在对话框中进行设置。

(3) 完成设置后单击 OK 按钮，完成标注的调整。

13.8.2　布线规则设置

接下来的工作就是布线规则设置了。在 PCB 编辑环境下，选择 Design | Rules 命令，系统弹出布线参数设置对话框，如图 13-28 所示。

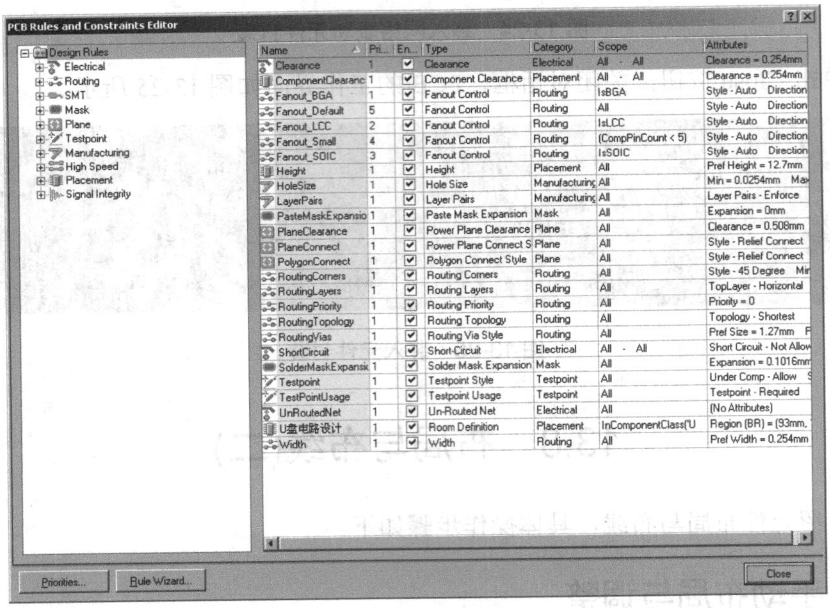

图 13-28　布线规则设置

进行如下设置。

(1) 选择 Electrical 中的 Clearance 子选项，在 Constraints 选项组中将 Minimum Clearance(最小安全距离)设置为 0.25mm，如图 13-29 所示。

(2) 选择 Routing 中的 Width 子选项，在 Constraints 选项组中将 Min Width(最小线宽)设置为 0.2mm，将 Preferred Width(典型线宽)设置为 0.2mm，Max Width(最大线宽)设置为 0.3mm，如图 13-30 所示。

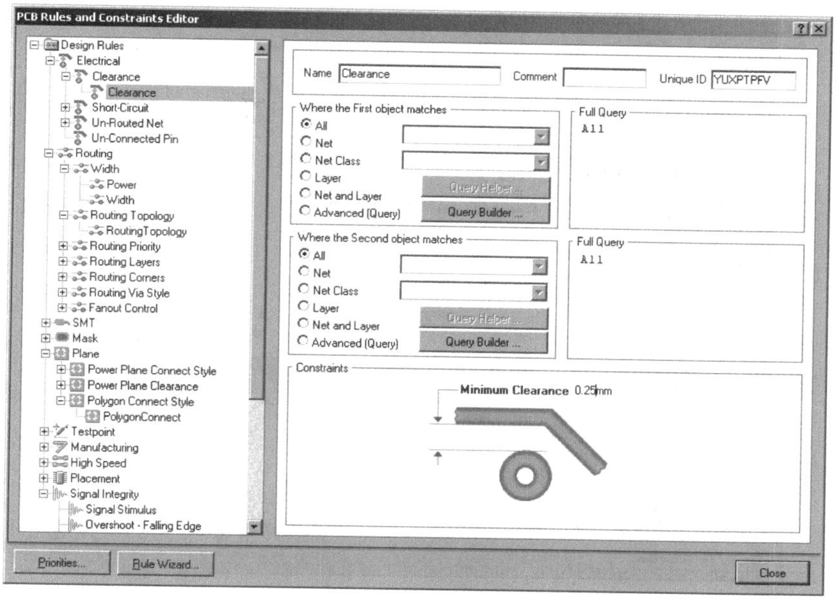

图 13-29　Clearance 规则设置

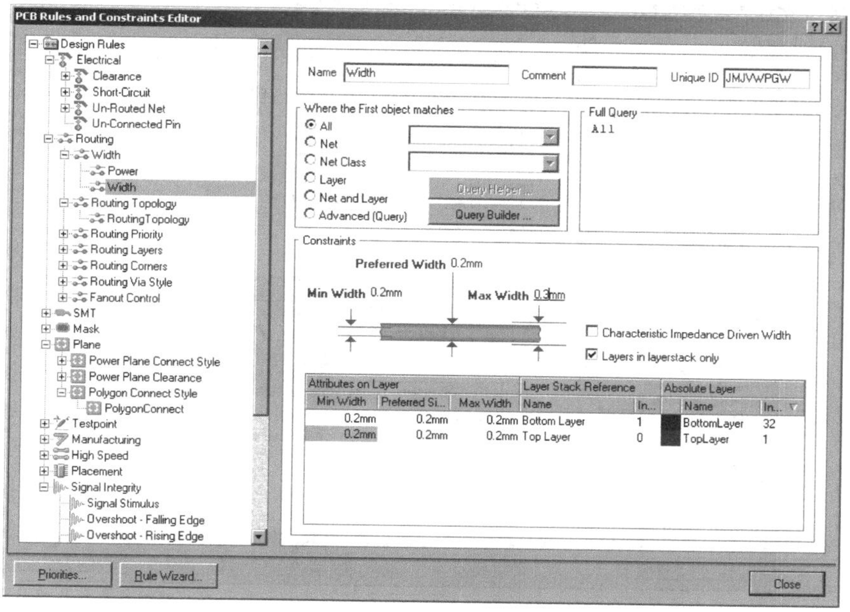

图 13-30　Width 规则设置

(3) 在 Width 子项上右击，在弹出的快捷菜单中选择 New Rule 命令，添加新的布线宽度子项。在其右侧的设置栏中将 Name 设置为 Power，选中 Net 单选按钮，在其右侧下拉列表框中选择 Vcc，在 Constraints 选项组中将 Preferred Width 设置为 0.4mm、将 Max Width 设置为 0.4mm，如图 13-31 所示。

(4) 选择 Plane 中的 PolygonConnect 选项，在敷铜层规则设置中将适用范围设置为 All，将 Connect Style 设置为 45 Angle，将 Conductor Width 设置为 0.2mm，如图 13-32 所示。

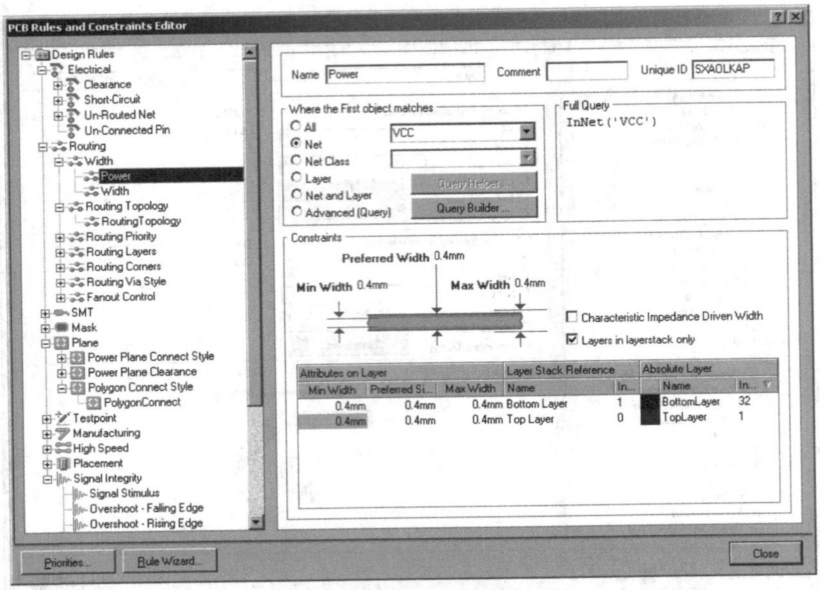

图 13-31　Power 规则设置

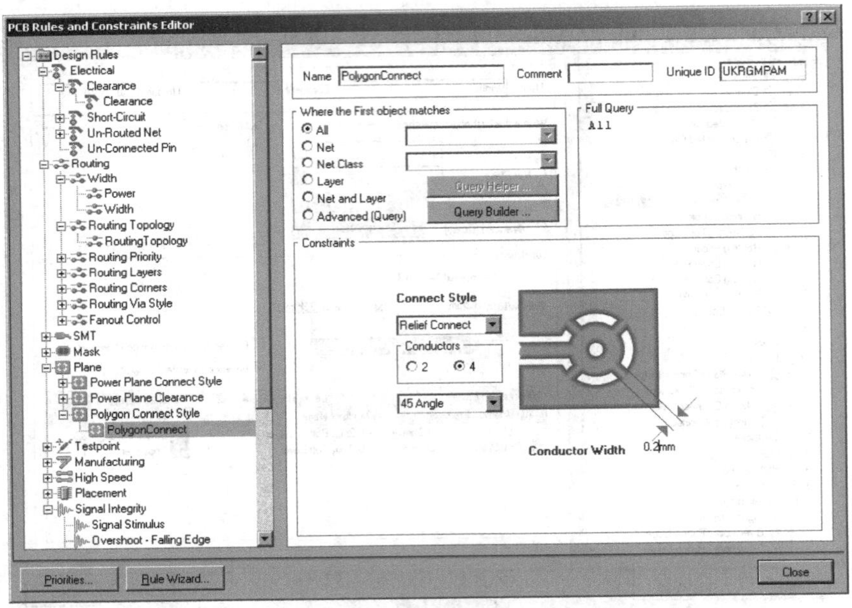

图 13-32　Polygon Connect 规则设置

13.8.3　预布电源线与自动布线

设置好布线规则之后，就可以开始布线操作了。选择 Auto Route | Setup 命令，将打开自动布线设置对话框，该对话框显示了布线结果与布线规则的冲突之处，若有冲突，根据其提供的信息适当修改。具体步骤如下。

(1)　选择 Auto Route | Net 命令，激活网络自动布线，如图 13-33 所示。

(2) 执行该命令后，鼠标指针变成十字形状，移动鼠标指针到 VCC 处单击，系统弹出如图 13-34 所示的网络选项。

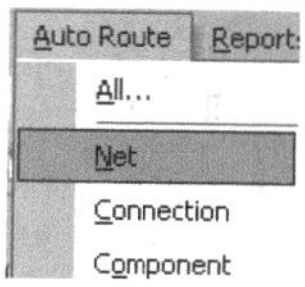

图 13-33 网络布线菜单

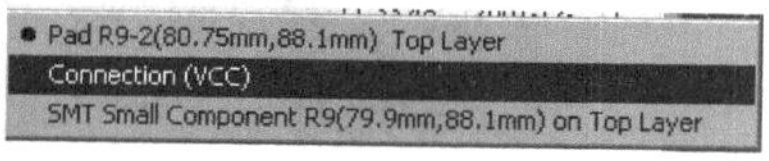

图 13-34 网络选项

(3) 选择 Connection(VCC)选项，完成布线，结果如图 13-35 所示。

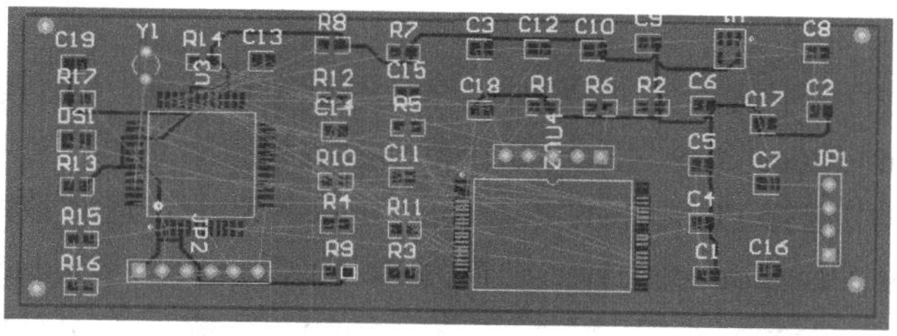

图 13-35 网络布线结果

(4) 选择 Auto Route | Setup 命令，系统弹出如图 13-36 所示的自动布线参数设置对话框。根据需要，修改布线规则，修改后，单击 Route All 按钮，开始布线。

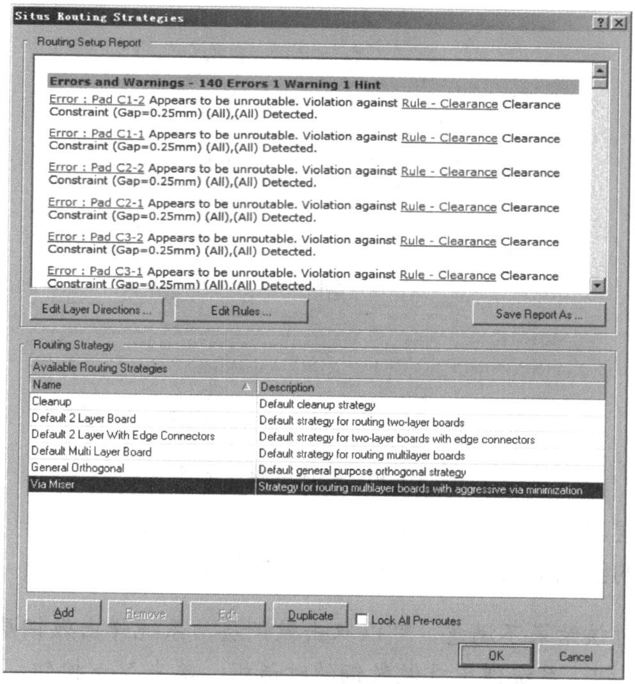

图 13-36 自动布线参数设置

(5) 完成自动布线后，根据布线效果确定是否要对布线进行手工调整，手工调整后的效果如图 13-37 所示。

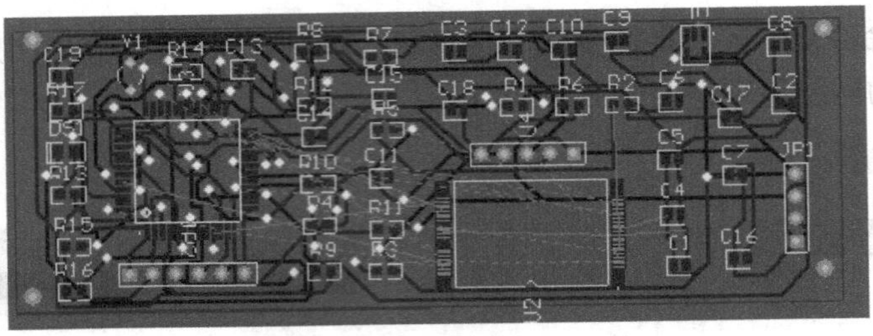

图 13-37　布线效果

13.8.4　敷铜

为了加强电路板的抗干扰能力，需要对电路板进行敷铜处理，下面具体介绍敷铜的步骤。

(1)　选择 Design | Rules 命令，系统打开布线参数设置对话框，如图 13-32 所示。

(2)　在该对话框中选择 Plane 中的 Polygon Connect Style，进行敷铜层规则设置，将规则的使用范围设置为 All、Connect Style 设置为 Relief Connect、Conductors 设置为 4、连接类型设置为 45 Angle、Connector Width 设置为 0.5mm，完成后关闭对话框。

(3)　选择 Place | Polygon Pour 命令，系统弹出敷铜层属性设置对话框，在该对话框中设置敷铜层属性，设置结果如图 13-38 所示。

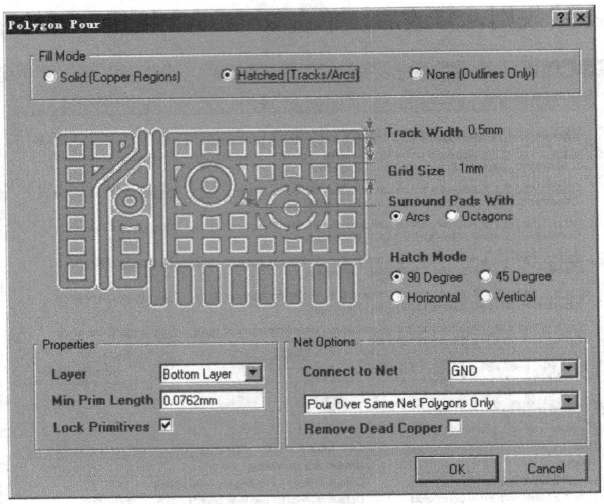

图 13-38　敷铜层属性设置

(4)　完成敷铜层属性设置后，单击 OK 按钮，此时鼠标指针变成十字形状，在 PCB 板上单击，将要敷铜的区域围成一个闭合的圈，结果如图 13-39 所示。

提示： 如果对该结果不满意，可以双击敷铜层，系统弹出敷铜层属性对话框，单击 OK 按钮，系统弹出重做敷铜的对话框，单击 Yes 按钮，即可撤销敷铜。

(5)　选择 Tools | Teardrops 命令，弹出补泪滴操作对话框，如图 13-40 所示。

(6)　补泪滴是为了加强焊盘和导线的连接，单击 OK 按钮，即可完成补泪滴的操作如图 13-41 所示。

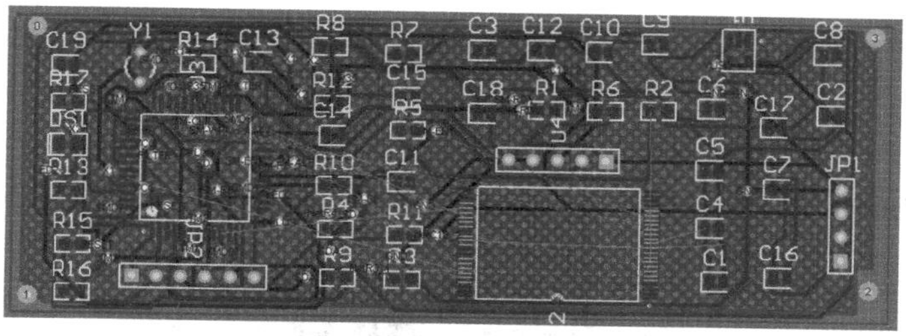

图 13-39 敷铜效果

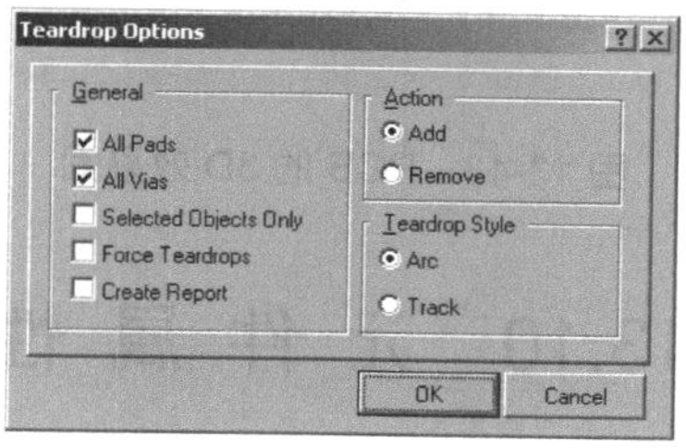

图 13-40 补泪滴操作对话框

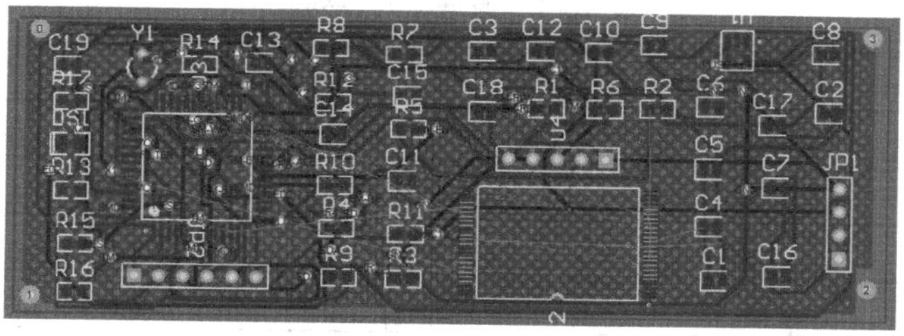

图 13-41 补泪滴效果

13.8.5 设计规则检查

在最后确定 PCB 的设置之前，还需要对 PCB 进行设计规则检查，以确定 PCB 板上没有设计性的错误，具体步骤如下。

(1) 选择 Tools | Design Rule Check 命令，系统会弹出一个设计规则检查对话框，在该对话框中设置检查规则。

(2) 完成相关的规则后，执行设计规则检查，检查结果如图 13-42 所示。

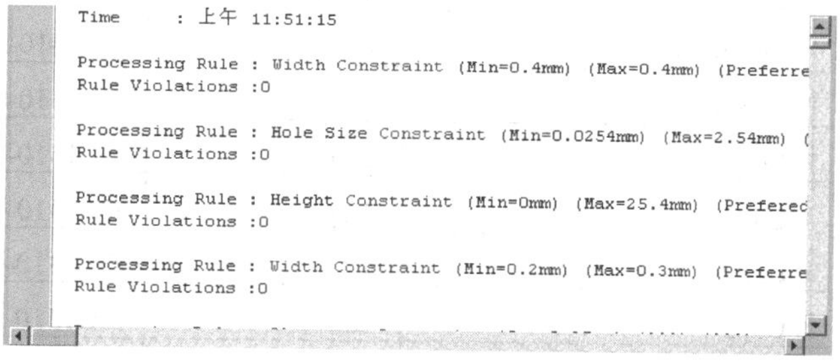

图 13-42 DRC 检查结果

13.9 3D效果图

选择 View | Board in 3D 命令，可以查看 PCB 的 3D 效果图，如图 13-43 所示。

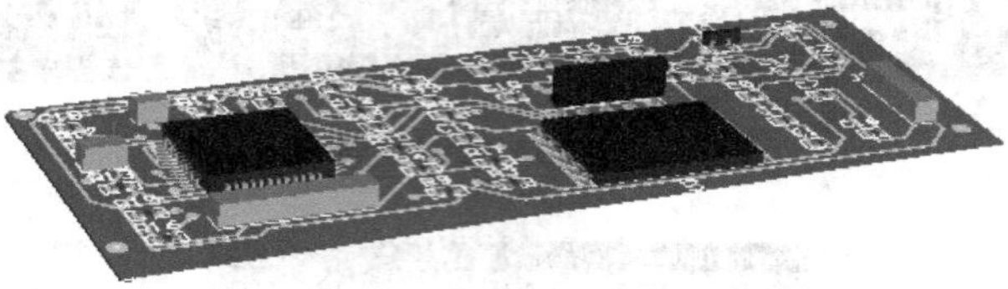

图 13-43 PCB 的 3D 效果图

13.10 元 件 属 性

该原理图中元件的属性如表 13-1 所示。

表 13-1 原理图元件列表

Designator	Comment	Value	Footprint
C1	Cap Semi	1μ	CC1310-0504
C2	Cap Semi	1μ	CC1310-0504
C3	Cap Semi	1μ	CC1310-0504
C4	Cap Semi	1μ	CC1310-0504
C5	Cap Semi	1μ	CC1310-0504
C6	Cap Semi	1μ	CC1310-0504
C7	Cap Semi	1μ	CC1310-0504
C8	Cap Semi	1μ	CC1310-0504
C9	Cap Semi	1μ	CC1310-0504
C10	Cap Semi	1μ	CC1310-0504
C11	Cap Semi	33p	CC1310-0504
C12	Cap Semi	33p	CC1310-0504
C13	Cap Semi	820p	CC1310-0504
C14	Cap Semi	10p	CC1310-0504
C15	Cap Semi	10p	CC1310-0504
C16	Cap2	10μ	CC1310-0504
C17	Cap2	4.7μ	CC1310-0504
C18	Cap2	4.7μ	CC1310-0504
C19	Cap2	10μ	CC1310-0504
DS1	LED3		SMD_LED

续表

Designator	Comment	Value	Footprint
JP1	Header 4		HDR1X4
JP2	Header 6		HDR1X6
R1	Res3	10K	C1608-0603
R2	Res3	10K	C1608-0603
R3	Res3	50K	C1608-0603
R4	Res3	47	C1608-0603
R5	Res3	47	C1608-0603
R6	Res3	1K	C1608-0603
R7	Res3	1K	C1608-0603
R8	Res3	1K	C1608-0603
R9	Res3	1.5K	C1608-0603
R10	Res3	24	C1608-0603
R11	Res3	24	C1608-0603
R12	Res3	1.2M	C1608-0603
R13	Res3	1K	C1608-0603
R14	Res3	10K	C1608-0603
R15	Res3	8.2K	C1608-0603
R16	Res3	1K	C1608-0603
R17	Res3	1K	C1608-0603
U1	AT1201		SOT23-5
U2	K9F5608U0B		TSOP48
U3	IC1114_F48LQ		QFP12x12-G48/N
U4	SW1A		HDR1X5
Y1	12M		BCY-W2/D3.1

本 章 习 题

一、填空题

1. U 盘的主要元件：__________、__________、__________、__________。

2. 在U盘电路设计中，有四个元件需要用户绘制：__________、__________、__________、__________。

3. 通过网络表文件，可以查看原理图中元件的连接情况以及每个元件的__________。

4. 网络表文件是生成__________文件的重要依据。

5. 在电路板设置完毕之后，就可以装入__________和__________。

二、选择题

1. 在原理图编辑环境下，选择(　　)命令，打开元件库面板。

   A. Design　　B. Design | Browse Library

   C. Browse　　D. Browse Library

2. 选择(　　)命令，生成元件报表。

   A. Report　　B. Bill

   C. Report | Bill of Materials　　D. Materials

三、问答题

1. 简述如何进行U盘装载元件库操作。
2. 简述U盘电路的布局与布线操作。

第 14 章　Z80 微处理器电路设计

本章内容提示

通过一款 Z80 微处理器电路板的设计，掌握从原理图到 PCB 板的制作过程，并介绍了多层板中元件的放置。通过本章的学习，让读者更深入地理解电路板的设计过程，并能熟练使用各种操作方法绘制电路原理图和 PCB 板。

学习要点

- 原理图设计
- PCB 板设计
- 多层板中元件的放置

14.1　设 计 任 务

相关元件：CAP、MAX232C、CON9、AT24C512、AT89C52、OCM128X64、CON4、D89、CON2、POT2、RES2、SW-P8、PCF8563、74425、CYWSTAL、MAX813L。

原理图预览如图 14-1 至图 14-7 所示。

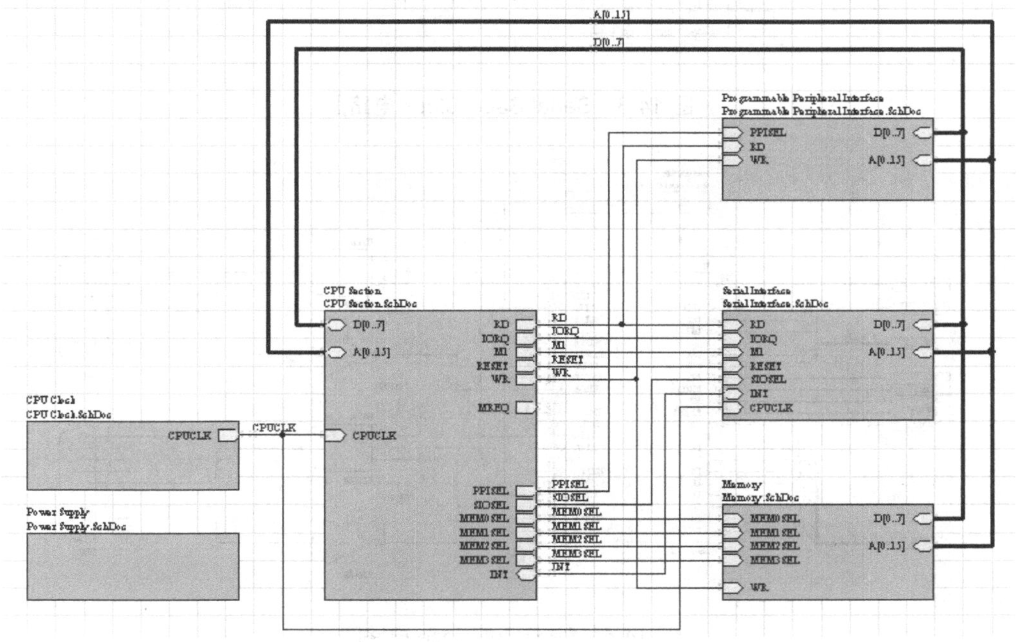

图 14-1　总电路图

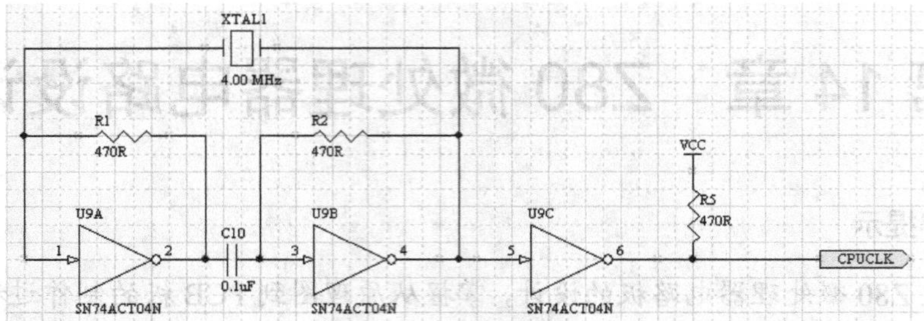

图 14-2　CPU Clock 电路

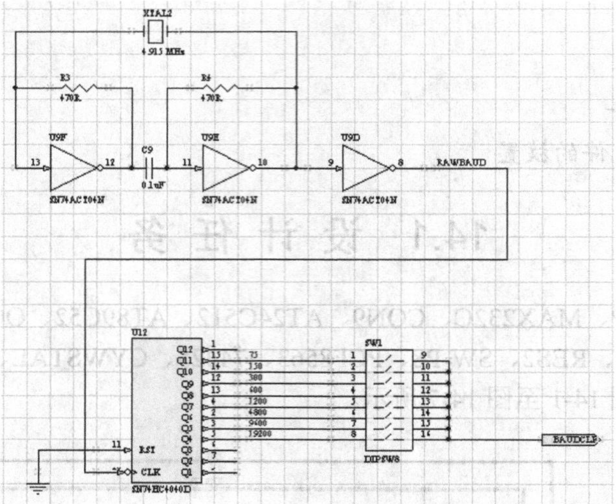

图 14-3　Serial Baud Clock 电路图

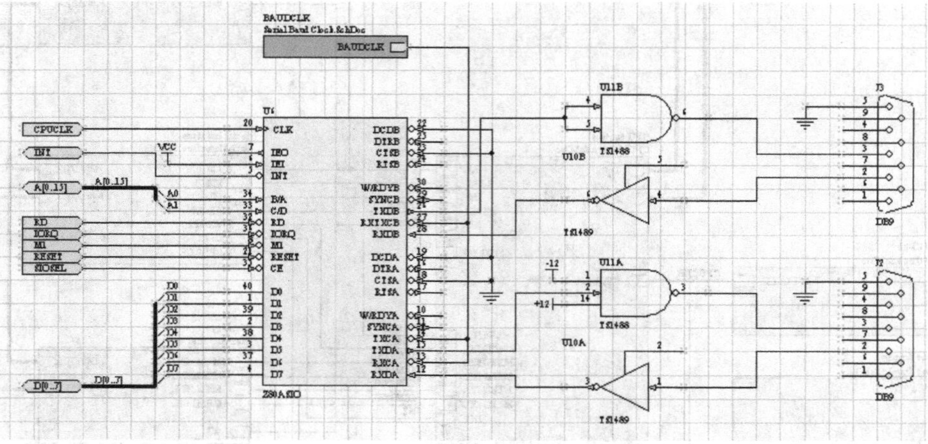

图 14-4　Serial Interface 电路图

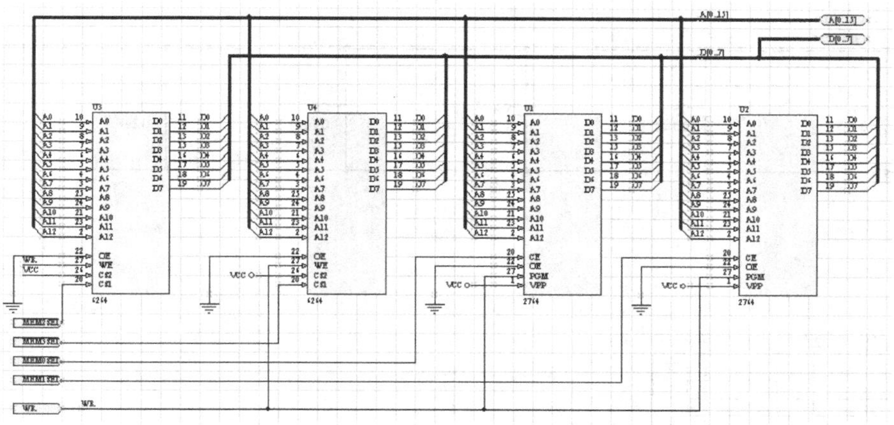

图 14-5　Memory 电路图

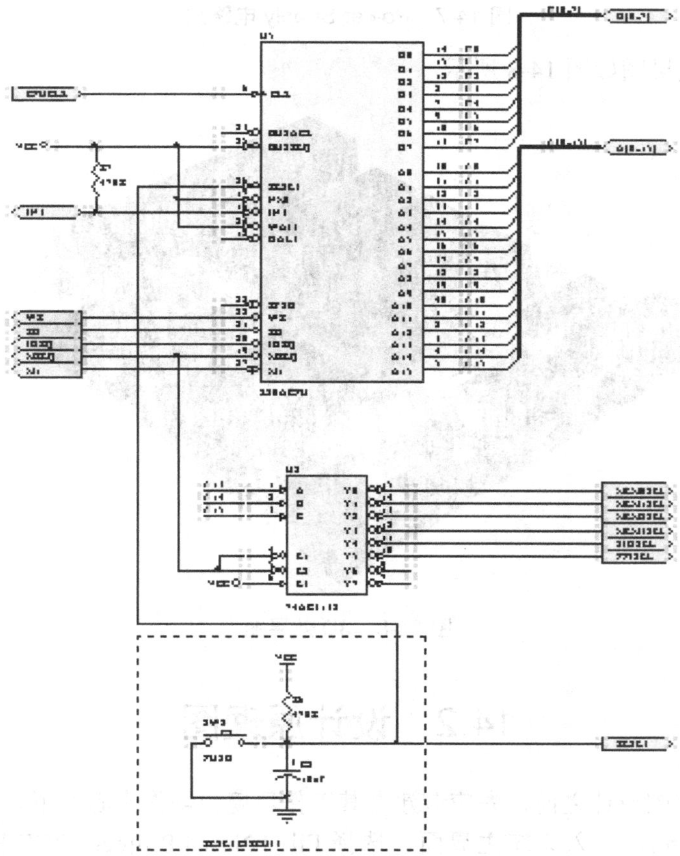

图 14-6　CPU Section 电路图

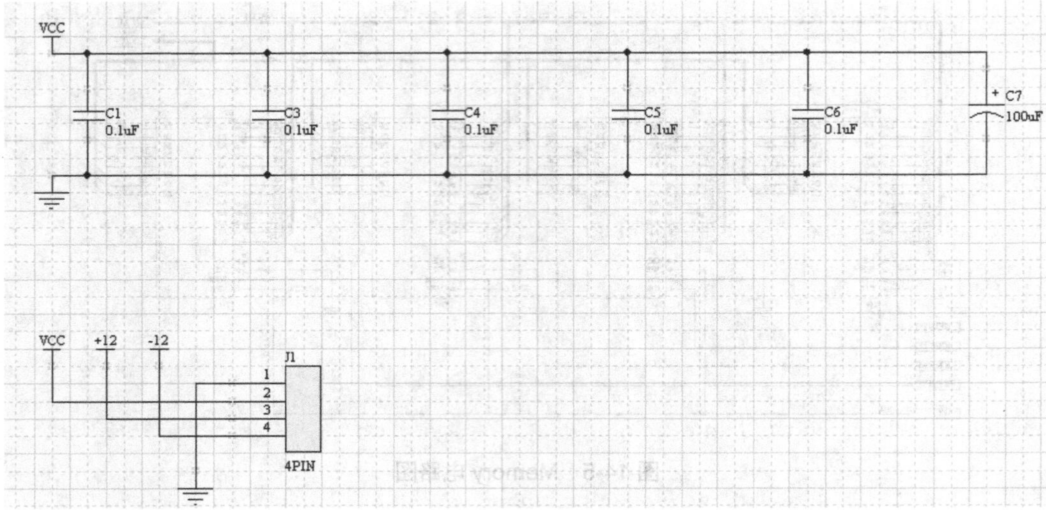

图 14-7　Power Supply 电路图

PCB 的 3D 效果图如图 14-8 所示。

图 14-8　3D 效果图

14.2　设计原理图

在进行本电路图设计之前，先应该建立其工作环境。操作步骤如下。

(1) 启动 Protel，进入系统主界面，选择 File | New | Project | PCB Project 命令，如图 14-9 所示。

(2) 选择 File | Save Project As 命令，保存项目文件夹，为项目确定名称，如图 14-10 所示。

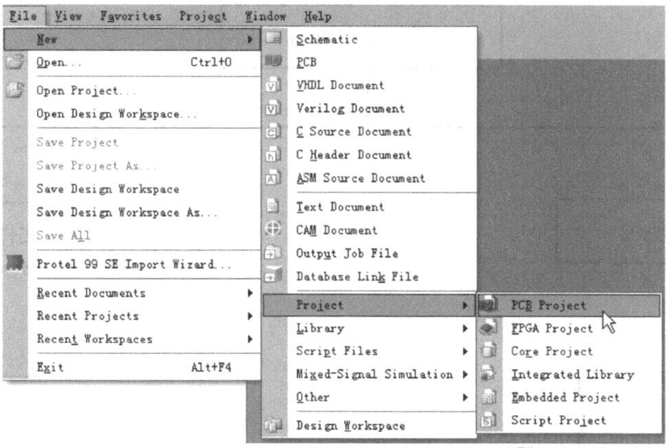

图 14-9　PCB Project 命令

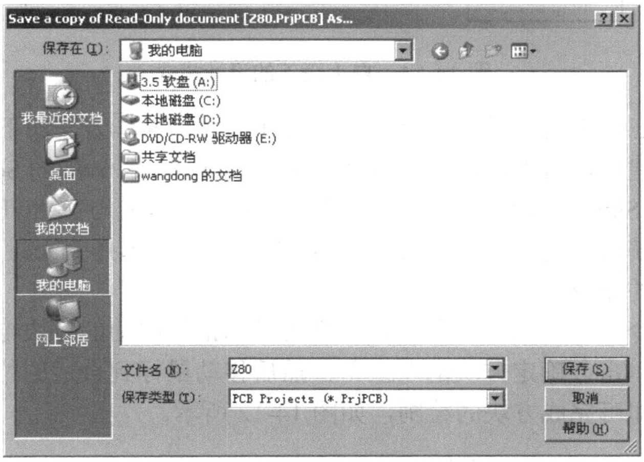

图 14-10　保存项目

14.2.1　设计层次原理图

这是一个庞大的原理图，不可能将所有的元件绘制在一张原理图图纸上，一次性完成也非常困难。Protel 提供了工程设计环境，在工程设计环境进行设计的特点主要体现在与将一个完整的工程划分为各个功能模块，然后逐步设计各个模块，层次化的电路设计是一种模块化的设计方法，也就是化整为零，或是化零为整的方法。将一个系统划分成若干个子系统，而系统又划分成若干个功能模块，单独设计各个模块后，再定义各个模块之间的连接关系，这样就可以完成整个系统的设计，也就是一个完整的电路系统是由若干个具有层次关系的子原理图组成的。

本系统采用的是自上而下的设计方式，其流程图如图 14-11 所示。

提示： 顾名思义，自上而下设计就是说先绘制最上层的原理图，也就是总的模块连接结构图，然后在向下一级分别绘制各个模块的原理图。此方法适用于展开一个全新的设计，从上往下一级一级完成设计。

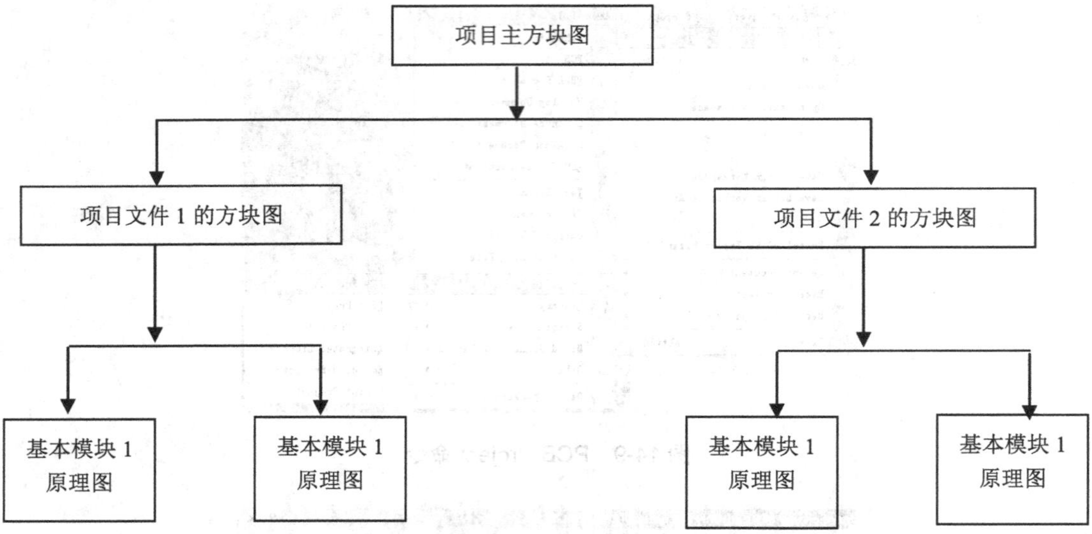

图 14-11　自上而下的设计模式

下面具体讲解在本系统中采用自上而下的设计流程，操作方法如下。

(1)　在刚才新建的项目中添加一个原理图文件，选择 File | New | Schematic 命令。

(2)　选择 File | Save As 命令，保存刚建立的文件，并命名为“Z80 Processor.SchDoc”。

(3)　在原理图编辑环境下单击工具栏中的▦按钮，或是选择 Place | Sheet Symbol 命令，启动绘制方块电路的命令。

(4)　执行该命令后，鼠标指针上出现一个随鼠标指针移动的方块电路，将鼠标指针移动到合适的位置，单击，确定方块的左上角，然后移动鼠标到合适的位置，再次单击，确定方块的右下角。即可完成方块的绘制，如图 14-12 所示。

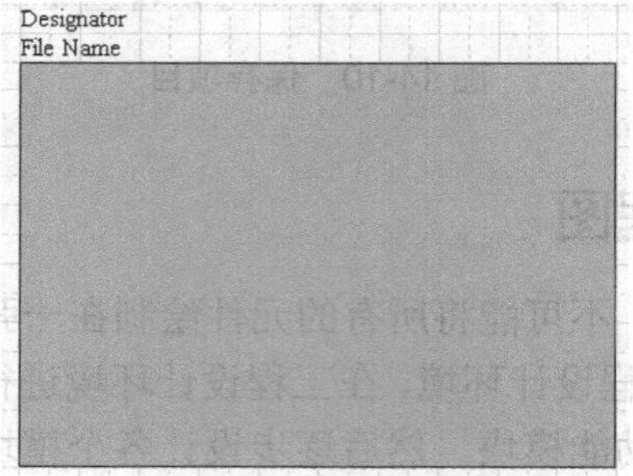

图 14-12　绘制方块电路

(5)　按照上述步骤，绘制其他的方块，绘制结果如图 14-13 所示。

(6)　双击原理图中的一个方块电路，系统弹出一个方块电路属性设置对话框，如图 14-14 所示。

(7)　在 Designator 文本框中输入方块电路的标志，在 Filename 文本框中输入对应子原理图的文件名。设置完毕后单击 OK 按钮。

(8)　单击工具栏中的▣按钮，或是选择 Place | Add Sheet Entry 命令，启动放置端口的命令。

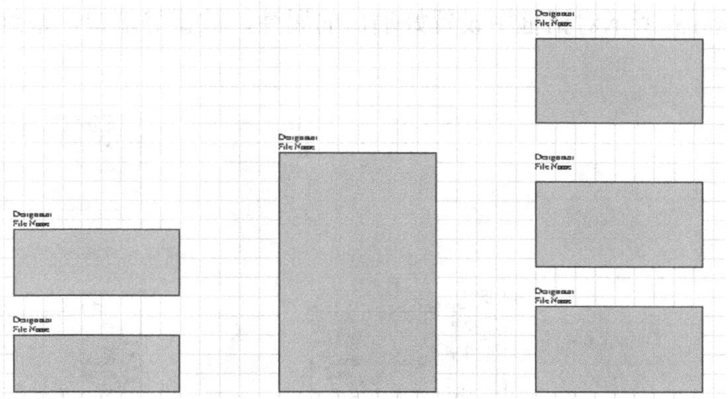

图 14-13 绘制方块电路

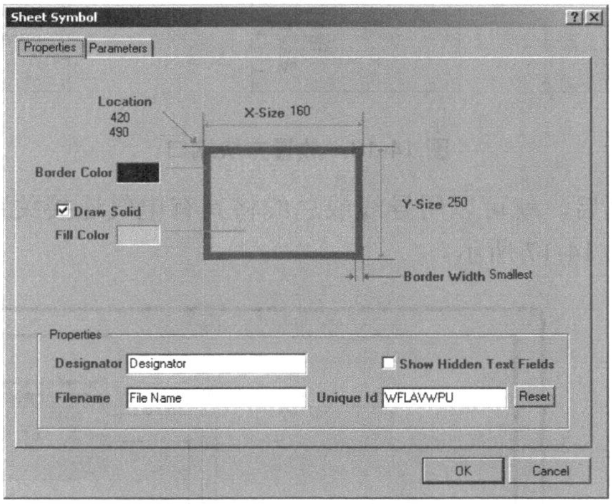

图 14-14 设置方块电路属性

(9) 在启动该命令后，鼠标指针变成十字形状，单击方块电路，在鼠标指针附近出现随鼠标指针移动的端口符号，在此状态下按下 Tab 键，打开端口属性设置对话框，如图 14-15 所示。

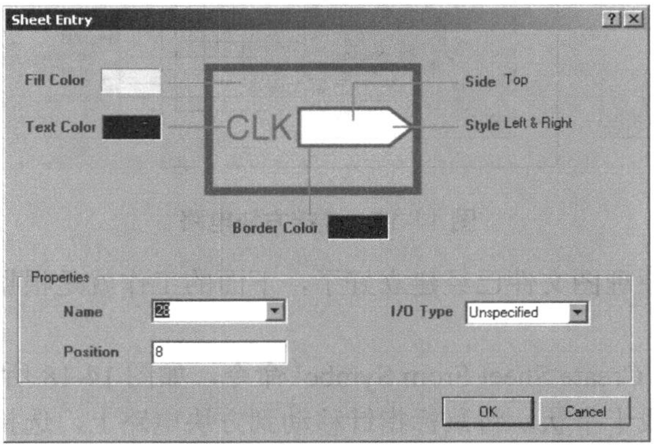

图 14-15 端口属性设置

(10) 在图 14-15 所示对话框中设置好端口的属性，放置好端口，最终效果如图 14-16 所示。

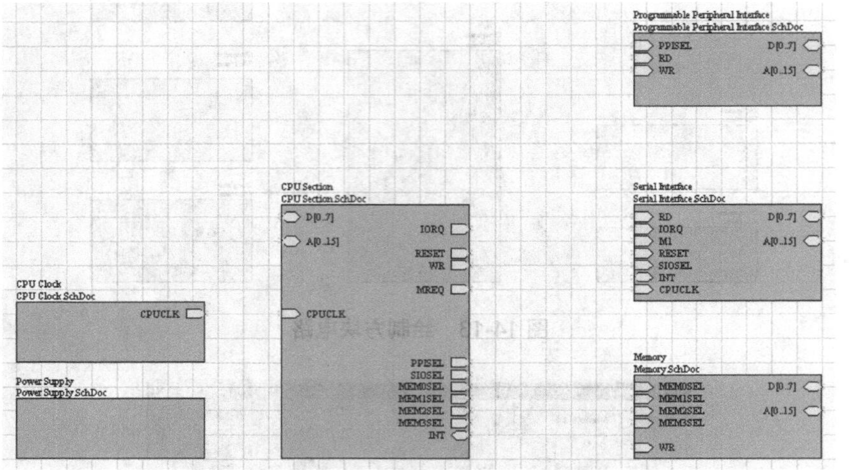

图 14-16　放置方块端口

(11) 放置好端口之后，就可以用导线或总线将具有电气连接关系的端口连接起来。连接好的层次原理图如图 14-17 所示。

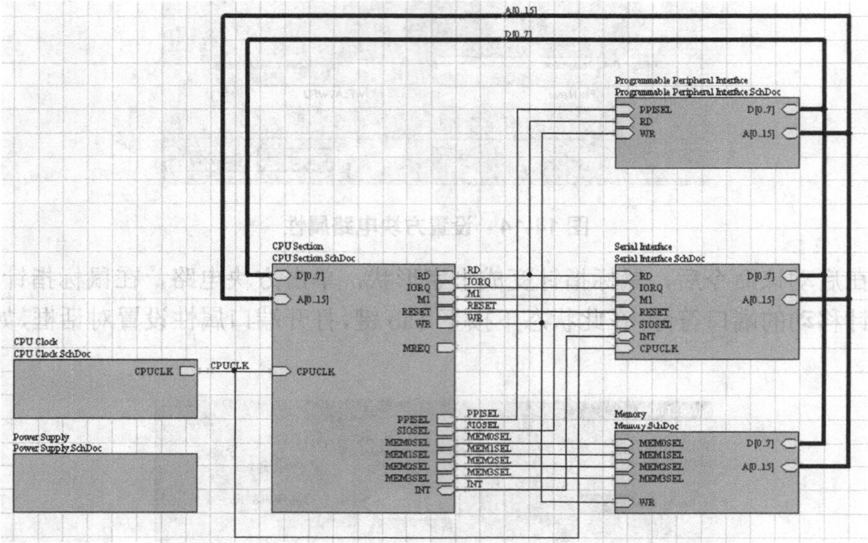

图 14-17　连接方块电路

现在，一个层次原理图文件已经建立好了，下面的工作就是根据母图来生成子原理图了，具体步骤如下。

(1) 选择 Design | Create Sheet From Symbol 命令，如图 14-18 所示。

(2) 鼠标指针变成十字状，将鼠标指针移动到方块电路上，选择该方块电路单击，系统弹出如图 14-19 所示的对话框。

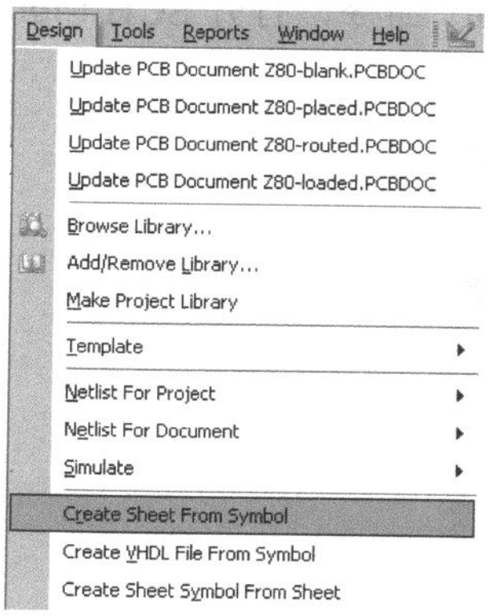

图 14-18 生成子原理图菜单命令

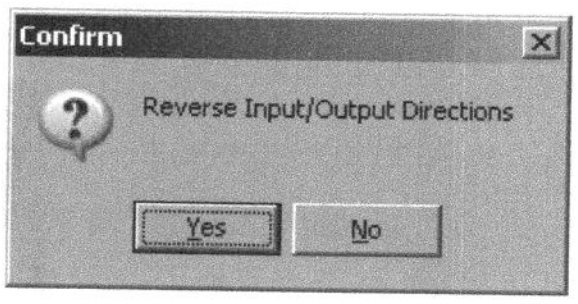

图 14-19 确认端口 I/O 属性

提示： 单击 Yes 按钮，则生成的原理图中的 I/O 端口的输入，输出方向将与方块电路中相应的端口相反；单击 No 按钮，则生成的原理图中的 I/O 端口的输入，输出方向将与方块电路中的相应端口相同。重复前面的步骤，生成多个方块电路的子原理图，以备后面使用。

14.2.2 绘制原理图

在绘制好了层次原理母图之后，就可以开始绘制子原理图了。下面介绍子原理图的绘制方法。

1. 编辑元件

在本例中，有大量的元件需要自己绘制。下面，就以集成电路 74LS138 为例，来讲解如何绘制元件。

(1) 在当前工作环境下，选择 File | New | Library | Schematic Library 命令，新建一个原理图元件库并保存该文件。建立好的原理图元件库编辑界面，如图 14-20 所示。

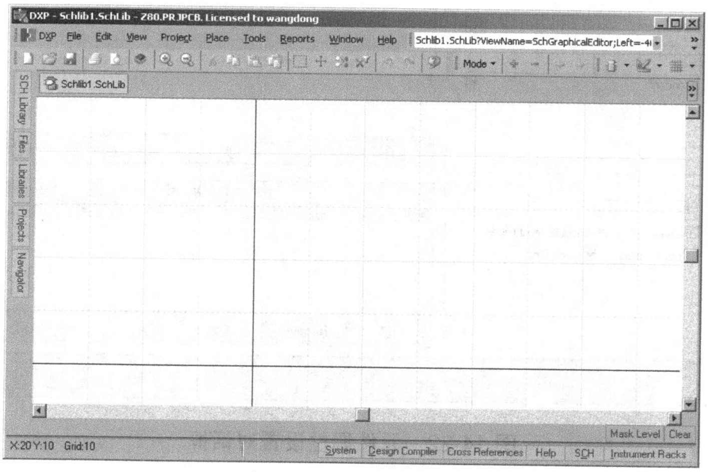

图 14-20 元件编辑窗口

(2) 选择 View | Workspace Panels | SCH | SCH Library 命令，打开 SCH Library 控制面板，如图 14-21 所示。

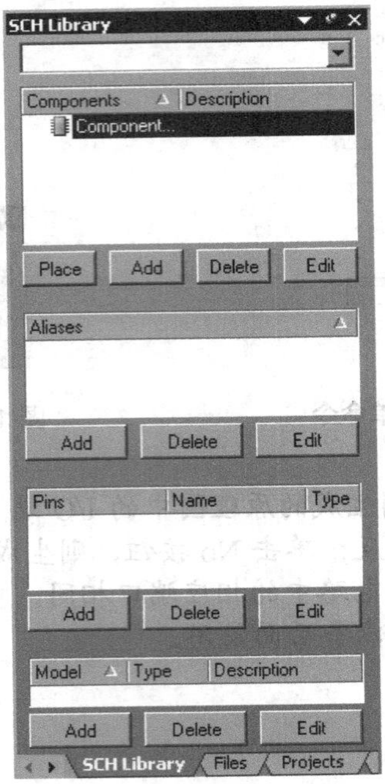

图 14-21　SCH Library 面板

(3) 在 SCH Library 控制面板中单击 Edit 按钮，系统弹出 Library Component Properties 对话框，如图 14-22 所示。

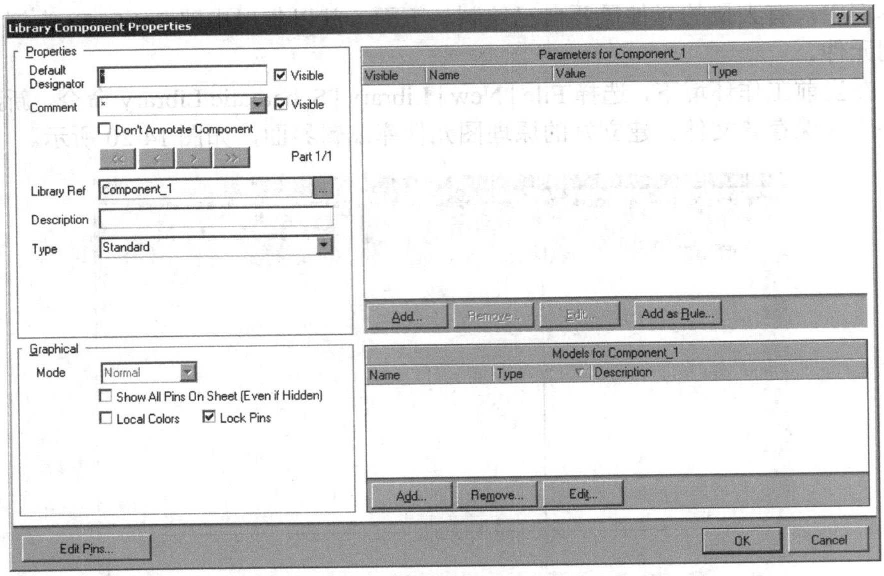

图 14-22　元件属性设置对话框

(4) 在该对话框的 Designator 文本框中输入“U？”，在 Comment 文本框中输入

“74LS138”。

(5) 在 Models for Component_1 选项组中单击 Add 按钮，系统弹出 Add New Model 对话框，在该对话框的下拉列表框中选择 Footprint 选项，单击 OK 按钮，如图 14-23 所示。

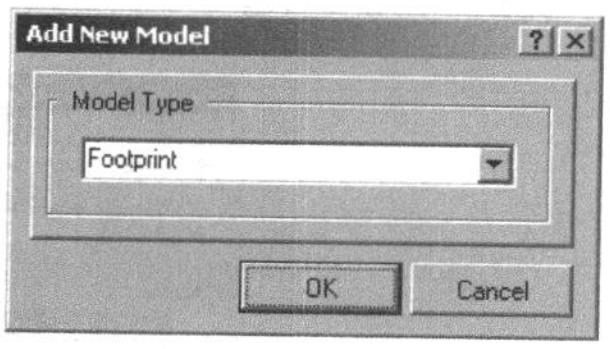

图 14-23 添加新模式对话框

(6) 在弹出的 PCB Model 对话框中单击 Browse 按钮，系统弹出如图 14-24 所示的浏览库文件对话框。

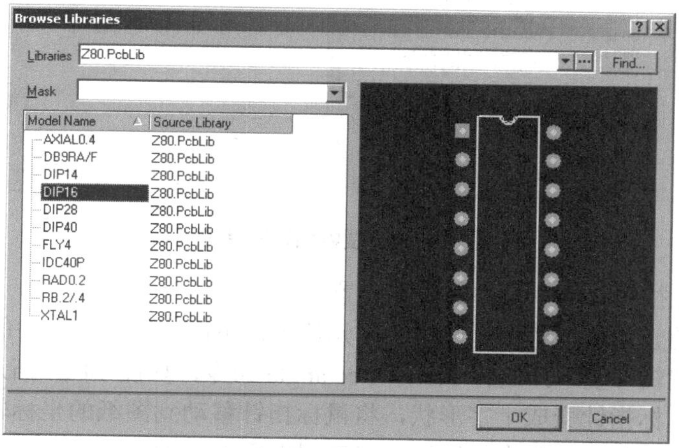

图 14-24 浏览库文件对话框

(7) 在该对话框中的列表框中找到 DIP16，单击 OK 按钮，即可选择该封装。

如果在该对话框中找不到 DIP16，可以按照如下方法搜索 DIP16，操作步骤如下。

(1) 在该对话框中单击 Find 按钮，弹出如图 14-25 所示的查找对话框，在该对话框中可以查找所需的元件封装，在顶部空白文本框中输入元件封装名称 DIP16，单击 Search 按钮，开始搜索。

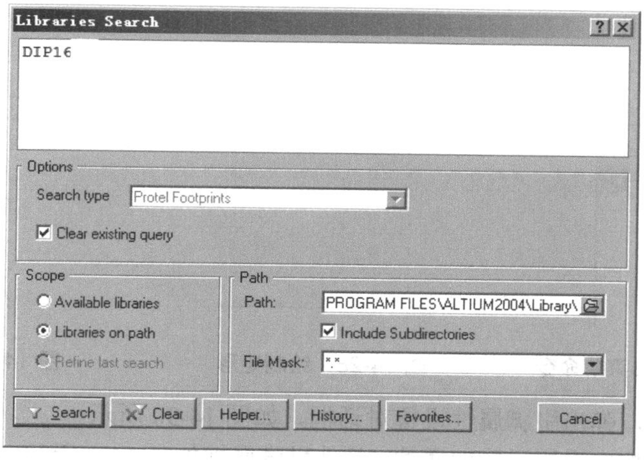

图 14-25 元件封装搜索对话框

(2) 搜索结果如图 14-26 所示。左侧是封装名称，以及所在的元件封装库，右侧是元件封装的外形。选中元件封装，单击 Close 按钮，关闭该对话框。

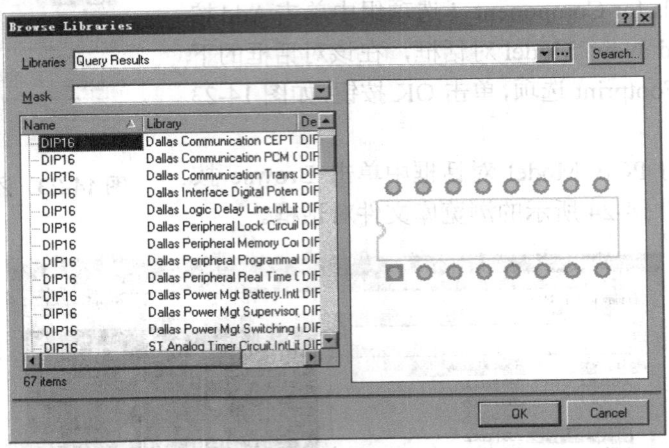

图 14-26　搜索结果对话框

(3) 单击 OK 按钮，结束元件封装的设置。

在完成元件的设置后，就可以开始绘制元件了，下面介绍绘制元件的步骤。

(1) 在元件编辑环境下，选择 Place | Rectangle 命令，如图 14-27 所示。

(2) 此时，鼠标指针变成十字形状，将鼠标指针移动到图纸的坐标轴原点处，单击鼠标，确定矩形的左上角，接着将鼠标指针移动到坐标轴的(60, −50)处，确定矩形的右上角，如图 14-28 所示。

(3) 下面开始放置元件的引脚，选择 Place | Pin 命令。

(4) 此时鼠标指针变成十字形，附近还有一个随鼠标指针移动的元件引脚，将引脚移动到确定的位置，单击鼠标，放置好引脚即可，如图 14-29 所示。

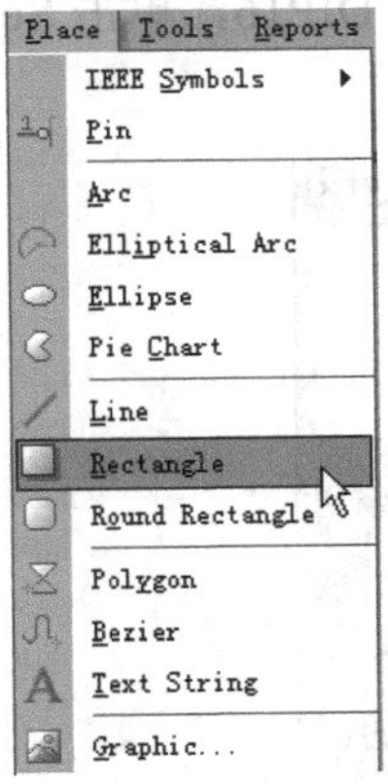

图 14-27　绘制矩形菜单命令

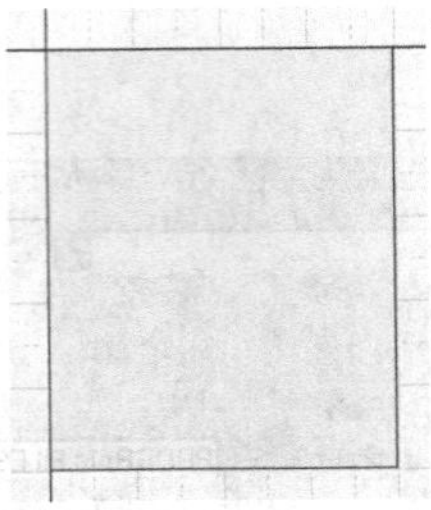

图 14-28　绘制矩形

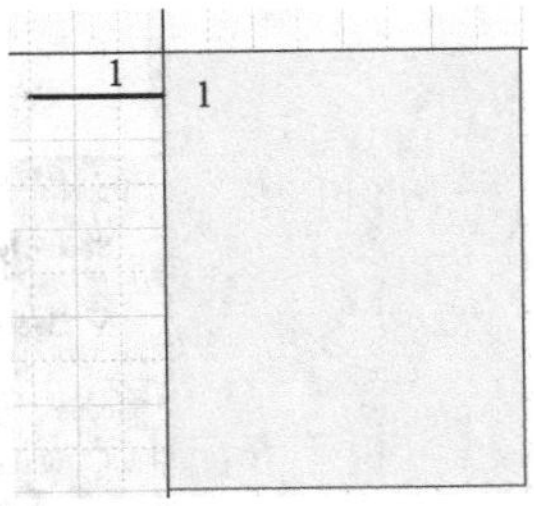

图 14-29　绘制引脚

(5) 双击引脚，弹出引脚属性设置对话框，如图 14-30 所示。

(6) 在该对话框中设置引脚的属性，元件引脚属性如表 14-1 所示。依次完成元件的 14 个引脚的属性设置。完成后的元件效果如图 14-31 所示。

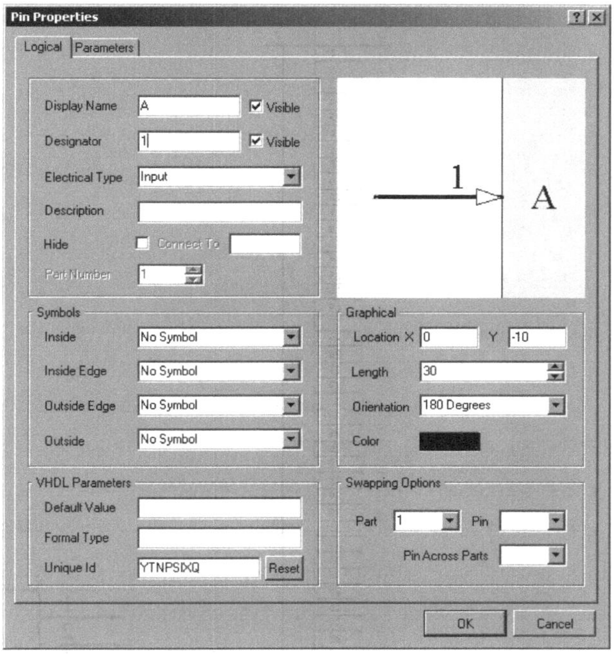

图 14-30　引脚属性设置对话框

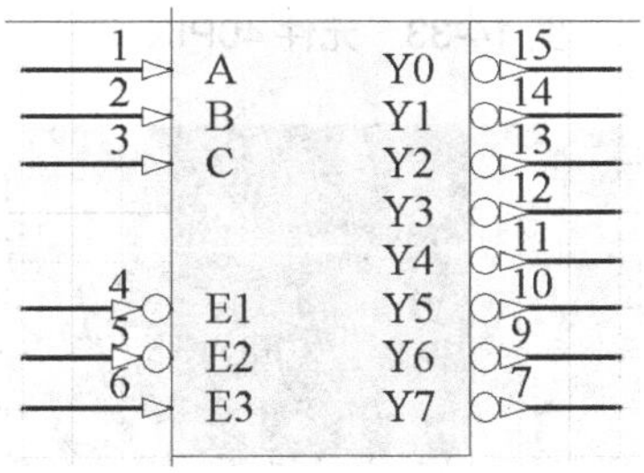

图 14-31　74LS138

其他的元件绘制效果如图 14-32 至图 14-34 所示。

2. 绘制封装

在本电路中需要对 IDC40P 元件封装进行编辑，下面详细讲解元件封装的编辑过程。需要编辑的封装的最终效果如图 14-35 所示，具体步骤如下。

(1) 选择 File | New | Library | PCB Library 命令，系统打开元件封装编辑窗口。

(2) 首先选择 Tools | Library Options 命令，打开板层设置对话框，如图 14-36 所示。

提示： 板层设置对话框的设置与一般的 PCB 板设置类似，参照图中参数进行设置即可。

(3) 选择 Tools | New Component 命令，新建一个元件封装，在这里，我们不使用向导创建封装，因此单击 Cancel 按钮。

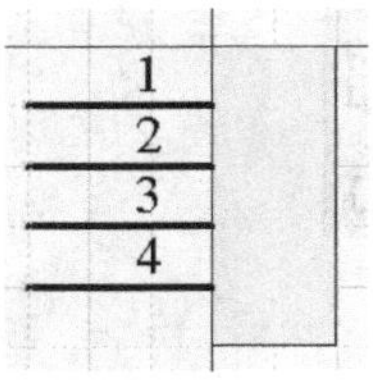

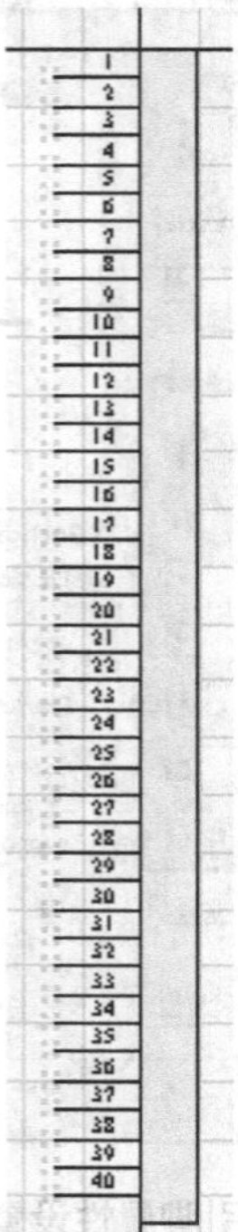

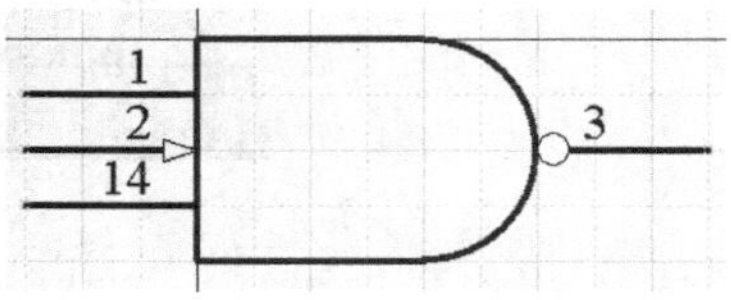

图 14-32　元件 4PIN　　图 14-33　元件 40PIN　　图 14-34　元件 1488

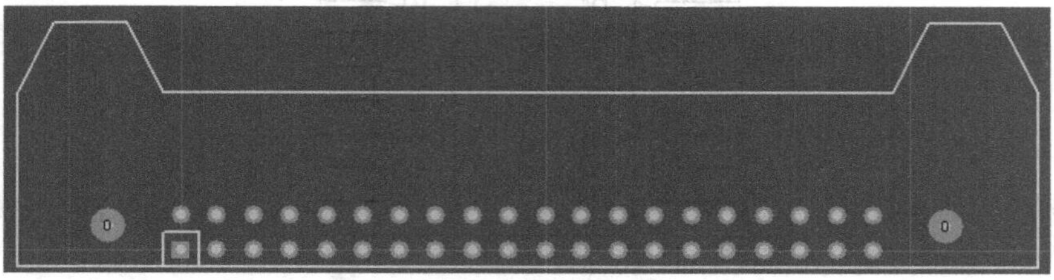

图 14-35　IDC40P 封装效果图

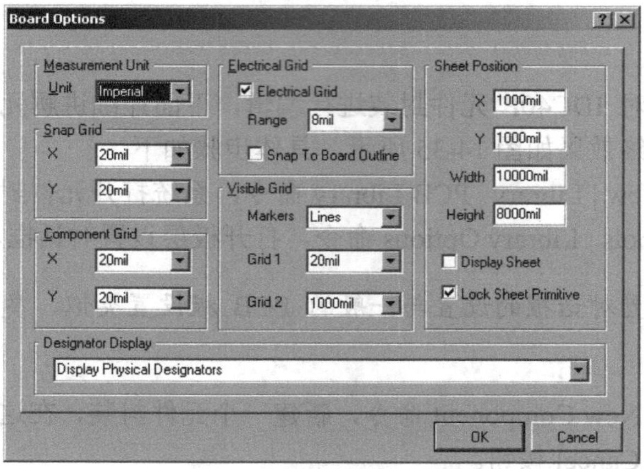

图 14-36　板层设置

(4) 选择 Edit | Jump | Location 命令，在系统弹出的对话框的 X/Y Location 对话框中输入坐标值，将当前的坐标点移动到原点，输入的坐标为(0, 0)。

(5) 选择 Place | Pad 命令，激活放置焊盘的命令，在放置状态下按 Tab 键，打开焊盘属性对话框，如图 14-37 所示。

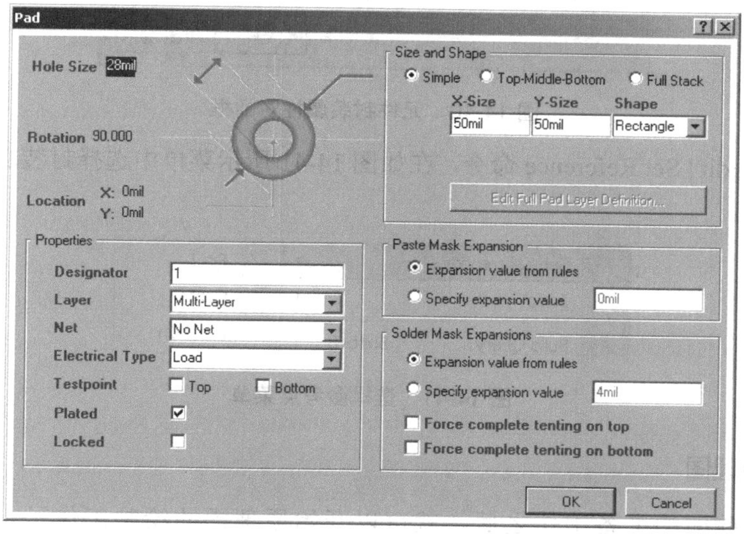

图 14-37 焊盘属性设置

(6) 按照相同的方法，放置其他的焊盘。最终效果如图 14-38 所示。

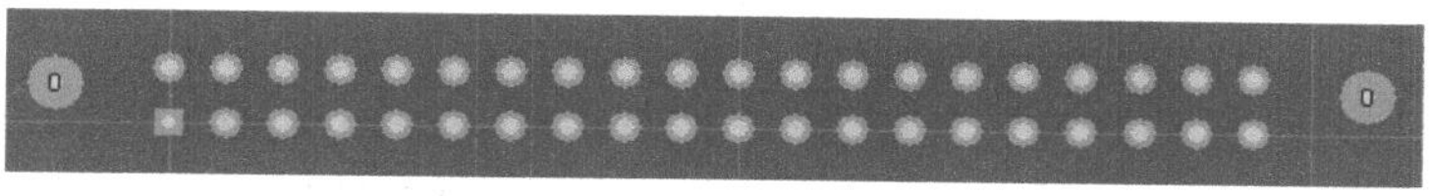

图 14-38 放置焊盘

提示： 按照图 14-37 中的参数设置焊盘的属性。

(7) 将工作层切换到丝印层，在编辑窗口下单击 Top Overlay 标签即可。

(8) 选择 Place | Line 命令，激活绘制直线的命令，绘制封装的外形，如图 14-39 所示。

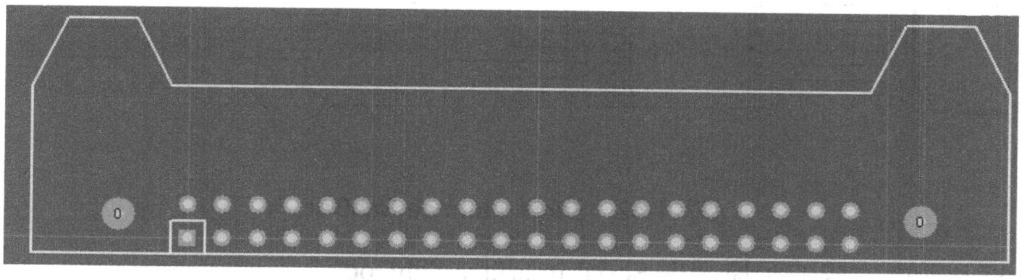

图 14-39 绘制好的外形

(9) 绘制完外形后，选择 Tools | Component Properties 命令，系统弹出如图 14-40 所示的对话框，在该对话框中输入封装的名称等相关属性，单击 OK 按钮。

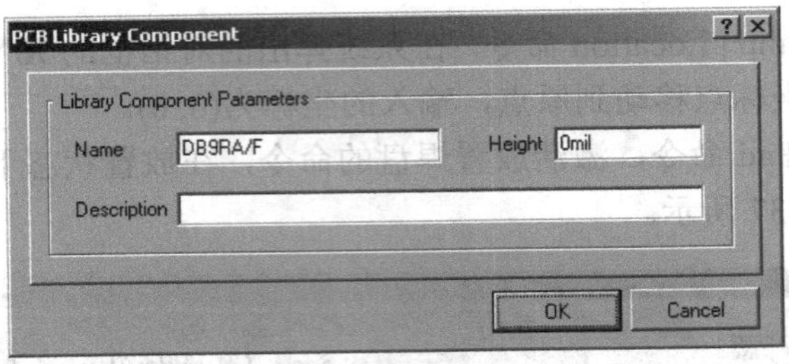

图 14-40　元件封装属性对话框

(10) 选择 Edit | Set Reference 命令，在如图 14-41 所示菜单中选择封装的参考点，一般设置为 Pin 1。

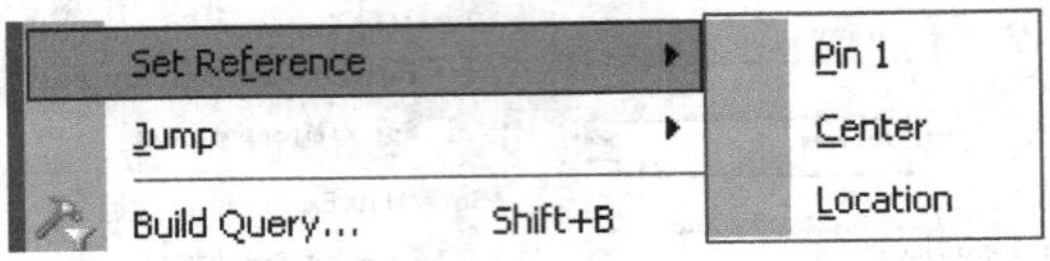

图 14-41　选择参考点菜单

3. 绘制原理图

在完成了前面的准备工作之后，就可以开始原理图的绘制工作了。下面以 Serial interface.SchDoc 为例，详细讲述绘制原理图的步骤。

如图 14-42 所示是 Serial interface.SchDoc 原理图的最终效果图。

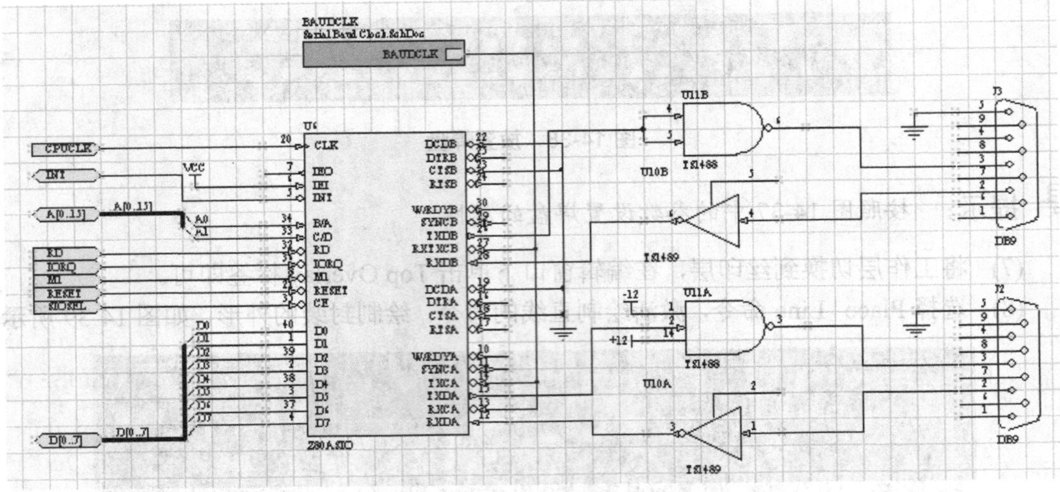

图 14-42　Serial interface.SchDoc

(1) 打开前面生成的子原理图 Serial interface.SchDoc。

(2) 打开 SCH Library 面板，在该面板中选中前面绘制的 Z80ASIDO 元件，单击面板中的 Place 按钮，将该元件放置到原理图的适当位置，如图 14-43 所示。

(3) 选择 Place | Sheet Symbol 命令，在原理图中绘制一个方块电路，效果如图 14-44 所示。

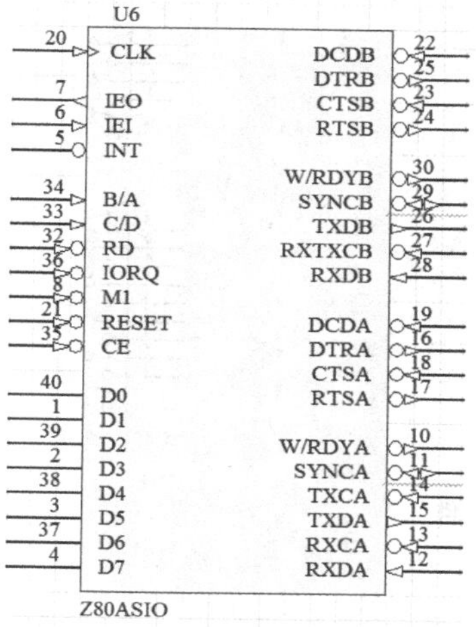

图 14-43　放置元件

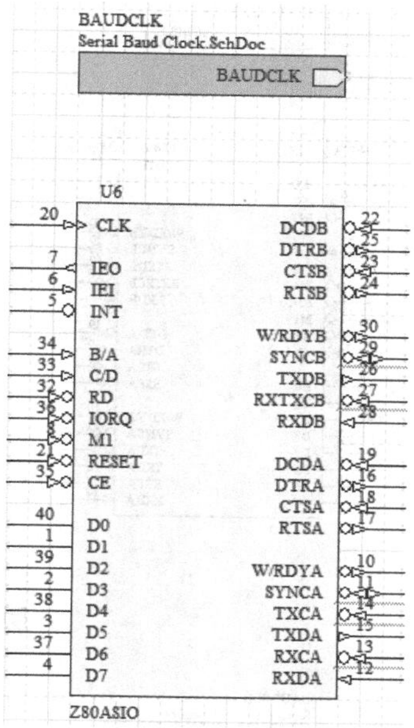

图 14-44　绘制方块电路

(4) 双击方块电路，打开方块电路属性设置对话框，设置方块电路的属性，如图 14-45 所示。

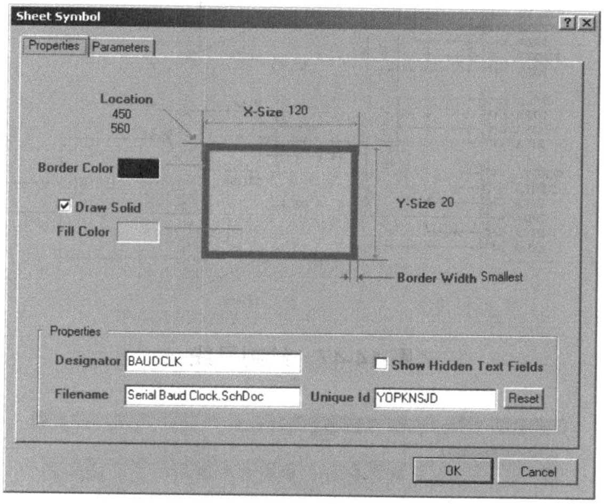

图 14-45　方块电路属性对话框

(5) 继续放置其他的元件，放置效果如图 14-46 所示。

(6) 单击工具栏中的按钮，激活绘制导线的命令，连接元件并放置好接地。最终效果如图 14-47 所示。

(7) 单击按钮，激活放置端口的命令，在放置状态下，按 Tab 键，打开端口设置对话框，如图 14-48 所示。

(8) 按图 14-48 所示设置好端口的属性，重复步骤(7)，放置好其他的端口，效果如图 14-49 所示。

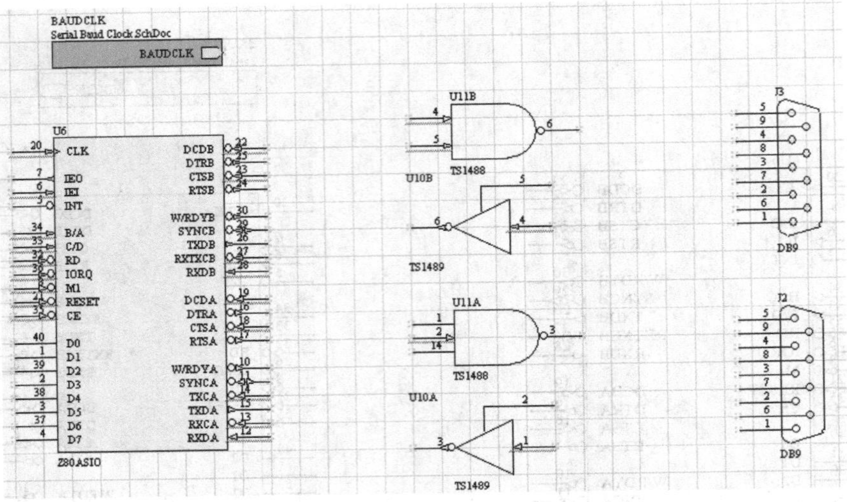

图 14-46　放置主要元件

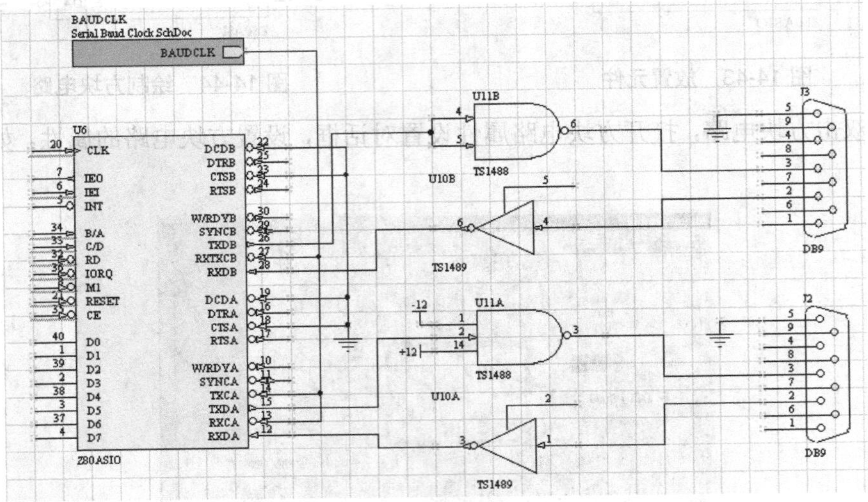

图 14-47　绘制导线

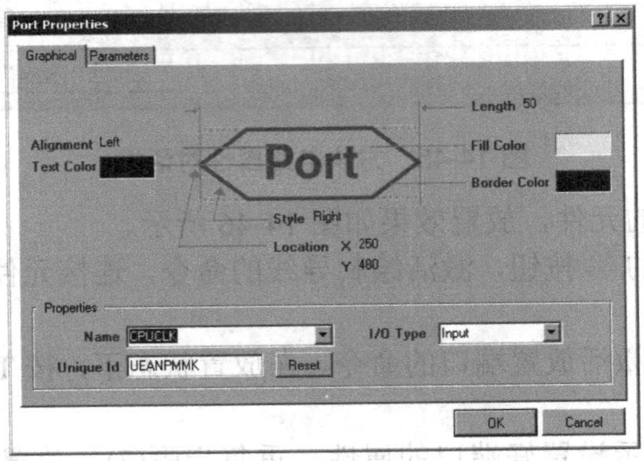

图 14-48　设置端口

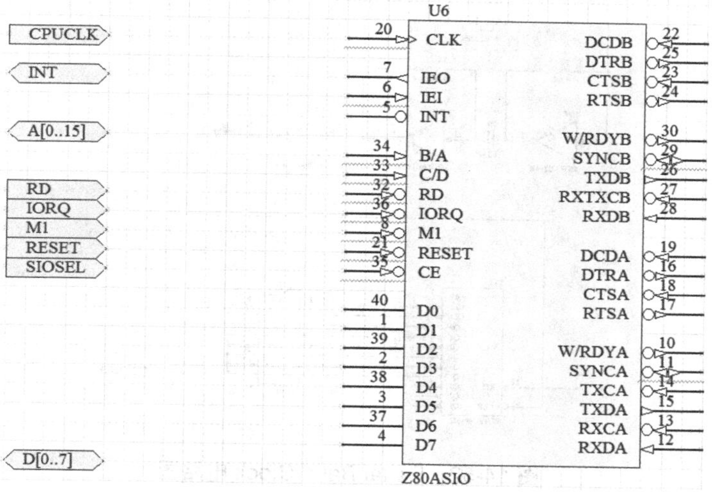

图 14-49　放置端口

(9) 用导线和总线连接电路图，连接效果如图 14-50 所示。

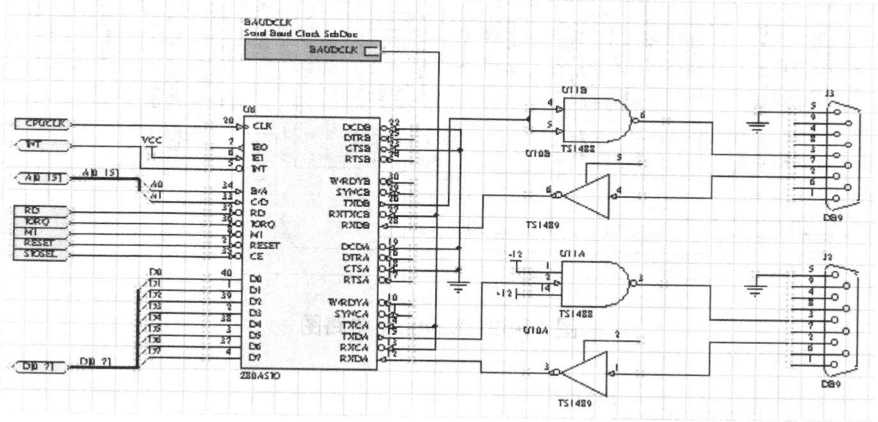

图 14-50　连接线路

按照上述步骤，一次绘制好其他的原理图，如图 14-51 至图 14-56 所示。

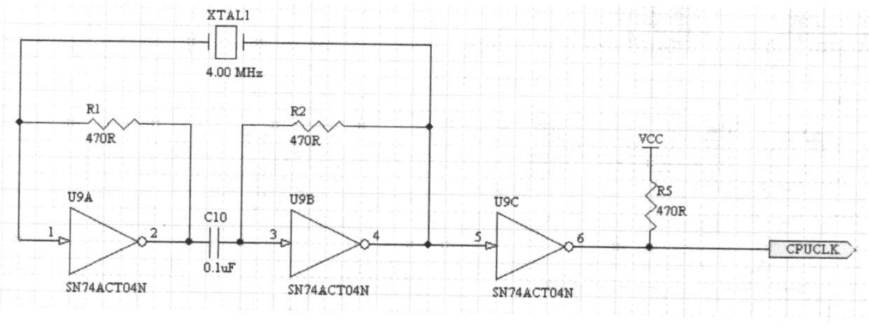

图 14-51　CPU Clock 电路图

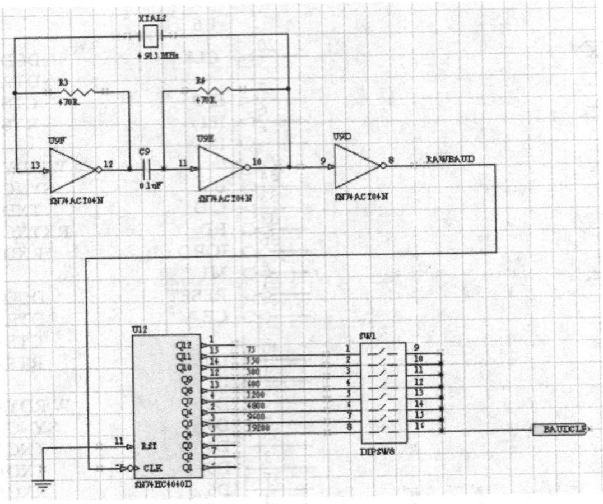

图 14-52　Serial Baud Clock 电路图

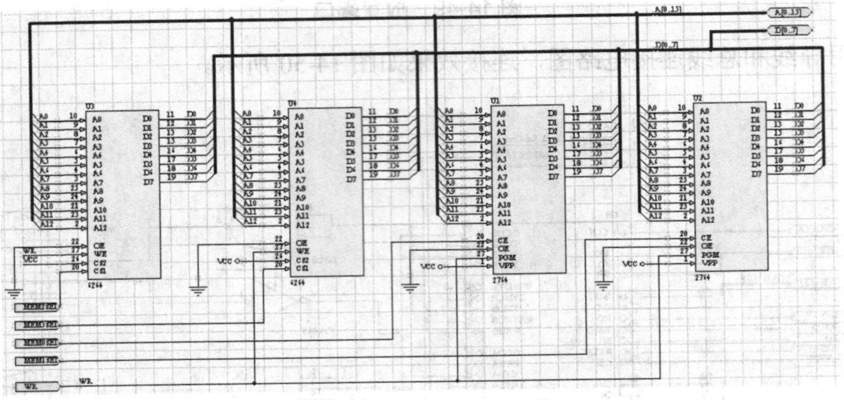

图 14-53　Memory 电路图

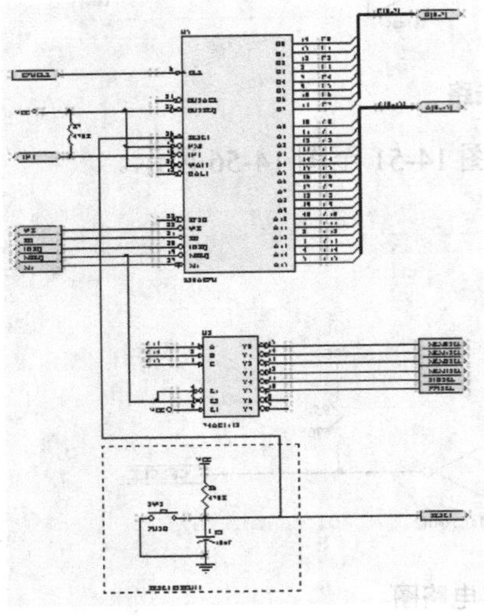

图 14-54　CPU Section 电路图

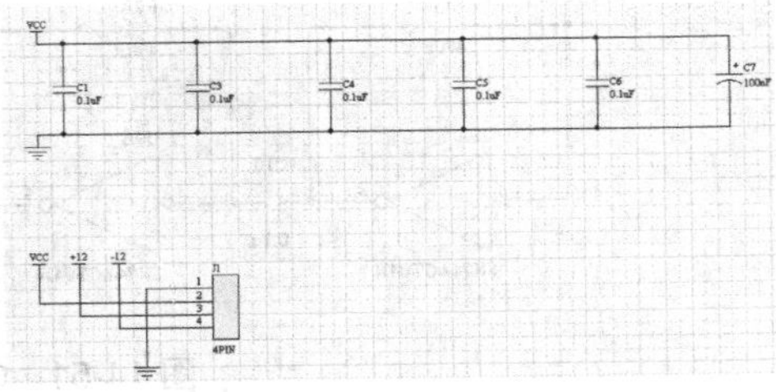

图 14-55　Power Supply 电路图

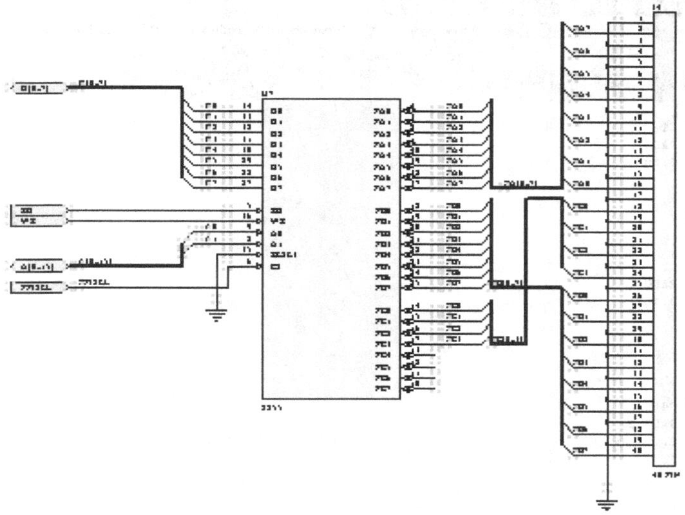

图 14-56　Programmable Peripheral Interface

4. 原理图后期处理

完成了原理图的设计操作之后，下面就可以进行原理图的后期处理了。

(1)　选择 Project | Compile PCB Project 命令，执行工程的编译工作，系统编译完成后，如果系统中存在错误，则会弹出一个 Messages 对话框，在该对话框中可以看到原理图中的错误信息，根据错误信息修改原理图，继续编译，直到没有错误出现。

(2)　选择 Reports | Bill of Materials 命令，系统弹出如图 14-57 所示对话框，在该对话框中选择合适的文件格式生成元件报表。

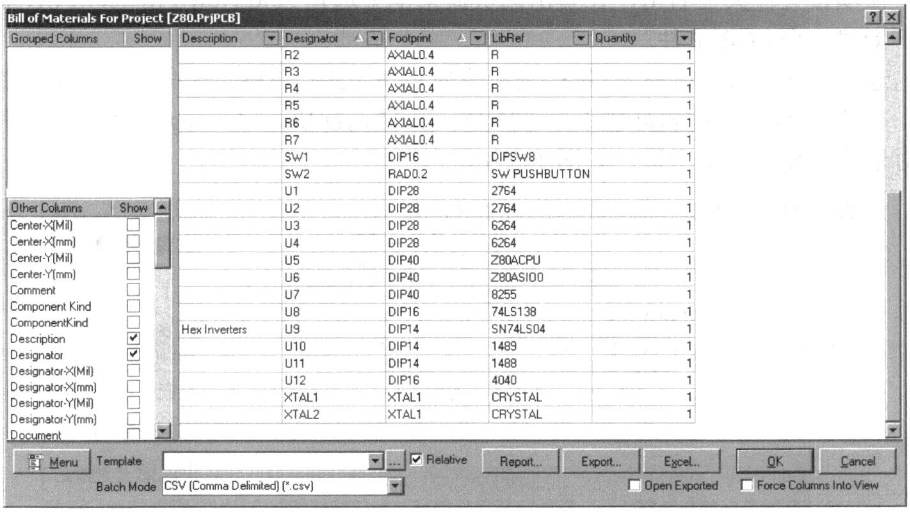

图 14-57　报表操作对话框

(3)　选择 Reports | Netlist Status 命令，系统将在该工程文件夹下生成一个与工程同名的网络表文件，如图 14-58 所示。

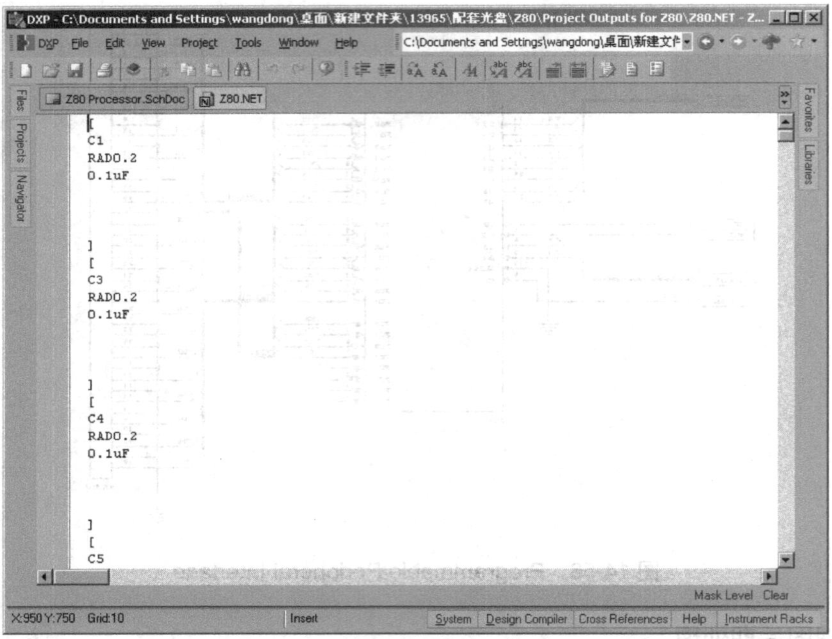

图 14-58　网络表

14.3　设计 PCB

在完成了前面的工作之后，就可以根据刚设计的原理图来生成 PCB 图了，在生成 PCB 图之前，首先要对 PCB 图纸进行必要的设置，具体操作步骤如下。

(1)　在项目文件夹上右击，在弹出的快捷菜单中选择 Add New Project | PCB 命令，在该项目下新建一个 PCB 文件。

(2)　选择 File | Save As 命令，保存刚新建的 PCB 文件，并将文件命名为“Z80.PCBDoc”。

(3)　在该 PCB 文件编辑环境下，选择 Design | Layer Stack Manager 命令，打开 PCB 板层设置对话框，设置板层参数，如图 14-59 所示。

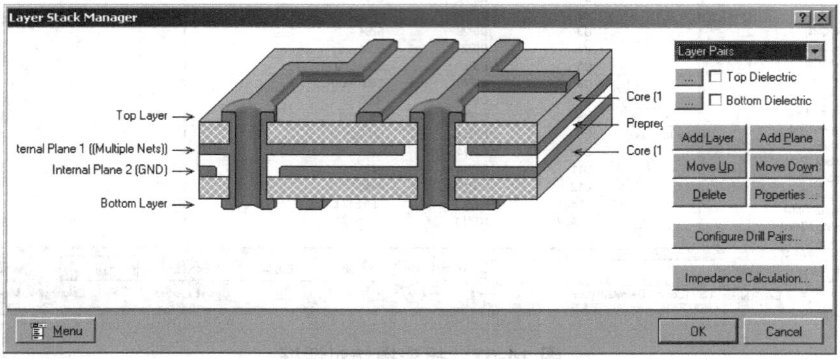

图 14-59　板层设置

(4)　在 PCB 环境下，选择 Design | Board Shape | Redefine Board Shape 命令，重新绘制

电路板的形状，将电路板设置为 4600mil×3600mil。

(5) 选择 Design | Board Options 命令，打开图纸设置对话框，设置电路板选项，如图 14-60 所示。

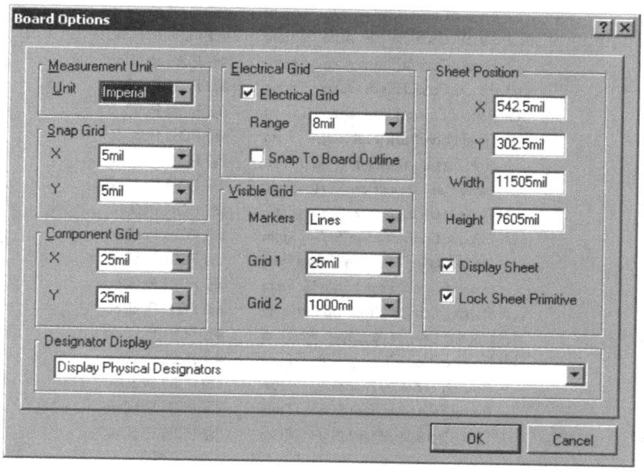

图 14-60　图纸设置

(6) 单击 PCB 编辑器下面的 Mechanical1 标签，将 Mechanical1 设置为当前工作层。

(7) 在该工作层中按 P、L 键，激活绘制导线命令，在 PCB 图纸上绘制一个矩形边框。如图 14-61 所示。

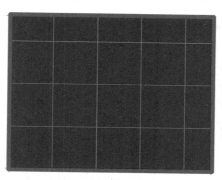

图 14-61　绘制边框

(8) 切换到 Keep-Out Layer 层，在该工作层中按 P、L 键，激活绘制导线命令，在 PCB 图纸上绘制一个矩形边框。到此，电路板已经设置好了。

14.3.1　载入元件封装

在完成了电路板的设置之后，就可以开始载入元件封装了，具体操作步骤如下。

(1) 选择 Design | Import Changes From 命令发射模块.PRJPCB，系统开始载入网络表。

(2) 执行该命令后，系统会弹出一个元件封装和网络表的载入对话框，如图 14-62 所示。

(3) 在该对话框中单击 Validate Changes 按钮，确定元件封装的载入，如果有元件封装不能载入，会在该元件后显示标志。此时可以返回到原理图中检查该元件的封装。

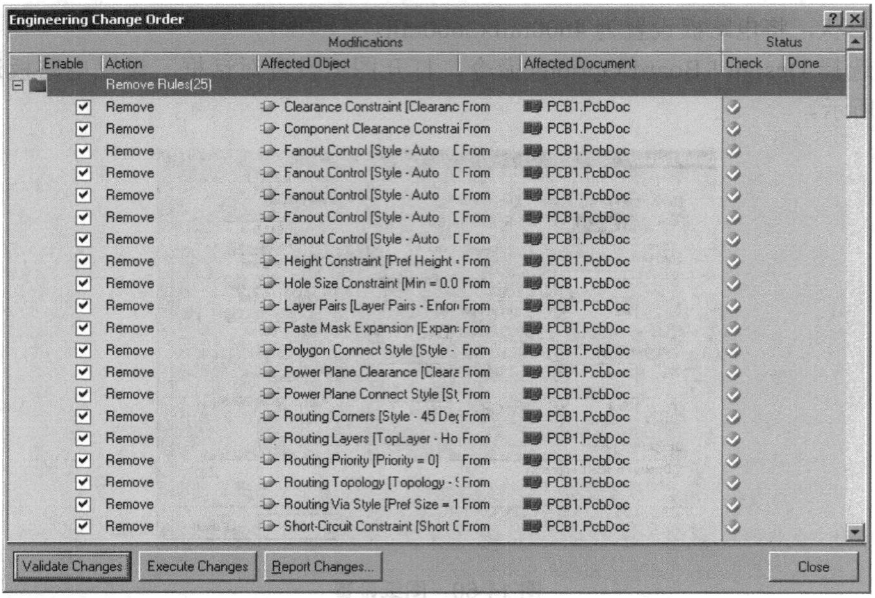

图 14-62　准备载入元件封装

(4) 修改完成后，重新生成网络表，重复步骤(3)，直到所有元件封装都能正常载入，然后单击 Execute Changes 按钮，确定载入元件封装，如图 14-63 所示。

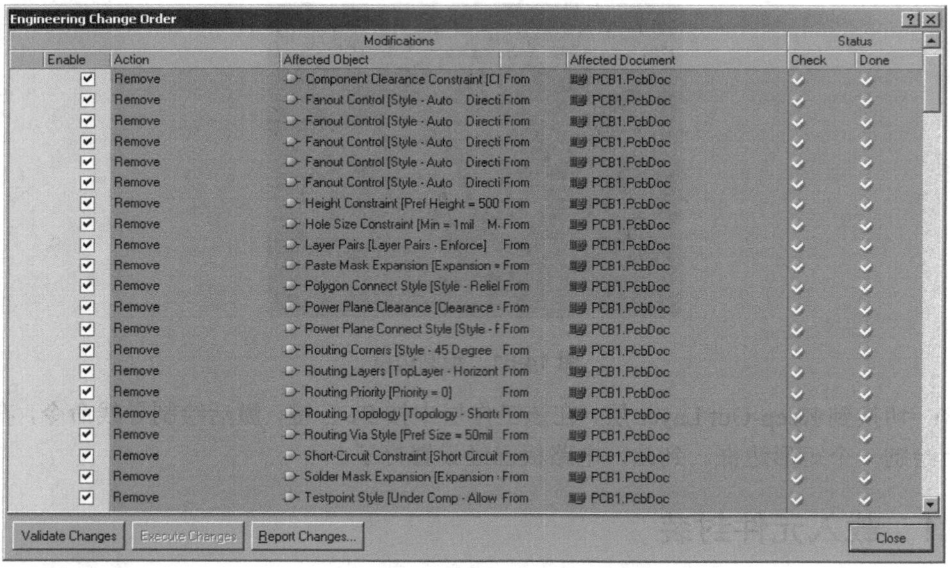

图 14-63　确定元件封装载入

(5) 单击 Close 按钮，关闭该对话框。此时，元件封装已经载入到 PCB 图中，如图 14-64 所示。

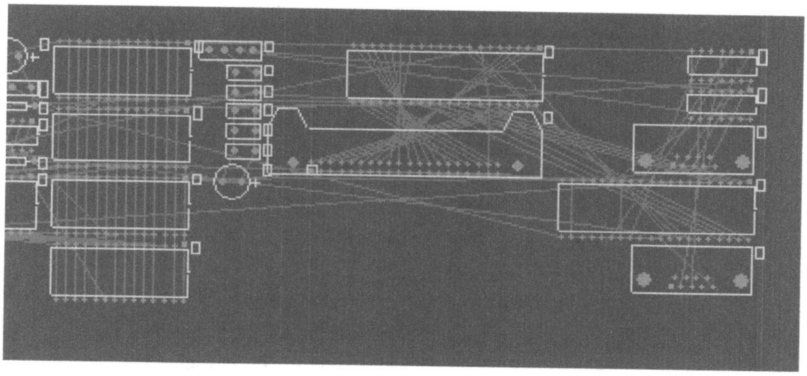

图 14-64　载入封装

14.3.2　手动布局与标注调整

载入网络表和元件封装之后，就可以进行 PCB 板的布局了，一般布局都是先进行自动布局，然后再进行手动调整的。在本例中，由于元件封装的数量不多，因此在本例中没有进行自动布局，而是直接进行手动布局，具体操作步骤如下。

(1) 根据原理图的连接关系，将具有相近连接的元件封装尽量放到一起，完成手动布局后的 PCB 图如图 14-65 所示。

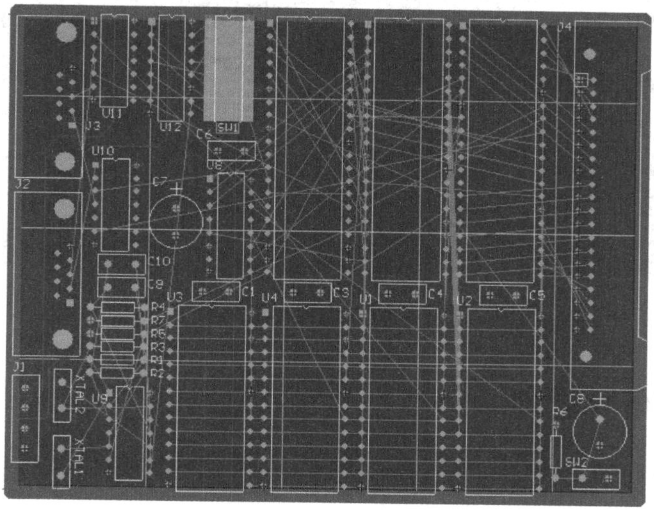

图 14-65　手动布局

(2) 调整边框线，使边框的大小尽量接近元件。

到此为止，整个 PCB 板的手动布局已经完成了。下面开始进行元件封装标注的调整，具体步骤如下。

(1) 选择 PCB 中所有的元件封装，然后选择 Tools | Interactive Placement | Position Component Text 命令。系统弹出元件标注位置设置对话框，如图 14-66 所示。

(2) 完成设置后的 PCB 板，如图 14-67 所示。

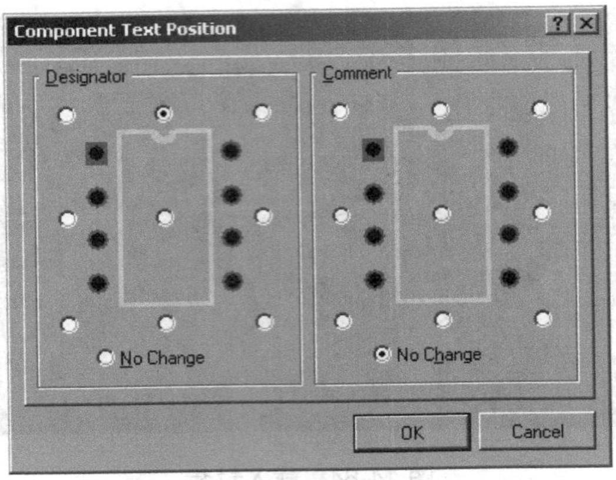

图 14-66 元件标注位置设置对话框

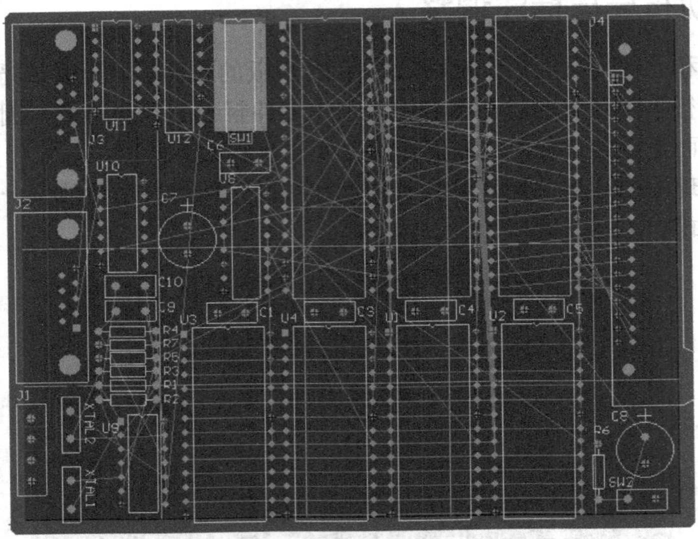

图 14-67 调整标注结果

14.3.3 设置布线规则

完成布局之后，就可以开始布线了，在布线之前，要先设置好布线规则，具体操作方法如下。

(1) 在 PCB 编辑环境中，选择 Design | Rules 命令，系统弹出如图 14-68 所示的对话框。

(2) 选择 Electrical 中的 Clearance 子选项，并新建一个 Clearance 规则，在该规则中将 Minimum Clearance 项设置为 13mil，如图 14-69 所示。

(3) 选择 Routing 的 Width 子选项，并新建一个 Width 规则，在该规则中将 Min Width 设置为 10mil，将 Preferred Width 设置为 10mil，将 Max Width 设置为 10mil，如图 14-70 所示。

(4) 在 Width 子选项上新建一个规则，打开此规则，在其右边的设置栏中将 Name 设置为 Power，选中 Net 单选按钮，在其右边的下拉列表框中选择 NetBT1_1 选项，将 Preferred

Width 设置为 0.5mm。将 Max Width 设置为 0.8mm，使用 Query Builder 扩展到所有电源网络，设置好后，如图 14-71 所示。

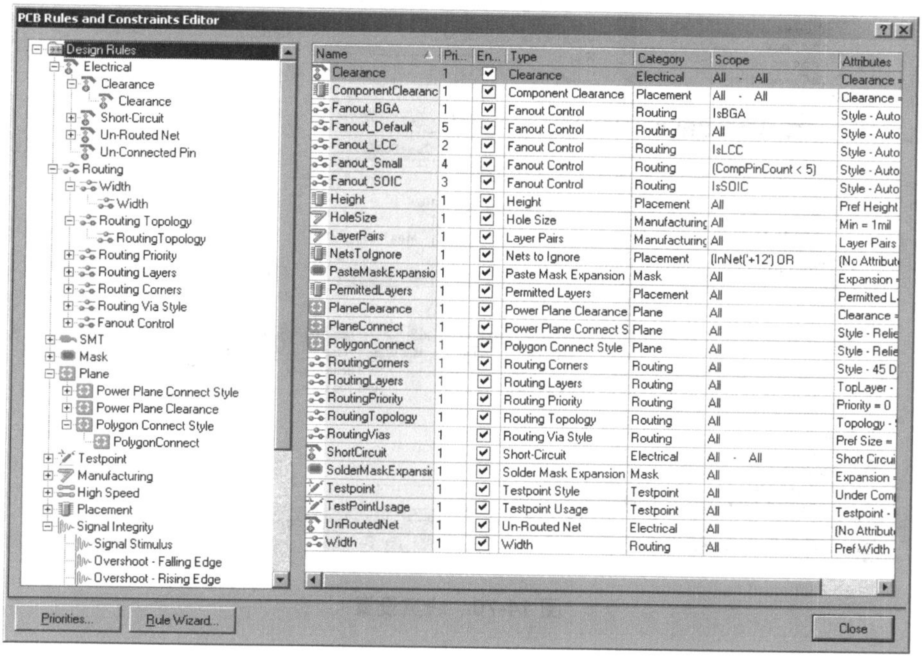

图 14-68　布线规则设置对话框

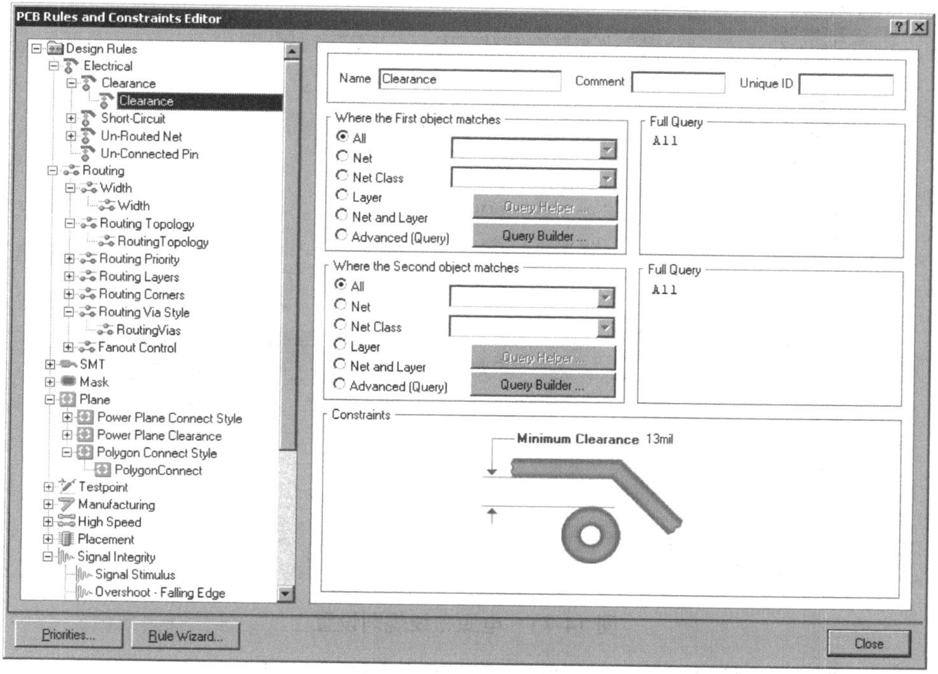

图 14-69　Clearance 规则设置

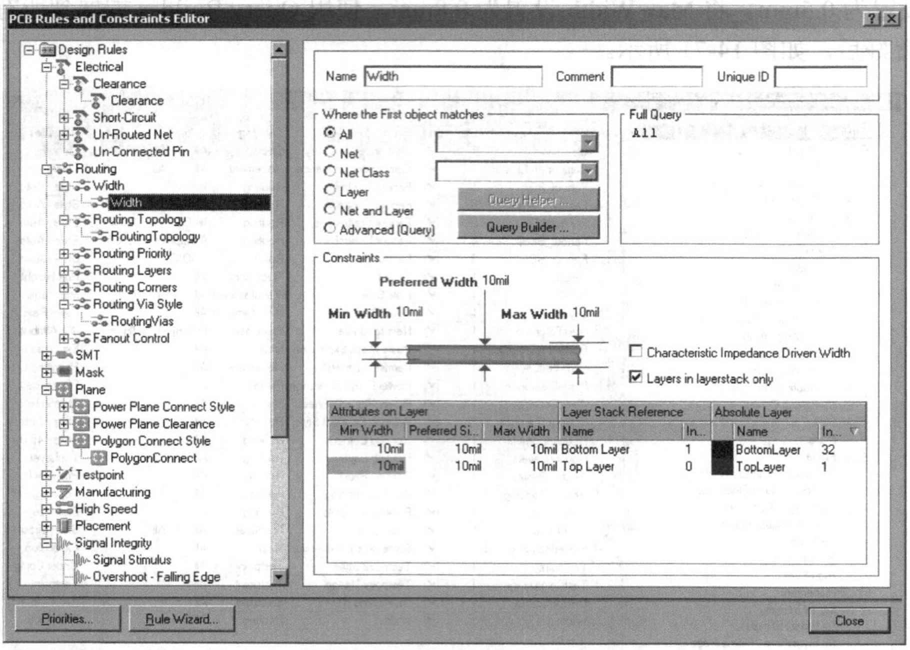

图 14-70　线宽设置

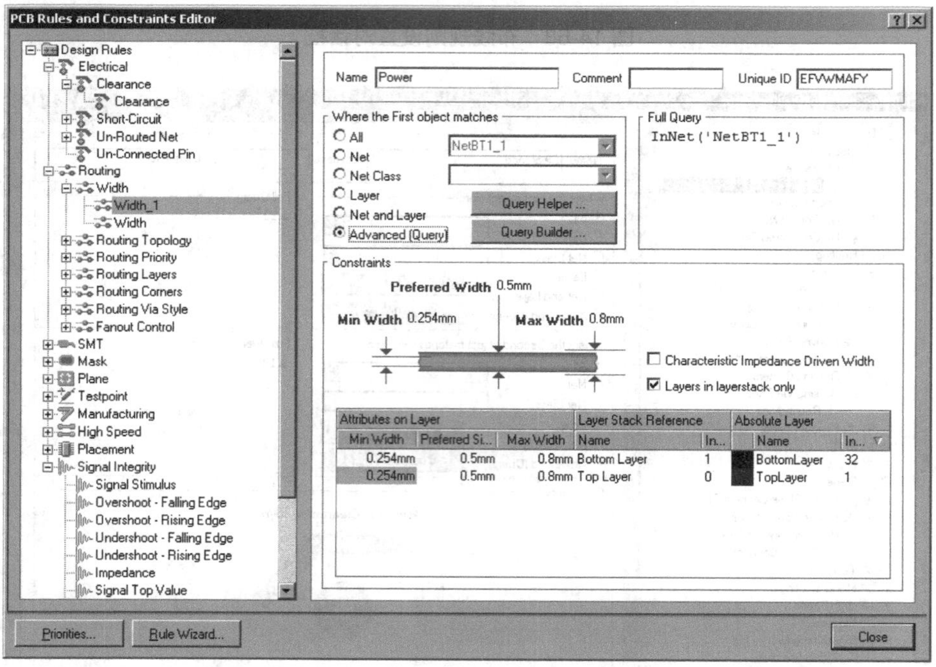

图 14-71　电源布线规则设置

(5)　选择 Routing 的 Routing Via Style 子选项，在该对话框中设置过孔尺寸，如图 14-72 所示。

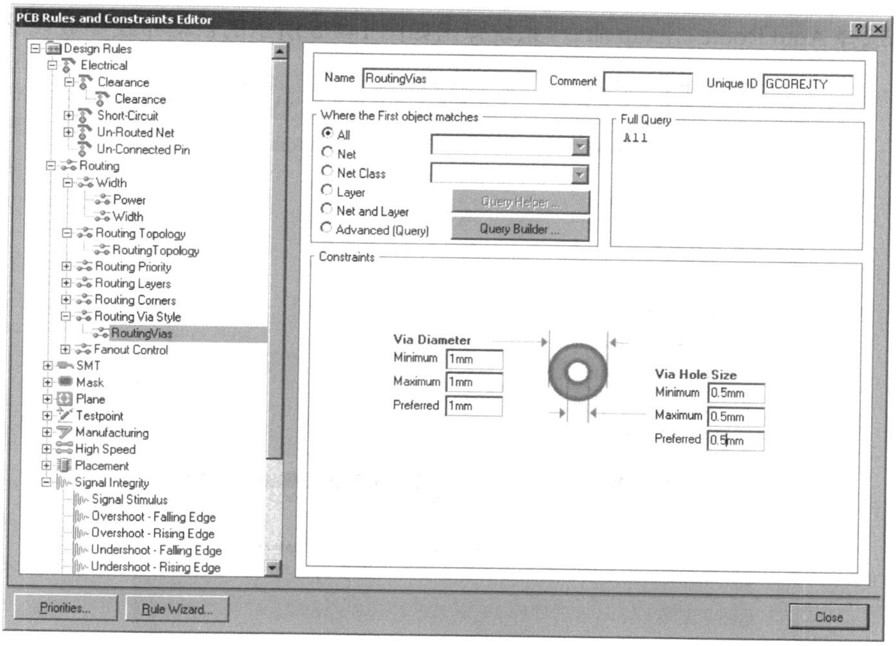

图 14-72 焊盘设置

14.3.4 电源线与自动布线

在完成了前面的操作之后，就可以开始布线了，下面介绍布线的步骤。

(1) 选择 Auto Route | Net 命令，激活网络自动布线。

(2) 执行该命令后，鼠标指针变成十字形状，移动鼠标指针到 BT1 处单击，系统弹出如图 14-73 所示的网络选项。

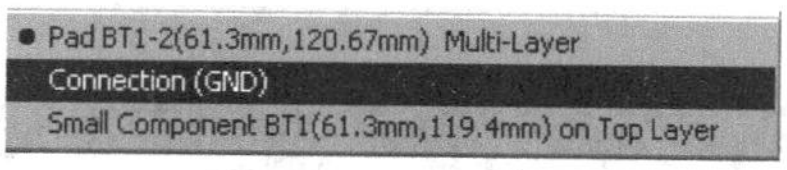

图 14-73 网络选项

(3) 选择 Connection(GND)选项，完成布线，结果如图 14-74 所示。

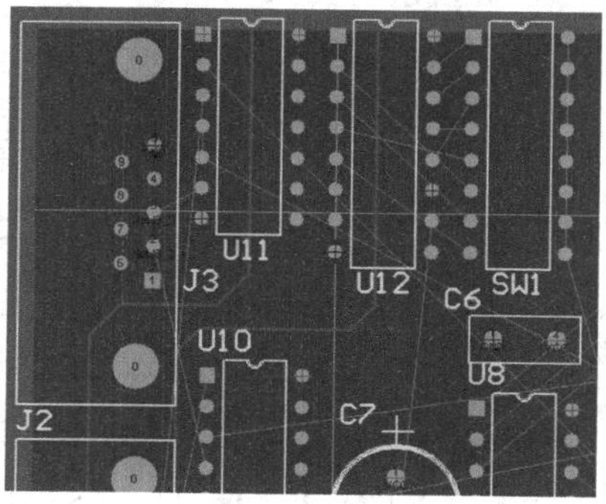

图 14-74 网络布线结果

(4) 选择 Auto Route | Setup 命令，系统弹出如图 14-75 所示的自动布线参数设置对话框。

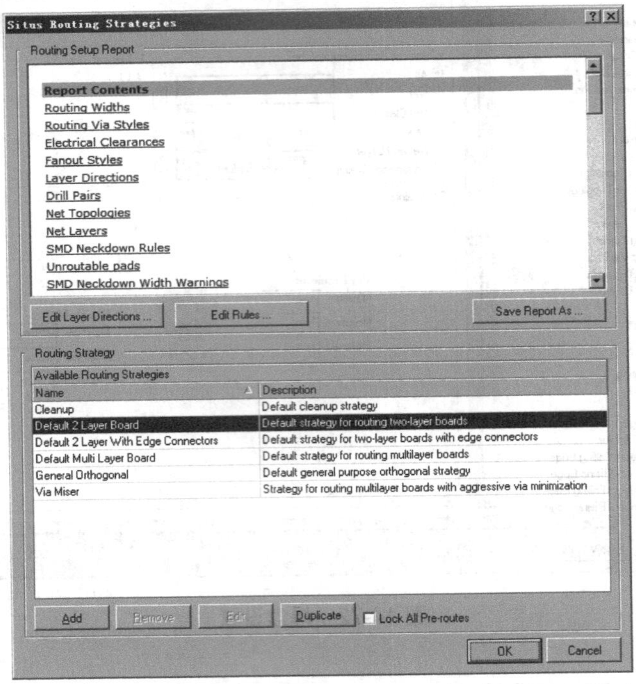

图 14-75　自动布线参数设置对话框

(5) 在图 14-75 所示对话框中可以看到布线结果与布线规则的冲突，根据提示信息，修改布线规则，修改后选择 Auto Route | All 命令，执行该命令后系统弹出如图 14-75 所示的确认布线规则对话框，单击 OK 按钮开始布线。

(6) 完成自动布线后，根据布线效果确定是否要对布线的结果进行手工调整，手工调整后的效果如图 14-76 所示。

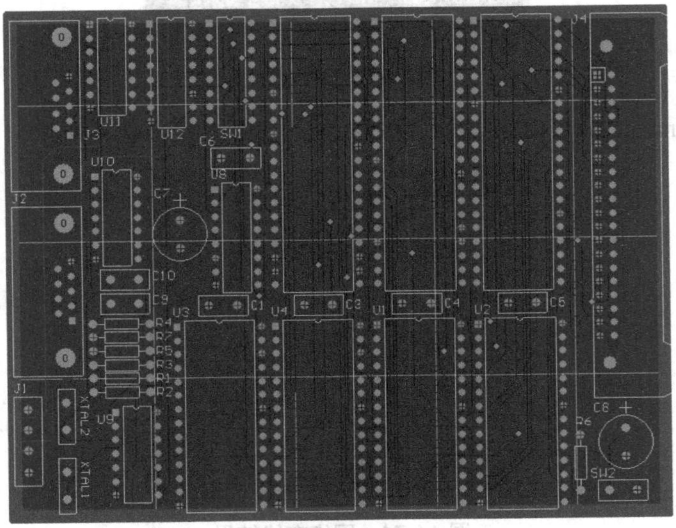

图 14-76　自动布线结果

14.3.5　敷铜

为了加强电路板的抗干扰能力，需要对电路板进行敷铜处理，下面具体介绍敷铜的步骤。

(1)　选择 Design | Rules 命令，系统打开布线参数设置对话框。

(2)　在该对话框中选择 Plane 中的 Polygon Connect Style，进行敷铜层规则设置，如图 14-77 所示，将规则适用范围设置为 All，Connect Style 设置为 Relief Connect，将 Conductors 设置为 4，连接类型设置为 90 Angle，Connector Width 设置为 10mil，完成后关闭对话框。

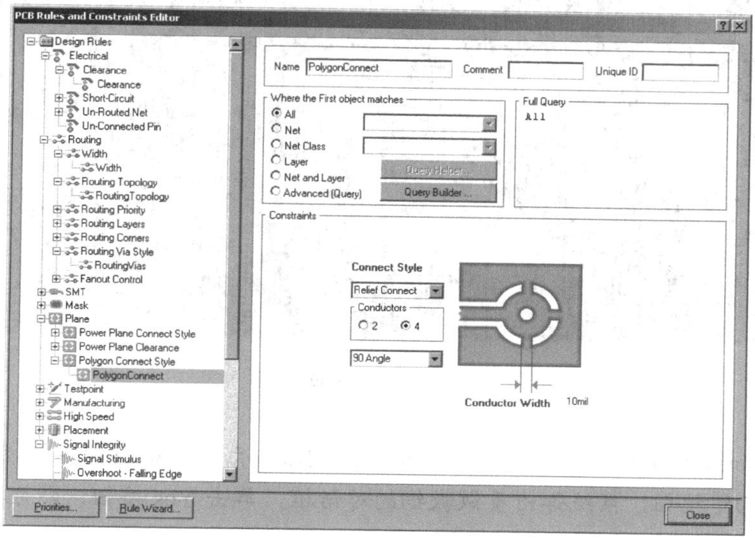

图 14-77　敷铜规则设置

(3)　选择 Place | Polygon Pour 命令，系统弹出敷铜层设置对话框，设置敷铜层属性，设置结果如图 14-78 所示。

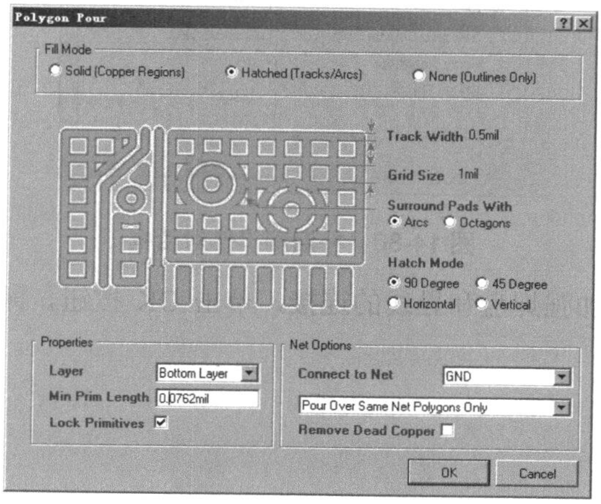

图 14-78　敷铜层设置

(4) 完成敷铜层属性设置后，单击 OK 按钮，此时鼠标指针变成十字形状，在 PCB 板上单击鼠标，将要敷铜的区域围成一个闭合的圈，结果如图 14-79 所示。

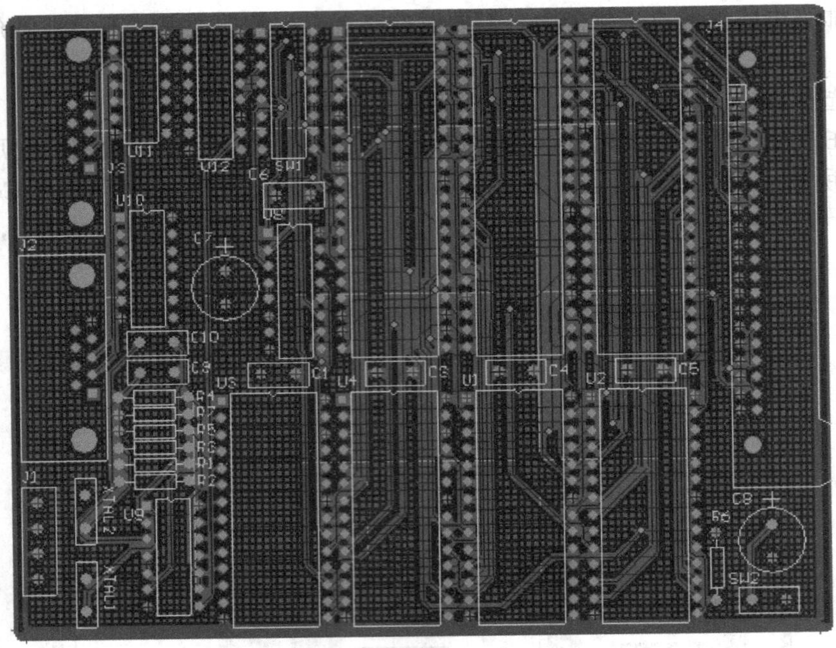

图 14-79　敷铜结果

提示： 如果对该结果不满意，可以双击敷铜层，系统弹出敷铜层属性对话框，单击 OK 按钮，系统弹出重做敷铜的对话框，单击 Yes 按钮，即可撤销敷铜。

(5) 选择 Tools | Teardrops 命令，弹出补泪滴操作对话框，如图 14-80 所示。

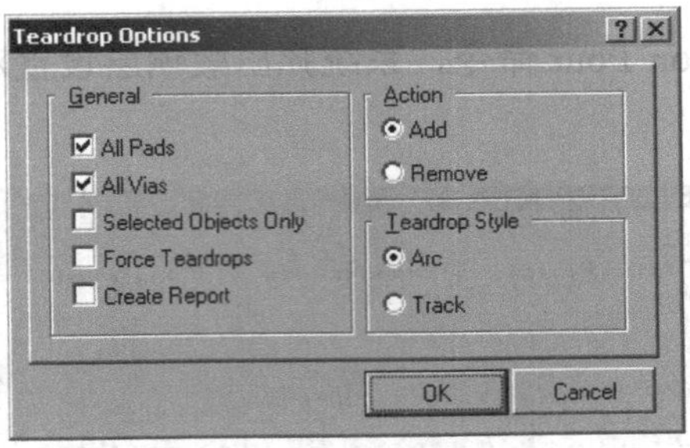

图 14-80　补泪滴操作对话框

(6) 补泪滴是为了加强焊盘和导线的连接，单击 OK 按钮，即可完成补泪滴的操作，如图 14-81 所示。

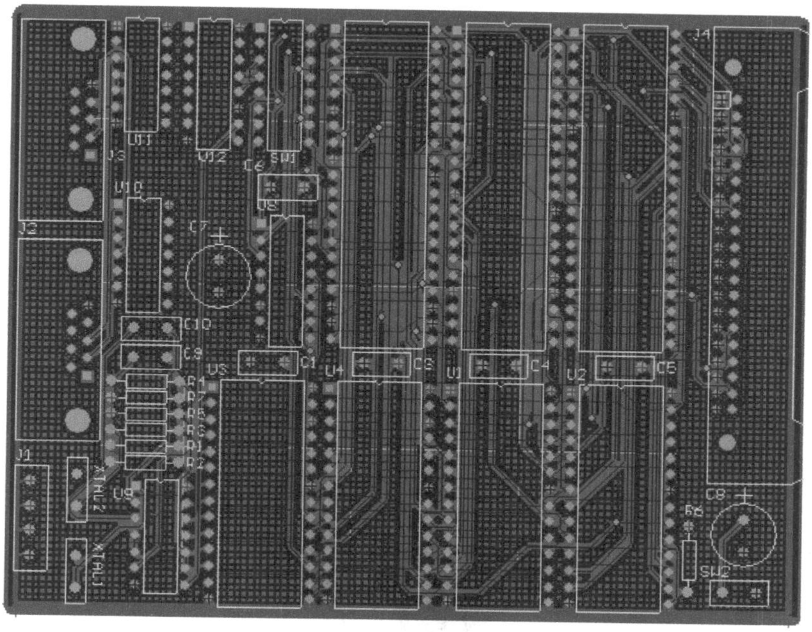

图 14-81 补泪滴结果

14.3.6 设计规则检查

在最后确定 PCB 的设置之前，还需要对 PCB 进行设计规则检查，以确定 PCB 板上没有设计性的错误、具体步骤如下。

(1) 选择 Tools | Design Rule Check 命令，系统会弹出一个设计规则检查对话框，在该对话框中设置检查规则。

(2) 完成相关的规则后，执行设计规则检查，结果如图 14-82 所示。

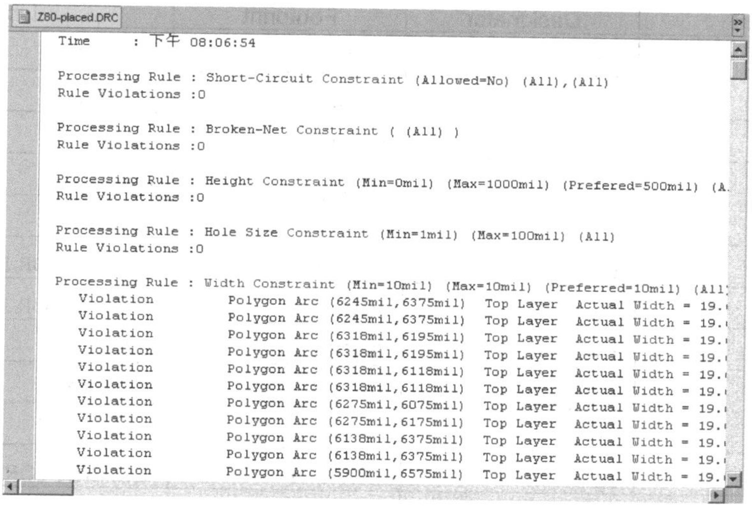

```
Z80-placed.DRC
Time        : 下午 08:06:54

Processing Rule : Short-Circuit Constraint (Allowed=No) (All),(All)
Rule Violations :0

Processing Rule : Broken-Net Constraint ( (All) )
Rule Violations :0

Processing Rule : Height Constraint (Min=0mil) (Max=1000mil) (Prefered=500mil) (A.
Rule Violations :0

Processing Rule : Hole Size Constraint (Min=1mil) (Max=100mil) (All)
Rule Violations :0

Processing Rule : Width Constraint (Min=10mil) (Max=10mil) (Preferred=10mil) (All)
   Violation        Polygon Arc (6245mil,6375mil)  Top Layer  Actual Width = 19.
   Violation        Polygon Arc (6245mil,6375mil)  Top Layer  Actual Width = 19.
   Violation        Polygon Arc (6318mil,6195mil)  Top Layer  Actual Width = 19.
   Violation        Polygon Arc (6318mil,6195mil)  Top Layer  Actual Width = 19.
   Violation        Polygon Arc (6318mil,6118mil)  Top Layer  Actual Width = 19.
   Violation        Polygon Arc (6318mil,6118mil)  Top Layer  Actual Width = 19.
   Violation        Polygon Arc (6275mil,6075mil)  Top Layer  Actual Width = 19.
   Violation        Polygon Arc (6275mil,6175mil)  Top Layer  Actual Width = 19.
   Violation        Polygon Arc (6138mil,6375mil)  Top Layer  Actual Width = 19.
   Violation        Polygon Arc (6138mil,6375mil)  Top Layer  Actual Width = 19.
   Violation        Polygon Arc (5900mil,6575mil)  Top Layer  Actual Width = 19.
```

图 14-82 DRC 检查结果

14.4 3D 效果图

选择 View | Board in 3D 命令，可以查看该 PCB 的 3D 效果图，如图 14-83 所示。

图 14-83 PCB 的 3D 效果图

14.5 元 件 列 表

如表 14-1 所示为各元件属性列表。

表 14-1 元件属性列表

Comment	Designator	Footprint	LibRef
0.1μF	C1	RAD0.2	CAP NP
0.1μF	C3	RAD0.2	CAP NP
0.1μF	C4	RAD0.2	CAP NP
0.1μF	C5	RAD0.2	CAP NP
0.1μF	C6	RAD0.2	CAP NP
100μF	C7	RB.2/.4	CAPACITOR POL
10μF	C8	RB.2/.4	CAPACITOR POL
0.1μF	C9	RAD0.2	CAP NP
0.1μF	C10	RAD0.2	CAP NP
4PIN	J1	FLY4	4PIN
DB9	J2	DB9RA/F	CONNECTOR DB9
DB9	J3	DB9RA/F	CONNECTOR DB9
40 PIN	J4	IDC40P	40PIN

续表

Comment	Designator	Footprint	LibRef
470R	R1	AXIAL0.4	R
470R	R2	AXIAL0.4	R
470R	R3	AXIAL0.4	R
470R	R4	AXIAL0.4	R
470R	R5	AXIAL0.4	R
470R	R6	AXIAL0.4	R
470R	R7	AXIAL0.4	R
DIPSW8	SW1	DIP16	DIPSW8
PUSH	SW2	RAD0.2	SW PUSHBUTTON
2764	U1	DIP28	2764
2764	U2	DIP28	2764
6264	U3	DIP28	6264
6264	U4	DIP28	6264
Z80ACPU	U5	DIP40	Z80ACPU
Z80ASIO	U6	DIP40	Z80ASIO0
8255	U7	DIP40	8255
74ACT138	U8	DIP16	74LS138
SN74ACT04N	U9	DIP14	SN74LS04
TS1489	U10	DIP14	1489
TS1488	U11	DIP14	1488
SN74HC4040D	U12	DIP16	4040
4.00 MHz	XTAL1	XTAL1	CRYSTAL
4.915 MHz	XTAL2	XTAL1	CRYSTAL

本 章 习 题

一、填空题

1. Z80 微处理器电路设计相关元件有：____________、____________、____________、____________、____________。

2. 在进行 Z80 微处理器电路设计之前，先应该建立其____________。

3. Protel 提供了工程设计环境，在工程设计环境进行设计的特点主要体现在与将一个完整的工程划分为各个功能模块，然后逐步设计各个模块，____________是一种模块化的设计方法。

4. 选择____________命令，激活网络自动布线。

5. 在当前工作环境下，选择____________命令，新建一个原理图元件库并保存该文件。

二、选择题

1. 选择(　　)发射模块.PRJPCB 命令，系统开始载入网络表。

   A. Design | Inport Changes From　　B. Inport

   C. Design　　D. Inport Changes

2. 选择 PCB 中所有的元件封装，然后选择(　　)命令，系统弹出一个元件标注位置设置对话框。

   A. Tools | Interactive Placement

   B. Tools | Interactive Placement | Position

   C. Tools | Interactive

   D. Tools | Interactive Placement | Position Component Text

三、问答题

1. 简述 Z80 微处理器电路设计的原理图绘制过程。
2. 简述如何进行 Z80 微处理器电路设计的 PCB 设计。

第 15 章　无线遥感电路设计

本章内容提示

通过该电路板的设计，掌握从原理图到 PCB 板的制作过程，并介绍了多层板中元件的放置。通过本章的学习，让读者更深入地理解电路板的设计过程，并能熟练使用各种操作方法绘制电路原理图和 PCB 板。

学习要点

- 原理图设计
- PCB 板设计
- 多层板中元件的放置

15.1 设 计 任 务

本章设计的电路板是一款无线遥感发射与接收电路板，整个系统分为无线发射系统和无线接收系统，该系统可以应用于各种无线遥感玩具上，能够控制玩具的转向、进退等。

1. 元件

在该系统中，所用到的元件有：C1C9187、T630、MAGNET、CD4514BCN、T631、YN9101、UM66 等。

2. 最终电路原理图

绘制好的原理图分别如下：发射模块电路，如图 15-1 所示；接收模块电路，如图 15-2 所示；制动模块，如图 15-3 所示；喇叭控制模块，如图 15-4 所示；转向控制模块电路，如图 15-5 所示；进退控制模块，如图 15-6 所示。

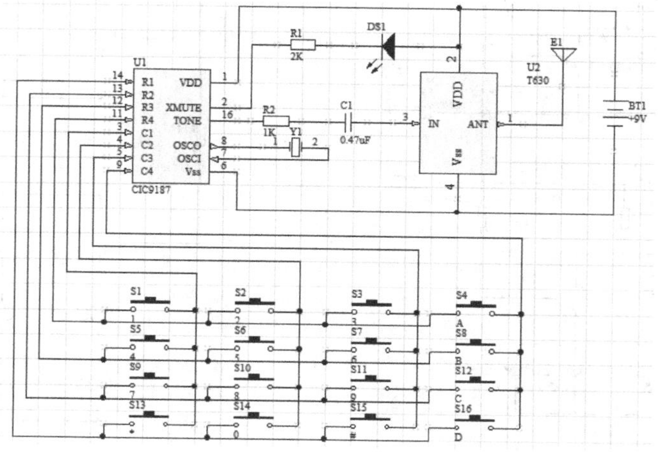

图 15-1　发射模块电路

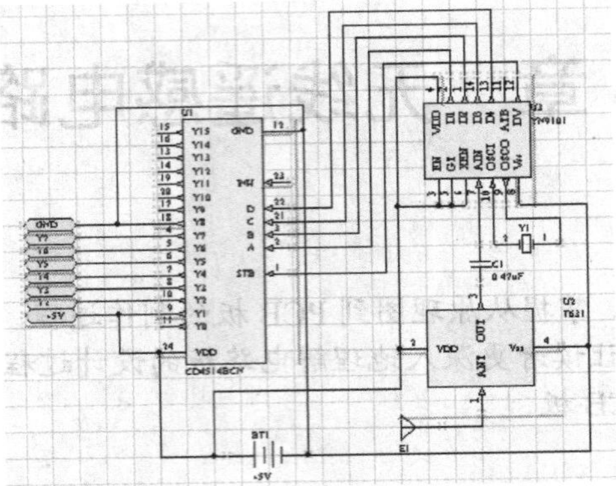

图 15-2　接收模块电路

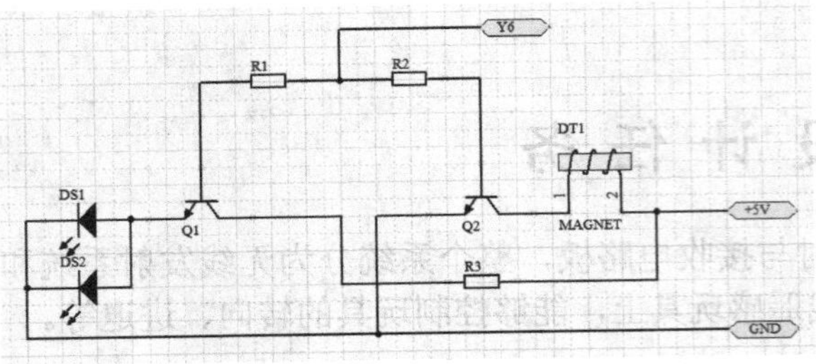

图 15-3　紧急制动模块

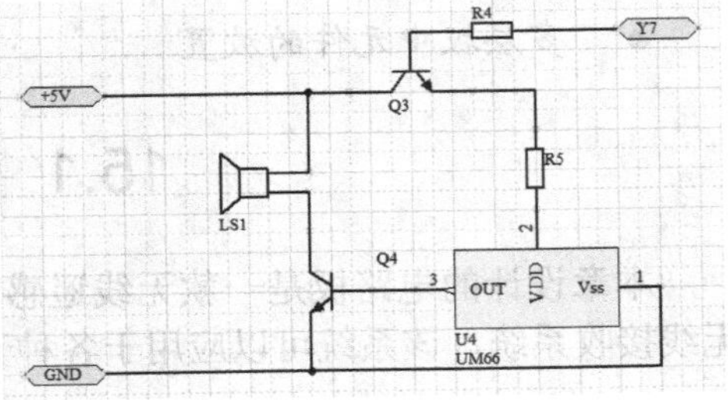

图 15-4　喇叭控制模块

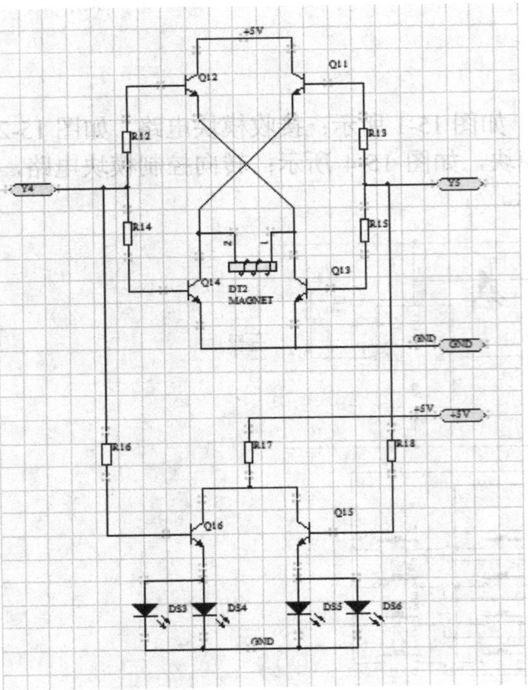

图 15-5　转向控制模块电路

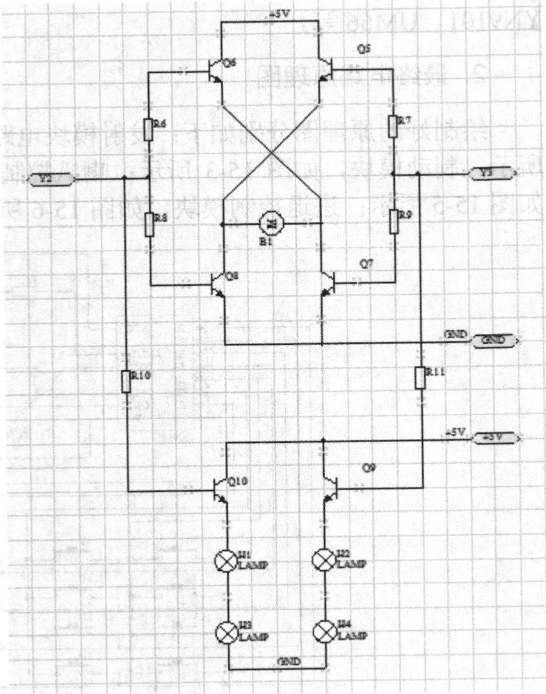

图 15-6　进退控制模块

最终 PCB 图如图 15-7 和图 15-8 所示。

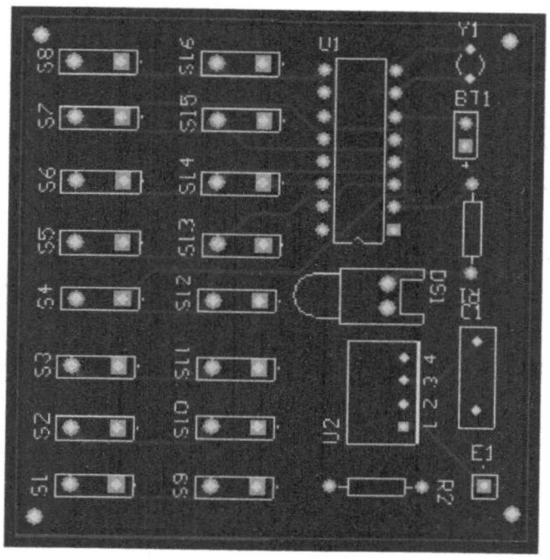

图 15-7　发射模块 PCB 图

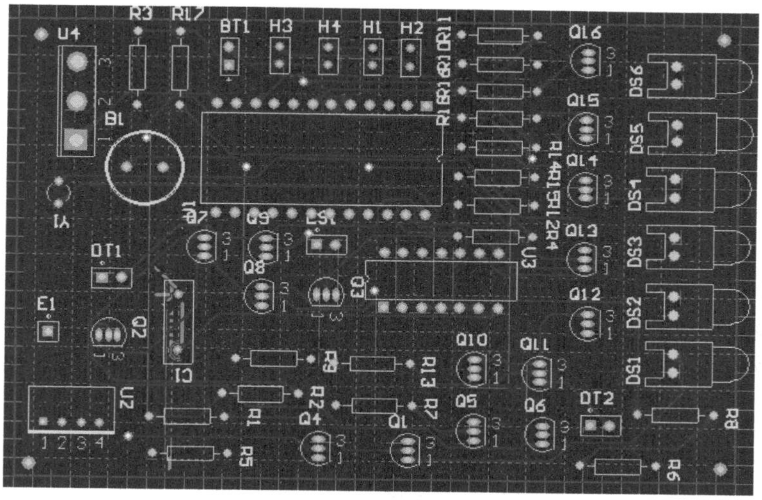

图 15-8　接收模块 PCB 图

15.2　发射模块设计

PCB 设计的第一步就是电路原理图的设计，本系统的电路图一共分为六个部分：发射电路，接收电路，进退控制电路，转弯控制电路，制动电路，喇叭电路。下面就详细介绍各个系统的电路原理图的绘制方式，

15.2.1　创建发射模块项目工程

设计的第一步是要创建一个新的项目工程文件，具体步骤如下。

(1)　启动 Protel DXP。

(2)　选择 File | New | Project | PCB Project 命令。

(3) 选择 File | Save As 命令，为文件命名为“无线发射模块”。

15.2.2 创建元件

在无线发射模块中，有两个元件需要用户自己创建，分别是 CIC9187 和 T630 模块。下面就这以 CIC9187 为例详细介绍元件的创建步骤。

(1) 在项目文件上右击，在弹出的快捷菜单中选择 Add New to Project | Schematic Library 命令，新建一个元件库文件，系统自动打开元件编辑面板。

(2) 选择 Place | Rectangle 命令，绘制一个矩形，坐标(0, 0)(60, 90)，效果如图 15-9 所示。

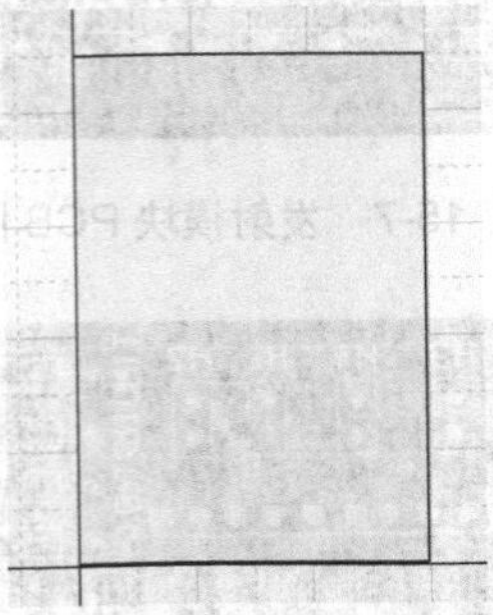

图 15-9 绘制矩形

(3) 绘制好矩形之后，就可以绘制引脚了，选择 Place | Pin 命令，进入引脚放置状态，在该状态下按 Tab 键，打开引脚属性设置对话框，如图 15-10 所示。将 Display Name 设置为 VDD，将 Designator 设置为 1，Electrical Type 设置为 Passive，Orientation 设置为 0 Degrees，如图 15-10 所示。

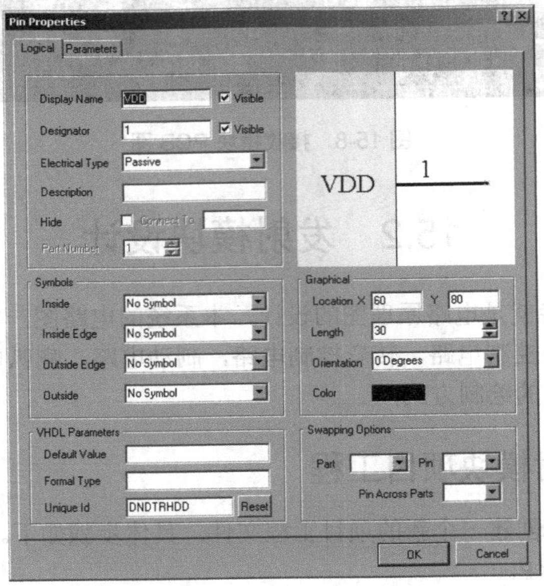

图 15-10 引脚属性设置对话框

(4) 按照步骤(3)放置其他的引脚，最终绘制的结果如图 15-11 所示。

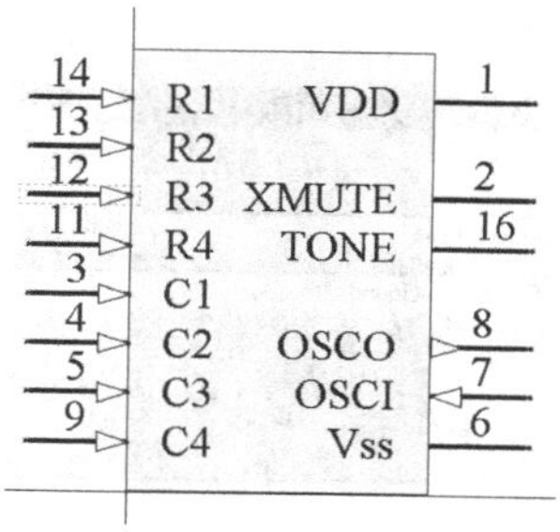

图 15-11 CIC9187

(5) 绘制好了元件之后，打开 SCH Library 控制面板，在该面板中，可以看到刚绘制的 CIC9187，双击该元件，打开元件属性设置对话框，在 Comment 组合框中输入“CIC9187”，在 Default Designator 文本框中输入“C?”，如图 15-12 所示。

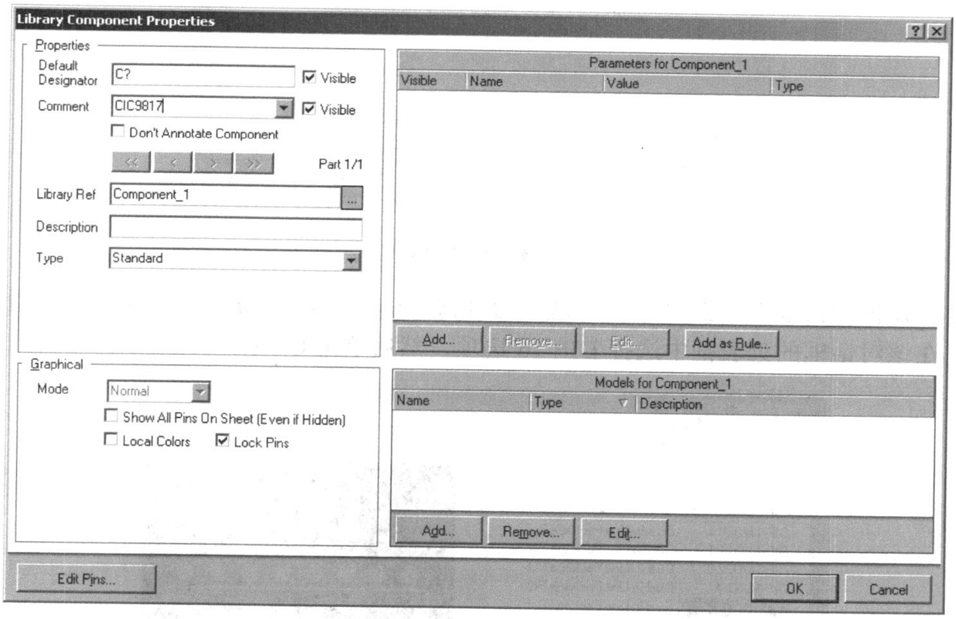

图 15-12 元件属性设置对话框

(6) 在 Models for Component_1 区域单击 Add 按钮，为该元件添加一个元件封装。系统弹出添加封装对话框，如图 15-13 所示。

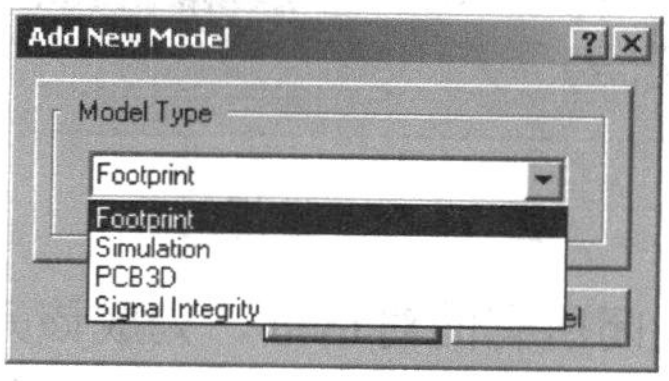

图 15-13 为元件添加封装

(7) 在添加封装对话框的下拉列表框中选择 Footprint 选项，单击 OK 按钮，系统打开 PCB Model 对话框，如图 15-14 所示。

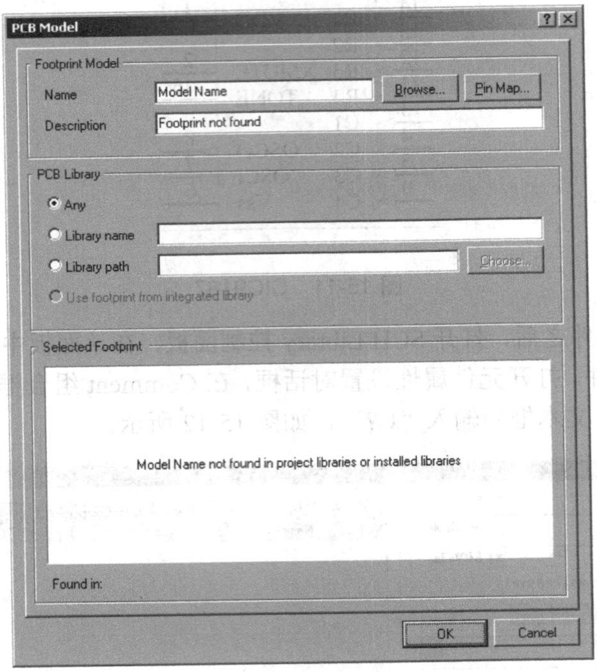

图 15-14　元件封装属性

(8) 在该对话框中单击 Browse 按钮，系统弹出 Browse Libraries 对话框，如图 15-15 所示，在该对话框的列表框中选择 DIP-16 选项，然后单击 OK 按钮。

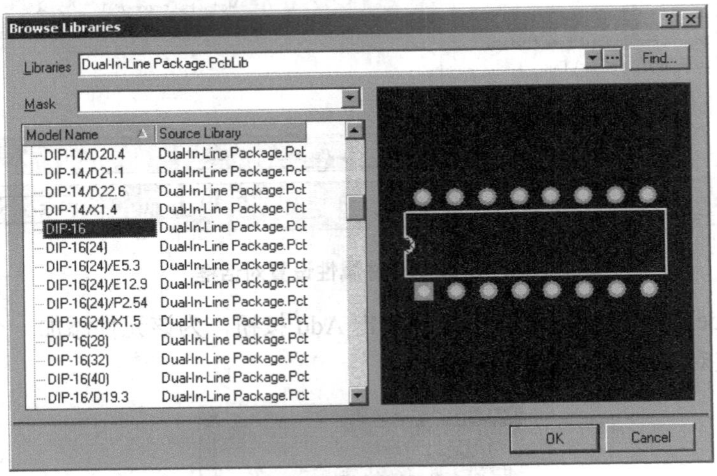

图 15-15　选择封装

(9) 一直单击 OK 按钮，关闭所有的对话框。完成该元件属性的设置。

按照上面的步骤，绘制元件 T630，绘制好的 T603 元件如图 15-16 所示。

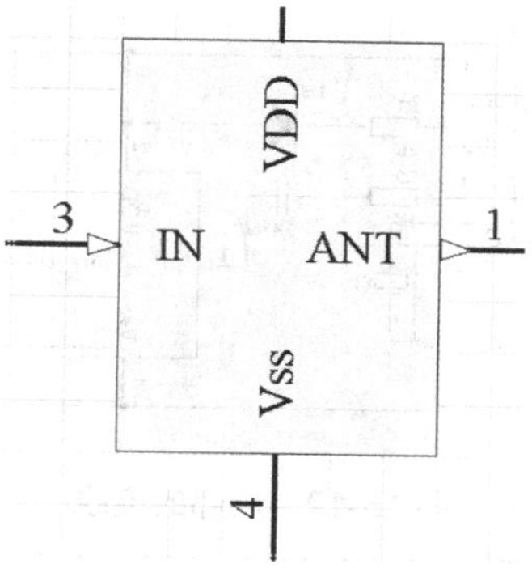

图 15-16　T630

15.2.3　绘制原理图

绘制完元件之后，就可以开始原理图的绘制了，具体步骤如下。

(1)　在项目文件夹上右击，在弹出的快捷菜单中选择 Add New to Project | Schematic 命令，新建一个原理图文件。

(2)　选择 File | Save 命令，将文件命名为“发射模块”。保存文件。

(3)　首先放置主要的元件，即 CIC9187 和 T630。在 SCH Library 控制面板中选中该元件，单击 Place 按钮，将元件放置在合适的位置，如图 15-17 所示。

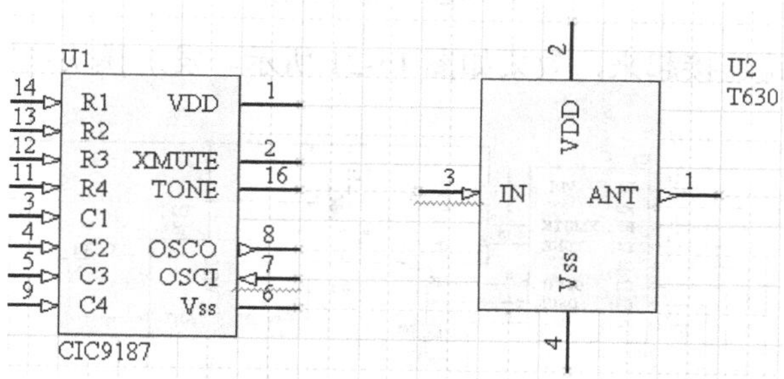

图 15-17　放置主要元件

(4)　放置好主要元件之后，就可以在其周围放置小元件了，放置结果如图 15-18 所示。

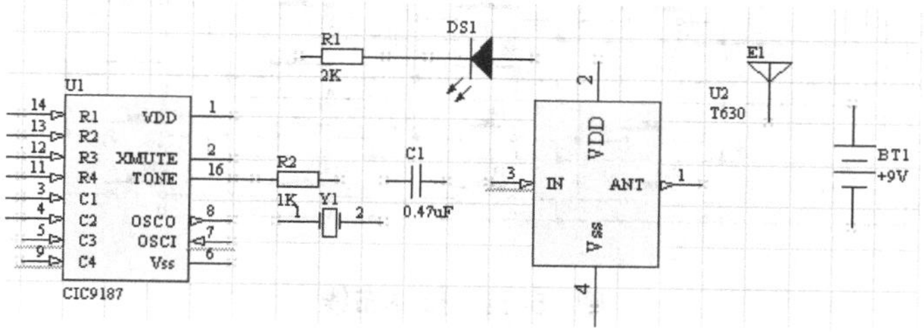

图 15-18　布置周边元件

(5)　选择 Place | Wire 命令，绘制导线，将这些元件连接起来，效果如图 15-19 所示。

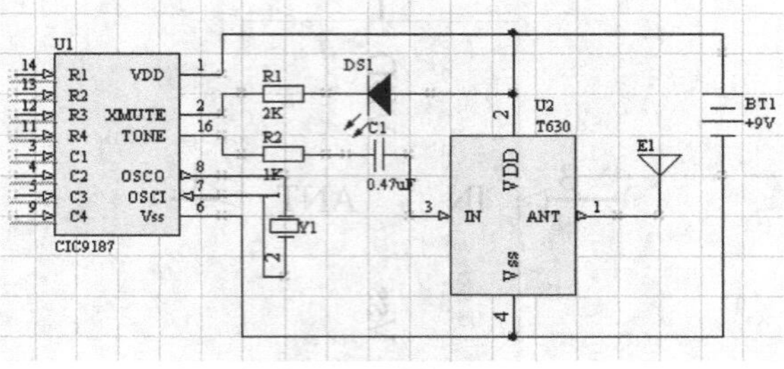

图 15-19 局部的连线

(6) 该部分绘制好了之后，就可以绘制其他的部分了，效果如图 15-20 所示。

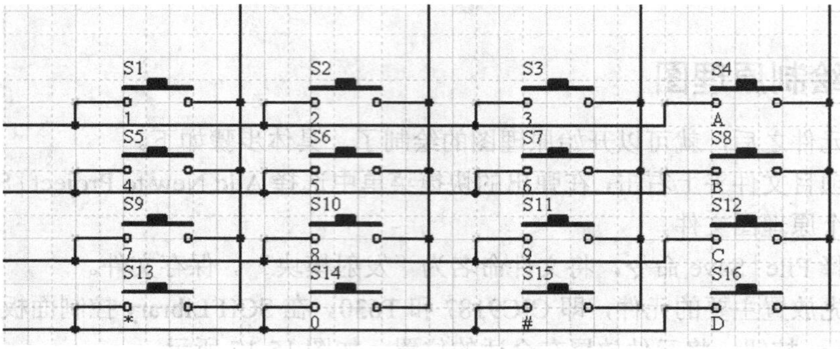

图 15-20 局部布线

(7) 将两部分电路连接起来，效果如图 15-21 所示。发射模块的原理图已经完成。

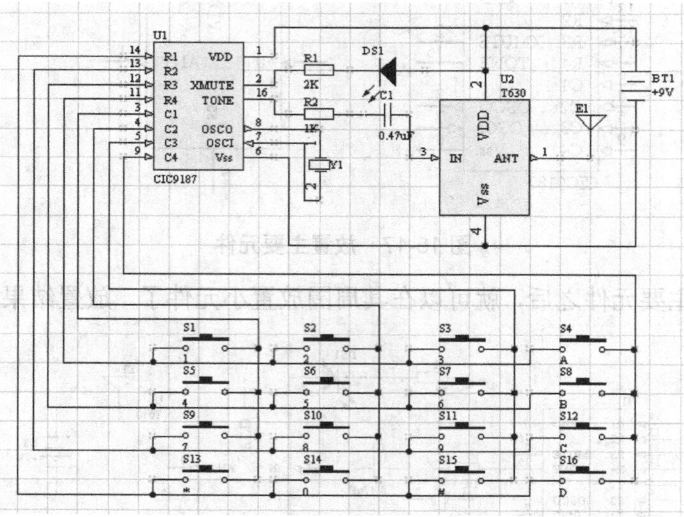

图 15-21 整体布线

15.2.4 编译项目

在完成原理图绘制后，就可以对原理图进行后期处理了。

首先编译项目，具体操作方式：选择 Project | Compile PCB Project 命令，系统开始编译项目，如果系统中存在错误，那么系统会弹出一个 Messages 对话框，根据错误提示更正原理图，继续编译项目，直到系统不再提示有错误为止。

然后生成元件报表，具体操作方法如下。

(1) 选择 Reportes | Bill of Materials 命令，弹出元件报表操作对话框，如图 15-22 所示。

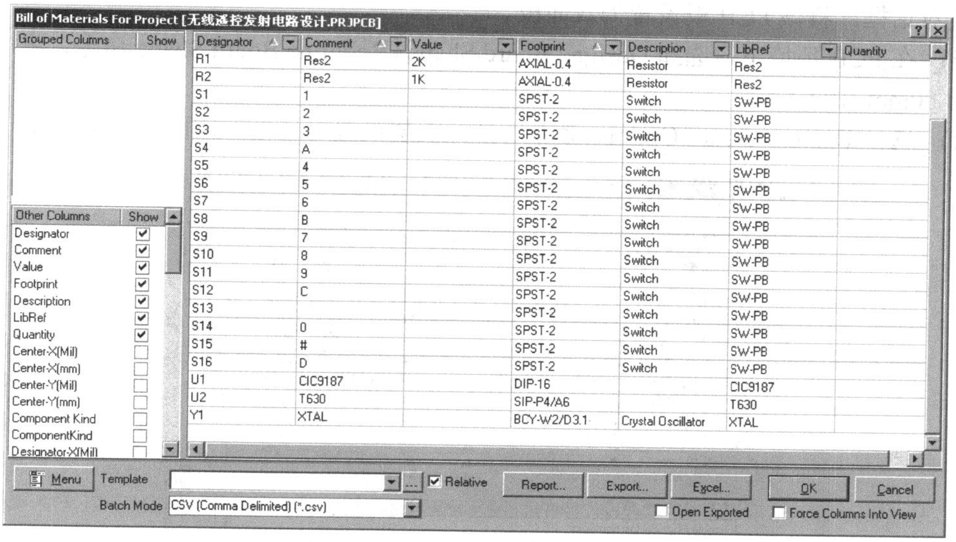

图 15-22　元件报表操作对话框

(2) 生成原理图的网络表，网络表是生成 PCB 的主要依据。选择 Design | Netlist For Project | Protel 命令，系统生成一个与原理图同名、扩展名为.NET 的网络表文件，如图 15-23 所示。

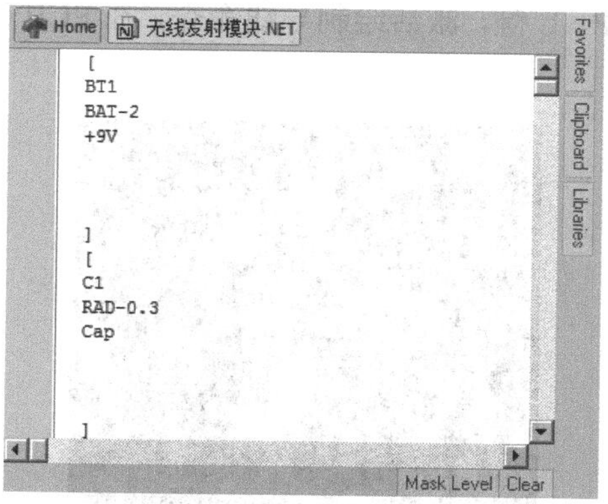

图 15-23　生成网络表文件

15.2.5　设置电路板

绘制好了原理图之后，就可以根据原理图来生成 PCB 图了，在生成 PCB 图之前，首先要对 PCB 图纸进行必要的设置，具体操作步骤如下。

(1) 在项目文件夹上右击，在弹出的快捷菜单中选择 Add New to Project | PCB 命令，在该项目下新建一个 PCB 文件。

(2) 选择 File | Save As 命令，保存刚新建的 PCB 文件，并将文件命名为“发射模块.PCBDoc”。

(3) 在该 PCB 文件编辑环境下，选择 Design | Layer Stack Manager 命令，打开 PCB 板层设置对话框，将该 PCB 板设置为双面板。

(4) 在 PCB 环境下，选择 Design | Board Shape | Redefine Board Shape 命令，将电路板设置为 80mm×100mm。

(5) 选择 Design | Board Options 命令，打开板层设置对话框，如图 15-24 所示。

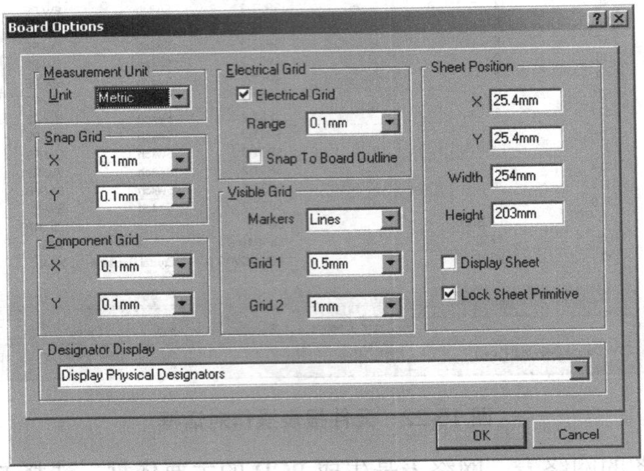

图 15-24　板层设置对话框

(6) 单击 PCB 编辑器下面的 Mechanical1 标签，将 Mechanical1 设置为当前工作层。

(7) 在该工作层中按 P、L 键，激活绘制导线命令，在 PCB 图纸上绘制一个矩形边框，如图 15-25 所示。

图 15-25　绘制电路板边框

(8) 切换到 Keep-Out Layer 层，在该工作层中按 P、L 键，激活绘制导线命令，在 PCB 图纸上绘制一个矩形边框。

(9) 在该层按两次 P 键，激活放置焊盘的命令，此时，系统处于放置焊盘的状态，按下 Tab 键，打开焊盘属性设置对话框，如图 15-26 所示。

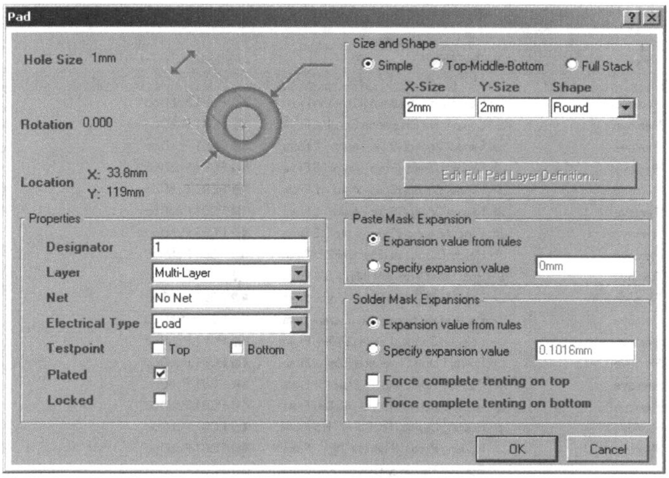

图 15-26　焊盘属性设置

(10) 设置好焊盘属性后，单击 OK 按钮，在矩形框内放置四个焊盘，如图 15-27 所示。到此，电路板已经设置好了。

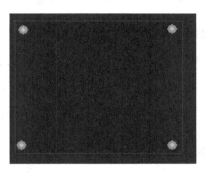

图 15-27　放置焊盘

15.2.6　载入元件封装

在完成电路板的设置之后，就可以开始装入元件封装了，具体操作步骤如下。

(1) 选择 Design | Import Changes From 发射模块.PRJPCB 命令，系统开始载入网络表。

(2) 执行该命令后，系统会弹出一个元件封装和网络表的载入对话框，如图 15-28 所示。

(3) 单击 Validate Changes 按钮，确定元件封装的载入，如果有元件封装不能载入，会在该元件后显示⊗标志。此时可以返回到原理图中检查该元件的封装。

(4) 修改完成后，重新生成网络表，重复步骤(3)，直到所有元件封装都能正常载入，然后单击 Execute Changes 按钮，载入元件封装，如图 15-29 所示。

(5) 单击 Close 按钮，关闭该对话框，此时，元件封装已经载入到 PCB 图中了，如图 15-30 所示。

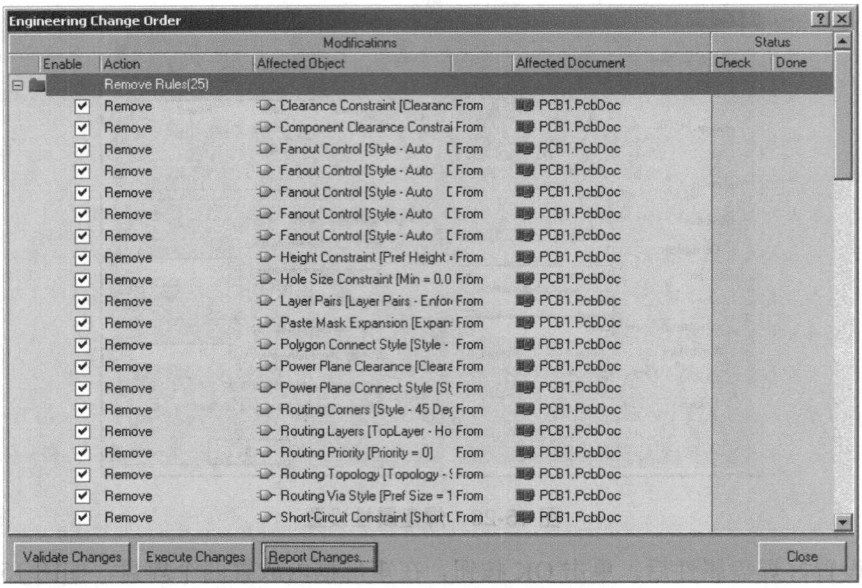

图 15-28　载入封装操作对话框

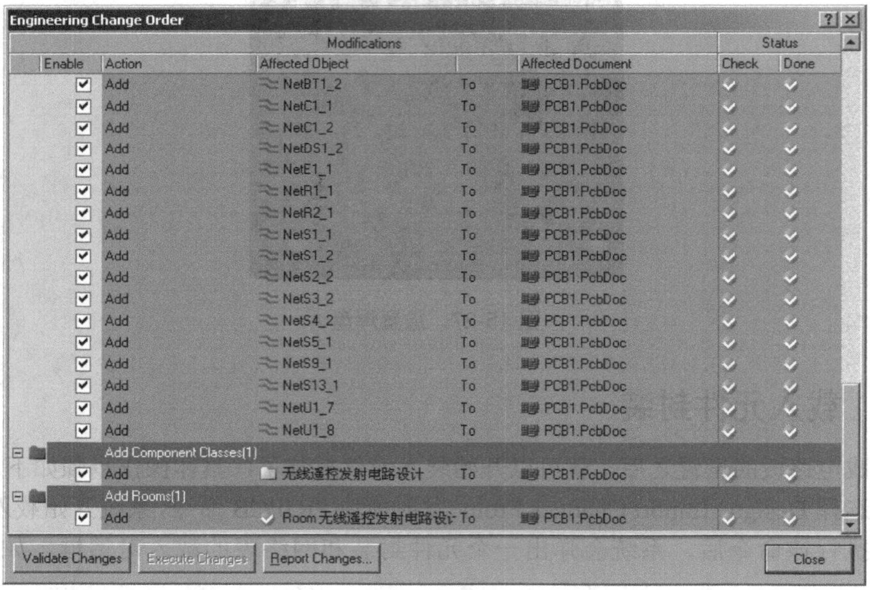

图 15-29　载入封装

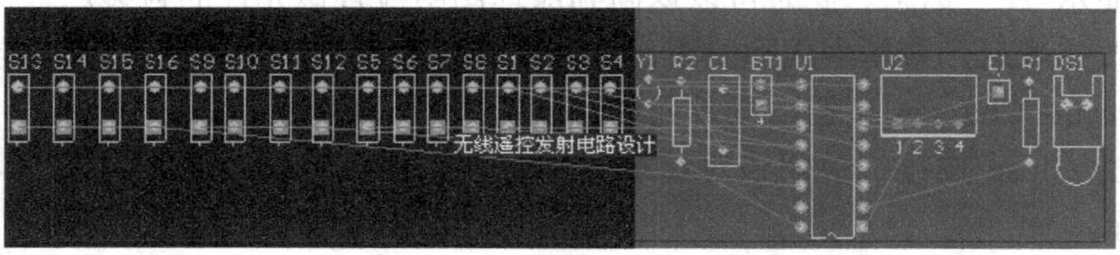

图 15-30　载入封装效果

15.2.7　手动布局与标注调整

载入网络表和元件封装之后，就可以进行 PCB 板的布局了，一般布局都是先进行自动布局，然后再进行手动调整的，在本例中，由于元件封装的数量不多，因此在本例中没有进行自动布局，而是直接进行手动布局，具体操作步骤如下。

根据原理图的连接关系，将具有相近连接的元件封装尽量放到一起，完成手动布局后的 PCB 图，如图 15-31 所示。调整边框线，使边框的大小尽量接近元件。

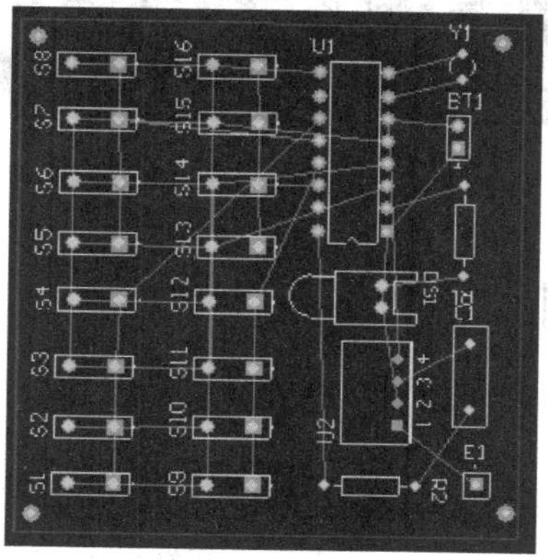

图 15-31　手动调整效果

到此为止，整个 PCB 板的手动布局已经完成了。下面开始进行元件封装标注的调整，具体步骤如下。

(1) 选择 PCB 中所有的元件封装，然后选择 Tools | Interactive Placement | Position Component Text 命令。系统弹出一个元件标注设置对话框，如图 15-32 所示。

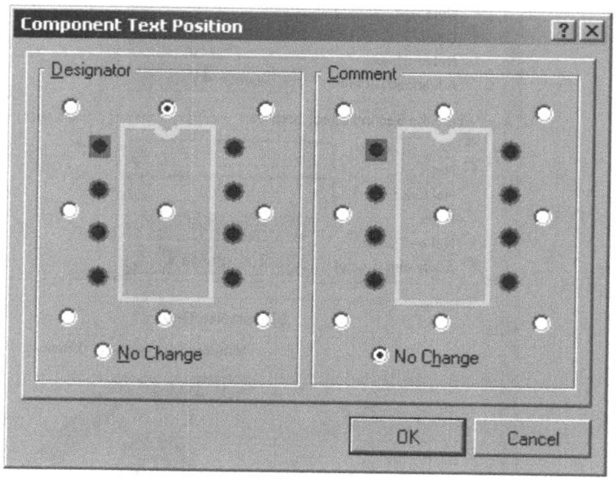

图 15-32　元件标注设置对话框

(2) 完成设置后的 PCB 板如图 15-33 所示。

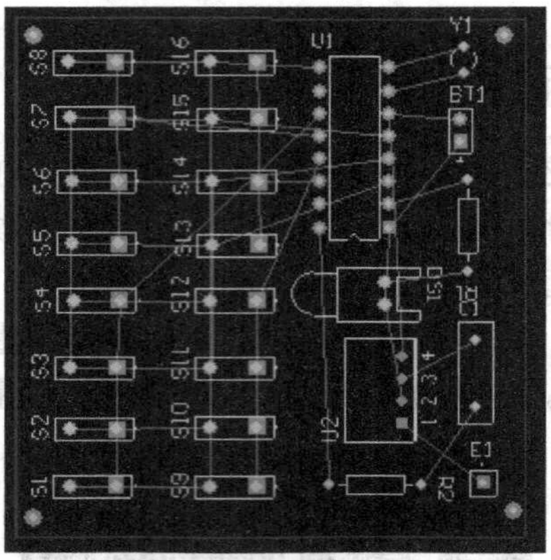

图 15-33　调整标注后的效果

15.2.8　设置布线规则

完成布局之后，就可以开始布线了，在布线之前，要先设置好布线规则，具体操作方法如下。

(1) 在 PCB 编辑环境中，选择 Design | Rules 命令，系统弹出如图 15-34 所示的对话框。

(2) 选择 Electrical 中的 Clearance 子选项，并新建一个 Clearance 规则，在该规则中将 Minimum Clearance 设置为 0.3mm，如图 15-34 所示。

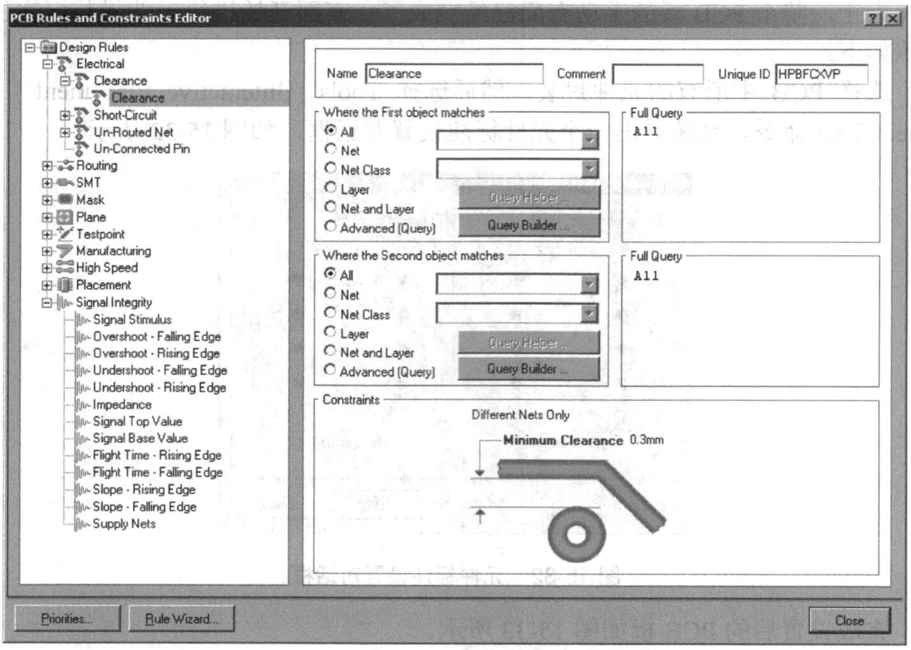

图 15-34　Clearance 规则设置界面

(3) 选择 Routing 的 Width 子选项，并新建一个 Width 规则，在该规则中将 Min Width 设置为 0.2mm，将 Preferred Width 设置为 0.3mm，将 Max Width 设置为 0.5mm，如图 15-35

所示。

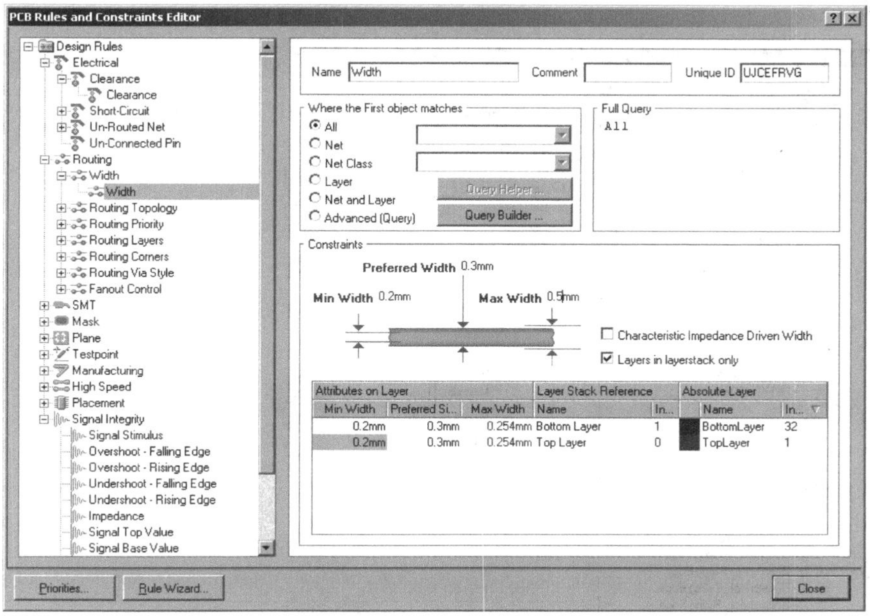

图 15-35　线宽设置

(4) 在 Width 子选项上新建一个规则，打开此规则，在其右边的设置栏中将 Name 设置为 Power，选中 Net 单选按钮，在其右边的下拉列表框中选择 NetBT1_1 选项，将 Preferred Width 设置为 0.5mm。将 Max Width 设置为 0.8mm，使用 Query Builder 扩展到所有电源网络，设置好后，如图 15-36 所示。

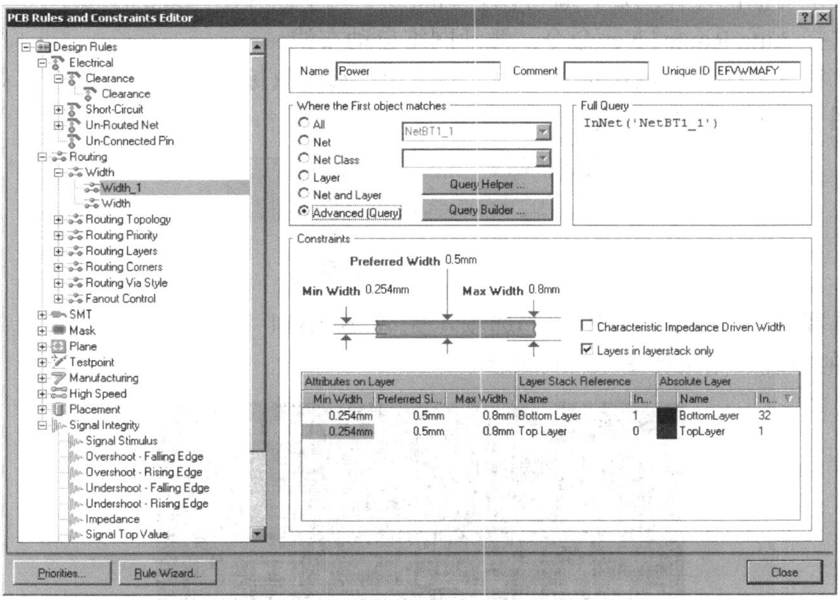

图 15-36　电源布线规则设置

(5) 选择 Routing 的 Routing Via Style 子选项，在该选项界面中设置过孔尺寸，如图 15-37 所示。

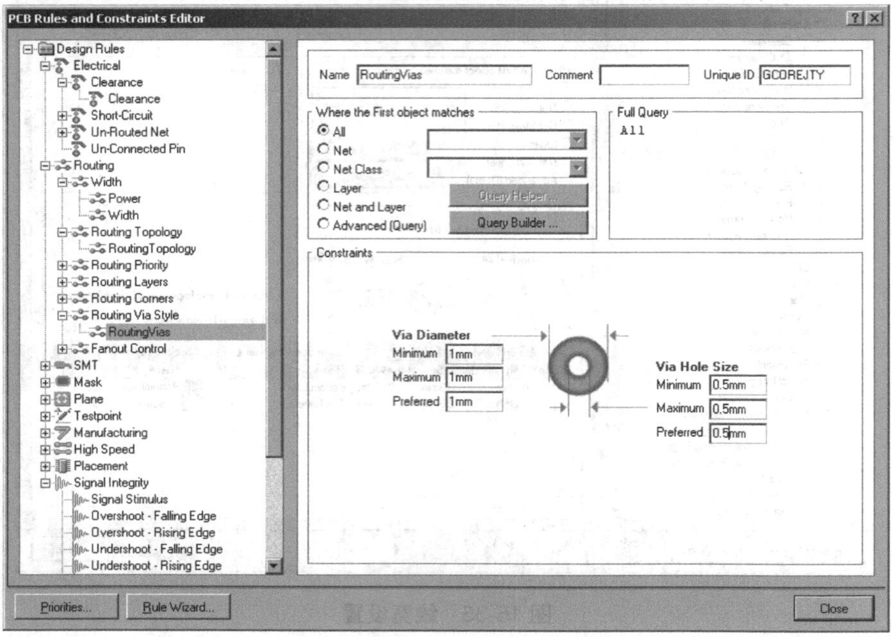

图 15-37 焊盘设置

15.2.9 电源线与自动布线

在完成了前面的操作之后，就可以开始布线了，下面介绍布线的步骤。

(1) 选择 Auto Route | Net 命令，激活网络自动布线。

(2) 执行该命令后，鼠标指针变成十字形状，移动鼠标指针到 NetBT1_1 处单击，系统弹出如图 15-38 所示的网络选项。

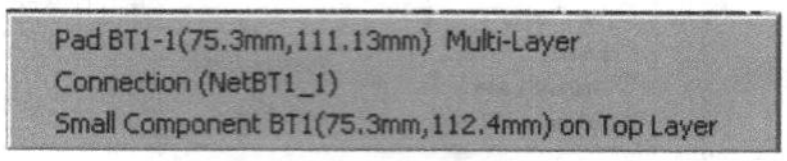

图 15-38 网络选项

(3) 选择 Connection(NetBT1_1)选项，完成 NetBT1_1 的布线，重复该步骤，完成 NetBT1_2 的布线，结果如图 15-39 所示。

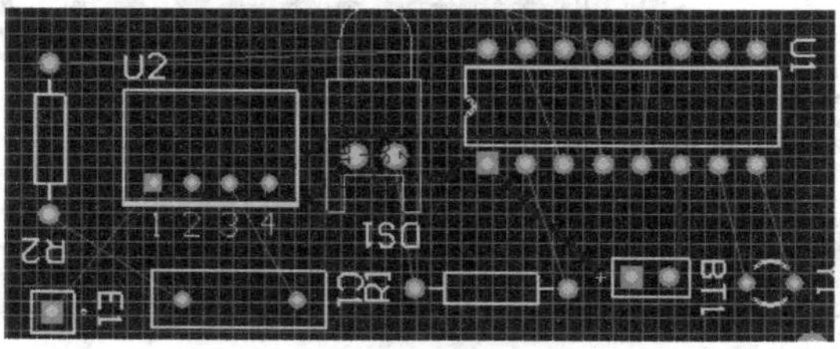

图 15-39 网络布线结果

(4) 选择 Auto Route | Setup 命令，系统弹出自动布线参数设置对话框，如图 15-40 所示，可以看到布线结果与布线规则的冲突，根据提示信息，修改布线规则，修改后，选择 Auto Route | All 命令，执行该命令后，系统弹出确认布线规则对话框，单击 OK 按钮，开始布线。

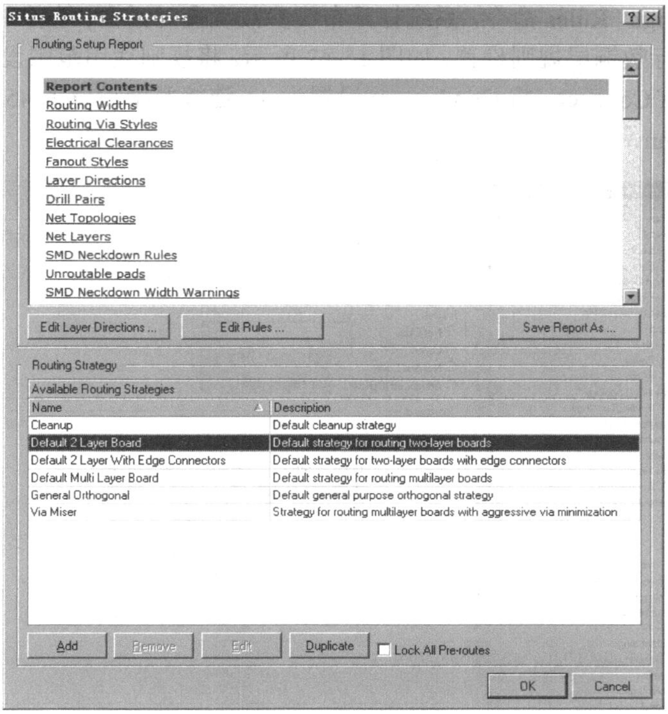

图 15-40　自动布线参数设置

(5) 完成自动布线后，根据布线效果确定是否要对布线的结果进行手动调整，手动调整后的效果如图 15-41 所示。

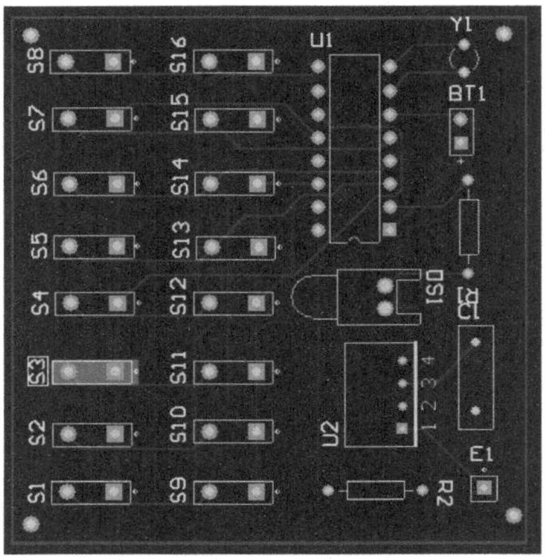

图 15-41　手动调整布线结果

15.2.10 敷铜

为了加强电路板的抗干扰能力，需要对电路板进行敷铜处理。下面具体介绍敷铜的步骤。

(1) 选择 Design | Rules 命令，系统打开布线参数设置对话框。选择 Plane 中的 Polygon Connect Style，进行敷铜层规则设置，如图 15-42 所示。将规则适用范围设置为 All，Connect Style 设置为 Relief Connect，将 Conductors 设置为 4，连接类型设置为 45 Angle，Conductor Width 设置为 0.5mm，完成后关闭对话框。

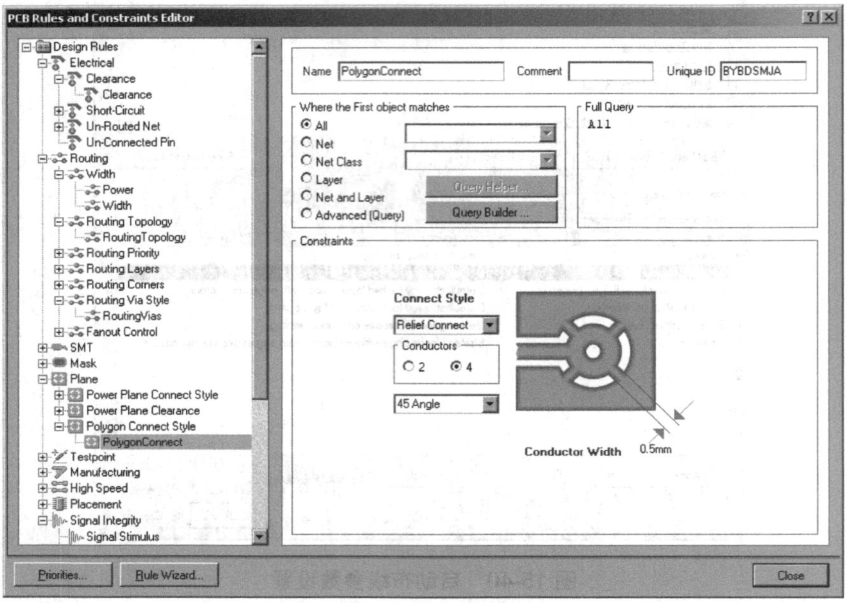

图 15-42 敷铜规则设置

(2) 选择 Place | Polygon Pour 命令，系统弹出敷铜层属性设置对话框，如图 15-43 所示，设置敷铜层属性。

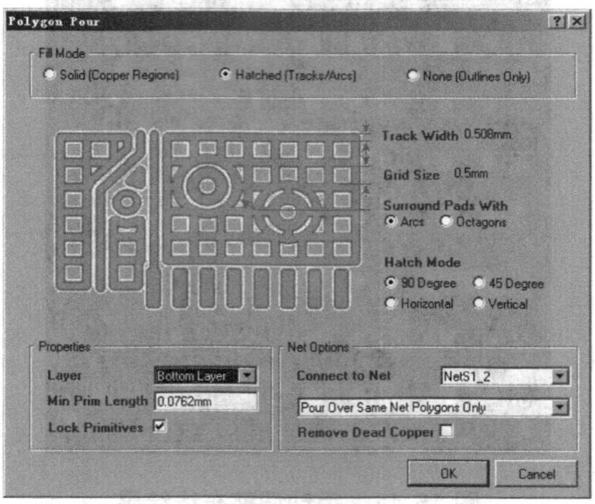

图 15-43 敷铜层属性设置

(3) 完成敷铜层属性设置后，单击 OK 按钮，此时鼠标指针变成十字形状，在 PCB 板上单击鼠标，将要敷铜的区域围成一个闭合的圈，结果如图 15-44 所示。

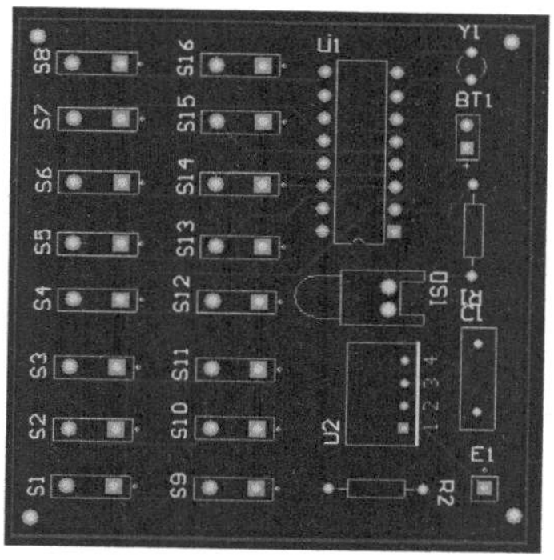

图 15-44　敷铜效果

提示： 如果对该结果不满意，可以双击敷铜层，系统弹出敷铜层属性对话框，单击 OK 按钮，系统弹出重做敷铜的对话框，单击 Yes 按钮，即可撤销敷铜。

(4) 选择 Tools | Teardrops 命令，弹出补泪滴操作对话框。如图 15-45 所示。

(5) 补泪滴是为了加强焊盘和导线的连接，单击 OK 按钮，即可完成补泪滴的操作，如图 15-46 所示。

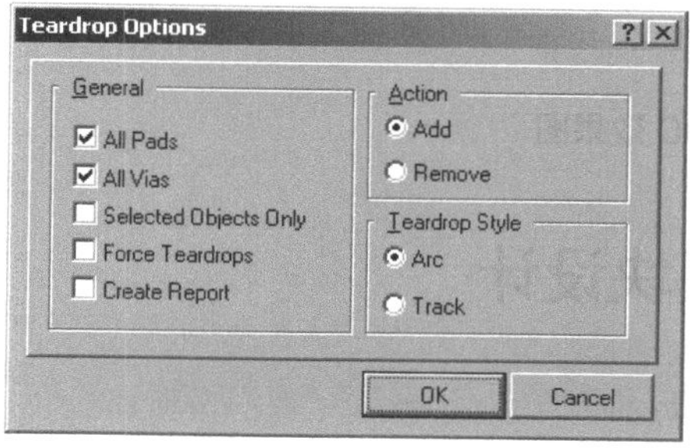

图 15-45　补泪滴操作对话框

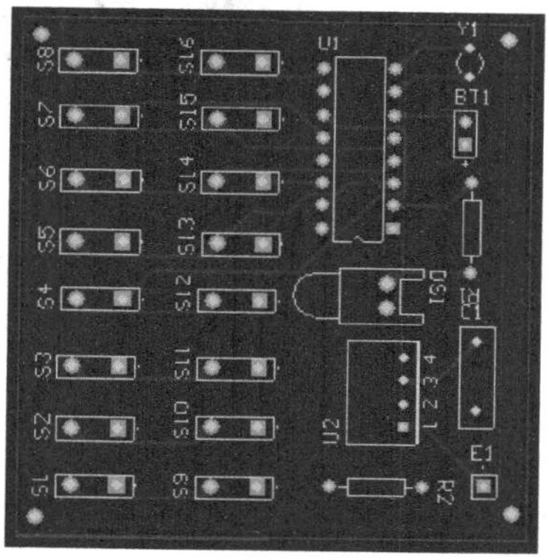

图 15-46　补泪滴效果

15.2.11　设计规则检查

在最后确定 PCB 的设置之前，还需要对 PCB 进行设计规则检查，以确定 PCB 板上没有设计性的错误、具体步骤如下。

(1) 选择 Tools | Design Rule Check 命令，系统会弹出一个设计规则检查对话框，在该对话框中设置检查规则。

(2) 完成相关的规则后，执行设计规则检查，结果如图 15-47 所示。

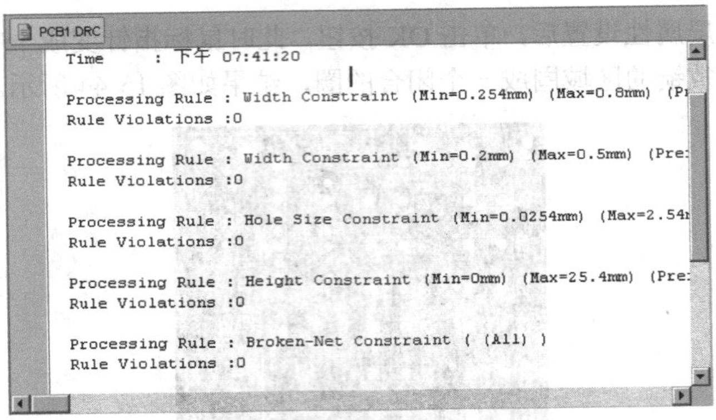

图 15-47　DRC 检查结果

15.2.12　3D 效果图

选择 View | Board in 3D 命令，可以查看该 PCB 的 3D 效果图，如图 15-48 所示。

图 15-48　PCB 的 3D 效果图

15.3　接收模块设计

完成了发射模块之后，下面开始设计接收模块。

15.3.1　创建接收模块项目工程

首先创建一个新的项目工程文件，具体步骤如下。

(1)　选择 File | New | Project | PCB Project 命令。

(2)　选择 File | Save As 命令，将文件命名为“无线接收模块”。

15.3.2　创建元件

在无线接收模块中，有四个元件需要用户自己创建，分别是 MAGNET、T631、UM66 和 YN9101。下面就详细介绍元件的创建步骤。

(1)　在项目文件上右击，在弹出的快捷菜单中选择 Add New to Project | Schematic

Library 命令，新建一个元件库文件，系统自动打开元件编辑面板。选择 Place | Rectangle 命令，绘制一个矩形，如图 15-49 所示。

(2) 选择 Place | Bezier 命令，执行绘制曲线命令，如图 15-50 所示。

(3) 按照上一步的方法继续绘制曲线，绘制的效果如图 15-51 所示。

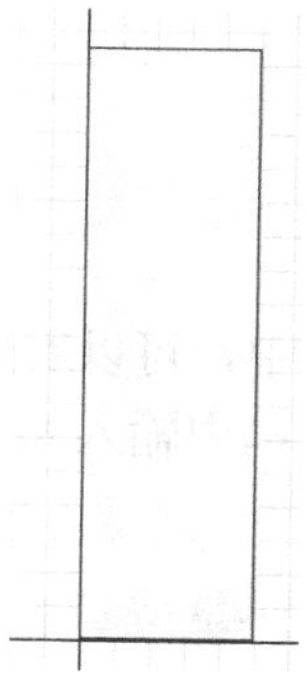

图 15-49　绘制矩形

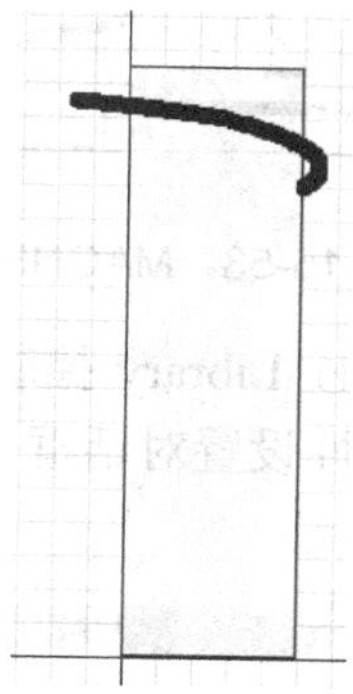

图 15-50　绘制曲线

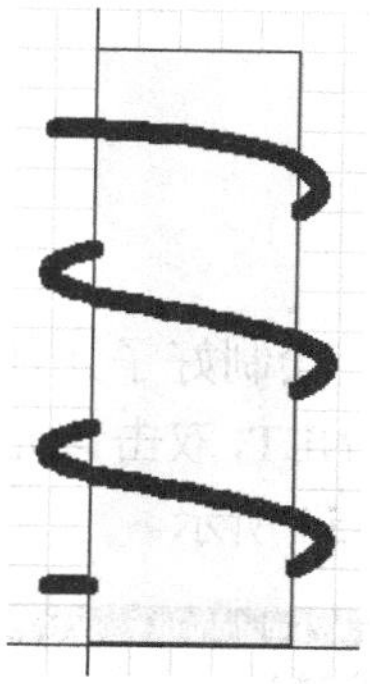

图 15-51　绘制曲线效果

(4) 绘制好曲线之后，就可以绘制引脚了，选择 Place | Pin 命令，进入引脚放置状态，在该状态下按 Tab 键，打开引脚属性设置对话框，如图 15-52 所示。将 Display Name 设置为空，将 Designator 设置为 1，Electrical Type 设置为 Passive，Orientation 设置为 180 Degrees。Length 设置为 20。

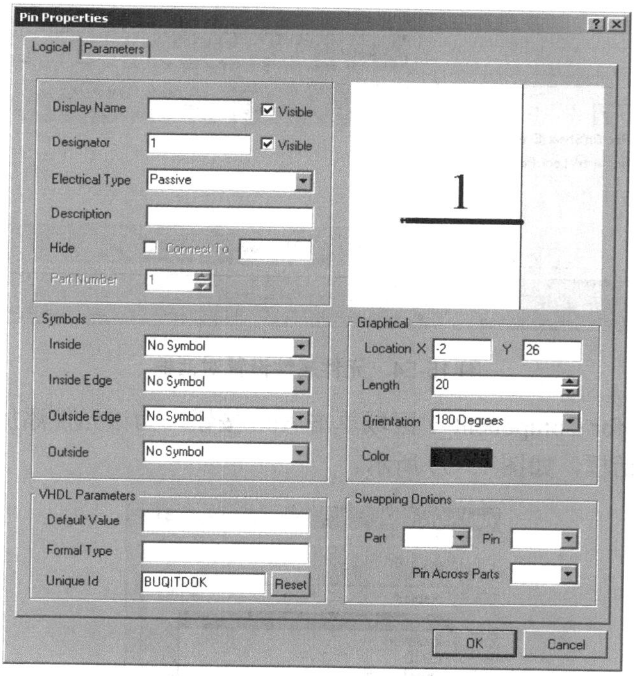

图 15-52　引脚属性设置对话框

(5) 按照步骤(3)、(4)放置其他的引脚。最终绘制的结果如图 15-53 所示。

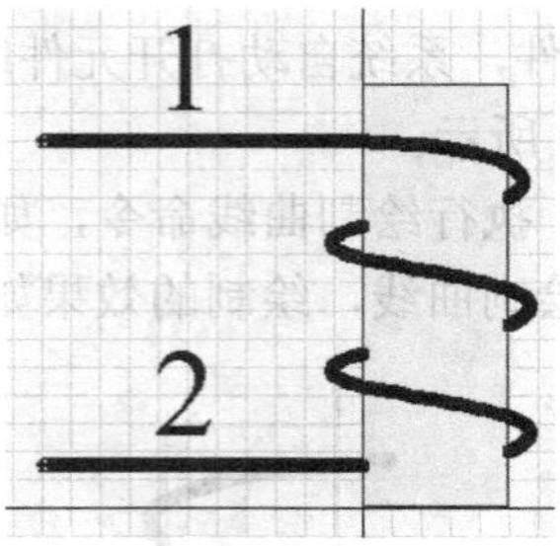

图 15-53　MAGNET

(6) 绘制好了元件之后，打开 SCH Library 控制面板，在该面板中，可以看到刚绘制的MAGNET，双击该元件，打开元件属性设置对话框，在Comment组合框中输入MAGNET，如图 15-54 所示。

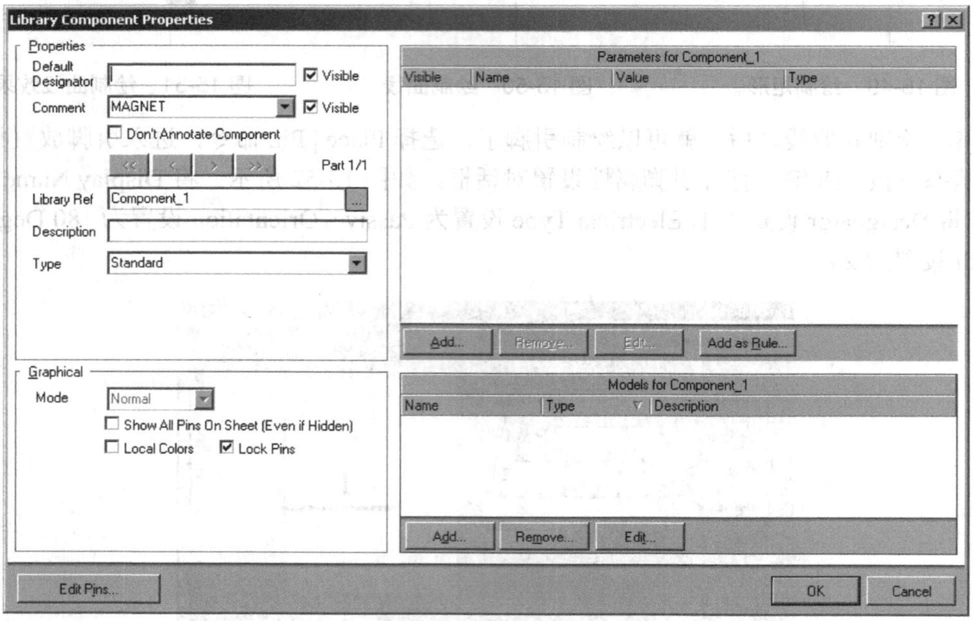

图 15-54　元件属性设置对话框

(7) 在 Models for Component_1 区域单击 Add 按钮，为该元件添加一个元件封装。系统弹出添加封装对话框，如图 15-55 所示。

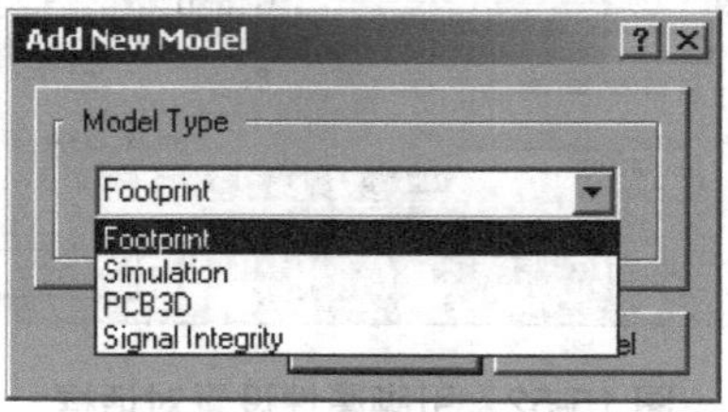

图 15-55　添加封装

(8) 在添加封装对话框的下拉列表框中选择 Footprint 选项，单击 OK 按钮，系统打开

PCB Model 对话框，如图 15-56 所示。

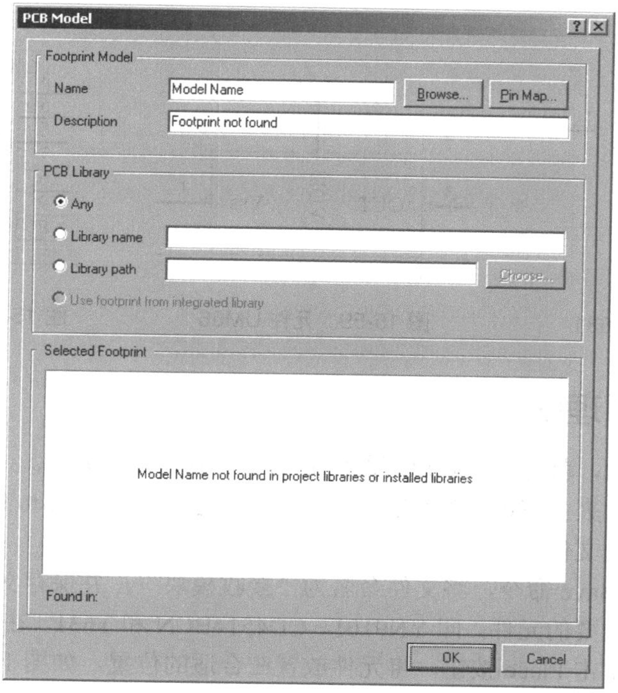

图 15-56　元件封装属性

(9) 单击 Browse 按钮，系统弹出一个 Browse Libraries 对话框，如图 15-57 所示，在该对话框的列表框中选择 PIN2 选项，然后单击 OK 按钮。

(10) 一直单击 OK 按钮，关闭所有的对话框，已完成该元件属性的设置。

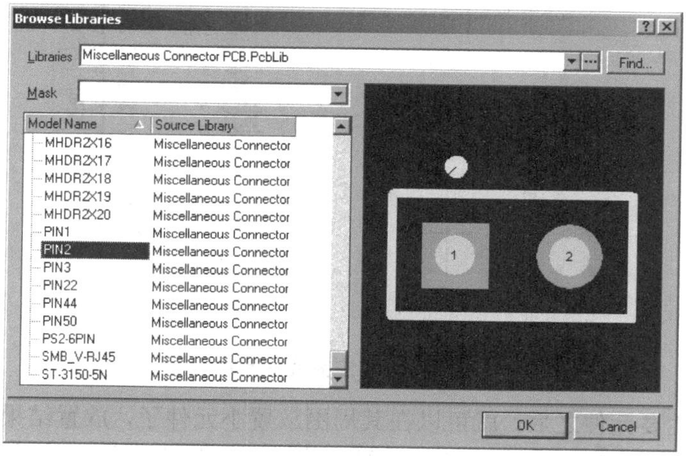

图 15-57　选择封装

按照上面的步骤，绘制元件 T631(如图 15-58 所示)、UM66(如图 15-59 所示)以及 YN9101(如图 15-60 所示)。

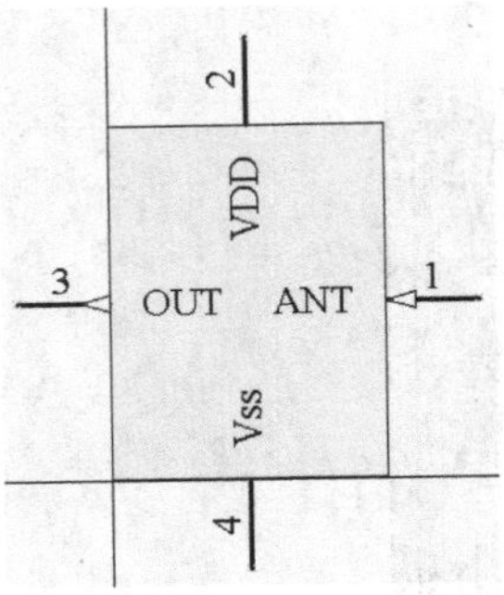

图 15-58　元件 T631

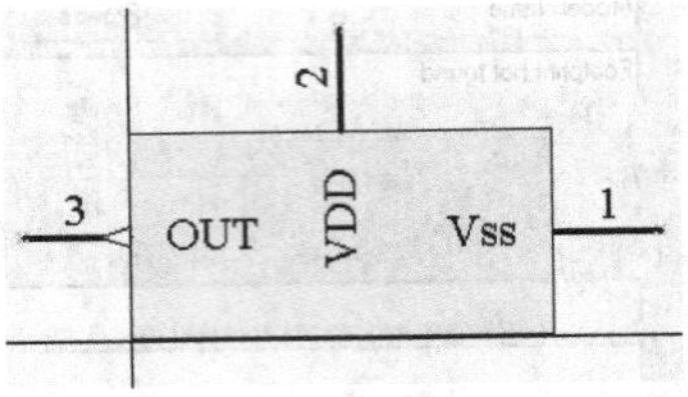

图 15-59　元件 UM66

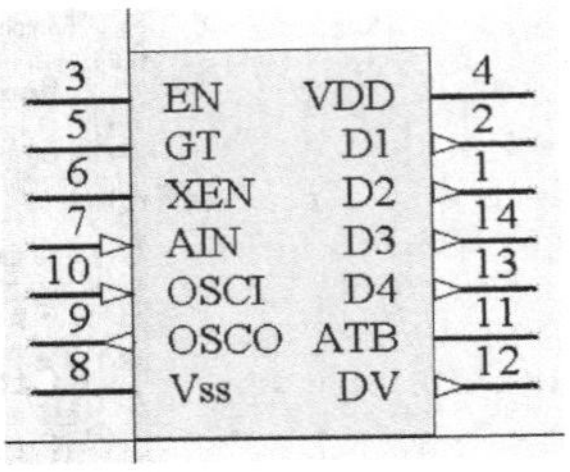

图 15-60　元件 YN9101

15.3.3　绘制原理图

绘制完元件之后，就可以开始原理图的绘制了，具体步骤如下。

(1)　在项目文件夹上右击，在弹出的快捷菜单中选择 Add New to Project | Schematic 命令，新建一个原理图文件。

(2)　选择 File | Save 命令，将文件命名为“接收模块”，并保存文件。

(3)　首先放置主要的元件，即 YN9101、CD4514BCN 和 T631。在 SCH Library 控制面板中选中该元件，单击 Place 按钮，将元件放置在合适的位置，如图 15-61 所示。

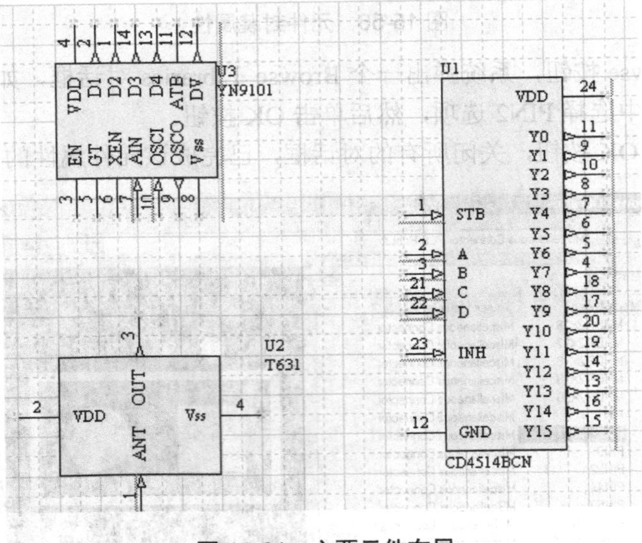

图 15-61　主要元件布局

(4)　放置好主要元件之后，就可以在其周围放置小元件了，放置结果如图 15-62 所示。

(5)　选择 Place | Wire 命令，绘制导线，将这些元件连接起来，最终效果如图 15-63 所示。

(6)　接收模块的原理图已经完成。按照上面的方式，绘制制动模块(如图 15-64 所示)、喇叭控制模块(如图 15-65 所示)、转向控制模块(如图 15-66 所示)和进退控制模块(如图 15-67 所示)。

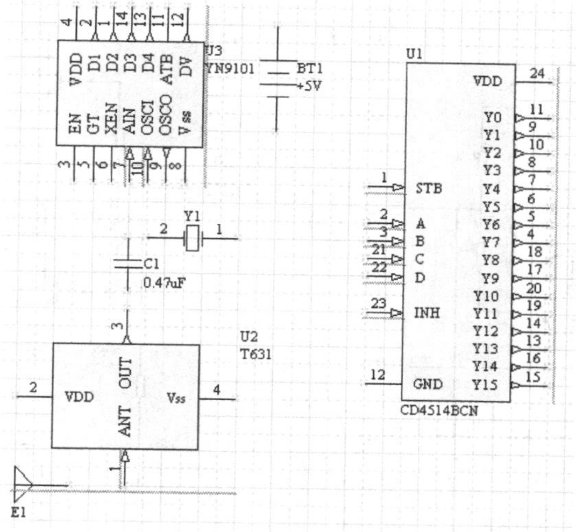

图 15-62　布置周边元件

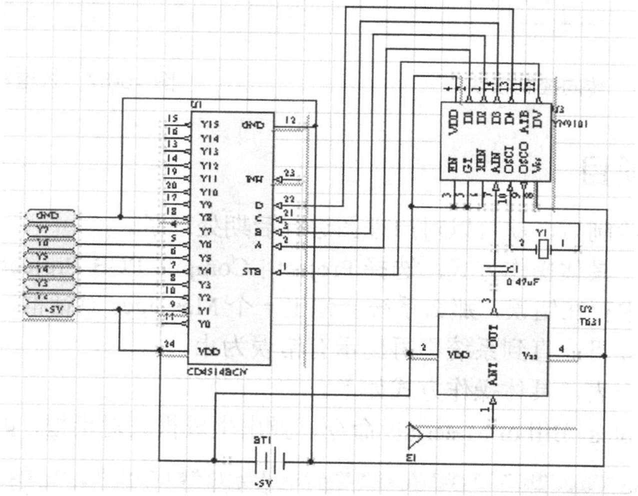

图 15-63　连接元件

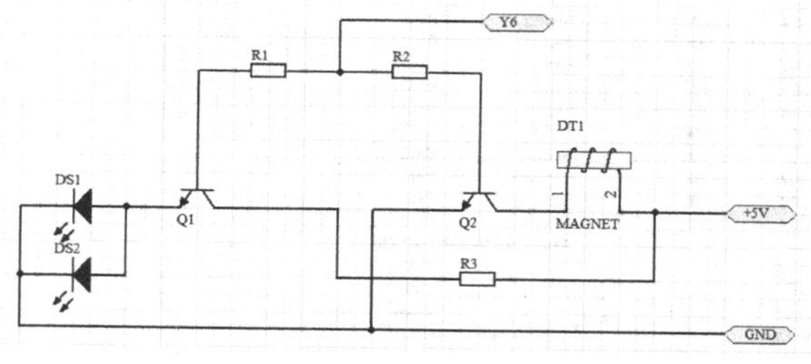

图 15-64　制动模块

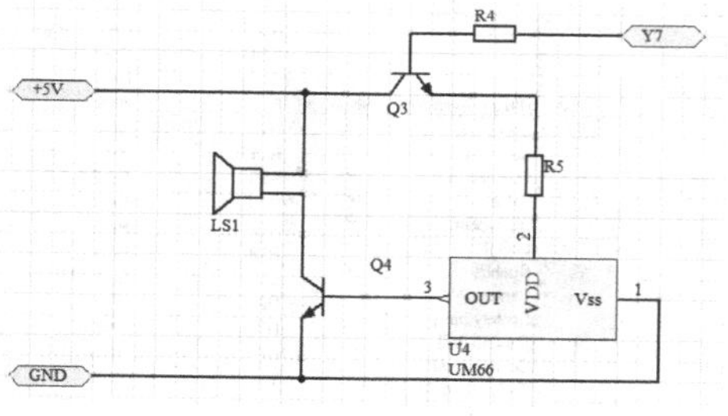

图 15-65　喇叭控制模块

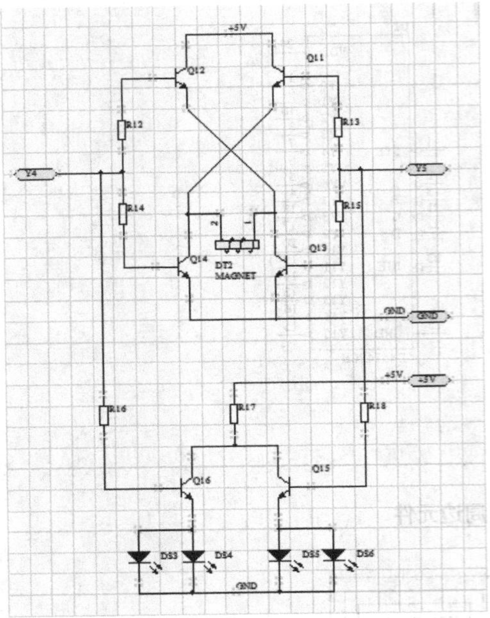

图 15-66 转向控制模块

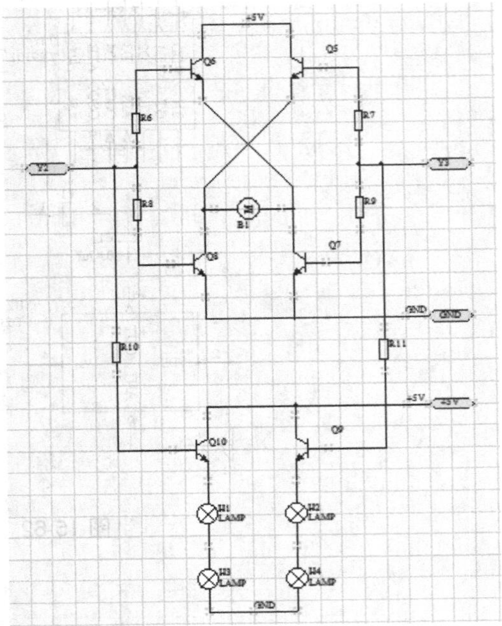

图 15-67 进退控制模块

15.3.4 编译项目

在完成原理图绘制后，就可以对原理图进行后期处理了。

首先编译项目，具体操作方式：选择 Project | Compile PCB Project 命令，系统开始编译项目，如果系统中存在错误，那么系统会弹出一个 Messages 对话框，根据错误提示更正原理图，继续编译项目，直到系统不再提示有错误为止。

然后生成元件报表，具体操作方式如下。

(1) 选择 Reprotes | Bill of Materials 命令，弹出生成报表对话框，如图 15-68 所示。

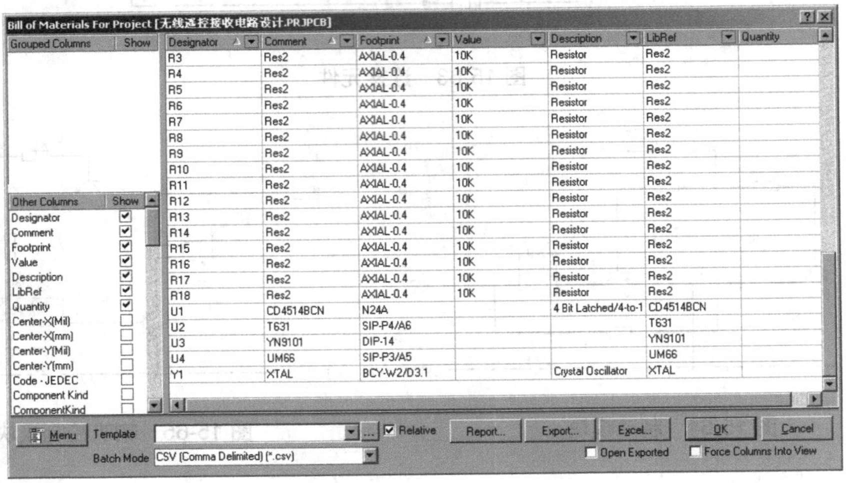

Designator	Comment	Footprint	Value	Description	LibRef	Quantity
R3	Res2	AXIAL-0.4	10K	Resistor	Res2	
R4	Res2	AXIAL-0.4	10K	Resistor	Res2	
R5	Res2	AXIAL-0.4	10K	Resistor	Res2	
R6	Res2	AXIAL-0.4	10K	Resistor	Res2	
R7	Res2	AXIAL-0.4	10K	Resistor	Res2	
R8	Res2	AXIAL-0.4	10K	Resistor	Res2	
R9	Res2	AXIAL-0.4	10K	Resistor	Res2	
R10	Res2	AXIAL-0.4	10K	Resistor	Res2	
R11	Res2	AXIAL-0.4	10K	Resistor	Res2	
R12	Res2	AXIAL-0.4	10K	Resistor	Res2	
R13	Res2	AXIAL-0.4	10K	Resistor	Res2	
R14	Res2	AXIAL-0.4	10K	Resistor	Res2	
R15	Res2	AXIAL-0.4	10K	Resistor	Res2	
R16	Res2	AXIAL-0.4	10K	Resistor	Res2	
R17	Res2	AXIAL-0.4	10K	Resistor	Res2	
R18	Res2	AXIAL-0.4	10K	Resistor	Res2	
U1	CD4514BCN	N24A		4 Bit Latched/4-to-1	CD4514BCN	
U2	T631	SIP-P4/A6			T631	
U3	YN9101	DIP-14			YN9101	
U4	UM66	SIP-P3/A5			UM66	
Y1	XTAL	BCY-W2/D3.1		Crystal Oscillator	XTAL	

图 15-68 生成报表对话框

(2) 生成原理图的网络表，网络表是生成 PCB 的主要依据。选择 Design | Netlist For Project | Protel 命令，系统生成一个与原理图同名，扩展名为.NET 的网络表文件，如图 15-69 所示。

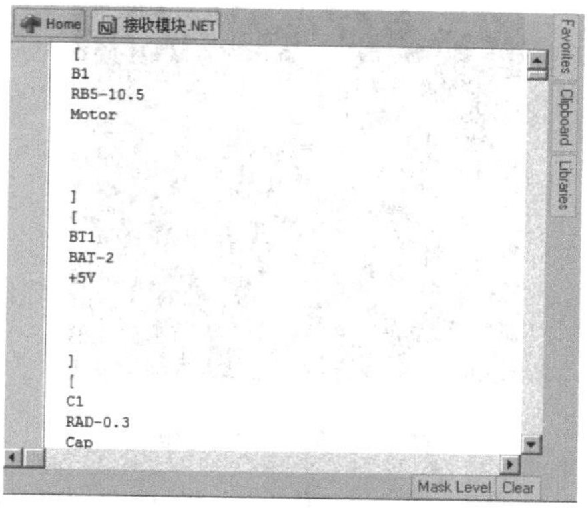

图 15-69　生成网络表

15.3.5　设置电路板

绘制好了原理图之后，就可以根据原理图来生成 PCB 图了，在生成 PCB 图之前，首先要对 PCB 图纸进行必要的设置，具体操作步骤如下。

(1) 在项目文件夹上右击，在弹出的快捷菜单中选择 Add New to Project | PCB 命令，在该项目下新建一个 PCB 文件。

(2) 选择 File | Save As 命令，保存刚新建的 PCB 文件，并将文件命名为“发射模块.PCBDoc”。

(3) 在该 PCB 文件编辑环境下，选择 Design | Layer Stack Manager 命令，打开 PCB 板层设置对话框。将该 PCB 板设置为双面板。

(4) 在 PCB 环境下，选择 Design | Board Shape | Redefine Board Shape 命令，将电路板设置为 120mm×120mm。

(5) 选择 Design | Board Options 命令，打开板层设置对话框，如图 15-70 所示。

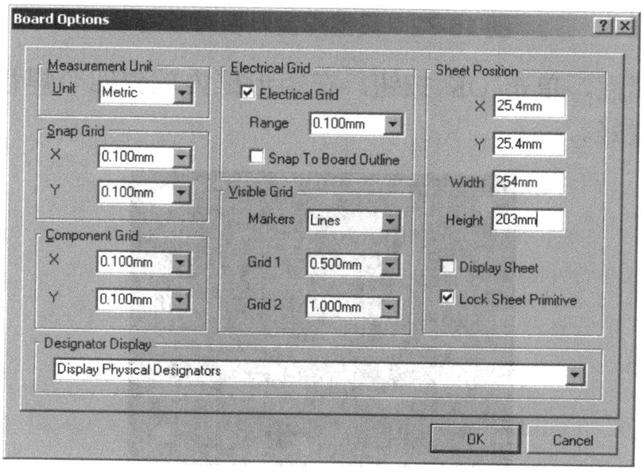

图 15-70　板层设置对话框

(6) 单击 PCB 编辑器下面的 Mechanical1 标签，将 Mechanical1 设置为当前工作层。

(7) 在该工作层中按 P、L 键，激活绘制导线命令，在 PCB 图纸上绘制一个矩形边框，如图 15-71 所示。

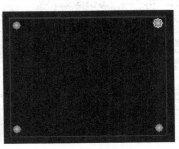

图 15-71 绘制边框

(8) 切换到 Keep-Out Layer 层，在该工作层中按 P、L 键，激活绘制导线命令，在 PCB 图纸上绘制一个矩形边框。

(9) 在该层按两次 P 键，激活放置焊盘的命令，此时，系统处于放置焊盘的状态，按下 Tab 键，打开焊盘属性设置对话框，如图 15-72 所示。

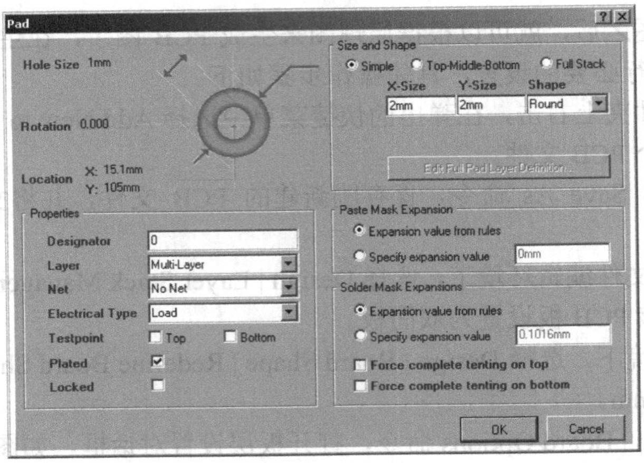

图 15-72 设置焊盘属性对话框

(10) 设置好焊盘属性，单击 OK 按钮，在矩形框内放置四个焊盘，如图 15-73 所示。到此，电路板已经设置好。

图 15-73 放置焊盘

15.3.6　载入元件封装

在完成了电路板的设置之后，就可以开始载入元件封装了，具体操作步骤如下。

(1)　选择 Design | Import Changes From 发射模块.PRJPCB 命令，系统开始载入网络表。

(2)　系统会弹出一个元件封装和网络表的载入对话框，如图 15-74 所示。

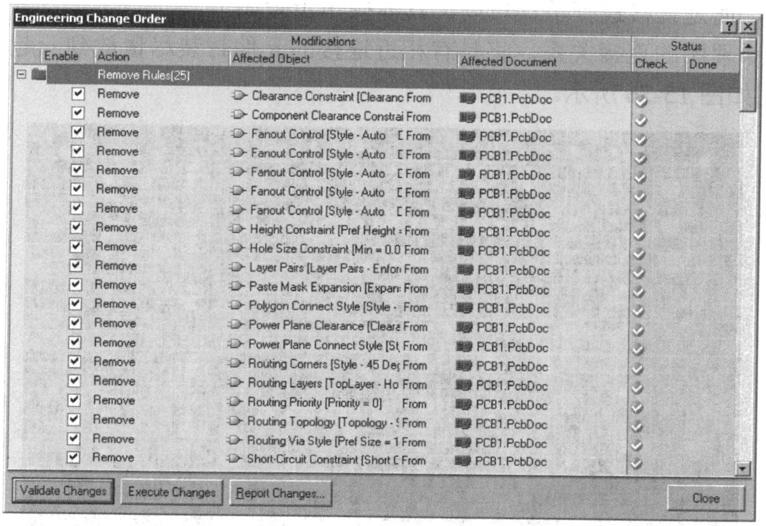

图 15-74　准备载入元件封装

(3)　单击 Validate Changes 按钮，确定元件封装的载入，如果有元件封装不能载入，会在该元件后显示⊗标志。此时可以返回到原理图中检查该元件的封装。

(4)　修改完成后，重新生成网络表，重复步骤(3)，直到所有元件封装都能正常载入，然后单击 Execute Changes 按钮，确定载入元件封装，如图 15-75 所示。

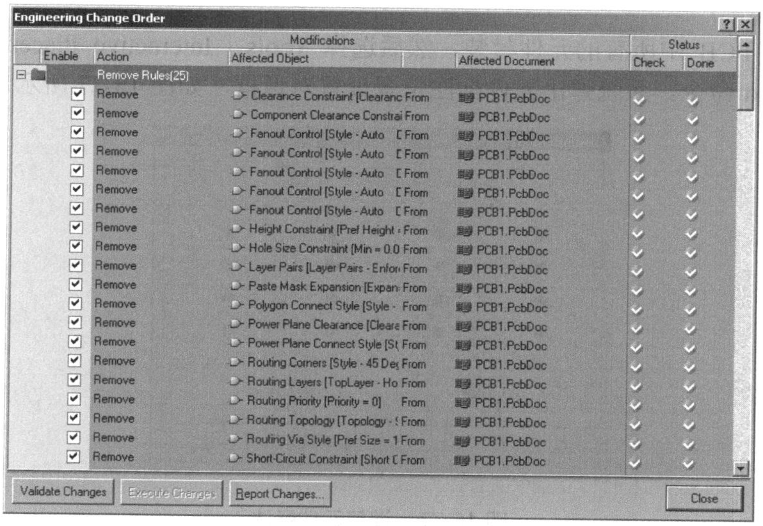

图 15-75　确定载入元件封装

(5) 单击 Close 按钮，关闭该对话框，此时，元件封装已经载入到 PCB 图中了。

15.3.7 手动布局与标注调整

载入网络表和元件封装之后，就可以进行 PCB 板的布局了，一般布局都是先进行自动布局，然后再进行手工调整的，在本例中，由于元件封装的数量不多，因此在本例中没有进行自动布局，而是直接进行手动布局，具体操作步骤如下。

(1) 根据原理图的连接关系，将具有相近连接的元件封装尽量放到一起，完成手动布局后的 PCB 图如图 15-76 所示。

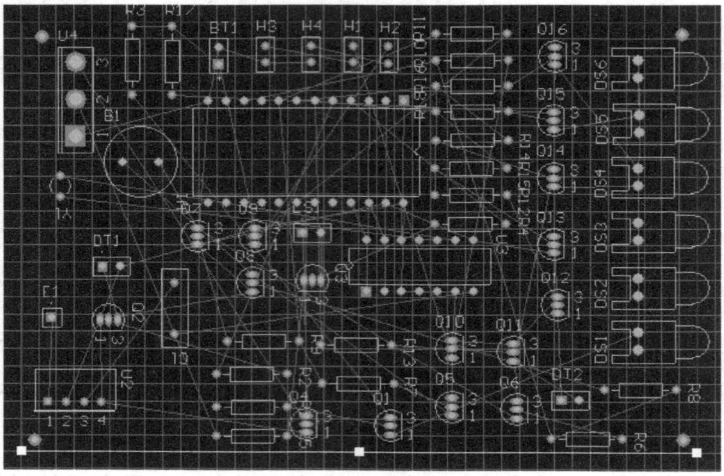

图 15-76 手动布线

(2) 调整边框线，使边框的大小尽量接近元件。

到此为止，整个 PCB 板的手动布局已经完成了。下面开始进行元件封装标注的调整，具体步骤如下。

(1) 选择 PCB 中所有的元件封装，然后选择 Tools | Interactive Placement | Position Component Text 命令。系统弹出元件标注位置设置对话框，如图 15-77 所示。

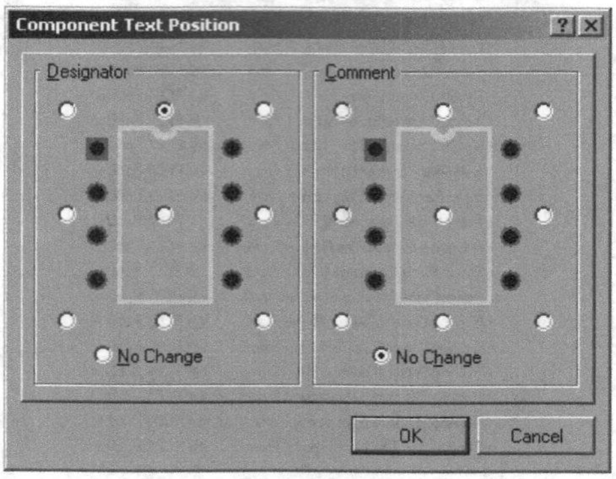

图 15-77 调整元件标注

(2) 完成设置后的 PCB 板如图 15-78 所示。

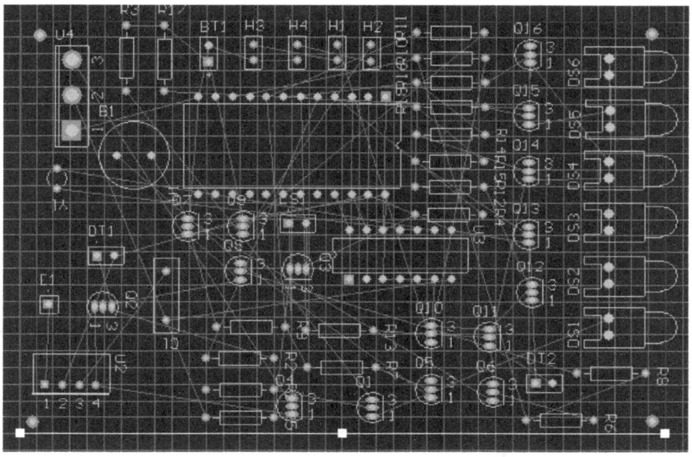

图 15-78　调整标注结果

15.3.8　设置布线规则

完成布局之后，就可以开始布线了，在布线之前，要先设置好布线规则，具体操作方法如下。

(1)　在 PCB 编辑环境中，选择 Design | Rules 命令，系统弹出如图 15-79 所示的对话框。

(2)　选择 Electrical 中的 Clearance 子选项，并新建一个 Clearance 规则，在该规则中将 Minimum Clearance 设置为 0.3mm，如图 15-79 所示。

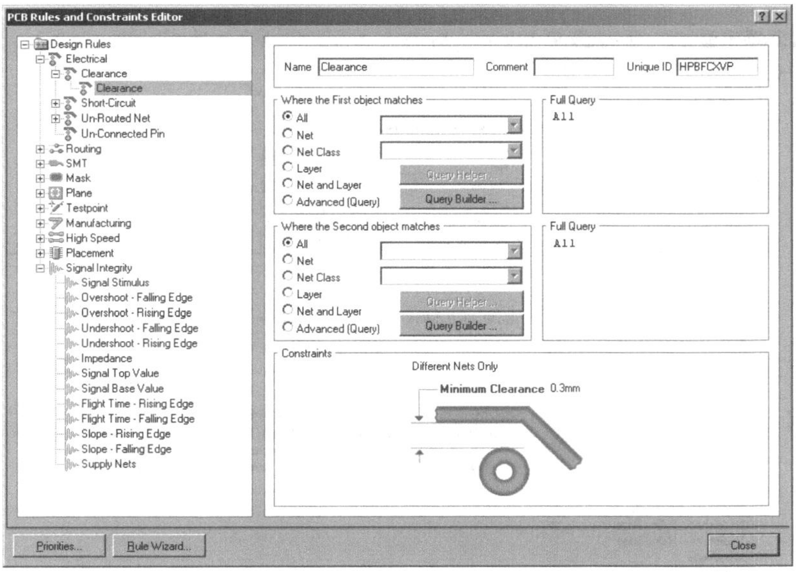

图 15-79　Clearance 规则设置

(3)　选择 Routing 的 Width 子选项，并新建一个 Width 规则，在该规则中将 Min Width 设置为 0.2mm，将 Preferred Width 设置为 0.3mm，将 Max Width 设置为 0.5mm，如图 15-80 所示。

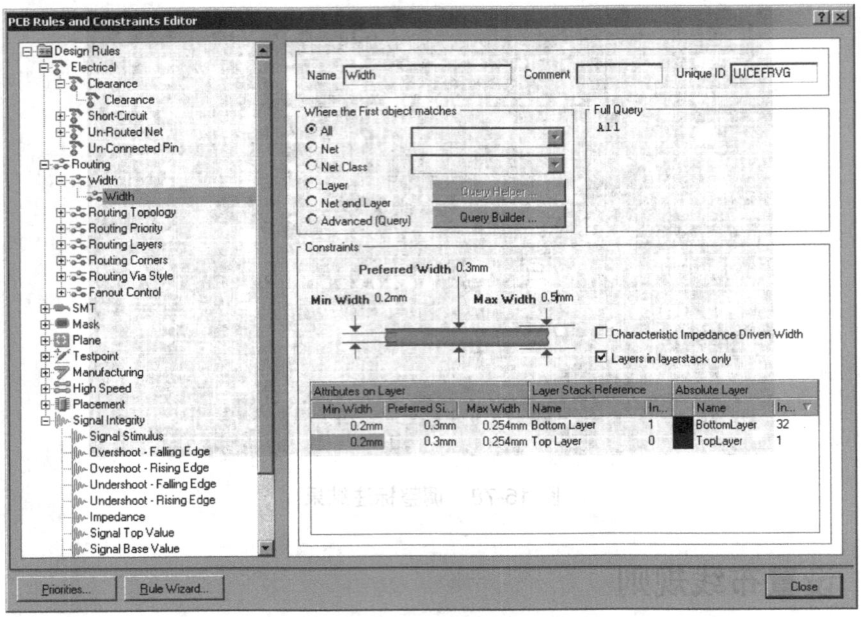

图 15-80　布线规则设置

(4) 在 Width 子选项上新建一个规则，打开此规则，在其右边的设置栏中将 Name 设置为 Power，选中 Net 单选按钮，在其右边的下拉列表框中选择 NetBT1_1，将 Preferred Width 设置为 0.5mm。将 Max Width 设置为 0.8mm，使用 Query Builder 扩展到所有电源网络，设置好后，如图 15-81 所示。

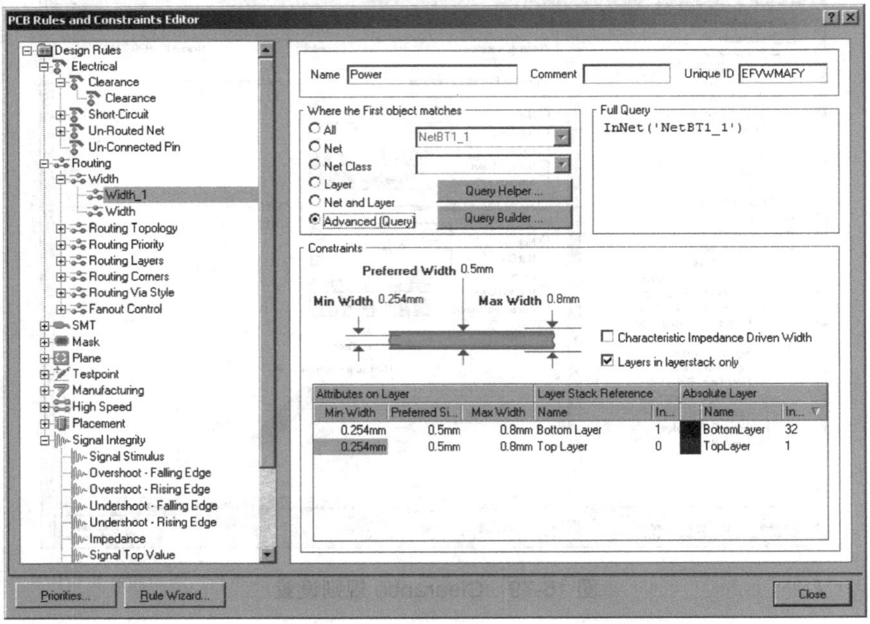

图 15-81　电源布线规则

(5) 选择 Routing 的 Routing Via Style 子选项，设置过孔尺寸，如图 15-82 所示。

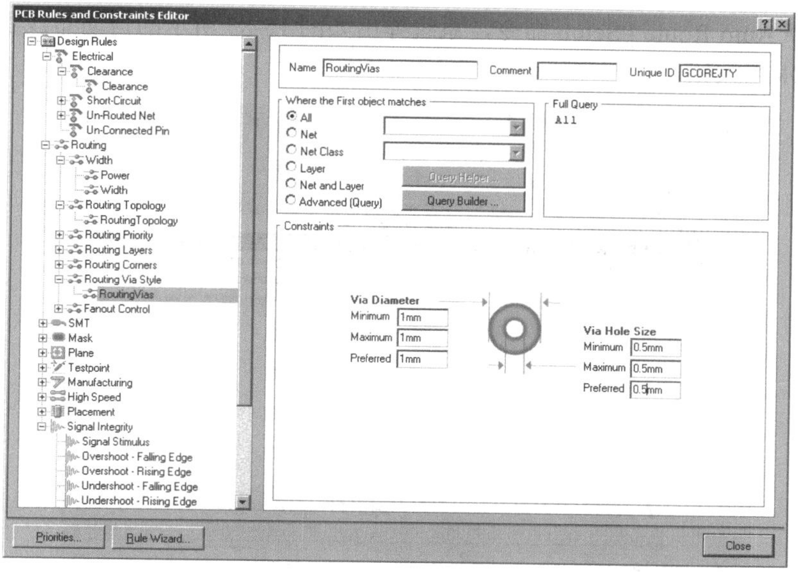

图 15-82　焊盘规则

15.3.9　电源线与自动布线

在完成了前面的操作之后，就可以开始布线了。下面介绍布线的步骤。

(1)　选择 Auto Route | Net 命令，激活网络自动布线。

(2)　执行该命令后，鼠标指针变成十字形状，移动鼠标指针到 BT1 处单击，系统弹出如图 15-83 所示的网络选项。

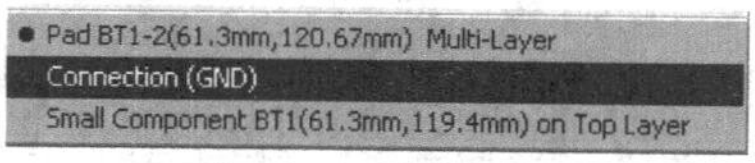

图 15-83　网络选项

(3)　选择 Connection(GND)选项，完成布线，结果如图 15-84 所示。

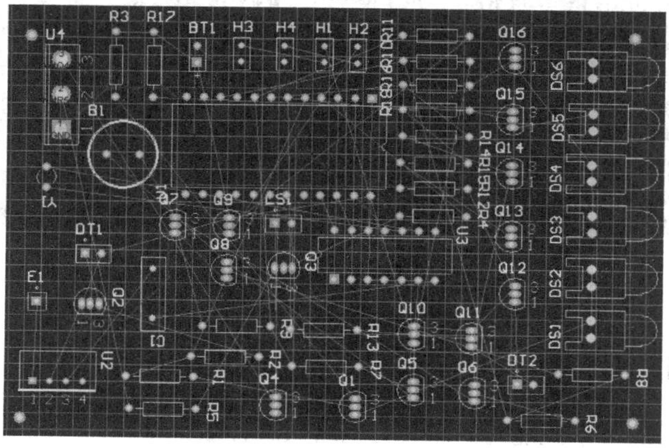

图 15-84　网络布线结果

(4) 选择 Auto Route | Setup 命令，系统弹出如图 15-85 所示的自动布线参数设置对话框，单击“OK”按钮。

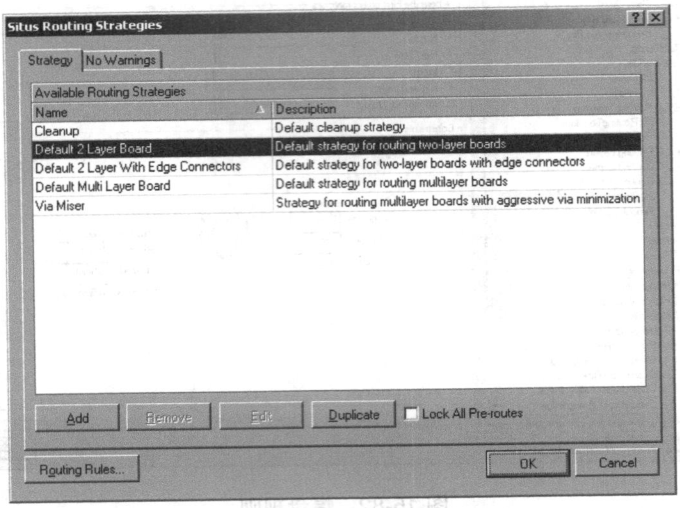

图 15-85 自动布线参数设置

(5) 可以看到布线结果与布线规则的冲突，根据提示信息，修改布线规则，修改后，选择 Auto Route | All 命令，执行该命令后，系统弹出的确认布线规则对话框，单击 Route All 按钮，开始布线。

(6) 完成自动布线后，根据布线效果确定是否要对布线的结果进行手动调整，手动调整后的效果如图 15-86 所示。

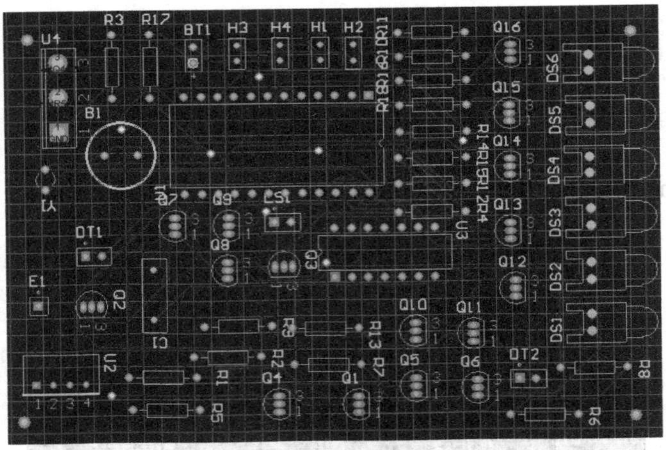

图 15-86 自动布线效果

15.3.10 敷铜

为了加强电路板的抗干扰能力，需要对电路板进行敷铜处理，下面具体介绍敷铜的步骤。

(1) 选择 Design | Rules 命令，系统打开布线参数设置对话框。

(2) 在该对话框中选择 Plane 中的 Polygon Connect Style 子选项，进行敷铜层规则设置，如图 15-87 所示。将规则适用范围设置为 All，Connect Style 设置为 Relief Connect，将 Conductors 设置为 4，连接类型设置为 45 Angle，Conductor Width 设置为 0.5mm，完成后关闭对话框。

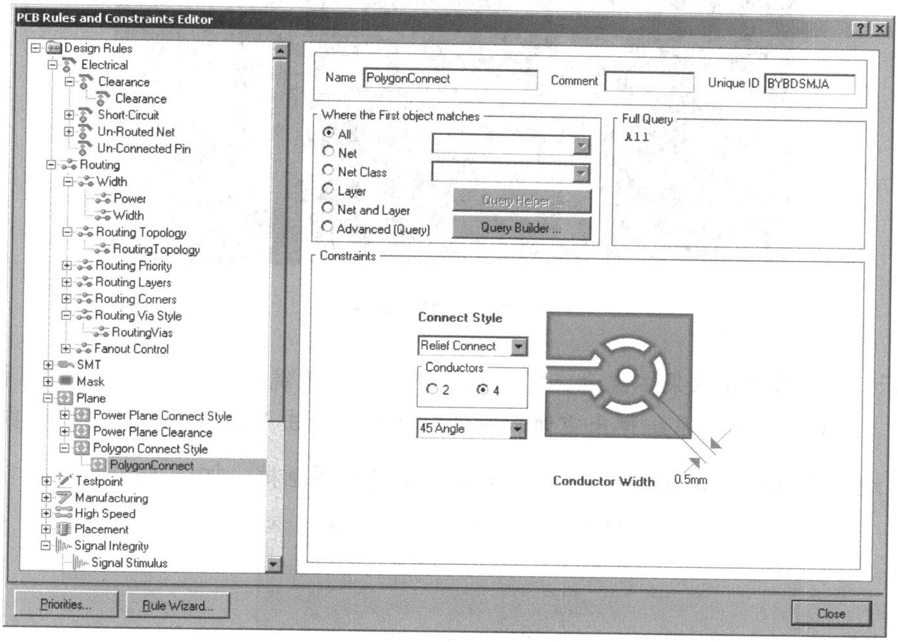

图 15-87　敷铜层规则设置

(3) 选择 Place | Polygon Pour 命令，系统弹出如图 15-88 所示的对话框，设置敷铜层属性。

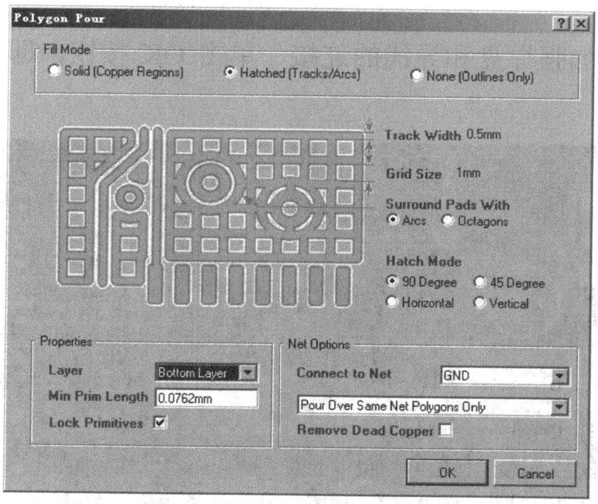

图 15-88　敷铜层属性设置对话框

(4) 完成敷铜层属性设置后，单击 OK 按钮，此时鼠标指针变成十字形状，在 PCB 板上单击鼠标，将要敷铜的区域围成一个闭合的圈，结果如图 15-89 所示。

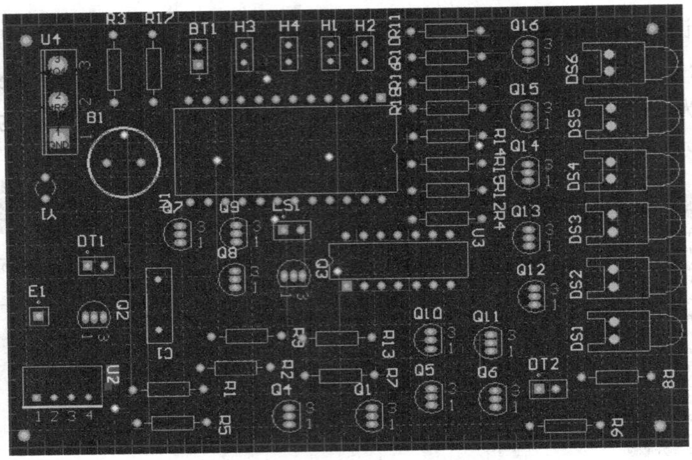

图 15-89　敷铜效果

提示： 如果对该结果不满意，可以双击敷铜层，系统弹出敷铜层属性对话框，单击 OK 按钮，系统弹出重做敷铜的对话框，单击 Yes 按钮，即可撤销敷铜。

(5) 选择 Tools | Teardrops 命令，弹出补泪滴操作对话框，如图 15-90 所示。

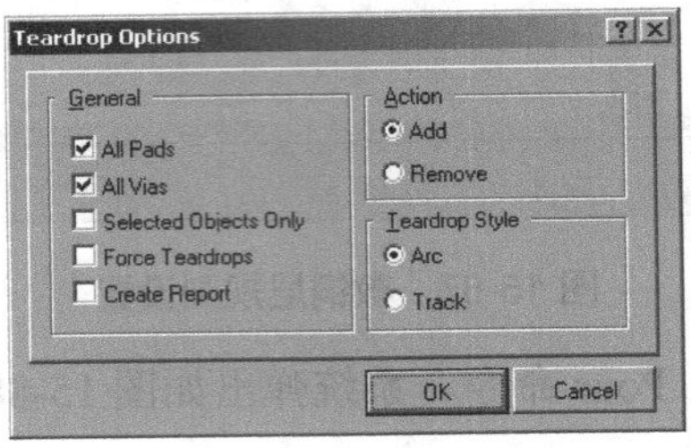

图 15-90　补泪滴操作对话框

(6) 补泪滴是为了加强焊盘和导线的连接，单击 OK 按钮，即可完成补泪滴的操作，如图 15-91 所示。

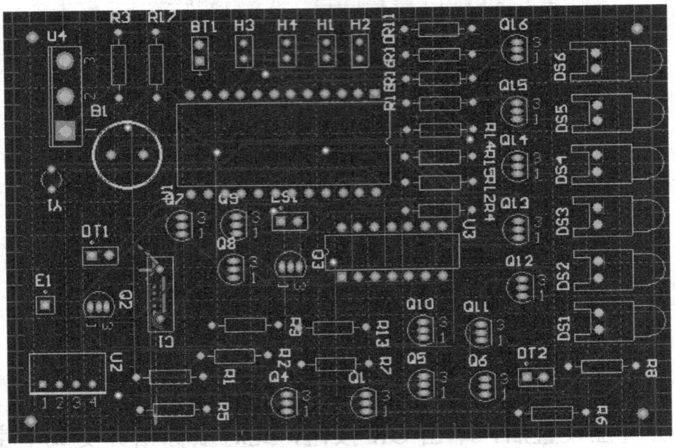

图 15-91　补泪滴结果

15.3.11　设计规则检查

在最后确定 PCB 的设置之前，还需要对 PCB 进行设计规则检查，以确定 PCB 板上没有设计性的错误。具体步骤如下。

(1)　选择 Tools | Design Rule Check 命令，系统会弹出一个设计规则检查对话框，在该对话框中设置检查规则。

(2)　完成相关的规则后，执行设计规则检查，检查结果如图 15-92 所示。

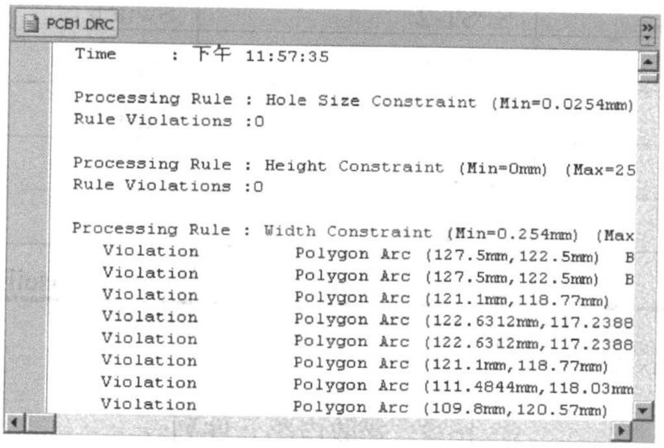

图 15-92　DRC 检查结果

15.4　元 件 列 表

如表 15-1 所示为发射电路元件列表。

表 15-1　发射电路元件列表

Comment	Value	Footprint	Description
+9V		BAT-2	Multicell Battery
Cap	0.47uF	RAD-0.3	Capacitor
LED0		LED-0	Typical INFRARED GaAs LED
Antenna		PIN1	Generic Antenna
Res2	2K	AXIAL-0.4	Resistor
Res2	1K	AXIAL-0.4	Resistor
1		SPST-2	Switch
2		SPST-2	Switch
3		SPST-2	Switch
A		SPST-2	Switch
4		SPST-2	Switch
5		SPST-2	Switch
6		SPST-2	Switch
B		SPST-2	Switch

续表

Comment	Value	Footprint	Description
7		SPST-2	Switch
8		SPST-2	Switch
9		SPST-2	Switch
C		SPST-2	Switch
		SPST-2	Switch
0		SPST-2	Switch
#		SPST-2	Switch
D		SPST-2	Switch
CIC9187		DIP-16	
T630		SIP-P4/A6	
XTAL		BCY-W2/D3.1	Crystal Oscillator

如表 15-2 所示为接收电路元件列表。

表 15-2　接收电路元件列表

Comment	Footprint	Value	Description
Motor	RB5-10.5		Motor, General Kind
+5V	BAT-2		Multicell Battery
Cap	RAD-0.3	0.47uF	Capacitor
LED0	LED-0		Typical INFRARED GaAs LED
LED0	LED-0		Typical INFRARED GaAs LED
LED0	LED-0		Typical INFRARED GaAs LED
LED0	LED-0		Typical INFRARED GaAs LED
LED0	LED-0		Typical INFRARED GaAs LED
LED0	LED-0		Typical INFRARED GaAs LED
MAGNET	PIN2		
MAGNET	PIN2		
Antenna	PIN1		Generic Antenna
LAMP	RAD-0.1		
LAMP	RAD-0.1		
LAMP	RAD-0.1		
LAMP	RAD-0.1		
Speaker	PIN2		Loudspeaker
	BCY-W3/E4		NPN General Purpose Amplifier
	BCY-W3/E4		NPN General Purpose Amplifier
2N3904	BCY-W3/E4		NPN General Purpose Amplifier

续表

Comment	Footprint	Value	Description
2N3904	BCY-W3/E4		NPN General Purpose Amplifier
2N3904	BCY-W3/E4		NPN General Purpose Amplifier
2N3904	BCY-W3/E4		NPN General Purpose Amplifier
2N3904	BCY-W3/E4		NPN General Purpose Amplifier
2N3904	BCY-W3/E4		NPN General Purpose Amplifier
2N3904	BCY-W3/E4		NPN General Purpose Amplifier
2N3904	BCY-W3/E4		NPN General Purpose Amplifier
2N3904	BCY-W3/E4		NPN General Purpose Amplifier
2N3904	BCY-W3/E4		NPN General Purpose Amplifier
2N3904	BCY-W3/E4		NPN General Purpose Amplifier
2N3904	BCY-W3/E4		NPN General Purpose Amplifier
2N3904	BCY-W3/E4		NPN General Purpose Amplifier
2N3904	BCY-W3/E4		NPN General Purpose Amplifier
Res2	AXIAL-0.4	10K	Resistor
Res2	AXIAL-0.4	10K	Resistor
Res2	AXIAL-0.4	10K	Resistor
Res2	AXIAL-0.4	10K	Resistor
Res2	AXIAL-0.4	10K	Resistor
Res2	AXIAL-0.4	10K	Resistor
Res2	AXIAL-0.4	10K	Resistor
Res2	AXIAL-0.4	10K	Resistor
Res2	AXIAL-0.4	10K	Resistor
Res2	AXIAL-0.4	10K	Resistor
Res2	AXIAL-0.4	10K	Resistor
Res2	AXIAL-0.4	10K	Resistor
Res2	AXIAL-0.4	10K	Resistor
Res2	AXIAL-0.4	10K	Resistor
Res2	AXIAL-0.4	10K	Resistor
Res2	AXIAL-0.4	10K	Resistor
Res2	AXIAL-0.4	10K	Resistor
Res2	AXIAL-0.4	10K	Resistor
CD4514BCN	N24A		4 Bit Latched/4-to-16-Line Decoder
T631	SIP-P4/A6		
YN9101	DIP-14		
UM66	SIP-P3/A5		
XTAL	BCY-W2/D3.1		Crystal Oscillator

本章习题

一、填空题

1. 无线遥感电路的整个系统分为____________和____________。

2. 在无线发射模块中，有两个元件需要用户自己创建，分别是__________和__________。

3. 根据原理图的连接关系，将具有相近连接的元件封装尽量放到一起，完成手动布局后的________。

4. 在无线接收模块中，有四个元件需要用户自己创建，分别是________、________、________和________。

5. 绘制好原理图之后，就可以根据原理图来生成________。

二、选择题

1. 选择(　　)命令，激活网络自动布线。

A. Auto　　B. Auto Route | Net

C. Auto Route　　D. Net

2. 选择(　　)命令，将文件命名为“无线接收模块”。

A. Auto　　B. File

C. Auto Route | Net　　D. File | Save As

三、问答题

1. 简述如何进行无线遥感电路的无线发射模块设计。

2. 简述如何进行无线遥感电路的无线接收模块设计。

第 16 章　理疗仪电路设计

本章内容提示

通过该电路板的设计，掌握从原理图到 PCB 板的制作过程，并介绍了多层板中元件的放置，通过本章的学习，让读者更深入地理解电路板的设计过程，并能熟练使用各种操作方法绘制电路原理图和 PCB 板。

学习要点

- 原理图设计
- PCB 板设计
- 多层板中元件的放置

16.1　设 计 任 务

理疗仪电路设计的主要元件：JDQ、SMT、HEADER16、jdq。

电路预览图如图 16-1 所示。

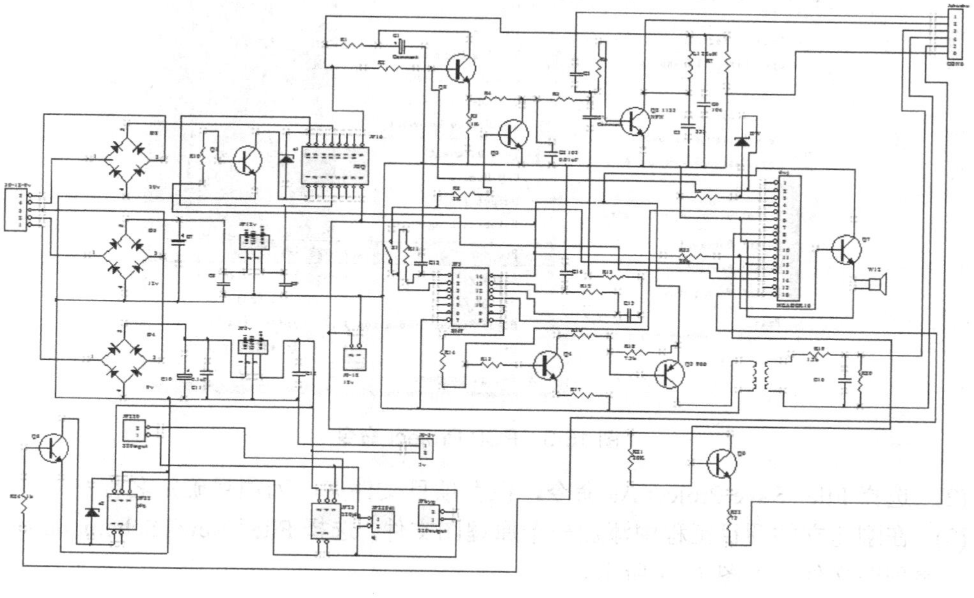

图 16-1　电路预览图

电路板 3D 预览图如图 16-2 所示。

图 16-2　3D 预览效果图

16.2　绘制原理图

下面，将按照原理图设计的基本步骤来进行项目的设计工作。

16.2.1　创建项目

首先，要建立一个新的工作环境。创建步骤如下。

(1)　启动 Protel DXP，进入系统主界面，选择 File| New | Project | PCB Project 命令，如图 16-3 所示。

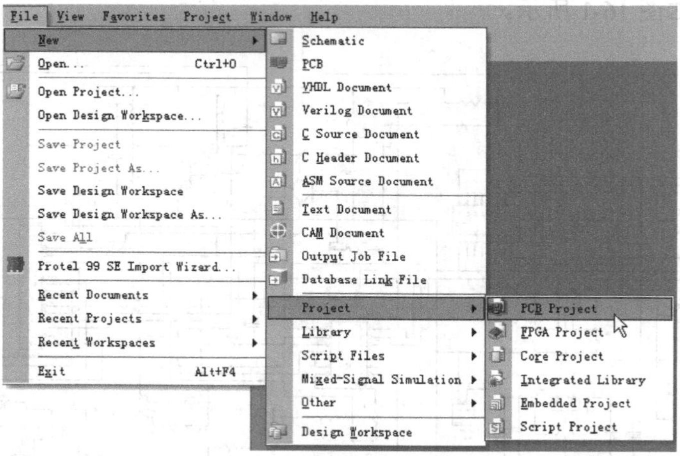

图 16-3　PCB Project 命令

(2)　选择 File | Save Project As 命令，保存项目文件夹，为项目确定名称。

(3)　在刚建立的项目工程中添加一个原理图文件，选择 File | New | Schematic 命令，新建一个原理图文件，如图 16-4 所示。

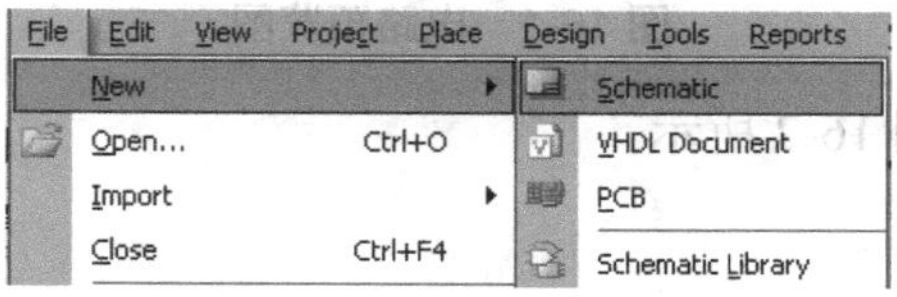

图 16-4　Schematic 命令

(4) 保存刚建立的原理图文件，选择 File | Save As 命令，将原理图文件命名为“理疗仪.SchDoc”。

在新建了原理图之后，就可以对原理图进行必要的设置了，在原理图上右击，在弹出的快捷菜单中选择 Options | Document Options 命令，弹出 Document Options 对话框，如图 16-5 所示。

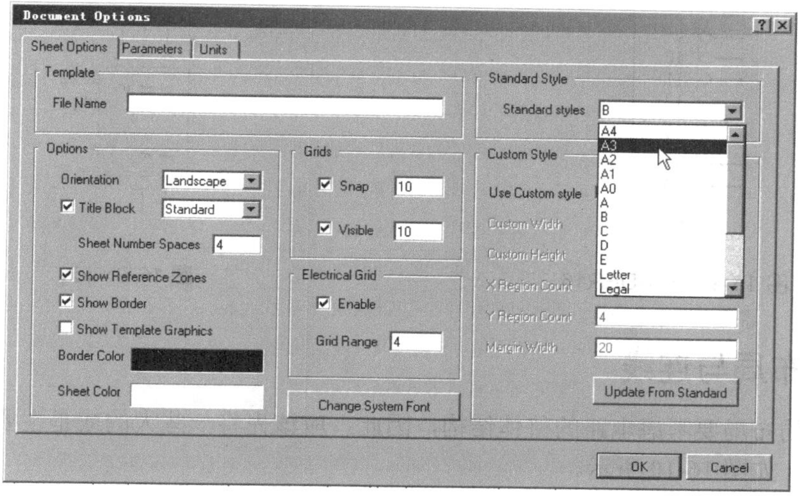

图 16-5　Document Options 对话框

提示： 在本例中，将图纸设置为 A3，其他选项采用系统默认设置即可。或按照用户习惯的方式设置即可。

16.2.2　创建元件

在本电路中，有四个元件需要编辑，分别是：JDQ，如图 16-6 所示；SMT，如图 16-7 所示；HEADER16，如图 16-8 所示；以及 jdq，如图 16-9 所示。由于前面章节中已经详细讲解过元件的绘制方法，因此这里不再赘述。

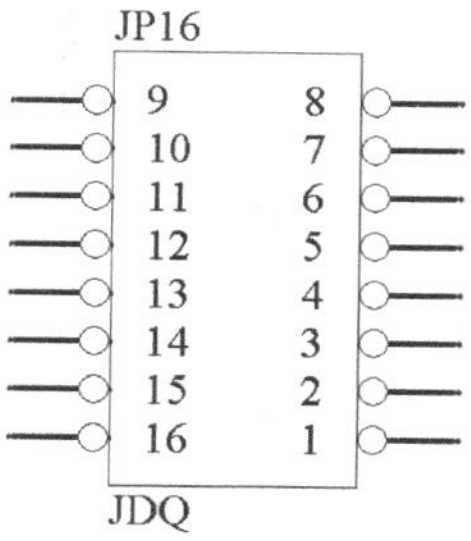

图 16-6　JDQ

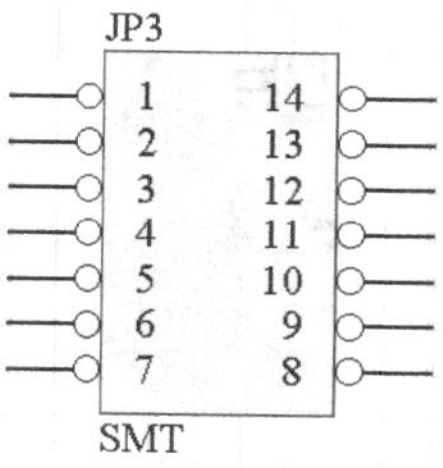

图 16-7　SMT

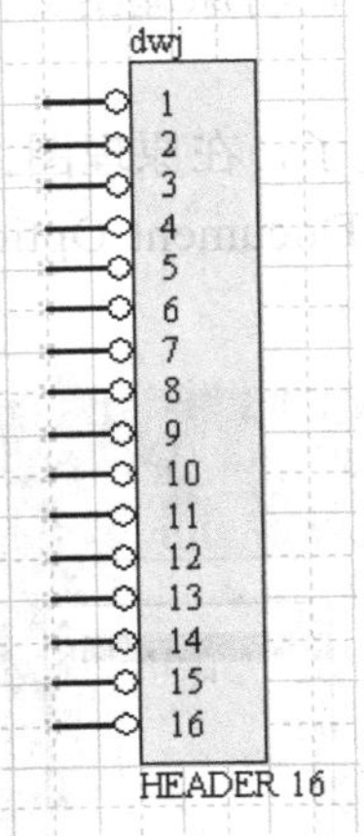

图 16-8　HEADER16

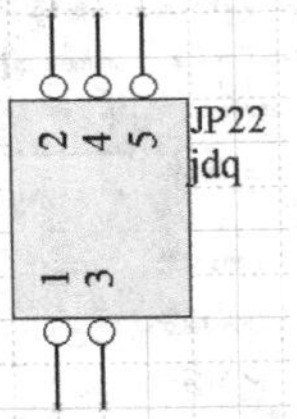

图 16-9　jdq

16.2.3　布局与连线

原理图的布局要考虑电路的整体结构，因此，应该先将一些大的或是主要的元件摆放到原理图上，如图 16-10 所示。

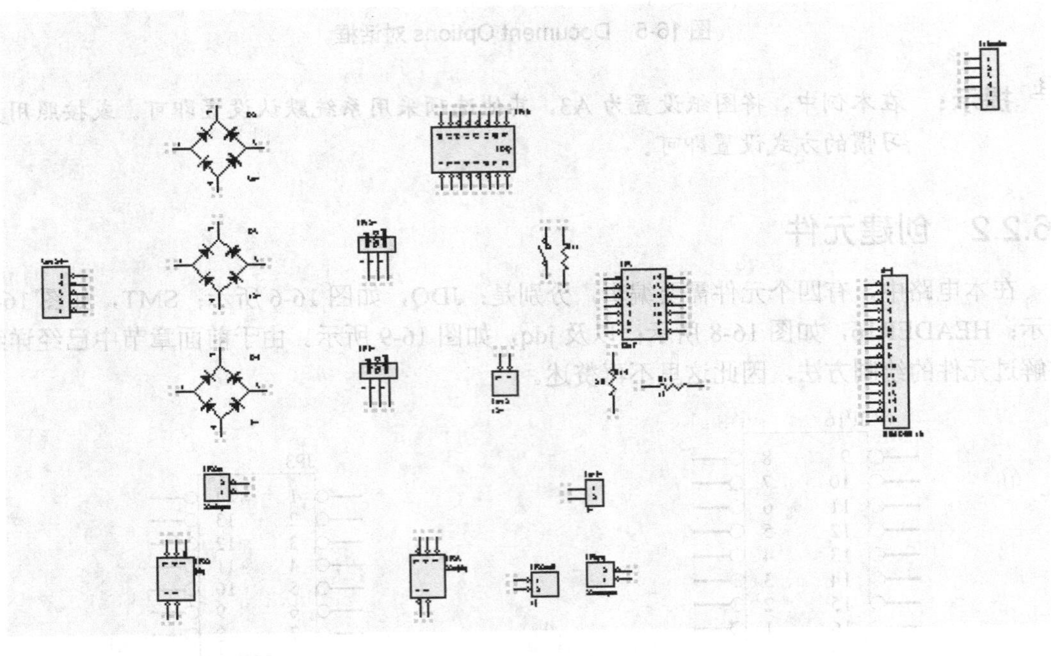

图 16-10　主要元件

放置好了主要的元件后，就可以围绕着各个核心元件逐步添加小的元件，效果如图 16-11 所示。

摆放好了元件的位置之后，对元件进行大致的布局，布局完成之后，就可以将元件连接起来了，效果如图 16-12 所示。

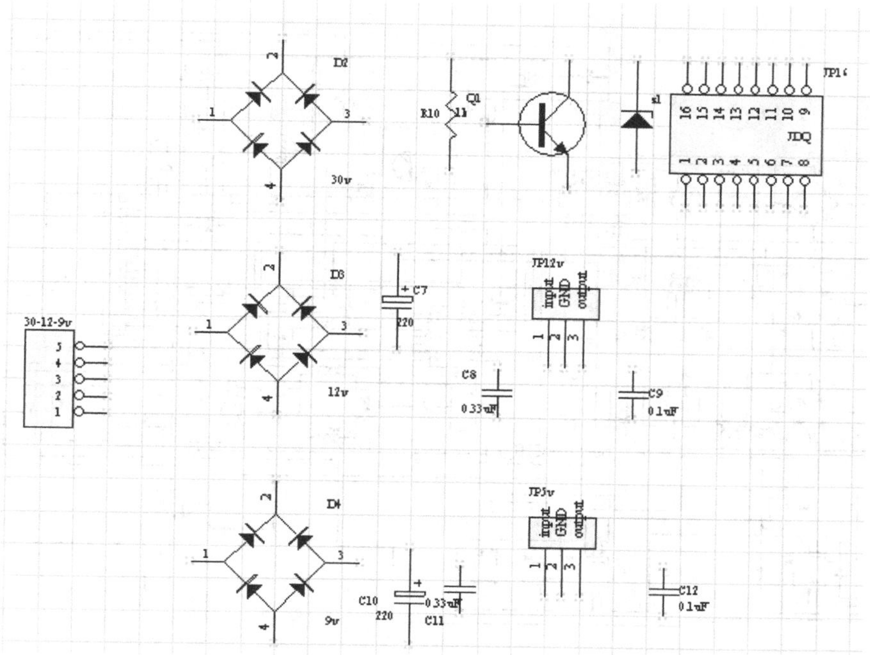

图 16-11　局部元件

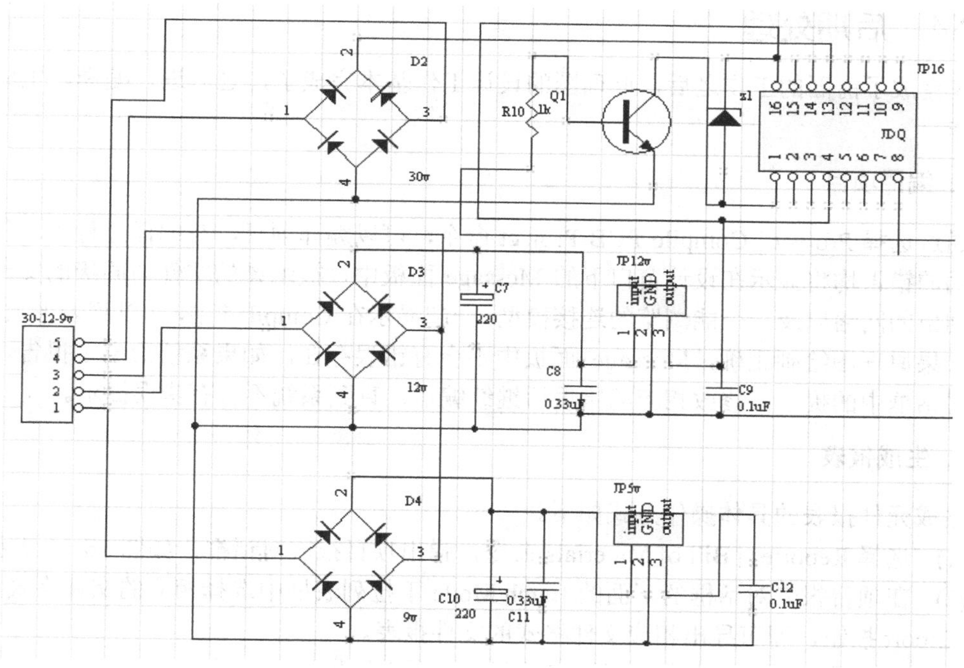

图 16-12　局部连线效果

按照上面的办法，逐步完成原理图的布局连线，最后，将各个部分连接起来，即可完成原理图的绘制工作，结果如图 16-13 所示。

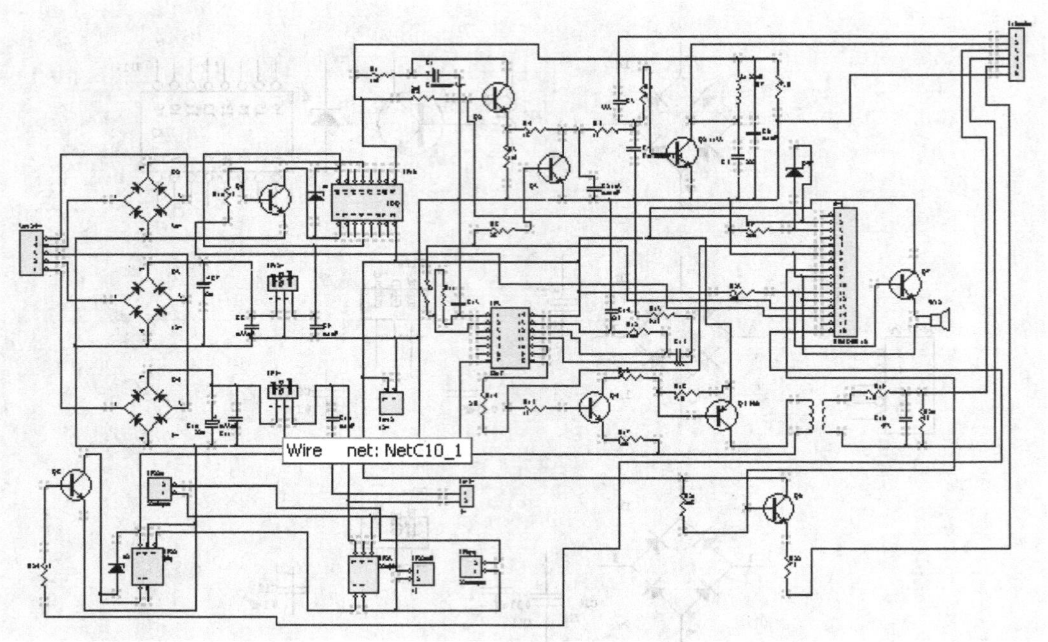

图 16-13 理疗仪原理图

16.2.4 后期处理

在完成了前面的工作之后，原理图的设计工作基本完成了，之后进行编译、生成报表等工作。

1. 编译项目

通过选择 Project | Compile PCB Project 命令，可以编译项目，在编译过程中，任何已经启动的错误均将显示在设计窗口下的 Message 面板中，被编译的文件与同级的文件、元件和列出的网络以及一个能浏览的连接模型，一起显示在 Compiled 中，并以列表形式显示。

如果原理图绘制正确，Message 面板中不会有错误存在，如果系统给出了报告，则需根据对话框中的提示，修改相应的错误后继续编译，直到系统不再有错误提示。

2. 生成报表

生成元件报表的具体操作方式如下。

(1) 选择 Reportes | Bill of Materials 命令，弹出项目报表对话框，如图 16-14 所示。

(2) 在项目报表对话框的下面的 Batch Mode 下拉列表框中选择相应的文件格式，然后单击 Export 按钮，即可导出相应文件格式的文件报表。

(3) 生成原理图的网络表。网络表是原理图所产生的报表中最主要的一种报表，是生成 PCB 的主要依据。操作方式：选择 Design | Netlist For Project | Protel 命令，系统生成一个与原理图同名、扩展名为.NET 的网络表文件。如图 16-15 所示。

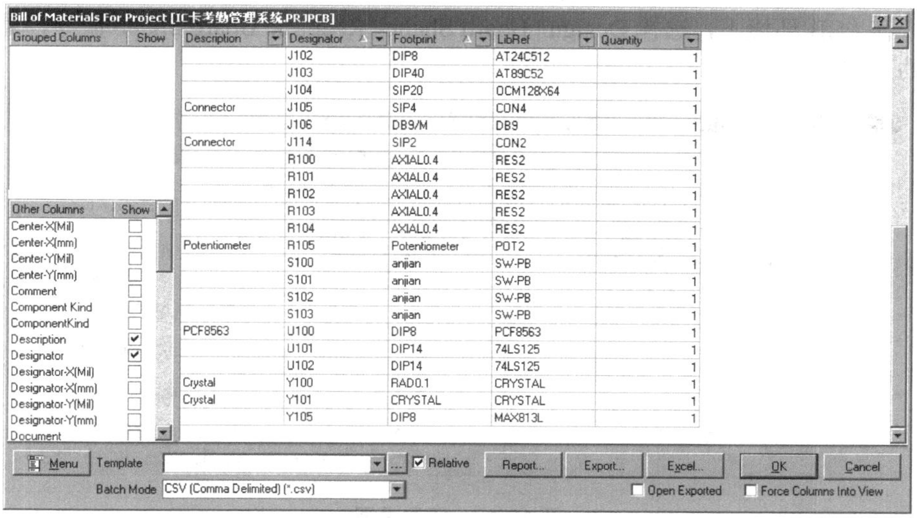

图 16-14　项目报表对话框

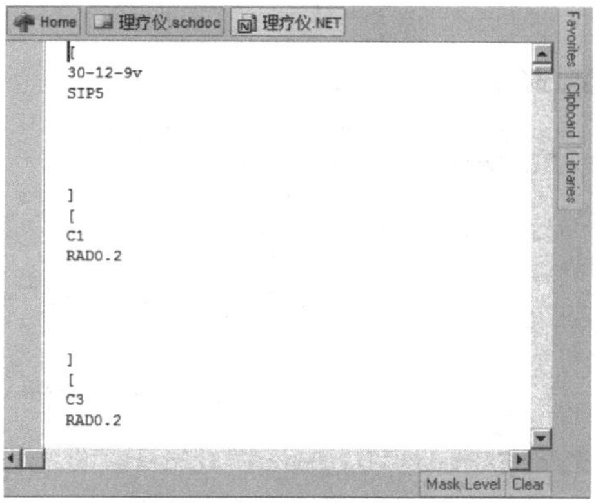

图 16-15　网络表文件

16.3　设计 PCB

完成了原理图的绘制之后，就可以开始设计 PCB。

16.3.1　规划电路板

在设计 PCB 图之前，首先要对 PCB 图纸进行必要的设置，具体操作步骤如下。

(1)　在项目文件夹上右击，在弹出的快捷菜单中选择 Add New to Project | PCB 命令，在该项目下新建一个 PCB 文件。

(2)　选择 File | Save As 命令，保存刚新建的 PCB 文件，并将文件命名为“Z80.PCBDoc”。

(3)　在该 PCB 文件编辑环境下，选择 Design | Layer Stack Manager 命令，打开 PCB 板层设置对话框，将 PCB 板设置为双面板，如图 16-16 所示。

(4) 在 PCB 环境下，选择 Design | Board Shape | Redefine Board Shape 命令，重新绘制电路板的形状。

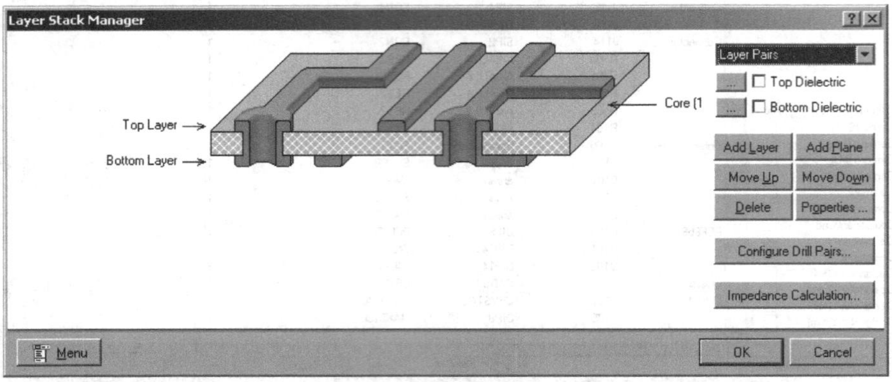

图 16-16　板层设置

(5) 选择 Design | Board Options 命令，打开板层设置对话框，设置电路板选项，如图 16-17 所示。

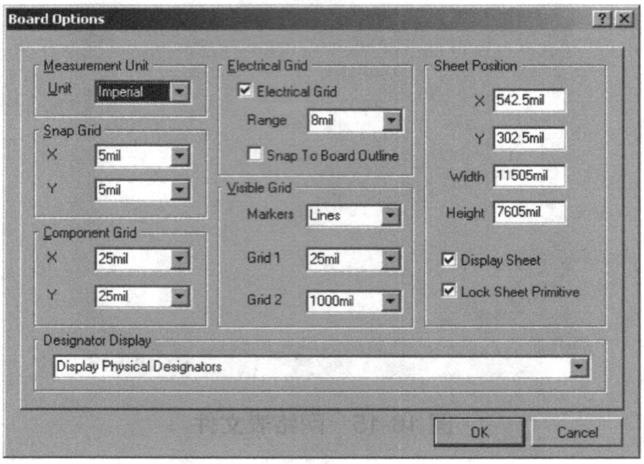

图 16-17　板层设置对话框

(6) 单击 PCB 编辑器下面的 Mechanical1 标签，将 Mechanical1 设置为当前工作层。

(7) 在该工作层中按 P、L 键，激活绘制导线命令，在 PCB 图纸上绘制一个矩形边框，如图 16-18 所示。

图 16-18　绘制边框

(8) 切换到 Keep-Out Layer 层，在该工作层中按 P、L 键，激活绘制导线命令，在 PCB 图纸上绘制一个矩形边框。

(9) 按下 P、P 键，激活放置焊盘的命令，在放置焊盘的状态下，按 Tab 键，打开焊盘属性对话框，如图 16-19 所示。设置好焊盘的属性，单击 OK 按钮。

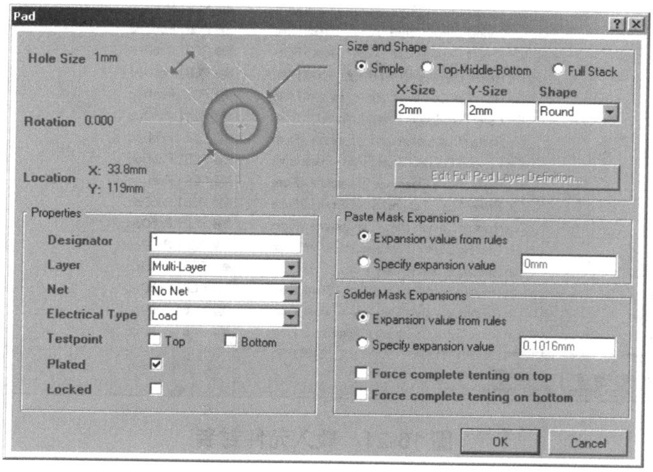

图 16-19 焊盘属性设置对话框

(10) 将焊盘放置在矩形内的适当位置，如图 16-20 所示。到此，电路板已经设置好。

图 16-20 放置焊盘

16.3.2 载入元件封装

在完成了电路板的设置之后，就可以开始装入元件封装了，具体操作步骤如下。

(1) 选择 Design | Import Changes From 理疗仪.PRJPCB 命令，系统开始载入网络表。

(2) 执行该命令后，系统会弹出一个元件封装和网络表的载入对话框，如图 16-21 所示。

(3) 在该对话框中单击 Validate Changes 按钮，确定元件封装是否都能正常载入，如果有元件封装不能载入，会在该元件后显示  标志。此时可以返回到原理图中检查修改该元件的封装。

(4) 修改完成后，重新编译，生成网络表，重复步骤(3)，直到所有元件封装都能正常载入，然后单击 Execute Changes 按钮，载入元件封装，如图 16-22 所示。

(5) 单击 Close 按钮，关闭该对话框，此时，元件封装已经载入到 PCB 图中了，如图 16-23 所示。

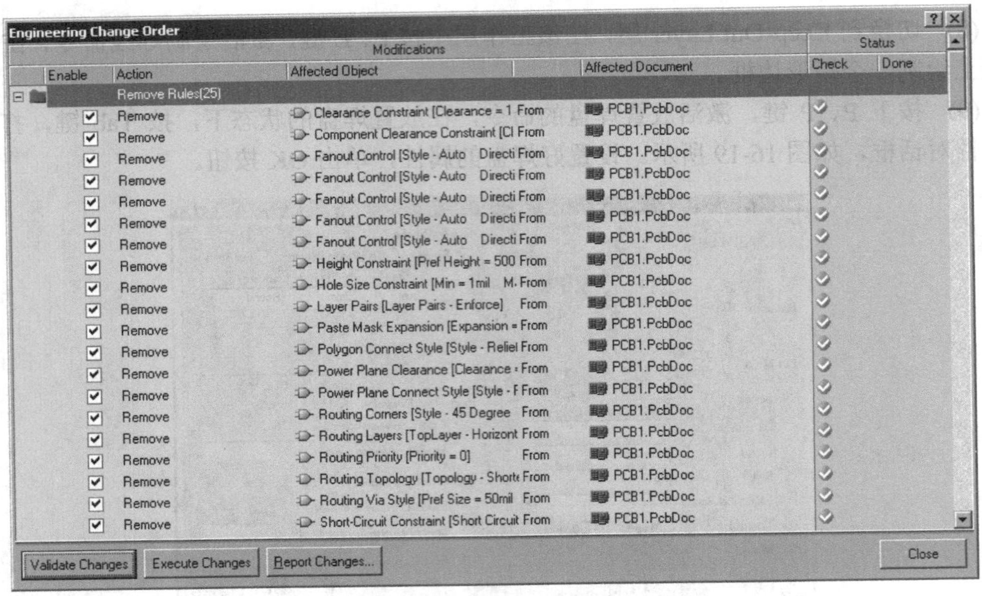

图 16-21　载入元件封装

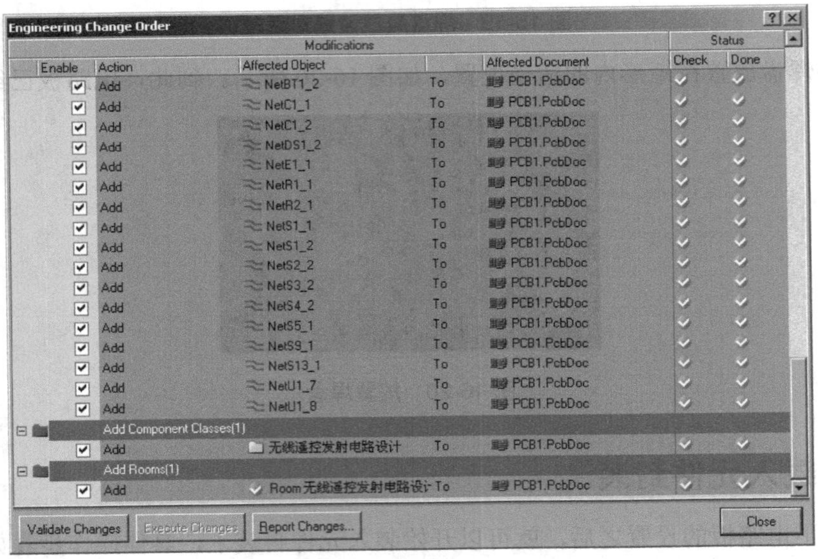

图 16-22　确定载入封装

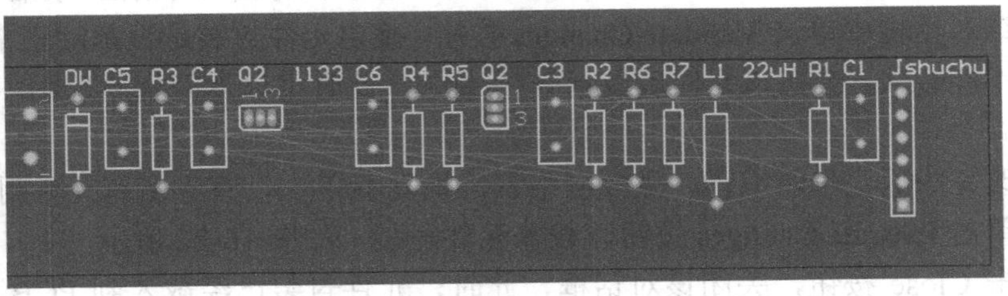

图 16-23　载入封装

16.3.3　手动布局与标注调整

在完成网络表和元件封装的载入之后，下面进行 PCB 板的布局，在本例中，由于元件封装的数量不多，自动布局效果不理想，因此在本例中没有进行自动布局，而是直接进行手动布局。具体操作步骤如下。

(1) 根据原理图的连接关系，将具有相近连接的元件封装尽量放到一起，完成手动布局后的 PCB 图，如图 16-24 所示。

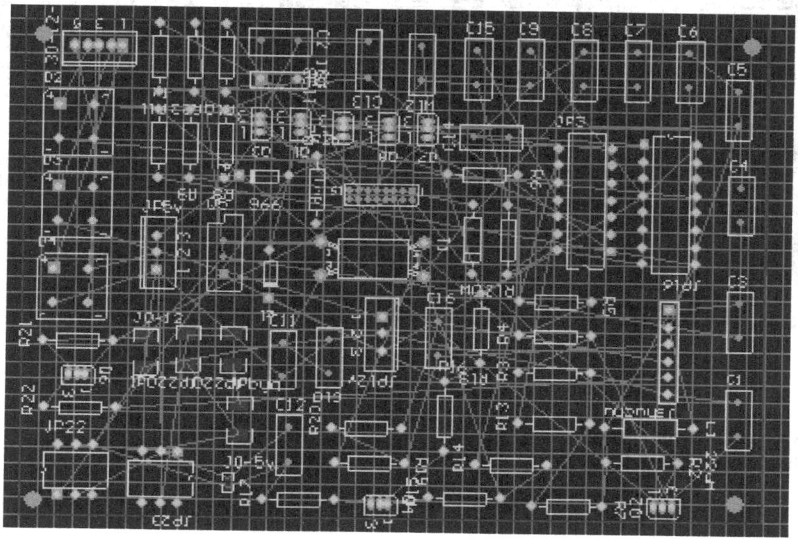

图 16-24　手动布局

(2) 调整边框线，让边框的大小尽量接近元件。

到此为止，整个 PCB 板的手动布局已经完成了。下面开始进行元件封装标注的调整，具体步骤如下。

(1) 选择 PCB 中所有的元件封装，然后选择 Tools | Interactive Placement | Position Component Text 命令。系统弹出一个元件标注位置设置对话框，如图 16-25 所示。

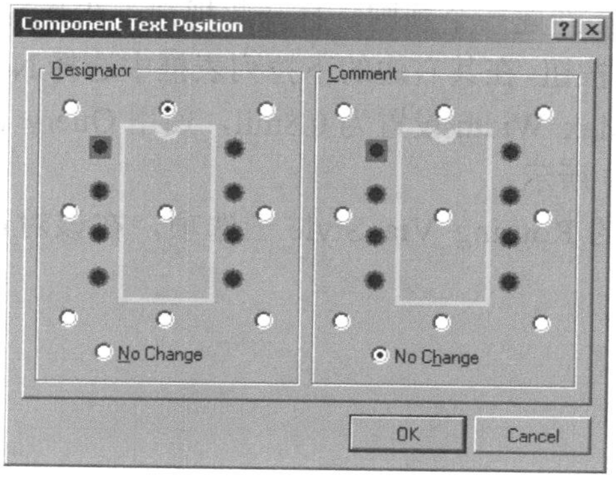

图 16-25　封装标注设置对话框

(2) 完成设置后的 PCB 板，如图 16-26 所示。

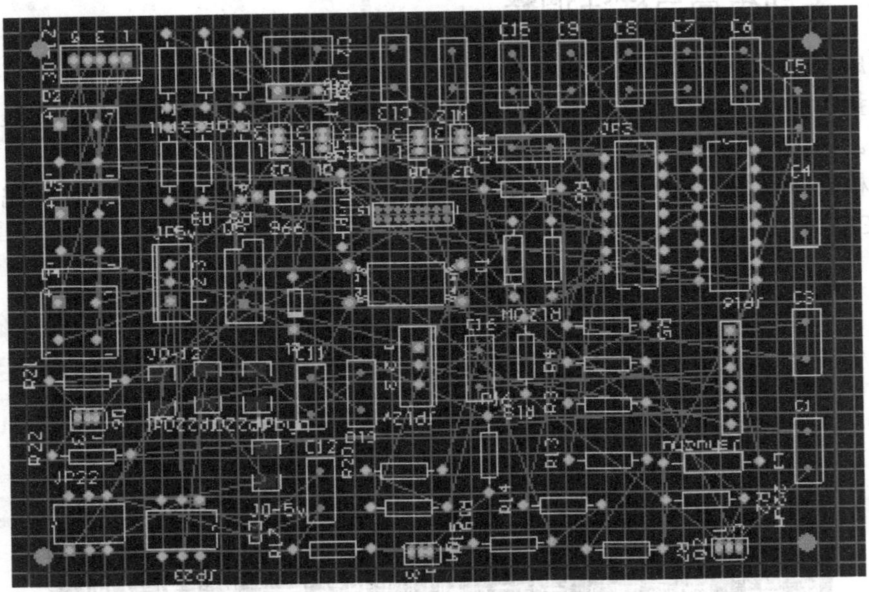

图 16-26 元件标注效果图

16.3.4 设置布线规则

完成布局之后，就可以开始布线了，在布线之前，要先设置好布线规则。具体操作方法如下。

(1) 在 PCB 编辑环境中，选择 Design | Rules 命令，系统弹出如图 16-27 所示的对话框。

(2) 选择 Electrical 中的 Clearance 子选项，并新建一个 Clearance 规则，在该规则中将 Minimum Clearance 设置为 13mil，如图 16-27 所示。

(3) 选择 Routing 的 Width 子选项，并新建一个 Width 规则，在该规则中将 Min Width 设置为 10mil，将 Preferred Width 设置为 10mil，将 Max Width 设置为 10mil，如图 16-28 所示。

(4) 在 Width 子选项上新建一个规则，打开此规则，在其右边的设置栏中将 Name 设置为 Power，选中 Net 单选按钮，在其右边的下拉列表框中选择 NetBT1_1 选项，将 Preferred Width 设置为 0.5mil。将 Max Width 设置为 0.8mil，使用 Query Builder 扩展到所有电源网络，设置好后，如图 16-29 所示。

(5) 选择 Routing 中的 Routing Via Style 子选项，在该对话框中设置过孔尺寸，如图 16-30 所示。

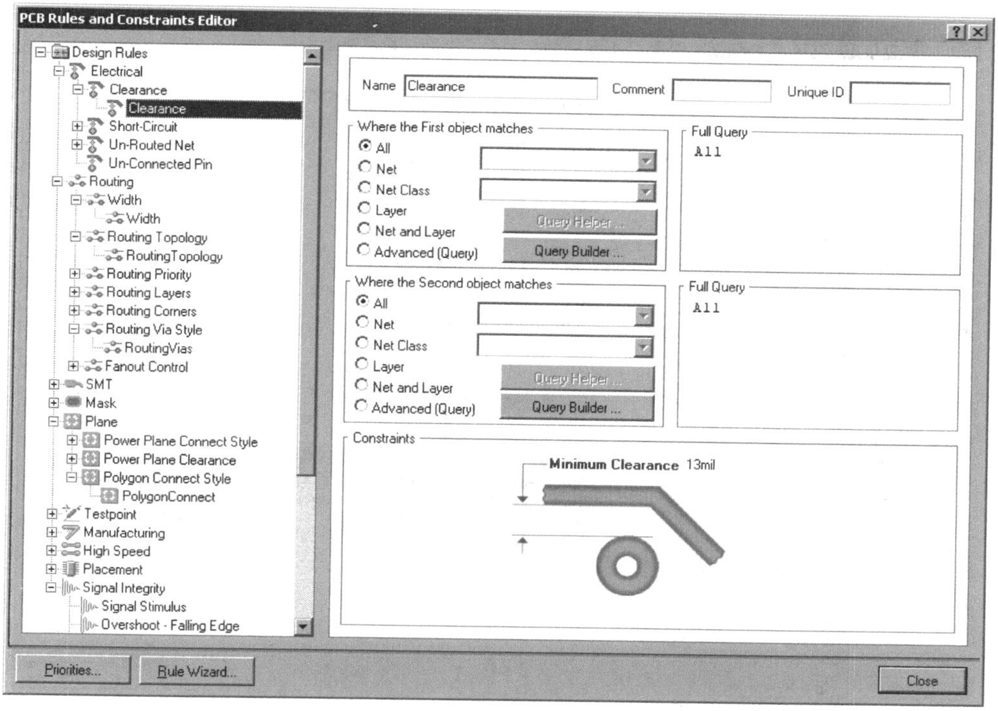

图 16-27 Clearance 规则设置

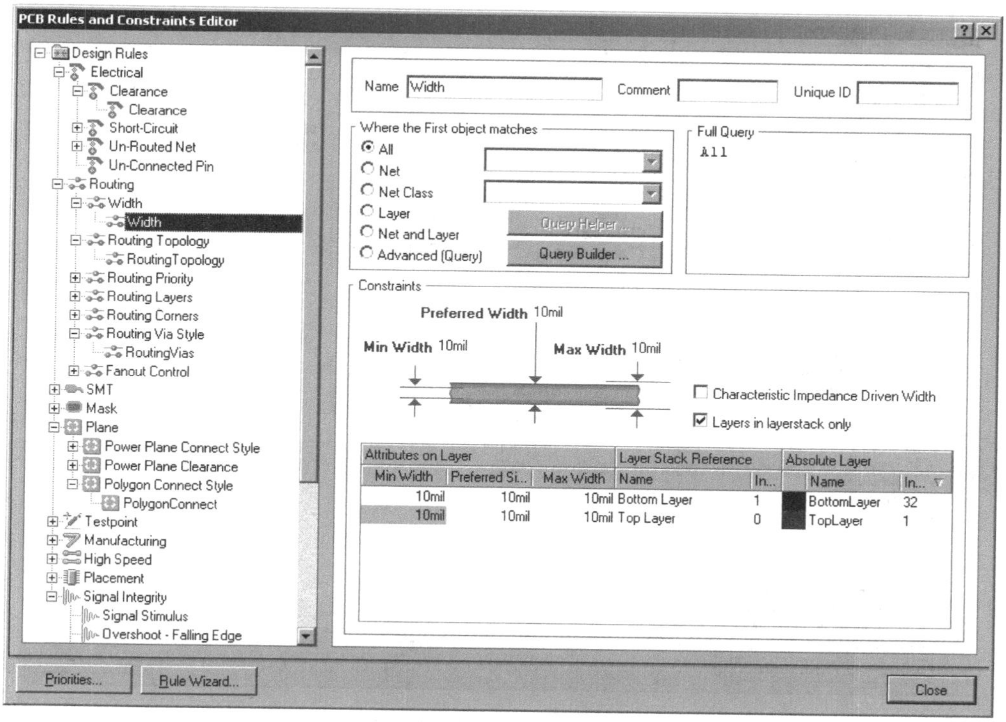

图 16-28 Width 规则设置

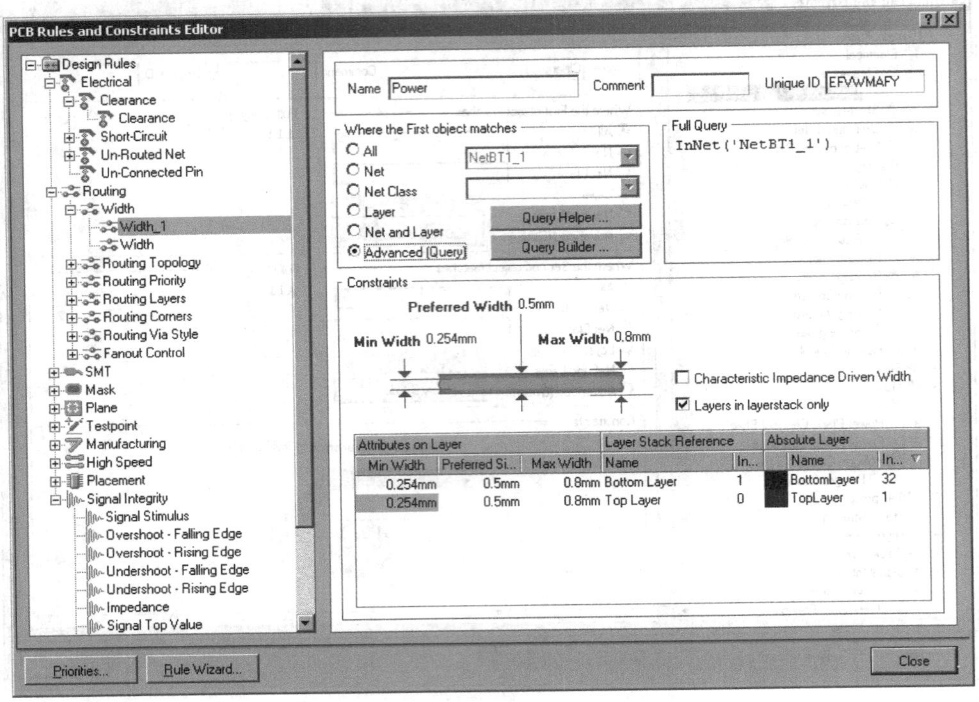

图 16-29　电源布线规则设置

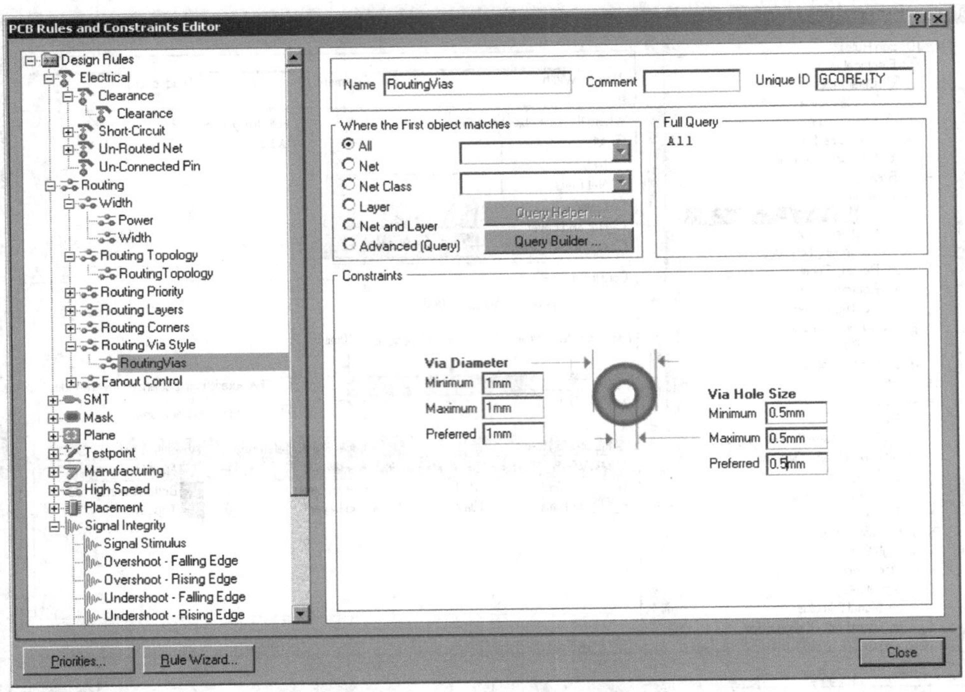

图 16-30　布线规则设置

16.3.5　电源线与自动布线

在完成了前面的操作之后，就可以开始布线了，下面介绍布线的步骤。

1. 布置电源线

(1)　选择 Auto Route | Net 命令，如图 16-31 所示，激活网络自动布线。

(2)　执行该命令后，鼠标指针变成十字形状，移动鼠标指针到 BT1 处单击，系统弹出如图 16-32 所示的网络选项。

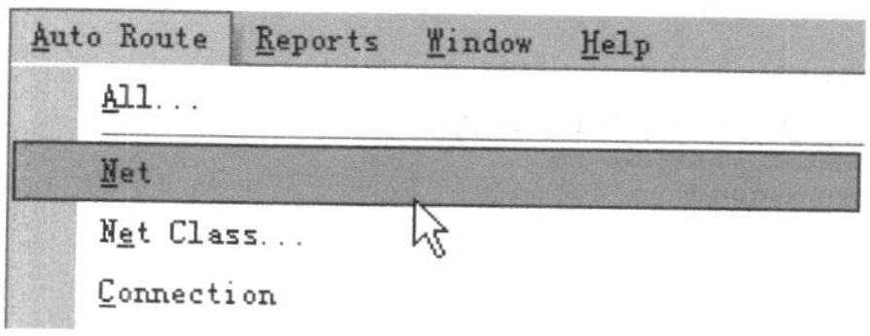

图 16-31　电源布线菜单

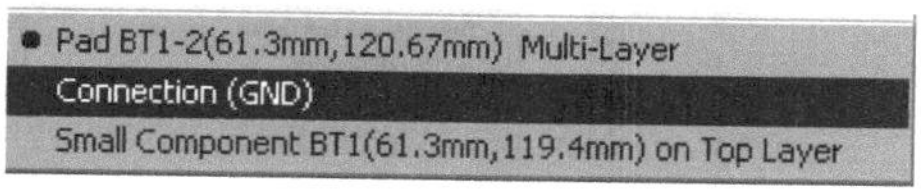

图 16-32　网络选项

(3)　选择 Connection(GND)选项，完成布线，结果如图 16-33 所示。

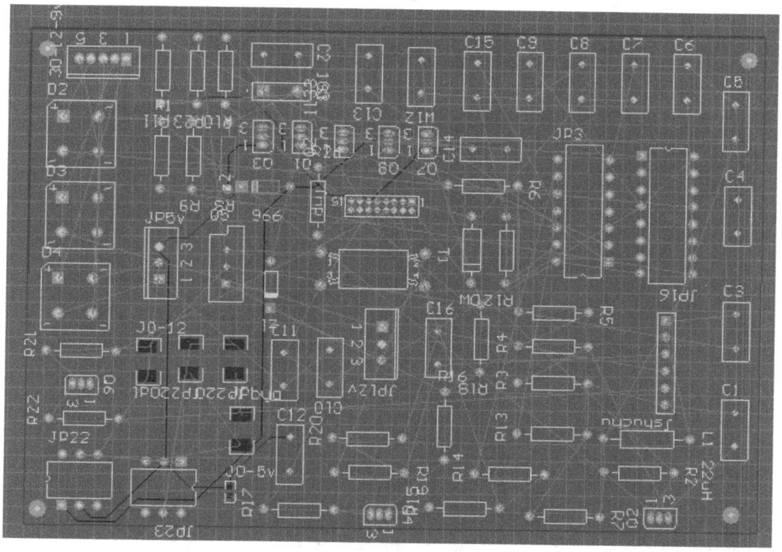

图 16-33　电源布线效果图

2. 布置导线

(1)　选择 Auto Route | Setup 命令，系统弹出如图 16-34 所示的自动布线参数设置对话框。可以看到布线结果与布线规则的冲突，根据提示信息，修改布线规则，修改后，选择 Auto Route | All 命令，执行该命令后，系统弹出确认布线规则对话框，单击 Route All 按钮，开始布线。

(2)　完成自动布线后，根据布线效果确定是否要对布线的结果进行手动调整，手动调整后的效果，如图 16-35 所示。

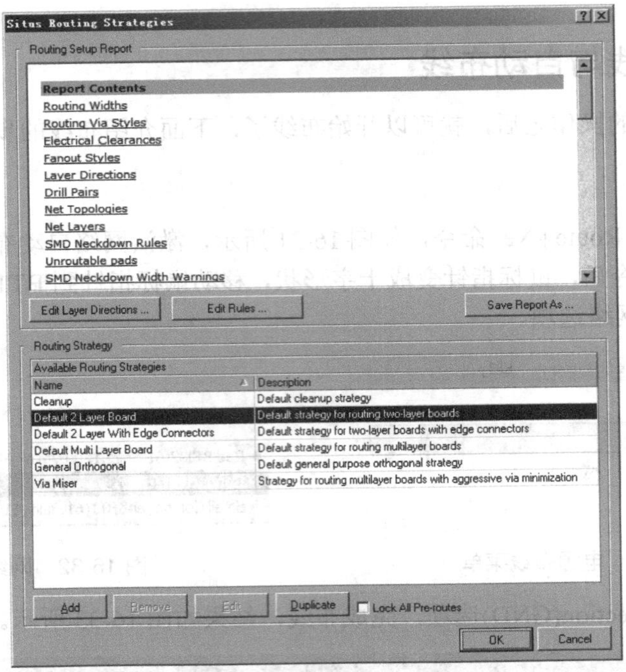

图 16-34　自动布线参数设置对话框

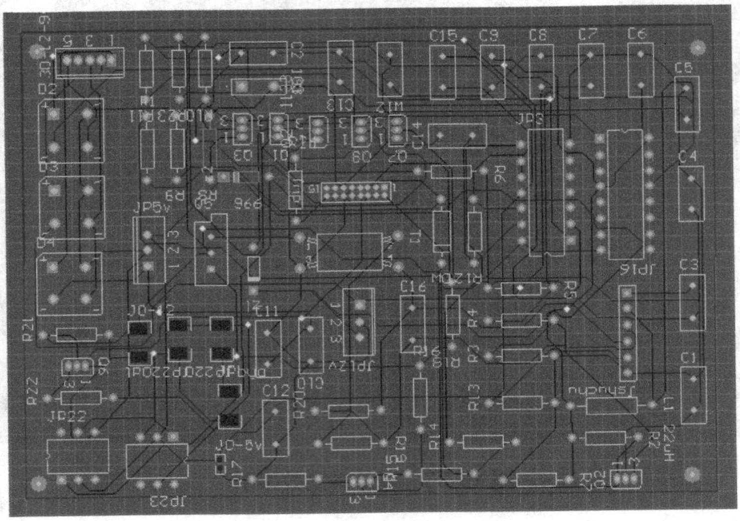

图 16-35　布线效果

16.3.6　敷铜

为了加强电路板的抗干扰能力，需要对电路板进行敷铜处理，下面具体介绍敷铜的步骤。

(1) 选择 Design | Rules 命令，系统打开布线参数设置对话框。选择 Plane 中的 Polygon Connect Style 子选项，进行敷铜层规则设置，如图 16-36 所示。将规则适用范围设置为 All，

Connect Style 设置为 Relief Connect，将 Conductors 设置为 4，连接类型设置为 45 Angle，Connector Width 设置为 0.5mm，完成后关闭对话框。

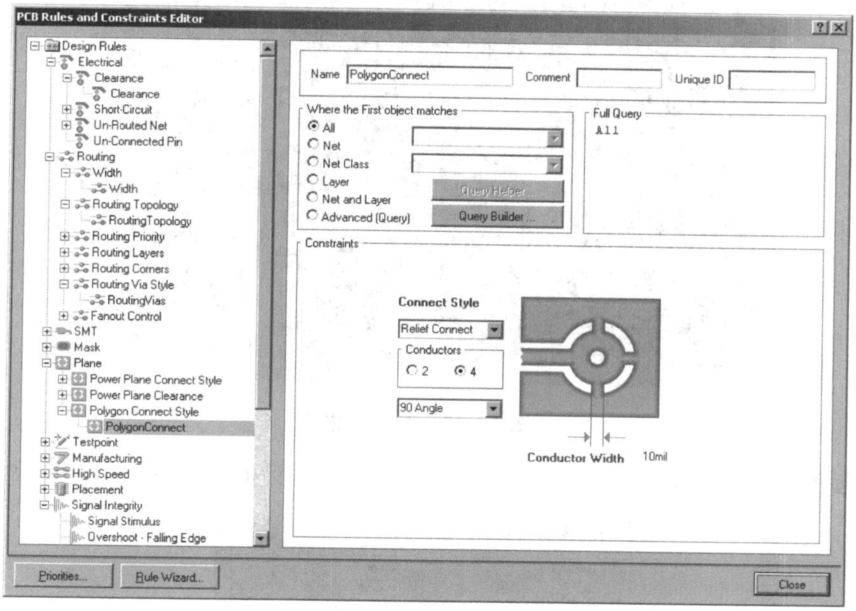

图 16-36 敷铜参数设置

(2) 选择 Place | Polygon Pour 命令，系统弹出敷铜层属性设置对话框，设置敷铜层属性，如图 16-37 所示。

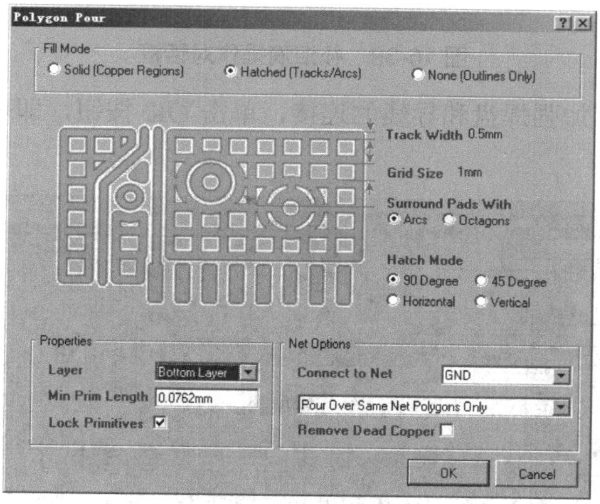

图 16-37 敷铜层属性设置对话框

(3) 完成敷铜层属性设置后，单击 OK 按钮，此时鼠标指针变成十字形状，在 PCB 板上单击鼠标，将要敷铜的区域围成一个闭合的圈，结果如图 16-38 所示。

提示： 如果对该结果不满意，可以双击敷铜层，系统弹出敷铜层属性对话框，单击 OK 按钮，系统弹出重做敷铜的对话框，单击 Yes 按钮，即可撤销敷铜。

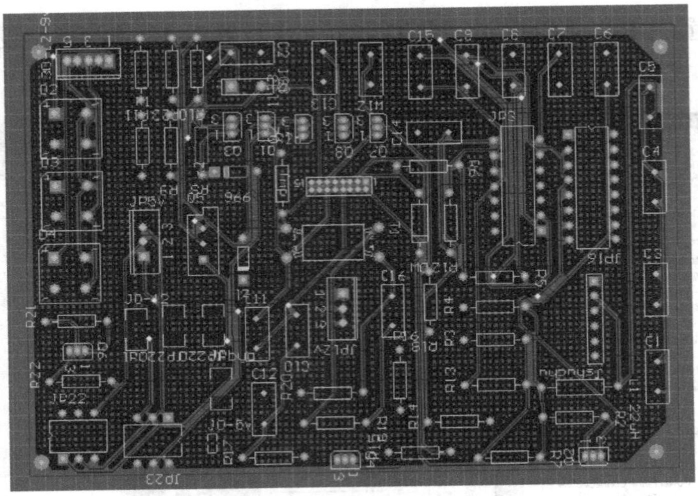

图 16-38　敷铜效果

(4) 选择 Tools | Teardrops 命令，弹出补泪滴操作对话框，如图 16-39 所示。

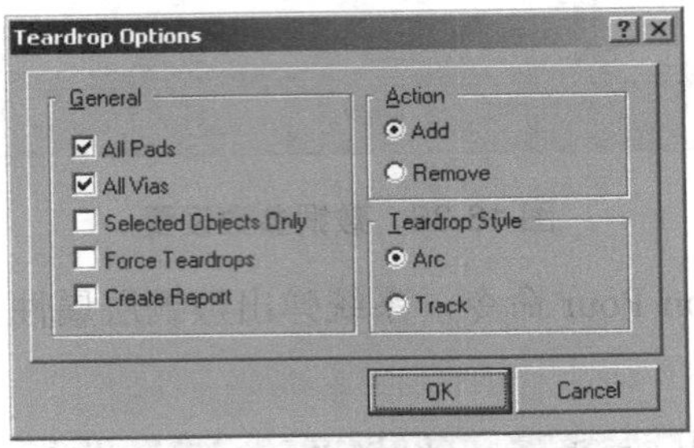

图 16-39　补泪滴操作对话框

(5) 补泪滴是为了加强焊盘和导线的连接，单击 OK 按钮，即可完成补泪滴的操作，效果如图 16-40 所示。

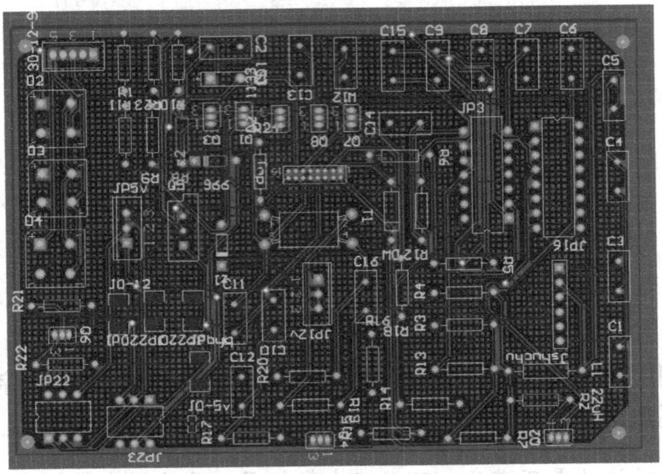

图 16-40　补泪滴效果

16.3.7 设计规则检查

在最后确定 PCB 的设置之前，还需要对 PCB 进行设计规则检查，以确定 PCB 板上没有设计性的错误、具体步骤如下。

(1) 选择 Tools | Design Rule Check 命令，系统会弹出一个设计规则检查对话框，在该对话框中设置检查规则。

(2) 完成相关的规则后，执行设计规则检查，检查结果如图 16-41 所示。

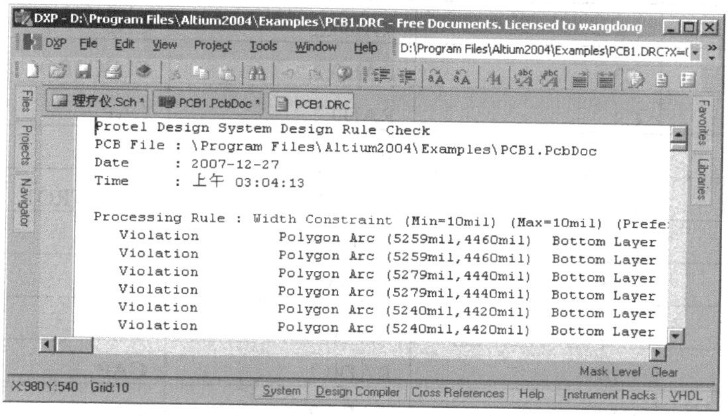

图 16-41 DRC 检查结果

16.4 3D 效果图

选择 View | Board in 3D 命令，可以查看该 PCB 的 3D 效果图，如图 16-42 所示。

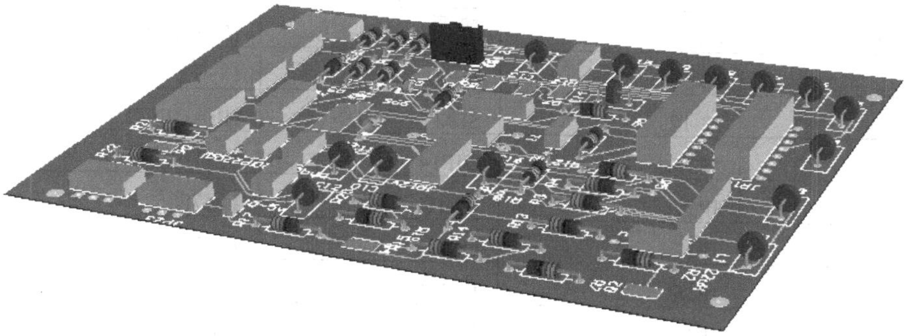

图 16-42 PCB 的 3D 效果图

16.5 元 件 列 表

如表 16-1 所示为各元件属性列表。

表 16-1 元件属性列表

Comment	Designator	Footprint	LibRef
	30-12-9v	SIP5	HEADER 5
30v	C1	RAD0.2	ELECTRO1
333	C3	RAD0.2	CAP
104	C4	RAD0.2	CAP
222	C5	RAD0.2	CAP
0.1uF	C6	RAD0.2	CAP
220	C7	RAD0.2	ELECTRO1
0.33uF	C8	RAD0.2	CAP
0.1uF	C9	RAD0.2	CAP
220	C10	RAD0.2	ELECTRO1
0.33uF	C11	RAD0.2	CAP
0.1uF	C12	RAD0.2	CAP
	C13	RAD0.2	CAP
225	C14	RAD0.2	CAP
333	C15	RAD0.2	CAP
473	C16	RAD0.2	CAP
0.01uF	C2 103	RAD0.2	CAP
30v	D2	BRIDGE2	BRIDGE1
12v	D3	BRIDGE2	BRIDGE1
9v	D4	BRIDGE2	BRIDGE1
	DW	AXIAL0.3	DIODE SCHOTTKY
HEADER 16	dwj	IDC16	HEADER 16
5v	J0-5v	SIP2	CON2
12v	J0-12	SIP2	HEADER 2
SMT	JP3	DIP14	SMT
	JP5v	DYPZ	LM7805
	JP12v	DYPZ	LM7805
jdq	JP16	DIP16	JDQ
jdq	JP22	JDQ20	JDQ220
220jdq	JP23	JDQ20	JDQ220
220input	JP220	SIP2	HEADER 2
aj	JP220dl	SIP2	HEADER 2
220output	JPbyq	SIP2	HEADER 2
	Jshuchu	SIP6	CON6
	L1 22uH	AXIAL0.5	INDUCTOR

续表

Comment	Designator	Footprint	LibRef
	Q1	9013	NPN
	Q2	9013	NPN
	Q3	9013	NPN
	Q4	9013	NPN
	Q6	9013	NPN
	Q7	9013	NPN
	Q8	9013	NPN
	Q5 966	966	PNP
	Q2 1133	DYPZ	NPN
10k	R1	AXIAL0.4	RES1
20k	R2	AXIAL0.4	RES1
10k	R3	AXIAL0.4	RES1
1K	R4	AXIAL0.4	RES1
1k	R5	AXIAL0.4	RES1
2	R6	AXIAL0.6	RES1
7.5k	R7	AXIAL0.4	RES1
2K	R8	AXIAL0.4	RES1
200	R9	AXIAL0.4	RES1
1k	R10	AXIAL0.4	RES1
	R11	AXIAL0.4	RES1
100k	R12	AXIAL0.4	RES1
9.1k	R13	AXIAL0.4	RES1
25k	R14	AXIAL0.4	RES1
1k	R15	AXIAL0.4	RES1
2k	R16	AXIAL0.4	RES1
300	R17	AXIAL0.4	RES1
7.5k	R18	AXIAL0.4	RES1
1.5k	R19	AXIAL0.4	RES1
1k	R20	AXIAL0.4	RES1
20K	R21	AXIAL0.4	RES1
75	R22	AXIAL0.4	RES1
20k	R23	AXIAL0.4	RES1
1k	R24	AXIAL0.4	RES1
	S1	AXIAL0.5	SW SPST
	T1	BY1	TRANS3
	W12	RAD0.2	SPEAKER

续表

Comment	Designator	Footprint	LibRef
	z1	AXIAL0.3	ZENER1
	z2	AXIAL0.3	ZENER1

本 章 习 题

一、填空题

1. 理疗仪电路设计的主要元件：________、________、________、________。

2. 原理图的布局要考虑电路的整体结构，因此，应该先将一些大的或是主要的元件摆放到________。

二、选择题

1. 在项目文件夹上右击，在弹出的快捷菜单中选择 Add New to Project | PCB 命令，在该项目下新建一个(　　)文件。

A. CBP　　B. PCB　　C. PBC　　D. CPB

2. 选择(　　)命令，系统打开布线参数设置对话框。

A. Design　　B. Design | Rules　　C. Designs　　D. Rules

三、问答题

1. 简述如何绘制理疗仪电路的原理图。
2. 简述如何进行理疗仪电路的 PCB 设计。

附录 A　Protel 常用元件及封装

Protel 常用元件及封装

名　称	英 文 名	封　装
电阻	RES	AXIAL0.1 至 AXIAL 1.0
无极电容	CAP	RAD0.1 至 RAD0.4
电解电容	ELECTRO	RB 0.2/0.4-0.5/1.0
二极管	DIODE	DIODE0.1 至 DIODE 0.7
全桥	BRIDGE	D-44 D-37 D-46
电位器	POT	VR-1 至 VR-5
三极管	NPN PNP	TO-18 至 TO-22
集成块	PID	PID-8 至 PID-40
模数转换、数模转换器	ADC-8，DAC-8	TSSO5x6-G16
光电二极管、三极管	PHOTO*	SFM-T2(3)/X1.6V
8 位数码显示管	DPY*	A
继电器	RELAY*	DIP-P5/X1.65
运算放大器系列	OP*	CAN-8/D9.4
小灯泡	LAMP*	PIN2
麦克风	MIC*	PIN2
喇叭	SPEAKER	PIN2
电源	BATTERY	BAT-2
晶振	XTAL	BCY-W2/D3.1
保险丝	FUSE*	PIN-W2/E2.8
天线	ANTENNA	PIN1
响铃	BELL	PIN2
开关系列	SW*	DIP-4
跳线	JUMPER*	RAD-0.2
变压器系列	TRANS*	TRANS

原理图常用库文件：

Miscellaneous Devices.ddb
Dallas Microprocessor.ddb
Intel Databooks.ddb
Protel DOS Schematic Libraries.ddb

PCB 元件常用库：

Advpcb.ddb
General IC.ddb
Miscellaneous.ddb

附录 B　Protel DXP 快捷键汇总

快 捷 键	含 义
单击鼠标左键	选中鼠标指向的文档
双击鼠标左键	打开并编辑鼠标指向的文档
单击鼠标右键	显示上下文相关的弹出式菜单
Ctrl + F4	关闭活动文档
Ctrl + Tab	在打开的文档间进行切换
鼠标拖放	将选取的文档从打开的一个工程移动到另外一个工程中
	将选取的文档从文件浏览器拖动到设计导航浏览器并作为自由文件打开
Alt + F4	关闭 Protel DXP 设计导航浏览器
	原理图和 PCB 图编辑通用快捷键
Y	Y 向镜像对象
X	X 向镜像对象
Shift+ ↑/↓/←/→	按照箭头方向将鼠标移动十个栅格
↑/↓/←/→	按照箭头方向将鼠标移动一个栅格
Space	停止屏幕重画
Esc	结束当前操作过程
End	重画当前屏幕
Home	以鼠标位置为中心重画屏幕
PgDn　或 Ctrl +鼠标滚轮	缩小
PgUP 或 Ctrl + 鼠标滚轮	放大
鼠标滚轮	向上或者向下摇景
Shift + 鼠标滚轮	向左或者向右摇景
Ctrl+ Z	恢复操作
Ctrl+ Y	撤销操作
Ctrl+ A	选取所有对象
Ctrl+ S	保存当前文档
Ctrl+ C	复制
Ctrl+ X	剪切
Ctrl+ V	粘贴
Ctrl+ R	复制并重复粘贴选取的对象
Delete	删除选取的对象
V + D	查看整个文档
V + F	将文档调整到适合显示图纸中所有元件的大小

续表

快 捷 键	含 义
X + A	方向选择所有对象
按下鼠标右键不放	光标变为手形，移动鼠标可移动整个图纸
单击	将对象设为焦点或者选择对象
右击	弹出浮动菜单或者取消当前的操作过程
双击鼠标左键	编辑对象
Shift +单击	选取/反选对象
Tab	在放置对象的时候按下可启动对象属性编辑器
Shift + C	取消当前过滤操作
Shift + F	启动 Find Similar Object 命令
Y	弹出快速查询菜单
F11	打开或者关闭检视(Inspector)面板
F12	打开或者关闭列表(List)面板
原理图设计快捷键	
Alt	限制对象只能在水平或者垂直方向移动
G	在捕获栅格的各个设置值间循环切换使用
Space	以 90° 的方式旋转放置的元件
Space	在添加导线/总线/直线时切换起点或者结束点的模式
Shift + Space	在添加导线/总线/直线过程中改变导线/总线/直线的走线模式
Backspace	在添加导线/总线/直线/多变形时删除最后一个绘制端点
按下鼠标左键不放 + Delete	删除一条设为焦点的导线的一个端点
按下鼠标左键不放 + Delete	为一条设为焦点的导线添加一个端点
Ctrl +按下鼠标左键不放并拖动	拖动连接到对象上的所有对象
PCB 设计快捷键	
Shift + R	在三种布线模式(Ignore、Avoid、Push Obstacle)间切换
Shift + E	打开/关闭电气栅格
Ctrl + G	启动捕获栅格设置对话框
G	弹出捕获栅格菜单
N	在移动元件的同时隐藏预拉线
L	将移动中的元件从当前元件面翻转到 PCB 板的另一元件面
Backspace	删除布线过程中的最后一个布线转角
Shift + Space	切换布线过程中的布线转角模式
Space	改变布线过程中布线的开始/结束模式
Shift + S	打开/关闭单层显示模式
O/D/D/Enter	将 PCB 中所有的原始对象以草稿模式显示
O/D/F/Enter	将 PCB 中所有的原始对象以完全模式显示
O + D	启动 Preferences 对话框的 Show/Hide 选项卡

续表

快 捷 键	含 义
L	启动 Board Layers 对话框
Ctrl + H	选取连接的铜膜走线
Ctrl + Shift + 单击	断开走线
+	将工作层切换到下一工作层(数字键盘)
–	将工作层切换到上一工作层(数字键盘)
*	将工作层切换到下一个布线工作层(数字键盘)
M + V	垂直移动分割电源层
Alt	布线过程中临时改变布线模式从 Ignore-obstacle 到 Avoid-obstacle
Ctrl	布线过程中临时禁止电气栅格
Ctrl + M	测量距离
Shift + Space	顺时针转换移动的对象
Space	逆时针旋转移动的对象
Q	切换单位(公制/英制)制式

参 考 文 献

［1］高立. Protel DXP 2004 电子 CAD 教程[M]. 北京：科学出版社，2010.

［2］零点工作室，刘刚. Protel DXP 2004 SP2 原理图与 PCB 设计[M]. 北京：电子工业出版社，2011.

［3］薛楠. Protel DXP 2004 原理图与 PCB 设计实用教程[M]. 北京：机械工业出版社，2012.

［4］赵景波，冯建元. Protel DXP 原理图与 PCB 设计教程[M]. 北京：机械工业出版社，2013.

［5］高立新. Protel DXP2004 电子 CAD 教程[M]. 北京：科学出版社，2014.

［6］许向荣，张涵零. 点起飞学 Protel DXP 2004 原理与 PCB 设计[M]. 北京：清华大学出版社，2014.